The miracles of science™

Ihr Partner mit der Zukunfts-Power

Profitieren Sie von der Leistungsfähigkeit eines Weltunternehmens, kombiniert

mit der eigenständigen Flexibilität einer reaktionsschnellen Unit. So erhalten Sie

optimale individuelle Problemlösungen und nutzen immense Know-how-Ressourcen:

Vom exklusiven Zugriff auf Rohstoffentwicklungen bis zum Kompetenztransfer

internationaler Schwesterfirmen. Forcieren Sie Ihre Angebotsstärke mit der

Innovationskraft von DuPont Pulverlacke. Und gewinnen Sie in jeder Hinsicht:

Ökonomische und ökologische Attraktivität, deutlich mehr gestalterische Freiräume

und eine zielführende, maßgeschneiderte Betreuung.

DuPont Pulverlack Deutschland GmbH & Co. KG, Werk Landshut

Siemensstraße 4, D-84051 Essenbach-Altheim, Telefon + 49 87 03 93 18 - 0, Telefax + 49 87 03 93 18 - 65

info@dupont-Pulverlack.de

Klaus-Peter Müller

Praktische
Oberflächentechnik

Aus dem Programm
Fertigungstechnik

Praxis der Zerspantechnik
von H. Tschätsch

Praxis der Umformtechnik
von H. Tschätsch

Fertigungsautomatisierung
von S. Hesse

Spanlose Fertigung: Stanzen
von W. Hellwig

Industrielle Pulverbeschichtung
von J. Pietschmann

Praktische Oberflächentechnik
von K.-P. Müller

Zerspantechnik
von E. Paucksch

Werkzeugmaschinen Grundlagen
von A. Hirsch

Schweißtechnik
von H. J. Fahrenwaldt und V. Schuler

vieweg

Klaus-Peter Müller

Praktische Oberflächentechnik

Vorbehandeln – Beschichten –
Beschichtungsfehler – Umweltschutz

Mit 474 Bildern und 72 Tabellen

4., überarbeitete Auflage

JOT Fachbuch

vieweg

Bibliografische Information Der Deutschen Bibliothek
Die Deutsche Bibliothek verzeichnet diese Publikation in der Deutschen Nationalbibliografie;
detaillierte bibliografische Daten sind im Internet über <http://dnb.ddb.de> abrufbar.

1. Auflage 1995
2., verbesserte Auflage 1996
3., überarbeitete Auflage 1999
4., überarbeitete Auflage Januar 2003

Der Vieweg Verlag ist ein Unternehmen der Fachverlagsgruppe BertelsmannSpringer.
www.vieweg.de

Umschlaggestaltung: Ulrike Weigel, www.CorporateDesignGroup.de
Druck und buchbinderische Verarbeitung: Lengericher Handelsdruckerei, Lengerich
Gedruckt auf säurefreiem und chlorfrei gebleichtem Papier.

ISBN 3-528-36562-5

Vorwort zur 4. Auflage

Oberflächentechnik ist eine in Deutschland besonders stark ausgeprägte Wissenschaft. Deutsche Produkte sind weltweit verkaufbar, weil sie trotz hoher Lohnkosten sich durch besondere oberflächentechnische Eigenschaften auszeichnen. Oberflächentechnik ist auch eine personell kleine Fakultät, weil man mit wenigen Mitarbeitern viel erreichen kann. Oberflächentechnik ist auch eine schwierige Disziplin, weil sehr viele Gedanken bei der Tätigkeit berücksichtigt werden müssen. Oberflächentechnik ist auch kein Fach für Großuniversitäten. Viele kleinere Ausbildungsstätten kommen dem Wunsch der Studenten nahe, die Ausbildung in der Nähe des Wohnortes zu vollziehen. Der Wunsch vieler deutscher Politiker, das Fach nur existieren zu lassen, wenn eine bestimmte Mindeststückzahl an Studenten sich jährlich einschreibt, geht damit am Wunsch vorbei, deutschen Produkten trotz hoher Lohnkosten eine Marktnische zu öffnen.

Oberflächentechnik zählt auch zu den umweltbelastenden Techniken. Eine Ausbildung in allen Fragen des Umweltschutzes ist daher für den Studenten und für den Praktiker dringend von Nöten. Im vorliegenden Buch wurde daher der die Oberflächentechnik treffende Anteil an der Umwelttechnik aus der entsprechenden Vorlesung des Autors mit dem Fachwissen im Bereich Oberflächentechnik kombiniert. In vielen Kapiteln gibt es daher Einzelkapitel, in denen die Umwelttechnik dargestellt wird. Im Kapitel 12 „Lackieren" war dies der großen Komplexität des Umweltschutzes wegen nicht möglich, so daß der Umweltschutzgedanke in jedem Unterkapitel mit aufgeführt wird. Das gleiche gilt vielfach im Kapitel 15 „Galvanik" zu dem zusätzlich ein zusammenfassendes Kapitel 22 eingeführt wurde.

Inhaltsverzeichnis

1 Oberflächentechnik – Anwendung und Gliederung

Die Oberfläche eines Werkstücks, das durch die Formgebung sein körperliches Aussehen bekommen hat, muß durch geeignete technische Maßnahmen in gebrauchsfähigen Zustand versetzt werden. Die Oberfläche muß funktional werden. Unter Funktionalität versteht man dabei, daß sie allen aus dem Gebrauch, dem Einsatz und der Verwendung entstehenden Ansprüchen genügen muß. Dazu zählen der Korrosionsschutz ebenso wie der dekorative Eindruck, die Rauhigkeit oder Glätte ebenso wie die Härte oder die Schmierstoffbelegung der Oberfläche.

Die gesamte Funktionalität beinhaltet meist eine Vielzahl von Anforderungen. So kann zum Beispiel eine dekorative Oberfläche nicht auf den Korrosionsschutz verzichten und umgekehrt.

Zur Herstellung einer funktionsgerechten Oberfläche sind im allgemeinen viele verschiedene Arbeitsgänge notwendig. Die Arbeitsgänge, die in der industriellen Fertigung eingesetzt werden, sind Thema dieses Buches.

Die Techniken, mit denen verschiedenartige Oberflächen bearbeitet werden müssen, lassen sich in eine Reihe von Grundoperationen einteilen. Dem Arbeitsablauf folgend bietet sich die in Tabelle 1 gegebene Einteilung an.

Tabelle 1-1 Einteilung der Oberflächentechnik.

Mechanische Oberflächenbearbeitung
- Entgraten
- Schleifen
- Strahlen
- Polieren

Chemische, nichtschichtbildende Behandlung der Oberfläche
- Reinigen
- chemisch Entgraten
- Beizen
- Brünieren
- Ätzen

Verändern der Oberfläche durch physikalisch-chemische Verfahren
- Verfestigen durch Strahlen
- Aufkohlen
- Härten
- Carbonitrieren
- Borieren
- Silicieren

Beschichten der Oberfläche mit nichtmetallischen, anorganischen Schichten
- Phosphatieren
- Chromatieren
- Aloxieren
- Emaillieren

Beschichten der Oberfläche mit organischen Schichten
- Lackieren
- Bekleben
- Bedrucken

Stromlos beschichten der Oberfläche mit metallischen Schichten
- chemisch Metallisieren
- Schmelztauchschichten
- Metallspritzen
- Alitieren
- Inchromieren
- Auftragsschweißen
- Plattieren

Beschichten der Oberfläche mit Metallschichten unter Verwendung von elektrischem Strom
- Galvanisieren

Beschichten der Oberfläche mit tribologisch wirkenden Schichten
- Befetten
- Gleitlacke
- Dispersionsschichten
- Sonderverfahren
- CVD-Verfahren
- PVD-Verfahren

2 Mechanische Verfahren der Oberflächentechnik

Unter einer mechanischen Bearbeitung einer Oberfläche versteht man in der Oberflächentechnik alle mechanischen Arbeiten, die die Topographie der Oberfläche verändern. Nicht dazu zählen Verfahren, die dazu dienen, die Maßgenauigkeit eines Werkstücks herzustellen, obgleich bei der Herstellung der Maßgenauigkeit durch mechanische Bearbeitung auch die Topographie der Oberfläche verändert wird. Die Oberflächentechnik interessiert sich daher für Verfahren, die auch eingesetzt werden, um die Maßgenauigkeit zu verändern, wie auch für solche Arbeiten, bei denen ausschließlich die Topographie verändert wird.

2.1 Schleifen und Polieren metallischer Werkstücke

Schleifen [2, 3, 4, 5, 6] ist ein Bearbeitungsverfahren, bei dem durch eine Vielzahl harter Kristalle (Schleifkörner) unterschiedlicher Geometrie ein Werkstoffabtrag erzielt wird, wenn zwischen Werkstückoberfläche und Schleifmittel eine reibende Relativbewegung entsteht. Das Schleifen metallischer Werkstoffe ist eine spanabhebende Bearbeitung. Das Schleifkorn erzeugt eine Ritzspur auf der Werkstückoberfläche, die umso tiefer ist, je grober das Schleifkorn gewählt wurde. Der Erfolg einer Bearbeitung durch Schleifen ist von der richtigen Wahl zahlreicher Faktoren abhängig:

- Art der Schleifmaschine
- Wahl der Maschinenparameter
- Materialeigenschaften des Schleifkorns wie Härte, Kornform, Splitterfähigkeit
- Korngröße der Schleifkörper in Relation zur Rauhigkeit

Eine zu bearbeitende Oberfläche ist zunächst eine rauhe Oberfläche. Sie könnte wie in Bild 2-1 aussehen.

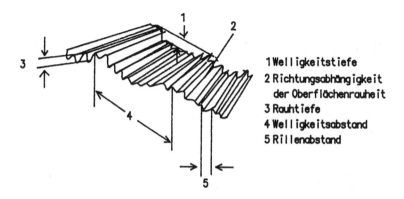

1 Welligkeitstiefe
2 Richtungsabhängigkeit der Oberflächenrauheit
3 Rauhtiefe
4 Welligkeitsabstand
5 Rillenabstand

Bild 2-1 Schematisches Modell einer rauhen Oberfläche nach [1]

Bei schleifender Bearbeitung können beachtlich hohe Temperaturen infolge der Reibung entstehen. Temperaturen von mehr als 1000 °C können beim Trockenschleifen durchaus erreicht werden. Da derart hohe Temperaturen zur Veränderungen im Material von Werkstück und Schleifkörper führen, verwendet man flüssige Kühlmittel bei den verschiedenen Schleifverfahren, die man über Rohrleitungen und Düsen zuführt (Naßschleifen). In anderen Maschinen vermengt man Schleifkörper, Kühlmittel und Werkstücke mit einander und bringt auf die nasse Schüttung eine Vibration (Gleitschleifen) oder eine Rotation (Trommelschleifen) auf. Die Schleifmittelkorngröße, mit der man eine Schleifarbeit beginnt, sollte der zu Beginn vorliegenden Rauhtiefe angepaßt werden. Daran anschließende Schleifarbeiten sollten dann ausgewogen abgestuft vorgenommen werden. Wählt man die Korngrößenabstufung zu fein, verteuert sich die Schleifarbeit. Wählt man zu große Schritte, werden nicht alle noch vorhandenen Rauhigkeiten beseitigt. Die folgende Tabelle 2-1 gibt Anhaltswerte für einen Bearbeitungsvorgang.

Tabelle 2-1 Zusammenhang zwischen erreichbarer Rauhtiefe und Korngröße des Schleifmittels

Erreichbare Rauhtief (µm)	Korngröße (mesh)	Bezeichnung
16 – 6	16 – 24	Schruppen, Entgraten
6 – 2,5	30 – 80	Schlichtschleifen
2,5 – 1	100 – 180	Feinschleifen
< 1	200 – 400	Feinstschleifen

Polieren unterscheidet sich bei metallischen Werkstoffen vom Schleifen dadurch, daß beim Polieren keine spanabhebende Bearbeitung mehr erfolgt. Beim Polieren werden lediglich die restlichen Rauhigkeiten zugezogen. Dabei fließt der hochstehende Metallgrat und füllt die Täler der Rauhigkeit aus. Zum Polieren werden aus den gleichen Gründen Trockenverfahren oder Naßverfahren angewendet, wobei die zur Kühlung verwendeten Kühlmittel oft erst bei erhöhter Temperatur flüssig werden (schmelzen).

2.2 Sonderheiten beim Schleifen und Polieren von Kunststoffen

Das Schleifen von Kunststoffen unterscheidet sich grundsätzlich dadurch vom Schleifen von Metallen, daß bei Kunststoffen kein spanabhebender Vorgang vorliegt. Beim Schleifen von Kunststoffen kommt es zu Mikroausbrüchen aus der Oberfläche, aber nicht zur Spanbildung.

Kunststoffe unterscheiden sich auch durch ihre erheblich schlechtere Wärmeleitfähigkeit von Metallen. Beim Schleifen entstehen dadurch leicht örtliche Überhitzungen. Kunststoffe werden im allgemeinen nur mit Schleifbändern oder mit Filz- oder Schwabbelscheiben unter Einsatz von Schleifpasten geschliffen.

Das Polieren von Kunststoffteilen ist daran gebunden, daß Kunststoffe durch Wärme plastisch werden, wodurch Rauhigkeitsspitzen abgeschmolzen werden können. Der schmelzflüssige Film wird dann über die Unebenheiten gezogen. Nicht alle Kunststoffe können poliert werden.

Polierfähige Kunststoffe müssen unter genauer Beachtung der auftretenden Temperaturen bearbeitet werden. Ist die Poliertemperatur zu gering, hat die Arbeit keinen Erfolg. Eventuell entsteht ein bläulicher Schimmer auf der Oberfläche, weil durch zu geringe Poliertemperatur nur die Riefen eingeebnet wurden. Dieser Effekt, auch „Fetthauch" genannt, kann aber auch auf Schleifen mit zu grobem Korn beruhen. Ist die Poliertemperatur zu hoch, entstehen Haarrisse durch Spannungen, die oft erst zu einem späteren Zeitpunkt auftreten.

Zu einigen häufig verwendeten Kunststoffen ist anzumerken:

Thermoplaste	die Poliertemperatur sollte nicht über 70 bis 80 °C erreichen.
Polyamide	sind schwierig zu polieren. Sie schmelzen ohne zu erweichenn bei 185 – 250 °C. Es besteht die Gefahr des Einpolierens von Löchern.
Polyethylene	schmelzen innerhalb weniger Grade und sind schwierig zu polieren.
(LD- und HD-PE)	erweichen bei ca. 60 °C und sind nur mit zu kühlenden Scheiben oder sehr fetten Polierwachsen bearbbeitbar.
Duroplaste	gibt es mit Poliertemperaturen von bis 150 °C.
Polyester	leicht polierbare Kunststoffe unter Beachtung der gegebenen weise.

2.3 Schleif- und Poliermittel

Stoffe, die als Schleif- oder Poliermittel eingesetzt werden, können Naturprodukte oder synthetisch hergestellte Materialien sein, wobei bei einigen Naturprodukten ihre mangelnde Reinheit einer Verwendung entgegensteht.

Naturprodukte:

Quarz   War in früheren Zeiten das am häufigsten eingesetzte Schleifmittel. Da Quarzstaub jedoch die Lungenkrankheit Silikose hevorruft, soll dieses Material nur noch im Naßschleifen verwendet werden. Quarz ist für Metalle sehr gut geeignet. Härte nach Mohs beträgt 7.

Bims   Bims ist ein Schaumglas vulkanischen Ursprungs (Obsidian). Italienischer Bims hat die Härte nach Mohs von 5 – 6. Bims eignet sich sehr gut zum Schleifen von Holz und Kunststoff. Bims enthält meist geringe Verunreinigungen an Quarz und sollte deshalb nur im Naßschleifen eingesetzt werden.

Naturkorund   Naturkorund besteht zu 90 bis 95 % aus Al_2O_3, besitzt graue, braune oder bläuliche Farbe und die Härte 9 nach Mohs. Quarzfreier Naturkorund kann zu allen Schleifzwecken verwendet werden. Eine Abart des Korund ist unter der Bezeichnung Diamantine im Handel.

Schmirgel

Schmirgel wird auf der Insel Naxos abgebaut. Er besteht zu 50–70 % aus Al_2O_3 und enthält neben Quarz etwas Eisenoxid. Sein Einsatz sollte deshalb auf Naßschleifen begrenzt werden.

Diamant

Industriediamanten spielen als Schleif- und Poliermittel insbesondere beim Bearbeiten von harten Werkstoffen eine große Rolle. Sie werden in den afrikanischen Diamantgruben gewonnen, können aber auch synthetisch hergestellte Produkte sein. Die Härte von Diamant beträgt 10 nach Mohs, Farbe meist gelb. Die Korngrößenkennzeichnung von Diamant ist in DIN 848 festgelegt.

Tripel

Die Bezeichnung kommt von „Terra Tripolitana". Tripel ist ausgeflockte kolloidale Kieselsäure. Amerikanischer Tripel wird zum Polieren von Messing und Aluminium verwendet. Deutscher Tripel ist etwas weicher und dient zum Polieren von Edelmetallen.

Polierkreide

Polierkreide wird in Neuenburg/Donau gefunden. Polierkreide besteht zu 80–85 % aus Kieselsäure und enthält 10–15 % Tonerde. Das Material dient als Poliermittel.

Polierschiefer

Besteht aus Kieselgur und ist auch als Gold-, Silber- oder Schiefertripel im Handel. Härte nach Mohs beträgt 5–6.

Synthetische oder Teilsynthetische Produkte:

Siliziumcarbid

besteht zu 98 % aus SiC. Die Farbe ist grün bis schwarz. Wegen seiner Härte nach Mohs von 9 dient es universelles Material.

Borcarbid

enthält 78 % Bor und 22% Kohlenstoff, besitzt eine schwarze Farbe und die Härte nach Mohs von 9. Seines Preises wegen wird es speziell zum Bearbeiten von Hartmetallen und gehärtetem Stahl verwendet.

Kubisches Bornitrid

besteht zu 44 % aus Bor und zu 56 % aus Stickstoff. Seine Farbe ist schwarzbraun bis honiggelb,seine Härte nach Mohs beträgt 9.

Korund/Elektrokorund

– Normalkorund

ist ein Schleifmittel von großer Härte und Zähigkeit. Es enthält 95–97 % Al_2O_3, 2–4 % TiO_2, bis 1 % SiO_2 und ca. 0,5 % Fe_2O_3, eine blaue bis graue Farbe und die Härte nach Mohs von 9. Er wird als Schleifmittel für unlegierten Stahl bis 0,5 % C, Stahlguß, Temperguß, nichtrostenden Stahl und Leichtmetalle insbesondere für Grobarbeiten mit großer Zerspanungsleistung eingesetzt.

– Halbedelkorund

enthält ca. 98 % Al_2O_3, verunreinigt mit etwa 1,5 % TiO_2 und 0,5 % Fe_2O_3. Seine Farbe ist hellgrau bis braun. Er wird verwendet zum Bearbeiten von niedrig legierten Stählen bis HRC 60. Die Zähigkeit des Materials ist geringer als die von Normalkorund.

– *Weißer Edelkorund* besitzt große Härte und Sprödigkeit und besteht zu 99,9 % aus Al_2O_3. Er wird zum Schleifen von hoch- und niedrig legiertem Stahl, HSS, Einsatz- und Werkzeugstahl und gehärtetem Stahl eingesetzt.

– *Rosa Edelkorund* enthält 99 % Al_2O_3 und etwa 0,2 % Cr_2O_3. Er wird verwendet zum Schleifen von hoch- und niedrig legiertem Stahl, Chromstahl, Werkzeugstahl und Grauguß. Rosa Edelkorund ist etwas weniger spröde als weißer.

– *Roter Edelkorund* enthält etwa 97,5 % Al_2O_3 und etwa 3 % Cr_2O_3 und wird wie rosa Edelkorund eingesetzt.

– *Spezialkorund* besteht aus Einkristallen mit etwa 99,1 % Al_2O_3. Das teure Material wird in Schneidwerkzeugen eingesetzt.

Tonerde Tonerde ist Al_2O_3 und entsteht durch Entwässern von Bauxit bei 1000 °C. Das Produkt dient als universell einsetzbares Poliermittel.

Poliergrün Poliergrün ist Cr_2O_3 und wird wegen seiner Mohsschen Härte von 8 – 9 vor allem zum Polieren von harten Metallen eingesetzt.

Polierrot Besteht aus Fe_2O_3 (synthetisch hergestellt). Wegen seiner Härte nach Mohs von 6 – 7 wird es zum Polieren weicherer Metalle, Edelmetalle oder Glas verwendet.

Wiener Kalk Wiener Kalk ist gebrannter Dolomit sehr feiner Körnung Sehr weich, wird er zum Polieren insbesondere von Nickel und Nickellegierungen verwendet.

Die Körnung von Schleif- und Poliermitteln wurde vielfach von der Federation Europeenne des Fabricants des Produits Abrasifs (Paris) in der FEPA-Norm festgelegt (vgl. auch DIN 69100). Tabelle 2-2 zeigt den Zusammenhang zwischen FEPA-Körnungsangabe und der Bezeichnung nach DIN 69100.

Für Feinmaterial wird in der internationalen FEPA-Angabe eine Unterteilung in 11 Stufen vorgenommen (Tabelle 2-3).

Abweichend davon sieht die deutsche FEPA-Reihe nur eine Einteilung in 8 Stufen vor (Tabelle 2-4).

Tabelle 2-2 Zusammenhang FEPA-Körnung und der Bezeichnung nach DIN 69100 [2].

Bezeichnung nach DIN 69100	FEPA-Körnung Nr.	Nennkorngröße in (μm)
sehr grob	8	2830 – 2380
	10	2380 – 2000
	12	2000 – 1680
grob	14	1680 – 1410
	16	1410 – 1190
	20	1190 – 1000
	(22)	1000 – 840
	24	840 – 710
mittel	30	710 – 590
	36	590 – 500
	(40)	500 – 420
	46	420 – 350
	54	350 – 297
	60	297 – 250
fein	70	710 – 590
	80	210 – 177
	90	177 – 149
	100	149 – 125
	120	125 – 105
sehr fein	150	105 – 74
	180	88 – 62
	220	74 – 53
	240	< 74

Tabelle 2-3 Internationale FEPA-Mikrokörnungsreihe [2].

Bezeichnung	Mittlere Krongröße in (μm)	Bezeichnung	Mittlere Korngröße (μm)
F 230/53	53,0	F 500/13	12,8
F 240/45	44,5	F 600/ 9	9,3
F 280/37	36,5	F 800/ 7	6,5
F 320/29	29,2	F 1000/ 5	4,5
F 360/23	22,8	F 1200/ 3	3,0
F 400/17	17,3		

Tabelle 2-4 Deutsche FEPA-Mikrokörnungsreihe.

Bezeichnung	Mittlere Korngröße in (μm)
D 240	54,7
D 280	48,0
D 320	41,6
D 360	35,5
D 400	29,5
D 500	24,3
D 600	19,6
D 800	15,2

Unter mittlerer Korngröße wird hier der 50 %-Wert verstanden. Die zulässigen Korngrößenabweichungen liegen je nach Korngröße bei 0,5 bis 3 μm.

Die verwendeten Schleif- und Poliermittel können in verschiedenen Formen dargeboten werden. Man unterscheidet Schleifen mit

- starr gebundenem, auf der Maschine fest positioniertem Korn (Schleifscheiben,Schleifbänder).
- starr gebundenem Korn in lose beweglichen Schleifkörpern (Gleitschleifen).
- lose gebundenem Korn (Schleif- und Polierpasten).
- ungebundenem Korn (Schleifpulver).

Zum Schleifen mit starr gebundenem Korn werden die Schleifmittel mit Hilfe von Bindemitteln in eine feste Form gepreßt (Schleifscheiben) oder auf Papier- oder Textilbänder aufgeklebt (Schleifbänder). Scheiben oder Bänder werden dann fest auf einer Maschine positioniert. Als Bindemittel für Schleifscheiben werden Kunstharze, keramische Massen oder Metallschichten verwendet. Derartige Schleifkörper werden gemäß DIN 69100 durch Angaben über Schleifmittel, Körnung, Härtegrad, Gefügeaufbau, Bindungsart, geometrische Maße der Scheibe, maximale Umfangsgeschwindigkeit und Drehzahl bei Nenndurchmesser gekennzeichnet.

Schleifscheiben tragen aus Sicherheitsgründen zusätzlich eine farbliche Kennung, mit der ein Fehleinsatz z. B. durch unzulässig hohe Arbeitsgeschwindigkeit vermieden werden soll. (Bild 2-2). Die häufigsten Formen der festen Bindung der Schleifkörner sind die Kunstharzbindung und die keramische Bindung.

Bei kunstharzgebundenen Schleifkörpern muß darauf geachtet werden, daß diese Schleifkörper nur begrenzt temperaturbelastbar sind. Dafür sind die Bindungen mechanisch hoch belastbar und die Scheiben praktisch porenfrei.

Keramisch gebundene Scheiben dagegen sind höher temperaturbelastbar und daher formtreuer, allerding nicht porenfrei. Sie werden daher insbesondere zum Präzisionsschleifen eingesetzt. Werkzeuge mit metallischer Bindung sind ebenfalls weit verbreitet, insbesondere, wenn als Schleifkorn Materialien eingesetzt werden sollen, die sehr teuer sind. In solchen Werkzeugen wird der Kornbesatz in Form einer Dispersionsschicht (vgl.dort) auf einen metallischen Grundkörper vorgenommen.

Schleifscheiben besitzen eine der Schleifaufgabe angepaßte Form. Diese muß natürlich nach gewisser Gebrauchszeit durch Abrichtwerkzeuge, die meist mit Diamant besetzt sind, wieder hergestellt werden.

Schleifbänder stellen eine weitere Form des Schleifens mit gebundenem Korn dar. Hier wird das Schleifkorn auf Endlosbänder aus Papier oder Gewebe aufgeklebt. Zur gleichen Kategorie gehören Lamellenschleifkörper, bei denen Schleifbandsegmente senkrecht auf eine Achse aufgeklebt worden sind

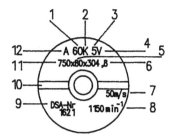

Bild 2-2 Kennzeichnung einer Schleifscheibe
  1 Schleifmittel durch Kennbuchstaben
  2 Körnung nach DIN 69100
  3 Härtegrad
  4 Gefüge
  5 Bindung
  6 Außendurchmesser der Scheibe
  7 Breite der Scheibe
  8 Bohrungsdurchmesser
  9 maximale Umfangsgeschwindigkeit
  10 maximale Drehzahl bei Nenndurchmesser
  11 Zulassungsnummer
  12 Farbkennzeichnung für maximale
       Umfangsgeschwindigkeit

Der Einsatz von Schleifscheiben wie auch das Läppen und Honen sind typische Arbeitsgänge der spanabhebenden Formgebung und nicht nur auf oberflächentechnische Bearbeitungen begrenzt. Da letztlich aber einer den Anforderungen der Oberflächentechnik genügende Oberfläche entstehen soll, sollten auch alle Belange der Schleiftechnik aus Sicht der Oberflächentechnik berücksichtigt werden.

Das Schleifen mit Schleifbändern dagegen ist eine Technik, die überwiegend für ausschließlich oberflächentechnische Bearbeitungen eingesetzt wird.

Das Schleifen mit losem Korn bedeutet, daß keine feste Bindung zwischen Schleifkorn und Trägermaterial besteht. Man gibt hier das Korn lose auf eine feste, in Bewegung befindliche Unterlage. Man setzt gewöhnlich etwas Flüssigkeit (Wasser, Öl etc.) hinzu, um kein Schleifmittel durch Stauben zu verlieren. Diese Schleifmethode ist insbesondere bei waagrechten Vibrationsschleifanlagen in Anwendung.

Eine besondere Variante ist das Schleifen mit losem Korn beim Topfschleifen. Man füllt dazu einen einseitig offenen Behälter mit Schleifpulver und setzt ihn in Rotation, so daß das Schleifpulver durch Zentrifugalkräfte festgehalten wird. Dann taucht man das Werkstück eventuell CNC-gesteuert in die rotierende Pulvermasse, wodurch der Schleifvorgang beginnt (Bild 2-3). Vorteil des Verfahrens ist die geringe Umweltbelastung. Es ist lediglich Schleifkorn und Metallabrieb zu entsorgen. Nachteil des Verfahrens ist,daß Metall- und Schleifkornabrieb sich im Schleifmittel anreichern und damit die Eigenschaften des Schleifmittelsim Laufe der Zeit verändern.

Zum Schleifen mit losem Korn gehört auch das Strömungsschleifen [224], das zum Schleifen und Polieren komplizierter Formkörper oder kleinster Bohrungen (bis 0,02 mm Durchmesser), sehr tiefer Bohrungen mit kleinem Durchmesser/Längen-Verhältnis oder dünner Schlitze und Öffnungen < 0,1 mm eingesetzt wird. Dazu dispergiert man das Schleifmittel in einer silikonhaltigen, organischen, thixotropen Flüssigkeit und pumpt die Dispersion pulsierend durch die zu bearbeitenden Flächen. Der Pumpdruck beträgt bis 35 bar. Die Viskosität der Dispersion wird über die Temperatur und die Zusammensetzung der Dispersion eingestellt.

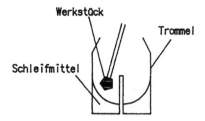

Bild 2-3
Topfschleifanlage,
schematisch

Ein Mittelweg zwischen losem und gebundenem Korn ist das weit verbreitete Schleifen mit lose gebundenem Korn, bei dem das Schleifkorn in Fette oder Wachse eingebettet als Schleifpaste angeliefert wird. Diese Paste wird in Form von Stangen oder Riegeln angeboten, die in rotierende Schleifunterlagen (Schleif- und Polierringe) eingetragen werden. Bild 2-4 zeigt eine Auswahl der im Handel erhältlichen Schleif- und Polierringe. Durch die Reibung schmilzt das Fett oder Wachs, und es entsteht eine flüssige Schleifemulsion, die vom Träger aufgenommen wird.

Bild 2-4 a und b
Schleif- und Polierringe
Foto OT-Labor der MFH

Schleifen mit fest gebundenem Korn mit beweglichem Schleifkörper bedeutet, daß das Schleifkorn mit Bindemittel zusammen zu einem geometrischen Körper geformt wird, der selbst beweglich eingesetzt wird.

Diese Art des Schleifens, die insbesondere bei Massenartikeln eingesetzt wird, erfolgt so, daß Schleifgut und Schleifkörper (Chip) gemeinsam in einen bewegten Behälter eingesetzt werden. Man gibt zur Unterstützung der Arbeit wäßrige Lösungen von Zusätzen hinzu und setzt das unter wäßriger Lösung liegende Schüttgut in Bewegung. Man nennt diese Form des Schleifens, weil Werkstück und Schleifkörper aneinander vorbeigleiten, Gleitschleifen oder auch Trowalisieren.

Bild 2-5
Gleitschleifkörper

2.4 Schleif- und Poliermaschinen und -verfahren

Auf dem Markt sind eine Vielzahl verschiedener Konstruktionsarten für die verschiedensten Schleif- und Polieraufgaben im Angebot. Die Bilder 2-6 und 2-7 zeigen eine Bandschleif- und eine Poliermaschine eines Anbieters, wie sie in verschiedenster Form und Größe in der Oberflächentechnik im Einsatz sind. Für weitere Details sei auf entsprechende Unterlagen der Anbieter und auf weiterführende Literatur verwiesen.

Für Schleifaufgaben im Bereich der spanabhebenden Formgebung und der Oberflächenveredelung unterscheidet man grundsätzlich zwischen Flach-, Profil- und Rundschleifmaschinen. In allen Fällen werden Formgebungsarbeiten und gleichzeitig Arbeiten zur mechanischen Oberflächenveredelung durchgeführt. Die Werkstücke werden dabei entweder gleichmäßig bewegt und der Schleifkörper der Form entsprechend CNC- gesteuert auf und ab gefahren wie z. B. beim Schleifen von Nockenwellen, bei denen die Welle gleichmäßig dreht, während die Schleifscheibe entsprechende Bewegungen ausführt, oder das Werkstück wird von einem Roboter geführt. Derartige Ausführungen sind sowohl zum zweidimensionalen wie zum dreidimensionalen Schleifen im Einsatz, sowohl bei Bearbeitung mit Schleifscheiben wie auch mit Schleifbändern. Schleifen mit Schleifbändern ergibt eine weniger präzise geometrische Nachbearbeitung wie solches mit Schleifscheiben .

Bei allen Schleifvorgängen, die trocken ablaufen, muß für eine kräftige Staubabsaugung zum Schutz der Umgebung gesorgt werden. Bei kleinen Anlagen kann der Staub durch Filter aufgefangen werden, bei größeren Anlagen kann die Hauptmenge des Staubes in einem Zyklon, den man gegebenenfalls mit Hartstoffen auskleiden kann [225] abgeschieden werden.Schleifstäube sind Sondermüll, auch deshalb, weil sie Schwermetalle vom Schleifgut enthalten. Gegen Staubentwicklung schützt beim Bandschleifen der Einsatz einer Naßschleifeinrichtung.

Bild 2-6
Flächenbandschleifmaschine
BS 300 mit Naßschliffeinrichtung; Foto Fa. Reichmann

Beim Schleifen mit Schleifpasten bleiben Stäube an das Fett gebunden. Die am Werkstück verbleibenden Stäube werden mit dem Werkstück in die Reinigung verschleppt und dort entsorgt (vgl. Reinigungsverfahren).

Bild 2-7
Poliermaschine,
Foto Fa. Reichmannn

Die Bearbeitung von Werkstücken in Gleitschleifanlagen dient ausschließlich der Verbesserung der Oberflächengüte. Derartige Anlagen können mit Rotationsantrieb z.B. als rotierende Trommel (Bild 2-8) oder als Vibrationsanlage (Bild 2-9 bis 2-11) ausgeführt werden, wobei man für jede Schleifgüte eine weitere Trommel verwendet.

Bereich der Schleif-
wirkung
Trommelfüllung

Bild 2-8
Rotierende Gleitschleiftrommel, schematisch.

Bild 2-9
Gleitschliff-Rundvibrator,
Bauart Spalek,
Foto OT-Labor der MFH

Man kann die Trommeln so schalten, daß die Werkstückübergabe automatisch erfolgt. Bild 2-12 zeigt einen Anlagenverbund für 2 Gleitschleifmaschinen. Beim Gleitschleifen wird der Abrieb in der wäßrigen Zusatzlösung (Compound) mitgeführt. Grobere Partikel scheidet man in einem Schlammabsetzer ab. Entstehendes Feinstmaterial setzt sich jedoch nicht so schnell ab. Dieses Material kann nur in einer Mikrofiltration mit Trenngrenze bei 0,1 µm Korngröße oder mit Hilfe einer Trommelzentrifuge abgetrennt werden (vgl. Reinigung).

Bei allen Schleifanlagen besteht ein Lärmschutzproblem. Die dort tätigen Mitarbeiter müssen deshalb mindestens mit entsprechendem Gehörschutz ausgestattet werden.

Bei Gleitschleifanlagen läßt sich der Lärm durch Schließen der Vibrationstöpfe mit einem Schallschutzdeckel oder -auflagen aus Gummi (vgl. Bild 2-10) erheblich vermindern.

Gleitschleifanlagen werden insbesondere vorteilhaft zur Bearbeitung von Massenteilen nicht zu großer Dimension eingesetzt. Der dazu günstigste Schleifkörper muß im Versuch ermittelt werden. Zu beachten ist, daß das Mischungsverhältnis zwischen Werkstück und Schleifkörper ein Volumenverhältnis von 1:4 nicht überschreiten sollte, weil sonst zu zahlreiche Kontakte zwischen zwei Werkstücken vorkommen, was zu Riefenbildung führt. Eine Trommel von z. B. etwa 500 l Inhalt kann bis zu 100 l Werkstücke und 400 l Schleifkörper enthalten, wobei das einzelne Werkstück durchaus z. B. 100 x 35 mm groß sein kann. Die Abtrennung der Schleifkörper vom Werkstück erfolgt durch Siebe, durch die die kleineren Schleifkörper hindurchfallen. Die Förderung von Schleifkörper und Werkstück erfolgt durch die Schwungbewegung des Vibrators. Die fertig geschliffenen Werkstücke sollten anschließend getrocknet werden, wozu z. B. Banddurchlauftrockner gut geeignet sind (Bild 2-13).

Bild 2-10
Gleitschliffrundvibrator,
Bauart Spalek
Foto OT-Labor der MFH

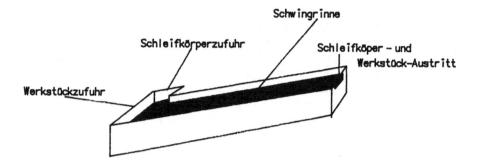

Bild 2-11 Vibrationsrinne

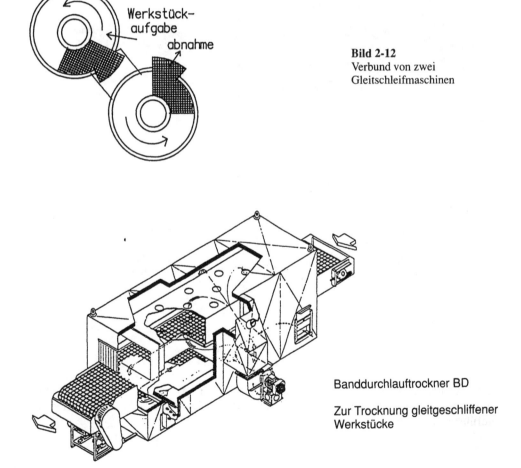

Bild 2-12
Verbund von zwei
Gleitschleifmaschinen

Banddurchlauftrockner BD

Zur Trocknung gleitgeschliffener
Werkstücke

Bild 2-13 Banddurchlauftrockner. Prospektaufnahme Roto Finish.

Vibrations-Gleitschleifanlagen haben den Nachteil, daß man nach Ende des Schleif-
vorganges eine Kontrolle darüber ausführen muß, ob auch nur Werkstücke der gewünschten Art in der fertigen Charge enthalten sind. Das Problem ist die Unsicherheit
bei der Restentleerung. Fliehkraftschleifanlagen werden nach Ende der Bearbeitung jeweils vollkommen entleert, und danach wieder neu mit Schleifkörpern befüllt, so daß
dieses Problem nicht entsteht. Bild 2-14 zeigt eine Fliehkraftschleifanlage als Tandemanlage. Bei Fliehkraftschleifanlagen wird zwischen Trommelboden und -seitenwand
mit Hilfe eines umlaufen Luftschlauches ein sehr kleiner Spalt erzeugt (Bild 2-15). Der
Trommelboden rotiert und überträgt die Rotation auf die Füllung, die durch Reibung an
der Trommelwand in sich durchmischt wird.

Bild 2-14
Fliehkraftschleifanlage
als Tandemanlage,
Foto Spaleck

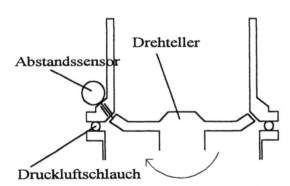

Bild 2-15
Konstruktion des Ringspalts
einer Fliehkraftanlage
Konstruktion Spaleck.

Weit verbreitet ist die Verwendung von Schleifbändern, die vielfach über flexible Füh-
rungsrollen geführt werden (Bild 2-16) und zu denen die Werkstücke mit Robotern zugeführt werden (Bild 2-17).

Bild 2-16
Führung eines Schleifbandes
mit einer flexiblen Rolle.

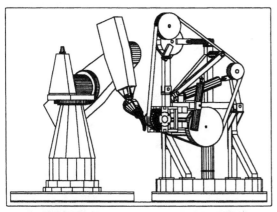

Bild 2-17
Zufuhr des Werksrtücks zur
Bandschleifanlage mit Hilfe
eines Roboters.

Technologiematrix für das Schleifen mit dem flexiblen Kontaktelement	Ausgangsgrößen								
resultierende Wirkung bei Vergrößerung der Stellgröße:	△	△	△		▽	▽	▽		▽
▲ vergrößernde Wirkung ▼ verkleinernde Wirkung = keine Wechselwirkung ■ starke Wechselwirkung □ schwache Wechselwirkung △ Zielrichtung Vergrößerung ▽ Zielrichtung Verringerung	Kontaktlänge	Kontaktbreite	axiale Formanpassung	mittlerer Anpreßdruck	Schleiftangentalkraft	Schleifleistung	Bandauslenkung	Abschliffvolumen	Oberflächenrauheit
Werkstückzustellung	△	▲	▲	=	▲	▲		▽	
Spannscheibenabstand	=	▽	▽	=		△	▼	△	
Kontaktelement-Innendruck	△	▽	▽	▲	▲	▲		▲	
Schnittgeschwindigkeit	=	▽	▽	△		▲			▲
Bandvorspannkraft	▽	△	△	△			▼		
Mantel- /Faser-Typ	■	■	■	□				□	■

3 Oberflächenbehandlung durch Strahlmittel

3.1 Der Arbeitsvorgang

Unter einer mechanischen Oberflächenbehandlung mit Strahlmitteln versteht man, daß die Oberfläche mit körnigen Materialien unterschiedlicher Form und Größe beworfen wird. Das körnige Material besitzt dabei eine durch Fremdeinwirkung vorgegebene erhöhte Relativgeschwindigkeit zur Oberfläche. Diese Geschwindigkeit wird dem Korn entweder durch Werfen oder durch ein strömendes Trägermedium mitgeteilt. Beim Werfen wird das Korn von rotierenden Armen eines Schleuderrades erfaßt. Beim Transport durch ein Transportmedium erhält letzteres über Pumpen oder Kompressoren zunächst eine kinetische Energie, ehe das Korn in das Transportmedium eingetragen wird. Als Transportmedien kommen allgemein Luft oder Wasser in Betracht (Naßstrahlen). Das beschleunigte Korn trifft dann auf die rauhe Oberfläche eines Werkstücks, auf der es eine spanabhebende Funktion ausüben soll. Je nach Größenrelation zwischen Rauhigkeit der Oberfläche und Korngröße des Strahlmittels ist der Strahleffekt unterschiedlich:

- Bei zu kleinem Korn wird nur geringe Wirkung beobachtet, weil das Korn vorwiegend in die Vertiefungen der Oberfläche trifft.
- Bei zu großem Korn geht etwas kinetische Energie verloren, weil das kann sogar die Rauhigkeit erhöht werden.

Strahlen führt auch zu einer manchmal gewollten Verdichtung der Oberfläche, die damit günstigere mechanische Eigenschaften erhält. Bild 3-1 zeigt schematisch die Wirkung eines einfallenden Strahlkorns.

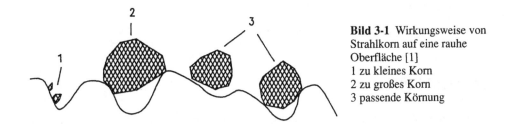

Bild 3-1 Wirkungsweise von Strahlkorn auf eine rauhe Oberfläche [1]
1 zu kleines Korn
2 zu großes Korn
3 passende Körnung

Im Gegensatz zu Schleif- und Poliermitteln spielt bei Strahlmitteln auch die äußere Kornform eine entscheidende Rolle. Allerdings darf nicht übersehen werden, daß Strahlmittel im Laufe längeren Gebrauchs sich abrunden und schließlich der Kugelform immer näher kommen. Die gebräuchlichsten Strahlmittel, die in DIN 8201 erfaßt sind, sind in der nachfolgenden Tabelle aufgeführt.

Tabelle 3-1 Gebräuchliche Strahlmittel

	Einsatzgebiet	Bemerkung
Quarzsand, gesiebt	Wasser-/Sandstrahlen	Silikosegefahr
Stahlschrot Stähle	Grauguß, niedrig legierte	
Stahlkies	E-Metalle	sehr preiswert
Stahldrahtschnitte	niedrig legierter Stahl, Guß etc.	
Stahldrahtschnitte	E-Metalle	sehr preiswert
Zirkonsand		
Elektrokorund	universell	
Siliciumcarbid	universell	
Hochofenschlacke		sehr preisgünstig
Kupferschlackensand		
Aluminiumgranulat	für Aluminiumoberflächen	
Bronzeschrot	für Kupfer und -legierungen	
Bronzedrahtabschnitte	für Kupfer und -legierungen	
gehacktes-Hartholz (Walnuß-, Aprikosenkerne)	für NE-Metalle	
Kunststoffgranulat	für GfK-Behälter	
Glasperlen	für NE-Metalle	

3.2 Strahlanlagen

Handbetriebene Druckluft-Strahlanlagen, bei denen das Strahlgerät per Hand geführt und das Strahlmittel mit Druckluft gefördert wird, sind vielfach im Gebrauch. Bild 3-2 zeigt den Schnitt durch eine mit Druckluft betriebene Strahlpistole. Der Luftstrom tritt aus der Düse A in die Unterdruckkammer B und erzeugt dort einen Sog.

Das über Schläuche herangeführte Strahlmittel tritt durch den Kanal C in die Ansaugkammer B ein. Das sich ausdehnende Gemisch aus Luft und Strahlmittel verläßt die Pistole durch die große Düse D. Die Leistung von Handstrahlgeräten ist begrenzt. Bei Einsatz von Wasser als Trägermedium werden gleichartig gebaute Strahlpistolen eingesetzt. Bei Verwendung von Wasser wird allerdings das Staubproblem vermieden, weil Strahlmittel und Abrieb als Schlamm niedergeschlagen werden, was der Verwendung von Luft als Trägermedium heute entgegensteht. Angewendet wird das Strahlen mit Handgeräten im Baugewerbe oder bei Reinigungsarbeiten in Behältern etc.

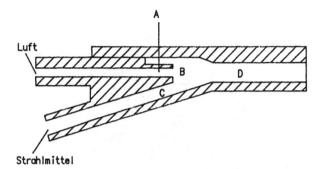

Bild 3-2
Luftdruck-Strahlpistole,
schematisch

Handstrahlgeräte, die mit Wasser betrieben werden, sind in ihrer Leistung begrenzt. Bei mehr als 40 l Wasser/min Wurfleistung liegt im allgemeinen die Einsatzgrenze. Für größere Wurfleistungen werden fest installierte oder fahrbare Geräte eingesetzt. Solche Geräte sind ebenfalls im Baugewerbe oder zum Beispiel zum Entlacken von Stahlbauten etc. im Einsatz.

Zur Bearbeitung von Werkstücken werden fest installierte Strahlkabinen verwendet, bei denen das Wurfkorn mit Hilfe von Druckluft oder von Schleuderrädern mit kinetischer Energie beaufschlagt wird. Die Wirkungsweise von Schleuderrädern zeigt Bild 3-3. Bild 3-4 zeigt eine technische Ausführung eines Schleuderrades mit demontierbaren Schleuderschaufeln. Bild 3-5 zeigt schematisch eine Druckluft-Strahlkabine.

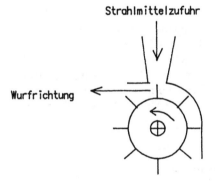

Bild 3-3
Schleuderrad,
schematisch nach [1]

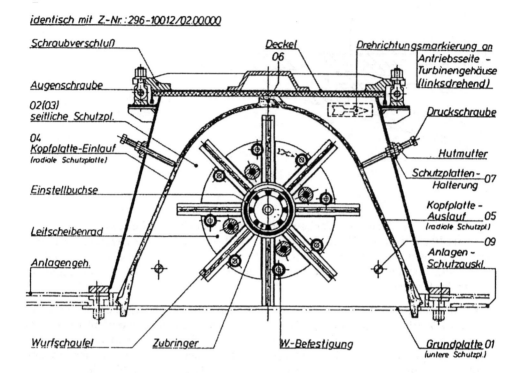

identisch mit Z.-Nr.:296-10012/02.00.000

Schraubverschluß

Augenschraube

02(03)
seitliche Schutzpl.

04
Kopfplatte-Einlauf
(radiale Schutzplatte)

Einstellbuchse

Leitscheibenrad

Anlagengeh.

Deckel
06

Drehrichtungsmarkierung an
Antriebsseite -
Turbinengehäuse
(linksdrehend)

Druckschraube

Hutmutter

Schutzplatten-
Halterung   07

Kopfplatte -
Auslauf   05
(radiale Schutzpl.)

09

Anlagen -
Schutzauskl.

Wurfschaufel   Zubringer   W.-Befestigung   Grundplatte 01
                                                               (untere Schutzpl.)

Bild 3-4 Schleuderrad, Zeichnung Vogel & Schlemmann

Beim Strahlen mit Schleuderradanlagen werden im allgemeinen mehrere Schleuderräder an verschiedenen Stellen positioniert. Das Werkstück wird je nach Schwere auf einem Transportwagen oder an einer Förderkette oder auf einem Förderband in die Kabine gefahren und dort nach Abdichten der Kabine mit Strahlmittel beaufschlagt. Das
verbrauchte Strahlkorn wird abgesaugt, in einem Zyclon abgeschieden und durch Sieben zur Wiederverwendung aufbereitet. Dabei werden zerbrochene Strahlkörner und
der Metallabtrag ausgesiebt.

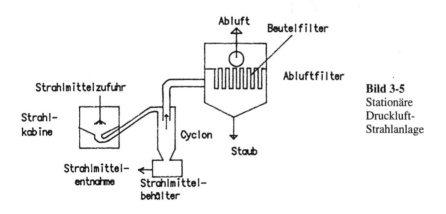

Abluft   Beutelfilter

Abluftfilter

Strahlmittelzufuhr

Strahl-
kabine

Cyclon

Staub

Strahlmittel-
entnahme   Strahlmittel-
behälter

Bild 3-5
Stationäre
Druckluft-
Strahlanlage

Bild 3-6 zeigt schematisch den Aufbau einer Strahlmittelanlage mit 4 Schleuderrädern. Bild 3-7 zeigt eine Schleuderradanlage, in der die Werkstücke an einer Hängebahn in die Strahlkabine transportiert werden. In Bild 3-8 ist eine Rollenbahnanlage zum Bearbeiten von Profilmaterial zu sehen. Strahlmittel, die zu hart sind, haben eine geringere Standzeit. Bild 3-9 zeigt die Abhängigkeit der Standzeit von Stahlschrot von der Härte des Korns. Es gibt dabei ein Optimum bei etwa HRC 50.

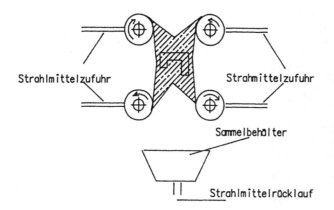

Bild 3-6
Schleuderradanlage mit 4
Schleuderrädern

Bild 3-7
Hängebahnanlage, Foto
K.Rump Oberflächentechnik

Bild 3-8
Rollenbahn-Strahlanlage,
Foto K. Rump Oberflächen-
technik

Strahlmitteldurchsatz

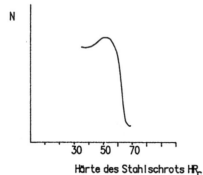

Bild 3-9
Abhängigkeit der Strahlmittel-
standzeit von der Härte für
Strahlmittel aus Stahl [1]

Ein Maß für die Güte der Strahlwirkung ist die Flächenüberdeckung, die mikroskopisch bei 50-facher Vergrößerung ermittelt werden kann. Man versteht darunter den Prozentsatz einer Beobachtungsfläche, der vom Strahlmittel getroffen wurde. Trägt man den Flächenüberdeckungsgrad gegen die Strahlzeit auf, erhält man eine sich asymptotisch der 100 % Linie nähernde Kurve. Zu langes Strahlen, zu hohe Flächenüberdeckung erhöhen die Strahlkosten überproportional (Bild 3-10).

Der Einsatz von Hartholzstrahlmitteln ist insbesondere bei weichen oder bei polierten Oberflächen zu empfehlen. Oberflächen von Bleiartikeln oder von polierten Edelstahlkesseln werden beim Einsatz von Hartholz nachpoliert.

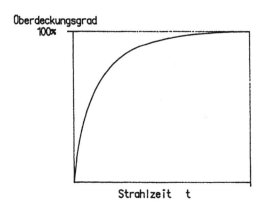

Bild 3-10
Zunahme der Flächenüber-
deckung mit wachsender
Strahlzeit [1]

Beachtet werden muß, daß man nicht jedes beliebige Werkstück nacheinander in der gleichen Strahlmittelmenge strahlen darf. So sollte man z. B. in einer zum Strahlen

von Stahlwaren eingesetzten Kabine nicht gleichzeitig Aluminiumwaren strahlen, weil sonst Abtrag vom Stahl in die Aluminiumoberfläche eingehämmert werden wird (Rost-flecke). Beim Entrosten von Stahlwaren wird Strahlen ebenfalls oft eingesetzt. Auch hier besteht u. U. die Gefahr, daß Rostpartikel in die Oberfläche eindringen.

3.3 Shot peening

Shot peening ist eine Spezialform der Oberflächenbehandlung. Wenn ein hartes Korn eine metallische Oberfläche trifft, entsteht eine Druckspannung. Beim Shotpeening wird diese Druckspannung genutzt,um die Oberfläche zu härten Man beschiesst die Oberfläche mit Stahlkugeln ungefähr gleichen Durchmessers. Am Aufschlagspunkt auf der Oberfläche entsteht dann eine Druckspannung, die durch die Formel beschrieben wird

$$\sigma = (\lambda \Delta\Delta_1 - 1.\Delta\Delta_2) \ .E/\Delta.1$$

Die Bedeutung der Symbole ist in Bild 3-11 zu entnehmen. E ist der E-Modul des Metalls.

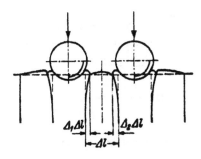

Bild 3-11
Das Prinzip des
Shot-peenings [11]

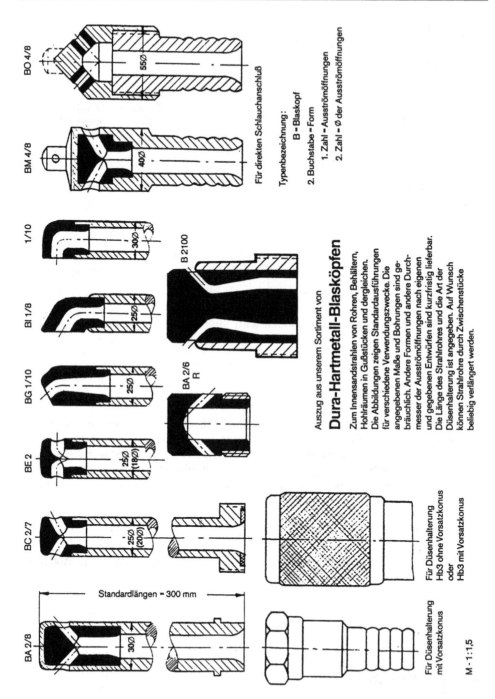

Bild 3-12
Hartmetalldüsen zum Innenstrahlen von Rohren,
Prospekt Fa. Dura-Sandstrahltechnik
1. Zahl = Anzahl der Ausströmöffnungen   2. Zahl = Durchmesser der Ausströmöffnung in (mm)

Im Gegensatz zum thermischen Härten ist das Härten durch shot peening nicht umkehrbar.Zu langes Behandeln im shot peening dreht den Erfolg um, d.h.die Oberfläche wird weicher.

3.4 Strömungsschleifen feinster Öffnungen

Suspendiert man das Schleif- oder Poliermittel in einer thixotropen Flüssigkeit, also in einer Flüssigkeit die erst nach Anlegen einer höheren Scherkraft zu fliessen beginnt, so erhält man die Möglichkeit, auch feinste Strukturen mit der Suspension zu durchströmen und damit zu schleifen und zu polieren..Die Körnung der Schleifmittel der Strömungsschleifen genannten Operation beträgt je nach Einsatzgrad 6 bis 140 µm. Die Suspension wird mit 1 bis 35 bar gepumpt. Die Technik wird z. B. genutzt um Schlitze < 0,1 mm oder Bohrungen < 0,02 mm zu schleifen. Bild 3-13 zeigt den apparativen Aufbau einer solchen Anlage Bild 3-14 zeigt unterschiedliche Spannvorrichtungen für unterschiedliche Werkstücke.

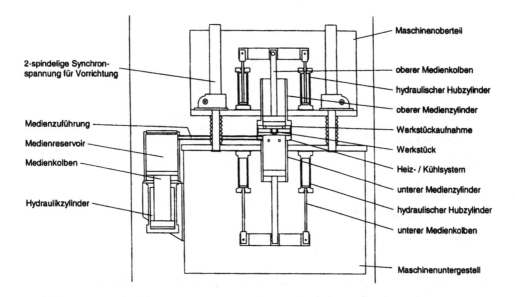

Bild 3-13 Aufbau einer Strömungsschleifmaschine [115]

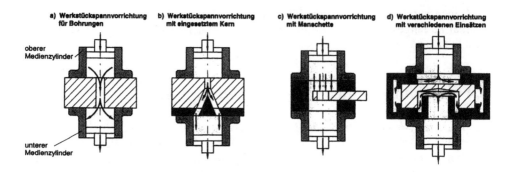

Bild 3-14 Haltevorrichtungen für verschiedene Werkstück beim Strömungsschleifen [115]

3.5 Umweltaspekte beim Schleifen und Polieren.

Beim Schleifen und Polieren werden folgende Abfälle geformt:

Anfallort	Abfall
Trockenschleifen	Staub, Filterrückstände
Nassschleifen	ölhaltiger Schlamm
Strahlen, shot peening	Staub, Filtrations- und Siebrückstände
Wasser getriebenes Strahlen	Schlamm, Abwasser
Lösungsmittel betriebenes Strahlen	organische Abfalldispersion
Schleifen im Gleitschleifverfahren	Schlamm, Abwasserdispersion
Polieren mit Polierringen	Schlamm, verbrauchte Ringe

Staub, Filtrations- und Siebrückstände enthalten Metalle. Sie können zu Briketts gepreßt und als Rohstoff in der Metallurgie verwendet werden (Bild 3-15). Briketts aus vorwiegend organischem Material können auch als Brennstoff verwertet werden. Abwässer werden mit einer Zentrifuge aufgetrennt und das gereinigte Wasser wieder verwendet.

Ölhaltige Rückstände können mit anderen Feststoffen auf weniger als 1 % Feststoff herunter gemischt und als Rohstoff in der Metallurgie eingesetzt werden. Man kann aber auch den ölhaltigen Rückstand in einer Anlage mit flüssigem CO_2 extrahieren. Dazu wird das Produkt bei 500 bar und 80 °C mit flüssigem CO_2 behandelt, physikalisch getrennt und auf 80 bar Druck entspannt. Der Extrakt spaltet sich dabei in gasförmiges CO_2 und flüssiges Öl auf. Das Öl kann dann direkt wieder eingesetzt werden (Bild 3-16) [147].

Bild 3-15 Brikettiermaschine [182]

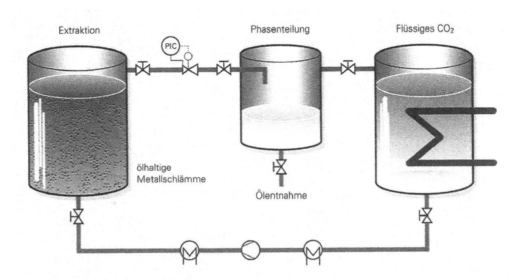

Bild 3-16 Ölextraktion aus ölhaltigen Schleifrückständen [186]

4 Öle und Fette in der Industrie

Der Oberflächeningenieur sollte zum ersten Mal bei Einkauf der metallischen Rohware zu Rate gezogen werden. Bleche, Coils, Rohre, Drähte, Profile etc. sind mit Bearbeitungsrückständen oder/und Korrosionsschutzölen versehen, die den Anforderungen der nachfolgenden oberflächentechnischen Behandlung nicht hinderlich im Wege stehen sollten.

Die metallischen Rohmaterialien werden im Betrieb mit weiteren Schmierstoffen und Bearbeitungsölen wie Kühlschmierstoffen, Schneidölen, Honölen, Ziehfetten etc. in Berührung kommen, an die die gleichen Anforderungen der Verträglichkeit mit nachfolgenden Bearbeitungsschritten gestellt werden müssen. Undichtigkeiten an den Bearbeitungsmaschinen bedingen es, daß der Werkstoff auch noch mit Maschinenschmierstoffen, Hydraulikölen etc. in Kontakt kommen. Alle diese Stoffe befinden sich möglicherweise auf der Werkstückoberfläche, wenn das Werkstück im Betriebsbereich Oberflächentechnik eintrifft und weiter bearbeitet werden soll. Ehe man sich daher mit der Entfernung dieser Stoffe von der Oberfläche befassen soll, sollte man etwas über die Chemie der Schmierstoffe und Öle [7] erfahren.

4.1 Eigenschaftsgrößen von Schmierstoffen

Die wichtigste Kenngröße eines Schmierstoffs ist die Zähigkeit oder Viskosität. Unterschieden werden die dynamische Viskosität η (in Pa·s) und die kinematische Viskosität

$$v = \frac{\eta}{\rho} \text{ in } (mm^2 \cdot s^{-1}) \text{ } \rho \text{ ist hierbei die Dichte in } (g \cdot cm^{-3}).$$

Die Viskosität von Schmierstoffe sinkt mit steigender Temperatur, wobei der Temperaturverlauf sich durch die Darstellung

$$\log * \log * (v+c) = k - m * \log * T$$

mit c, k, m = empirische Konstanten, T = absolute Temperatur in (K) linearisieren läßt. Die Viskosität vieler Schmierstoffe steigt mit steigendem Druck stark an gemäß

$$\eta_p = \eta_o * e^{\alpha * p}$$

α = Viskositäts-Druck-Koeffizient.

Dem Druckverhalten von Schmierstoffen kommt große Bedeutung zu, weil zu einer guten Schmierwirkung ein tragender Flüssigkeitsfilm die jeweiligen Reibpartner von einander trennen muß. Bild 4-1 zeigt verschiedene Reibungszustände, wobei bei Misch- oder reiner Festkörperreibung bereits Verschleiß entsteht.

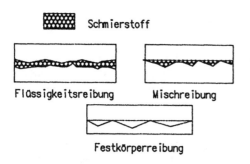

Bild 4-1
Schematische Darstellung verschiedener Reibungszustände
nach [186]

4.2 Chemische Komponenten des Schmierstoffaufbaus und ihre Bewertung aus Sicht des Oberflächentechnikers

65 bis 75 % aller in der metallverarbeitenden Industrie eingesetzten Bearbeitungsschmierstoffe haben Mineralölraffinate als Basismaterial. Bei paraffinischen Raffinaten werden die in Tabelle 4-1 angegebenen Schnitte eingesetzt.

Tabelle 4-1 Einsatzgebiete von paraffinischen Raffinaten nach [7]

Siedebereich des Raffinats	Viskosität h_{40} bei 40 °C (Pa·s)	Einsatzgebiet
250 – 300 °C	4	Honöl für Stahl
280 – 370 °C	11	Walzöl für Stahlblech
300 – 410 °C	27	Schneidöl
350 – 500 °C	100	Profilzugöl
370 – 520 °C	200	Tiefziehöl
> 520 °C	>200	Rohrzugöl

Paraffine sind chemisch gesehen langkettige gesättigte Kohlenwasserstoffe. Man unterscheidet sie von ringförmigen gesättigten Kohlenwasserstoffen, den Naphthenen. Auch naphthenische Destillate werden in der Schmiertechnik eingesetzt. In naphthenischen Destillaten muß aber der Gehalt an aromatischen Kohlenwasserstoffen, die die Naphthene meist begleiten, durch weitere Reinigungsschritte eingeschränkt werden.

In den in der metallverarbeitenden Industrie eingesetzten Produkten findet man daher

- Paraffine, die für das Kälteverhalten der Schmierstoffe verantwortlich sind.
- Naphthene, die neben gutem Verhalten in der Kälte gutes Lösevermögen für Zusätze besitzen.
- Aromaten mit besten Lösevermögen für Zusätze, aber schlechtem Temperaturverhalten.

- Man kennzeichnet Schmierstoffe nach dem Prozentsatz des Kohlenstoffs in der jeweiligen Bindung.

Typische parafinische Basismaterialien enthalten z. B.

$$C_P = 67\,\%, \qquad C_N = 27\,\%, \qquad C_A = 6\,\%.$$

Typische naphthenische Materialien z. B.

$$C_P = 50\,\%, \qquad C_N = 38\,\%, \qquad C_A = 12\,\%.$$

Wachsende Bedeutung kommt synthetischen Ölen zu, von denen folgende Substanzen als Solvate im Einsatz sind:

- Polyolefine mit breiter Molekulargewichtsverteilung bis etwa $C_{25}H_{52}$. Besondere Bedeutung kommt dem Poly-Alpha-Olefin (POA)zu, das durch Trimerisieren von n-Decen-1 gewonnen wird. Für Spezialzwecke wird Polybuten eingesetzt, das bei thermischer Behandlung rückstandsfrei in die Monomeren zerfällt. Polybuten und POA werden auch als hochviskoser Schmierölzusatz verwendet.

- schwefelfreie Alkylbenzole

- Polyglykole $HO-(CH_2CH_2O-)_nH$ insbesondere für wassermischbare Kühlschmierstoffe.

- Native Fette (Carbonsäure-Glyzerinester). Sie besitzen günstiges Mischreibungsverhalten, haben aber den Nachteil, daß sie altern und dabei verharzen können und Rückstände bei thermischer Behandlung bilden.

- Synthetische Ester aus kurzkettigem Alkohol und langkettiger Carbonsäure (z. B. Methyloleat) für Emulsionen, für Drahtzug, als Stanz- oder Walzöl. Dicarbonsäureester von Adinpinsäure, Phthalsäure, Sebacinsäure für Zieh-, Schneid- oder Walzöle.

- Polare Schmierstoffe wie Metallseifen (Alkali-, Erdalkali- oder Zinkseifen, z. B. Zinkbehenat) für das bei der Bearbeitung von Metalloberflächen auftretende Mischreibungsgebiet, zum Einsatz z. B. im Drahtzug, beim Tiefziehen von Aluminiumdosen.

- Polare organische Stoffe wie Fettamine, Fettalkohole, Fettsäureamide.

- Natürliche Fettöle wie Rüböl, Sojaöl, Rizinusöl, Palmkernöl. Insbesondere wegen des Gehaltes an ungesättigten Fettsäure besteht bei diesen Fettölen erhebliche Verharzungsgefahr, was

- Fettsäuren bilden mit dem Oxidfilm auf der Metalloberfläche fettsaure Metallsalze, die zwar von guter Schmierwirkung sind, insbesondere bei Eisenwerkstoffen aber zuReinigungsproblemen führen [8].

Die Basisprodukte werden mit Zusätzen versehen, damit die technische Einsatzfähigkeit erreicht wird. Von den möglichen Zusätzen sind für die Oberflächentechnik nur solche von Interesse, die sich normalerweise in für Korrosionsschutzöle oder Öle für die spanabhebende Fertigung oder in Ölen für die Kaltumformung enthalten sind. Nicht behan-delt werden deshalb z. B. die in Motorenölen enthaltenen Heavy-Duty-Additive

(HD-Additive), Stockpunkterniedriger, Anti-squak-Zusätze (in Getriebeölen), Anti-chetter-Zusätze (Getriebe) und andere in Motorenölen vorhandene Produkte. Hierfür kann auf Spezialliteratur [9,10,11] verwiesen werden.

Als Zusätze in Verarbeitungsölen werden insbesondere Hochdruckzusätze (Extreme-Pressure-Additives oder EP-Additive) zugesetzt, die den Viskositäts-Druck-Koeffizienten α erhöhen, verwendet. EP-Additive wirken meist dadurch, daß sie mit der Metalloberfläche bei erhöhter Temperatur reagieren und Schutzfilme bilden. Der Schutzfilm wird bei abrasiver Belastung abgetragen und wieder neu gebildet, so daß anstelle eines abrasiven Verschleißes ein geringer chemischer Verschleiß eintritt. Die Produkte enthalten daher meistens Verbindungen mit Chlor, Schwefel oder Phosphor. Ebenso werden zink-, blei-, wismut- oder molybdänhaltige Zusätze verwendet, deren Wirkung auf Eindiffundieren in die Oberfläche und Bildung eutektoider Zustände beruht.

Chlorhaltige Zusätze mit 35 bis 70 % Chlorgehalt werden iln Schneid- oder Schleifölen oder beim Profilzug verwendet. Chlorierte, organische Öle sind jedoch ökologisch als CKW zu behandeln, so daß oft die Entsorgung der Öle teurer ist als deren Anschaffung. Kenntlich sind Öle mit chlorhaltigen Zusätzen schon daran, daß sie schwerer als Wasser sind. Bei hohem Chlorgehalt (70 %) beträgt die Dichte bei Raumtemperatur = 1,53 g·cm^{-3}. Die Wirkung des Chlors beruht auf der Bildung von FeCl$_3$-Filmen auf der Werkstückoberfläche, der bis etwa 400 °C stabil ist. Während des Gebrauchs reichert sich das anorganische Chlor im Öl an, wodurch es zu Korrosionsschäden kommen kann. Bedeutung haben insbesondere noch Produkte, die durch Umsetzung von Olefinen oder Fettsäureestern mit S$_2$Cl$_2$ entstehen.

Schwefelhaltige EP-Additive bilden auf der Werkstückoberfläche Sulfidschichten mit reibmindernder Wirkung. Sie werden eingesetzt bei hohen Bearbeitungsgeschwindigkeiten von niedrig legierten Werkstoffen oder bei schwer zerspanbaren Werkstoffen. Nach DIN 51759 unterscheidet man kupferaktive von kupferinaktiven Zusätzen dadurch, daß kupferaktive nach einiger Einwirkzeit bei erhöhter Temperatur auf einem Kupferstreifen Kupfersulfidbildung (dunkle Verfärbung) hervorrufen.

Nach ASTM-D 1662 bestimmt man die Schwefelmenge, die bei 150 °C mit Kupferpulver reagiert hat. Kupferaktive Zusätze sind für Kupferwerkstoffe ungeeignet. Chemisch sind schwefelhaltige EP-Additive organische Disulfide oder Polysulfide, die durch Schwefeleinlagerung in Olefine, Fettsäureester oder durch Lösen von z. B. 2 % Schwefel in Mineralöl bei 160 °C entstehen.

Phosphorhaltige EP-Additive sind organische Alkyl- oder Aryl-Phosphate (z. B. Trikresylphosphat) oder Aminphosphate z. B. für wasserlösliche Kühlschmierstoffe. Die Wirkung phosphorhaltiger EP-Zusätze beruht auf der Bildung von Phosphatschichten bei erhöhter Temperatur.

Die häufigste Verwendungsform im Zerspanungs- oder im Umformbereich ist die Verwendung als Emulsion vom O/W-Typ (Öl- in-Wasser-Emulsion). Solche Öle enthalten dann Emulgatoren, die mit den oberflächenaktiven Substanzen der Reinigungsmittel verwandt oder identisch sind. Verwendet werden

- Anionische Emulgatoren wie Natriumseifen (NaOOCR),
       die mit der Wasserhärte schwerlösliche, störende Calciumseifen bilden
       Aminseifen R-COONH(CH$_2$CH$_2$OH)$_3$

Naphthenseifen cyc-C_5H_{10}-COONa
Sulfonate wie $C_{12}H_{25}$-ar-C_6H_4-SO_3Na
Sulfate wie Türkischrotöl (aus Rizinusöl)
Aminsalze von sauren Phosphorsäureestern

- Kationische Emulgatoren wie
    quartäre Ammoniumsalze $(R)_3$NHCH$_3$COO mit Batainstruktur
    Salze von Fettaminen RCH$_2$NH$_3$CH$_3$COO
    Imidazoliniumsalze

- Nichtionische Emulgatoren wie
    Polyglykolether HO-$(CH_2CH_2O-)_n$H
    oder andere ethoxylierte Produkte (Fettalkohole, Fettamine etc.).

Anionische Emulgatoren werden am häufigsten verwendet. Für schwere Umform- oder Zerspanungsarbeiten können auch Emulsionen vom W/O-Typ (Wasser in Öl Typ) verwendet werden.

Weiter zu beachten sind inhibierende Zusätze. Dazu zählen :

- Adsorptionsinhibitoren, Stoffe, die auch als EP-Additive oder als Emulgatoren Verwendung finden

- Nitritzusätze $NaNO_2$ (Vorsicht! Nitrosaminbildung zusammen mit Amin-Abkömmlingen!).

- Na-Mercaptobenzthiazol als Inhibitor für Kupferwerkstoffe

- Cyclohexylamin oder Morpholin als Dampfphaseninhibitor.

In wasserlöslichen Kühlschmierstoffen liegt ein Nährboden für Kleinlebewesen (Pilze, Bakterien) vor, weshalb in diesen Stoffen Konservierungsmittel eingesetzt werden müssen. Als Konservierungsmittel werden verwendet

- Formaldehyd oder Formaldehydderivate wie

- O-Formale ar-C_6H_5-CH_2OCH_2OH (ar = aromatisch)

- N-Formale wie Hexahydrotriazin

- Phenolderivate oder andere Produkte.

O- und N-Formale sind Formaldehyd-Depot-Wirkstoffe, die also Formaldehyd abspalten können. Wasserlösliche Kühlschmierstoffe können zusätzlich mit Antischaumzusätzen versehen werden. Vom Standpunkt der Oberflächentechnik sind hier silikonfreie Zusätze z. B. auf Basis Polyethylenglykolether vorzuziehen.

4.3 Anforderungen und Auftragsmengen der Schmierstoffe und Korrosionsschutzöle in der Blechbearbeitung

Schmierstoffe werden überwiegend mit Hilfe der Bearbeitungsmaschinen bei vorhergehenden Fertigungsschritten aufgetragen. Auftragsverfahren für Schmierstoffe können daher in einschlägiger Fachliteratur nachgelesen werden [7]. Zum Auftragen von Korrosionsschutzölen geeignet sind Sprüh- und Walzverfahren, wie sie in Bild 4-2 und 4-3 zu sehen sind.

Die Auftragsmengen für Schmier- und Korrosionsöle sind recht unterschiedlich. Beim Ziehprozeß z. B. richten sich Konsistenz und Auftragsmenge nach der Materialstärke. Mit folgenden Auftragsmengen muß bei Tiefziehprozessen gerechnet werden:

- Tiefziehen sehr dünner Bleche: 0,5 bis 1 μm Ölschicht, die meist aus dem mit dem Blech gelieferten Einfettöl besteht.
- Tiefziehen dickerer Bleche: 2 bis 2,5 μm Ölschicht, meist Einfettöl.
- Tiefziehen von dicken Blechen erfodert den Einsatz spezieller Ziehfette.

Die Menge der Einfettöle, die lösemittelfrei auf ein Blechcoil aufgebracht werden, beträgt etwa 0,5 bis 2,5 g/m^2 entsprechend einer Schichtstärke von etwa 0,5 bis 2,5 μm. Öle, die dazu benutzt werden, enthalten heute Thixotropie-Zusätze, die es verhindern sollen, daß beim lagernden Coil das Einfettöl langsam in Bodenrichtung fließt. Öle, die zum Schneiden eingesetzt werden, sind höher additivierte Öle mit EP-Additiven.

Bild 4-2
Bandsprühanlage,
Foto Schmiertechnik J. Hießl.

An Schmier- und Korrosionsschutzöle werden von der Industrie folgende Anforderungen gerichtet:

Korrosionsschutzprüfungen:

- Korrosionsschutzwirkung von Kühlschmierstoffen nach DIN 51 360
- Korrosionsschutzprüfung im Schwitzwasser-Wechselklimatest SFW nach DIN 50017 und DIN 51386 (entsprechend VW-Norm 0-01).
- 3 Monate Lagerung in Betriebshallenatmosphäre nach Daimler-Benz-Norm DBL 6757.

• Salzsprühtest nach DIN 50021 oder ASTM B 117 (entsprechend Opel-Spezifikation B 0401270).

Bild 4-3
Rollenbandöler,
Prospekt Fa. Zibulla & Sohn,
Raziol-Schmierungstechnik

Entfernbarkeitsprüfungen:

• Tauchentfettungsversuch nach Frischbeölung und nach 3 Monaten
• Lagerzeit mit Wasserbruchtest nach VM-Norm 0-01.
• Zinkphosphatieren im Betriebsversuch nach Daimler-Benz-Norm
• Laborentfettungsversuch unter Standardbedingungen nach Opel-Spezifika-
tion B 0401270.

Beurteilung der Zieheigenschaften:

• Näpfchenziehversuch nach DIN 51101 entsprechend VW-Norm 0-01 bzw.
Daimler-Benz-Norm DBL 6757.

Weitere Prüfungen, die eingesetzt worden sind:

• Bestimmung des Aromatengehaltes mit Hilfe einer IR-spektroskopischen
Methode nach Opel-Spezifikation B 0401270.

• Zementationsversuch in $CuSO_4$-Lösung nach Entfetten eines Blechstücks.

• Prüfung der Lackierbarkeit im KTL-Verfahren an nicht entfetteten Blechteilen
mit 5 µm Ölschicht. Die eingebrannten Musterteile werden anschließend
dem Salzsprühtest nach DIN 50021 unterworfen.

• Prüfung der Überschweißbarkeit. Verlangt werden, daß die Beölung keine
Beeinflussung der Haftung der Schweißverbindung ergibt, und daß keine
Arbeitsplatzbelästigung durch Dämpfe entstehen.

• Prüfung der Verklebbarkeit an nichtentfetteten Musterteilen. Die Haftung
einer Klebeverbindung soll 280 N·cm^{-2} nicht unterschreiten.

4.4 Festschmierstoffe

Festschmierstoffe sind Schmierstoffe, die in festem Zustand vorliegen. Einige von ihnen lassen sich bei Warmumformungsprozessen bis 450 °C, kurzzeitig bis 1000 °C, einsetzen. Eingesetzt werden:

- Graphit, dessen Schmierwirkung auf dem plättchenförmigen Aufbau des Gra-
  phitkristalls beruht, der parallel zur dreizähligen a-Achse leicht abscher-
  bar ist.

- Graphitfluorid $(CF_x)_n$, das durch Aktivieren von Graphit mit Fluor hergestellt
  wird, zeigt eine verbesserte Schmierwirkung als Graphit, wird aber seltener eingesetzt.

- Molybdändisulfid MoS_2.

Alle drei Schmierstoffe erweisen sich als in der Reinigung schwer entfernbar mit wäßrigen Reinigungsmitteln, so daß ihr Einsatz vom Standpunkt der Oberflächentechnik in
Prozessen der Umformtechnik nicht erwünscht ist. Ebenso sind Schmierstoffe, die
durch Zersetzung beim Umformprozeß Kohlenstoff ausscheiden nicht einsetzbar, wenn
nachfolgend wäßrige Reinigungsprozesse stattfinden.

- organische Polymere wie Polyamide, Polyethylene oder Polyacetate werden
  insbesondere manchmal als Ziehschmierstoff ebenso wie Teflonpulver in
  der Blechverarbeitung eingesetzt. Dabei muß beachtet werden, daß ein im
  Verlauf des Prozesses aufgeschmolzener Kunststoff reinigungstechnisch
  nicht mehr abgelöst werden kann, was den Einsatz des Schmierstoffs verbietet. Eine sorgfältige Prüfung ist im Einzelfall angeraten.

- anorganische Alkali- oder Erdalkalicarbonate oder -hydroxide erzeugen beim
  Drahtziehprozeß eine dünne Fe_3O_4-Schicht, die den Schmierprozeß
  unterstützt.

- Silikate in Form von Glimmern, Talk, Montmorillonit, ferner Kieselgel, Borate
  oder Borsäure oder auch Zinksulfid ZnS oder Schwefelblüte finden im
  Draht- oder Profilzug Anwendung.

- Trockenziehseifen (Natrium- oder Calciumstearate) oder Zinkbehenat
  $(C_{21}H_{43}COO)_2Zn$ werden in Ziehprozessen verwendet. Alle drei Gruppen
  von Trockenschmierstoffen können im nachfolgenden Reinigungsverfahren auf wäßriger Basis abgelöst werden.

- Bei Ziehprozessen mit Chrom-Nickel-Stählen werden Oxalatschichten verwendet, die in nachfolgenden wäßrigen Reinigungsschritten entfernbar sind.

- bei niedrigerer Temperatur erweichende Silikat-, Phosphat-oder Boratgläser
  dienen beim Strangguß im Stahlwerk bzw. beim Rohrzug z. B. im Edel-
  stahlwerk als Schmiermittel. Reste dieser Gläser werden normalerweise
  im nachfolgenden Walzprozeß rein mechanisch abgelöst. Beim Rohrzug
  verbleiben jedoch geringe Glasreste auf der Rohrwandung. Zu ihrer Entfernung muß dann eine Säurebehandlung unter Zusatz von Flußsäure
  (HF) durchgeführt werden.

4.5 Umweltschutz bei der Verwendung von Ölen und Fetten

Die Entfernung anhaftender Schmierfette durch Wischlappen etc., die anschließend
verbrannt werden können, ist auch heute noch herkömmliche Praxis. Die Entfernung
von Korrosionsschutzölen innerhalb einer Reinigung wird dort behandelt. Größere Öl-
mengen sind dort im Umlauf, wo Emulsionen eingesetzt werden. Die Aufgabe von
Emulsionen ist es z. B., Werkstücke zu schmieren und zu kühlen. Man unterscheidet
Emulsionenn vom Öl in Wasser Typ (O/W) von solchen von Wasser in Öl Typ (W/O).
Meist verwendet werden Emulsionen vom O/W-Typ, aber für schwere Umformvor-
gänge werde auch solche vom W/O-Typ eingesetzt. Die Kühlungseigenschaften von
Emulsionen sind besser als die von reinen Ölen (Bild 4-4).

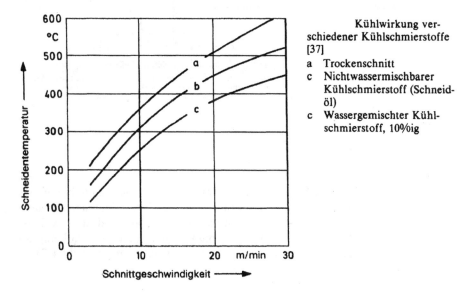

Kühlwirkung ver-
schiedener Kühlschmierstoffe
[37]
a   Trockenschnitt
c   Nichtwassermischbarer
    Kühlschmierstoff (Schneid-
    öl)
c   Wassergemischter Kühl-
    schmierstoff, 10%ig

Bild 4-4 Kühlung in Schneidprozessen
[147]a trockener Schneidprozess; b Schneidprozess mit Ölkühlung; c Kühlung durch 10 % Emulsion O/W

Verunreinigungen von Emulsionen entstehen durch die verarbeiteten Werkstücke und
Maschinen und aus der Atmosphäre wie Nitrit und Carbonat. Metallpartikel können in
den aus Korrosionsschutzgründen im allgemeinen alkalisch Emulsionen mit Hilfe von
Filtern, Zentrifugen oder einer Kombination aus Filter und Dreiphasenseparator entfernt werden. Vorhandene Fremdöltropfen sind im allgemeinen größer als die Öltropfen der Emulsion, so daß sie in einer Zentrifuge abgeschieden werden können. Eine
komplette Wiederaufbereitungsanlage für Emulsionen zeigt Bild 4-5.

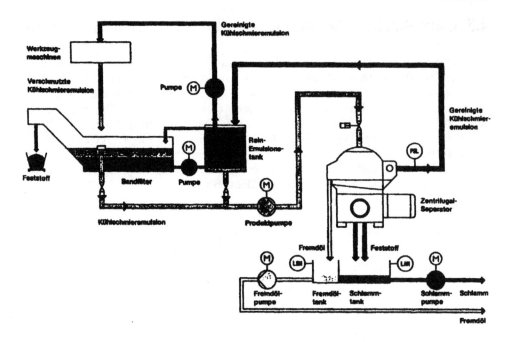

Bild 4-5 In-process-recycling für Emulsionen [147]

In-process-recycling bei kleineren Anlagen kann durch Elektrokoagulation, kombiniert
mit einer Zentrifuge (Bild 4-6) [147] durchgeführt werden. Falls Trinkwasser anstelle
von vollentsalztem Wasser zum Einsatz kommt, werden Carbonat und Stickoxid aufgenommen, so daß der pH-Wert sich dem Neutralpunkt nähert. In diesem Fall empfielt
es sich, Ultrafiltration und Elektrodialyse zur Regeneration einzusetzen (Bild 4-7)

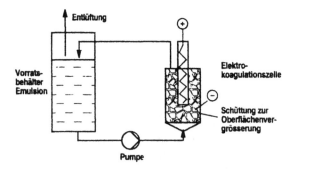

Bild 4-6
In-process-recycling von
Emulsionen durch Elektro-
dialyse [147]

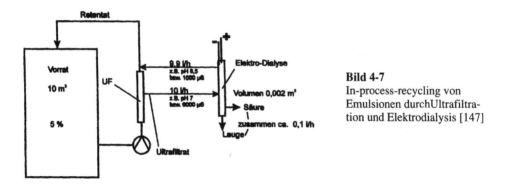

Bild 4-7
In-process-recycling von
Emulsionen durchUltrafiltra-
tion und Elektrodialysis [147]

Nach einiger Zeit müssen Emulsionen gewechselt werden, weil die aufgenommenen Verunreinigungen und Spaltprodukte des Öls die Weiterverwendung der Emulsion verhindern. Gewöhnlich werden die Emulsionen durch Zusatz von Fe-III-Salzen neutralisiert. Die entstehenden $Fe(OH)_3^-$ Flocken absorbieren das Öl und können nach Flotation abgeschieden werden. In einer Elektroflotation erzeugt man den flotierenden Gasstrom durch elektrolytische Zersetzung der wäßrigen Flüssigkei. In einer Dekopressionsflotation löst man Luft unter Druck in der Flüssigkeit, so daß beim Entspannen ein Gasstrom entsteht, der die Flotation zu Stande bringt (Bild 4-8). Da das Öl in Emulsionen sehr hochwertig ist, kann man das Öl nach thermischem Verdampfen des Wassers zurückgewinnen. Aus energetischen Gründen verwendet man einen Zweistufenverdampfer mit Dampfkompressor und arbeitet im Vakuum (Bild 4-10) oder einen Dünnschichtverdampfer mit sehr kurzer Kontaktzeit der Emulsion mit der Heizfläche (Bild 4-9)

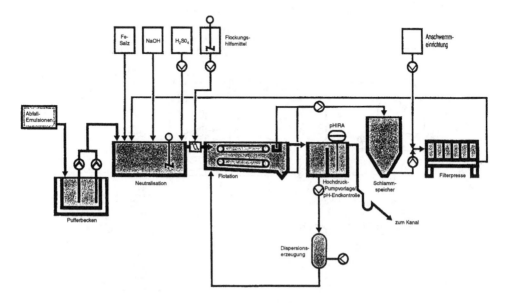

Bild 4-8 Entspannungsflotation von Emulsionen [147]

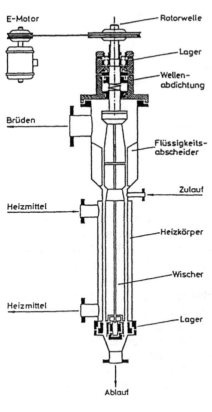

Bild 4-9
Dünnschichtverdampfer
[147]

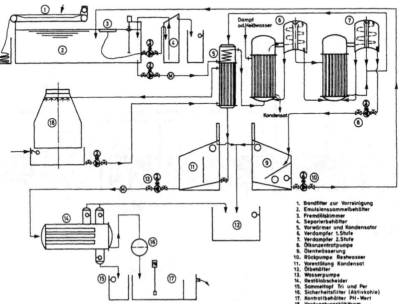

1. Bandfilter zur Vorreinigung
2. Emulsionssammelbehälter
3. Fremdölskimmer
4. Separierbehälter
5. Vorwärmer und Kondensator
6. Verdampfer 1.Stufe
7. Verdampfer 2.Stufe
8. Ölkonzentratpumpe
9. Ölentwässerung
10. Rückpumpe Restwasser
11. Vorentölung Kondensat
12. Ölbehälter
13. Wasserpumpe
14. Restölabscheider
15. Sammeltopf Tri und Per
16. Sicherheitsfilter (Aktivkohle)
17. Kontrollbehälter PH-Wert
18. Verdunstungskühlturm

Bild 4-10 Thermische Emulsionsspalttung [147]

5 Reinigen und Entfetten

Werkstücke, die aus der Bearbeitung in die Oberflächentechnik gelangen, tragen alle Rückstände, die mit dem Vormaterial hereingebracht oder im Laufe der Bearbeitung aufgetragen wurden. Die Rückstände sind Fette, Öle, Rost, Staub, Abrieb, Schleif- und Poliermittel und anderes. Alle Verunreinigungen der Oberfläche müssen daher im ersten Schritt durch eine Reinigung entfernt werden.

5.1 Theorie der Reinigung

Die meisten der aufgezählten Verunreinigungen haften mehr oder weniger locker auf der Oberfläche. Sie werden durch Van der Waalssche oder auch durch chemische Bindungskräfte festgehalten. In manchen Fällen bilden die Verunreinigungen auch eine feste Beschichtung, die es zu entfernen gilt.

Verunreinigungen, die durch van der Waalssche Kräfte adsorbiert vorliegen, können durch Substanzen von der Oberfläche verdrängt werden, die selbst stärker adsorbiert werden. Substanzen, die durch chemische Bindungskräfte festgehalten werden, müssen dagegen zusätzlich chemisch zersetzt werden, ehe sie desorbiert werden können. Substanzen, die eine feste Schicht auf der Oberfläche bilden, müssen verflüssigt werden, denn nur fließfähige Fette und Öle sind beweglich und können nach Desorption abtransportiert werden.

Der einfachste Vorgang einer Desorption eines flüssigen Öles von der Metalloberfläche erfolgt dadurch, daß Bestandteile der Reinigerlösung zwischen Ölschicht und Metalloberfläche dringen und dort vom Metall adsorbiert werden. Das desorbierte Öl fließt dann der Schwerkraft folgend an den Rand des Werkstücks, bildet eine Wulst und wird unter der Wirkung des Reinigers in Tropfen zerteilt vom Metall abtransportiert in das Innere des Reinigers. Unterstützt wird der Abtransport durch mechanische Einwirkung einer Strömung oder eines Spritzstrahls.

Durch chemische Kräfte gebundene Verunreinigungen müssen dagegen mit Hilfe des Reinigers in lösliche Verbindungen zerlegt werden. So läßt man z. B. auf Metallseifen starke Alkalilaugen einwirken, so daß Alkaliseifen gebildet werden, die leicht abgelöst werden können.

Fette, die bei Raumtemperatur eine feste Schicht bilden, müssen bei der Reinigung verflüssigt werden. Das kann man dadurch erreichen, daß man den Reiniger wie bei Lösungsmittelreinigern in das Fett eindiffundieren läßt, so daß der Schmelzpunkt des Fettes sinkt, oder daß man die Reinigertemperatur so weit anhebt, daß der Stockpunkt des Fettes überschritten und das Fett damit verflüssigt wird. Da der Stockpunkt der Fette mit den Schmiereigenschaften der Fette zusammenhängt, und weil die Anforderungen an die Schmiereigenschaften z. B. mit der Bearbeitungsgeschwindigkeit bei Umform oder Stanzvorgängen zusammenhängt, bestimmt die Bearbeitungsgeschwindigkeit des Werkstücks in der vorhergehenden Fertigung u. a. die Temperatur, mit der ein wäßriges Reinigungsbad nachfolgend betrieben werden kann.

Feststoffe werden im allgemeinen nur durch van der Waalssche Kräfte auf der Oberfläche festgehalten. Obgleich derartige Kräfte relativ klein sind, haften einige Feststoffe so stark auf der Oberfläche, daß sie mit wäßrigen Reinigern kaum entfernt werden können. Solche Feststoffe sind insbesondere Graphit und Molybdändisulfid, deren gute Schmierstoffeigenschaften zwar bekannt sind, die aber dennoch nicht in der Umformtechnik eingesetzt werden sollten.

Feststoffe, die auf der Oberfläche aufkristallisiert sind wie Oxidbeläge, müssen chemisch zersetzt werden, ehe sie entfernt werden können. Diese Arbeit wird mit Entrostungsmitteln und Beizen durchgeführt.

5.2 Stabilität der Waschflotte als kolloidchemischer Vorgang

Die Waschflotte ist das Medium, mit dem die Reinigung vorgenommen wird. Es genügt bei einer Reinigung nicht, das Öl einfach abzulösen. In wäßriger Phase wird dann das Öl sofort aufschwimmen und die Oberfläche des Bades bedecken, so daß das schon gereinigte Werkstück beim Herausnehmen wieder befettet wird. Man nennt diesen Vorgang eine „Rückbefettung".

Ebenso genügt es nicht, Feststoffpartikel nur von der Werkstückoberfläche abzutrennen. Sie würden sofort zu Boden sinken und dort eine bis stichfeste Schlammschicht erzeugen. Um beide Erscheinungen zu vermeiden, werden kolloidchemische Effekte ausgenutzt.

Öltropfen werden von Tensidmolekülen, das sind die waschaktiven Substanzen, teilweise durchdrungen. Das eine Ende des Tensidmoleküls dringt dabei in den Öltropfen ein (lipophiles Molekülende), während das andere, polare Molekülende in die wäßrige Phase ragt (hydrophiles Molekülende). Bild 5-1 verdeutlicht diesen Vorgang [12,13]. Das Verhältnis von hydrophilem zu lipophilem Molekülende wird in der Literatur als HLB-Wert tabelliert [14]. Das hydrophile Molekülende ist dabei Träger einer elektrischen Ladung durch ionische Gruppen oder eines Dipolmomentes. Dies verleiht jedem Öltropfen innerhalb der Waschflotte eine gleichartige elektrische Ladung, wodurch elektrische Abstoßungskräfte wirksam werden. Sind die elektrostatischen Abstoßungskräfte groß genug, bleibt die Emulsion stabil. Die Deryagin-Landau-Verwey-Overbeek (DLVO) Theorie zeigt, daß die Zufuhr von Gegenionen in Form von Elektrolyten zum Abbau der Abstoßungskräfte und damit zur Koagulation führt [15]. Will man beim Entsorgen eines Reinigers die emulgierten Öle zum Aufrahmen bringen, so setzt man Elektrolyte zu, d.h. man ändert den pH-Wert des Reinigers. Elektrolytzusatz ändert dann das Zeta-Potential, das nach [16,17,18] stark von der Konzentration und Art der entgegengesetzt geladenen Ionen des Elektrolyten beeinflußt wird.

Elektrische Aufladung kann auch die Stabilität von dispergierten Feststoffen bedingen. Sowohl manche Tenside als auch manche Ionen werden von Feststoffen stark adsorbiert, die damit eine elektrische Ladung und Stabilität bekommen, weil jedes Feststoffpartikel die gleiche elektrische Ladung trägt. Unter den Ionen sind insbesondere Phosphationen in Waschflotten aktive Adsorbentien an Schmutzpartikeln. Kationische Tenside erzeugen bei sauren Reinigern die gleiche Wirkung.

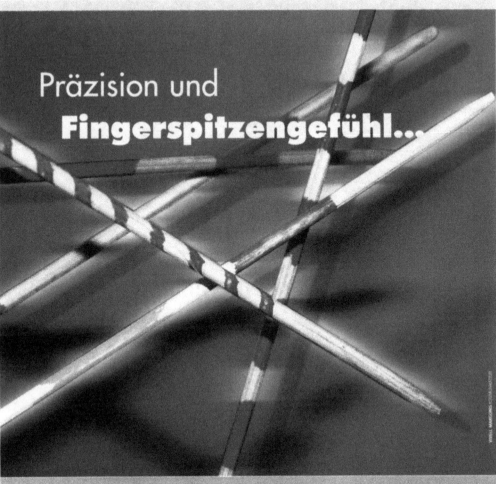
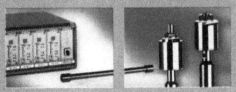

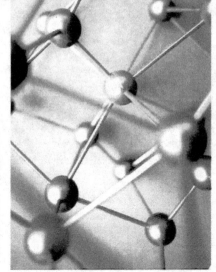

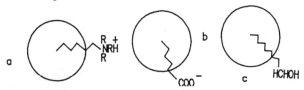

R= organischer Rest

Bild 5-1:
Stabilisierung eines Öltropfen in wäßriger Waschflotte durch kationisches
(a), anionisches
(b) oder neutrales
(c) Tensidmolekül, schematisch.

Unter den Kolloidtypen kennt man außer den beschriebenen hydrophoben Kolloiden, die elektrisch stabilisiert werden, hydrophile Kolloide. Solche Kolloide zeichnen sich dadurch aus, daß sie von einer Vielzahl von Wassermolekülen umgeben sind, die ein Annähern zweier Kolloidpartikel bis zum Zusammenstoß und damit zur Koagulation verhindern. Solche Kolloide findet man insbesondere bei Verbindungen wie Kieselsäure (Silikate). Hydrophile Kolloide können auch von Feststoffpartikeln adsorbiert werden, die dadurch ebenfalls stabilisiert werden. Man kennt diese Wirkung unter dem Begriff Schutzkolloid in der Literatur [13,19]. Auch diese Wirkung wird in Waschflotten ausgenutzt. Sie begründet z. B. die Wirksamkeit von Reinigern auf Silikatbasis. Derart stabilisierte Dispersionen können nicht durch Zugabe von Gegenionen zur Koagulation gebracht werden. Man muß hierzu schon Adsorbentien wie $Fe(OH)_3$-Flocken zusetzen, um die Dispersion abzuscheiden.

5.3 Produkte zum industriellen Reinigen

Im Prinzip und in der Praxis kann jede Reinigungsaufgabe ohne Verwendung organischer Lösungsmittel durchgeführt werden. Behandelt werden deshalb an dieser Stelle Reiniger zum Einsatz in wäßrigen Lösungen. Produkte, die zum Entschichten eingesetzt werden, werden unter Abschnitt Lackieren behandelt. Über die Reinigung in der Elektronik berichtet [188].

Reinigungsmittel zum Einsatz in wäßrigen Reinigungslösungen werden im Handel nach verschiedenen Gesichtspunkten eingeteilt:

- nach Einsatzverfahren (z. B. Spritz-, Tauch- Ultraschallreiniger)
- nach Eignung für bestimmte Oberflächen (Aluminium-, Kunstoffreiniger etc.)
- nach Aggregatzustand des Konzentrats oder nach Anwendungsbesonderheiten (Flüssigreiniger, Zweikomponentenreiniger, Kaltreiniger etc.)
- nach Emulgierverhalten (stark emulgierender Reiniger etc.)
- nach pH-Wert der Anwendungslösung. Dabei bedeutet „stark alkalisch" einen pH-Wert der Anwendungslösung von etwa 12 bis 14, „mildalkalisch" einen von etwa 9 bis 12, „neutral" einen von etwa 7 bis 9 und „sauer" meist einen pH-Wert unterhalb von 2 bis 3.

- nach Besonderheiten der Zusammensetzung (mit Korrosionsschutz, phospha-
  frei etc.)

Bestandteile von Reinigern können folgende Produkte sein:

- Alkalitätsträger:
  NaOH für Pulverprodukte oder feste Produkte anderer Form. KOH über-
  wiegend für Flüssigprodukte wegen der im Vergleich besseren Löslich-
  keit im Konzentrat.
- Aciditätsträger:
  HCl, H_3PO_4, Essigsäure, Ameisensäure, Citronensäure
- Grenzflächenaktive Substanzen (Tenside) [189]:
  Anionische Tenside (Tabelle 5-1)
  Neutrale Tenside (Tabelle 5-2)
  Kationische Tenside (Tabelle 5-2)
- Schmutzträger (Builder):
  Alkalisilikate oder Wasserglas in alkalischen Reinigungsprodukten
  Alkaliorthophosphate oder Alkalihydrogen- oder -dihydrogenphosphate
  je nach pH-Wert des Reinigers.
  Alkalicarbonate und Alkaliborate z. B. in mildalkalischen Reinigern
  oder in Neutralreinigern.
  Alkaligluconate.
- Härtebinder wie Polyphosphate, Phosphonate
- Komplexbildner wie Nitrilotriacetat, Gluconat, Heptonat,
- Polyoxicarbonsäure (in Neutralreinigern), Cyanid.
- Inhibitoren (vgl. Abschnitt Beizen).
- Korrosionsschutzmittel wie organische Amine verschiedenster Art
- Emulgatoren
- Entschäumer
- Aktivatoren z. B. zum Ablösen dünner Oxidfilme
- Biozide bei Neutralreinigern

Aciditäts- oder Alkalitätsträger sollen von den Werkstückoberflächen alle jene Produkte ablösen, die durch chemische Kräfte gebunden sind. Sie sollen chemische Verbindungen auf der Oberfläche zersetzen und damit ablösbar machen.

Tenside sollen für eine Desorption der Verunreinigungen von der Oberfläche sorgen
und die abgelösten Verunreinigungen (Öltropfen) in der Waschflotte stabilisieren. Film-
bildende Tenside, die z. B. eingesetzt werden, wenn sehr viele Feststoffpartikel (z. B.
Polierpastenrückstände) von der Oberfläche abgelöst werden, sollen zusätzlich auf der
Oberfläche aufziehen und einen Schutzfilm bilden. Bei Verwendung von Tensiden muß
darauf geachtet werden, daß nicht gleichzeitig anionische und kationische Tenside eingesetzt werden. Beide Produkte bilden zusammen organische Salze, die u. U. spätestens
in der Abwasseranlage einen unangenehm handhabbaren Schmier darstellen.

Tabelle 5-1: Beispiel für anionische Tenside

Anionische Tenside :

Carbonsaure Salze (Carboxylate)	$R - C(O) - O^- M^+$
Sarcoside	$R - C(O) - N(R') - HCH - C(O) - O^- M^+$
Sulfonamidocarboxylate	$R - OSO - N(R') - HCH - C(O) - O^- M^+$
Sulfate	$R - O - (OSO) - O^- M^+$
Ethersulfate	$R - O - (HCH - HCHO)_n - SO_3 M$
Sulfonate	$R - SO_3 M$
Phosphate	$R - O - PO_3 M_2$
Phosphonate	$R - PO_3 M_2$

Bei Tensiden muß auch beachtet werden, daß viele Tenside in Wasser nur in einem begrenzten Temperaturbereich löslich sind. Überschreitet man diese Entmischungstemperatur, so wird die wäßrige Lösung trübe und das Tensid tritt aus. Die Entmischungstemperatur wird auch „Trübungspunkt" genannt. In technischen Reinigern wird daher bei Tauchprodukten die Arbeitstemperatur unterhalb des Trübungspunktes gewählt. Bei Überschreiten dieser Temperatur tritt das Tensid aus und bildet eine „Öllache" auf der Oberfläche des Beckens. Die Herkunft dieser Lache kann dadurch nachgewiesen werden, daß die Lache in kaltem Wasser leicht löslich ist, wenn sie aus Tensiden besteht.

Spritzreiniger dagegen arbeiten oberhalb des Trübungspunktes des Tensidgemisches, damit sie nicht schäumen. Bei Anlagen, bei denen die Badumwälzung nur über die Spritzregister erfolgen kann, darf in einer Aufheizphase erst nach Überschreiten des Trübungspunktes die Umwälzung angeschaltet werden. Dabei wird zunächst das Wasser aufgeheizt und erst darin das Reinigerkonzentrat aufgelöst.

Schmutzträger (Builder) haben die Aufgabe, insbesondere Festpartikel, aber auch Fetttropfen in der Waschflotte zu stabilisieren. Diese Stabilisierung erfolgt entweder durch Adsorption von Ionen (z. B. Phosphationen) oder durch Umhüllen der Partikel mit Schutzkolloiden [19], die aufgrund ihrer eigenen großen Hydrathülle ein Koagulieren verhindern. Zu beachten ist dabei, daß Phosphate nur eingesetzt werden können, wenn der Betreiber eine eigene Abwasserbehandlung durchführt. Setzt der Betreiber Maschinen zum Standzeitverlängern ein, sind Silikate ungeeignet. Borate werden von keiner Abwasserbehandlung erfaßt. Obgleich es bislang keine Grenzwerte für den Boratgehalt in Abwässern gibt, sind erste Beanstandungen durch zuständige Behörden zu verzeichnen. Komplexbildner sind in vielen Reinigern überflüßigerweise enthalten. Einzig Gluconate, die auch zu den Buildern gerechnet werden, sind akzeptabel, weil Gluconate abwassertechnisch beherscht werden können. Nach Messungen von [31,32] sind Schwermetallgluconatkomplexe nur stabil, wenn das Molverhältnis von

Gluconat: Schwermetall > 5:1

eingehalten wird. Wird abwasserseitig aber eine Abwasserbehandlung mit Eisenflocken durchgeführt, zersetzen sich die Komplexe, weil das Molverhältnis stark unterschritten wird. Gluconate können daher auch als Härtebinder eingesetzt werden.

Andere Produkte verwenden Phosphonsäure (z. B. Bayhibit AM) als Härtebinder. Bayhibit AM verändert das Kristallisationsverhalten ausfallender Härte („Thresh-Hold-Effect") und verhindert dadurch die Krustenbildung sehr wirkungsvoll [33].

Polyphosphate sind ebenfalls sehr wirkungsvolle Härtebinder. Sie sind in Verruf gekommen, weil man bei Abwasserbehandlungen nicht für eine Polyphosphatzersetzung sorgt. Beim Einsatz von Polyphosphaten ist darauf zu achten, daß bei der Abwasserbehandlung eine Chargenbehandlung vorgenommen wird, in deren Verlauf polyphosphathaltige Reinigerlösungen angesäuert und einige Zeit sich selbst überlassen werden können. Polyphosphate zersetzen sich in saurem Milieu zu Orthophosphaten. Diese Reaktion geht umso rascher, je saurer das Milieu ist. Ansäuern sollte daher mindestens auf pH-Werte von 2 erfolgen. Über die Notwendigkeit, Spülwässer ebenso zu behandeln, sollte man mit den zuständigen Behörden diskutieren. Die Durchsetzung phosphatfreier Haushaltswaschmittel hat dazu geführt, daß biologische Kläranlagen teilweise an Phosphatmangel leiden, so daß manche Anlagen Phosphate in begrenzten Mengen sehr gerne abnehmen.

Biozide sollten in Reinigern eingesetzt werden, die im pH-Bereich um 7 betrieben werden. Reiniger sind dann nämlich idealer Nährboden für Kleinlebewesen.

Korrosionsschutzzusätze beruhen meist auf dem Zusatz organischer Amine oder von Aminen und Fettsäuren (z. B. Caprylsäure). Es entstehen geringe Schutzfilme auf der Oberfläche, die z. B. Rostbildung verhindern. Die Korrosionsschutzzusätze sind allerdings für unterschiedliche Werkstoffe unterschiedlich. Die Verwendung von Nitrit sollte vermieden werden, insbesondere, wenn Amine im Betrieb eingesetzt werden. Nitrit und Amine bilden stets Nitrosamine, unabhängig davon, um welches Amin es sich handelt. Technische Amine sind einmal keine Reinstsubstanzen. Zum anderen werden Amine in technischen Anlagen z. B. oxidativ zersetzt, so daß stets zur Nitrosaminbildung befähigte Moleküle vorhanden sind. Nitrosamine gelten als Substanzen mit hohem Krebsbildungspotential [34,36].

Tabelle 5-2: Beispiele für nichtionische und kationische Tenside

Nichtionische Tenside :

Polyglykolether $R - O - (HCH - HCHO)_n - H$

Polyglykolester $R - \overset{O}{\underset{||}{C}} - O\ (HCH - HCHO)_n - H$

Polyglykolamide $R - \overset{O}{\underset{||}{C}} - NH - (HCH - HCHO -)_n - H$

Polyalkohole $R - O - HCH - HC(OH) - HCH(OH)$

Polyamine $R - NH - (HCH - HCHNH)_n - H$

Glycoside $HCHOH - \underset{\underline{\hspace{3cm}O\hspace{3cm}}}{HC - HC(OH) - HC(OH) - HC(OH) - HC} - OR$

Kationische Tenside :

Primäre Ammoniumsalze $R - N H_3^+ X^-$

Sekundäre Ammoniumsalze $R - (R')NH_2^+\ X^-$

Tertiäre Ammoniumsalze $R - (R')(R'')N H^+ X^-$

Quarternäre Ammoniumsalze $R - (R')(R'')(R''')N^+ X^-$

Alkanolammoniumsalze $(HO - HCH - HCH -)_3 NH^+ X^-$

Sulfoniumsalze $R - \overset{+}{S}(R'') - R'\ X^-$

Salze von Aminoxiden $R - \overset{R'}{\underset{R''}{\overset{+}{\underset{|}{N}}}} - OH \quad X^-$

Amphitenside (Zwitterionische Tenside) :

Aminoxide $R - \overset{R'}{\underset{R''}{\overset{+}{\underset{|}{N}}}} - O^-$

Imidazolincarboxylate $R - \overset{N}{\underset{R'}{N^+}} - HCH - C(O)O^-$

Aminocarbonsäure $R - H\overset{+}{N}H - HCH - C(O)O^-$

Betaine $R - (R')(R'')\overset{+}{N} - HCH - C(O)O^-$

5.4 Reinigungsverfahren

Unter Reinigungsverfahren versteht man die technisch eingesetzten apparativen Methoden und die zugehörigen Betriebsmittel, um die Reinigung eines gegebenen Werkstücks durchzuführen. Es gibt eine Vielzahl verschiedener Reinigungsverfahren, die alle mehr oder weniger ihre Existenzberechtigung haben. Entscheidend für die Auswahl eines Reinigungsverfahrens sind die Dimensionen der zu reinigenden Werkstücke, deren Gewicht, deren Konstruktion, deren zeitliche Häufigkeit und Produktionsmenge, die Zugänglichkeit der Oberfläche, die Empfindlichkeit der Werkstücke aus chemischer und thermischer Sicht, Abwasser- und Abluftkosten und ökologische Anforderungen an den Reiniger.

5.4.1 Reinigen mit und ohne Lösemitteln

Vor 20 Jahren galt das Reinigen mit Lösemitteln noch als das Non-Plus-Ultra der Reinigungstechnik. Gut reinigende, leicht verdampfende, unbrennbare Lösungsmittel wurden in Form von CKW, FKW und CFKW wohlfeil angeboten. Reinigungsapparate, die damit betrieben wurden, bestanden oft nur aus einer tiefen Betongrube mit einer am Boden der Grube verlegten Heizschlange und einer am Kopf der Grube verlegten Kühlschlange. Die Grube (Bild 5-2) wurde am Boden mit Lösemittel angefüllt. Die Heizschlange erhitzte das Lösemittel bis zum Verdampfen. Die entstehenden Dämpfe schlugen sich dann am in den Dampfraum gehaltenen Werkstück oder an den mit Kühlwasser beschickten Kühlschlangen nieder. Das Fett, Öl und alle Verunreinigungen tropften mit dem Kondensat in die Bodenflüssigkeit der Grube. Nahm man das Werkstück aus der Grube, trocknete es schnell durch Verdunsten des Lösemittels an der Luft. War das Lösemittel mit Fett zu sehr beladen, wurde es entweder zur Redestillation gegeben, oder man ließ das Lösemittel an der Luft abdampfen und entsorgte die gelösten Stoffe. Anlagen dieser Bauart und Betriebsweise gab es bei sehr renomierten Firmen mit Badgrößen bis etwa 50 m³. Nach heutiger Kenntnis sind Anlagen dieser Bauweise extrem umweltgefährdend. Sowohl das Grundwasser wie auch die Atmosphäre werden durch CKW stark geschädigt. Auf die Gefährdung der Umwelt durch CKW-Produkte weisen zahlreiche Veröffentlichungen hin [20]. Aus diesem Grund hat man heute gelernt, Reinigungsprozesse auf wäßrige Reinigungsverfahren umzustellen.

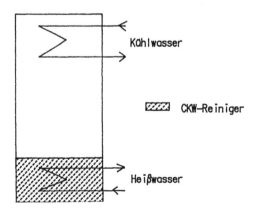

Kühlwasser

CKW-Reiniger

Heißwasser

Bild 5-2:
Dampfentfettung, schematisch
wäßrige Reinigungsverfahren

Trotzdem werden auf dem Markt noch vollautomatisierte, vollgekapselte Edelstahlanlagen zum Reinigen mit CKW angeboten, deren Einsatz für Kleinteile und Korbware gepriesen wird. Die Reinigung erfolgt in diesen Anlagen durch Waschen mit stets in der Anlage selbst destillativ wieder aufbereitetem Lösemittel (Bild 5-3). Man erkennt in dem Bild links oben zwei Kammern mit Lösungsmittel zum Reinigen und zum Spülen, darunter die Kammer zum Aufnehmen des verbrauchten Lösungsmittels, in der die Erwärmung und das Abtreiben des Lösungsmittels erfolgt. Über den Kammern ist der Kondensator angebracht, von dem das Kondensat in den kleineren Wasserscheider abläuft, weil Wasser mit vielen CKW-Produkten azeotrop überdestilliert wird. In der Mitte ist die geschlossene Behandlungskammer zu sehen, die mit Hilfe der Kreiselpumpe entleert wird. Das gebrauchte Lösungsmittel wird im Spänefilter und im nachgeschalteten Filter von Feststoffen befreit und zur Wiederverwendung oder zur Destillation gegeben. Nach beendeter Reinigung und Spülung wird das Werkstück getrocknet. Man erkennt Gebläse mit vorgeschaltetem Lufterhitzer und davor liegenden Tiefkühler (Demister) zur Dampfkondensation. Obgleich die Werkstücke auch innerhalb der Anlage durch Kreislaufluft getrocknet und über eine Schleuse ausgeschleust werden, ist die Umgebung nicht unbelastet. Die durch Adsorption an den Werkstücke mit ausgeschleusten Lösemittelanteile sind nicht zu vernachlässigen. Anlagen dieser Art sollten für die Zukunft auf den Einsatz brennbarer Produkte umgestellt werden, weil die Produktion der halogenierter Kohlenwasserstoffe in wenigen Jahren eingestellt werden wird.

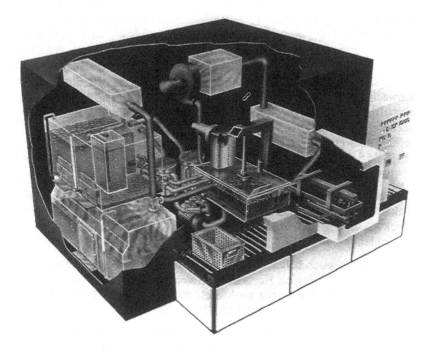

Bild 5-3: Vollgekapselte Reinigungsanlage für Betrieb mit CKW-Produkten, Foto K. Roll GmbH & Co

Der Einsatz von brennbaren Lösemittel zum Reinigen ist ökologisch weit weniger bedenklich, besitzt aber den großen Nachteil, daß die verwendeten Anlagen und die - Betriebsräume explosionsgeschützt ausgeführt werden müssen. Eingesetzt werden gekapselte Tauchanlagen, in denen insbesondere Bauteile für die Elektroindustrie wie Leiterplatten gereinigt werden. Auf ein Schleusensystem wird oft verzichtet, es sollte aber in modernen Anlagen vorhanden sein. Außer Leichtbenzin werden biologisch abbaubare Lösemittel wie z. B. Orangenterpene oder Milchsäureester (Purasolv, SurTec GmbH) eingesetzt. Die Anlagen besitzen oft eine eigene Lösemittelredestillation.

5.4.2 Reinigen mit wäßrigen Lösungen und Emulsionen

Der Einsatz wäßriger Reinigungslösungen ist nicht mit den kostenintensiven Schutzmaßnahmen verbunden, wie sie bei Lösemitteleinsatz vorgesehen werden müssen. Bis auf Emulsionsreiniger, in denen im allgemeinen ein Paraffinkohlenwasserstoff emulgiert ist und die einige zusätzliche Schutzeinrichtungen für die Abwasserentsorgung benötigen, sind Reiniger nach gesetzlicher Vorschrift nur mit biologisch voll abbaubaren organischen Zusätzen und mit anorganischen Salzen versehen, so daß spezielle Schutzeinrichtungen für die Umwelt sich erübrigen. Bei der Wahl des optimalen Reinigungssystems kann man daher auf eine sehr große Angebotspalette zurückgreifen und das kostenoptimale wirksame und auf den Problemfall zugeschnittene Reinigungssystem auswählen. Als Richtlinie hat es sich dabei bewährt, die folgenden Auswahlkriterien anzuwenden:

- Zur Reinigung sehr großer Bauteile, von Bauteilen in sehr geringer Stückzahl und zur Anwendung in Reparaturbetrieben, bei der Werksinstandsetzung oder bei Reinigungsarbeiten in Werkhallen sind Hochdruck- oder Dampfstrahlreiniger die geeigneten Maschinen. Hochdruckreinigungsanlagen bestehen aus einer mit Frisch- oder Brauchwasser gespeisten Hochdruck-Kolben- oder Plungerpumpe, in die über einen Injektor das flüssige Reinigungskonzentrat angesaugt wird. Die eingesetzten Reiniger sind schwach konzentriert mit etwa 0,5 % Reinigerzusatz und werden nach einmaligem Gebrauch verworfen. Die Reinigungslösung tritt an der Düse mit bis etwa 80 Bar Druck aus. Die Düse kann mit Hilfe einer Lanze handgeführt oder eingesetzt in rotieren Sprühköpfe automatisch bedient werden. Bild 5-4 zeigt eine Tank-Innenreinigungsanlage mit automatisch sich bewegenden Düsenkopf

- Bei Reparatur- oder Instandsetzungsarbeiten wird oftmals das Reinigerkonzentrat zunächst auf die zu reinigende Fläche gegeben, die dann mit Druckwasser abgespült wird. Hierbei werden vielfach Emulsionsreiniger verwendet.

- Dampfstrahlgeräte, auch beheizte Hochdruckreinigungsanlagen genannt entsprechen im Aufbau den Hochdruckgeräten, nur wird nach der Druckpumpe ein Wärmetauscher nachgeschaltet, der es erlaubt, die Reinigungsflüssigkeit auf bis auf etwa 120 °C zu erwärmen.

Vorteil der Dampfstrahlgeräte liegt darin, daß der Reinigungsvorgang durch Wärme unterstützt wird. Wird auch das Spülwasser im nachfolgenden Spülgang erhitzt, bekommen die Werkstücke genügend Eigenwärme, so daß das Trocknen oft ohne zusätzliche Wärmezufuhr erfolgen kann.

Bild 5-4:
Behälterinnenreinigung
mit rotierendem Hochdruk-
ksprühkopf,
Foto WOMA.

Bild 5-5: Hochdruckreiniger, System WAP.

Reinigungsprodukte für Hochdruck- oder für Dampfstrahlreiniger sollen beim Verspritzen eine mittlere Schaumentwicklung zeigen, damit die Reinigungslösung insbesondere an senkrechten Flächen eine verlängerte Einwirkungszeit bekommt. Dies steht im Gegensatz zur Forderung an Spritzprodukte allgemein, die keine Schaumbildung aufweisen sollen. Nach der Reinigung von zum Rosten neigenden Werkstücken muß mit einer Korrosionsschutzlösung zum Behandlungsende nachgespritzt werden, weil in diesen Reinigungsverfahren der Trocknungsprozeß relativ viel Zeit beansprucht, so daß es zu Flugrostbildung kommen kann.

Selbst bei Einsatz biologisch voll abbaubarer Reinigerprodukte werden Hochdruck- und Dampfstrahlreiniger mit den abgelösten Ölen und Fetten beladen, so daß die ablaufenden Lösungen entsorgt werden müssen. Zur Entsorgung wurden in Deutschland bislang ein einfacher Ölabscheider und ein Schlammabscheider vorgeschrieben. In der Schweiz ging man vor einigen Jahren dazu über, zusätzlich eine Ultrafiltration zur weiteren Abtrennung des Öls vorzuschreiben. Eine Anlagenskizze für einen Spritzstand für Hochdruck- oder Dampfstrahlgeräte mit angeschlossenem Öl- und Sandabscheider zeigt Bild 5-6. Derartige Arbeitsplätze sind auch zum Einsatz von Emulsionsreinigern geeignet.

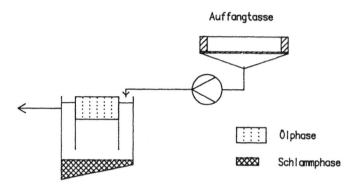

Bild 5-6: Aufbau eines Spritzstandes für Hochdruck- oder Dampfstrahlgeräte, schematisch.

Zur Reinigung von Werkstücken mit leicht zugänglichen Reinigungsflächen sind Spritzreinigungsanlagen vorteilhaft einzusetzen. Die Art und Ausführung einer Spritzreinigungsanlage kann sehr unterschiedlich sein. Schwere Werkstücke, Werkstücke in Einzelstückfertigung, Kleinteile in Körben etc. können vorteilhaft in Einkammerwaschmaschinen gereinigt werden. Diese Waschmaschinen besitzen fest installierte Düsenstöcke innerhalb des Spritzraumes, wobei für jedes Produkt und für das Spülwasser eigene Vorratsbehälter und Pumpen vorgesehen werden. Günstig ist es, in diesen Maschinen auch das Einblasen von Heißluft vorzusehen, so daß die Werkstücke in schon getrockneter Form anfallen. In modernen Maschinen wird vielfach das Werkstück während des Reinigungsoperation in Rotation versetzt, um für eine gleichmäßige Behandlung zu sorgen.

Zum Reinigen von Blechteilen, die an einer Transportkette aufgehängt werden können und ein nicht zu großes Eigengewicht besitzen, können getaktete Spritzkammern mit periodischer Beschickung verwendet werden, die sich von der in Bild 5-8 gezeigten Anlage nur dadurch unterscheidet, daß sie eine weitere Tür zum rückseitigen Warenaustrag besitzt. Die Werkstücke können auf diese Weise automatisch, ohne sie umzuhängen, in den weiteren Fertigungsablauf eingespeist werden. Der Spritzdruck in Kammerwaschanlagen liegt im Bereich von 0,8 bis 5 bar. Die Form der Spritzdüsen kann sehr vielfältig sein. Im Einsatz sind Flachdüsen, Kegeldüsen, Glockendüsen u. a..

Werden in der Produktion Blechteile in größeren Stückzahlen gefertigt, sind periodisch arbeitende Spritzanlagen unvorteilhaft. In diesem Fall zerlegt man den Arbeitsgang in einzelnen Arbeitsschritte und ordnet diese Arbeitsschritte jeweils einer Spritzkammer zu. Die Kammern werden dann hinter einander in der Reihenfolge der Arbeitsgänge angeordnet. Die Werkstücke werden direkt oder auf Gestellen aufgehängt an einem Kettenförderer befestigt und wandern mit konstanter Geschwindigkeit durch die einzelnen Behandlungszonen. Dadurch muß jede Behandlungszone so lang sein, wie es das Produkt aus Kettengeschwindigkeit L (m/min) und Behandlungszeit t (min) ergibt.

Länge der Behandlungszone (m) = L · x · t

Zwischen jedem Arbeitsschritt wird eine Abtropfzone installiert, um die Vermischung der Produkte zu minimieren. Nach Messungen [21] ist eine Abtropfzone dann richtig ausgelegt, wenn die Abtropfzeit etwa 30 s beträgt. Kürzere Abtropfzeiten bedingen eine stärke Produktvermischung, längere Abtropfzeiten bergen die Gefahr in sich, daß es zu Produktauftrocknungen, die oft kaum mehr entfernbar sind, oder zur Flugrostbildung kommt. Man kann dem Auftrocknen dadurch entgegenwirken, daß man in den Abtropfzonen ein Auftrocknen durch Vernebeln von Wasser verhindert. Für Spritzdruck und -düsen gelten die Angaben für Kammerspritzanlagen. Bei Spritzanlagen werden die Vorratsbehälter für die Spritzlösung unter der Spritzanlage installiert.

Bild 5-7:
Bewegliche, justierbare Düsen
in einem Düsenstock,
Foto Fa. Dürr

Nach Recherchen von [22, 190] wird die Größe dieser Vorratsbehälter nach einer der beiden Faustformeln berechnet:

Badvolumen (m³) > Blechdurchsatz (m²/h)/ 150 bis 450

oder

Badvolumen (m³) > 2,5 x Spritzdurchsatz (m³/min)

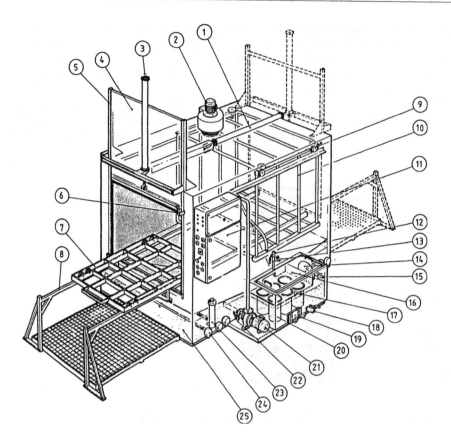

Bild 5-8: Kammerspritzanlage, Zeichnung J. Schneider Industriesysteme

Bei der Konstruktion der Behälter sollte man Schrägböden oder Spitzböden vorsehen, auf denen sich anfallender Schlamm konzentriert ansammelt. Für alle Spritzanlage gilt, daß die Wärmeverluste durch Verdampfen von Wasser während des Spritzvorgangs groß sind. Der Innenraum der Spritzanlagen ist stark korrosionsgefährdet. Als Baumaterial sollte man daher höher legierten, nicht rostenden Stahl (z. B. 1.4301 oder besser) vorsehen.

Reinigungsprodukte, die in Spritzanlagen eingesetzt werden, dürfen auch bei Spritzdrücken von bis 5 bar keinen Schaum bilden, weil sonst die Anlage überläuft. Um die Baugröße von Spritzanlagen nicht zu lang werden zu lassen, betragen übliche Behandlungszeiten bis 2 min für jeden Reinigungsvorgang, bis 1 min. für jeden Spül- und Passivierungsvorgang, 0,5 min für jede Übergabestelle (Abtropfzone) an den nachfolgenden Behandlungsschritt. In Sonderfällen können diese Behandlungszeiten auch erheblich unterschritten werden. Übliche Fördergeschwindigkeiten der eingesetzten Kettenförderer betragen 1 bis 4 m/min. Spritzanlagen werden mit wiederverwendbaren Reinigungsprodukten betrieben. Während es international ebenso wie früher in Deutschland noch üblich ist, die Reinigungsprodukte nach relativ kurzen Betriebszeiten zu verwer-

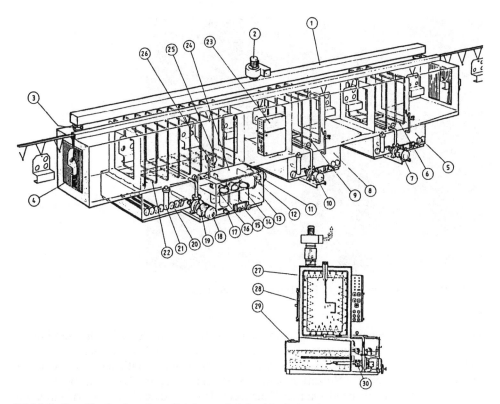

Bild 5-9: Durchlaufspritzanlage, Zeichnung J. Schneider Industriesysteme

fen, sind in den vergangenen Jahren in Deutschland, Schweiz und einigen anderen Staaten Maßnahmen ergriffen worden, um zu einer wesentlichen Standzeitverlängerung durch In-Process-Recycling zu kommen.

Werkstücke mit schwieriger zugänglicher Oberfläche, Innenräume von Boilern etc. werden vorteilhaft in Tauchanlagen behandelt. Tauchanlagen bestehen aus rechteckigen Tauchbecken, die meist in Reihe oder hufeisenförmig angeordnet sind. Für jeden Behandlungsschritt muß ein Becken vorgesehen werden. Die Becken werden entweder durch eingezogene Rohrbündel oder über außen stehende Wärmetauscher beheizt. Die Größe der Becken richtet sich nach der Größe der Warenkörbe oder Einzelwerkstücke, die behandelt werden müssen, und ist damit von der Größe der Werkstücke und der Produktionsmenge pro Zeiteinheit abhängig. Die Becken werden außen gegen Wärmeverluste isoliert. Um bei heiß betriebenen Becken die Verdampfungsverluste zu vermindern, werden gelegentlich Klappdeckel installiert, die das Bad nur beim Beschicken oder Entleeren mit Werkstücken öffnen. Diese Maßnahme ist wärmetechnisch erfolgreich, die Klappdeckel verschmutzen jedoch rasch durch antrocknende Produkte, so daß Klappdeckel in der Praxis oft Quelle von zusätzliche Badverunreinigungen werden. Gelegentlich wird auch versucht, durch Auflegen einer Schicht von etwa 5 cm im Durchmesser messenden Plastikbällchen die Wärmeverluste zu vermindern.

Bild 5-10: Durchlaufspritzanlage, Foto Eisenmann, Böblingen

Dabei wird allerdings vergessen, daß die Bäder insbesondere durch Verdunsten Wärme verlieren. Da die schwimmenden Bällchen in einer in Betrieb befindlichen Anlage stets in Bewegung sind, wird die Badflüssigkeit durch Drehen der Bällchen an die Oberfläche befördert, so daß der Nutzeffekt klein ist. Besser ist es, die Bäder im Ruhezustand durch isolierte Deckel abzudecken, und die Deckel während des Betriebes zu entfernen.

Bild 5-11:
Tauchanlage mit Portalumsetzer,
Foto Eisenmann, Böblingen.

Die Warenbeförderung erfolgt im allgemeinen in Drahtkörben oder in Gestellen, die mit Hilfe von Elektrokettenzügen manuell oder automatisch von Portalumsetzern befördert werden.

Der Warentransport in modernen Tauchanlagen mit Hilfe von einem oder mehreren Portalumsetzern erfolgt programmgesteuert. Die Warenkörbe werden dabei dem Behandlungsschema entsprechend weiterbefördert. Der Fahrweg dieser Portalumsetzer wird in einem Fahrdiagramm beschrieben.

Zur Reinigung einseitig offener, kleinerer Behälter wie Geschirrware (Haushaltsgeschirr, Töpfe etc.) kann eine kontinuierliche Spritzanlage verwendet werden, bei der der Rohling mit der Öffnung nach unten auf ein kontinuierlich laufendes, endloses Siebband aufgelegt wird. Spritzdüsen sorgen dann dafür, daß der Rohling allseitig benetzt wird, wobei die Spritzarbeit bei Drücken von 0,5 bis 0,8 bar eher als Schwallarbeit bezeichnet werden muß.

Beim Bau von Tauchanlagen sollte beachtet werden, daß das Eintauchen der Ware temporär mit einer manchmal beachtlichen Volumenvergrößerung verbunden ist, weil die Luft aus Hohlräumen oft nur verzögert entweichen kann. In diesen Fällen läuft meist das Bad über. Um das Überlaufen zu vermeiden, sollte man dem Bad einen Kragen anschweißen, der genügend Raum zur Aufnahme des temporären Volumenzuwachses erbringt.

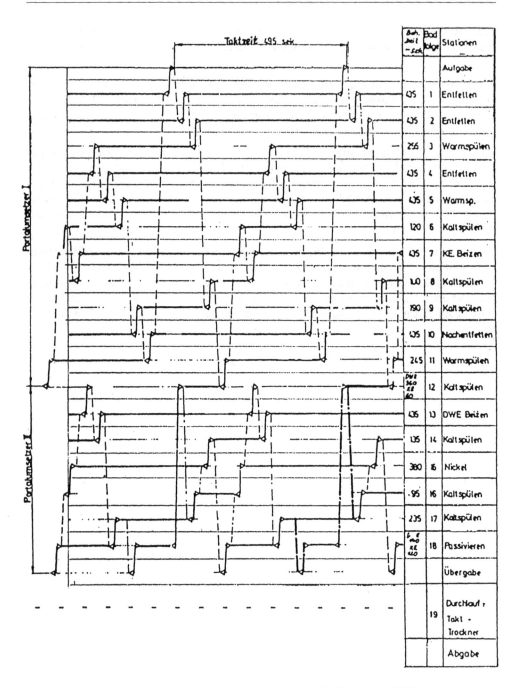

Beh. zeit -sek	Bad folge	Stationen
		Aufgabe
435	1	Entfetten
435	2	Entfetten
256	3	Warmspülen
435	4	Entfetten
435	5	Warmsp.
120	6	Kaltspülen
435	7	KE. Beizen
1,0	8	Kaltspülen
190	9	Kaltspülen
435	10	Nachentfetten
245	11	Warmspülen
DWE 360 KE 40	12	Kaltspülen
435	13	DWE Beizen
135	14	Kaltspülen
380	15	Nickel
.95	16	Kaltspülen
235	17	Kaltspülen
k e 360 KE 40	18	Passivieren
		Übergabe
	19	Durchlauf - Takt - Trockner
		Abgabe

Bild 5-12: Fahrdiagramm zweier Portalumsetzer, Unterlagen Fa. Eisenmann, Böblingen

Bild 5-13: Spritzwaschmaschine für Flachware und Profile, Foto Eisenmann, Böblingen

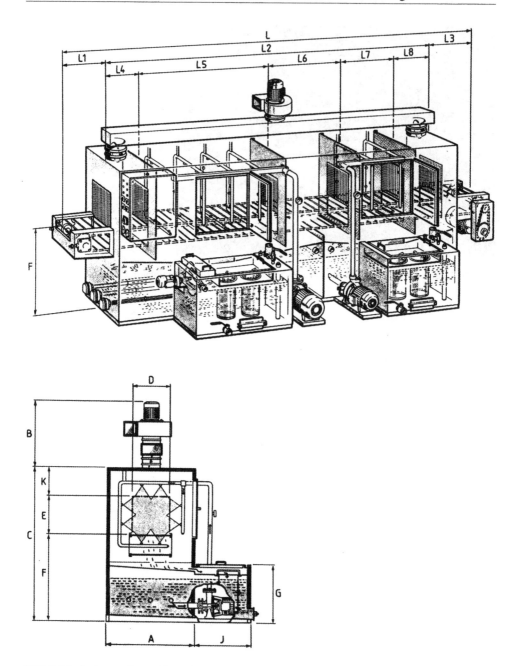

Bild 5-14: Spritzwaschmaschine mit endlosem Drahtgliederband, Zeichnung J. Schneider Industriesysteme

Bild 5-15: Spritzmaschine mit endlosem Gliederband, Foto J. Schneider Industriesysteme

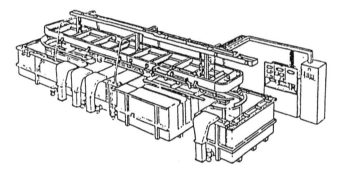

Bild 5-16: Umkehrautomat

Reinigungsarbeiten in Tauchbädern dauern länger als in Spritzverfahren. Um die Behandlungszeit zu verkürzen, muß in den Bädern für eine geeignete Relativgeschwindigkeit zwischen Werkstückoberfläche und Reinigerlösung gesorgt werden. Dies kann durch Bad- oder durch Warenbewegung erreicht werden. Zur Badbewegung stehen selten Rührer, häufiger perforierte Druckluftleitungen oder oft Umwälzpumpen zur Verfügung, die das Bad etwa achtmal je Stunde umwälzen sollten. Geeignete Kreiselpumpen sollten stopfbuchsenlos sein, um der Gefahr der Luftansaugung durch Undichtigkeiten zu entgehen.

Stopfbuchsenlose Pumpen sind Kreiselpumpen, bei denen der Läufer aus magnetisierbarem Material (Eisen), ummantelt mit Keramik, Kunststoff oder Email, besteht, der durch einen außen motorisch angetriebenen, schnell drehenden Magneten mitgenommen wird. Derartige Pumpen sind heute mit Leistungen bis 300 m^3/h bei maximalen

Förderhöhen bis 100 m im Handel erhältlich. Wartungsfreien Pumpen gibt es praktisch aus jedem notwendigen Werkstoff.

Warenbewegung kann entweder per Hand durch Auf- und Abbewegen des Warenträgers erfolgen, oder durch Hubautomaten, wie sie sich insbesondere für kleinere Warenmengen bewährt haben, oder durch Hubbalkenanlagen hervorgerufen werden. Hubbalkenanlagen sind Anlagen mit seitlich außen angebrachten Metallschienen, die über einen Excenter zu periodischen Hubbewegungen angeregt werden. Hubbalkenanlagen sind zwar noch im Einsatz, werden aber heute nicht mehr gebaut. Vergleichbare Anlagen sind heute noch in Galvanikbetrieben zu finden, bei denen die Aufhängeschiene für das Werkstück derart in Bewegung gesetzt wird. Kleinteile werden in Tauchanlagen auch in sich drehenden Trommeln behandelt. Die Trommeln werden dann mit Hilfe von Portalumsetzern weitertransportiert.

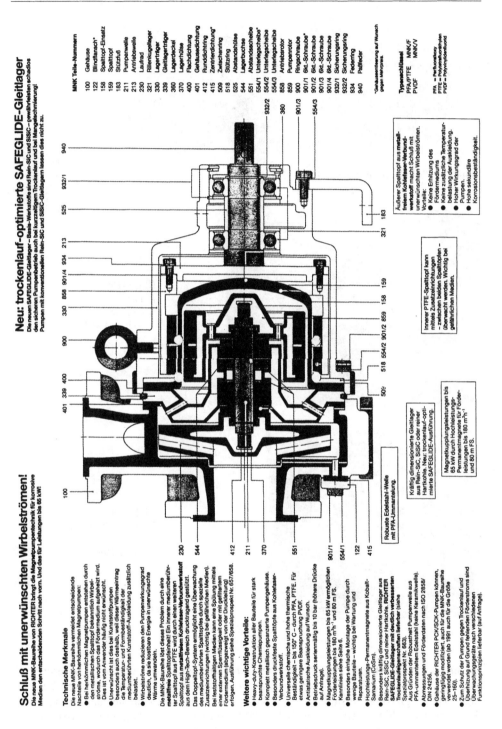

Bild 5-17: Magnetisch gekuppelte Kreiselpumpe, Prospekt Fa. Richter

Bild 5-18: Reinigungstrommeln,System Fluoromatic.

Bild 5-19:
Industriewaschmaschine für
Kleinteile
Foto Fa. MAFAC

Bild 5-20:
Drehkorb für Reinigungsan-
lage,
Foto Fa. Dürr

Gelegentlich findet man einen Anlagentyp, bei dem die Ware an Kettenförderern aufgehängt wird, aber durch Absenken des Förderers durch ein Tauchbecken gezogen
wird. Derartige Anlagen sind jedoch keineswegs vorteilhaft, weil sie dazu zwingen, den
Reinigungserfolg bei sehr kurzen Behandlungszeiten zu erreichen, um mit der notwendigen Baulänge nicht zu groß zu werden. Bild 5-20 zeigt eine Skizze einer solchen Anlage, die nur für relativ geringe Kettengeschwindigkeiten einsetzbar ist.

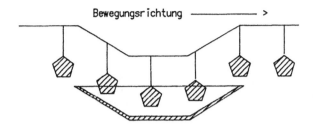

Bild 5-21:
Schema einer Kettenförder-
Tauchanlage

Reiniger, die für Tauchanlagen geeignet sind, sind im allgemeinen schwach bis stark schäumende Produkte. Lediglich wenn Luft zum Umwälzen eingeblasen werden soll, muß ein schwach bis nicht schäumendes Produkt eingesetzt werden. Tauchreinigungen werden normalerweise bei Temperaturen von Raumtemperatur bis 85 °C betrieben. Die Behandlungszeiten liegen dabei etwa zwischen 5 und 15 min. Längere Behandlungszeiten sollten nur in Ausnahmefällen z. B. bei Vorliegen von mit Kapillaren versehenen Preßteilen akzeptiert werden.

Werden Werkstücke gereinigt, die vorher poliert wurden, werden Poliermittelrükkstände in großer Menge mit eingeschleppt. Teilweise setzen sich dann sogar die Feststoffteilchen wieder auf der gereinigten Oberfläche fest. Das Reinigerbad enthält sehr viele Feststoffpartikel, so daß man die überschleppte Flüssigkeitsmenge reduzieren sollte, um nachfolgende Bäder und Spülen nicht zu verunreinigen. Nur in diesem Fall setzt man dem ersten Reinigungsbad ein hydrophobierendes Tensid zu, das auf dem Werkstück einen Film bildet und das Festsetzen der Partikel verhindert. Gleichzeitig bewirkt der Film eine Verminderung der Überschleppungsmenge. Der Film muß aber im nächst folgenden Bad wieder abgewaschen werden. Die Hydrophopbierung stört alle nachfolgenden Beschichtungsprozesse.

Kräftigere Reinigung in Tauchanlagen, insbesondere, wenn die Anlagen kontinuierlich z. B. mit Bandstahl als durchlaufendes Band beschickt werden, erfordert nachhaltige Unterstützung durch mechanische Mittel. Geeignet sind hierzu Bürstreinigungssysteme, bei denen gegenläufig zur Bandlaufrichtung sich drehende Bürsten eingesetzt werden. Das Band durchläuft dabei zunächst ein Spritz- oder Tauchbad und kommt anschließend mit dem Bürstsystem in Kontakt, das für eine mechanische Unterstützung des Reinigungsvorganges sorgt.

Bild 5-22 zeigt eine Skizze einer solchen Anlage. Bürstreinigungsanlagen werden auch in Kombination mit Spritzreinigungsanlagen verwendet, bei denen das Band vorher mit Reinigerlösung beschwallt wird, oder/und bei denen Reinigerlösung in das Bürstsystem injiziert wird.

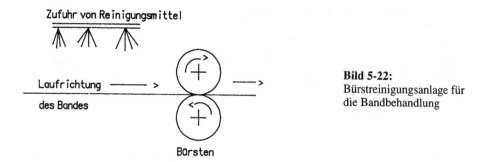

Bild 5-22:
Bürstreinigungsanlage für
die Bandbehandlung

Bürstreinigungsanlagen werden nicht nur zur Bandbehandlung sondern auch zur Innen-reinigung von Behältern in der Farbenindustrie eingesetzt. Dann werden die Bürsten aber im Behälterinnern bewegt. Reinigungsprodukte, die in Bürstwaschanlagen einge-setzt werden, sollten schwach schäumende Reiniger sein, bei denen die Schaumdecke für eine etwas längere Benetzung der Werkstückoberfläche sorgt.

Unterstützung der Reinigung in Tauchbecken kann auch durch Erzeugung starker Strö-mungen oder von Schwingungen gegeben werden. Beim Injektionsflutverfahren wer-den die in die Waschflotte eingetauchten Werkstücke eine starken Strömung ausgesetzt, die über Pumpen und ein spezielles Düsensystem erzeugt wird. Um die Düsen nicht zu verstopfen, wird die Lösung ständig filtriert. Das Reinigungsverfahren verbessert die Reinigung komplizaliert geformter Werkstücke. Allerdings ist der Pumpenergie-Auf-wand hoch. Mit dem Injektionsfluten eng verwandt ist das KAVITEC-Verfahren (LPW, Neuss), das nach dem gleichen Prinzip arbeitet.

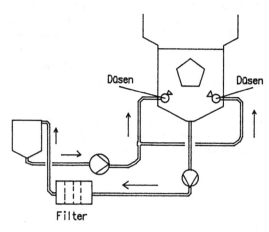

Bild 5-23:
Injektionsfluten,
schematisch

Schwingungen werden wirkungsvoll mit Hilfe von Ultraschallgebern erzeugt, die außen an das Becken angesetzt oder angeschweißt oder korrosionsgeschützt gekapselt in das Bad eingehängt werden und so den Ultraschall in das Flüssigkeitsinnere übertra-

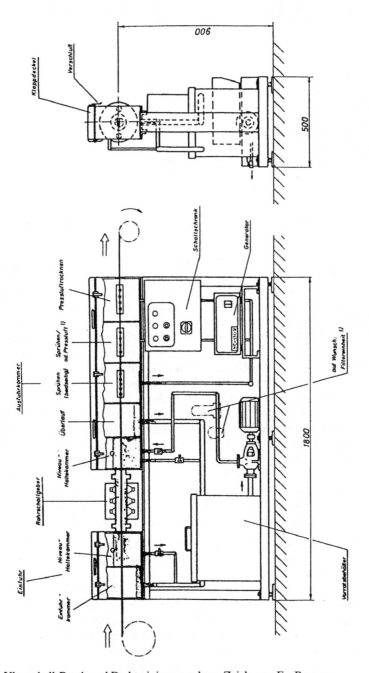

Bild 5-24: Ultraschall-Band- und Drahtreinigungsanlage, Zeichnung Fa. Branson

gen. Ultraschallbäder sind in ihrer Baugröße begrenzt. Die Obergrenze liegt dabei bei etwa 3 m Badinhalt. Dies liegt daran, daß die für eine wirksame Reinigung notwendige Energiedichte bei noch größeren Becken nicht mehr erreicht werden kann. Ultraschallwellen wirken nur auf die frei zugänglichen Oberflächen ein. Abschirmungen und Schattenwurf müssen ebenfalls vermieden werden.

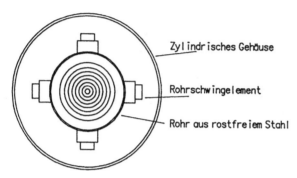

Bild 5-25: Anordnung der Schwingungsgeber in einer Drahtreinigungsanlage

Ultraschallschwinger erzeugen transversale Wellen. Trifft ein Wellenberg auf eine Werkstückoberfläche, entsteht ein Druck, der reinigungstechnisch ohne Wirkung ist. Das danach folgende Wellental erzeugt auf der Werkstückoberfläche eine Kavitation, die zum Ablösen oberflächlicher Verunreinigungen führt. Das Wellental ist also reinigungstechnisch wirksam. Ultraschallbäder arbeiten bei Frequenzen im Bereich von 20 bis 40 kHz. Die Ultraschallreiniger sind empfindlich gegen heterogene Badbestandteile. Emulsionstropfen, Luft- oder Gasblasen absorbieren den Ultraschall und senken die Wirksamkeit von Ultraschallanlagen. Eine Kombination, wie sie in der Industrie versucht wurde, von Ultraschallreinigung mit Abkochentfettung oder mit elektrolytischer Reinigung ist wenig sinnvoll. Produkte, die in Ultraschallbädern eingesetzt werden sollen, können die gleichen sein, die in Tauchprozessen eingesetzt werden. Die Arbeitstemperatur von Ultraschallbädern liegt zwischen Raumtemperatur und etwa 85 °C. Die Behandlungszeiten betragen etwa 30 bis 50 s. Zum Einsatz von Ultraschallanlagen bei kontinuierlichen Reinigungsverfahren insbesondere für schmale Bänder und für Drähte wurden Ultraschall-Rohrgeber entwickelt, bei denen die Ultraschallgeber so kreisförmig angeordnet wurden, daß der Schall aller Geber sich im Rohrmittelpunkt konzentriert. Wie Versuche zeigten, gelingt beim Einsatz wirksamer Reinigungsmittel eine Drahtreinigung noch mit Behandlungszeiten im Sekundenbereich [23].

In der Tauchreinigung kann auch elektrischer Strom als Hilfsmittel verwendet werden. Reinigungsverfahren, die unter Verwendung von elektrischem Strom ablaufen, werden „elektrolytische Reinigungen" genannt. Im allgemeinen verwendet man dazu Gleichstrom. Dabei kann man das Werkstück als Anode oder als Kathode schalten. Anodische Schaltung führt bei fast allen Werkstücken dazu, daß von der Oberfläche Bestandteile anodisch aufgelöst werden, sodaß dadurch die Oberfläche erneuert, also gereinigt, wird. Kathodische Schaltung des Werkstücks führt zu Wasserstoffentwicklung an der Werkstückoberfläche. Der zunächst atomar gebildete Wasserstoff rekombiniert zu molekularem, so daß Gasbläschen aufsteigen, die Verunreinigungen mitreißen. Gleichzeitig werden Oxidfilme auf der Werkstückoberfläche reduziert.

Bei anodischer Werkstückschaltung können sich auf der Werkstückoberfläche Oxidfilme und Passivschichten bilden, die nachfolgende Arbeitsgänge stören. Bei kathodischer Schaltung kann das Werkstück Wasserstoff aufnehmen, was oft ebenfalls unerwünscht ist (Versprödungsgefahr, Gefahr späterer Blasenbildung unter Beschichtungen). Um die Nachteile der jeweiligen Schaltung zu vermeiden ist es daher üblich, das
Werkstück erst anodisch dann kathodisch oder umgekehrt zu behandeln. Elektrolytische Reinigungen laufen ebenfalls im Bereich von 10 bis 40 s ab, wobei die Arbeitstemperatur zwischen Raumtemperatur und 85 °C liegen kann. Die Stromdichte liegt bei
der elektrolytischen Reinigung im Bereich von etwa 3 bis 10 A/dm^2. Anlagen zur
elektrolytischen Reinigung werden auch zur Bandstahlreinigung eingesetzt. Die Anlagen sind den in galvanischen Bädern verwendeten vergleichbar. Sie besitzen eine leitende Kontaktierung zum Werkstück verbunden mit entsprechender Stromversorgung.
Produkte, die in elektrolytischen Reinigungen eingesetzt werden sollen, besitzen eine
hohe elektrolytische Leitfähigkeit, um die Wärmeproduktion zu minimieren. Da die
elektrolytische Reinigung als Nachreinigung verwendet wird, sind die Produkte allgemein tensidarm bis -frei.

Tauchreinigung, Ultraschallreinigung und elektrolytische Reinigung sind Standardver-
fahren in der Galvanotechnik, in der die Reinigung einer besondere Rolle spielt. Ebenso
werden Tauch- und Spritzreinigung bei der Behandlung von Edelstahlartikeln wie auch
zur Vorbehandlung beim Härten, bei PVD- und CVD-Beschichtungen, beim Emaillieren etc. eingesetzt.

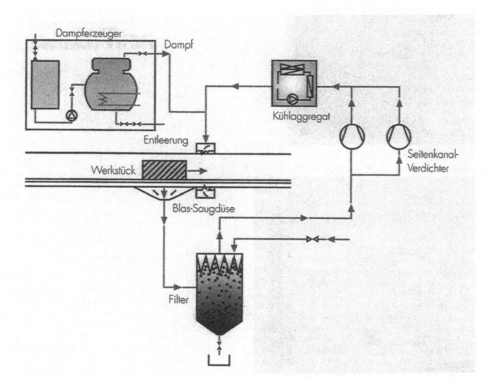

Bild 5-26: Der Ecoclean-Prozess [196]

Um völlig tensidfrei arbeiten zu können, wurde de Ecoclean-Prozess entwickelt, bei dem Heißdampf, gemischt mit gereinigter Druckluft, auf das Werkstück geblasen wird (Bild 5-26) [196]. Das entstehende Abluftgemisch wird anschließend zur Produkttrocknung eingesetzt.

5.4.3 Niederdruck-Plasmareinigen

Setzt man eine Oberfläche im Vakuum von 0,1 bis 1 mbar der Einwirkung elektromagnetischer Felder aus und erzeugt so ein Plasma, so können Verunreinigungen organischer Natur leicht entfernt werden. Dazu wird das Plasma durch Zugabe von Sauerstoff oxidierend eingestellt, so daß zusätzlich zur Plasmawirkung eine Oxidation stattfindet, die die organischen Verunreinigungen in CO_2 und H_2O überführt.

Bild 5-27:
Niederdruck-Plasmareinigung
Behandlungskammer:
Innendurchmesser 700 mm
Länge 1000 mm.
Foto MOC Danner GmbH

Bild 5-28:
Anlage zum
Niederdruck-Plasmareinigen
Foto MOC Danner GmbH

Dieses Verfahren wird insbesondere als Nachreinigungsverfahren nach einer Reinigung mir organischen Lösemitteln oder einer wäßrigen Reinigung vorteilhaft angewendet, wenn die Oberfläche anschließend in Beschichtungsverfahren (z. B. PVD), die eine sehr geringe Restverschmutzung verlangen, behandelt werden soll. Bild 5-27 und 5-28 zeigen eine komerziell angebotene Reinigungsanlage für das Niederdruck-Plasmareinigen.

5.5 Umweltschutz beim Reinigen – In-Process-Recycling und Entsorgung von Reinigungsbädern

In-Process-Recycling bedeutet, daß man innerhalb des Reinigungsprozesses durch technische Maßnahmen dafür Sorge trägt, daß alle eingeschleppten Öle, Fette, Rost-, Abrieb- und Schmutzpartikel aus dem Prozess wieder entfernt werden, wenn sie von der Werkstückoberfläche abgelöst worden sind. Erste Ansätze dazu waren in deutschen Betrieben schon Ende der sechziger Jahre zu beobachten. Man versuchte damals, durch Überführen der Badoberfläche über einen Überlauf in einen Ölabscheider aufgerahmte Öle aus dem Reinigungsprozeß zu entfernen. Da das Aufrahmen von Ölen nicht mit genügender Geschwindigkeit erfolgt, wenn der Reiniger wirksame Tenside enthält, ging man dazu über, Reiniger ohne Tenside zu verwenden. Dies war eine dauernde Quelle der Betriebsstörungen, weil sich die Befettungen mit jedem Blecheinkauf ändern, und weil schon der geringste Bedienungsfehler zu Störungen führte. Mitte der siebziger Jahre wurden erste Anlagen mit einer Ultrafiltration ausgerüstet. Da die in den Reinigern enthaltenen Tenside zu einem mehr oder weniger großen Teil im Retentat der Ultrafiltration [24, 25] zurückgehalten werden, teilweise sogar eine gewisse Fraktionierung der Tenside erfolgt, weil der großmolekulare Anteil im Retentat, der kleinmolekulare Anteil im Permeat verblieb, führten diese Anlagen zu einer Veränderung des Reinigungsvermögens der Reiniger. Bedeutungsvoller jedoch war, daß eine Vielzahl von Fetten, die beim Umformen verwendet werden, mit dem Kunststoff der Membran reagierten, wodurch schon nach kurzer Zeit die wirksame Filterfläche der Ultrafiltration halbiert wurde. Alle diese Schwierigkeiten führten schon nach kurzer Zeit zur Einstellung der Ultrafiltration.

Mitte der achtziger Jahre wurden erstmals Zentrifugen zum internen Badrecycling eingesetzt [26]. Unter den möglichen Zentrifugensystemen wurde ein Tellerseparator ausgesucht. Da auch in Zentrifugen nicht jeder Reiniger stabil ist, wurden spezielle Phosphatreiniger ausgewählt, die sich als zentrifugenfest erwiesen. Ferner wurden für spezielle Anwendungsfälle Zentrifugaldekanter erfolgreich erprobt.

In neuerer Zeit wurden zum In-Process-Recycling weitere Methoden auf dem Markt angeboten, die mit geringeren Investitionskosten verbunden sind aber auch geringere Leistung bringen (Skimmer, Absaugglocken, Ringkammerentöler) und die im Folgenden näher diskutiert werden.

Maschinen, die zum In-Process-Recycling eingesetzt werden, können in drei Gruppen unterteilt werden:

- Schwerkraftscheider
- Filtrationsapparate
- Zentrifugen

Schwerkraftscheider sind Apparate, bei denen die Abtrennung von Öl und Feststoffpartikeln allein unter der Wirkung der Schwerkraft erfolgt. Die einfachste Kombination, mit der eine Reinigung der Waschflotte erzielt werden kann, ist ein Ölabscheider mit Sandfang. Solche Abscheider werden meist direkt neben dem Tauchbecken bzw. neben dem Vorratsbecken der Spritzanlage installiert. Die Zufuhr der Waschflotte gelingt mit einem Überlauf. Die Rückführung der Waschflotte erfolgt mit Hilfe einer Kreiselpumpe. Bild 5-29 zeigt einen Schnitt durch eine Badanlage mit Ölabscheider und Sandfang. Die Wirksamkeit der Anordnung ist nicht sehr gut. Solange die abzulösenden Befettungen nicht verändert werden, kann man das Reinigungsprodukt auf ein optimales Reinigungs- und Demulgierverhalten einstellen und erreichen, daß der Restfettgehalt der Waschflotte sich bei etwa 5 g/l einpegelt. Abgelöste Feststoffpartikel gelangen jedoch nur durch Zufall in den Sandfang. Normalerweise sinken diese Partikel im Bad zu Boden, so daß eine periodische Reinigung des Bades notwendig ist.

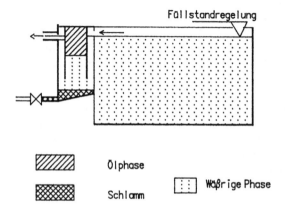

Bild 5-29:
Reinigungsanlage
mit Öl- und Sandfang

Legt man die Beruhigungszone, in der ein Aufrahmen des Öls möglich wird, innerhalb des Behandlungsbeckens, so muß man die Oberfläche ständig von Ölpfützen befreien. Das kann einmal dadurch erfolgen, daß man mit Hilfe einer schwimmenden Saugglocke (Schwimmskimmer) die Oberfläche absaugt oder dadurch, daß man über die Oberfläche einen endlosen Polyethylenschlauch zieht, der von Öl wesentlich besser als von Wasser benetzt wird. Die letztere als Skimmer bezeichnete Anlage überführt das Öl zu einem Abstreifer, der den Schlauch vom Öl befreit. Bild 5-31 zeigt das Prinzip einer Saugglocke, Bild 5-32 zeigt das Prinzip eines Skimmers nach [27]. Ebenfalls werden sich drehende vertikal stehende Scheiben mit Abstreifer als Skimmer eingesetzt.

Ein Ringkammerentöler besteht aus einem Behälter, in dem ringförmige Einbauten den eintretenden Flüssigkeitsstrom mehrfach umlenken. In dem Ring, der am Boden angeschweißt ist, steigt die Waschflotte auf. Parallel dazu steigen auch die Öltropfen auf, so daß hier kleinere, sich langsamer absetzende Öltropfen rascher an die Oberfläche getragen werden. Im nächsten Kreissegment strömt die Flüssigkeit zum Boden. Nur große Öltropfen erreichen die Oberfläche. Das Bild 5-33 zeigt einen Schnitt durch einen Ringkammerentöler. Das Öl sammelt sich dann im Dom des Apparates, wo es abgezogen werden kann. Die Maschine ist bei Einsatz konstanter Befettungen und Einstellung des

Reinigungsproduktes auf die Belange der Maschine eine sehr effektiv arbeitende Ent-
ölungsapparatur.

Sie ist mittlerweile bei zahlreichen Großfirmen der Automobilindustrie und der Emailindustrie im Einsatz. Sie bewährt sich erwartungsgemäß nicht bei Lohnbeschichtungs-
betrieben mit ständig wechselnder Zusammensetzung der Befettung.

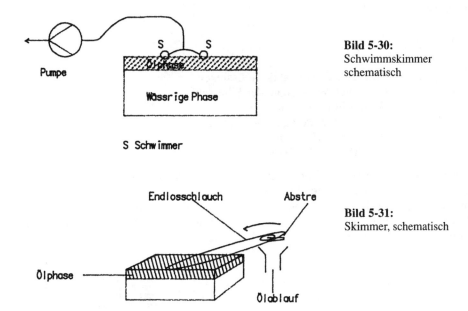

Bild 5-30:
Schwimmskimmer
schematisch

Bild 5-31:
Skimmer, schematisch

Ringkammerentöler, Skimmer, Absaugglocke und Ölabscheider mit Sandfang entfernen eingeschleppte Öle mehr oder weniger effektiv, nicht jedoch Feststoffpartikel. Die
Investitionskosten sind relativ gering, sie machen jedoch lohnintensive Badpflege notwendig. Bei größeren eingeschleppten Feststoffmengen bleibt trotz Einsatz derartiger
Maschinen häufiger Badwechsel nicht erspart, weil sich sonst Feststoffe auf dem schon
gereinigten Werkstück wieder ablagern.

Bild 5-32:
Öltrennförderer (Scheiben-
skimmer),
Abbildung Fa. Steinig.

Filtrationsmethoden werden in Form von Bandfiltern, Kerzenfiltern, der Ultrafiltration und der Mikrofiltration in der Reinigung eingesetzt.

Kerzen- oder Bandfilter dienen dazu, Feststoffe aus den Waschflotten auszufiltrieren. Dabei muß man bedenken, daß die Durchflußgeschwindigkeit einer Flüssigkeit, w (m/s), durch die Beziehung beschrieben wird [29].

Darin bedeuten:

$$w = \frac{\Delta p}{\eta \, (r_s h_s + r_k h_k)}$$

- η die dynamische Viskosität der Flüssigkeit
- r_s den spezifischen Widerstand der Filterschicht
- h_s die Dicke der Filterschicht
- r_k den spezifischen Widerstand des Filterkuchens
- h_k die Dicke des Filterkuchens
- Δp die Druckdifferenz durch die Filterschicht

Verwendet man zum Klären ein Bandfilter, so ist das Druckgefälle klein und in der Größenordnung des hydraulischen Gefälles von 1 m Wassersäule. Dann kann eine technisch interessante Filtergeschwindigkeit von 1 bis 20 m/h nur erreicht werden, wenn die Dicke des Filterkuchens gering bleibt. Eingesetzte Bandfilter bestehen aus einem endlos umlaufenden Stützgewebe, auf dem Filterpapierbahnen transportiert werden, die den Filterkuchen auffangen.

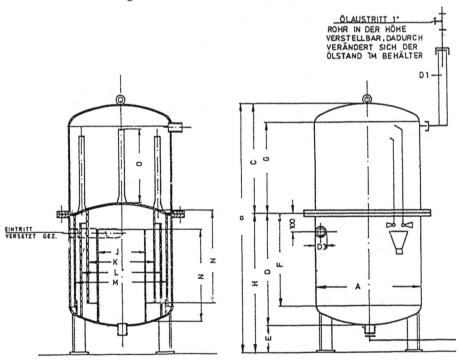

Bild 5-33: Ringkammerentöler, Zeichnung Fa. Winkelhorst.

Bild 5-34:
Bandfilter, Prospekt der
Bel Filtration Systems

Kerzenfilter werden dagegen in Druckbehälter eingebaut und mit Hilfe einer Pumpe beschickt. Der im Filter aufgebaute Druck kann mehr als 10 bar betragen, so daß größere Filterkuchendicken aufgebaut werden können.

Die Mikrofiltration ist mit der Ultrafiltration eng verwandt. Sie unterscheidet sich dadurch, daß es gelungen ist, die Porengröße von einigen Kunststoffmembranen auf 0,1 μm herabzusetzen. Eine Mikrofiltrationsanlage besteht also zunächst aus einer Feinstfiltration mit Trennkorngröße von 1 μm zum Abtrennen aller der Partikel, die das Mikrofiltrationsmodul verstopfen können, einer Druckpumpe und dem Mikrofiltrationsmodul, das auch kleinste Schwebstoffe abscheiden kann.

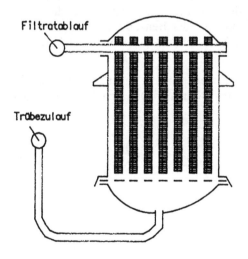

Bild 5-35:
Kerzenfilter schematisch

Bei der Ultrafiltration werden Filtrationsmembranen eingesetzt, die aus einer Stützmembran und einer Trennmembran bestehen. Die Porengröße der Trennmembran reicht herunter bis in den Bereich der Molekülgröße von etwa 10 nm, wodurch in der Ultrafiltration insbesondere Ölpartikel, aber auch Makromoleküle wie Tensidmoleküle oder Kolloide abgetrennt werden können. Ultrafiltrationseinheiten können in Form von

Wickel- oder Spiralmodulen, Kapillar- oder Hohlfasermodulen, Rohrmodulen oder Plattenmodulen eingesetzt werden. Innerhalb eines solchen Moduls wandern alle Bestandteile, die durch die Membranporen gelangen können, in das Permeat. Alle größeren Partikel und Moleküle werden zurückgehalten und verbleiben im Retentat. Die zurückgehaltene Schicht kann aber das Filtrationsverhalten der Membran verändern. Es kann vorkommen, daß die Porengröße dadurch so verkleinert wird, daß letztlich nur noch kleine Moleküle wie Wasser oder Ionen in das Permeat gelangen können. In solchen Fällen verliert die Waschflotte durch Ultrafiltration ihre Waschkraft.

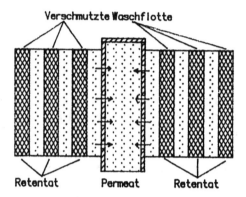

Bild 5-36:
Ultrafiltration-
Wickelmodul schematisch

Ultrafiltrationsmembranen gibt es für verschiedenste Anwendungen aus unterschiedlichen Kunststoffen. Über die geeigneten Membranen für einen Anwendungsfall informiert der Hersteller. Auch bei der Ultrafiltration wird die Waschflotte vorher durch eine Feinstfiltration gereinigt. Das aus dem Modul nach der Behandlung austretende Permeat wird als Waschflotte wieder verwendet, das Retentat dagegen wird der Abwasserbehandlung zugeführt.

Waschflottenregenerierung kann auch in Zentrifugen erfolgen. Unter den Zentrifugnen, die zum internen Badrecycling eingesetzt werden können, haben sich der Tellerseparator und der Zentrifugaldekanter bewährt.

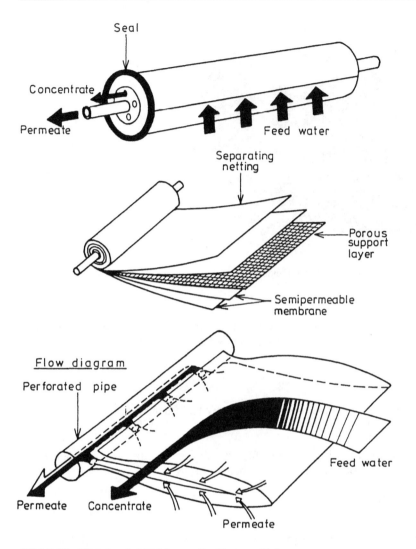

Bild 5-37: Wickelmodul, Zeichnung Fa. Hager u. Elsässer.

Wirkt bei einem Schwerkraftscheider auf ein zu Boden sinkendes Feststoffpartikel die Erdbeschleunigung g ein, so wird diese im Zentrifugalfeld durch die Zentrifugalbeschleunigung b ersetzt. Das Verhältnis von Zentrifugalbeschleunigung b zu Erdbeschleunigung g gibt dann an, wieviel mal schneller ein Partikel im Zentrifugalfeld abgeschieden wird. Man bezeichnet das Verhältnis:

$$Z = \frac{b}{g}$$

Bild 5-38: Ultrafiltrationsanlage, Foto Fa. Faudi

als Schleuderziffer Z. Beträgt der mittlere Durchmesser der Zentrifuge dm und die Drehzahl der Zentrifuge n, so berechnet sich die Schleuderziffer zu

$$Z = \frac{dm * \pi^2 * n^2}{1800 * g}$$

Die Zentrifuge besitzt ferner eine innere Fläche oder Klärfläche in m^2 von

$$F = \pi * d_m * L$$

mit L = Länge des Rotors. Wird die Zentrifuge kontinuierlich mit dem Volumenstrom Q in m^3/h beschickt, ergibt sich eine Klärflächenbelastung von

$$q_F = \frac{Q}{F} \ in \ (m/h).$$

Die Sinkgeschwindigkeit U eines Partikels im Zentrifugalfeld ist im Bereich laminarer Strömung nach dem Stokes'schen Gesetz vom Unterschied zwischen Partikeldichte ρ_P und Dichte der flüssigen Phase ρ_{Fl} und vom Partikeldurchmesser d_p abhängig.

Es gilt

$$U = \frac{(\rho_p - \rho_{Fl}) * b * (d_p)^2}{18 * \eta} \qquad \rho \ \text{ist hierin die Viskosität der Flüssigkeit.}$$

Setzt man anstelle der Zentrifugalbeschleunigung b die Zentrifugenzahl Z, so folgt

$$U = \frac{g * (\rho_p - \rho_{Fl}) * Z * (d_p)^2}{18 * \eta}$$

Es könnte jedoch in der durchströmten Zentrifuge nur solche Partikel die Zentrifugen-wandung erreichen, die sich genügend lange in der Zentrifuge befinden, deren Sinkgeschwindigkeit in Richtung des Zentrifugalfeldes gleich der Klärflächenbelastung q_F ist. Es gilt also für die Partikel, deren Korngröße sich an der Trenngrenze befindet, die Beziehung

$$U = q_F$$

Einsetzen der Gleichungen und Umformen ergibt die Trennkorngröße d_T

$$d_T = \sqrt{\frac{18 * \eta * \rho_F}{g * (\rho_P - \rho_{Fl}) * z}}$$

d_T gibt also an, bis zu welcher Korngröße Feststoffpartikel oder auch Flüssigkeitstropfen im Zentrifugalfeld einer Zentrifuge abgeschieden werden können, wenn durch diese Maschine mit gegebener Klärfläche F ein Volumenstrom Q kontinuierlich geleitet wird [37].

Tellerseparatoren sind Hochleistungs-Trennzentrifugen, bei denen durch Einbau von 40 bis 100 kegelförmiger Tellereinsätze eine große Klärfläche geschaffen wird. Das Schleudergut wird dadurch in viele dünne Lamellen unterteilt, der Absetzweg wird verkürzt und ein Aufwirbeln bereits getrennter Schichten wird verhindert. Das Tellerpaket dreht sich mit 4000 bis 10000 rpm. Die Zentrifugenzahl beträgt 6000 bis 12000 rpm bei Trommeldurchmessern von 200 bis 600 mm. Die maximal durchsetzbare Flüssigkeitsmenge, auch Schluckleistung genannt, beträgt bis 25 m³/h, wobei Feststoffgehalte bis 10 % gut verarbeitet werden können. Die Beschickung der Maschine erfolgt durch die Drehachse. Der Tellerseparator schleudert den schwereren Anteil, die Feststoffpartikel, an die äußere Peripherie des Schleuderraumes. Deshalb soll der Steigwinkel des Tellers dem Rutschwinkel des Schlamms, der entsteht, angepaßt sein.

Der Tellerseparator trennt aber auch mit einander nicht mischbare Flüssigkeiten gleichzeitig ab. Deshalb enthalten die Teller Steiglöcher, deren Lage so gewählt werden soll, daß die flüssige Komponente, die mit größerer Reinheit abgetrennt werden soll, den längeren Weg zurücklegt. Die, in Waschflotten das Öl, sammelt sich dann in Achsnähe leichtere flüssigphase und kann ebenso wie die wäßrige Phase separat abgezogen werden Bild 5-39 zeigt einen Schnitt durch einen selbstentschlammenden Tellerseparator. Die Maschine ist selbstentschlammend, weil der Zentrifugenraum durch hydraulisch betätigtes Absenken des Bodens nach willkürlich vorgegebenen Zeiten abgesenkt werden kann, wodurch der Schlamm periodisch ausgetragen werden kann. Der Schlamm erhält dabei pumpfähige Konsistenz. Die Investitionskosten für Tellerseparatoren sind relativ hoch. Es wird daher oft der Fehler gemacht, zu kleine Maschinen zu installieren. In diesem Fall ist die Wirksamkeit der Maschinen nicht besser als die eines Ringkammerentölers, wenn es durch geeignete Wahl des Reinigungsproduktes gelingt, das Öl genügend schnell aufrahmen zu lassen. Eine zu geringe Kapazität des Tellerseparators zwingt zur Verlegung des Ansaugstutzens an die Badoberfläche, so daß Feststoffe nicht herausgeholt werden können. Als Faustregel zur Bemessung von Tellerseparatoren hat sich herausgestellt, daß die Schluckleistung eines Tellerseparators etwa mit der Badgröße des zu reinigenden Bades übereinstimmen sollte. Bild 5-40 zeigt die Strömungsverhältnisse in einem Tellerpaket eines Tellerseparators, Bild 5-41 demonstriert den Einfluß der Lage der Steigkanäle auf das Trennergebnis.

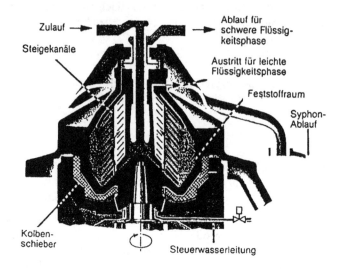

Bild 5-39: Schnitt durch einen Tellerseparator, Zeichnung Fa. Winkelhorst

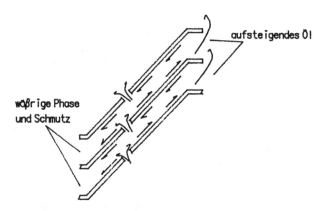

Bild 5-40: Strömung in den Tellerpaketen eines Tellerseparators,
Zeichnung nach Fa. Westfalia Separatorbau.

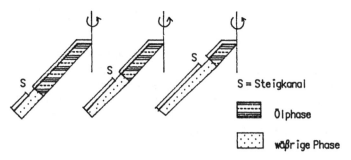

Bild 5-41: Einfluß der Anordnung der Steigkanäle auf das Trennergebnis nach [38].

Dekanter sind horizontal liegende Röhrenzentrifugen mit Trommeldurchmessern von etwa 300 bis 1000 mm. Die Zentrifugenzahlen dieser Maschinen liegen bei 800 bis 3000. In der Trommel ist eine Transportschnecke eingebaut, die sich mit etwa 40 rpm geringerer Umdrehungszahl bewegt als die Trommel selbst, d.h. wenn die Trommel eine Drehzahl von 1410 rpm bekommt, erhält die Transportschnecke eine Drehzahl von 1370 rpm. Der Drehzahlunterschied bewirkt, daß die Transportschnecke den an der äußeren Peripherie abgeschiedenen Schlamm ausräumt. Die Trommel wird axial mit Trub beschickt. Während die schweren Feststoffpartikel an die Wand des Rotors bewegt werden, sammelt sich die leichteste Phase, das Öl, wieder in Achsnähe und kann getrennt von der wäßrigen Phase mit Hilfe eines Schälrohres ausgetragen werden. Der Dekanter trennt Gemische in 3 Phasen und wird Dreiphasendekanter genannt. Dekanter verarbeiten Waschflotten mit höherem Feststoffgehalt von etwa 5 bis 30 %. Dekanter werden mit Leistungen bis 20 t Feststoff/h gefertigt. Sie können mit Hartstoffen gepanzert werden und haben sich insbesondere bewährt, wenn in der Reinigung größere Mengen abrasiver Poliermittelrückstände ausgetragen werden sollen. Für die Auswahl eines Dekanters und die der eingesetzten Reinigungsprodukte gelten die auch für Separatoren getroffenen Aussagen. Bezüglich der Schluckleistung macht man bei Dekanter manchmal Abstriche und nimmt in Kauf, daß die Trennkorngröße größer wird, weil die abzutrennenden Feststoffe (Poliermittelrückstände) größere Korngröße besitzen.

Während der Tellerseparator im Normalfall eingesetzt werden kann, wenn überwiegend Öle und Fette, daneben aber auch Feststoffpartikel bei der Reinigung anfallen, ist der Dreiphasen-Zentrifugaldekanter insbesondere dann geeignet, wenn z. B. Polier- oder Schleifmittelrückstände oder Feststoffe anderer Art in größerer Menge in das Reinigungsbad mit eingeschleppt werden.

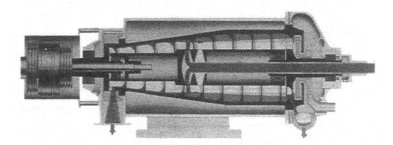

Bild 5-42: Dreiphasendekanter, Zeichnung F. Winkelhorst.

Tabelle 5-3: Wirtschaftlichkeit des Einsatzes eines Tellerseparators nach [30].
      *   Es wurden hier separatortaugliche Produkte eingesetzt.
     **   Es wurden 1,50 €/m^3 Abgaben angesetzt.

Anlagenparameter	Badinhalt	Temperatur	Behandlungszeit
Bad 1	2,78 m^3	80 °C	7,5 min.
Bad 2	2,78 m^3	80 °C	7,5 min.
Ansatzkonzentration	vorher	nachher	Produkt
Bad 1	5 Gew. %	3 Gew. %	Reinigungskonzentrat
Bad 12	3 Gew. %	3 Gew. %	Reinigungskonzentrat

Badwechsel bei	Bad 1	Bad 2
	1 x wöchentlich	1 x in 6 Wochen

Badregenerierung	keine	mit Tellerseparator
Invetsitionskosten für gebrauchten Tellerseparator	keine	17.000,– €

Blechdurchsatz:	4000 m^2/Tag	4000 m^2/Tag

Berechnungen:

Jahresarbeitszeit	220 Arbeitstage	220 Arbeitstage
Jahresansatzvolumen		
Bad 1	122,3 m^3	20,4 m^3
Bad 2	122,3 m^3	20,4 m^3
Produktverbrauch		
für Neuansatz		
Bad 1	6116 kg/a	612 kg/a*
Bad 2	3669 kg/a	612 kg/a*
Nachschärfmenge für		
Bad 1	5500 kg/a	
Bad 2	1540 kg/a*	
Kostenrechnung:	Bad 1	Bad 2
Kosten für Reinigungschemikalien	22.240,– €/a	4.584,– €/a
Entsorgungskosten **	367,– €/a	61,– €/a
Stromkosten für Badrecycling	keine	317,– €/a (3522 KWh)
Betriebs- und Wartungskosten sonstiger Art für das Badrecycling	keine	1.540,– €/a
Totalkosten	22.607,– €/a	6.502,– €/a
Kosten je 1000 m^2 Blech	25,69 €	7,39 €

An die Befettungen und an die Reinigungsprodukte müssen auch bei Einsatz von Zentrifugen einige Anforderungen gestellt werden. Von Seiten der Befettung muß aber lediglich gefordert werden, daß über die Befettung keine Emulgatoren oder Tenside eingeschleppt werden. Wasserlösliche Schmierstoffe sind generell nicht brauchbar. Die Reinigungsprodukte selbst sollten durch Zentrifugalkräfte nicht aufgetrennt werden können. Reiniger, die Schutzkolloide bilden, sind ungeeignet.

Das Badrecycling unter Einsatz von Tellerseparatoren führt zu einer starken Verminderung der Reinigungskosten. Die Tabelle 5-3 nach [30] zeigt eine Kostengegenüberstellung für ein und die gleiche Reinigungsanlage bei konstanter Produktion und Auslastung. Nicht bewertbar ist hierbei der Qualitätszuwachs, der dadurch gegeben ist, daß die Qualität des Reinigungsbades von Anfang bis Ende der Standzeit konstant ist. Dadurch bedingt, ist der Einsatz von Tellerseparatoren von einer Verminderung des Ausschusses und damit der Wiederaufarbeitungskosten begleitet, was hier wirtschaftlich nicht erfaßt wurde, was aber ebenfalls nochmals zu drastischer Kostenreduzierung führte. Hier zeigt es sich also wieder, daß die Durchführung von Umweltschutzmaßnahmen durch Verhinderung oder Verminderung der Umweltbelastung ökologisch und ökonomisch sinnvoll ist. Ökologisch Produzieren bedeutet hier ökonomisch Produzieren.

Reinigungslösungen müssen periodisch entsorgt werden, weil Verunreinigungen und Zersetzungsprodukte dies notwendig machen. Der Behandlungsweg ist der, dass man die Lösung zunächst neutralisiert, das aufrahmende Öl abtrennt und die schwach sauren Inhaltsstoffe mit Eisen-III-salzlösungen zur Flockulation bringt. Bei Verwendung von $Ca(OH)_2$ zur Neutralisation entsteht eine gut filtrierbare Fällung aus Gips. Bestehen Schwierigkeiten aufgrund des Sulfatgehaltes, sollte man die Sulfatmenge durch Reaktion mit Calciumaluminat reduzieren [197].

6 Phosphatieren

Das Lackieren von Erzeugnissen aus Eisen und Stahl dient nicht nur dazu, die Erzeugnisse dekorativ ansehnlicher zu gestalten. Auch der Korrosionsschutz der Artikel soll dadurch entscheidend verbessert werden.

Farben und Lacke werden von Wasserdampf mehr oder weniger stark durchdrungen. Die Wasserdampfdurchlässigkeit führt dazu, daß es zur Korrosion auch unter Lackschichten kommt. Dabei läuft die Bruttoreaktion ab

$$Fe + H_2O = FeO + H_2$$

Die Korrosionserscheinung zeigt sich in der Bildung von Blasen und Pusteln, in denen nach Öffnung pulverförmige Oxidationsprodukte des Eisens zu finden sind. Anfang der 40-er Jahre entwickelte man daher erste anorganische Zwischenschichten, die aus amorphen Eisenphosphaten bestanden. Der Korrosionsschutz von organischen Überzügen wurde dadurch beachtlich verbessert. Allerdings war damit das Endziel noch nicht erreicht. In den folgenden Jahren kamen dann Korrosionsschutzschichten aus Zinkphosphat auf den Markt, die die Wirksamkeit von Eisenphosphatschichten weit übertrafen. Heute sind außer reinen Zinkphosphatschichten insbesondere Mischphosphatierung in Gebrauch, in denen das Zink partiell durch andere Schwermetalle ersetzt wird.

Die Wirkung von Phosphatschichten unter organischen Beschichtungen ist die einer Dampfsperre. Da man das Durchdiffundieren von Wassermolekülen nicht unterbinden kann, trägt man durch eine anorganische Zwischenschicht dafür Sorge, daß die Wassermoleküle nicht mit dem metallischen Werkstoff in Kontakt kommen. Die eindiffundierenden Wassermoleküle werden dabei von den Phosphatschichten zunächst aufgenommen. Sie werden wieder abgegeben, wenn sich die klimatischen Umgebungsverhältnisse wieder ändern. Erleichtert wird die Wasseraufnahme auch dadurch, daß es bei Einbrennlackierungen zur partiellen Entwässerung der Phosphatschicht kommt, die – weil abgedeckt durch eine Lackschicht – nicht wieder vollständig hydratisiert. Dies führt gelegentlich zur Lackhaftungsminderung, wenn phosphatierte und lackierte Werkstücke durch Unterwasserlagerung Wasser aufnehmen und damit die Phosphatschicht rehydratisiert wird – eine Erscheinung, die bei Eisenphosphatschichten sehr viel stärker als bei Zinkphosphatschichten ausgeprägt ist.

6.1 Systematik der Phosphatierungen

Die Eisenphosphatierung unterscheidet sich von allen anderen Phosphatierungen insbesondere dadurch, daß die Phosphatschicht aus basischen, amorphen Produkten leicht wechselnder Zusammensetzung besteht.

Natürlich sind bei allen anderen Phosphatierverfahren nicht immer nur die aufgeführten kristallinen Phasen auf der Oberfläche vertreten. Je nach Badführung tritt z. B. Hopeit neben Phosphophyllit auf.

Der Einsatz der Mischphosphatierungen ist entscheidend durch die Lackentwicklung beeinflußt worden. Da bei dem in der Automobilfertigung weitgehend eingesetzten

KTL-verfahren direkt an der Werkstückoberfläche alkalische Bedingungen herrschen, wurden bei reinen Zinkphosphatierungen zu viele Zinkionen in das KTL-Bad eingelöst. Da die Löslichkeit der Zn-Fe- bzw. der Zn-Mn-Phosphophyllite im alkalischen Bereich weit geringer ist, wurden diese Mischphosphatierungen entwickelt. Die Zn-Ca-Phosphatierung zeichnet sich durch besondere Feinkörnigkeit aus. Sie wurde daher speziell für empfindliche Hochglanzlackschichten eingeführt.

Phosphatierungen sind heute in der Technik weit verbreitet. Man verwendet folgende Produkte:

Name	Chemische Zusammensetzung	Schichtgewicht (g/m²)	Verwendung
Eisenphosphatierung	$2\ FePO_4 \cdot Fe(OH)_3$ amorph	0,2 – 1,2	Lackiervorbehandlung
Mangan-phosphatierung	$(Mn,Fe)_5H_2(PO_4)_4 \cdot 4H_2O$ Hurèaulith, krist.	8 – 12	Gleitschicht
Zinkphosphatierung	$Zn_3(PO_4)_2 \cdot 4 H_2O$ Hopeit, kristallin	1,8 – 2,2 2 – 8 <8	Lackiervorbehandlung Beölung Gleitschicht
Zink-Eisen-Phosphatierung	$Zn_2Fe(PO_4)_2 \cdot 4 H_2O$ Phosphophyllit, krist.	1,8 – 2,2	Lackiervorbehandlung
Zink-Calcium-Phosphatierung	$Zn_2Ca(PO_4)_2 \cdot 2 H_2O$ Scholzit, krist	1,8 – 2,2	Lackiervorbehandlung
Zink-Mangan-Phosphatierung	$Mn_2Zn(PO_4)_2 \cdot 4 H_2O$ Mn-Hopeit, krist. neben $Zn_2(Mn,Fe)(PO_4)_2 \cdot 4 H_2O$ Mn-Phosphophyllit, krist.	1,8 – 2,2	Lackiervorbehandlung Gleitschicht Rollreibung

6.2 Theorie der Phosphatschichtbildung

Phosphatschichten haften deshalb außerordentlich gut auf einem Werkstoff, weil sie direkt auf dem Kristallgitter des Werkstoffs aufkristallisieren bzw. aufwachsen. Daraus folgt, daß nicht jeder Werkstoff zum Phosphatieren geeignet ist. Tatsächlich sind phosphatierfähige Werkstoffe nur sehr begrenzt zu finden:

- niedrig oder unlegierte Stähle bis etwa 5 % Fremdbestandteil
- Zink und verzinktes Material
- einige wenige Aluminiumlegierungen

Die erste Reaktion bei einer Phosphatierung ist stets eine Beizreaktion, ein saurer Beizangriff auf die Werkstoffoberfläche. Bei dieser Reaktion werden Metallionen (Eisen-II-Ionen) in Lösung gebracht. Es entsteht zunächst atomarer Wasserstoff, der die Beizreaktion behindert: $Fe + 2 H^+ = Fe^{2+} + 2 H$

Soll die Beizreaktion mit entsprechender Geschwindigkeit weitergehen, muß der atomare Wasserstoff durch Einsatz von Depolarisatoren verbraucht werden. Diese Depolarisatoren sind Oxidationsmittel oder Sauerstoffträger:

Nitrat: $\quad\quad 4\,Fe + NO_3^- + 10\,H^+\ 4\,Fe^{2+} + NH_4^+ + 3\,H_2O$ $\quad\quad$ nach [40]

Nitrit: $\quad\quad 3\,Fe + NO_2^- + 8\,H^+ \rightarrow 3\,Fe^{2+} + NH_4^+ + 2\,H_2O$ $\quad\quad$ nach [40]

Hydroxylamin nach [226]:

$$Fe + NH_3OH^+ + 2H^+ \rightarrow Fe^{2+} + NH_4^+ + H_2O \rightarrow$$

Chlorat: $\quad 3\,Fe + ClO_3^- + 6\,H^+ \rightarrow 3\,Fe^{2+} + Cl^- + 3\,H_2O$ $\quad\quad$ nach [40]

Organische Nitroverbindungen lassen sich mit Eisen wie folgt reduzieren:

$$3\,Fe + Ar\text{-}NO_2 + 7\,H^+ \rightarrow 3\,Fe^{2+} + Ar\text{-}NH^{3+} + 2H_2O$$

Die Reaktion von Sauerstoff mit Molybdat als Überträger wird unter Bildung des $Mo(OH)_3$ verlaufen [41]:

$$Fe + 2MoO_4^{2-} + 6H^+ \rightarrow Fe^{2+} + 2Mo(OH)_3$$

$$2\,Mo(OH)_3 + O_2 \rightarrow 2\,MoO_4^{2-} + 2\,H^+ + 2\,H_2O$$

Die Reaktion von Sauerstoff mit Fumarsäure als Überträger wird vermutlich über die Peroxidbildung ablaufen:

$$\overset{\displaystyle O - O}{\underset{\textstyle\;}{HOOC\text{-}CH = CH\text{-}COOH + O_2 \rightarrow HOOC\text{-}CH\text{-}CH\text{-}COOH}}$$

$$\overset{\displaystyle O - O}{HOOC\text{-}CH\text{-}CH\text{-}COOH} + 2\,Fe + 4\,H^+ \rightarrow 2\,Fe^{2+} + HOOC\text{-}CH = CH\text{-}COOH + 2\,H_2O$$

Andere Oxidationsmittel sind zwar möglich, werden technisch aber nicht eingesetzt.

Die Wirkungsweise von Molydationen kann daraus geschlossen werden, daß unter Sauerstoffausschluß betriebene Eisenphosphatlösungen sich schon kurze Zeit nach Eintauchen eines fettfreien Eisenblechs blau verfärben, was für niederwertige Molybdänverbindungen charakteristisch ist. Die Wirkungsweise von aromatischen Nitroverbindungen läßt sich nachweisen, wenn man bei der Phosphatierung aluminiumhaltiger Verbundwerkstoffe in Gestalt des Aluminiums ein starkes Reduktionsmittel zugibt und nur minimale Mengen an Oxidationsmittel zusetzt. In diesem Fall geht die Bildung aromatischer Amine derart schnell, daß sich der pH-Wert der Phosphatierlösung stark erhöht, was unterbleibt, wenn in der gleichen Lösung keine Nitroverbindungen anwesend sind. Die Wirkungsweise der Fumarsäure, die in molybdänfreien Eisenphosphatierungen eingesetzt wird, kann bislang nicht bewiesen, aber aufgrund der Chemie der Fumarsäure geschlossen werden.

Die zweite Reaktion bei jeder Phosphatschichtbildung ist dann die eigentliche spezifische Phosphatierreaktion, die zur Abscheidung der Phosphatschicht führt und die bei den behandelten Phosphatierungen besprochen wird.

6.3 Die Eisenphosphatierung

Eisenphosphatschichten sind das preiswerteste Mittel, den Korrosionsschutz einer Lackierung zu verbessern. Allerdings reicht dieser Korrosionsschutz nach heutiger Beurteilung lediglich für trockene Innenausbauten aus wie für Werkstatt- oder Büromöbel u. a. m. In den folgenden Abschnitten werden Schichteigenschaften und die Schichtherstellung beschrieben.

6.3.1 Eigenschaften von Eisenphosphatschichten

Eisenphosphatschichten sind keine kristallinen sondern röntgenamorphe Schichten. Bild 6-1 zeigt eine REM-Aufnahme einer Eisenphosphatschicht auf Stahlblech. Ihre chemische Zusammensetzung ist nicht ganz konstant, neben Eisen-III-Phosphat sind wechselnde Mengen an Eisenhydroxid, im Mittel etwa 1 Mol Eisen-III-Hydroxid auf 2 Mol Eisenphosphat, enthalten. Die Schichten sind mehrheitlich sehr dünn. Ihre Schichtstärke liegt in der Größenordnung der Wellenlänge des sichtbaren Lichtes, wodurch Interferenzerscheinigen und je nach Schichtstärke wechselnde Farben der Schicht von violett bis gelb-rot entstehen können. Selbst auf ein und demselben Werkstück sind manchmal viele Farben anzutreffen, was nicht als Qualitätsmangel gelten darf. Überschreiten die Schichten etwa 0,6 g/m^2, so ist das Farbspiel vorbei. Stärker ausgebildete Schichten sind grau gefärbt. Eisenphosphatschichten sind dichte Schichten mit geringem Porengehalt.

Die Abscheidung der Eisenphosphatschicht erfolgt auf der Oberfläche des Werkstücks, weil bedingt durch die Beizreaktion an der Oberfläche ein pH-Wertanstieg auftritt, der zur Löslichkeitsverminderung für Eisenphosphat führt. Bild 6-2 veranschaulicht diesen Vorgang. Ist die Beizreaktion zu heftig, so ist der pH-Wertanstieg in der am Werkstück adhärierenden Flüssigkeitsschicht zu steil, und es kommt schon vor der Werkstückoberfläche zum Ausfallen von Eisenphosphat. Dieser Fehler macht sich durch eine staubige Schicht bemerkbar, die sich bei nachfolgenden Lackierungen als schädliche erweist. Da das Eisenion der Schicht ebenfalls aus dem gelösten Zustand abgeschieden wird, und weil eine Schicht gebildet wird, ist die Eisenphosphatierung eine schichtbildende Phosphatierung. Anders lautende Angaben der Literatur sind falsch. Dies zeigt sich auch dadurch, daß man Eisenphosphatierbäder erst dann soweit aktiviert hat, daß hochwertige Schichten gebildet werden, wenn man durch Zusatz von Eisensalzen oder durch Einarbeiten von Eisen (Einhängen von Schrott über Nacht) eine gewisse Eisenkonzentration in Lösung gebracht hat. Die Bezeichnung der Eisenphosphatierung als Alkalimetall-phosphatierung ist veraltet und nicht eindeutig, da sie sich nur auf den Einsatz von Alkaliphosphaten bezieht, die auch bei anderen Phosphatierungen verwendet werden können.

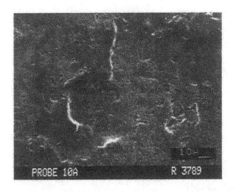

Bild 6-1:
REM-Aufnahme einer
Eisenphosphatschicht

Eisenphosphatschichten wachsen nur auf freien Metallflächen auf. Die entstehende Schichtdicke erreicht vielfach einen produktspezifischen Grenzwert, der auch nach mehrfachem Einsatz der phosphatierten Oberfläche in das gleiche Phosphatierbad nicht weiter aufwächst. Eisenphosphatschichten schützen die mit Eisenphosphatierbädern beschickten Anlagenteile vor Korrosion durch die Phosphatierlösung, selbst wenn die Phosphatierung im sauren pH-Bereich knapp oberhalb pH 4 vorgenommen wird. Deshalb wurden in früheren Jahren selbst Spritzanlagen zur Eisenphosphatierung aus Baustahl ST 37 gefertigt. Sie erreichten Betriebszeiten von 10 bis 20 Jahren.

Störend wirken sich allerdings die oftmals im Wasser enthaltenen Sulfat- und Chloridionen aus. Die in Eisenphosphatierlösungen enthaltenen Chlorid- und Sulfationen sollten 50 mg/l nicht überschreiten, weil sonst in den Anlagen Lochfraß auftritt.

Der Arbeits-pH-Bereich von Eisenphosphatierlösungen liegt je nach Produkt zwischen 4 und 6. Welcher pH-Bereich der für ein Produkt günstigste ist, ist außer vom Produkt auch von der Stahlqualität abhängig. Härtere Stähle und leicht legierte Stähle benötigen einen etwas tieferen pH-Wert als Baustahl.

Der Arbeitstemperaturbereich von Eisenphosphatierlösungen liegt bei etwa 45 bis 65 °C, die Behandlungszeiten bei 30 bis 120 s im Spritzverfahren bzw. 2 bis 5 min. im Tauchverfahren.Eisenphosphatierbäder sind im allgemeinen luftbeschleunigt. Als Sauerstoffüberträger dienen dabei überwiegend Molydate, gelegentlich auch Fumarsäure und aromatische Nitroverbindungen. Molybdatfreie Bäder arbeiten bei höheren Temperaturen und sind etwas reaktionsträger.

Da die Beizreaktion Säure verbraucht, müssen Eisenphosphatierbäder mit Phosphorsäure und etwas Beschleuniger nachgeschärft werden. Diese Arbeit ist leicht und einfach mit Hilfe einer pH-Messung und einer Dosierpumpe durchführbar. Manche Firmen verwenden auch leitfähigkeitsgesteuerte Dosierpumpen, was ungefähr vergleichbar ist, weil die Leitfähigkeit des Hydroniumions in diesem pH-Bereich weit dominiert.

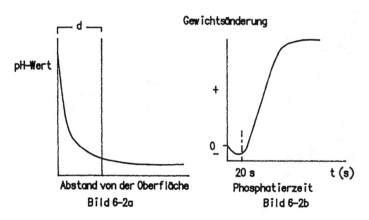

Bild 6-2: Prinzip der Eisenphosphatbildung (a)   Schichtbildung bei Dünnschichtverfahren (b)

6.3.2 Eisenphosphatierverfahren

In Eisenphosphatierverfahren früherer Jahre wurden die Reinigung der Werkstücke und die Eisenphosphatierung in getrennten Arbeitsschritten vorgenommen. Der Arbeitsablauf umfaßte also die Schritte

> 1 – 2x Reinigen mit alkalischen Reinigern
>   2x Spülen
>   Phosphatieren
>   VE-Spüle (VE = Vollentsalztes Wasser)
>   Trocknen

Bei dieser Arbeitsweise, die auch heute noch von einigen Firmen vertreten wird und die immer funktioniert, fallen alkalische und saure Spülwässer an. Da die Spülwassermengen und die Alkali- bzw. Säuregehalte der Spülwässer meist nur zufällig konstant sind, wird die Neutralisationsanlage wechselseitig von alkalischen oder sauren Spülwässer beaufschlagt, was zusätzlichen Regelaufwand bedeutet. Da Alkalien von Stahloberflächen nicht vollständig abspülbar sind, werden stets Restmengen an Alkalien in das Phosphatierbad verschleppt, so daß dort der Säureverbrauch vergrößert wird. Ein gleichzeitiges Benutzen eines einzigen Spülbades für alle Arbeitsvorgänge verbietet sich, da die Gefahr der Rückbefettung zu groß ist. Diese Schwierigkeiten, die Tatsache, daß für eine billige Eisenphosphatierung Anlagen mit 6-7 Bädern installiert werden mußten und der für solche Anlagen entsprechend hohe Energie, Wasser und Chemalienverbrauch entstand, führte Anfang der 80er Jahre zur Entwicklung der Eisen-WaschPhosphatierung, bei der das Phosphatierprodukt gleichzeitig zu einem sauren Reiniger umfunktioniert wurde. Das Verfahren umfaßte jetzt folgende Arbeitsschritte:

> 1 – 2x Reinigen und Phosphatieren
>   Spülen
>   Trocknen.

Aus Anlagen mit 6 bis 7 Bädern wurden solche mit 3 – 4 Bädern. Die Eisenwasch-phosphatierung, die gleich gute Ergebnisse wie das getrennte Verfahren liefert, hat sich heute allgemein durchgesetzt. Die Halbierung der Anlage halbierte auch die Ver-brauchs- und Betriebskosten.

Die Mehrzahl der Eisenphosphatieranlagen sind Spritzanlagen, die mit luftbeschleu-nigten Produkten betrieben werden. Tauchanlagen, die mit luftbeschleunigten Produk-ten betrieben werden, erhalten günstigerweise eine künstliche Luftzufuhr in Form eines durchperlenden Luftstroms über eine am Boden des Bades verlegte perforierte Druk-kluftleitung.

Für den Bau der Spritzphosphatieranlagen gelten die schon für Reinigungsanlagen zu beachtenden Gesichtspunkte. Insbesondere sollte die Länge der Abtropfzonen bei 30 s Abtropfzeit gehalten werden, besonders dann, wenn mit zwei Phosphatierbädern gear-beitet wird und die Phosphatschicht nach Durchlaufen der ersten Spritzzone noch nicht dicht ausgebildet worden ist. Werkstücke mit gut ausgebildeten Eisenphosphatschich-ten können nach Durchlaufen der VE-Spüle naß-in-naß lackiert werden ohne Tro-cknung. Geeignet sind z. B. auch Elektrotauchlackierungen.

Störend wirkt sich bei Eisenphosphatierungen die durch die Beizreaktion bedingte Schlammbildung in der Lösung aus. Schlammbildung, Bildung von Eisenphosphat-schlamm, kann prinzipiell nicht vermieden werden. Je nach Produktzusammensetzung kann der Schlamm Krusten bilden oder sehr feinteilig in der Arbeitslösung verteilt vor-liegen. Letzteres ist anzustreben, damit die Bäder nicht ständig gereinigt werden müssen. Man kann den gebildeten Eisenphosphatschlamm auch kontinuierlich aus den Bädern entfernen, indem man die Badlösung, wie schon unter Reinigung beschrieben, mit Hilfe eines selbstentschlammenden Tellerseparators ständig entsorgt. Wie bei Reinigungs-prozessen kann im Bedarfsfall gleichzeitig eine Badentölung vorgenommen werden.

Eisenphosphatierbäder stellen keine besonderen Aufgaben bei der Entsorgung von Bä-dern und Spülwässern. Beim neutralen pH-Wert sind Eisenphosphate schwerlöslich. Im Prinzip genügt es, Eisenphosphatlösungen einer chemischen Abwasserbehandlung (Neutralisation mit Kalkmilch, Eisenhydroxidflockung) zu unterziehen. Bei Spülwäs-sern reicht im allgemeinen schon die Entfernung der Feststoffpartikel in einem Absitz-becken aus, weil Spülwässer annähernd neutral ablaufen. Eisenphosphatschlämme sind als Sondermüll zu behandeln und sollten nicht als Phosphatdünger auf den Ackerboden gebracht werden, solange Molybdate und aromatische Nitroverbindungen in den Phos-phatierlösungen verwendet werden. Eisenwaschphosphatierungen sind damit das ein-fachste Mittel, um in der Großbehälterfertigung die Reinigung mit CKW-Produkten end-gültig abzulösen. Eisenspritzphosphatierungen können in Dampfstrahlreinigungsgeräten verarbeitet werden, wobei auch hier die unter Dampfstrahlreinigung gegebenen Hin-weise beachtet werden müssen. Nicht nur, daß man die Ökologie des Prozesse entschei-dend verbessert, auch der erzielbare Korrosionsschutz wird entscheidend qualitativ auf-gewertet. Auch hier gilt, ökologisch sinnvoll produzieren heißt ökonomisch produzieren.

Eisenphosphatierlösungen werden vielfach auch als saure Reiniger verwendet. Insbe-sonder für Aluminium- und für Zinkteile eignen sich derartige Produkte als Reiniger. Man muß allerdings wissen, daß bei Zinkoberflächen im Rahmen der Reinigung der Zinkoxidfilm aufgelöst wird, weil die Löslichkeit von Zinkhydroxid im pH-Bereich um 5 noch nachweisbar ist. Eine Phosphatierung erfolgt dabei nicht.

6.4 Zinkphosphatierungen

6.4.1 Eigenschaften von Zinkphospatschichten

Zinkphosphatierungen sind qualitativ weit bessere Lackiervorbehandlungen als Eisen phoshatierungen. Sie sind kostspieliger. Sie werden eingesetzt für Lackierungen im Außen- oder Feuchtraumbereich, also z. B. Autokarosserien oder Spinde in Waschräumen u. a. m. In den folgende Abschnitten wird über Grundlegendes und die Eigenschaften der Schichten und über die Verfahren zu ihrer Herstellung und deren Varianten berichtet.

Die naturwissenschaftlichen Abläufe, die zur Ausbildung von Phosphatschichten führen, wurden bereits beschrieben. Weitere Angaben sind bei [40] zu finden. Angemerkt werden muß, daß nicht jeder Stahl mit einer Zinkphosphatschicht belegt werden kann. Sowohl die Vorgeschichte des Stahlblechs als auch der Gehalt an Legierungsbestandteilen beeinflussen die Zinkphosphatierung. Tabelle 6-1 zeigt die Legierungsbestandteile einiger zum Phosphatieren geeigneter Stahlsorten. Bild 6-3 zeigt den Einfluß der Stahlblechherstellung auf die Phosphatierbarkeit. Zinkphosphatschichten sind grundsätzlich kristalline Schichten, die auf der Werkstoffoberfläche aufwachsen. Damit Kristalle auf einer Oberfläche aufwachsen, müssen auf der Oberfläche Kristallkeime vorhanden sein. Bei der Zinkphosphatschichtbildung spielt die heterogene Keimbildung eine besondere Rolle. Heterogene Keimbildung kann einmal dadurch erfolgen, daß man der Phosphatierlösungen etwas zusetzt, das sich partiell auf der Eisenoberfläche absetzt und als Kristallkeim wirkt. Keime entstehen z. B., wenn sich durch eine Austauschreaktion etwas Nickel oder Kupfer auf der Eisenoberfläche abscheidet, wobei eine entsprechende Eisenmenge in Lösung geht. Tatsächlich enthalten alle Zinkphosphatierprodukte einen nicht zu vernachlässigenden Nickelanteil. In den wenigen Fällen, bei denen Nickel aus Umweltschutzgründen ersetzt wurde, wurden Kupfersalze verwendet.

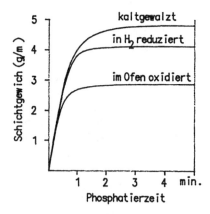

Bild 6-3: Einfluß der Blechherstellung auf die Phosphatierbarkeit nach [40]

Tabelle 6-1: Legierungsbestandteile phosphatierbarer Stahlsorten in Gew. % (Rest: Eisen) [40]

Sorte	C	Si	Mn	Cu	Cr	Mo	Ni	W
A	0,15–1,4	0,2	0,3–0,5	–	–	–	–	–
B	0,13	0,46	0,70	0,50	0,17	–	–	–
C	0,14	0,35	1,10	0,40	0,25	0,10	–	–
D	1,1	–	–	–	0,6	–	–	–
E	0,25	0,25	0,60	–	1,0	0,2	–	–
F	1,0	–	–	–	1,4	–	–	–
G	–	–	–	–	2,0	–	2,0	–
H	–	4,0	–	–	2,0	–	–	–
I	0,12	0,30	0,40	–	–	–	3,0	–
K	0,06	0,01	0,49	0,06	–	–	–	–
L	0,08	0,01	0,50	0,27	–	–	–	–
M	0,30	0,25	1,50	–	–	–	–	–
N	0,60	1,90	0,60	–	–	–	–	–
O	1,15	–	–	–	–	–	–	1,2

Heterogene Keimbildung kann auch in einem vorgeschalteten Aktivierungsbad durchgeführt werden. In diesem Aktivierungsbad wird eine alkalische Form eines kolloidalen Titanylphosphats suspendiert, deren Partikel auf der Stahloberfläche adsorbiert werden. Da die kolloidale Verbindung relativ rasch kristallisiert und dann unbrauchbar wird, muß dieses Aktivierungsbad häufig gewechselt werden [43].

Zinkphosphatierungen werden durch Aluminiumionen gestört, wenn der Gehalt an freien Aluminiumionen etwa 3 mg/l überschreitet [40]. Man kann auf dieses Problem normalerweise nur bei der Verarbeitung von Verbundwerkstoffen aus Stahl und Alumnum oder bei gleichzeitiger Verwendung des Bades für Stahl und Aluminiumteile stoßen. In der Literatur wird dann empfohlen, Aluminiumionen durch Fluoridionen zum $[AlF_6]^{3-}$-Ion zu komplexieren [40]. Tatsächlich beseitigen Fluoridionen diese Störung. Allerdings führen schon geringe Mengen an freien Fluoridionen zu einem Beizangriff auf Aluminiumoberflächen, was insbesondere dann störend ist, wenn diese Flächen poliert sind. Man kann mit Hilfe einer selektiven Fluoridelektrode sehr elegant den Gehalt an freien Fluoridionen potentiometrisch ermitteln, leider sind die Elektroden nicht zum Dauereinsatz und damit zum Aufbau einer Regelung geeignet. Auch ein zu hoher Gehalt an Eisen-II-Ionen stört die Zinkphosphatierung. Die Zugabe von Oxidationsmitteln während des Phosphatiervorganges hat nicht nur den Sinn, die Beizreaktion zu beschleunigen, sondern bezweckt auch, den Gehalt an Eisen-II-Ionen herabzusetzen. Dabei wird natürlich unlöslicher $FePO_4$-Schlamm gebildet, der aus den Bädern entfernt werden muß.

Der Arbeits-pH-Wert von Zinkphosphatierlösungen liegt normalerweise bei 2,5 bis 3,2. Deshalb müssen Zinkphosphatieranlagen grundsätzlich aus Edelstahl gefertigt werden. Über die Haltbarkeit von seit etwa 2 Jahren auf dem Markt angebotenen Anlagen aus glasfaserverstärktem Kunststoff liegen keine Erfahrungen vor. Oberhalb von pH 3,5 wird Zinkphosphat schwerlöslich. Sollte der pH-Wert einer Zinkphosphatlösung insbesondere beim Ansetzen des Bades zu niedrig sein, ist es besser, die Säure durch Betreiben der Anlage mit Stahlware (Schrott) zu verbrauchen, als mit Hilfe von Neutralisationsmitteln den pH-Wert einzustellen. Schon bei geringer örtlicher Überschreitung der Löslichkeit fällt Zinkphosphat aus, das kaum wieder in Lösung gebracht werden kann.

Gelegentlich kommt es vor, daß beim Betrieb einer Anlage die Zugabe des Oxidationsmittels vergessen wird oder gestört ist. Dies wird spätestens dann bemerkt, wenn die Artikel keine Zinkphosphatschicht mehr erhalten. In diesem Fall hilft nur Ablassen des Bades und Neuansatz. Versuche, das Eisen-II-Ion auszufällen und damit das Bad wieder in Betrieb zu bekommen, scheitern vielfach daran, daß der ausfallende Schlamm sehr voluminös ist, wobei Zinkphosphat wegen der dabei eintretenden pH-Wertverschiebung mit ausgefällt wird.

Als Oxidationsmittel (Beschleuniger) werden in der Technik vor allem Nitrite, Nitrate und Chlorate in Form ihrer Natriumsalze eingesetzt. Chloratbeschleuniger sind giftig. Sie werden im Verlauf der Reaktion zu Chlorid reduziert. Da Chloride den Beizangriff beschleunigen, sind chloratbeschleunigte Bäder zwar sehr betriebssicher aber auch schlammreich. Der Chloratgehalt kann mit Hilfe von Titrierautomaten analysiert werden, so daß eine Regelung der Chloratzugabe durchführbar ist [44].

Nitratbeschleuniger sind weit weniger giftig, aber reaktionsträger als Chlorat und Nitritbeschleuniger. Nitratbeschleuniger werden insbesondere bei Dickschichtverfahren und bei höheren Temperaturen eingesetzt. Eine automatische Zugaberegelung ist bisher nicht bekannt geworden. Nitritbeschleuniger sind die am besten wirkenden. Nitrit ist ebenfalls giftig. Es ist auch deshalb gefährlich, weil Nitrite mit Aminen zu krebserregenden Nitrosaminen [34, 36] reagieren können.

Eine Regelung der Nitritzugabe mit Hilfe eines Titrierautomaten ist Stand der Technik [44]. Allerdings scheuen viele Anlagenbetreiber die hohen Investitionskosten, die mit der Regelung verbunden sind. Auch muß der Gehalt der Bäder an Nitrit titrierbar groß sein und in der Größenordnung von 1000 ppm liegen. Dadurch werden auch die Spülwässer zu nitrithaltigen Abwässern, die gesondert entsorgt werden müssen.

Bei kontinuierlich betriebenen Anlagen enthält die Phosphatierlösung neben dem Oxidationsmittel Nitrit auch noch Eisen-II- und Eisen-III-Ionen, wenn das Oxidationsmittel in geringer Konzentration vorliegt. Die Konzentration an Eisen-III-Ionen ist dabei konstant, weil sie der Sättigungskonzentration über dem Bodenkörper $FePO_4$ entspricht. Die Konzentration an Eisen-II-Ionen dagegen ist umso größer, je kleiner die Konzentration an Nitritionen ist und umgekehrt. Damit kann man durch Messung des Redoxpotentials für das Ionenpaar Fe^{2+}/Fe^{3+} ein elektrisches Signal für den Nitritgehalt bekommen, der regelungstechnisch ausgenutzt werden kann. Eine entsprechende Regelung mit einer Redoxmeßkette ist seit 1987 im Dreischichtbetrieb störungsfrei im Einsatz. Die gemessenen Potentiale liegen dabei in der Größenordnung von etwa 300 mV. Da Zinkphosphatierlösungen noch weitere mit Redoxmessungen erfaßbare Potentiale bilden können, wird zur Eichung eine Grenzwertfestlegung vorgenommen. Dazu werden die Redoxpotentiale einer Lösung ohne Nitrit und einer Lösung mit 100 ppm Nitrit im Überschuß bestimmt und als Grenzwerte festgehalten. Man setzt dann das Schalt- potential etwa in die Mitte des Potentialbereichs, so daß das Phosphatierbad im Betrieb bei etwa 50 ppm Nitritgehalt arbeitet. Im Betrieb sind dann in diesem Bad noch etwa 20 ppm Fe2+-Ionen vorhanden. Der Nitritgehalt ist für eine maßanalytische Erfassung im Titrierautomaten zu klein. Das hat aber den Vorteil, daß die anfallenden Spülwässer praktisch nitritfrei bleiben, so daß diese Spülwässer ohne Nitritentgiftung entsorgt wer- den können.

Die Zink-Eisen-Mischphosphatierung unterscheidet sich von der Zinkphosphatierung nur dadurch, daß im Bad ein bestimmter Eisengehalt eingehalten wird. Dadurch ent- steht allein durch Änderung der Betriebsparameter und der Produktzusammensetzung die Abscheidung des Phosphophyllits [40]. Zink-Calciumphosphatierungen sind relativ selten in Gebrauch. Die Bäder arbeiten relativ langsam und sind damit für Hochlei- stungsphosphatierung ungeeignet. Zink-Mangan-Phosphatierungen sind in der Reihe der Mischphosphatierungen die neueste Entwicklung. Untersuchungen über dieses Ver- fahren [45,46] haben ergeben, daß in geeigneten Zink-Mangan-Phosphat-Bädern die ausgeschiedene Phase in relativ weiten Bereichen vom Zink/Mangan-Verhältnis im Behandlungsbad unabhängig ist und mit konstantem Zink/Mangan-Verhältnis abge- schieden wird (Bild 6-4).Zinkphosphatschichten können im Gegensatz zu Eisenphos- phatschichten ständig weiter wachsen, wenn die Behandlung oft genug wiederholt wird. Warenträger, die in Zinkphosphatierungen eingesetzt werden, müssen daher peri- odisch von den aufgewachsenen Zinkphosphatschichten befreit werden, was in speziell dazu geeigneten alkalischen Entschichtungsbädern erfolgt. Zinkphosphatkristalle be- sitzen einen länglichen Habitus.Bild 6-5 zeigt eine REM-Aufnahme von Zinkphos- phatkristallen. Hopeit und Scholzit kristallisieren rhombisch, Phosphophyllitvarietäten dagegen monoklin. Als Lackiervorbehandlung werden feinkristalline Zinkphosphat- schichten von etwa 2 g/m2 (Dünnschichtverfahren) erzeugt, in denen Hopeit- und Phos- phophyllitkristalle bzw. Scholzitkristalle bei Zink-Calcium-Phosphatierungen meist mehr oder weniger nebeneinander auftreten. Zinkphosphatschichten besitzen in größe- ren Schichtdicken schmierende Eigenschaften, weil bei Scherbelastung die Kristalle abscheren. Erzeugt man daher Zinkphosphatschichten von 5 bis 8 g/m2, und beölt man diese Schicht, so kann man damit korrosionsgeschützte und auf

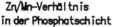

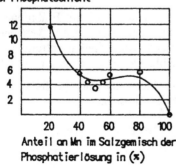

Zn/Mn-Verhältnis
in der Phosphatschicht

Anteil an Mn im Salzgemisch der
Phosphatierlösung in (%)

Bild 6-4:
Zusammensetzung der Schicht bei Zink-Mangan-Phosphatie- rungen in Abhängigkeit von der Badzusammensetzung.

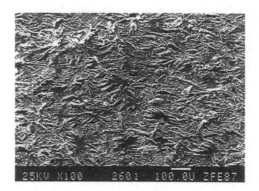

Bild 6-5:
REM-Aufnahme einer
Zinkphosphatschicht

Dauer geschmierte Gleitflächen erzeugen. Auflagegewichte von 12 bis 20 g/m^2 werden als Schmiermittelträger beim Rohr- oder Drahtzug aufgebracht. Schichten mit höheren Auflagegewichten (Dickschichtverfahren) werden mit Nitratbeschleunigern, gelegentlich auch mir organischen Nitroverbindungen als Beschleuniger, bei erhöhter Temperatur bis 85 °C meist im Tauchverfahren erzeugt.

Die nadelförmige Ausbildung führt dazu, daß selbst bei dichter Belegung der Oberfläche kleine Zwickel frei bleiben. Zinkphosphatierungen werden deshalb meistens mit einer abschließenden Versiegelung betrieben, bei der bestimmte Produkte in den Zwickeln eingelagert werden. Das bislang beste Versiegelungsmittel ist Chromsäure. Taucht man phosphatierte Bleche in Chromsäurebäder mit etwa 0,5 % CrO$_3$-Gehalt, so lagert sich Chromsäure in den Zwickeln ab. Die Chromsäure ist durch kurzzeitiges Spülen jedoch völlig herauswaschbar [47]. Bild 6-6 zeigt Aufnahmen, die mit Hilfe einer Mikrosonde hergestellt wurden. Das hohe Rauschsignal der ersten ungespülten Probe ist durch die Verunreinigung der Oberfläche durch Badbestandteile zu erklären, die dann beim Spülen entfernt wurden. Die Chromsäureversiegelung wird erst dann völlig unlöslich, wenn man sie thermisch mit dem Stahluntergrund zur Reaktion gebracht hat. Dabei bildet sich vermutlich ein Eisen-Chrom-Spinell FeCr$_2$O$_4$, der die Zwickel ausfüllt.

Eine Versiegelung mit Chrom-III-Nitrat Cr(NO$_3$)$_3$ hat fast ebenso gute Wirkung wie die mit Chromsäure. Nach Tauchen der Phosphatschicht in eine etwa 0,5 %-ige Chrom-III-Nitratlösung kann durchaus gespült werden, weil sich durch hydrolytische Spaltung dann Chromhydroxid in den Zwickeln ablagert, das unlöslich ist:

$$Cr(NO_3)_3 + 3\ H_2O = Cr(OH)_3 + 3\ HNO_3$$

Auch hier bei entsteht bei thermischer Behandlung, spätestens beim Einbrennen der Lackierung, ein Eisen-Chrom-Verbindung, vermutlich ein Eisenchromit. Versiegelungen mit Chrom-III-Nitrat können, weil lösliche Ionen durch Spülen entfernt werden können, zur Naß-In-Naß-Lackierung in Elektrotauchlackierungen eingesetzt werden.

Versiegelungen auf organischer Basis und auf Basis Molybdat sind ebenfalls bekannt. Sie sind jedoch nicht von der Wirksamkeit wie die des Chroms.

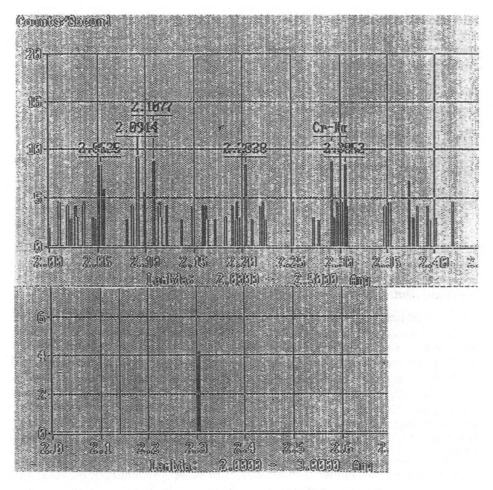

Bild 6-6: Mit Chromat versiegelte Zinkphosphatschicht, vor (oben) und nach 60s Spülen mitvollentsalztem Wasser. Untersuchung mit einer Mikrosonde.

6.4.2 Zinkphosphatierverfahren

Zinkphosphatierungen werden in überwiegendem Maße als Tauchverfahren ausgeführt. Während bei Tauchverfahren Nitrit-, Nitrat- und Chloratbeschleuniger, aber auch aromatische Nitroverbindungen, eingesetzt werden, werden bei Spritzverfahren ausschließlich Nitritbeschleuniger verwendet, weil nur diese genügend schnelles Beschichten erlauben.

Führungsgröße für Zinkphosphatierbäder sind die Gehalte an freier Phosphorsäure und an gesamter titrierbarer Säure. Unter freier Säure versteht man dabei die Phosphorsäuremenge, die gegen Methylorange mit NaOH titrierbar ist. Als Gesamtsäure wird diejenige angesehen, die mit NaOH gegen Phenolphthalein oder Thymolblau titrierbar ist. Eine Überwachung des Zink- oder Nickelgehaltes wird nur durchgeführt, wenn ein

Titrierautomat eingesetzt wird. Wenn keine Regelung des Beschleunigergehaltes erfolgt, wird im allgemeinen nur der Eisengehalt mit einer colorimetrischen Methode mit Dipyridylpapier überwacht [42]. Zinkphosphatierungen werden nach folgendem Verfahrensablauf durchgeführt:

> 2 – 3x Reinigen
> 2x Spülen
>   (Beizen)
>   (2x Spülen)
>   (Aktivieren)
>   Zinkphosphatieren
> 2 x Spülen
>   Versiegeln
>   (Spülen)
>   (Trocknen)

Die in Klammern gesetzten Arbeitsgänge werden nicht in jedem Betrieb eingesetzt. Zur Reinigung werden alkalische Reiniger eingesetzt. Es empfiehlt sich, silikatfreie Reiniger zu verwenden, weil mangelndes Abspülen leicht zu Silikatflecken in der Zinkphosphatschicht führt.

Beizen erfolgt nur dann, wenn Teile mit Flugrostbelag vorhanden sind. Obgleich man sich früher scheute, andere als Phosphorsäurebeizen einzusetzen, haben sich Schwefelsäurebeizen oder teilneutralisierte Schwefelsäurebeizen in der Praxis bewährt. Bild 6-7 zeigt eine Automobilkarossenanlage mit getrenntem Aktivierungsbad. Aktivieren mit kolloidalen Titanylsalzen wird nur angewendet, wenn die nachfolgende Lackierung eine besonders feinkörnige Zinkphosphatschicht erforderlich macht. Das Titanylsalz wird in fester Form im Bad suspendiert. Die Zinkphosphatierung als Lackiervorbehandlung erfolgt im Tauchen bei etwa 50 bis 75 °C in 5 bis 20 min. Behandlungszeit. Spritzverfahren sind dagegen bei gleicher Arbeitstemperatur in 0,5 bis 3 min abgeschlossen.

Zum Spülen nach der Phosphatierung sollte VE-Wasser (Vollentsalztes Wasser) verwendet werden, insbesondere um keine Chloridionen in die Schicht einzuschleppen. Je nach Versiegelungsverfahren, die etwa 2-5 min im Tauchen bzw. 1 min im Spritzen dauern, muß nach der Versiegelung gespült und getrocknet werden. Anlagen dieser Betriebsweise bestehen also aus 8 bis 14 Behandlungsstufen – Tauchbäder oder Spritzzonen. Sie besitzen daher eine erhebliche Baugröße. Die Investitionssummen sind entsprechend hoch. Um die Badfolge einzugrenzen, wurden daher in den 80-er Jahren in der Automobilindustrie die Reinigungs- und Aktivierungsbäder zusammengelegt. Die Behandlung reduzierte sich damit auf die Badfolge

> 2 x Reinigen und Aktivieren
> 2 x Spülen
>   Zinkphosphatieren
> 2 x Spülen
>   Versiegeln
>   Trocknen

Die Zusammenlegung von Aktivierung und Reinigung funktioniert jedoch nur, wenn nicht zu heftig mit zu sauberem Spülwasser gespült wird. Nach eigenen Messungen lassen sich auch die Titanylsalze von der Oberfläche wieder abspülen. Auf aktivierten, titanfreien Stahlblechen ließ sich nach Spülung mit einer Mikrosonde kein Titan mehr nachweisen.

Weil man im Zuge der Einführung einer „Lean Production" vom Konzept der großen Phosphatieranlage abgehen und dezentral mehrere kleine komplette Fertigungsstraßen einschließlich Zinkphosphatierung errichten möchte, wird seit 1986 die Entwicklung eines vereinfachten Zinkphosphatierverfahrens angestrebt. Nach Entwicklungen von [48] gelang dies durch Zusammenlegen der Arbeitsschritte Reinigen, Aktivieren und Zinkphosphatieren zu einer Zink-Waschphosphatierung. Das Funktionieren einer Zink-Waschphosphatierung schien zunächst unmöglich, weil bekannt und nachweisbar ist, daß Tenside als Beizinhibitor wirken und dadurch die Zinkphosphatierung verhindern (Verhinderung der Startreaktion). Der bislang bekannte Aktivator, das kolloidale Titanylsalz, ist ebenfalls für den Einsatz in saurem Milieu einer Zinkphosphatierlösung ungeeignet. Er wird sehr rasch unwirksam, weil er sich teilweise auflöst, teilweise vermutlich rekristallisiert. Nun war die enge Wechselwirkung von Elementen der dritten Hauptgruppe mit Eisenoberflächen schon durch die negative Wirkung des Aluminiums bekannt. Bei der Suche nach einem Zusatz, der die Vergiftungswirkung der Tenside beseitigte, wurden daher Borate und Borsäurezusätze eingesetzt, die überraschenderweise nicht nur die Vergiftung aufhoben sondern auch als Kornverfeinerer (Aktivator) wirkten. Bei der Durcharbeitung des Verfahrens wurde festgestellt, daß praktisch jedes im Handel befindliche Phosphatierprodukt, wenn es mit einem Tensidgemisch und etwa 0,25 % Borsäure oder Borax angesetzt wird, sehr gut ausgebildete Zinkphosphatschichten bildete. Versuche in Zusammenarbeit mit der Industrie ergaben, daß die gebildeten Schichten einen den üblichen Zinkphosphatschichten vergleichbaren Korrosionsschutzwert besaßen. 1987 gelang es, ein Zulieferunternehmen [42] und einen Stahlverarbeiter für das Verfahren zu interessieren. Das Verfahren wurde als Spritzverfahren angewendet. Der Verfahrensablauf umfaßte folgende Schritte:

> Reinigen
> Aktivieren und Zinkphosphatieren
> 2x Spülen
> Versiegeln
> Trocknen

Es wurden über eine Produktionszeit von 1 Monat im Zweischichtbetrieb technische, korrosiv hochbelastete Artikel (Seezeichen, Peitschenmastlampen) in einer Zinkwaschphosphatierung beschichtet. Dabei wurde zur Entschlammung und Entölung des Zinkphosphatierbades ein Tellerseparator eingesetzt. Das Bad war ein nitritbeschleunigtes Bad. Die Produktion verlief störungsfrei. Die erzeugte Zinkphosphatschicht zeigte gut ausgebildete Kristalle. Es wurden auch Werkstücke wie Rasenmäherhauben und Torsionsschwingungsdämpfer mit behandelt.

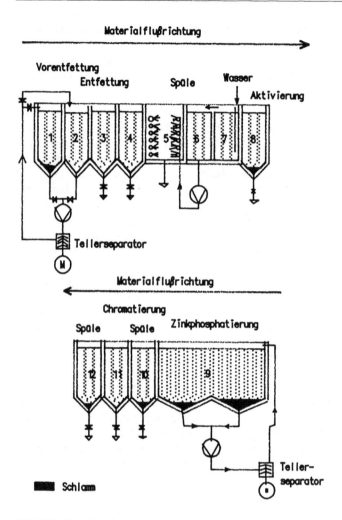

Bild 6-7: Vorbehandlung in einem Karosseriewerk.

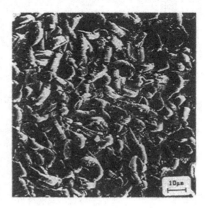

Bild 6-8: Zink-Waschphosphatierung.
REM-Aufnahme der Phosphatschicht.
Oben: nitritbeschleunigt, mit Borsäurezusatz.
Unten: Nitritbeschleunigt, ohne Borsäurezusatz.
Im Spritzverfahren hergestellt nach [48]

Bild 6-9: Zink-Waschphosphatierung
REM-Aufnahmen der Phosphatschicht
Oben: Chloratbeschleunigtes Bad mit
Borsäurezusatz
Untern: Nitritbeschleunigtes Bad mit
Borsäurezusatz
Spritzverfahren. Nach [48]

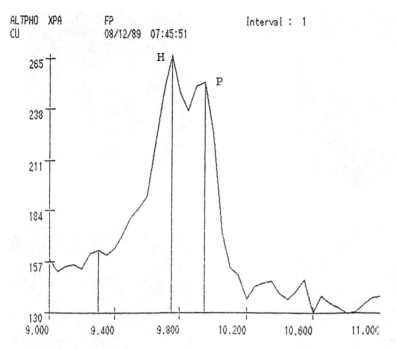

Bild 6-10: Röntgenaufnahme herkömmlicher Zinkphosphatierungen
P bedeutet Phosphophyllit, H bedeutet Hopeit Im Spritzverfahren hergestellt Nitritbeschleunigt

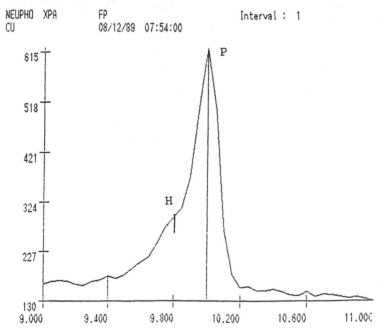

Bild 6-11: Röntgenaufnahme einer Zink-Waschphosphatierschicht
P bedeutet Phosphophyllit ,H bedeutet Hopeit, Im Spritzverfahren hergestellt, Nitritbeschleunigt

In allen Fällen war der Korrosionsschutzwert der Zinkphosphatierung vergleichbar zu herkömmlich hergestellten Schichten. Röntgenfeinstrukturuntersuchungen zeigten, daß bei den Schichten, die im Zink-Waschphosphatierverfahren hergestellt wurden, der weit überwiegende Anteil der Kristalle als Phosphophyllit anfiel, eine Phosphatierung, die insbesondere bei nachfolgender KTL-Beschichtung beim Lackieren erwünscht ist.

Die Wirtschaftlichkeit der Zink-Waschphosphatierung zeigt Tabelle 6-2 nach [48]. Die Aufstellung ergibt, daß außer Einsparungen an Investitionkosten und Aufstellfläche ebenfalls Einsparungen an Energie, Wasser, Abwasser und mengenmäßig an Chemikalien entstehen, wobei der erhöhte Verbrauch an Zinkphosphatierchemikalien ist durch die Verwendung eines selbstentschlammenden Tellerseparators mit nicht optimierter Einstellung zu erklären ist.

Bild 6-12: Zinkwaschphosphatierung REM-Aufnahmen derPhosphatschichten
Links: Chloratbeschleunigt   Rechts: Nitritbeschleunigt
Beide Tauchverfahren.

Tabelle 6-2: Kostenvergleich zwischen Zinkwaschphosphatierung im Dreibadverfahren und konventioneller Zinkphosphatierung im Normalzinkverfahren mit Reinigung ohne Aktivierungsbadern. Kosten in DM/a.

	Konventionelles	Dreibad-Verfahren
Alkalischer Reiniger	1 664,–	entfällt
Zinkphosphatierung	7 514,–	16 175,–
Beschleuniger	4 762,–	7 127,–
interner Aktivator	entfällt	182,–
Wasser- u.Abwasser	24 965,–	14 817,–
Heizkosten für Reinigungsbad	14 480,–	entfällt
Elektrische Energie	nicht berücksichtigt	nicht berücksichtigt
Totalkosten:	**53 116,-**	**42 292,-**

Damit liegt eine technisch realisierte Lösung für kleine, raumsparende Zinkphosphatieranlagen vor. In vielen Zinkphosphatieranlagen wird die Schlammentsorgung mit
Hilfe von Filtereinrichtungen wie Bandfilter vorgenommen. Gelegentlich kommen
auch Schrägklärer zum Einsatz.

Auch selbstentschlammende Tellerseparatoren werden zum Entschlammen in der Zinkphosphatierung eingesetzt. Bei richtiger Einstellung des Separators entsteht dabei ein
schwerer Eisenphosphatschlamm mit weniger als 3 % Zinkgehalt. Am Separatorauslauf
sollte ein Hydrocyclon zur Minderung der kinetischen Energie des Schlamms angebracht werden. Schlamm, der bei der Zinkphosphatierung entsteht, ist wegen seines
wenn auch geringen Zinkgehaltes Sondermüll. Eine Abgabe und Wiederverwertung in
einer Zinkhütte kann nicht erfolgen. Die gelegentlich notwendige Entsorgung von
Zinkphosphatierbädern kann nach Zusatz von Eisen-III-Salzen durch Neutralisation
mit Kalkmilch und Erzeugung einer Eisenhydroxidflocke erfolgen. Allerdings ist vorher der Beschleuniger durch Betrieb des Bades bis zum vollständigen Beschleuniger-
verbrauch zu beseitigen. Phosphatierbäder können aber über Jahre ohne abzulassen betrieben werden. Die Spülwasserentsorgung erfordert eine Vernichtung giftiger Beschleuniger durch Einsatz von Reduktionsmitteln (Chlorat) oder von Amidosulfonsäure
(Nitrit). Nur wenn der Nitritgehalt unterhalb der zulässigen Grenzwerte liegt, was mit
einer Redoxregelung erreicht werden kann, kann auf die Nitritentgiftung verzichtet
werden. Da die Spülwässer praktisch neutral sind, liegt Zinkphosphat als unlösliches
Produkt vor, das in einem Schlammabsetzer aufgefangen werden kann.

Zur Konstruktion von Zinkphosphatierbädern ist anzumerken, daß der schwere
Schlamm sich mehr oder weniger am Boden der Bäder (auch bei Spritzverfahren) ansammelt, weshalb man den Boden so gestalten sollte, daß der Schlamm zusammen
rutscht. Gebräuchlich sind deshalb Schrägböden oder Spitzböden mit nicht zu flacher
Neigung. Tauchbäder sollten mit Hilfe von Pumpen umgewälzt werden. Bei Zinkphosphatierungen genügt schon geringe Badbewegung von etwa dem zweifachen Badvolumen pro Stunde, um gleichmäßiges Kristallwachstum zu erhalten.

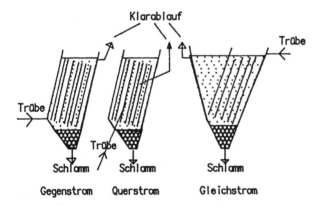

Bild 6-13: Schrägklärer unterschiedlicher Betriebsweise, schematisch

6.5 Manganphosphatierungen

Manganphosphatschichten sind keine Korrosionsschutzschichten. Sie dienen ausschließlich als Schmierschichten oder Trockenlaufschutz in belasteten Lagern oder Lagerteilen. Manganphosphatschichten sind dunkelbraun bis braunschwarz. In Manganphosphatierverfahren wird ebenfalls eine Vortauchlösung angewendet, in der Mangan-II-Phosphatkristalle auf der Werstoffoberfläche aufgezogen werden, um die Abscheidung feinkristallin zu erhalten. Manganphosphatierbäder sind Tauchbäder, die bei 85 bis 95 °C arbeiten und in denen die Behandlungszeit um 30 Minuten beträgt. Die Bäder sind nitratbeschleunigt. Der Verfahrensablauf ist

> 1 – 2x Reinigen
>   2x Spülen
>   Vortauchen
>   Manganphosphatieren
>   2x Spülen
>   Trocknen

Für die Konstruktion von Manganphosphatieranlagen gelten die bei der Zinkphosphatierung gegebenen Hinweise.

6.6 Umweltschutz beim Phospatieren – In-process-recycling und Konstruktion von Phosphatieranlagen

Phosphatieranlagen bestehen aus einer Folge von Tauch- oder Sprühanlagen. Für Eisen-Waschphosphatieranlagen lautet die Sequenz:

Reinigen + Phosphatieren ----- $\rightarrow$ 3x Spülkaskade ----- $\rightarrow$ Versiegeln ----- $\rightarrow$ Trocknen
Zink und andere zinkhaltige Phosphatierungen enthalten normal die Sequenz
Reinigen ----- $\rightarrow$ 2x Spülkaskade ----- $\rightarrow$ Keimbildung ----- $\rightarrow$ Phosphatierung -----
                Trocknen $\leftarrow$ ----- Versiegeln $\leftarrow$ ----- 3x Spülkaskade $\leftarrow$

Eine Verkürzung erfuhr dieses Verfahren durch die Folge
Reinigen + Keimbildung ----- $\rightarrow$ 2x Spülkaskade ----- $\rightarrow$ Phosphatieren -----
                Trocknen $\leftarrow$ ----- Versiegeln $\leftarrow$ ----- 3x Spülkaskade $\leftarrow$

Noch kürzer ist die Zink-Waschphosphatierung
Reinigen + Keimbildung + Zinkphosphatierung ----- $\rightarrow$ 3x Spülkaskade -----
                Trocknen $\leftarrow$ ----- Versiegeln $\leftarrow$ -----

Versiegeln bedeutet Verschließen von Poren oder Rissen. Die besten Versiegelungsmittel sind Chromsäure, Chrom-III-nitrat, organische Polymere oder Fluorzirkonat. Nach dem Versiegeln mit 0.5 %-iger Chromsäre entstehen Chromate in den Poren, die mit Wasser herausgewaschen werden können.

In Zinkphosphatierungen wird ein kolloidales Titanylsalz oder eine ein derartiges abgebendes Produkt als Keimbildner eingesetzt. Bei Manganphosphatierungen ist fein gemahlenes Manganphosphat der Keimbildner. Materialien, die eine Manganphosphat-schicht erhalten, sind Stähle mit Chrom. Nickel oder/und Molybdängehalt. Bei mehr als 10 $mgCr^{3+}/l$ wird die Manganphosphat-Schichtbildung gestört [198]. Reaktionsbedingungen bei der Manganphosphatbildung sind 30 Minuten bei 80 bis 95 °C

Bei allen Phosphatierreaktionen entsteht ein vorwiegend aus $FePO_4$ bestehender Schlamm, der mit Hilfe von Filtern, Zentrifugen oder Separatoren entfernt werden kann. Tellerseparatoren haben dabei den Vorteil, dass der Schlamm kontinuierlich in die Abwasseranlage gepumpt werden kann. Bäder zum Phosphatieren sollten dem Schlammanfall entsprechend mit einem Spitzboden ausgestattet sein. Geeignete Werkstoffe sind Stahl 1.301 für alle Bäder ausser den Phosphatierbädern und. 1.471 für die Phosphatierbäder. Die Werkstoffnummern entstammen dem Stahlschlüssel.

Zum Recycling des Spülwassers muss auf das Spülkapitel verwiesen werden.

Aufhängevorrichtungen und Gestelle überziehen sich bei einigen Phosphatierungen mit Phosphatschichten. Diese Gestelle sollten mit heißer NaOH-Lösung gereinigt werden.

7 Chromatierverfahren und Brünierungen

Die Bildung von Chromatschichten wird im allgemeinen nur bei Aluminium- und Zink-werkstoffen angewendet. Je nach Farbe der gebildeten Schicht werden Gelb-, Grün-, Blau-, Schwarz- oder Transparentchromatierungen unterschieden.

Das Braunfärben durch Brünieren wird überwiegend auf Eisen- und Zinkwerkstoffen durchgeführt.

Chromatierungen werden im sauren pH-Bereich unterhalb von pH 4 ausgeführt. Grund-sätzlich ist der pH-Wert der Chromatierungen eine der notwendigen Kontrollgrößen. Anstieg des pH-Wertes ist mit Abnahme der Schichtbildung verbunden. Verfahrens-grundsätze und Prüfverfahren für die Chromatierung von Aluminium sind in DIN 50939 festgelegt.

7.1 Gelbchromatierung, Transparentchromatierung

Behandelt man Aluminium- oder Zinkwerkstoffe mit Chromsäure bei pH 1,5 bis 2,5 entstehen gelb irisierende amorphe Chromatschichten, die sich beim Trocknen verfe-stigen. Ursache für die Gelbfärbung und das irisierende Erscheinungsbild sind in die Chromatschicht eingebaute Ionen (hierbei sollen Sulfationen besonders für den Gelb-ton verantwortlich sein [63] und die Tatsache, daß die Schichtdicke der Chromatierung im Bereich der Wellenlänge des sichtbaren Lichtes ist, so daß es zu Reflexionen auf der darunter liegenden metallischen Oberfläche und dadurch bedingt zu Interferenzer-scheinungen kommt. Die Schichten haben eine Dicke von 0,1 bis 1 μm bzw. Auflage-gewichte von etwa 450 mg/m² bis 2000 mg/m². Setzt man dem Chromatierungsbad Fluorid (etwa 0,8 g NaF/l) zu, so werden die Schichten dünner und zeigen keine Farbe mehr. Man nennt sie Transparentchromatierung. Das Schichtgewicht sinkt dann ent-sprechend einer Dicke von 0,01 μm auf etwa 3 mg/m².

Der Verfahrensablauf bei der Gelbchromatierung ist dabei ein einfacher Tauchprozeß mit alkalischer Beize und Dekapierung

> 1 – 2x Entfetten
> 2x Spülen
>   alkalisch Beizen
> 2x Spülen
>   Dekapieren in verdünnter HNO_3
> 2x Spülen
>   Gelbchromatieren
> 2x Spülen
>   Trocknen

Die Behandlungstemperaturen in den Bädern liegen zwischen 40 und 70 °C. Die Be-handlungszeiten in der Chromatierung betragen etwa 5 bis 12 Minuten. Bei der Gelbch-romatierung von Zinkwerkstoffen ist der Verfahrensgang im Prinzip der gleiche. Man kann ihn aber bei frisch hergestellten Zinkoberflächen auf den eigentlichen Chroma-tiervorgang beschränken und Reinigung, Beize und Dekapierung einsparen.

In Verzinkungsanstalten wird daher nur der letzte Bearbeitungsteil

        Chromatieren
2x Spülen
        Trocknen

durchgeführt.

Bei verzinktem Bandstahl wird die Gelbchromatierung im Roller-Coat mit Auftrags-walzen, im Spritzen oder in einer Kombination von Spritzen mit Roller-Verteilung auf-getragen. Der Chromsäure/Chromatgehalt derartiger Chromatierungsbäder beträgt etwa 3,5 bis 4 g CrO_3/l und 3 bis 3,5 g $Na_2Cr_2O_7$/l. Der chemische Vorgang, der beim Chromatieren abläuft,wird für Aluminiumwerkstoffe durch folgende Gleichung be-schrieben:

$$2\ Al + 3\ CrO_3 + 5\ H_2O = 2\ Al(OH)_3 + Cr(OH)_3 + Cr(OH)CrO_4$$

Für Zinkwerkstoffe gibt [63] folgende Bestandteile der Chromatschicht an:

$$Cr_2O_3 \cdot CrO_3 \cdot H_2O$$

$$Cr(OH)_3 \cdot CrOHCrO_4$$

$$Zn \cdot Cr_2O_3 \cdot ZnCr_2O_7$$

$$ZnCrO_4 \cdot Cr_2O_3$$

Als Lackiervorbehandlung kann die Gelbchromatierung auch für bei höherer Tempera-tur einbrennende Lacke eingesetzt werden.

Bei der Transparentchromatierung wird außer dem Fluoridzusatz der pH-Wert der Lö-sung auf etwa 3 bis 4 angehoben. Die Transparentchromatierung sollte ihres geringeren Korrosionsschutzwertes wegen als Lackiervorbehandlung nur eingesetzt werden, wenn farblose Lacke aufgetragen werden sollen.

7.2 Blauchromatierung

In viele Verzinkungsanstalten wird eine Blauchromatierung durchgeführt. Blauchro-matierung bedeutet, daß die Zinkoberfläche ein bläuliches Aussehen ähnlich einer Chromschicht bekommt. Die Blauchromatierung ist ebenso wie die Transparentchro-matierung von geringem Korrosionsschutzwert. Im Prinzip ist die Blauchromatierung mit der Gelbchromatierung verwandt. Sie ist dadurch gekennzeichnet, daß im Chroma-tierbad Schichten entstehen, deren Schichtdicke etwa 0,08 µm entsprechend 50 bis 500 mg/m^2 Auflagegewicht beträgt.

Präparate zur Blauchromatierung enthalten entweder Chrom-VI- oder Chrom-III-Ver-bindungen. Die Blauchromatierung ist mit beiden Präparatesorten möglich. Man muß jedoch darauf achten, daß die Lösungen neben geringen Mengen an Schwefel- und Sal-petersäure auch etwas Fluorid enthalten. Beim Einarbeiten werden gute Blautöne meist erst nach Einlösen von etwas Zink und Eisen erhalten.

Man kann etwas dickere Blauchromatierschichten erhalten, wenn man zweistufig arbeitet. Man erzeugt zunächst eine Gelbchromatierschicht, die man anschließend durch Behandeln mit Alkalihydroxiden, Soda, Natriumsilikat oder Natriumphosphat bei 20 bis 60 °C schwach alkalisch auslaugt.

7.3 Grün- oder Olivchromatierung

Bei der Grün- oder Olivchromatierung erfolgt eine Bildung gemischter Aluminium- und Chromphosphate. Die Reaktionslösungen enthalten etwa

20 bis 100 g	H_3PO_4/l
6 bis 20 g	CrO_3/l
2,6 bis 6 g	Fluorid F^-/l

Dabei läuft folgende Schichtbildungsreaktion ab:

$$Al + CrO_3 + 2\ H_3PO_4 = AlPO_4 + CrPO_4 + 3\ H_2O$$

Die gebildete Schicht enthält dementsprechend etwa

18 bis 20 %	Cr
15 bis 17 %	P
ca. 0,2 %	F
Rest	Al

Der Chemikalienverbrauch beträgt etwa

11 g	F^-/m^2
7,5 bis 15 g	CrO_3/m^2
5,5 bis 11 g	PO_4^{3-}/m^2

Für Zinkwerkstoffe sind auch Olivchromatierungen im Einsatz, die frei von Phosphorsäure sind und dafür Acetate und Nitrate enthalten. Die Schichtdicke der Grünchromatierung beträgt auf Aluminiumwerkstücken 2,5 bis 10 µm. Für Zink werde 1,25 µm oder entsprechend 2000 mg/m^2 angegeben. Der Korrosionsschutzwert für Grün- oder Olivchromatierungen ist hoch und dem der Gelbchromatierung annähernd vergleichbar. Als Lackuntergrund sollte die Grünchromatierung für Lacke mit nicht sehr hohen Einbrenntemperaturen von 180 bis 200 °C eingesetzt werden.

Der Verfahrensablauf für eine Grünchromatierung umfaßt folgende Schritte:

1 – 2x	alkalisch Reinigen
2x	Spülen
	alkalisch Beizen
2x	Spülen
	Dekapieren in verdünnter HNO3
2x	Spülen
	Grünchromatieren
	Spülen
	Spüle mit 0,1 g $NaHSO_3$/l
	Spülen
	Trocknen

Die Betriebsbedingungen für die Grünchromatierung betragen 18 bis 50 °C, pH 1,2 bis 1,8 und 1,5 bis 5 Minuten Tauchzeit oder 20 s Spritzzeit.

7.4 Schwarzchromatierungen

Schwarzchromatierungen erzeugen eine schwarze, gelegentlich auch eine braune Oberfläche. Schwarzchromatierungen sind mit Grünchromatierungen verwandt, nur daß in die gebildeten Schichten Fremdatome wie Silber-I- oder Kupfer-II-Ionen eingelagert werden. Der Korrosionsschutzwert von Schwarzchromatierungen ist ebenfalls hoch. Die Schichtdicke von Schwarzchromatierungen entspricht der Grünchromatierung. Schwarzchromatierpräparate enthalten Chromsäure, daneben aber etwa 1 g Ag/l oder 2-16 g Cu/l. Schwarzchromatierungen sollten einen Gehalt von etwa 3 - 9 g Cr3+/l enthalten. Des Silbergehaltes wegen sollen Schwarzchromatierbäder nur mit vollentsalztem Wasser betrieben werde.

7.5 Verwendung und Korrosionsschutzwert von Chromatierungen

Gelbchromatierungen dienen im allgemeinen ausschließlich dem Korrosionsschutz ohne und mit anschließender Lackierbehandlung. Unter den beschriebenen Chromatierungen sind Gelbchromatierungen für diesen Zweck die besten Lösungen. Dabei kommt auch zugute, daß Gelbchromatierschichten unter Lackierungen sich als temperaturbeständigste Schicht erwiesen haben. Obgleich man nach [63] keine höheren Trocknungstemperaturen als 65 °C bei Chromatierungen einsetzen soll, konnten Gelbchromatschichten auf Al oder Zn auch bei Lackeinbrenntemperaturen von 200 bis 220 °C ohne Qualitätsminderung eingesetzt werden. Blauchromatierungen und Transparentchromatierungen haben nur einen geringen Korrosionsschutzwert, dienen also vorwiegend dekorativen Zwecken. Oliv- und Schwarzchromatierungen dagegen haben einen hohen Korrosionsschutzwert, dienen gleichzeitig aber auch dekorativen Zwecken.

Bei allen Chromatierungen muß beachtet werden, daß sie mehr oder weniger Chromat enthalten. Nach [63] sind in Blauchromatierungen 10-30, in Gelbchromatierungen 80 bis 220 und in Olivchromatierungen (Schwarzchromatierungen) 300 bis 360 mg Cr^{6+}/m^2 enthalten. Deshalb sollten chromatierte Flächen nicht unmittelbar mit Lebensmitteln in Berührung gebracht werden.

Tabelle 7-1: Minimalbeständigkeit im Salzsprühtest nach DIN 50 021 – SS für chromatierte Zink-überzüge:

Transparentchromatierung	4 Stunden
Blauchromatierung	4 Stunden
Gelbchromatierung	48 Stunden
Olivchromatierung	48 Stunden
Schwarzchromatierung	48 Stunden

Bei allen Chromatierungen muß daran gedacht werden, daß Chromat mit Spülwässern ausgelaugt werden kann. Spülen von Gelbchromatierungen sollten daher nur kurzzeitig einwirken. Bei Schwarzchromatierung kann Spülen gegebenenfalls unterbleiben.

7.6 Brünieren

Beim Brünieren von Eisenwerkstoffen wird auf der Eisenoberfläche durch konzentrierte stark oxidierende Lösungen ein kompakter, dichter Oxidfilm erzeugt. Es gibt im Prinzip die Möglichkeit, in saurer, in alkalischer Lösung oder in Salzschmelzen zu brünieren. Saure Brünierlösungen enthalten neben anorganischen Säuren Schwermetallsalze wie z. B. Nickelsalze, die für eine Schwärzung der Oberfläche sorgen. Alkalische Brünierlösungen erzeugen mit Hilfe konzentrierter oxidierender Salzlösungen bei Temperaturen um 140 °C kompakte Eisenoxidfilme (Fe_3O_4), die der Oberfläche ihr Aussehen geben. Die Konzentration der Reaktionslösungen liegt dabei bei etwa 400 g Brüniersalz/l. Bild 7-1 zeigt eine Brünieranlage in technischer Ausführung.

Bild 7-1: Brünieranlage, Foto Fa. Korhammer

Der Verfahrensweg besteht aus Reinigen, Spülen, Brünieren, Spülen und nachfolgendem Beölen der Oberfläche.

Brünieren in Salzschmelzen erfolgt in alkalischen Gemischen oxidierender Salze (Nitrite/-Nitrate) bei Schmelztemperaturen von etwa 320 bis 360 °C. und Expositions-

zeiten von 15s bis 15 Minuten. Danach werden die Teile in groß bemessenen Wasser-
behältern abgekühlt und von Salzrückständen befreit. Brünieren in Salzschmelzen birgt
stets die Gefahr in sich, daß die Werkstücke sich durch die Temperaturbelastung verziehen.

Brünieren von kupferhaltigen Zinkwerkstoffen ist dagegen gebunden an den Kupfergehalt des Werkstoffs. Brünierlösungen enthalten dementsprechend hohe Alkalität und
Oxidationsmittel wie Nitrat oder Nitrit. Das Oxidationsmittel wird beim Brüniervor-
gang bis zum Ammoniak reduziert, weshalb man die 70 bis 90 °C heißen Bäder mit
einer Abluftentsorgung versehen sollte. Kupferfreies Zink kann in schwach sauren Produkten geschwärzt werden, wenn dabei Ni feinverteilt abgeschieden wird.

Das Brünieren von Werkstoffen ist kein sehr weit verbreitetes Verfahren. Es ist für an-
wendungstechnische Sonderfälle bestimmt und dient vorwiegend dekorativen Zwecken
und aber auch dem Korrosionsschutz, wenn nachträglich eine Beölung durchgeführt
wird.

Der Verfahrensablauf beim Brünieren kupferhaltiger Zinkwerkstoffe umfaßt folgende
Schritte:

- 1-2x alkalisch Reinigen, eventuell mit Ultraschallbädern
- Spülen
- Dekapieren in verdünnter Salpetersäure
- Spülen
- alkalisch Brünieren
- Spülen
- Neutralisieren in verdünnter HNO_3
- VE-Spüle
- Beölen mit Öl/Wasser-Emulsion
- Trocknen

Es muß angemerkt werden, daß man bislang nicht genau weiß, welche Verbindungen sich
bei kupferhaltigen Zinkwerkstoffen auf der Oberfläche schwarz ablagern. Es wird ver-
mutet, daß bei Beizen spezielle kupferhaltige Legierungen den Farbeffekt hervorrufen.

7.7 Umweltkriterien beim Chromatieren – Inprocessrecycling und Abwasserbehandlung von Chromatierlösungen

Während des Chromatierprozesses wird das Werkstück angegriffen und die Lösung
reichert sich z. B. an Aluminium- oder Zinkionen an. Die verwendete Lösung muß da-
her periodisch von Fremdionen z. B. durch Ionenaustausch gereinigt werden (Bild 7-2).
Die Spülwasserbehandlung wird dort beschrieben. Andere Lösungen kombinieren die
Spülwasserbehandlung mit der Behandlung des Chromatierungsbades, indem sie beide
Bäder mit einander mischen und zur Destillation führen.

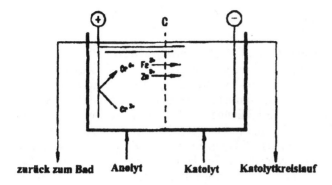

Bild 7-2:
Regenerierung eines Chromat-
elektrolyten im Membranpro-
zess [147]

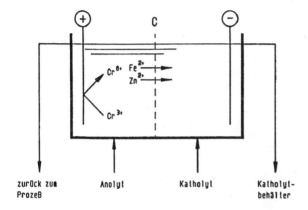

Bild 7-3:
Badflege für ein Chromatier-
bad durch Elektro-phorese
[147]

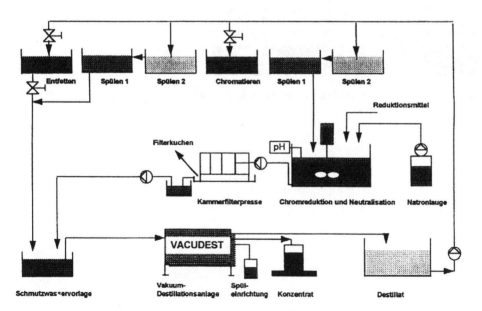

Bild 7-4: Komplettanlage zum Regenerieren einer Phosphatierung [147]

7.8 Chromfreier Ersatz

Chrom-VI-Verbindungen sind krebserregend. Deshalb ist ab dem Jahr 2003 eine starke Einschränkung z. B. im Automobilbau auf < 2 g Chrom-VI-Ionen/Fahrzeug gesetzlich beschlossen worden. Substitute für Chrom-VI-Verbindungen sind einmal die Zink-phosphatierung, Chrom-III-Ionenhaltige Produkte wie das „Chromitieren" der SurTec GmbH. [199] oder fluormetallische Verbindungen anderer Firmen. Der Metallkomponent in derartigen Verbindunge ist Titan, Zirkon oder Silizium [244]. Andere Firmen nutzen den Effekt, dass Cobaltspinell, der bei Erhitzen von $Co(OH)_2$ mit $CoO(OH)$ entsteht,gute Korrosionsschutzwirkung verspricht. Solche Formulierungen enthalten Cobalt-Aminkomplexe und H_2O_2. Andere Firmen verwenden anorganische Titansilikate und organische Substanzen wie Deltacoll [245] und Dacromet [246].

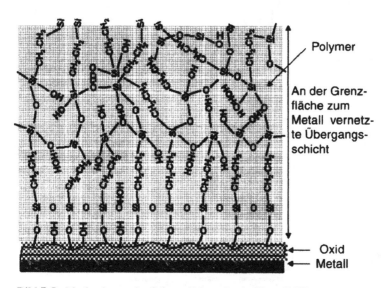

Bild 7-5: Mechanismus des Schutzeffektes durch Silane [199],

8 Beizen und Entrosten

Beizprozesse sind in der metallverarbeitenden Industrie heute weit verbreitet. Beizverfahren werden nicht nur als Vorbehandlungverfahren sondern intensiv auch als Formgebungsverfahren angewendet. Im folgenden Abschnitt wird Beizen als Vorbehandlungsprozeß bei der Verarbeitung von Metallen und Kunststoffen nicht jedoch als Formgebungsverfahren behandelt.

Beizen dient vor allem der Entfernung von Rost oder anderer Oxidationsprodukte von der Oberfläche oder zum Aktivieren der Oberfläche zur Vorbereitung der Haftung nachfolgend aufgebrachter Schichten. In der Emailindustrie wird Beizen auch zur Schaffung einer aktiven Oberfläche verwendet und als Abtragsbeize eingesetzt. In Tabelle 8-1 wird ein Überblick über die zum Beizen von Metallen eingesetzten Systeme angegeben. Beizen wird nicht nur in der metallverarbeitenden Industrie sondern auch in einigen Fällen in der kunststoffverarbeitenden Industrie eingesetzt.

Werkstoff	NaOH	NaCN	H_2O_2	HF	HCl	HNO_3	H_2SO_4	H_3PO_4	CrO_3	$FeCl_3$	$Fe(NO_3)_3$	NH_4HF_2
Mg						▨	▨					
Al		▨		▨	▨		▨	▨				
Ti				▨	▨			▨				
FeCr					▨	▨						
FeCrNi					▨	▨	▨					
Fe					▨	▨						
Ni,Co					▨	▨		▨				
Zn					▨							
Cu									▨			
Ag					▨					▨		
Au		▨	▨		▨							
Nb,Mo,Ta,W				▨		▨						
Be						▨						▨
ABS-Kunststoff						▨	▨					

Tabelle 8-1:
Lösungen, Säuren und Kombinationen, die zum Beizen eingesetzt werden.

8.1 Beizen von unlegiertem und legiertem Stahl

Zum Beizen von Eisen und legiertem Stahl werden saure Beizen eingesetzt. Die einfachsten Beizmittel sind Mineralsäuren

Salzsäure HCl:

Bei Raumtemperatur betriebene saure Beizen werden mit HCl betrieben. Salzsäurebeizen mit 15 bis 25 Gew.% HCl reagieren bei Raumtemperatur stürmisch mit unlegiertem Stahl. Da HCl jedoch auch bei Raumtemperatur schon einen nennenswert hohen Dampfdruck besitzt, korrodieren umliegende Anlagen und Gebäude sehr leicht. Salzsäurebeizen werden gelegentlich bei Temperaturen bis 40 °C eingesetzt. Man muß nach dem Beizen sehr sorgfältig spülen oder sogar neutralisieren, weil Chloridreste leicht zur Rostbildung führen.

Schwefelsäure H_2SO_4:

Schwefelsäurebeizen sind reaktionsträger. Sie werden deshalb in der Wärme bei 50 bis 85 °C und mit H_2SO_4-Gehalten von 5 bis 30 Gew% betrieben. Die Beizgeschwindigkeit in Schwefelsäure wird vom Gehalt an eingelöstem Eisen beeinflußt. Steigt der Eisengehalt auf bis zu 50 gFe/l an, steigt parallel dazu auch die Beizgeschwindigkeit. Nach Überschreiten dieses Wertes sinkt dagegen die Beizgeschwindigkeit wieder, so daß man Schwefelsäurebeizen regenerieren muß [50]. Beizen mit 5-10 % Schwefelsäuregehalt werden bei 60 bis 70 °C zum Beizen von Grauguß eingesetzt. Bei höheren Siliziumgehalten wird der Beizsäure etwas HF zugesetzt. Schwefelsäure im Gemisch mit Flußsäure und Salpetersäure wird zum Beizen von höher legierten Stählen eingesetzt. Die Mischungsverhältnisse dieser Säuren variieren in weiten Grenzen. Die Beiztemperatur beträgt bis 85 °C. Da derartige Beizen Stickoxide und Flußsäuredämpfe an die Umgebung abgeben, sollte stets ein geringer Anteil von etwa 1 % an Amidosulfonsäure zugesetzt werden, die über die Reaktion

$$HSO_3NH_2 + NO_2^- \rightarrow HSO_4^- + N_2 + H_2O$$

die Bildung von Stickoxiden unterdrückt. Aus dem Beizbad entweichen dann lediglich Flußsäuredämpfe, die abgesaugt und mit eingespritztem Wasser aus dem Abluftstrom ausgewaschen werden müssen. Gemische aus H_2SO_4 und HCl werden als Vorbeize bei Chrom-Nickel-Stahl verwendet.

Salpetersäure HNO_3:

Salpetersäure ist als Beizsäure für unlegierten Stahl ungeeignet. Salpetersäure wirkt bei erhöhter Konzentration auch als Oxidationsmittel und erzeugt dann auf der Stahloberfläche einen passivierenden FeO-Film („Weißbrennen"), der die nachfolgenden Beschichtungsprozesse sogar verhindern kann. Zudem müssen bei Salpetersäureeinsatz erhöhte Kosten für die Stickoxidbeseitigung und für den Ankauf der Säure unnötig ausgegeben werden. Gemische aus HNO_3 und HF werden als Beizen für Chrom-Nickelstahl eingesetzt.Man vermeide aber Gemische aus HCl und HNO_3, insbesondere im Mischungsverhältnis 3:1 bis 1:3, weil derart gebeizte Chrom-Nickel-Stähle unter Lochfraßkorrosion leiden werden.

Phosphorsäure H_3PO_4:

Phosphorsäure mit 15 bis 20 Gew% H_3PO_4 ist in manchen Betrieben als Beizsäure bei Temperatur von 60 bis 70 °C im Einsatz, wobei in Phosphorsäure leicht eine Eisenphosphatschichten von mangelhafter Qualität gebildet wird. Diese Phosphatfilme passivieren die Eisenoberfläche, behindern aber weitere Beschichtungen, die eine aktive Oberfläche erfordern.

Für unlegierten oder niedrig legierten Stahl sind Salzsäure und Schwefelsäure die technisch überwiegend eingesetzten Produkte.

Abwandlungen der Schwefelsäurebeize sind das Beizen mit Amidosulfonsäure und das Beizen mit $NaHSO_4$. Beide Produkte sind Feststoffbeizen. Sie sind also gefahrloser zu transportieren und zu handhaben. Amidosulfonsäure wird vorwiegend zum Entsteinen und Entrosten von Anlagenteilen eingesetzt, also dort, wo eine Beizsäure nur gelegentlich zur Anwendung kommt, und wo man daher die leichte Handhabbarkeit bevorzugt. Na-hydrogensulfat wird als Entrostungsbeize mit etwa 10 % Einsatzkonzentration verwendet. Diese Beize ist auch anwendbar, wenn z. B. Stahl/Aluminium-Verbundwerkstoffe behandelt werden müssen. Man kann diese Feststoffbeize durch Zusatz von bis 2 % NH_4HF_2 verstärken und damit oberflächlich auch das Aluminium beizen.

Beizen in Salzschmelzen:

Zur Entfernung von Zunder von säure- und zunderfestem Stahl wurden Salzschmelzbeizen entwickelt.

Bei „Natriumhydridverfahren" wird NaOH mit 0,3 bis 10 % KOH und 0,3 bis 20 % Na-Hydrid bei 380 °C geschmolzen. Die Werkstücke werden 30 s bis 30 min. darin behandelt und entzundert. Die Beize ist auch zum Behandeln von Nickel- und Kupferwerkstoffen geeignet. Die Reaktion ist dabei eine Reduktion

$$8\ NaH + 2\ Fe_3O_4 = 8\ NaOH + 6\ Fe$$

Elektrolytisches Beizen wird unter Kapitel „Galvanik" behandelt.

Beim Beizen von Cr/Ni-Stählen mit Chromsäure/Schwefelsäure-Gemischen mit etwa 490 g H_2SO_4 und 130 g CrO_3/l bei etwa 70 °C entstehen auf der Oberfläche farbige Schichten, die nach [126] porös und gegenüber dem Werkstoff an Chrom angereichert sind. Die Schichten sind transparent und bestehen aus etwa 5 nm großen Kriställchen eines Chromspinells, so daß sie in der Röntgenfeinstrukturuntersuchung als quasiamorph erscheint. Die Schicht enthält chemisch gebundene OH-Gruppen. Die Schichtdicke wächst mit wachsender Beizzeit. Da die Schichten tranparent sind, lassen sie Licht bis zum Basismetall hindurch. Das dort reflektierte Licht interferiert mit dem von der Schichtoberfläche reflektierten Strahlen, so daß Farbeffekte auftreten, die dekorativ genutz werden. Bild 8-1 zeigt die Entstehung von Farben durch Interferenz schematisch. Durch die Beizbehandlung lassen sich zahlreiche Farbtöne von blau, grün, gelb bis rot erzielen. Die Farben sind lichtecht. Die Schichtherstellung erfordert lediglich, daß die Blechoberfläche keine ungewollten Strukturen besitzt (z. B. Kratzer), die das Bild stören könnten.

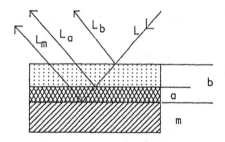

m = Metalloberfläche
a, b = transparente Schicht
L_m, L_a, L_b = reflektierende Teilstrahlen

L = einfallender Lichtstrahl

Bild 8-1:
Entstehen farbiger Beizeffekte
bei Chromstahl durch
Interferenz nach Poligrat Inox
Color GmbH

8.2 Beizen von Buntmetallen

Das Beizen von Kupfer, Messing und Bronzen mit Säuren höherer Konzentration wird als
„Brennen" bezeichnet. Kupfer zeigt beim Erwärmen oberhalb 125 °C Anlauffarben, ober-
halb 225 °C entsteht Cu_2O, bei noch höherer Temperatur schwarzes CuO, das als äußere
Schicht auf der Cu_2O -Schicht aufliegt. Beim Beizen von Kupfer unterscheidet man:

- Vorbrennen: Es wird eine metallische reine Oberfläche erzeugt.

- Mattbrennen: Nach dem Vorbrennen wird eine matte Oberfläche erzeugt,
                   um bessere Haftung galvanischer Überzüge zu erhalten.

- Glanzbrennen: Es wird eine metallisch glänzende, gleichmäßige aussehende
                   Oberfläche erzeugt.

- Gelbbrennen: Beizen von Messing.

Folgende Beizsäuren werden eingesetze:

Schwefelsäure H_2SO_4:

Messing kann bei bis 30 °C schon mit 5 %-iger Schwefelsäure gebeizt werden. 5 bis
20%-iger Säure dient oft als Vorbeize für Kupfer und Cu/Sn -Bronzen. Höhere Konzentrationen führen bei Kupfer zu Fleckenbildung. Beizen von Kupfer in > 80 %-iger
Schwefelsäure führt zur SO_2-Entwicklung, weil konzentrierte Schwefelsäure dann als
Oxidationsmittel wirkt. Sauerstoffzufuhr ist für den Beizerfolg von Kupfer in Schwefelsäure entscheidend. Dies kann einmal durch Einleiten von Luft, besser jedoch durch
Zusatz von Oxidationsmittel wie 10 % Eisen-III-Sulfat, 5 Vol % HNO_3 (konzentriert)
oder durch Zusatz von H_2O_2 erfolgen. Zusatz von Wasserstoffperoxid führt zu Glanz-
beizen von hervorrangender Qualität., die als umweltfreundliches Verfahren das Beizmittel der Zukunft darstellen [49]. Beim Beizen von Cu/Ni-Legierungen verwendet
man 25 %-ige Schwefelsäure mit HF-Zusatz.

Salpetersäure HNO_3:

Das Brennen von Kupfer mit HNO_3 erfolgt meist zweistufig. Man verwendet als

> Vorbrenne: Gemische aus 1 l HNO_3 (1,38 g/cm^3) mit 10 g NaCl bei 20 °C, wobei gegebenenfalls etwas Glanzruß oder etwas $NaNO_2$ zugesetzt werden. Es entstehen metallisch reine, aber unansenliche Oberflächen.

> Glanzbrenne: 1 l H_2SO_4 (1,33 g/cm^3) mit 1 l HNO^3 (1,38 g/cm^3) und 10 bis 20 g NaCl oder aber auch 1 l HNO_3 (1,38 g/cm^3) gemischt mit 10 ml konzentrierter HCl. Die Beizen werden jeweils bei 20 °C eingesetzt, wobei Stickoxide entweichen.

> Mattbrenne: Man verwendet HNO_3/H_2SO_4 – Gemische im Gewichtsverhätnis 1:1 bis 1:2 mit Zusatz von 0,5 bis 40 g Zinksulfat/kg Säuregemisch. Nach Anwendung einer Glanzbrenne kann Fleckenbildung nur durch schnelles, gründliches Spülen, besser durch Neutralisieren der Oberfläche durch Soda-Lösung (Na_2CO_3) vermieden werden.

Cu/Pb-Bronzen werden mit HNO_3/HF-Gemischen gebeizt, denen 10 bis 20 % HBF_4 zugesetzt wird

Cu/Al-Bronzen beizt man zunächst mit 15 % -iger HCl bei Raumtemperatur und taucht sie anschließend 3 s in HNO_3 mit etwa 12 % NH_4HF-Zusatz.

Cu/Si-Bronzen werden in 12 % H_2SO_4, 15 % HNO_3 mit 2 % HF (Rest Wasser) gebeizt (5 Minuten bei 25 °C).

Für Messingbeizen gilt allgemein, daß HNO_3 Kupfer, HCl Zink löst.

Nickel und Nickellegierungen können in einer Mischung aus 2,25 l konz. HNO_3, 1,5 l H_2SO_4 und 30 g NaCl gebeizt werden. Nach dem Spülen empfiehlt es sich, mit einer Lösung von 2 Vol% Ammoniak (0,88 g/cm^3) zu neutralisieren.

Monelmetall beizt man mit 1 l HCl (20 %-ig), 2 l H_2O und 60 g $CuCl_2$, wobei als Nachbeize eine Mischung aus 184 g H_2SO_4 konz. und 132 g $Na_2Cr_2O_7$ in 1 l Wasser empfohlen wird (20 – 40 °C, 5 – 10 min).

8.3 Beizen von Zink- und Aluminium-Werkstoffen

Zink kann in saurer wie alkalischer Lösung gebeizt werden. Lediglich am Neutralpunkt wird Zink von wäßrigen Lösungen nicht angegriffen (Bild 8-2). Häufig angewendet wird eine schwefelsaure Beize mit

- 2 – 5 Gew. % H_2SO_4
- 2 – 3 Gew. % HCl
- 1 – 2 Gew. % HF
- Rest Wasser

in der Zink bei Raumtemperatur in wenigen Sekunden gebeizt wird. Alkalische Beizen mit 5 % NaOH (Raumtemperatur) werden selten angewendet. Zum Beizen von Aluminium sind alkalische und auch saure Beizmittel [51] im Einsatz.

Alkalische Beizmittel:

- 10 – 20 % NaOH, 50-80 °C, 1-2 min., gebräuchlichste Beize.

- 5 % NaOH, 4 % NaF, 90 °C, 2-5 min., gut zerstreutes Licht reflektierende Oberfläche.

- 10 % Na_2CO_3, eventuell bis 3 % NaCl, 50 – 80 °C, 5-15 min., matte, weiße, reibempfindliche Oberfläche für Zifferblätter etc.

Nach alkalische Beizen muß schnell und sorgfältig mit Wasser gespült und am besten die Oberfläche durch Tauchen in verdünnter HNO_3 neutralisiert werden.

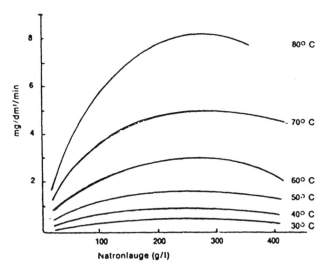

Bild 8-2: Beizen von Aluminium 99,52 % mit Natronlauge nach [51]

Saure Beizmittel:

- 3 % HNO_3, 80 °C, 2 – 10 min., nur für Reinaluminium.

- 3 – 5 % H_2SO_4, 80 °C, 2 – 10 min., für mattierte Oberflächen.

- 17 % H_2SO_4, 3,5 % CrO_3, 0,3 % HF für Al-Knetlegierungen.

- Salpetersäure/Flußsäure-Mischungen wie 1 Vol.Teil 65 %-ige HNO_3 und 1 Vol.Teil gesättigte, wäßrige NaF-Lösung, Raumtemperatur, 5 min. Beizzeit, für weiße, mattierte Oberfläche als Nachbeizen nach NaOH-Beize.

- Phosphorsäure H_3PO_4 mit mehr als 60 % H_3PO_4-Gehalt mit Zusatz von 2,8 bis 3,2 % HNO_3 bei 88 bis 100 °C zur Erziehlung glänzender Oberflächen. Dabei wird Al-Phosphat eingelöst, wodurch die Beize verändert wird. Bild 8-2 zeigt den Bereich günstigster Zusammensetzung von Phosphorsäure-Glanzbeizen.

Nach saurem Beizen von Aluminium muß gründlich gespült werden. Bei allen Alumi-
niumlegierungen, die Silizium oder /und Kupfer enthalten, besteht die Gefahr, daß die
Oberfläche sich schwarz verfärbt. Da die Färbung durch elementares Si bzw. durch
CuO entsteht, kann sie nur durch HNO_3- und HF-haltige Beizen entfernt werden.

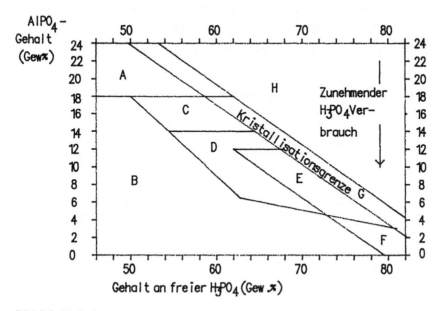

Bild 8-3: Einfluß der Zusammensetzung einer Phosphorsäure-Salpetersäure-Polierlösung auf die
Oberflächenbeschaffenheit nach [51].

Zu Bild 8-3 ist zu bemerken:

Die Lösung enthält 2,8 bis 3,2 % HNO3 und 0,01 bis 0,02 % Cu.
Die Arbeitstemperatur beträgt 88 bis 100 °C

Es bedeuten ferner

   A: Bad unbrauchbar: Zu hohe Viskosität, zu geringes Reaktionsvermögn, Spülvorgänge un-
       möglich.

   B: Schlechte Beschaffenheit: Bad zu naß, schlechter Glanz, Ätzung.

   C: Schlechte Beschaffenheit: Zu viel Al, ungenügender Glanz, Ätzung bei langer Tauch-
       dauer, schwierig zu spülen.

   D: Gute Beschaffenheit in manchen Fällen: Bestimmter HNO_3-Gehalt, Temperatur und
       Tauchzeit.

   E: Beste Beschaffenheit: Fehlerfreier Hochglanz stets erhältlich bei bestimmtem HNO_3-
       Gehalt, Temperatur, Tauchdauer.

   F: Schlechte Beschaffenheit, zu wenig Al, Ätzung.

   G: Schlechte Beschaffenheit, Bad zu trocken, Ausscheidung auf der Ware oder im Bad.

   H: Bad unbrauchbar, kristalisiert.

8.4 Beizen von Kunststoffen

Beizen von Kunststoff besitzt die Funktion, die Oberfläche für nachfolgende Beschich-tungsarbeiten, insbesondere zum galvanischen Beschichten, aufzurauhen. Gebeizt wird vor allem ABS-Kunststoff (Acrylnitril-Butadien-Styrol), wobei chromsäurehaltige Beizen eingesetzt werden. 5 verschiedene Beiztypen werden verwendet:

Typ 1:   1 l 80 %-ige H_2SO_4, versetzt mit 5-16 g CrO_3 und 200 ml Wasser.

Typ 2:   60 % H_2SO_4, 20 % H_3PO_4, 20 % H_2O mit Zusatz von 5-16 g CrO_3/l.

Typ 3:   40 %-ige H_2SO_4, versetzt mit >300g CrO_3/l.

Typ 4:   40 % H_2SO_4, 15 % H_3PO_4 mit Zusatz von > 300 g CrO_3/l

Typ 5:   60 %-ige Chromsäure.

Bild 8-4:
Gebeizter ABS-Kunststoff,
schematisch.

Vor dem   Nach dem
Beizen mit Chromsäure

Nach einem Beizangriff auf ABS-Kunststoffe entstehen auf der Oberfläche Kavernen durch Herauslösen der Gummiphase dieses zweiphasigen Kunststoffs, die als Halte-punkte für später aufgebrachte Metallschichten dienen (Druckknopfeffekt).

Gemische aus Schwefel-, Phosphor- und Chromsäure können auch für andere Kunst-stoffe eingesetzt werden, die dann jedoch meist in organischen Lösungsmitteln vorge-quollen werden. Ein geeignetes Gemisch enthält

40% H_2SO_4, 35 % H_3PO_4 und 79 g CrO_3/l.

Nach Beizen mit chromsäurehaltigen Beizen muß die Oberfläche des Werkstücks durch Reduktion mit $NaHSO_3$ von Chromsäureresten befreit werden, weil Chromsäure als krebserregende Substanz behandelt werden muß.

8.5 Inhibitoren und Beizbeschleuniger

Inhibitoren sind Substanzen, die den Angriff einer Beizsäure auf das freie Metall weit-gehend verhindern. Je nach ihrer Wirkungsmechanismus teilt man Inhibitoren wie folgt ein [52]:

- Inhibitoren, die durch Physisorption wirken.
- Sie blockieren aktive Zentren auf der Metalloberfläche und bilden Schutz-filme. Die Oberfläche wird chemisch nicht verändert.

- Inhibitoren, die chemisch wirken:

- Passivatoren wie Nitrit oder Chromat bilden einen Schutzfilm von etwa 20 nm Dicke.

- Deckschichtbildner wie Phosphate (bei Eisen) oder Silikate (bei Aluminium) bilden relativ ungleichmäßige, dickere Schichten.

- Elektrochemische Inhibitoren wie Antimon, Quecksilber, Arsen, Zink oder Nickel bilden.dünnen Oberflächenfilme auf unedleren Oberflächen durch Austauschreaktion.

- Destimulatoren wie Hydrazin N_2H_2 oder $NaHSO_3$ entfernen Sauerstoff aus der Beizlösung, so daß die Beizreaktion durch den zunächst in der Reaktion abgeschiedenen Wasserstoff zum Erliegen kommt (Wasserstoffüberspannung).

Die Wirkung eines Inhibitors beruht meist auf mehreren Mechanismen gleichzeitig. Es gibt eine Vielzahl von organischen Produkten, die als Beizinhibitoren angeboten werden. Selbst Beizentfetter und andere Tenside wirken als Inhibitoren. Alle diese Produkte einschließlich der Beizentfetter sind jedoch nur ungenügend abspülbar. Sie werden dadurch in alle nachfolgenden Behandlungszonen weiter verschleppt, stören die nachfolgenden Prozesse und führen zur Erzeugung von Ausschuß. Organische Inhibitoren und Beizentfetter sind nur dann einsetzbar, wenn nachfolgend eine Beölung oder eine Lackierung ohne weitere Nachbehandlung oder ein thermometallurgischer Prozeß wie eine Feuerverzinkung oder eine weitere Reinigung eventuell nach einer Zwischenlagerung erfolgt.

Inhibitoren, die in Beizen eingesetzt werden dürfen, weil sie leicht abspülbar und in nachfolgenden Beschichtungsprozessen leicht zerstörbar sind, sind solche auf Harnstoff- oder Urotropinbasis. Für Schwefelsäure eignet sich am besten Diethylthioharnstoff, der schon in sehr geringer Zusatzmenge von 0,05 g/l hervorragend wirkt. Salzsäure kann durch geringe Mengen von 1 g/l an Urotropin (86) (Hexamethylen-tetramin) ausreichend inhibiert werden.

Beizbeschleuniger sind Produkte, die als Oxidationsmittel für den beim Beizprozeß entstehenden Wasserstoff wirken. Der Wasserstoff, der sich zunächst an der Oberfläche abscheidet, wird durch Beizbeschleuniger verbraucht. Der Beizbeschleuniger kann dabei reduziert werden wie z. B. Nitrit, Nitrat, er kann aber auch als Sauerstoffübertrager wirken. So erklärt sich eine Beizbeschleunigung durch Eisenionen durch das Wechselspiel

$$Fe^{3+} + H = Fe^{2+} + H^+$$

$$4\,Fe^{2+} + O_2 + 4\,H^+ = 4\,Fe^{3+} + 2\,H_2O$$

Bei Eisen- und Stahl-Beizen wirkt das eingelöste Eisen selbst als Oxidationsmittel, das durch Luftsauerstoff regeneriert wird. Eisenbeizen, die als Abtragsbeizen eingesetzt werden, sollten deshalb nicht komplett abgelassen sondern immer nur teilweise erneuert werden, damit man einen Eisengehalt von etwa 10 g/l mindestens zurückbehält. Eisenbeizen müssen erneuert werden, wenn der Eisengehalt 50 g/l überschreitet [50], weil dann die Beizwirkung stark nachläßt und sich damit Beizzeiten verlängern.

Schwefelsäurebeizen werden durch Nitratzusatz beschleunigt. Um die Bildung von Nitrit und den Austritt nitroser Gase zu vermeiden, muß gleichzeitig Amidosulfonsäure in mindestens äquimolarer Menge zugesetzt werden.

8.6 Beizanlagen

Alle Anlagenteile, die mit Säuren in Berührung kommen, müssen säurefest ausgekleidet werden oder aus Keramik bestehen. Geeignete Auskleidungen bestehen aus Kunststoff oder Gummi. Bleiauskleidungen können für verdünnte Schwefelsäure eingesetzt werden. Keramische Behälter oder Glasbehälter sind bei allen Säurebeizen einsetzbar, die keine Flußsäure enthalten. Flußsäure ebenso wie Laugen greifen Glas und Keramik auf Dauer an. Für alkalische Beizen ist Stahl der geeignete Werkstoff. Beizen erfolgt im allgemeinen in Tauchbädern. Dabei sollten die Beizflüssigkeiten umgepumpt werden, um eine Badbewegung zu erzeugen. Dafür sind im Handel stopfbuchsenlose Kreiselpumpen mit keramischem Pumpenkopf und mit magnetischer Kraftübertragung erhältlich. Für die Baugröße von Pumpen und Anlagen gelten die gleichen Prinzipien, wie für die Reinigung.

Beizbäder sollten mit einer Raumabsaugung verbunden werden. Nicht nur, daß manche Beizen Gase und Dämpfe abgeben (HCl, HF, NO_x), die durch einen nachgeschalteten Wäscher gegebenenfalls ausgewaschen werden müssen, auch Spritzer bei zu heftiger Gasentwicklung bei alkalischen Beizen, brennbare Gase wie H_2 oder aus dem Beizgut freigesetzte, unangenehm riechende Gase wie Phosgen PH_3 bei Eisen müssen aus den Werkstätten entfernt werden.

Warenträger sind in Beizbädern besonderer korrosiver Belastung ausgesetzt. Man verwendet deshalb meist beschichtete Warenträger, bei denen die Stahlrahmen mit dicken Kunststoffschichten (z. B. PVC) abgedeckt werden.

8.7 Umweltschutz beim Beizen – Regenerierung von Beizsäure und Lauge

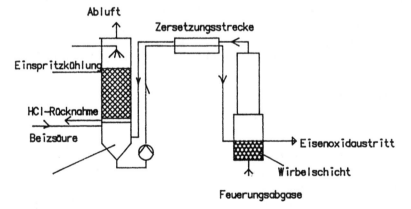

Bild 8-5: Turbulator-Sprühröstverfahren zur HCl-Rückgewinnung, schematisch.

Obgleich in vielen Fällen Beizsäuren auch heute noch nach Verbrauch des Bades entsorgt werden, sind zahlreiche Methoden bekannt, um Beizsäuren zu regenerieren. In großen Beizereibetrieben, z. B. bei Feuerverzinkungsanlagen, in denen Salzsäure eingesetzt wird, hat sich die destillative Regenerierung durchgesetzt. Die verbrauchte Säure wird in diesem Verfahren verdampf. Dabei hydrolysieren die Eisenchloride. Zufuhr von Luft sorgt für eine Aufoxidation der Eisensalze zu Eisen-III-Chloriden, die wesentlich leichter hydrolytisch gespalten werden können. Auf diese Weise wird die Gesamtmenge an Salzsäure zurückgewonnen. Daneben fällt Eisen-III-Oxid an, das zur Weiterverwendung abgegeben werden kann. Die Aufbereitung von Schwefesäurebeizen oder von Beizen mit Schwefesäure als Hauptkomponente erfolgt bei Großanlagen durch Ausfrieren und Kristallisation. Anwendung findet das Verfahren z. B. bei Edelstahlbeizen, bei denen $FeSO_4$ x 4 H_2O gewonnen wird, oder beim Beizen von Kupfer, bei dem $CuSO_4$ x 5 H_2O auskristallisiert. Solche Kristallisationsanlagen bestehen im Prinzip aus einem Kühlkristaller, in dem sich die Kristalle bilden, und einer Austragsschnecke, die die am Boden sich absetzenden Kristalle austrägt [27]. Die Salze können wegen ihrer relativ reinen Qualität verkauft werden.

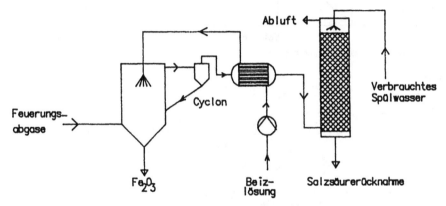

Bild 8-6: Sprühröstverfahren, schematisch.

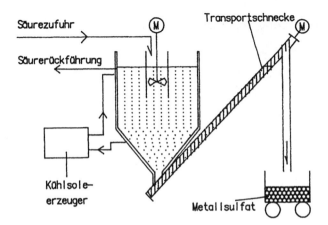

Bild 8-7: Kühlungskristallisation, schematisch

Zur Regeneration der Beizsäure in kleineren Beizanlagen hat sich in den letzten Jahren ein Chromatographieverfahren durchgesetzt. Bestimmte organische Austauscherharze haben die Eigenschaft, freie Säuren adsorptiv zu speichern und die Salze hindurchzulassen. Man kann nun eine Schüttung mit Säure beladen und anschließend durch Verdrängen mit Wasser die Säure frei setzen. Das Verfahren wird „Retardationsverfahren" genannt und wird von einer Reihe von Firmen angeboten. Tabelle 8-2 zeigt die Stoffbilanz einer solchen Anlage nach [53, 64].

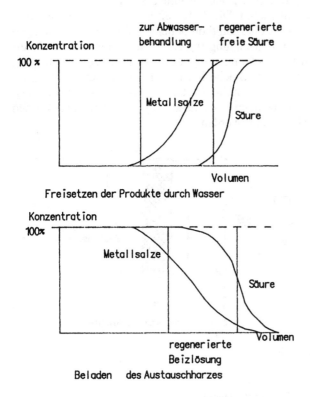

Bild 8-8: Beladen und Desorbieren des Harzes einer Retardationsanlage.

Bild 8-9: Retardationsanlage,Schaltschrank, Foto Keramchemie.

Bild 8-10: Technische Anlage zur Beizbadregenerierung nach dem Retardationsverfahren, Foto Keramchemie.

Tabelle 8-2: Stoffbilanz einer Retardationsanlage.

Komponenten des Bades	Gehalt in (g/l) im		
	Bad	Regenerat	Abwasser
Salpetersäure	125	115	5–10
Flußsäure	30	25–28	3–5
Schwermetall (Fe,Ni,Cr)	30	13	15
Schwefelsäure	130	120–125	5–10
Eisen	60	28	32
Schwefelsäure	180	175	5–10
Aluminium	10	5	5
Schwefelsäure	130	120–125	5–10
Kupfer	25	10	14
Schwefelsäure	150	130–140	10–15
Salpetersäure	50	35–45	5–10
Zink	50	19	29

Zum Recycling von Chromsäurebeizen, die für Kunststoffe eingesetzt werden, muß man berücksichtigen, daß große Schlammengen beim Beizprozeß anfallen.

Alkalische Beizen für Aluminium werden mit Hilfe von Zentrifugaldekantern vom ausfallenden Na-Aluminat gereinigt. Hier erzeugt die Recyclingtechnik festes Natriumaluminat, daß weitere Verwendung findet.

Weitere Verfahren, mit denen eine Regeneration von Beizsäuren vorgenommen werden kann, sind Dialyse und Elektrodialyse [50]. Über Elektrodialyse wird im Abschnitt Galvanik ausführlich berichtet. Dialyse, besser Diffusionsdialyse, hat sich zur Regenerierung von Säuren gut bewährt. Man trennt einen Raum durch eine semipermeable Membran und umströmt die Membran auf der einen Seite mit Frischwasser und auf der anderen mit verbrauchter Säure. Es erfolgt ein Diffusionsprozess durch die Membran, wodurch die Säure abgetrennt wird. Die semipermeable Membran ist eine Anionenaustauschermembran in der die undissoziierte Säure in die Wasserseite hindurchdiffundiert. Bild 8-11 zeigt das Schaltbild einer Diffusionsdialyse-Anlage. Bild 8-12 zeigt die Massenbilanz einer solchen Anlage in einer Edelstahlbeize und in einer Beize für Aluminiumfolie (8-13). Bild 8-14 veranschaulicht den Kostenvergleich zwischen Diffusionsdialyse, Retardation und konverntioneller Behandlung der Abfallsäure [22]. Die Diffusionsdialyse ist hierbei die kostengünstigste.

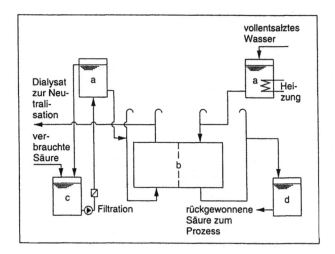

Bild 8-11: Diffusionsdialyseanlage zum Reinigen von Säuren [155]

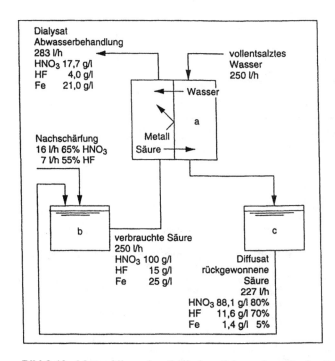

Bild 8-12: Massenbilanz einer Diffusionsdialyseanlage für eine Edelstahlbeize.[155]
Es bedeuten: a Membranstapel, b Beizbad, c Puffertank

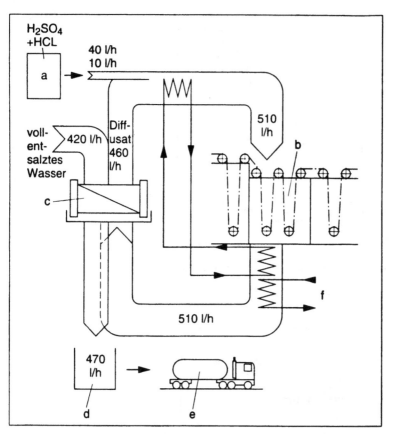

Bild 8-13: Rückgewinnung von Mischsäure aus Ätzbädern für Aluminiumfolie.
Es bedeuten: A Nochdosierung, b Prozessbad, c Dissusionsdialyse, d Dialysebhälter, e wiederver-
wertbarer Reststoff.

Tabelle 8-3: Effektivität zweier Dialyseprozesse [21]

	Einlauf	Einlauf	Auslauf	Auslauf
	verbrauchte Säure	Wasser	wiederverwend-bare Säure	Abfalllösung
Volumenstrom	20	20	14	26
H_2SO_4 (g/l)	32		26	12
Ni (g/l)	1,7		< 0,04	1,6
Volumenstrom (l/h)	830	830	700	960
HCl (g/l)	100	–	85	25
$AlCl_3$ (g/l)	78,5		1,8	68

Tabelle 8-4: Diffusionsdialyse in einer Anlage zum Anodisieren von 1000 t/Monat.

Verbrauchte Säure	Frischwasser	Diffusat	Abwasser
275,5 l/h	257 l/h	243,2 l/h	289,3 l/h
150 g H_2SO_4/l		127,4 g H_2SO_4/l	35,7g H_2SO_4/l
18 g Al^{3+}/l		1g Al^{3+}/l	16,3g Al^{3+}/l

Zur Rückgewinnung von Schwefelsäure in einem Beizprozess für Messing wurde der „Zinkronprozess" entwickelt [23]. In diesem Prozess wird die Abfallsäure kontinuierlich durch Elektrolyse von Kupfer befreit. Die Werkstücke werden in einer Stehspüle gesäubert. Die Spüllösung wird mit einem Anionenaustauscherharz behandelt, und das Zink durch Elektrolyse danach zurückgewonnen (8-15).

Elektrodialyse ist eine der Dialyse verwandte Form der Ionentrennung. Anstelle der Diffusion, die zur Trennung der Ionen führt, wird hierbei elektrischer Strom eingesetzt. Die Ionen wandern den Stromfäden entsprechend durch die Membranen und werden so aufgetrennt. Bild 8-16 zeigt den Aufbau einer Elektrodialysezelle.

Die Verwendung des Ionenaustauschs zur Beizsäureregenerierung ist ebenfalls ein bekanntes Mittel. Ionenaustauscher sind Polymere, die an der Oberfläche mit Säure- oder Laugenresten besetzt sind, also polymere Polysäure oder polymere Polybasen [8-17]. Tabelle 8-5 enthält die gängigen Endgruppen auf handelsüblichen Ionenaustauschern. Die Harze, die sich in gekörnter Form als Schüttgut vorfinden, werden in geschlossenen Behältern ausbewahrt und im Auf- oder Abstrom beladen. Ist das Harz zu einem Großteil beladen, muss es durch Betreiben mit Säure bzw. Lauge wieder regeneriert werden.

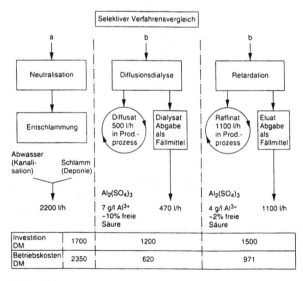

Bild 8-14: Kostenvergleich für eine konventionelle Behandlung einer Abfallsäure (a), einer Diffusionsdialyse (b) und einer Retardation (c)

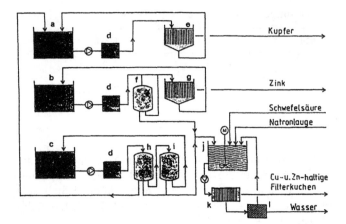

Bild 8-15: Das Zinkron-Verfahren. Es bedeuten: a Beizbad, b Standspüle, c Fließspüle, d Feststoffabscheider, e Kupferelektrolyse, f Anionenaustausche, g Zinkelektrolyse, h Kationenaustauscher, i Anionenaustauscher, j Entgiftung, k Filterpresse, l Schlussfiltration

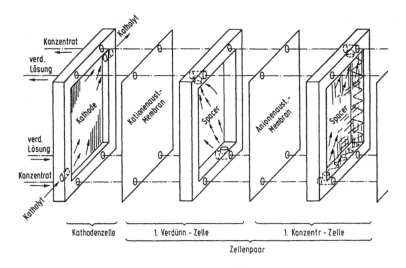

Bild 8-16: Aufbau einer Elektrodialysezelle [27]

Eine weitere Methode, um Beizsäuren aber auch andere Lösungen zu regenerieren, ist der Ionenaustausch. Ionenaustausch erfolgt technisch an organischen Harzen, deren Oberfläche mit funktionellen Gruppen belegt ist. Je nach Art der Gruppe ergeben sich anionisch oder kathionisch aktive Ionenaustauscher (Tabelle 8-6).

Tabelle 8-5: Typen von Ionenaustauscherharzen

Austauschertyp	aktive Gruppe	Arbeits-pH	totale Kapazität (Val/l)	effektive Kapazität (Val/l)
Stark saurer Kationenaustauscher	-SO$_3$H	0 – 7	1,4 – 1,9	0,8 – 1,5
schwach saurer Kationenaustauscher	-COOH	4 – 7	3,5 – 4,5	1 – 3
schwach saurer, koplexbildender Kationenaustauscher	-N(CHCOOH)$_2$	3 – 7	speziell für jedes Metall	
schwach basischer Anionenaustauscher	-N(R)$_2$	1 – 14	1,5 – 2	
stark basischer Anionenaustauscher	Typ I -N(CH$_3$)OH	1 – 14	etwa 1,2	0,4 – 0,6
stark basischer Anionenaustauscher	Typ II N(CH$_3$)$_2$(C$_2$H$_4$ OH)OH	1 – 14	etwa 1,2	etwa 0,7

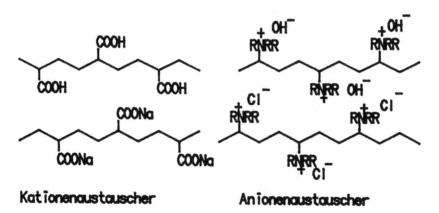

Bild 8-17: Chemischer Aufbau von Ionenaustauscherharzen.

9 Spültechnik und Trocknen nach Vorbehandlungen

Spülen ist genauso wichtig für den Erfolg einer Vorbehandlung wie die Vorbehandlung selber. Gerade beim Spülen versucht man Kosten einzusparen. Man erreicht meist genau das Gegenteil. Man kann jedoch nicht generell eine Vorschrift für richtige Spültechnik geben, weil hier individuelle Prozeßfragen Varianten erforderlich machen. In den folgenden Abschnitte werden daher einige Fälle diskutiert, die als typisch für ihre Sparte anzusehen sind.

9.1 Spülen nach einem alkalischen Reinigungsprozeß

Alkalische Produkte sind von Metalloberflächen nur mit großem Spülaufwand vollständig zu entfernen. Deshalb sind Spülen, die nur einmal befüllt und nach einiger Zeit wieder entleert werden – „Standspülen" – das ungeeignetste Mittel. Werden Standspülen betrieben, so muß die Qualität des Spülwassers überwacht werden, damit der Spülwasserwechsel rechtzeitig erfolgt. Eine derartige Überwachung kann z. B. durch Messung der elektrischen Leitfähigkeit und Ermittlung des Leitwertzuwachses durchgeführt werden.

Die Einschleppung (Überschleppung) in ein Spülbecken kann man überschläglich berechnen. Der Feuchtigkeitsfilm, der bei geschlossener Wasserdecke an einem senkrechten Blech verbleibt, hat eine minimale Dicke von etwa 0,1 mm. Multipliziert mit der Fläche ergibt sich eine minimale Verschleppung von 0,1 l/m^2 Oberfläche. Bei schöpfenden Teilen kann dies mehr sein. Beobachtungen ergaben Spitzenwerte bis 0,25 l/m^2 [50]. In der Literatur wird empfohlen, den Reinigern hydrophobierende Tenside zuzusetzen, um die Überschleppung ins Spülwasser auf 0,07 l/m^2 zu senken. Dies ist ein gefährlicher Vorschlag. Hydrophobierende Tenside stören alle nachfolgenden oberflächentechnischen Prozesse sehr empfindlich. Will man den Spülprozeß mit Standspülen durchführen, so sollten wenigsten 2 Spülbäder eingesetzt werden.

Geeignete Spültechnik verwendet Fließspülen, also Spülen, denen fortlaufend Frischwasser zugesetzt wird. Dabei sollten Fließspülen als Kaskadenspülen konstruiert werden, wobei der Überlauf der Spüle längs der gesamten Fläche des Spülbades angeordnet werden soll, damit die gesamte Oberfläche stets erneuert und aufrahmende Produkte sofort abgeschoben werden. Spülbecken müssen mit der Wasserwaage ausgerichtet werden. Der Frischwasserzulauf sollte am Boden des letzten Spülbeckens erfolgen. Ebenso sollte das vom letzten Bad überlaufende Spülwasser durch Einbauten dem unteren Teil des vorletzten Spülbades zugeführt werden, damit der Badinhalt auch wirklich erneuert wird.

Vorteilhaft verwendet man Kaskadenspülen mit 3 Spülbecken. Um den Wasserverbrauch einzuschränken und um den Spülwasserzulauf unabhängig vom Personal zu gestalten, sollte die Spülwasserqualität automatisch überwacht werden. Dazu genügt es, wenn man bei alkalischen Reinigern den pH-Wert des letzten Spülwassers überwacht und bei Überschreiten eines Grenzwertes über ein Magnetventil den Frischwasserzulauf öffnet. Wo dieser Grenzwert liegt, muß im Einzelnen bestimmt werden, weil dieser Wert von der Reinigerzusammensetzung abhängig ist. Um zu einer labormäßigen Aussage zu kommen, sollte als Grenz-pH-Wert der pH-Wert einer Lösung von etwa 30 bis 300 mg Reiniger in 1 l Frischwasser gewählt werden in Abhängigkeit von den Anforderungen des nachfolgenden Verfahrensschrittes.

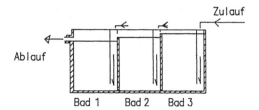

Bild 9-1:
Fließschema einer
Kaskadenspüle.

Man kann zur Regelung des Frischwasserzulaufs auch auf Leitfähigkeitsmessungen zurückgreifen. Dies empfiehlt sich insbesondere dann, wenn stark gepufferte Reiniger oder Neutralreiniger eingesetzt werden. Man muß dann nur beachten, daß auch das Frischwasser eine nicht zu vernachlässigende Eigenleitfähigkeit besitzt. Zur Festlegung des Grenzwertes verfährt man wie geschildert. Das aus dem ersten Spülbecken ablaufende Spülwasser muß nicht verworfen werden. Es kann direkt zu Auffüllen der Reinigungsbecken und Ersatz der Verdampfungs- und Verschleppungsverluste eingesetzt werden.

9.2 Spülen nach Phosphatierprozessen

Das Spülen nach einem Phosphatierprozess sollte mit Hilfe eine Fließspüle, die mit Stadtwasser oder Brunnenwasser betrieben wird und mit einer nachfolgenden VE-Wasser-Fließspüle (VE = vollentsalztes) oder mit einer VE-Wasser-Spülkaskade mit 2 oder besser 3 Kaskadenstufen durchgeführt werden. Phosphatierverfahren, die als Lackiervorbehandlung eingesetzt werden, sind empfindlich gegen Chlorid- und Sulfationen. Ebenso muß der Gesamtsalzgehalt des Spülwassers in der letzten Spüle unter 30 mg/l gehalten werden, weil sonst staubförmige Salzrückstände die Lackierung stören oder bei Elektrotauchlackierungen zu viele Ionen in das Lackierbad eingetragen werden. Deshalb muß auch die Wasserhärte entfernt werden. Als Spülwasser geeignet wären allenfalls noch Weichwässer mit weniger als 3 °DH. Gegebenenfalls, insbesondere bei nachfolgender Elektrotauchlackierung, sollte die Spüle mit vollentsalztem Wasser betrieben werden, das man über Ionenaustauscheranlagen oder günstiger mit Hilfe von Umkehrosmoseanlagen gewinnt.

Mancherorts werden sogenannte Sparspülen eingesetzt, bei denen man die Oberfläche mit Frisch- oder VE-Wasser zuletzt abduscht.

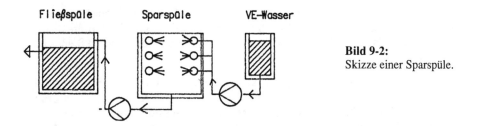

Bild 9-2:
Skizze einer Sparspüle.

Solche Spülen haben aber nur dann Sinn, wenn die Werkstücke vereinzelt sind und von außen leicht zugängliche Oberflächen besitzen.

Beim Spülen in Spritzanlagen gilt ebenfalls die Regel, daß richtigerweise Kaskadenspülen eingesetzt werden. Hier liegen dann Werkstücke mit leicht zugänglichen Oberflächen vor, sodaß der letzte Sprühkranz günstig mit dem zulaufenden Frisch- oder VE-Wasser betrieben werden kann.

Auch bei Phosphatieranlagen kann der Spülwasserzulauf über pH-Wert- oder Leitwertmessungen geregelt werden. Der Spülwasserablauf aus dem mit VE-Wasser betriebenen Spülbecken sollte zum Ergänzen des Füllstandes im Phosphatierbad verwendet werden.

9.3 Spülen nach sauren Beizprozessen

Saure Beizprozesse sind dadurch gekennzeichnet, daß man in der Beize Metallionen einlöst. Metallsalze haben jedoch die Eigenschaft, bei Auflösen in Wasser zu hydrolysieren. Ist der pH-Wert des Wassers im schwach sauren Bereich, so führt die Hydrolyse zum Ausflocken von Metallhydroxiden. Der Flockungs-pH-Wert hat für jedes Metall einen etwas anderen Wert. Bei Beizen für Eisenwerkstoffe muß beachtet werden, daß Eisen-II-Salze leicht zu Eisen-III-Salzen durch Sauerstoff aufoxidiert werden, so daß schon oberhalb von pH-Werten von 3,5 $Fe(OH)_3$-Flocken auftreten. Um in der Spüle daher keine Beläge von Metallhydroxiden zu bekommen, sollte man nach einer sauren Beize zunächst eine Standspüle einrichten, die schon durch die Überschleppung angesäuert wird. Bei Eisen und Stahl sollte diese Spüle bei etwa pH 2,0 bis 3,3 betrieben werden. Die Standspüle sollte dann gewechselt werden, wenn der Metallgehalt etwa 10 g/l erreicht oder der pH-Wert von 2,0 unterschritten wird. Man kann auch hier eine Leitwertmessung zur Kontrolle einsetzen, weil die elektrische Leitfähigkeit im sauren Bereich praktisch ausschließlich durch die Säure bestimmt wird.

Glaselektroden zur Messung des pH-Wertes sind im stark sauren Bereich nicht unbedingt zu empfehlen, weil die Elektroden bei ständigem Kontakt mit Säure ihre Charakteristik ändern (Säurefehler), teilweise sogar bald zerstört werden können.

Das Spülwasser der ersten Spüle nach einer sauren Beize muß entsorgt werden. Es kann nicht zum Auffüllen des Säurebades eingesetzt werden, weil der Säuregehalt zu gering ist. Anschließend an die Standspüle sollte auch hier eine Fließspüle oder besser eine Kaskadenspüle nachgeschaltet werden, deren Wasserzulauf durch Leitfähigkeits- oder durch pH-Wert-Messungen geregelt werden kann.

Auch Säurereste lassen sich kaum vollständig von Metalloberflächen entfernen. Deshalb sollte man den Spülpropzeß nach einer Beize mit eine schwach alkalischen Neutralisationsbad, das etwa 0,5 % Soda enthält, gefolgt von einer weiteren Stand- oder Fließspüle abschließen.

In manchen Betrieben wird versucht, zur Neutralisation nach einer sauren Beize das Spülwasser einer alkalischen Reinigung zu verwenden. Diese Arbeitsweise ist grundsätzlich zu vermeiden. Sie führt unweigerlich zu Betriebsstörungen. In alkalischen Reinigern werden Bestandteile der Fette und Öle mehr oder weniger stark verseift. Dabei entstehen Natriumseifen. Werden Natriumseifen angesäuert, entsteht freie Fettsäure, die sofort auf Metalloberflächen aufzieht, weil sie in Wasser schwer löslich ist. Die Fettsäuren bilden mit dem Oxidfilm, der bei Eisen sehr rasch wieder entsteht, schwer entfernbare Eisenseifen. Die Eisenseifen können weder alkalisch noch sauer in den vorhandenen Bädern entfernt werden und wirken ebenso wie ein hydrophobierendes Tensid oder eine Rückbefettung störend auf nachfolgende Bearbeitungsschritte. Bei silikathaltigen Reinigern, die oft eingesetzt werden und preiswert sind, werden die Silikate, die in das Spülwasser mit eingeschleppt werden, in der sauren Beize durch Säuren zersetzt. Es entsteht gelförmige Kieselsäure, die nur durch Flußsäurebehandlung wieder entfernbar ist. Restgehalte an Silikaten auf der Werkstückoberfläche machen sich in Form von „Silikatflecken" bei allen nachfolgenden Beschichtungsprozessen bemerkbar.

9.4 Spülwassertemperaturen

Bei der Wahl der Spülwassertemperatur müssen eine Reihe von Fragen berücksichtigt werden. Je heißer man spült, umso weniger Aufwand ist bei der Trocknung zu erbringen. Massive Werkstücke können so z. B. nach einer Reinigung mit Dampfstrahlgeräten ohne weitere äußere Wärmezufuhr trocknen. Bei Werkstücken mit geringer Wärmekapazität dagegen wird nicht genügend Wärme aufgenommen, selbst wenn das Spülwasser heiß genug ist. Man sollte deshalb in diesen Fällen möglichst energiesparend spülen. Bedenkt man, daß viele Bestandteile von Reinigungsbädern und von Phosphatierbädern bei Raumtemperatur schon sehr gut, teilweise sogar besser als bei erhöhter Temperatur löslich sind, so sollten Spülwassertemperaturen von maximal 40 °C ausreichend sein. Vielfach wird das Spülwasser durch die Werkstücke genügend erwärmt, so daß keine Beheizung der Spülwässer erfolgen muß.

9.5 Umweltschutz beim Spülen – Spülwasserrecycling

Zukünftige Spülprozesse werden schon aus Kostengründen so geführt werden müssen, daß kein Spülwasser in die Abwasseranlage abgegeben wird. Frischwasser wird zukünftig nur bei Neuansatz von Behandlungsbädern und zur Ergänzung von Verdampfungsverlusten und Spülwasserausschleppungen eingesetzt werden können oder dürfen. Versuche, ein totales Spülwasserrecycling durchzuführen, haben bislang jedoch Seltenheitswert. Selbst die beschriebenen Maßnahmen zur Einschränkung des Frischwasserzulaufs durch eine einfache Regelung und zur Weiterverwendung des

Spülwasserablaufs, wie sie beschrieben wurden, sind bislang in der Industrie nur dort anzutreffen, wo entsprechende Aufklärungsarbeit geleistet wurde. Einen Vorschlag zum totalen Spülwasserrecycling für Phosphatieranlagen unterbreitete [48]. Dieser Vorschlag teilt das Spülwasser in drei Komponenten auf:

- Schlamm, der mit Hilfe einer Mikrofiltration abgeschieden werden muß, um die nachfolgende Reinigung möglich zu machen.

- Permeat, das als entsalztes und zurückgewonnenes Spülwasser aus einer Umkehrosmose mit einer Leitfähigkeit von < 20 µS im Dauerbetrieb gewonnen werden kann.

- Retentat, das alle wertvollen Badbestandteile zurückgewinnt und damit dem Phosphatierbad wieder zugeführt werden kann.

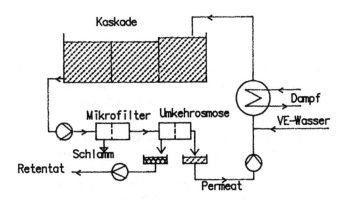

Bild 9-3: Spülwasserrecycling mit Hilfe von Mikrofiltration und Umkehrosmose [48]

Bei diesem vorgeschlagenen Spülwasserrecycling wurde davon ausgegangen, daß im Phosphatierbad keine neutralen Bestandteile enthalten sind. Das Phosphatierbad kann ausschließlich aus solchen Bestandteilen zusammengesetzt werden, die in Wasser in Ionen zerfallen. Und diese Bestandteile lassen sich in einer Umkehrosmose sicher wieder aufkonzentrieren.

Beim Spülwasserrecycling von Metallbeizen ist zu beachten, daß insbesondere Schwermetallionen aus verdünnter Lösung zu entfernen sind. Sind die Schwermetallsalze genügend konzentriert und ist das Schwermetall auf Grund seiner Stellung in der Spannungsreihe der Elemente genügend elektrochemisch abscheidbar, kann man durch eine Elektrolyse des Spülwassers zu einer Reinigung kommen. Allerdings wird die Abscheidung mit sinkendem Schwermetallgehalt unwirtschaftlicher. Spülwässer von Beizsäuren müssen daher auch heute noch der Abwasserbehandlung zugeführt werden, weil eine Säurerücknahme erst nach Aufkonzentrieren möglich ist, sonst ein Verdünnen der Beizsäure erfolgt. Allerdings kann man die in Bild 9-3 gezeigte Anordnung zum

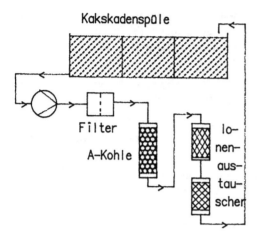

Bild 9-4: Spülwasserrecycling mit Aktivkohleeinsatz

Recycling von Spülwässern aus sauren Beizprozessen ebenfalls verwenden, wenn man das Retentat als Dünnsäure mit Schwermetallgehalt verwirft. Lediglich wenn die Beizsäure über Destillations- oder Eindampfverfahren regeneriert wird, kann auch das Retentat mit verwertet werden.

Eine allgemein anwendbare Methode zum Reinigen von Spülwässern aller Art ist die Verdampfung und Kondensation des Wassers. Um den Prozess einigermaßen energetisch günstig zu gestalten, verwendet man eine Verdampfung mit Brüdenkopression. Das Prinzip zeigt Bild 9-5: Der Flüssiganteil m_a mit der Salzkonzentration c_a läuft in den Wärmetauscher ein am Punkt 1. Mit der Leitung 2 wird die vorgewärmte Lösung dem Verdampfer zugeführt und aufgeteilt in Dampf und Konzentrat. Das Konzentrat verlässt den Verdampfer durch Leitung 7, durchläuft den Wärmetauscher unter Abgabe seiner Überschusswärme und verlässt den Wärmetauscher über Leitung 8. m_r ist der Anteil an kaltem Konzentrat. Der Dampf wird über die Vakuumpumpe P_i und die Leitung 3 abgesaugt. Der Dampf wird koprimiert und über Leitung 4 abgegeben. Der Dampf wird im Kondensater kondensiert und als Kondensat über Leitung 5 dem Wärmetauscher zugeführt. Der Anteil m_D an kaltem Kondensat verlässt den Apparate über Leitung 6. Beim Start benötigt die Anlage etwas Verdampfungswärme H.

Der Apparat besitzt folgende Bilanzen:
Massenbilanz: $m_a = m_r + m_D$
Salzbilanz: $m_a c_a = m_r c_r$
Wärmebilanz: $W_a + W_{Pi} + W_H = W_r + W_D$
Die elektrische Energie zum Betreiben der Pumpe des Kompressors P_i beträgt
$A_{el} = m_D (i_4 - i_3) / ß$
i bedeutet die Enthalpie des Dampfes in den verschiedenen Druckzuständen. ß ist der Wirkungsgrad des elektrischen Antriebs.

Die nachfolgenden Bild 9-6 und 9-7 zeigen Beispiele von Verdampfungsanlagen mit direkter Brüdenkompression (9-6) oder indirekter Brüdenkompression (9-7), bei der also der Brüden zunächst zum Verdampfen eines FREON Kreislaufmediums genutzt wird, das dann den Druckwechsel ausübt. Bild 9-8 zeigt die erzielbare Energieeinsparung durch Brüdenkopression. Obgleich die Energieeinsparung bei direkter Brüdenkompression grösser ist, ist das Kondensat bei indirekter Brüdenkompensation sauberer.

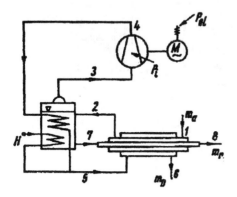

Bild 9-5:
Das Prinzip der Verdampfung
mit Brüdenkompression

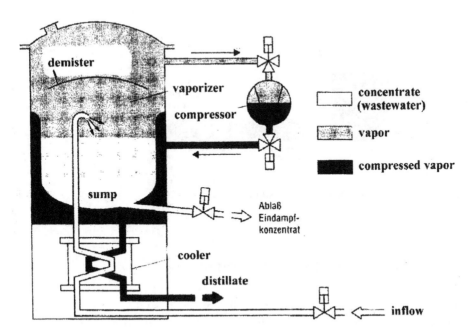

Bild 9-6: Verdampfen mit direkter Dampfkompression Typ PROWADEST [20]

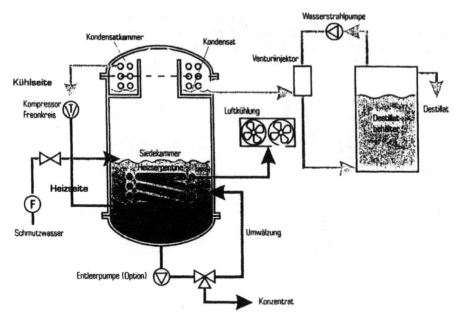

Bild 9-7: Verdampfen mit indirekter Dampfkompression [21] über einen FREON Kreislauf.

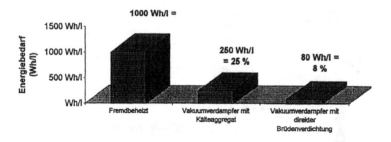

Bild 9-8: Energieeinsparung durch Brüdenkompression [21].

9.6 Berechnung der Spülwassermengen [243]

Für die Berechnung der Spülwassermengen, die notwendig sind, um eine verschleppte Produktmenge abzuspülen, sind in der Literatur zahlreiche Formeln aufgestellt worden. Für den Konzentrationsverlauf in einer Standspüle schlägt [61] die Formel vor

$$c_t = c_o * \left[1 - \left\{ \frac{V_B}{V_B + V} \right\}^t \right] \tag{9.1}$$

mit V_B = Volumen des Spülbades (l)
   V = Verschleppung (l/h)
   t = Produktionszeit (h)
   c_o = Ausgangskonzentration im Wirkbad (g/l)
   c_t = Konzentration im Spülbad (g/l) nach Ablauf der Zeit t

Gleichung (9.1) stimmt dimensionsmäßig nicht. Die Summe $V_B + V$ addiert l mit l/h. Für Fließspülen wird von [62] die Gleichung angegeben

$$c_n = c_o \left[\frac{V}{V + Q} \right]^n \tag{9.2}$$

Darin bedeuten n die Zahl der Spülbäder in der Kaskade

 V die Verschleppung und
 Q den konstant zulaufenden Spülwasserstrom.
 c_n die Konzentration im Spülwasser des Kaskadenbades n.

Dieser Ansatz ist nicht verwendbar, wenn man den Frischwasserzulauf abschaltet und die Spüle als Standspüle betreibt. Eine Berechnungsmethode sollte aber auch stimmen, wenn von einer Fließ- auf eine Standspüle übergegangen wird.

Betrachtet man eine einfache Fließspüle, so ergibt sich die Mengenbilanz aus Bild 9-9.

Spülen werden im Betrieb in rascher Folge beschickt. Die Zuführung mit produktbeladenere Flüssigkeit durch Überschleppung erfolgt nahezu kontinuierlich.

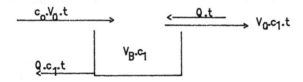

Bild 9-9: Mengenbilanz einer Fließspüle

Betrachtet man daher die Fließspüle als allgemeinen Fall eines idealen Rührkessels ohne chemische Reaktion, so gilt, daß die Differenz zwischen den Mengen der eintretenden Stoffe, $\dot{m}_E$, und der austretenden Stoffe, $\dot{m}_A$, gleich der Menge der in der Spüle verbleibenden Stoffe, $\dot{m}_B$, sein muß. Im stationären Fall gilt daher nach [218,219,220]

$$\dot{m}_E - \dot{m}_A = \frac{dm_B}{dt} \tag{9.3}$$

Die Menge der eintretenden Stoffe wird durch die Überschleppung bestimmt. Mit $V_{\ddot{u}}$ als überschlepptes Volumen pro Zeiteinheit und c_o der Konzentration des verschleppten Produktes ergibt sich

$$\dot{m}_E = V_{\ddot{u}} * c_o \tag{9.4}$$

Ebenso erfolgt die Ausschleppung des Produktes durch den Überlauf der Spüle und die Verschleppung. Ist Q der Spülwasserzufluß pro Zeiteinheit, so gilt

$$\dot{m}_A = c_A * Q + V_{\ddot{u}} * c_A \tag{9.5}$$

Aus (9.3) folgt damit

$$\frac{dm_B}{dt} = -c_A (Q + V_{\ddot{u}}) + c_o * V_{\ddot{u}} \tag{9.6}$$

oder

$$\frac{V_B * dc}{dt} = -c_A (Q + V_{\ddot{u}}) + c_n * V_{\ddot{u}} \tag{9.6}$$

Daraus folgt nach Integration

$$V_B * c = -(Q + V_{\ddot{u}}) * c_A * t + V_{\ddot{u}} * c_o * t \tag{9.8}$$

Erfolgt in dem Spülbehälter keine chemische Reaktion, so ist die Konzentration c im Behälter identisch mit der Austrittskonzentration c_A. Daraus folgt also Gleichung (9.9) nach Umformen:

$$V_B * c_A + (Q + V_{\ddot{u}}) * c_A * t = V_{\ddot{u}} * t * c_o \tag{9.9}$$

Der Zustand in dem Behälter einer Fließspüle wird damit durch die Massenbilanz im Behälter beschrieben.

Für eine einfache Fließspüle folgt damit

$$C_A = \frac{V_{\ddot{u}} * c_o * t}{[V_B + (Q + V_{\ddot{u}}) * t]} \tag{9.10}$$

Nach Division von Zähler und Nenner durch V_B folgt die dimensionslose Gleichung:

$$\frac{c_A}{c_o} = \frac{v * t}{1 + (q + v) t} \tag{9.11}$$

$$\text{mit } q = \frac{Q}{V_B} \quad \text{und} \quad \frac{V_{\ddot{u}}}{V_B} = v$$

Bild 9-10 zeigt die Abhängigkeit der Konzentration eines Reinigers bei verschieden großen Mengen an Frischwasserzulauf bei einer Verschleppung von 10 % des Spülbeckenvolumens in der Stunde als Funktion der Betriebszeit. Die nach langer Betriebszeit sich einstellende Gleichgewichtskonzentration bei Einsatz verschiedener Frischwassermengen zeigt Bild 9-11.

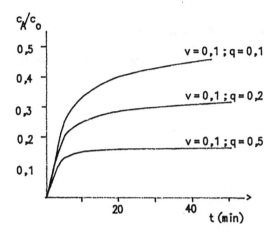

Bild 9-10: Konzentrationsverlauf in einer Fließspüle bei verschiedenen relativen Überschleppungs-mengen v und relativen Zulaufmengen q in Abhängigkeit von der Zeit t nach Produktionsbeginn.

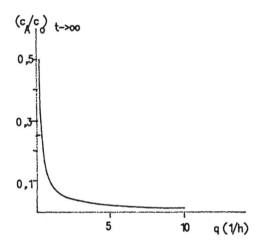

Bild 9-11: Relative Anreicherung der überschleppten Produkte im Spülwasser einer Fließspüle bei einer relativen Überschleppung v = 0,1 gegen den relativen Spülwasserzulauf q aufgetragen.

Schaltet man den Frischwasserzulauf der Fließspüle ab, erhält man eine Standspüle. Aus (9.10) wird dann mit Q = 0

$$c_A = \frac{V_{ü} * c_o}{V_B + V_{ü} * t} \tag{9.12}$$

bzw. aus (9.11) folgt (9.13)

$$\frac{c_A}{c_o} = \frac{v * t}{1 + v * t} \tag{9.13}$$

Bild 9-11 zeigt den zeitlichen Verlauf der Versalzung einer Standspüle bei einer Überschleppung von 10 % des Standspüleninhalts. Formt man (9.13) um, so kann man die
Betriebszeit t_g errechnen, die man einer Standspüle geben darf, wenn man die Überschleppung $V_{ü}$ kennt und nur bis zu einem Grenzwert $(c_A/c_o)_g$ der Verunreinigung der
Spüle arbeiten will.

Es gilt dann:

$$t_g = \frac{\left(\dfrac{c_A}{c_o}\right)_g}{v * \left[1 - \left(\dfrac{c_A}{c_o}\right)_g\right]} \qquad (9.14)$$

$$\text{mit} \quad v = \frac{V_{ü}}{V_B}$$

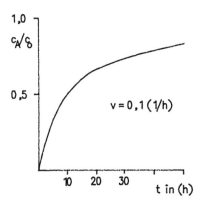

Bild 9-12: Zeitlicher Verlauf der Aufsalzung einer Standspüle.

Gleichung (9.9) stellt die Mengenbilanz für den gelösten Stoff im allgemeinen Fall
einer Fließspüle dar. Besteht die Fließspüle aus zwei hintereinander angeordneten
Becken, von denen nur das zweite Becken Frischwasser erhält, so liegt eine Kaskadenspüle vor mit zwei Becken. Das erste Becken wird dann mit dem gleichen Mengen-
strom Q wie an Frischwasser zuläuft, aber mit belastetem Wasser gespeist. In der Praxis werden in diesen Fällen im allgemeinen Becken gleichen Rauminhaltes verwendet.
Es wird daher im Folgenden stets mit gleich großen Becken mit dem Rauminhalt V_B
gerechnet. Ebenso ist die Überschleppung weniger von den geringen Schwankungen in
den Eigenschaften verdünnter wäßriger Lösungen als von der zeitlich durchgesetzten
Oberflächengröße und der Konstruktion der Werkstücke abhängig. Man kann daher mit
guter Näherung die Überschleppung längs einer Kaskade als konstant ansetzen.

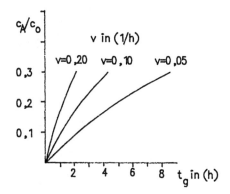

Bild 9-13: Mögliche Betriebszeit tg, in der eine Standspüle bis zum Erreichen einer Grenzkonzentration betrieben werden kann.
Grenzkonzentration $c_{A(tg)} = c_0 \cdot (c_A/c_0)$.

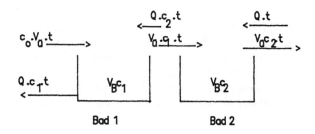

Bild 9-14: Mengenbilanz einer Zweierkaskade.

Gleichung (9.4) muß dann umgeformt werden in

$$m_E = c_0 * V_{\ddot{u}} + Q * c_2 * \delta \tag{9.15}$$

$$m_A = Q * c_1 * t + V_{\ddot{u}} * c_1 * t \tag{9.16}$$

wobei die Indexzahlen jetzt zwischen dem ersten und dem zweiten Becken der Kaskade unterscheiden. Setzt man wieder analog zu (9.8)

$$V_B * c_1 = \left(\dot{m}_E - \dot{m}_A \right) * t \tag{9.17}$$

folgt

$$c_1 = \frac{(V_{\ddot{u}} * c_0 + Q * c_2) * t}{V_B + (Q + V_{\ddot{u}}) * t} \tag{9.18}$$

Für das zweite Spülbecken der Kaskade folgt

$$V_B * c_2 = V_\ddot{u} * c_1 * t - Q * c_2 * t - V_\ddot{u} * c_2 * t \tag{9.19}$$

$$c_2 = \left\{ \frac{V_\ddot{u} * c_1 * t}{[V_B + (Q + V_\ddot{u}) * t]} \right\} - V_\ddot{u} * \frac{c_o}{Q} \tag{9.20}$$

Nach Einsetzen folgt aus (9.18) und (9.20)

$$c_2 = \frac{c_o * V_\ddot{u} * t}{[V_B + (V_\ddot{u} + Q) * t]^2 - Q * V_\ddot{u} * t^2} \tag{9.21}$$

Einsetzen in (9.18) ergibt

$$c_1 = \frac{c_o * V_\ddot{u} * t [V_B + (V_\ddot{u} + Q) * t}{[V_B + (V_\ddot{u} + Q) * t]^2 - V_\ddot{u} * Q * t^2} \tag{9.22}$$

Für die Praxis ist nun weniger der zeitliche Verlauf der Konzentrationszunahme in den Spülbecken als vielmehr der nach längerer Betriebszeit sich einstellende Grenzwert interessant. Um diesen berechnen zu können, formt man die Gleichungen (9.20) und (9.22) wieder unter Verwendung der relativen Überschleppung v und des relativen Frischwasserzulaufs q um und berücksichtigt, daß bei sehr großen Werten von t die zeitabhängigen Summanden erheblich größer als die konstanten Summanden werden. Dann folgt

$$\left(\frac{c_1}{c_o} \right)_{t \to \propto} = \frac{(q + v) * v}{(q + v)^2 - q * v} \tag{9.23}$$

$$\left(\frac{c_2}{c_o} \right)_{t \to \propto} = \frac{v^2}{(q + v)^2 - q * v} \tag{9.24}$$

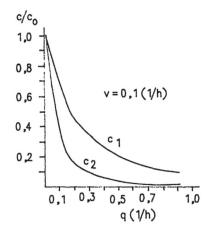

Bild 9-15:
Gleichgewichtswerte für die Aufsalzung in den Spülbädern einer Zweierkaskadenspülung bei eine relativen Überschleppung von $v = 0,1$ (entsprechend 10 % des Badvolumens pro 1 h) vom Spülwasserzulauf q.

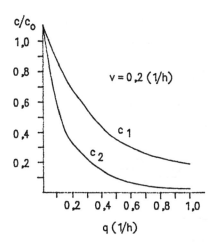

Bild 9-16:
Gleichgewichtswerte für die Aufsalzung in den Spülbädern einer Zweierkaskadenspülung bei einer relativen Überschleppung von $v = 0,2$ (entsprechend 20 % vom Badinhalt stündlich) vom Spülwasserzulauf q.

Bild 9-15 und 9-16 zeigen den Konzentrationsverlauf in einer Zweierspülkaskade für $v = 0,1$ und $v = 0,2$ in Abhängigkeit von den relativen Frischwassermengen von $q = 0,1$ bis $q = 10$.

Für $Q = 0$, also ein Bad mit zwei hintereinander geschalteten Standspülen, gilt

$$\left(\frac{c_1}{c_o} \right)_{Q=0} = \frac{v * t}{1 + v * t} \tag{9.13}$$

$$\left(\frac{c_2}{c_o} \right)_{Q=0} = \frac{(v * t)^2}{(1 + v * t)^2} \tag{9.25}$$

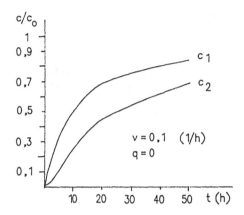

Bild 9-17: Konzentrations-Zeit-Kurve für 2 hintereinander geschaltete Standspülen.

Bild 9-17 zeigt den Konzentrationsverlauf in einer aus zwei Standspülen bestehenden Spüle, wenn beide Spülbecken gleich groß, hinter einander geschaltet und zum gleichen Zeitpunkt befüllt worden sind.

Für die in Bild 9-18 gezeigte 3-er Kaskade ergibt sich analog

$$c_o * V_{\ddot{u}} * t + Q * c_2 * t = V_{\ddot{u}} * c_1 * t + V_B * c_1 + Q * c_1 * t \tag{9.26}$$

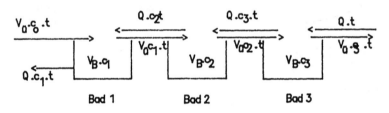

Bild 9-18: Mengenbilanz einer Dreier-Kaskade.

$$c_1 * V_{\ddot{u}} * t + Q * c_3 * t = V_{\ddot{u}} * c_2 * t + Q * c_2 * t + V_B * c_2 \tag{9.27}$$

$$c_2 * V_{\ddot{u}} * t = V_{\ddot{u}} * c_3 * t + Q * c_3 * t + V_B * c_3 \tag{9.28}$$

Aus (9.26) bis (9.28) folgt analog

$$c_1 = \frac{c_o * V_{\ddot{u}} * t \, (Z^2 - Q * V_{\ddot{u}} * t^2)}{(Z^2 - 2 * Q * V_{\ddot{u}} * t^2) * Z} \tag{9.29}$$

$$c_2 = \frac{c_o * V_{\ddot{u}}^2 * t^2}{Z^2 - 2V_{\ddot{u}} * Q * t^2} \tag{9.30}$$

$$c_3 = \frac{c_o * V_{\ddot{u}}^3 * t^3}{Z * (Z^2 - Q * V_{\ddot{u}} * t^2)} \tag{9.31}$$

mit

$$Z = V_B + (Q + V_{\ddot{u}}) * t \tag{9.32}$$

Drei hintereinander geschaltete, gleich große Standspülen lassen sich daraus wieder für den Fall Q = 0 berechnen.

Die Gleichgewichtskonzentrationen, die in der Dreierkaskade nach längerer Betriebsdauer erhalten werden, berechen sich zu

$$\left(\frac{c_2}{c_o} \right)_{t \to \infty} = \frac{v * (q^2 + q * v + v^2)}{(q + v)(q^2 + v^2)} \tag{9.33}$$

$$\left(\frac{c_2}{c_o} \right)_{t \to \infty} = \frac{v^2}{(q^2 + v^2)} \tag{9.34}$$

$$\left(\frac{c_3}{c_o} \right)_{t \to \infty} = \frac{v^3}{(q + v)(q^2 + qv + v^2)} \tag{9.35}$$

Bild 9-19 zeigt den Konzentrationsverlauf in den drei Bädern einer Dreierspülkaskade nach längerer Betriebszeit bei zwei verschiedenen relativen Spülwasserbelastungen v. Bild 9-20 zeigt den zeitlichen Verlauf der Gleichgewichtseinstellung im ersten Bad der Dreierkaskade. Wie man sieht, wird Gleichgewicht erst nach mehr als 50 Betriebsstunden eingestellt.

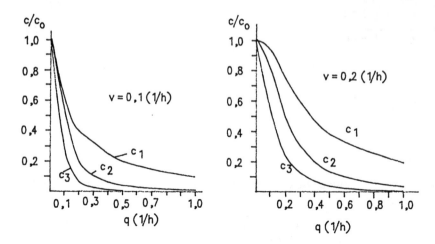

Bild 9-19: Konzentrationsverlauf in einer Dreier-Spülkaskade bei 10 % und bei 20 % relativer stündlicher Überschleppung.

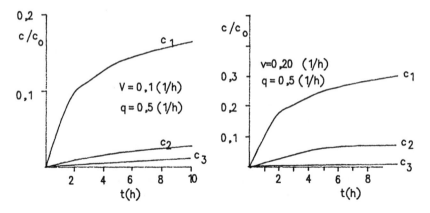

Bild 9-20: Gleichgewichtseinstellung in einer Dreierspülkaskade bei 10 % relativer stündlicher Überschleppung.

Aus 9.35 lässt sich die Badkonzentration in einer Dreierkaskade im Gleichgewichtszuatnd berechnen. Tabelle 9-1 zeigt das Berechnungsergebnis.

Tabelle 9-1: Konzentration im letzten Spülbad be Gleichgewichtseinstellung zu t = 00

q/v	$(C_3/C_0)_{t->00}$
1,0	0,2500
1,5	0,1231
2,0	0,0667
2,5	0,0394
3,0	0,0250
3,5	0,0168
4,0	0,0118
4,5	0,0086
5,0	0,0064
5,5	0,0049
6,0	0,0039

Wenn die Oberflächenkonzentration 30 mg/m^2 betragen soll, sollte die Salzkonzentration 300 mg/l nicht überschreiten, weil die Restbefeuchtung bei etwa 0,1 l/m^2 liegt. Für $C_3 = 0,300$ g/l. Beträgt die Reinigerkonzentration $C_0 = 30$ g/l, so beträgt $C_3/C_0 = 0,01$, wofür man Tabelle 8-1 den Wert $q/v = Q/V_u = 4$ beträgt. Der Zufluss an Frischwasser sollte daher viermal so gross wie die Überschleppung sein. Enthält das Frischwasser selbst schon Salz z. B. durch Resthärte, so muß dies dabei berücksichtigt werden.

10 Die Trocknung

Trocknung ist ein sehr wichtiger Arbeitsgang, weil organische Lösungsmittel oder/und Wasser aus dem Prozess entfern werden. Trocknung ist ein Energie verbrauchender Prozess, so daß das Auffinden der geeignetsten Trocknungsmethode gleichzeit auch die Ökonomie des Prozesses mit bestimmt. Trocknen ist auch eine Spezialaufgabe der Lackiertechnik, so daß auch dort Hinweise vorzufinden sind.

10.1 Trocknen mit entwässernden Flüssigkeiten oder durch mechanische Hilfen

Entwässernde oder de-watering Flüssigkeiten sind organische Lösungen, die die Metalloberfläche besser als Wasser benetzen. Die organische Flüssigkeit unterspült die auf der Oberfläche sitzende wässrige Lösung und benetzt das Metall besser als Wasser. Danach verdampft die organische Flüssigkeit und die Oberfläche ist trocken. Geeignete organische Flüssigkeiten sind fluorierte Kohlenwasserstoffe oder Alkohole wie tertiärer Propanol. Tertiärer Propanol kann vollkommen mit Wasser gemischt werden, ist leicht verdampfbar und kann biologisch völlig abgebaut werden. Die Alkoholrückgewinnung erfolgt modern durch Dampfpermeation. Dampfpermeation ist ein Prozess, in dem die kleinen Moleküle durch Membrantechnolohie getrennt werden. Der wasserhaltige Alkohol wird verdampft und mit Membranen behandelt. Die sehr kleinen Wassermoleküle durchdringen die Membran und werden mit Vakuum abgesaugt (Bild 10-1 und 10-2). Der Prozess kann auch zur Trennung von Wasser und Ethanol genutzt werden.

Hat die organische Phase einen höheren Siedepunkt als das Wasser, kann eine Trennung mit Hilfe der Pervaporation eingesetzt werden. Bild 10-3 zeigt die Modulanordnung. Die Mischung wird erhitzt bis zur Siedetemperatur des Wassers und der Wasserdampf wird abgesaugt. Da die Lösung Wärme verliert, müssen eine Zwischenaufheizung und ein weiteres Modul eingesetzt werden.

Mechanische Trocknung bedeutet Trocknung durch Adsorption an Maiskorn oder Abschleudern mit Hilfe von Zentrifugen. Der Einsatz von Maiskorn ist speziell bei Gleitschleifvorgängen üblich.

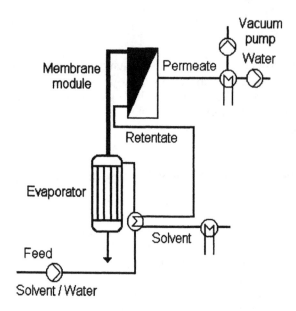

Bild 10-1:
Prinzip der
Dampfpermeation [235]

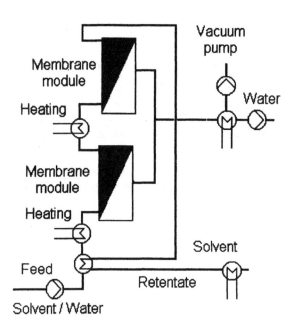

Bild 10-2:
Das Vakuum-
Permeationsmodul [235]

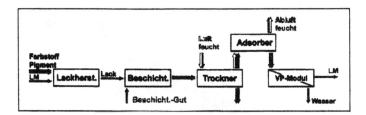

Bild 10-3: Schaltbild einer Pervaporationsanlage [236]

10.2 Trocknen mit heißer Luft

Die einfachste Methode zur Trocknung mit heisser Luft ist die Verwendung eines mit Heissluft beschickten Troges, in den zur Trocknung bestimmte Produkte eingesetzt werden, bis die Trocknung erreicht worden ist. Für kleine Einsatzmengen wird an dieser Stelle bei kleinen Teilen eine mit Heissluft beschickte Zentrifuge eingesetzt. Kontinuierliche Trocknung erfordert grössere Investitionskosten. Eine der Methoden ist der Bandtrockner (Bild 10-4), bei dem die Werkstücke zum Trocknen auf ein Siebband aufgelegt werden. Die Abluft wird anschließend über einen Wärmetauscher geleitet und gibt dort ihre Wärme an neue Frischluft ab. Sehr grosse Trocknungsmaschinen enthalten ein kompliziertes System zur Luftreinhaltung und -erwärmung (Bild 10-5).

Die Trockner sind zum Trocknen wasserhaltiger Oberflächen sehr gut geeignet. Zum Trocknen lösungsmittelhaltiger Oberflächen müssen sie mit nachgeschalteten Aggregaten zur Lösungsmittelrückgewinnung oder -vernichtung ausgestattet werden (vgl. Kapitel Lackieren)

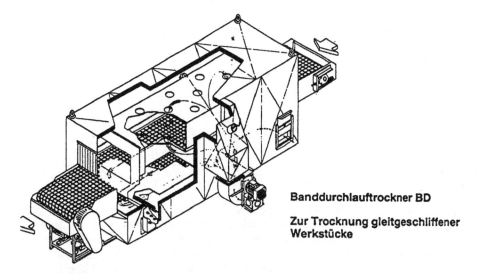

Banddurchlauftrockner BD

Zur Trocknung gleitgeschliffener Werkstücke

Bild 10-4: Banddurchlauftrockner

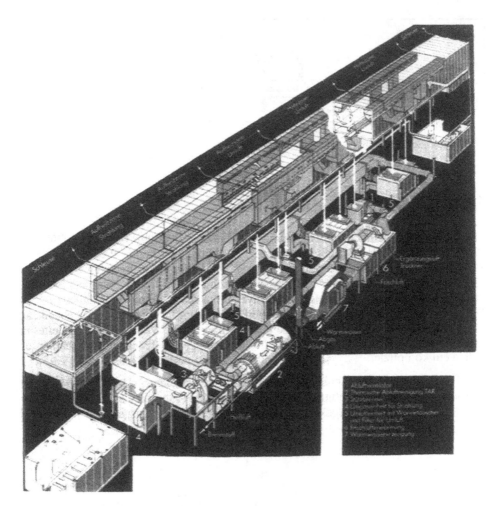

Bild 10-5: Ein Luft-Trockner.

10.3 Infrarot-Trocknung

Die Trocknung mit Infrarotstrahlung ist sehr effektiv, weil die Erhitzung schneller geht. Es gibt dabei zwei verschiedene Infrarotstrahler, die beide im Einsatz sind: Die Infrarot-Hellstrahler haben ihr Strahlungsintensitäts-Maximum bei etwa 1,3 μm Wellenlänge und werden mit elektrischem Strom beheizt. Katalytische Infrarotstrahler sind gasbeheizt und haben ihr Energiemaximum bei 3,8 μm. Beide Strahler sind in den Bildern 10-7 und 10-8 gezeigt. Die Bilder 10-9 und 10-10 zeigen Einsatzorte für beide Strahler.

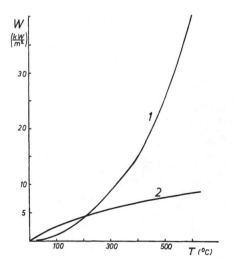

Bild 10-6:
Aufheizkurve für ein
Werkstück mit IR-Trocknung
(Kurve 1) und in konventioneller
Strömungstrocknung (Kurve 2)

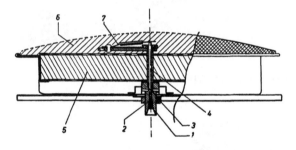

Bild 10-7:
Gasbeheizter Infrarotstrahler

Bild 10-8:
Elektrisch beheizter
Infrarotstrahler

Bild 10-9: Lacktrocknunsanlage für Eisenbahnwaggons [237]

Bild 10-10:
Trocknung mit
Katalytstrahlern [237]

11 Angewandte Vorbehandlungsverfahren

Die Oberflächenbehandlung von Draht stellt ebenso wie die in Emaillierprozessen einen Sonderfall dar. Hier sind Techniken verbunden mit Besonderheiten nachfolgender Prozesse, so daß es notwendig ist, beiden Verfahren je ein Sonderkapitel zu widmen.

11.1 Oberflächenvorbehandlung von Draht

Unter Draht versteht man praktisch endlose dünne Metallstreifen von rundem oder andersgeformtem Profil. Draht wird hergestellt durch Ziehen durch eine Austrittsöffnung mit rundem oder andersartig geformtem Querschnitt (Rund- oder Profildraht) [57]. Zum Herstellen von Draht werden Stabmaterial (hergestellt durch Fließpressen, z.B. Aluminium) oder Walzstäbe, Walzdraht eingesetzt, die durch Warmformgebung im Walzwerk hergestellt wurden. Nach Euro-Norm 1657 und 1757 liegt Draht vor, wenn der Durchmesser des Materials 13 mm nicht übersteigt. DIN 17140 und 59110 geben jedoch für Walzdraht keine Durchmesserbegrenzung an. Alle aufgehaspelten Profile mit bis zu 30 mm Durchmesser werden zum Draht gezählt. Draht bis 5 mm Durchmesser werden als warm gewalzter Walzwerksdraht angeboten. Um zu Drähten mit kleineren Durchmessern zu gelangen, kann man zwei Verfahren anwenden:

- Ziehen durch Ziehdüsen
- Ziehwalzen.

Beim Ziehen durch Ziehdüsen wird der Draht durch eine Öffnung im „Ziehstein" gezogen. Bei Ziehwalzen dagegen wird der Draht durch jeweils um 90° versetzte Rollensätze (frei drehbar oder angetrieben) gezogen und im Querschnitt vermindert. Letzteres Verfahren besitzt wirtschaftliche Vorteile, insbesondere bei profilierten Drähten, nachteilig sind jedoch Unrundheiten der Drähte im Bereich von 1/10 mm [57].

Angelieferter Walzwerksdraht besitzt auf der Oberfläche eine sehr harte Zunderschicht, die in der Hauptsache aus FeO, Fe_3O_4 und aus etwa Fe_2O_3 besteht. Diese Zunderschicht muß vor dem ersten Zug entfernt werden, weil sie nicht nur das Ziehwerkzeug unmäßig beansprucht, sondern auch, weil sie sonst in die Drahtoberfläche eingedrückt wird. Außer durch Zunder sind angelieferte Drahtcoils noch durch verschiedene Beschmutzungen, gelegentlich auch Befettungen, verunreinigt, die ebenfalls entfernt werden müssen.

Zur Reinigung von Drahtcoils aus Eisen wird in der Drahtindustrie eine sonst nicht verwendete Reinigungsmethode eingesetzt, bei der organische Bestandteile vollständig oxidiert werden. Die dazu eingesetzten Lösungen sind stark alkalisch und enthalten 40 bis 80 g NaOH/l und 30 bis 70 g $KMnO_4$/l. Das alkalische Permanganatbad oxidiert alle organischen Bestandteile bis zum Carbonat. Mangan durchläuft dabei alle Wertigkeitsstufen bis unlöslicher Braunstein MnO_2 ausfällt. Die verwendeten Bäder arbeiten bei 85 – 95 °C. Wegen des Schlammanfalls sollte man die Badbehälter mit einem steilwandigen Spitzboden ausrüsten, an dessen Wandung der Schlamm abrutscht, so daß er ausgetragen werden kann. Man kann auch günstigerweise das Bad mit Hilfe einer Umwälzpumpe bewegen und so für eine Beschleunigung des Reinigungsprozesses sorgen. Bild 11-1 enthält das Verfahrensfließbild einer Coil-Behandlungsanlage.

Zur Entfernung des Schlammanfalls sind auch Kerzenfilter mit keramischen Filterkerzen geeignet. Da der Schlamm in seiner Konsistenz sehr leicht zur Bildung von harten Anbackungen neigt, haben sich Zentrifugen bislang nicht bewährt.

Das alkalische Permanganatbad verbraucht sich im allgemeinen relativ schnell. Man muß daher durch tägliche Analyse (einmal je Schicht) und Nachschärfen für gleichbleibende Badkonzentration sorgen. Eine automatische Dosiermethode, bei der flüssige konzentrierte NaOH und ein flüssiges $KMnO_4$-Konzentrat über Dosierpumpen zugesetzt werden können, erfordert eine Regelung, die kontinuierlich oder periodisch Analysendaten über den Badzustand erhält. Diese Information kann mit Hilfe eines Titrierautomaten, der Alkalität und Gesamtpermanganatgehalt analysiert, erhalten werden.

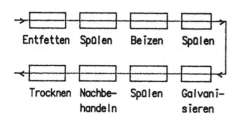

Bild 11-1: Fließbild einer Eisendraht-Coil-Behandlungsanlage.

Die Drahtcoils werden nach einer Behandlungszeit von 10 bis 20 Minuten mit Hilfe eines Elektrokettenzuges aus dem Bad gehoben und nach Abtropfen in ein Spülbad gegeben. Anschließend an das alkalische Spülbad wird das Coil in einem Bad mit Beizsäure behandelt. Beizsäuren sind im allgemeinen Schwefelsäure (8 – 25 % H_2SO_4, 60 – 75 °C) oder Salzsäure (6 – 20 % HCl, 25 – 35 °C). Mischsäuren aus HCl, HNO_3 und HF oder H_2SO_4, HNO_3 und HF werden für höher legierte Stahlsorten verwendet. Da der Zunder sehr hartnäckig auf der Oberfläche haftet, werden die Säuren nicht inhibiert. Gewünscht ist eine gewisse Wasserstoffentwicklung, die die Zunderschicht absprengt. Zu langes Beizen führt dabei zu Wasserstoffversprödung durch Aufnahme von Wasserstoff durch das Eisen, was auch als „Beizsprödigkeit" bezeichnet wird. Das abgebeizte Coil wird nach Ende des Beizprozesses (5 – 15 Minuten) in einer Fließspüle gespült und einer Zink-Phosphatierung zugeleitet. Die Beizsäure enthält außer gelösten Bestandteilen des Drahtes eine größere Menge an Schlamm, weil sich der Zunder nicht vollständig in der Säure auflöst. Zur Schlammentfernung können Filterkerzen aus Keramik eingesetzt werden. Verbrauchte Beizsäuren können nach beschriebenen Verfahren regeneriert werden.

Die Zinkphosphatierung der Drahtoberfläche dient vor allem als Schmiermittelträger. Zinkphosphatschichten bilden kristalline Schichten, die hier in Dicken von etwa 20 μm angewendet werden. Die Schichten bestehen aus Hoppeit, $Zn_3(PO_4)2 \times 4 H_2O$, der in nicht allzu groben Kristallen aus nitrat- und/oder nitritbeschleunigten Bädern abgeschieden wird. Die Arbeitstemperatur der Bäder ist dabei mit 70 – 85 °C relativ hoch, weil man dicke Schichten in kurzer Zeit (8 – 15 Minuten) abscheiden will. Die Kristallgröße darf nicht zu dick werden, weil sonst Schwingungseffekte im Ziehstein auftreten. Der Ziehstein „schreit" bei zu dicken Kristallen. Die Zinkphosphatbäder sind aus ökologischer Sicht heute unter Druck geraten.

Es hat deshalb erste Versuche gegeben, beim Zug dicke Eisenphosphatschichten als Schmiermittelträger einzuführen. Diese Schichten haben den Nachteil, daß sie nicht über die Eigenschmierwirkung von Zinkphosphatschichten verfügen. Eisenphosphatschichten waren bislang nur im Rohrzug erfolgreich.

In Zinkphosphatierungen wird stets Schlamm erzeugt, der aus Eisenphosphat $FePO_4$ besteht. Das Eisenphosphat entsteht zwangsweise, weil die Eisenoberfläche durch das saure Phosphatiermittel angegriffen wird. Da ein zu hoher Fe^{2+}-gehalt zum Eiseneinbau in die Zinkphosphatierung und damit zu unbrauchbaren Schichten führt, muß das Eisen zwangsweise durch Aufoxidation und Ausfällen als Phosphat entfernt werden. Normalerweise sammelt man den Feststoff am Boden der Bades, den man wiederum als Schräg- oder Spitzboden ausführt. Angeschlossen werden dann Bandfilter oder Papierfilter, die den Feststoff herausfiltrieren. Die phosphatierten Drahtcoils werden gespült und anschließend ohne Trockenprozeß in einem Seifenbad behandelt. Leicht aufschmelzende Seifen wie Alkalistearate mit Boratzusatz sind hervorragende Schmiermittel bei allen Ziehprozessen. Eine Regelung eines Borat/Stearinsäure-Bades ist ebenfalls mit Hilfe eines Titrierautomaten möglich. Man kann sich dabei die Eigenschaft zu nutze machen, daß Stearinsäure acidimetrisch leicht bestimmbar ist, der Gehalt des Bades an Borsäure erst nach Zusatz eines mehrwertigen Alkohols (Glycerin) acidimetrisch erfaßbar wird.

Zum eigentlichen Ziehprozeß wird das Coil zunächst auf eine Haspel aufgegeben. Der Draht wird eingefädelt und der Ziehmaschine zugeführt. Dabei kann, wie häufig eingesetzt, der Draht durch den trockenen Ziehstein bewegt werden, der dabei Temperaturen von mehr als 400 °C annimmt. Dabei wird der Schichtaufbau des Schmiermittels zerstört.

Die Querschnittsverdünnung beim Zug ist durch die Materialeigenschaften begrenzt. Während des Ziehens nimmt die Festigkeit des Drahtes beachtlich zu. Der Draht wird spröde, so daß nach 3 – 4 Zügen der Draht zwischengeglüht werden muß. Hierbei sind alle vorher aufgebrachten Produkte und Schichten im Prinzip noch vorhanden. Glühen, die hier eingesetzt werden, sind chargenbetriebene Apparate, in die eine bestimmte Anzahl Coils eingelegt wird, die gemeinsam geglüht werden. Moderne Glühen werden mit reduktiven Gasen betrieben, ältere Glühen arbeiten nur mit Inertgas. Beim Glühprozeß werden Fette und Seifen gecrackt. Es entsteht Ölkohle, die wiederum nur im Permanganatbad entfernt werden kann. Der Stahldraht durchläuft also immer wieder den Cyclus

Reinigen – Beizen – Phosphatieren – Schmieren – Ziehen – Glühen.

Nur in der Endphasen wird der Draht aus dem Kreislauf genommen.

In vielen Anwendungsfällen wird eine Zinkphosphatierung mit vorgegebener Schichtdicke verlangt, weil nachfolgend eingesetzte Bearbeitungsmaschinen des Kunden darauf eingestellt worden sind.

Der Zug von Drähten aus weicheren Materialien macht erheblich weniger Aufwand. Beim Ziehen von Aluminiumdraht genügt es, ohne Vorbehandlung Schmiermittel (Öl) aufzubringen und sofort zu Ziehen. Normalerweise reichen auch weniger Züge zur Herstellung des Endquerschnitts aus. Zum Schluß werden dann die Aluminiumdrähte durch ein Schälmesser geführt und durch Schälen von groben Verunreinigungen befreit.

Den Abschluß bildet dann eine Reinigung, die oft noch mit Lösemitteln auf CKW-Basis, in modernen Anlagen jedoch mit wäßrigen Reinigern in Ultraschallbädern durchgeführt wird. Die Reinigung ist dabei kontinuierlich. Die Ziehgeschwindigkeiten beim Aluminiumzug liegen bei 8 – 12 m/s. Um Lösemittel durch wäßrige Reinigungsmittel zu ersetzen, müssen Ultraschall-Drahtreinigungsmaschinen mit einem Rohrmodul von 0,6 bis 1 m Länge eingesetzt werden. Außerdem ist es notwendig, sehr aktive Reiniger zu verwenden. Durch ein Rohrmodul können natürlich auch mehrere Drähte gleichzeitig behandelt werden.

Stahldraht findet nicht nur Verwendung als unbeschichteter Draht. Für viele Artikel des täglichen Gebrauchs (Büroklammern, Heftklammern etc.) muß der Stahldraht oberflächlich galvanisch beschichtet werden. Hersteller derartiger Drähte beziehen den Feindraht oder stellen ihn nach beschriebenem Verfahren her. In vielen Betrieben wird der Feindraht erneut einer umfangreichen Vorbehandlung unterzogen. Die Bilder 10-2 bis 10-5 zeigen Einzelheiten solche Vorbehandlungsanlage. Eine Abdichtung der Bäder in den Einlaufschlitzen erfolgt nicht. Man läßt das Bad durch die Einlaufschlitze austreten, fängt die Flüssigkeit auf und pumpt sie in das Bad zurück. In Gebrauch sind überwiegend Horizontalanlagen, um den Draht nicht durch Knickungen an den Umlenkrollen zusätzlich zu beanspruchen. Wird bereits vorgezogenes Material mit geringen Verunreinigungen (Fette) eingesetzt, kann die umfangreiche Vorbehandlung eingespart werden. Anstelle der Reinigungsbäder zieht man den Draht durch zwei mit geschmolzenem Blei gefüllte Kontaktbäder und legt zwischen beiden Bädern eine elektrische Spannung an. Der Draht wird sehr schnell durch Widerstandsheizung aufgeheizt. Dabei verdampfen und verbrennen auf der Oberfläche haftende Fette. Im zweiten Kontaktbad wird dann der Stahl abgeschreckt. Dadurch erzielt man im Stahl ein Gefüge aus feinlamellarem Perlit, der beim Ziehen gut verformbar ist und sich stark verfestigt. Das Verfahren wird „Widerstandspatentierung" genannt. Bild 11-5 zeigt das Verfahrensfließbild [59]. Der Draht wird anschließend einer Beizbehandlung unterzogen, wobei die Beize inhibiert werden kann. Nach dem Beizvorgang werden die Drähte dann galvanisch beschichtet. Zur elektrolytischen Beschichtung werden ebenfalls bevorzugt Horizontalanlagen eingesetzt. Es muß angemerkt werden, daß eine galvanische Beschichtung nur gelingt, wenn alle Vorbehandlungsprozesse ordnungsgemäß ablaufen. Dies gilt auch im gleichen Maß bei der Drahtvorbehandlung wie beim galvanischen Beschichten von Bandstahl [8].

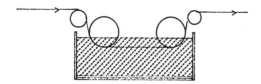

Bild 11-2: Skizze einer Horizontalanlage mit Umlenkrollen.

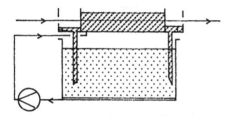

Bild 11-3: Skizze einer Horzontalanlage zum Behandlen von Draht.

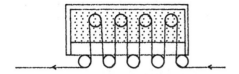

Bild 11-4: Vertikalanlage zur Drahtbehandlung.

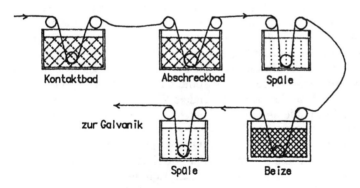

Bild 11-5: Widerstandspatentierung.

11.2 Vorbehandlungsverfahren in der Stahlblechemaillierung [241, 242]

In der heutigen Praxis haben sich eine Reihe von Emaillierverfahren durchgesetzt, die unterschiedliche Vorbehandlungsverfahren notwendig machen. Emaillierverfahren, die hier behandelt werden sollen, sind

- konventionelles Emaillieren (KE), 2 Schicht/1 Brand-Verfahren Direktfarbigemaillierung, konventionelle elektrostatische Spritzemaillierung mit Spritz- und Tauchvorbehandlung.

- Direktweißemaillierung mit Tauchvorbehandlung (DWE).
- Elektrophoretischer Tauchemaillierung (ETE).

Die elektrostatische Pulveremaillierung (PUESTA) kann je nach dem eine Tauch- oder eine Spritzvorbehandlung oder eine Vorbehandlung nach Art der DWE erforderlich machen und ist deshalb nicht als Sonderfall angeführt.

11.2.1 Vorbehandlung für konventionelle Emaillierverfahren im Spritz-, Tauch-, elektrostatischem Spritz- oder Pulverauftrag

Tauchreinigung:

In die Emaillierfabrik gelangen Rohlinge der Blechumformung, die mit allen Befettungen versehen wurden, die beim Blechumformen benötigt wurden. Zusätzlich tragen diese Rohlinge alle Befettungen, die vom Walzwerk her aufgebracht wurden oder eventuell aus leckenden Maschinenteilen stammen (Hydrauliköl).

Unter diesen Befettungen können auch sogenannte wasserlösliche Schmierstoffe – also Schmierstoffe mit einem hohen Emulgatorgehalt – sein, die sich mit Wasser relativ leicht abwaschen lassen. Derartige Schmierstoffe benötigen natürlich zur Ölentfernung keinen Reiniger. Man sollte in diesem Fall vor Eingabe des Rohlings in die Reinigung eine Vorreinigung mit Brauchwasser vornehmen, in der die Hauptmenge des wasserlöslichen Schmierstoffs abgespült wird. Nur wird sich die wäßrige Vorreinigung schnell mit diesen Produkten anreichern, so daß bald eine beachtliche Überwucherung einsetzt. Um dies zu vermeiden empfiehlt es sich, das Vorreinigungbad mit einer Ultrafiltration genügender Leistung zu verbinden, um die Emulgatoren und Schmierstoffe dem Bad zu entziehen. Der erste Arbeitsgang ist in diesem Fall ein Eintauchen des Rohlings in Wasser von Raumtemperatur. Zur Badbewegung sollte das Wasser durch eine stopfbuchsenlose Pumpe umgewälzt werden. Das verwendete Wasser kann auf diese Weise wieder verwendet werden. Es muß lediglich der Überschleppungsverluste wegen durch Frischwasser ergänzt werden. Beachtet werden muß aber auch, daß ein Teil des Abriebs und der festen Oberflächenverunreinigungen ebenfalls in der Vorreinigung anfallen, was eine ständige Filterung notwendig macht. Aus der Vorreinigung können die nassen Rohlinge direkt in die Hauptreinigung überführt werden. Rohlinge, die nicht mit wasserlöslichen Schmierstoffen behandelt wurden, benötigen natürlich keine Vorreinigung.

Liegen keine wasserlöslichen Öle vor, wird der größte Teil der Verunreinigungen im Hauptreinigungsgang im ersten Tauchbad entfernt. Dieses wird dann am stärksten mit Fett und Schmutz belastet. Gute Reiniger, die hier eingesetzt werden können und die gleichzeitig zu den preiswerten Produkten gehören, sind stark alkalische Reiniger auf Silikatbasis. Reinigungsbäder dieser Art werden bei 60 bis 85 °C betrieben. Höhere Temperaturen empfehlen sich nicht, weil dann die Verdampfungs- und Energieverluste in diesem Bad fühlbar groß werden. Im allgemeinen wird das erste Reinigungsbad mit etwa 5 Gew.% Reiniger angesetzt. Um Überschleppungsverluste zu vermindern, sollten nachfolgende Bäder mit verringerter Konzentration angesetzt werden. Flüssigkeitsverluste eines Bades sollten stets aus dem nachfolgenden Bad aufgefüllt werden, so daß Überschleppungsverluste teilweise wieder rückgeführt werden können. Alle Bäder sollten täglich analytisch nach Maßgabe des Lieferanten überprüft werden. Ebenfalls empfiehlt es sich, gegen Ende der Standzeit eines Bades die Entfettungswirkung an Modellblechen zu überprüfen.

Nach Ende der Standzeit wird das erste Reinigungsbad entsorgt. Alle nachfolgenden Bäder werden in die vorgeschalteten gepumpt, auf Sollkonzentration gebracht und nur das letzte Reinigungsbad neu angesetzt.

Die Werkstücke werden nach dem Reinigen gespült. Da auf der Oberfläche des Werkstücks sich minimal ein 0,1 mm dicker Flüssigkeitsfilm befindet, der die Konzentration und die Inhaltsstoffe des letzten Entfettungsbades enthält, werden minimal 0,1 l/m² Badflüssigkeit des letzten Reinigungsbades mit allen Inhaltsstoffen in die Spüle verschleppt. Diese Menge kann nicht durch Einsatz hydrophobierender Tenside vermindert werden, weil Hydrophobierungsmittel ebenso wie Beizentfetter Emaillierstörungen hervorrufen. Inhaltsstoffe können sein Silikate, Verseifungsprodukte der Befettungen viele Salze etc. Diese Produkte müssen praktisch rückstandsfrei von der Oberfläche abgespült werden. Geeignete Spülen sind zwei- oder dreistufige Kaskadenspülen mit leitfähigkeits- oder pH-kontrolliertem Frischwasserzulauf. Bei Einsatz silikatischer Reiniger muß sehr intensiv gespült werden, weil in nachfolgenden Beizprozessen sonst irreversibel Kieselgelausscheidungen auf der Oberfläche entstehen, die die Emaillierung stören. Dies gilt insbesondere auch für Werkstücke, die kapillare Taschen enthalten, wie z. B. Falze oder Schweißnähte. Verbleibende Silikatreste bilden Kieselgel, das sich dort unter dem Email festsetzt und erst das letzte Wasser abgibt, wenn das Email beim Brand schon fließt. Es tritt dann an diesen Stellen Schaumemail auf. In Fällen, bei denen kapillare Taschen im Werkstück vorhanden sind, ist es angebracht, Reiniger auf Silikatbasis zu vermeiden und zu den im Einkauf teureren Reinigern auf Phosphatbasis überzugehen, die sich im nachfolgenden Beizprozeß zu wasserlöslicher Phosphorsäure zersetzen. Trotzdem sollte der Spülprozeß mit gleicher Sorgfalt durchgeführt werden wie bei Reinigern auf Silikatbasis, weil die Abscheidung freier Fettsäuren aus den Verseifungsprodukten der Befettungen zu Benetzungsproblemen in nachfolgenden Behandlungsprozessen führt.

Stellt man Reiniger auf Phosphatbasis demulgierend ein, so kann man moderne Trenntechnik dazu verwenden, die Badstandzeit durch In-Process-Recycling erheblich zu verlängern . In-Process-Recycling kann auf das erste Reinigungsbad begrenzt werden, weil dort der Hauptschmutzanfall entsteht.

In manchen Betrieben besteht das Problem, Kohlenstoff zu entfernen. Kohlenstoff läßt sich ebenso wie MoS_2 von Eisenoberfläche fast nicht ablösen. Kohlenstoff oder auch Ölkohle sollte auf angelieferten Blechen nicht vorhanden sein. Kohlenstoffbildende Ziehfette sind nicht zu verwenden.

Anlagen für die Tauchreinigung gleichen denen, die beschrieben wurden. Alle Reinigungsbäder sollten mit einer Zwangsbewegung versehen werden. Auch hier empfehlen sich insbesondere stopfbuchsenlose Pumpen, bei denen keine Luft in den Pumpkreislauf eingesogen werden kann. Bei alkalischen Reinigungsbäder können die Pumpen aus Grauguß gefertigt sein. Die Pumpleistung sollte mindestens 8 Badwechsel pro 1 Stunde ermöglichen, um genügend Strömung innerhalb der Bäder zu erzeugen. Man kann auch die zu verwenden Heizregister außerhalb der Bäder aufstellen und mit Hilfe der Pumpe einen Zwangsumlauf erzeugen. Als Heizregister empfehlen sich jegliche Art von Wärmetauschern, wobei der Plattenwärmetauscher Vorteile insbesondere in der Wartungsarbeit besitzt, weil er leicht demontierbar und von außen zugänglich ist.

Spritzreinigungsverfahren:

Die Reinigungsschritte im Spritzreinigungsverfahren sind prinzipiell die gleichen wie im Tauchprozeß. Die Reinigung im Spritzprozeß ist in Emaillierbetrieben eher die Ausnahme als die Regel. Allerdings gibt es Betriebe, in denen große Durchlaufspritzanlagen betrieben werden. Um Wärmeverluste durch Verdampfen des Wassers zu minimieren, sind solche Anlage mit einer kompletten Wärmeisolation versehen worden. Die in Spritzverfahren zu verwendenden Reinigungsprodukte unterscheiden sich von denen des Tauchverfahrens nur durch die Zusammensetzung der Tensidkombination.

Der Beizvorgang – die Entrostungsbeize:

Bei allen Emaillierverfahren, bei denen die erste Emailschicht ein Haftoxid enthält, ist ein Beizabtrag nicht notwendig. Emaillierverfahren, die hierzu gehören, sind durch die Verwendung von Grundemails (blau, Co-haltig) oder von dunklen Direktemails gekennzeichnet. Beizen in diesen Systemen dienen ausschließlich zur Entrostung der Werkstücke, wobei bei Anwesenheit von Rost eine Entrostung aus vielerlei Gründen vorgenommen werden muß. Es wird immer wieder versucht, Entrostungsbeizen ganz einzu-sparen, es ist aber bislang nur gelungen, wenn ausschließlich mit geringen Mengen Flugrost gerechnet werden muß [60]. Verrostete Rohlinge können in jedem Emaillierwerk vorkommen. Man muß schon sehr zuverlässiges, geschultes Personal an der Anlage stehen haben, um darauf vertrauen zu können, daß verrostete Teile zuverlässig aussortiert werden. Und auch in diesem Fall können die Teile nicht einfach verschrottet werden. Es muß also in jedem Fall eine betriebsbereite Beizsäure zur Verfügung stehen.

Als Beizsäuren werden heute überwiegend heiße H_2SO_4 oder kalte HCl verwendet. HCl von 10 bis 25 Gew. % HCl-Gehalt löst Rost schon bei Raumtemperatur rasch ab. Salzsäure greift auch das Grundmetall rasch an. Deshalb empfiehlt es sich, unbedingt Inhibitoren einzusetzen, um den Abtragsangriff zu unterdrücken. Viele Inhibitoren können beim nachfolgenden Schlickerauftrag zu Störungen führen. Ein bewährter Inhibitor ist Hexamethylentetramin oder „Urotropin" mit etwa 0,1 % in HCl. Urotropin ist von der Metalloberfläche leicht abwaschbar und gelangt so nicht bis in die Emailschicht. Die Verwendung von Salzsäure ist in Emaillierbetrieben stark rückläufig. Die über Salzsäure entstehenden Dämpfe führen zu Korrosion in der ganzen Umgebung, so daß in modernen Anlagen keine Salzsäure mehr eingesetzt wird. Schwefelsäure von 6 bis 12 Gew % wird in Beizbädern bei Temperaturen von etwa 50 bis 80 °C eingesetzt. Ebenso wie bei HCl werden in Entrostungsbeizen sogenannte „Sparbeizen" verwendet, die neben der Säure einen Inhibitor enthalten. Anstelle von Urotropin hat sich in Schwefelsäure der Einsatz von Diethylthioharnstoff bewährt. Die notwendige Einsatzkonzentration ist mit 0,05 % außerordentlich gering.

Schwefelsäure kann als Beizsäure mit Inhibitor betrieben werden bis die eingelöste Eisenmenge etwa 50 g Fe/l überschreitet. Ein Recycling der Beizsäure mit Hilfe des Retardationsverfahrens ist eine bereits eingeführte Technik. Bäder, die mit Beizsäuren betrieben werden, sollten gummiert werden. Schwefelsäure als Beizsäure kann auch im Spritzen eingesetzt werden, wobei dann der Spritzkanal ebenfalls gummiert werden sollte.

Spülbäder nach sauren Beizen reichern sich mehr oder minder mit Eisensalzen an.

Nachentfettung und Dekapierung:

Auf der Oberfläche des gebeizten Stahls können sich kleine befettete Partien, die unter Rost verborgen waren, und geringe Oxidrückstände von Legierungsbestandteilen des Stahls befinden. Aus diesem Grunde sollte nach einer Entrostungsbeize eine Nachentfettung und eine Dekapierung folgen. Zum Einsatz kommen schwach alkalische Produkte, die die Oberfläche gleichzeitig weiter neutralisieren. Die Produkte sollten Tenside enthalten, die sich insbesondere durch ihre leichte Abspülbarkeit auszeichnen. Ferner können Komplexbildner eingesetzt werden. Harte Komplexbildner sollten dabei wegen der schwierigen Abwasserbehandlung nicht verwendet werden. Bewährt hat sich der Einsatz von Gluconaten, die in Konzentrationen von bis zu 20 % im Konzentrat verwendet werden, und die abwassertechnisch ohne Mehraufwand behandelt werden können.

Das Nachentfettungs- und Dekapierungsprodukt muß von der Oberfläche wieder entfernt werden. Insbesondere, wenn dieses Produkt Auswirkung auf den Stellprozeß des Emails zeigt, werden Produktreste von Ablaufspuren im Email begleitet.

Bei gut eingestellten, im Einfluß auf die Stellwirkung neutralen Nachentfettungs- und Dekapierungsprodukten ist eine Fließspüle, die mit Brauchwasser betrieben wird, ausreichend. Dies gilt sowohl für den Tauch- wie für den Spritzprozeß.

Die Passivierung und Trocknung:

Die abgereinigte und gebeizte Oberfläche ist hoch aktiv, weil alle sie bedeckenden Passivierungsschichten abgelöst wurden. Aus diesem Grunde werden in Emaillierbetrieben im letzten Behandlungsschritt vor der Trocknung wieder Passivschichten hergestellt. Der letzte Behandlungsschritt vor der Trocknung wird daher „Passivierung" genannt. Die Passivierung ist in Emaillierbetrieben der einzige Behandlungsschritt, in dem der Einsatz von vollentsalztem Wasser sinnvoll ist. Die einfachste Passivierung besteht darin, die Werkstücke vor dem Trocknen gründlich mit chloridfreiem VE-Wasser zu spülen. Vorausgesetzt, daß ein trockener Lagerraum ohne Kondenswasserbildung benutzt wird, können derartig passivierte Teile längere Zeit gelagert werden. Das Verfahren hat aber zur Voraussetzung, daß eine Anlage zur Herstellung von VE-Wasser mit genügender Leistung installiert werden kann. Muß auch in der Passivierung Brauchwasser eingesetzt werden, werden Passivierungsmittel zugegeben, die einfach die Alkalität der Oberfläche über einen etwas längeren Zeitraum aufrecht erhalten. Bestandteile sind Soda und Borate. Passivierungsmittel auf Aminbasis werden ebenfalls eingesetzt. Bei diesen Produkten, die oft sehr gute Passivierungserfolge zeigen, muß darauf geachtet werden, daß dann bei der Schlickerzubereitung kein Nitrit verwendet wird, weil es sonst zur Nitrosaminbildung kommt [34, 36]. Nitrosamine sind krebserrregende Substanzen, die dann im Abwasser nachweisbar werden. Passivierungsmittel auf Aminbasis sollten allenfalls im PUESTA-Verfahren eingesetzt werden, bei dem kein Nitrit verwendet werden muß.

Passivierungsmittel auf Molybdatbasis oder auf Phosphorsäurebasis sind zwar wirksame Produkte, haben sich aber in Emaillierbetrieben nicht durchgesetzt.

Sehr wirksame Produkte, die in Emaillierbetrieben auch heute noch ihre Existenzberechtigung haben, sind nitrithaltige Salzmischungen. Nitrit ist im allgemeinen in Emailschlickern enthalten, so daß Emaillierbetriebe abwassertechnisch mit der Entgiftung von Nitrit vertraut sind. Nitrit besitzt neben der Rostschutz- oder Passivierungswirkung in Emailschlickern auch die Wirkung eines Stellsalzes. Man kann also nicht einfach eine Nitrit/Soda-Mischung ins Passivierungsbad geben, ohne anschließend Ablaufspuren bei Schlickerauftrag zu erhalten. Die Stellwirkung des Passivierungsmittels sollte durch entstellende Zusätze aufgehoben werden. Die Passivierungsmittel mit Nitritgehalt werden allgemein warm appliziert, damit sich auf der Oberfläche eine Passivschicht genügend schnell ausbildet.

Passivierungsmittel können meistens sowohl im Tauchverfahren als auch im Spritzverfahren eingesetzt werden. Lediglich, wenn in den Passivierungen Tenside enthalten sind, muß auf ihren Einsatzbereich wegen eventueller Schaumbildung geachtet werden.

Nach dem Passivieren erfolgt allgemein eine Trocknung in Umlufttrocknern. Diese können als Tauchbecken (bei Tauchvorbehandlungen) gebaut oder als Durchlaufkanal (bei Spritzvorbehandlungen) konstruiert sein. Beide Formen der Trockner sind im Einsatz.

11.2.2 Vorbehandlungsverfahren bei einer Direktweiß-Emaillierung (DWE)

Emaillierverfahren, bei denen ein Einschicht-Weißemail direkt aufgeschmolzen wird, werden Direktweißemaillierungen oder DWE-Verfahren genannt. Diese Verfahren unterscheiden sich insbesondere dadurch von allen anderen, daß in der Emailfritte kein Haftoxid wie CoO enthalten ist, die Fritte also weiß ist. Beim DWE wird die Haftung des Emails nach dem Einbrennen durch vorheriges Vernickeln des Stahlblechs vorgebildet. Die Vorvernickelung bedingt einige Änderungen im Ablauf der Vorbehandlung.

Die Vorbehandlungsprozesse werden als Tauchprozesse ausgeführt. Für die Reinigung und die Spülen nach der Reinigung sind keine Sonderbehandlung in Gebrauch. Hierfür gelten die schon beschriebenen Verfahren. Nach der letzten Spüle folgt hier ebenfalls ein Beizprozeß, der jedoch nicht nur die Aufgabe hat, Rost abzulösen, sondern in dem dafür gesorgt werden muß, daß eine hochaktive Eisenoberfläche geschaffen wird. Die Beize soll also einen nennenswerten Eisenabtrag von der Oberfläche erzeugen. Sollwerte für den Beizabtrag werden in der Praxis im Bereich von $40 - 60$ g Fe/m^2 eingestellt. Als Beizmittel wird vor allem Schwefelsäure eingesetzt, die im Bereich von 10 bis 12 Gew.% bei $70 - 85$ °C den gewünschten Beizabtrag in $8 - 12$ min erzielen sollte. Die Beizwirkung der Beizsäure ist vom Eisengehalt abhängig. Beizbeschleunigung erreicht man durch Zusatz eines Depolarisators wie z. B. Nitrat oder Salpetersäure. Konstanter Eisengehalt und damit konstante Beizwirkung kann entweder mit Hilfe des Retardationsverfahrens oder durch Teilerneuerung der mit Eisen beladenen Säure erreicht werden.

Nach der Abtragsbeize, wird in der DWE-Vorbehandlung ebenfalls zweimal gespült. Es empfiehlt sich, danach eine Nachentfettung und Dekapierung und eine weitere Spülung vorzunehmen. Die darauf folgende Spüle sollte allerdings sorgfältig ausfallen und mit einer Fließspüle, eventuell pH-wertgesteuert, ausgeführt werden, um mit den geringen überschleppten Produktmengen nicht den pH-Wert der nachfolgenden Vernickelung zu beeinflussen.

Anstelle eines Haftoxids im Grundemail wird im DWE-Verfahren die aktivierte Stahloberfläche in Vernickelungsbädern mit Nickel beschichtet. Auftragsgewichte von etwa 2 g Ni/m^2 führen zu einer sichtbaren Verfärbung der Oberfläche, aber nicht zum Korrosionsschutz. Im allgemeinen wird die Nickelschicht durch Tauchen des Stahlblechs in schwefelsaure Nickelsulfatbäder abgeschieden (Austauschvernickelung). Die Vernickelung erfolgt bei Temperaturen von etwa 40 – 60 °C aus Bädern mit etwa 4 – 6 g Ni- Gehalt bei pH 2,5 – 3 bei Verweildauern von 5 bis 15 Minuten je nach Reaktivität der Stahloberfläche. Das vernickelte Blech hat bei guter Wirksamkeit der Vernickelung ein schwarzes, samtartiges Aussehen. Die Nickelschicht ist dabei ebenfalls hochaktiv, so daß sie nach Durchlaufen eines Spülbades in einem der beschriebenen Passivierungsbäder behandelt werden muß, um nicht zu verbrennen (oxydieren zu NiO). Passivieren und Trocknen gleichen den beschriebenen Vorgängen der konventionellen Emaillierung.

11.2.3 Vorbehandlung vor einer elektrophoretischen Tauchemaillierung (ETE)

Bei der elektrophoretischen Tauchemaillierung kann die bislang beschriebene Emailliervorbehandlung eingehalten werden. In Hochleistungsanlagen stehen allerdings nur sehr kurze Taktzeiten zur Verfügung, so daß die Abkochentfettung durch Einsatz von Ultraschall- und elektrolytischer Reinigung unterstützt werden muß. Ferner wird anstelle einer Austauschvernickelung eine chemische Vernickelung nach dem Hypophosphitverfahren eingesetzt. Nach dem Vernickeln und Spülen wird im ETE-Verfahren die Oberfläche durch Abscheidung einer geringen Kupfermenge (Austauschverkupferung) aktiviert, gespült und unter Vermeidung von Passivierung und Trocknung direkt mit Emailschlicker beschichtet.

Die Reinigungsprodukte können die gleichen sein, die bereits beschrieben wurden. Es können auch die gleichen Maßnahmen zum In-Process-Recycling eingesetzt werden. Die zusätzliche Hilfe durch elektrischen Strom bzw. durch Ultraschall bedingen nur eine Zerlegung der Vorbehandlungsstrecke in zwei verschiedene Bäder. Werden in diesen Bädern die gleichen Produkte eingesetzt, so erübrigt sich eine Zwischenspüle. Erst nach der Reinigung erfolgt dann ein gründliches Spülen in einer Spülkaskade. Das ETE-Verfahren ist damit das einzige bisher laufende Verfahren, daß ohne Passivierung und Zwischentrocknung arbeitet. Die Emailliervorbehandlung kann in folgendem Bild 11-6 zusammengefaßt werden:

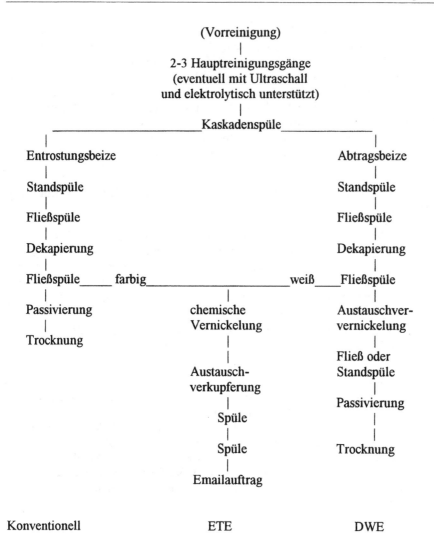

Bild 11-6: Vergleich der Vorbehandlungsverfahren vor der Stahlblechemaillierung

11.3 Vorbehandlung vor dem Lackieren von Stahlblech

Organische Beschichtungen und Lackierungen sind prinzipiell durchlässig für Wasserdampf. Der Transport von Wassermolekülen durch die Schicht erfolgt durch Poren, aber auch durch das Material selbst durch Diffusion. Die Geschwindigkeit, mit der die Wassermoleküle durch die Beschichtung hindurch diffundieren und die Werkstückoberfläche erreichen, ist abhängig von der Art des Materials und von der Materialdicke. Treffen auf diese Weise Wassermoleküle die blanke Stahloberfläche eines Werkstücks, so reagieren sie mit dem Eisen unter Bildung von Wasserstoff und Eisenoxid. Dadurch entsteht auf solchen Werkstücken schon nach relativ kurzer Zeit eine Vielzahl von Pusteln, die beim Öffnen pulverigen Rost freigeben. Will man die Reaktion zwischen Stahl und Wassermolekül verhindern, muß man zwischen Stahloberfläche und Lackschicht eine Dampfsperre in Form einer Phosphatschicht legen. Prinzipiell sind alle Arten der Zinkphosphatierung und der Eisenphosphatierung als Dampfsperre geeignet. Man benötigt dazu dichte Schichten, deren Dicke 2 µm nicht übersteigen sollte, weil sonst die Haftfestigkeit des Lackes auf dem Untergrund kleiner wird. Die Abnahme der Haftfestigkeit ist dadurch gegeben, weil nur die erste Phosphatschicht direkt mit dem Metall verwachsen ist, die darauf liegende Schicht aber zerbrechlicher ist, so daß der Verbund in der Phosphatschicht reißt. Bild 10-7 zeigt den Einfluß der Schichtdicke auf die Haftfestigkeit einer 30 µm dicken Lackschicht nach [40]. Die Wirkung der Phosphatschicht als Dampfsperre beruht darauf, daß die Wassermoleküle, die durch die Beschichtung auf die Oberfläche gelangen, reversibel von der Phosphatschicht aufgenommen werden. Zunächst ist eine wasserhaltige Phosphatschicht im Phosphatierprozeß abgeschieden worden. Beim Einbrennen des Lacks wird die Schicht ganz oder teilweise denaturiert, d. i. entwässert. Im Laufe der Zeit stellt sich dann ein Gleichgewicht ein zwischen Wassergehalt der Phosphatschicht und Temperatur und Feuchtigkeit der Umgebungsluft. Wassermoleküle werden an die Umgebung wieder abgegeben, wenn die Umgebung trockenere Bedingungen bekommt, sie werden wieder aufgenommen, wenn die Temperatur sinkt und die rel. Luftfeuchte steigt. Die Wirkungsweise der Denaturierung beim Lackeinbrennen zeigt sich oft auch darin, daß die Haftfestigkeit mancher Lacke auf manchen Phosphatschichten gleich nach dem Lackeinbrennen besser ist als nach Lagerung. In die Phosphatschicht werden auch andere Bestandteile des Phosphatierbades mit eingebaut. Ohne, daß der Lieferant es weiß, wirken manche Badbestandteile in denaturiertem Zustand als Haftvermittler für den Lack. Besonders unangenehm macht sich dies bemerkbar, wenn man das Werkstück dann einer Unterwasserlagerung zuführt. In diesem Fall nimmt die Phosphatschicht in kurzer Zeit den entsprechenden wasserreichen Gleichgewichtszustand ein und die Haftfestigkeit sinkt. Bild 11-8 zeigt die Wirkung einer Phosphatschicht als Dampfsperre schematisch.

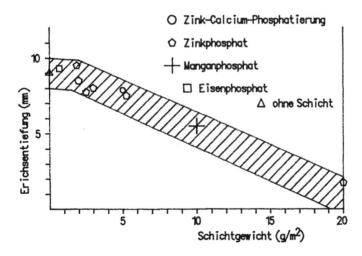

Bild 11-7: Haftfestigkeit einer Lackschicht auf phosphatiertem Blech nach [40].

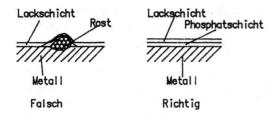

Bild 11-8: Schematische Zeichnung der Wirkung einer Dampfsperre.

12 Organische Beschichtungen – Farben und Lacke

Organische Beschichtungsstoffe bestehen zum überwiegenden Teil ebenfalls aus anorganischen Materialien. Klebefolien ausgenommen, enthalten organische Beschichtungsstoffe organische Filmbildner aber auch einen hohen Prozentsatz anorganischer Füllstoffe und Pigmente.

12.1 Bestandteile organischer Beschichtungen

Farben, Lacke und Anstrichstoffe können folgende Bestandteile enthalten:

Bindemittel: Enthalten Filmbildner und nichtflüchtige Hilfsstoffe.

Pulverlacke: Enthalten Filmbildner, nicht flüchtige Hilfsstoffe, Füllstoffe und Pigmente.

Klarlack: Enthalten Filmbildner, flüchtige und nichtflüchtige Hilfsstoffe, organische Lösemittel.

Naßlack: Enthalten Filmbildner, nichtflüchtige und flüchtige Hilfsstoffe, Füllstoffe, Pigmente, organisches Lösemittel.

Wasser- und
Elektrotauchlacke: Enthalten Filmbildner, flüchtige und nichtflüchtige Hilfsstoffe, Füllstoffe, Pigmente und Wasser.

In diese Gruppierung reihen sich auch Druckfarben und Anstrichstoffe jeder Art ein.

Filmbildner:

Filmbildner sind die Bestandteile der Beschichtung, die den Zusammenhalt des Beschichtungssystems und die Haftung des Beschichtungssystems auf dem Untergrund bewirken. Sie bestehen aus hochmolekularen organischen Substanzen, die entweder durch physikalische Trocknung, d. i. Verdampfen des Lösemittels, oder durch Schmelzen oder durch chemische Vernetzung unter Molekulargewichtsvergrößerung einen geschlossenen Film auf der Werkstückoberfläche bilden. Rohstoffe, die als Filmbildner dienen, sind

- unverändert oder physikalisch behandelte Naturstoffe wie
  - pflanzliche Harze (z. B. Dammar als heißsiegelbarer Folienlack oder Kolophonium)
  - Harze tierischen Ursprungs wie Schellack
  - mineralische Filmbildner wie Teer, Bitumen, Pech und Asphalt
  - trocknende pflanzliche Öle wie Leinöl, das oxidativ härtet.
- chemisch modifizierte Naturstoffe wie
  - Acetylcellulose für schnell trocknende Einbrennlacke als schwer brennbare Komponente
  - Ethylcellulose (Celluloseether) als Folien oder Papierlack im Lebensmittelbereich.

- Methylcellulose als wasserlösliches Verdickungsmittel in Dispersionsfarben
- Cellulosenitrat (Collodiumwolle) als sehr schnell trocknender Filmbildner für Textil-, Leder- Möbel- oder Druckfarben
- Kollophoniumester mit Pentaerythrit als härtebildender Zusatz zu physikalisch trocknende Lacke.

● synthetische Filmbildner wie
- Polykondensationsharze vom Phenol/Formaldehydtyp wie die „NOVOLACKE" (physikalisch trocknende Isolierlacke, deren Vernetzung unterbrochen wurde und die beim Einbrennen bei 180 °C nachvernetzt werden, mit Mol-Verhältnis Phenol-Formaldehyd = 1:1) und „RESOLE" (Filmbildner bei Einbrennlacken,vgl. wie vorher, Molverhältnis Phenol:Formaldehyd = 1:1,5 bis 1:3). Anstelle von Phenol können auch Kresole, Xylenole oder Resorcin eingesetzt werden.
- Aminoplaste auf Basis Harnstoff/Formaldehyd (wirken härteerhöhend bei physikalisch trocknenden Lacken) oder Harnstoff/Melamin
- Polyesterharze (Weichharze, Thermoplaste, physikalisch trocknend)
- Ölmodifizierte gesättigte Polyesterharze (Alkydharze), die aus teilverseiften nativen Ölen und Phthalsäure hergestellt und nach dem verwendeten Ölgehalt in kurzölige (40 % Ölgehalt, Zusatz zu Einbrennlacken), mittelölige (40 – 60 % Ölgehalt, Zusatz zu Aminoplaste), und langölige Alkydharze (> 60 % Ölgehalt, langsam oxidativ härtend) unterschieden werden.
- UP-Harze, ungesättigte Polyesterharze, die durch radikalische Polymerisation (Härterzusatz) aushärten (harte, mechanisch widerstandsfähige, resistente Filmbildner)
- Polymerisationsharze auf Basis PVC (Organisole, Plastisole), PVAC, PV-Acetal oder Polyacrylat
- Polyadditionsharze wie 2 K-Polyurethanharze
- Epoxiharze
- Silikonharze

Die Chemie der Vernetzungsreaktionen bei chemischer Vernetzung zeigt Tabelle 12-1.

Tabelle 12-1: Chemische Reaktionen beim Härten von Lack nach [86].

Härtung durch Addition

$$R-CH-CH_2 \quad H_2C-CH-R \qquad R-CH-H_2C \qquad CH_2-CH-R$$

Oxidative Vernetzung durch Radikalbildung bei Sauerstoffaufnahme beschleunigt durch Redoxkatalysatoren

$$\sim\sim\sim\sim\sim COOH$$

$$\downarrow +O_2$$

$$\sim\sim\sim\sim\sim COOH$$

$$\downarrow +Co^{2+}$$

$$\sim\sim\sim\sim\sim COOH \quad + OH^- + Co^{3+}$$

oder nach cyclischer Peroxidbildung

$$\sim\sim\sim\sim\sim COOH$$

$$\sim\sim\sim\sim\sim COOH$$

$$\downarrow +2\,O_2$$

$$\sim\sim\sim\sim\sim COOH$$

$$\sim\sim\sim\sim\sim COOH$$

Tabelle 12-1: Fortsetzung.

Polyurethanhärtung mit einem verkappten Diisocyanat

$$\langle O \rangle - O - \overset{\overset{O}{\|}}{C} - HN - R - NH - \overset{\overset{O}{\|}}{C} - O - \langle O \rangle$$

$$\downarrow \text{180 °C}$$

$$\langle O \rangle - OH \qquad\qquad HO - \langle O \rangle$$

$$O = C = N - R - N = C = O$$

– Polyalkohol – OH   HO – Polyalkohol –

$$\downarrow$$

$$\overset{O}{\underset{O}{\overset{\|}{C}}} - NH - R - NH - \overset{O}{\underset{O}{\overset{\|}{C}}}$$

– Polyalkohol   Polyalkohol –

Härtung durch Kondensation nach /86/
thermisch

O – Polyester – OH + C_4H_7 – O – CH_2 – NH – Harnstoffharz

$$\downarrow \begin{array}{l} \text{Wärme (100 bis 200 °C)} \\ -C_4H_7OH \end{array}$$

– O – Polyester – O – CH_2–NH – Harnstoffharz

protonenkatalytisch

– Harnstoffharz – NH – CH_2– OH + HO – CH_2– NH – Harnstoffharz

$$(H^+) \Big| -H_2O$$

– Harnstoffharz – NH – CH_2– O – CH_2– NH – Harnstoffharz

protonenkatalytisch und thermisch

– Harnstoffharz – NH – CH_2–OH + – NH – Harnstoffharz –

$$\begin{array}{c} \text{Wärme} \\ (H^+) \end{array} \Big| -H_2O$$

– Harnstoffharz – NH – CH_2– O – $\underset{|}{N}$ – Harnstoffharz –

Tabelle 12-1: Schluß.

Härtung durch radikalische Polymerisation unter Einfluß von
Peroxidhärtern, UV-Licht oder Elektronenstrahlen   nach /86/.

Pigmente:

Die Verwendung von Farbstoffen in der Lack- und Farbenindustrie hat sich bisher nicht durchgesetzt. Farbstoff sind Produkte, die sich im Filmbildner komplett lösen. Sie sind deshalb organischer Natur und zeigen alle lacktechnischen Mängel wie geringe Deckkraft, geringe Lichtbeständigkeit etc., obgleich Farbstoffe das Abfallproblem dramatisch reduzieren können, weil sie rückstandsfrei verbrennbar sind. Pigmente dagegen sind schwermetallhaltige Feinststäube, die in den Filmbildnern dispergiert vorliegen und die deshalb ein Abfallproblem für Lackrückstände oder Rückstände aus der Lackverbrennung hervorrufen. Trotzdem werden auch heute noch überwiegend Pigmente verwendet. Die wichtigsten Pigmente sind

- Weißpigment TiO_2 Anatas- oder Rutilstruktur
- Gelb-, Rot- oder Braunpigmente Fe_2O_3
- Grünpigmente Cr_2O_3
- Orangepigmente auf Molybdänbasis
- Blau- bis Grünpigmente auf Basis Cu-Phthalocyanin
- Schwarzpigmente auf Rußbasis
- Metalliceffekte Aluminiumflitter oder Glimmerplättchen oder Stückchen von bedeckten Feststoffpartikeln formen Effektpigmente, die ihre Farbe ändern aufgrund optischer Interferenz oder z. B. der Cholesterolstruktur der Pigmente [247, 248]

Füllstoffe:

Füllstoffe dienen dazu, das Volumen der Lack- oder Farbschicht auszufüllen und dem Schichtaufbau Halt zu geben. Füllstoffe dienen auch dazu, Trocknungsrisse zu vermeiden. Durch Füllstoffe und Pigmente wird die Schwindungsstrecke, die der Lackfilm zwischen zwei Feststoffpartikeln (Füllstoff- oder Pigmentpartikeln) frei überbrücken muß, verkleinert, so daß die Gefahr des Reißens für den Lackfilm während des Trocknungsvorganges vermindert wird. Füllstoffe verändern ferner die rheologischen Eigenschaften des Lackes. Der wichtigste Kennwert für den Gehalt des Lackes an Pigment und Füllstoff ist der PVK-Wert (Pigment-Volmen-Konzentration), der den Gehalt des Lackfilms an Pigment und Füllstoff in Vol % angibt. Viel verwendet Füllstoffe, die stets feinstteilig eingesetzt werden, sind

- Glimmer
- Kaolin
- Talkum
- Kreide
- Quarzmehl
- Bariumsulfat
- Polyamid-, Polyacrylnitril- oder
- Cellulosefasern

Flüchtige und nichtflüchtige Hilfsstoffe (Lackadditive):

Flüchtige und nichtflüchtige Hilfsstoffe (Lackadditive) dienen zur Verbesserung der Verarbeitungseigenschaften, zur Vermeidung von Betriebsstörungen oder auch zur Verbesserung vieler weiterer Eigenschaften des Lacks. Die Einsatzkonzentration der Lackadditive liegt dabei allgemein bei 0,1 bis 1 %, lediglich die in Plastisolen eingesetzten Weichmacherkonzentrationen sind erheblich größer. Verwendet werden folgende Additive:

- Substanzen mit Tensidwirkung (Netzmittel, Dispergierhilfen, Emulgatoren) zur leichteren Dispergierbarkeit und zur Stabilisierung dispergierter Pigmente und Füllstoffe.

- Verdickungs- und Thixotropierungsmittel (z. B. Fällungskieselsäuren, Aerosil, Aluminosilikate, Aluminiumstearat) zur Verbesserung des rheologischen Verhaltens der Lacke

- Verlaufmittel (z. B. hochsiedende Lösemittel, Glykole) zur Verbesserung des Lackverlaufes bei der Verarbeitung

- Trockenstoffe (z. B. Beschleuniger bei oxidativer oder radikalischer Vernetzung)

- Stabilisatoren und UV-Absorber zur Verbesserung der Alterungsbeständigkeit

- Entschäumer (z. B. höhere Alkohole oder Mineralölprodukte) zur Vermeidung von Schaumbildung bei der Verarbeitung

- Fungicide und Bactericide gegen organisches Wachstum

- Hautverhütungsmittel zur Verhütung einer Hautbildung in Vorratsgefäßen.

Lösungsmittel:

Der Lösemittelanteil in einer Farbe wird durch den VOC-Wert (Volatile Organic Compounds) bestimmt.

$$VOC = \frac{\text{Masse verdampfbarer organischer Komponente (g)}}{\text{Volumen organischer Beschichtung (1) – Volumen an Wasser (1)}}$$

Der zulässige Wert wird festgelegt. Als Lösemittel werden Wasser (in Wasserlacken, Dispersionslacken oder Elektrotauchlacken) oder brennbare organische Lösemittel wie Ester, Ketone (MEK Methyl-Ethyl-Keton), Alkohole (z. B. Glykole), Glykolether, paraffinische oder aromatische Kohlenwasserstoffe verwendet. Lösemittel der Lackindustrie sind Leichtsieder mit unterschiedlichem Siedepunkt.

12.2 Herstellung von Farben und Lacken

Die Herstellung von Farben und Lacken erfolgt in intensiven Misch- und Zerkleiner-
ungsprozessen. Flüssige Farben und Lacke werden in Rührkesseln mit unterschiedlichen
Rührorganen, dickflüssigere Lacke wie Plastisole in Dissolvern (Rührkessel mit Mischsirene, teilweise unter Vakuum) und Pulverlacke in beheizten Extrudern gemischt. Die
Bilder 12-1 und 12-2 zeigen das Mischerblatt einer Mischsirene und eine Mischsirene in
einem Vakuumdissolver. Die Mischsirene ist vergleichbar mit einem Sägeblatt, das die

Bild 12-1: Vakuumdissolver in geöffnetem Zustand, Foto Netzsch.

Mischung mit hoher Drehzahl durchschneidet. Dabei wird allerdings der Hauptanteil
der zugeführten Energie (Motor) in Wärme umgesetzt. Der Vakuumdissolver dient vor
allem dazu, das Mischgut während des Mischvorgangs zu entgasen. Das Entgasen ist
insbesondere bei höheren Viskositäten sehr schwierig, so daß es richtigerweise beim
Mischvorgang vorgenommen werden sollte. Pigmente, Füllstoffe und andere Festkörper werden je nach Feinheit entweder ebenfalls mit Mischorganen untergemisch oder
sie werden mit einer Teilmenge des Lösungs- oder Bindemittels feinst vermahlen anschließend als Konzentrat zugesetzt. Als Mahlorgan haben sich dabei die Kugelmühlen,
Rührwerkskugel- oder Perlmühlen in vertikaler oder horizontaler Aufstellung oder
Dreiwalzenstühle durchgesetzt.

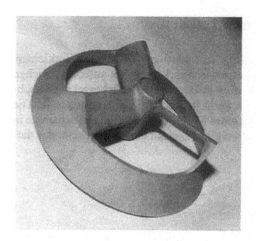 

Bild 12-2 und -3: Düsenmischflügel (links) und Scheibenrührer (rechts), Foto Turbo-Lightnin.

Bild 12-4: Z-Scheibe, Foto Turbo-Lightnin.

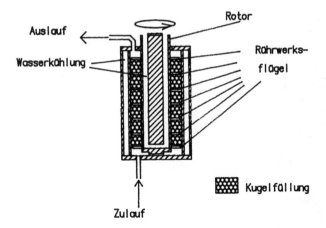

Bild 12-5: Schnitt durch eine Perlmühle in vertikaler Aufstellung.

Die Kugelmühle besteht aus einem sich um seine horizontale Achse drehenden walzenförmigen Hohlkörper, in dem Kugeln unterschiedlicher Größe angeordnet sind, die bei langsamer Umdrehung den Mahlprozeß in 6 bis 60 Stunden zu Ende bringen. Sie werden vor allem noch in der Emailindustrie eingesetzt (vgl. Kap. 13). Rührwerkskugelmühlen bestehen aus einem rohrförmige Topf, in dem ein schnell laufendes Rührorgan in Form von Stift- oder Exzenterringscheibenrührwerken umläuft. Der Abstand zwischen Rührerwelle (ein Hohlkörper) und Mühlenwand ist dabei relativ klein. Die Mühle wird je nach Dispergieraufgabe mehr oder weniger voll mit Keramikperlen gefüllt und von einem mehrstufigen, schnell drehenden Motor angetrieben. Man pumpt die zu vermahlenden Stoffe und das Dispergiermittel in die Mühle und läßt das Mahlgut ein- oder mehrfach den Mühlenraum durchlaufen. Eine moderne Weiterentwicklung der Rührwerkskugelmühle besteht aus einem scheibenförmigen Lochbehälter, der mit Kugeln gefüllt wird und in dem ein schnellaufendes, durch eine Welle angetriebenes Rührwerk sowohl für die Durchsaugung des Produktstroms als auch für den Mahlvorgang sorgt. Dieser Mühlentyp wird als Tauchgerät in den Farbbehälter eingetaucht und nimmt den Mahlvorgang direkt vor Ort vor. (Turbomill, Hersteller Fa. Netzsch).

Bild 12-6: Perlmühle, Foto Netzsch.

Bild 12-7: Turbomill, Foto Netzsch.

Bild 12-8: Stiftrührwerk, Foto Netzsch.

Bild 12-9: Exzenterringscheibenrührwerk, Foto Netzsch.

Bild 12-10: Ringspalt-Kugelmühle mit Einlauftrichter, Pumpe und Mahlwerk, Foto Fryma.

Rührwerkskugelmühlen der beschriebenen Bauart sind vielfältig in Farbenfabriken im Einsatz. Aus der herkömmlichen Rührwerkskugelmühle wurde die Ringspaltkugelmühle entwickelt, die vor allem in der Größe der Kühlfläche vorteilhafter ist. Diese Mühle (CoBall-Mill, Fa. Fryma) besteht aus einem äußeren Stator und einem konischen Rotor, zwischen denen ein Ringspalt frei ist, der mit Mahlkugeln von 0,5 bis 3,0 mm Durchmesser gefüllt wird. Durch die Zentrifugalbewegung werden die Kugeln in den Kanal gepreßt und in Umlauf gehalten. Die Ringspaltmühle hat bei kleinem Mahlraumvolumen einen sehr großen Durchsatz.

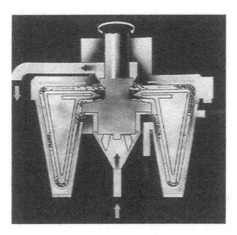

Bild 12-11: Rührwerk-Kugelmühle, System CoBall-Mill, Foto Fryma.

Die Umdrehungszahl des Rotors liegt bei etwa 600 U/min. Stator und Rotor werden von Kühlwasser durchflossen, so daß die Kühlfläche sehr groß ist. Durch die Bauweise der Mühle ist die auf das Mahlgut wirkende Energiedichte gleichmäßig, wodurch ein engeres Kornspektrum beim Mahlen erzeugt werden kann. Ringspalt-Kugelmühlen ergeben Kornfeinheiten von 0,1 bis 10 μm. Für einen Produktstrom von bis 600 kg/h ist ein Mahlraumvolumen von 8 l notwendig, wobei die Kühlfläche dann 1,4 m^2 beträgt.

Weite Anwendung bei der Herstellung von Farben aller Art finden reibende Bearbeitungen in Dreiwalzwerken. Bei diesen Walzwerken werden Feststoffpartikel im Spalt zwischen zwei glatt geschliffenen, polierten Walzen zerrieben. Oft werden die Walzen mit je einem regelbaren Motor versehen, so daß die Umdrehungsgeschwindigkeit der Walzen unabhängig von einander geregelt und eingestellt werden kann. Die Produktaufgabe erfolgt dabei durch Pumpen oder durch Aufgießen aus einem darüber angeordneten Behälter.

Bild 12-12: Walzenstühle mit schräger Anordnung der Walzen. FotoFa.Lehmann.

Bild 12-13: Walzenstühle mit schräger Anordnung der Walzen, Foto Lehmann.

Dreiwalzwerke werden auch günstig eingesetzt, wenn Farben in der Endbearbeitung homogenisiert werden sollen.

Zum Aufmischen sehr pastöser Produkte oder zum Aufschmelzen thermoplastischen Lacke werden entsprechend geeignete Schneckenpressen (Extruder) mit Heizung oder Kühlung eingesetzt. Anwendung finden Extruder insbesondere bei der Herstellung von Pulverlacken, die als thermoplastisches Material beim Mischen aufgeschmolzen werden müssen. Dabei wird die Beheizung der Schneckenpressen meistens durch flüssige Wärmeträger durchgeführt.

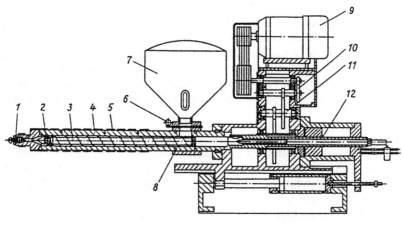

Aus: Plaste und Kautschuk *9* (1962)

1 Verschlußschiebedüse;	*5* Ringheizkörper;
2 Rückstromsperre;	*6* Sperrschieber;
3 Schnecke;	*7* Vorratsbehälter;
4 Schneckenzylinder;	*8* Kühlung;

9 Antriebsmotor;	
10 Wechselräder;	
11 Vorgelege;	
12 Antriebskolben für Einspritzen	

Bild 12-14: Schnittzeichnung durch eine Schneckenpresse nach [87]

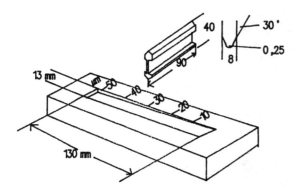

Grindometer noch Hegman

Bild 12-15: Grindometer nach Hegman.

Die Mahlfeinheit der Pigmente bestimmt man mit einem Grindometer, einer Schablone, in die eine keilförmige Vertiefung mit von 0 μm ansteigender Tiefe eingefräst ist. Man füllt das untere Ende des Grindometers mit der Mahlpaste und verteilt die Paste mit einem geschliffenen Rakel im keilförmigen Spalt. Erst wenn die Partikelgröße kleiner als die Spalttiefe ist, bleibt das Mahlgut im Spalt liegen. Die Mahlfeinheit kann dann an der entstehenden Trennlinie abgelesen werden.

Bild 12-16 zeigt das Fließschema einer Farbenfabrik, in der z. B. Druckfarben oder andere hergestellt werden können. Sie besteht aus einer Vielzahl von Mischbehältern und dem Herzstück, den Perlmühlen.

Die Herstellung von Pulverlacken erfolgt paktisch nach vergleichbarem Verfahren, nur daß die Mischung erst durch Aufschmelzen verflüssigt werden muß. Die Schmelze wird dann in einem Ein- oder Doppelwellenextruder gemischt und auf ein Kühlband ausgebracht. Das Fertigprodukt wird anschließend gemahlen und nach Sichtung verpackt. Bild 12-17 zeigt das Fließbild einer Pulverlackanlage mit Vorratsbunkern, Misch- und Mahleinrichtungen. Die Rezeptur in derartigen Anlagen wird meist computergesteuert ausgeführt.

Als Transportgebinde werden für flüssige Farben und Lacke je nach Einsatz Behälter aller Art verwendet. Für industriellen Einsatz haben sich dabei wiederverwendbare Container bewährt, die nach Entleerung in Bürstwaschanlagen mit Lösemitteln gereinigt und wiederverwendet werden können. Allerdings sollten diese Container aus Edelstahl oder Aluminium gefertigt sein und nicht aus Kunststoff mit Folieneinlage bestehen, weil sonst erneut eine Umweltbelastung durch die mit Farbresten gefüllten herausgenommenen Folien entsteht

Pulverlacke können für industrielle Anwendung ebenfalls in Containern oder in Big Bags, d. i. große Stoffsäcke, angeliefert werden, die ebenfalls nach Entleerung zum Lieferanten zurückgeschickt werden können.

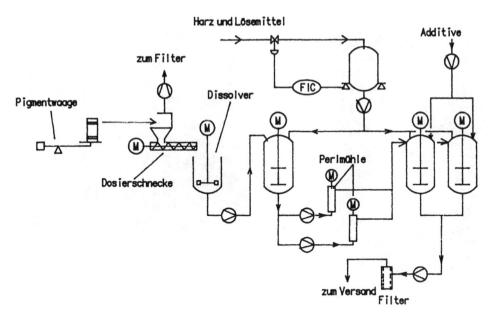

Bild 12-16: Anlage zur Herstellung von flüssigen Lacken.

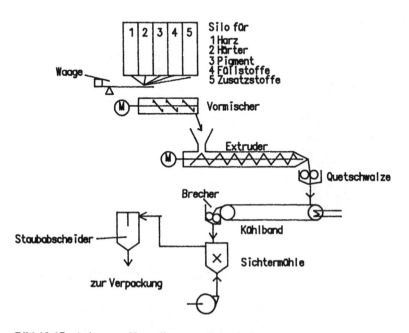

Bild 12-17: Anlage zur Herstellung von Pulverlacken.

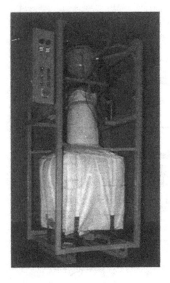

Bild 12-18:
Big Bag mit Pulverpumpe.
Foto Fa. INTEC, Dortmund

Bild 12-19:
Containerwaschanlage mit Hochdruckspritz-
Reinigungssystem, Foto Renzmann, Monzingen

Bild 12-20:
Rotierendes Spritzsystem
einer Containerwaschanlage,
Foto Renzmann,Monzingen

12.3 Verarbeitung lösungsmittelhaltiger Farben und Lacke

Lösungsmittelhaltige Farben und Lacke enthalten Filmbildner, leicht flüchtige, organische Lösemittel, Pigmente, Füllstoffe und verschiedene Additive. Die Lösemittel haben
in Farben und Lacken die Aufgabe, den Lack verarbeitbar zu machen, die Viskosität des

Lackes zu regulieren, aber auch den Verlauf des Lackes zu verbessern und den Glanz des Lackes zu erhöhen. Die Fadenmoleküle des Filmbildners werden durch den Lösemittelzusatz fluidisiert, so daß sie beim Eintrocknen des Lacks mit einander verfilzen und einen dreidimensionalen Film bilden können. Beim Eintrocknen des lösemittelhaltigen Lacks entsteht eine Verfilmung, d. h. es entsteht eine dünne Schicht des Filmbildners. Dabei schwindet das Volumen der Lackschicht. Es entstehen Zugkräfte innerhalb des Films, die schließlich zum Reißen, d. i. Bildung von Schwindungs- oder Trocknungsrissen, führen können. Zusatz von Feststoffen mindert die freie Filmlänge, so daß die Rißbildung vermieden werden kann. Deshalb setzt man den Lacken Füllstoffe zu, um der Bildung von Trockenrissen entgegen zu wirken. Füllstoffe sind so lange nicht sichtbar, so lange der Brechungsindex der Füllstoffe $n_D < 1,7$ ist. Füllstoffe sind auch in Klarlacken enthalten. Zuviel Füllstoffe dagegen werden vom Filmbildner nicht mehr festgehalten. Streicht man mit einem Papier oder Tuch über eine solche Oberfläche, wird das Tuch oder Papier gefärbt. Die Farbe „kreidet" aus. Diese Erscheinung kann auch bei Zerstörung des Bindemittels durch äußere Einwirkung (Alterung, chemische Einwirkung) beobachtet werden, ja, sie wird sogar bei manchen Gebäudeanstrichen genutzt, um im Laufe der Jahre zu einer durch Regenwasser begünstigten Erneuerung der Farbe zu kommen.

Vielfach werden Filmbildner eingesetzt, die während des Eintrocknens polymerisieren. In diesem Fall erfolgt die Bildung einer dreidimensionalen Molekülstruktur durch chemische Reaktion.

12.3.1 Auftragsverfahren und -hilfsmittel

12.3.1.1 Auftragsgeräte

Flüssige, lösungsmittelhaltige Lacke können in Tauch- oder in Spritzverfahren aufgetragen werden. Lackauftrag im Tauchverfahren wird insbesondere bei der Beschichtung von Kleinteilen angewendet, die aus Kostengründen nicht vereinzelt werden können. Dazu werden Kleinteile in eine perforierte Trommel gegeben und im Lackbad umgewälzt. Die feuchten Teile werden anschließend in einer Zentrifuge durch Schleudern von überschüssigem Lack befreit. Die Entfernung überschüssiger Lackmengen von größeren Werkstücken stellt manchmal ein Problem dar. Dies kann zum Beispiel dadurch gelöst werden, daß man das geerdete Werkstück über eine Hochspannungskathode führt, so daß zwischen Kathode und Werkstück eine Coronarentladung entsteht, die die anhängenden Tropfen elektrostatisch auflädt. Die Tropfen tragen dann eine gegenüber der Kathode positive Aufladung und werden deshalb von der Kathode angezogen. Die Methode ist als elektrostatisches Tropfenabziehen bekannt.

Größere Verbreitung haben Spritzverfahren aller Art gewonnen. Im einfachsten Fall kann man flüssige Lacke mit einer Druckluftspritzpistole zerstäuben. Derartige Pistolen, als Becherpistolen mit einem aufgesetzten Lackvorratsbehälter ausgerüstet, sind vielfach in Hobby- oder in Reparaturwerkstätten im Einsatz. Wirkungsgrad und Produktivität sind jedoch nicht befriedigend. Unterstützt man den Sprühvorgang elektrostatisch dahingehend, daß man die versprühten Tropfen im einem Hochspannungsfeld elektrostatisch auflädt und das Werkstück erdet, so steigt die Lackausbeute auf etwa das Doppelte an. Hochdruckzerstäubersysteme sind im Wirkungsgrad pneumatischen Zerstäubersystemen vergleichbar. Robotergeführte, elektrostatisch unterstützte pneumatische oder Hochdruckzerstäubersysteme (Airless System) erreichen Lackausbeuten von bis etwa 85 %. Unter Lackausbeute versteht man die Lackmenge, die ihr Zielobjekt auch erreicht. Die Differenz zwischen Lackausbeute und 100 % ist dann der Overspray, der also am Gegenstand vorbeifliegt. Da Overspray Kosten verursacht, wurden weitere elektrostatisch unterstützte Spritzorgane entwickelt, die wesentlich höhere Lackausbeuten erbrachten.

Tabelle 12-2: Lackausbeute, Lackierzeit und Betriebskosten verschiedener Auftragssysteme für flüssige Lacke. Angaben in % bezogen auf Handpistole und Verwendung von Daten der Literatur.

Methode	Lackausbeute	Overspray	Lackierzeit	Betriebskosten
Airless Handpistole	40 – 50	60 – 50	100	100
Druckluft Handpistole	bis 38	bis 62	100	100
Airless-Electrostatic-Handpistole	60 – 75	35 – 25	50	50
Luft-Electrostatic-Handpistole	70 – 80	30 – 20	55	50
Airless-Elektrostatik-Automatikpistole	75 – 85	25 – 15	30	40
Luft-Elektrostatik-Automatikpistole	75 – 85	25 – 15	30	40
Turbo-Automatikdüse	bis 94	ca. 6	20 – 25	20
Sprühglocke	bis 95	ca. 5	20 – 25	20
Sprühscheibe	bis 97	ca. 3	20	15
Sprühspalt	bis 98	ca. 2	20	15

Für Hand- und Automatikpistolen ist das Angebot an verschiedenen Düsenformen sehr groß. Die sechs wichtigsten Düsenarten sind im nachfolgenden Bild 12-21 zusammengestellt worden.

Zum Lackauftragen werden im allgemeinen Zerstäuberdüsen eingesetzt, die die überstrichene Fläche voll ausfüllen. Ein Schnitt durch einen pneumatischen Zerstäuber Bild 12-22 zeigt, daß die Zerteilung in Tropfen wie auch der Weitertransport durch an verschiedenen Positionen austretende Luftströme bewirkt wird. Man nennt Düsen, die mit Gas und Flüssigkeit betrieben werden, Zweistoffdüsen.

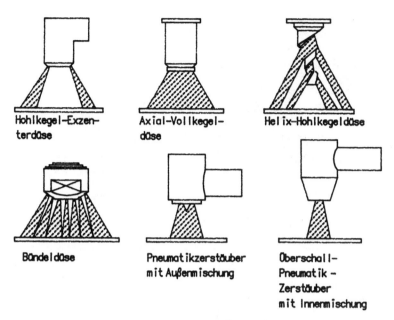

Bild 12-21: Spritzbild verschiedener Zerstäuberdüsen [83]

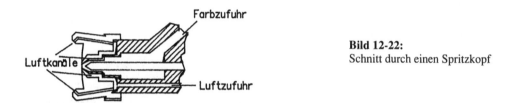

Bild 12-22:
Schnitt durch einen Spritzkopf

Die Tropfengröße ist nach [83] bei Zweistoffdüsen kleiner als bei Einstoffdüsen, bei denen die Gesamtenergie ausschließlich vom Flüssigkeitsdruck aufgebracht werden muß.

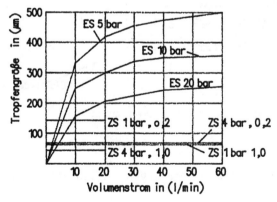

Bild 12-23: Tropfengröße von Einstoff- (ES) und Zweistoff-(ZS) Düsen in Abhängigkeit vom Volumenstrom von Flüssigkeiten [83].

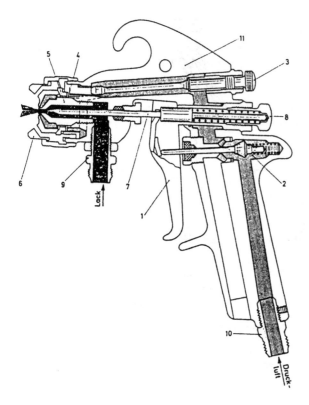

Bild 12-24:
Aufbau einer Spritzpistole
1 Handhebel
2 Luftdüse
3 Strahlregler
4 Luftverteilung
5 u. 6 Luftkanäle
7 Düsennadel
8 Rändelschraube
9 Anschlußnippel für-
Lackleitung
10 Druckluftanschluß
11 Aufhängung

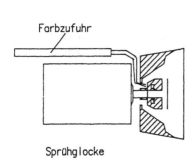

Sprühglocke

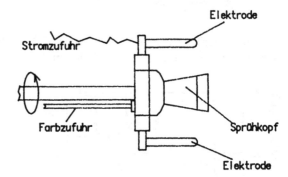

Bild 12-25:
Sprühglocke, Zeichnung [90]*

Bild 12-26: Hochrotationszerstäuber; [90] *

* Wiedergabe mit freundlicher Genehmigung des Expertverlages.

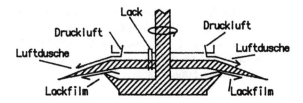

Hochgeschwindigkeitsscheibe

Bild 12-27: Hochgeschwindigkeitsscheibe

Bei der Sprühglocke (Bild 12-25) wird der Lack mit Hilfe einer angelegten elektrischen Spannung in der Größenordnung von 100 KV zerteilt. Der Hochrotationszerstäuber (Turbozerstäuber) (Bild 12-26) lädt die gebildeten Tropfen ebenfalls durch von außen angebrachte Hochspannungsladung auf und beschleunigt die aufgeladenen Tropfen elektrisch zum geerdeten Werkstück hin.

Bei der Hochgeschwindigkeitsscheibe (Bild 12-27), die nur unter Zuhilfenahme einer elektrostatischen Unterstützung arbeitet, wird der Lack auf einen rotierenden Teller gegeben. Die am Tellerrand durch die Zentrifugalkräfte entstehende Wulst wird dann durch elektrostatische Kräfte in Tropfen zerrissen. Die Scheibe gibt den Lack nur als kreisförmiges Tropfenband ab, so daß zum Überstreichen eine Fläche eine hydraulische Hubbewegung der Scheibe erfolgen muß.

Ordnet man mehrere Düsen nebeneinander an, so kann man Flächen besprühen. Dies ist eine der Methoden, die sowohl bei der Bandbeschichtung wie auch in Durchlauflackierkabinen eingesetzt wird.

Bei der Bandbeschichtung kann der Lack auch durch Rollenauftrag appliziert werden. Beim Rollenauftrag wird der Lack mit eine Entnahmewalze dem Vorrat entnommen, an eine Auftragswalze übergeben und von dort auf das laufende Band übertragen (Zweiwalzenauftrag). Noch genauer läßt sich ein Beschichtungsmaß einhalten, wenn man zum Dreiwalzenauftrag übergeht und die Schichtstärke durch eine Dosierwalze reguliert.

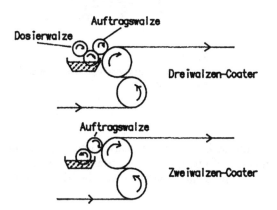

Bild 12-28:
Rollenauftrag mit zwei und mit drei Walzen.

Bei allen Auftragsarbeiten für flüssige Lacke ist die Lackviskosität eine entscheidende Größe. Einen ausreichend genauen Zahlenwert über die Viskosität liefert die Auslaufzeit für ein vorgegebenes Volumen durch eine Düse mit bekanntem Querschnitt (Auslauf- oder Fordbecher genannt). Nach DIN ISO 2431 unterscheidet man 3 verschiedene Düsenquerschnitte, die je nach Viskosität des Lacks eingesetzt werden.

Bild 12-29:
Farbauftrag beim Coil-Coating.
Foto OT-Labor der MFH.

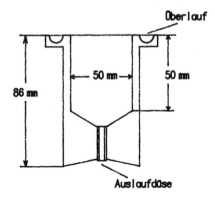

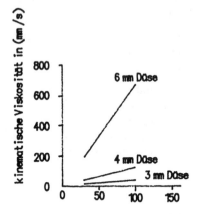

Bild 12-30:
Bestimmung der Lackviskosität mit dem
Auslaufbecher nach DIN ISO 2431.

Bild 12-31:
Zusammenhang zwischen Viskosität und
Auslaufzeit.

Man füllt den unten zugehaltenen Becher mit Lack bis zum Überlaufen und stoppt dann die Zeit, die vom Freigeben der unteren Düsenöffnung bis zum Leerlaufen verstreicht. Meistens gibt man die Zeit in Sekunden, manchmal auch die kinematische Viskosität in mm^2/s an.

12.3.1.2 Auftragskabinen

Beim Auftrag lösungsmittelhaltiger Lacke mit handbedienten Sprühpistolen verwendet man Spritzkabinen, die mit einer kräftigen Entlüftung versehen sein müssen, um die Lösungsmitteldämpfe aus dem Arbeitsraum zu entfernen. Der in nicht unerheblichem Maß entstehende Overspray, also der Lackanteil, der nicht das Werkstück trifft, kann entweder durch eine Papierauskleidung der Kabine, bei kleinen Durchsätzen z. B. in kleinen Reparaturwerkstätten oder bei Einzelstückfertigung, aufgefangen werden, oder er sollte mit Hilfe einer Wasserberieselung abgeführt werden. Die Wasserberieselung erfolgt dabei so, daß die Rückwand der Kabine ständig mit Wasser beaufschlagt wird, so daß ein auftreffender Lacktropfen fortgetragen wird. Man setzt dem Wasser dabei etwas Koagulationsmittel zu, das den Lack entklebt und zu einem austragsfähigen Feststoff werden läßt. Diese Koagulationsmittel können alkalisch oder neutral sein. Vor dem Einsatz alkalischer Koagulationsmittel muß man prüfen, ob der Lack davon nicht angegriffen wird, weil sonst die Verseifungsprodukte des Lacks zur Freisetzung der Pigmente und eventuell zu Schaumbildung führen können. Der koagulierte Lack bildet einen Lackschlamm, der sich im Becken, das sich meist unterhalb der Lackierkabine befindet, ansammelt. Das Koagulat schwimmt dabei entweder auf, oder der Schlamm setzt sich auf dem Boden des Koagulatsammlers ab, je nach Einstellung und Art des Koagulationsmittels. Der Lackschlamm (das Koagulat) muß auf jeden Fall entsorgt werden.

Beim Lackauftrag mit der Sprühscheibe ist anzumerken, daß man diese Scheibe pneumatisch vertikal bewegt, um eine Fläche zu bestreichen. Führt man die Gegenstände in einer Omega-Schleife um die Sprühscheibe, so zeigen die Gegenstände eine Drehbewegung relativ zur Sprühscheibe, wodurch die ganzflächige Beschichtung auch dreidimensionaler Werkstücke wie Boiler erfolgen kann.

Die Spritzglocke gibt einen kreisförmigen zweidimensionalen Strahl ab und ist z. B. gut zum Beschichten von flächigen Werkstücken einzusetzen. Das Spritzen mit Zerstäuberglocken erfolgt meist in Durchgangsanlagen, wobei die Beschichtung beidseitig erfolgen kann. Beim Spritzen mit elektrostatischer Unterstützung besteht stets eine elektrische Verbindung zwischen Lackversorgungs-System, Spritzpistole und Stromquelle. Gerade bei lösemittelhaltigen Lacken, bei denen leicht brennbare Lösemittel verwendet werden, stellt dies einen Gefahrenpunkt dar. Eine Variante der elektro-

Bild 12-32:
Handspritzstand mit wasserberieselter Wand, Foto Eisenmann, Böblingen.

statisch unterstützen Zerstäubung trennt die Hochspannung vom eigentlichen Lack-strom. Man zerstäubt zunächst den Lack mit Hilfe luftbetriebener Zweistoffdüsen und leitet die Tropfen in einen Hochspannungsraum, der mit Gitterelektroden ausgerüstet ist. Das Werkstück ist geerdet und wird zwischen den Gittern hindurchgeführt. Die Lacktropfen werden dann im elektrischen Feld aufgeladen und scheiden sich auf dem Werkstück ab. Dieses Verfahren trennt also Hochspannung und Lösungsmittelzufuhr und weist sicherheitstechnisch damit erhebliche Vorteile auf.

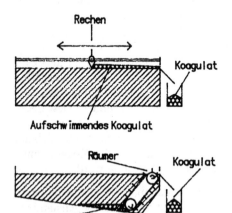

Bild 12-33: Schlammabscheidung, schematisch.

Bild 12-34: Schlammaustrag, Foto Eisenmann, Böblingen.

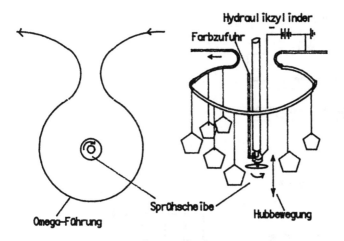

Bild 12-35: Spritzanlage mit Zerstäuberscheibe

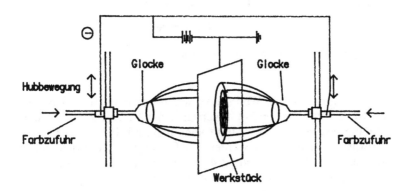

Bild 12-36: Spritzen mit einer Spritzglocke nach [96]

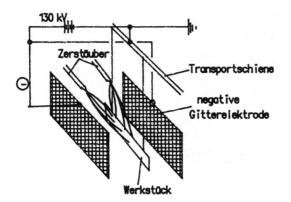

Bild 12-37: Elektrostatischer Spritzauftrag mit einer Gitterelektrode

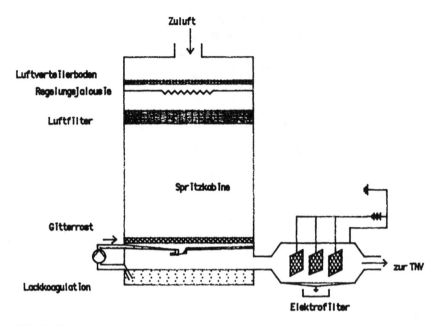

Bild 12-38: Geschlossene Spritzkabine für Automobilkarosserien

Spritzkabinen für dreidimensional große Werkstücke wie Automobilkarosserien werden mit einer von der Decke zuströmenden Zuluft versehen, die den Overspray mitführt und durch den Bodengitterrost abführt. Die Abluft kann dann mit Hilfe von Naßwäschern oder Naßelektrofiltern ausgewaschen werden. Die Entsorgung der Spritzkabinen erfolgt dann ebenfalls durch Entklebung und Adsorption des Lacks an Tonminerale, wobei das Koagulat durch Schrägklärer voreingedickt und über Zentrifugaldekanter mit hohem, deponiefähigem Feststoffgehalt ausgetragen wird.

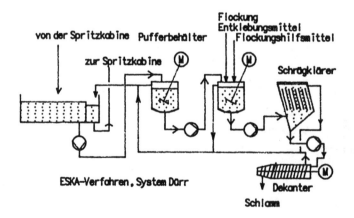

Bild 12-39: Kontinuierliche Lackkoagulation ESKA (DÜRR).

Methoden, die Koagulation des lösungsmittelhaltigen Oversprays zu vermeiden und den Lack gebrauchsfähig zurückzugewinnen, haben bislang keine große Verbreitung gefunden. Oft konnte das Problem nicht befriedigend gelöst werden, wie die zurückgewonnenen Lack wieder gebrauchsfähig zu machen ist. Man ist deshalb dazu übergegangen, Verwendungszwecke für das Koagulat zu finden. Dazu wird der Lackschlamm getrocknet, wobei Restlösemittel abgeschieden werden können, gemahlen und kann anschließend als Füllstoff für Kunststofformteile, Schwerschäume, Unterbodenschutz oder andere Anwendungen verwendet werden.

Bild 12-40:
Gekapselte Spritzkabine, Foto
Lackieranlagenbau GmbH

Spritzkabinen werden gern gegen die Umgebung abgekapselt, um die frische Lackfläche vor Staub zu schützen und um gegebenenfalls eine Klimatisierung der Spritzkabine vornehmen zu können. Bild 12-40 zeigt eine gekapselte Anlage.

Beim Rollenauftrag lösungsmittelhaltiger Lacke auf Bandmaterial entsteht naturgemäß kein Overspray. Beschichtungsanlagen für Bandmaterial werden zwar chargenweise mit Coils beschickt, arbeiten aber kontinuierlich. Um dies zu erreichen, besitzen diese Anlagen Vorratsspeicher (Schlingenstände,Schlingentürme), die mit so viel Bandmaterial gefüllt werden, wie während des Coil-Wechsels benötigt wird bzw. wie während des Coilwechsels sich vor der Aufhaspelung ansammelt. Der Auftrag lösungsmittelhaltigen Lacks kann in diesen Anlagen beidseitig und beidseitig unterschiedlich oder ein- oder beidseitig zweifach erfolgen. An den Auftragsstellen, an denen die Auftragswalzen positioniert sind, treten dabei erhebliche Lösungsmittelmengen aus, so daß man die Auftragskabine kapseln, absaugen und mit Explosionsschutzinstallation versehen muß.

Zweikomponentenlacke – 2 K-Lacke – bestehen aus Lack- und Härterkomponente, die in einem ganz bestimmten, sehr genau einzuhaltendem Mischungsverhältnis mit einander gemischt und verarbeitet werden müssen. Die Versorgung der Spritzpistole mit Gemisch wird daher durch zwei über eine Proportionalsteuerung geregelte Pumpen (Kolben- oder Zahnradpumpen), die die beiden Komponenten bis in die Nähe der Pistole getrennt führen, vorgenommen. Vor oder in der Abnahmestelle werden dann beide Komponenten mit Hilfe statischer Mischer intensiv mit einander vermischt. Der statische Mischer besteht aus einem System von Umlenkplatten, die den Förderstrom zu starker Verwirbelung zwingen. Statische Mischer können sowohl als Rohrmischer in die Zuführleitung wie auch in die Spritzpistole selber eingebaut werden.

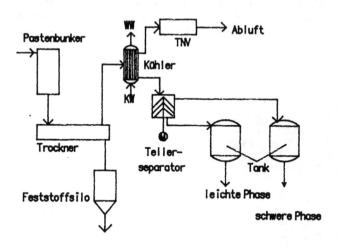

Bild 12-41: Lackschlammverwertung, System VWK.

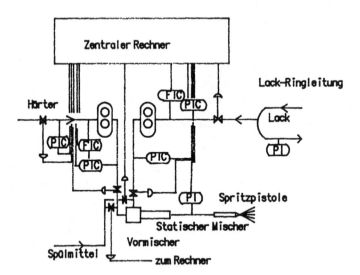

Bild 12-42: 2-K-Lackierung, System Kopperschmidt-Mueller

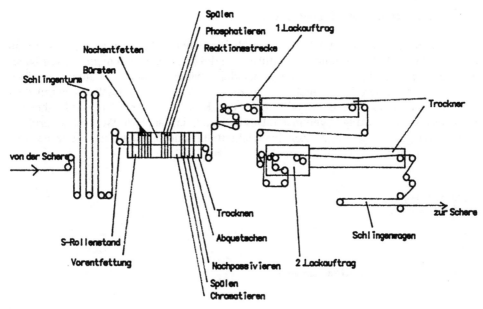

Bild 12-43: Coil-Coating-Anlage

12.3.1.3 Lackversorgung

Die Lackversorgung kann bei kleineren bis mittleren Abnahmemengen durch Verbinden der Transportgebinde mit der Lackpumpe erfolgen. Bei großen Abnahmemengen da-gegen erfolgt die Lackversorgung über eine Ringleitung. Dabei muß darauf geachtet werden, daß der Lack keine Schmutzpartikel oder Hautreste enthält und die korrekte

Verarbeitungstemperatur behält. Deshalb führen derartige Ringleitung durch Lackfilter und Wärmetauscher. Die Ringleitung steht unter Vordruck, so daß bei der Entnahme der notwendige Druck schon aufgebaut ist. Zu beachten ist, daß alle Teile und Dichtungen der Ringleitung auf der Saugseite der Pumpe dicht sind, weil sonst Luftbläschen im Lack auftreten und Fehllackierungen entstehen.

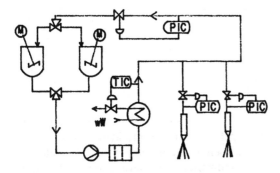

Bild 12-44: Farbversorgungssystem für Flüssiglacke

12.3.2 Abdunsten und Trocknen

Flüssige Lacke geben je nach Festkörpergehalt erhebliche Mengen an Lösemitteln an die Umgebung ab. Da sie relativ dünnflüssig sind, können sie auch nicht in jeder beliebigen Schichtdicke aufgetragen werden. Ungleichmäßige Schichten, Läufer etc. wären die Folge. Um dickere Lackschichten zu erzeugen oder um einen Lackaufbau mit zwei verschiedenen Lacken, z. B. Metallic-Lack und Klarlack zu erzielen, wird daher der Lack nach jedem Auftrag abgedunstet. Das bedeutet, das lackierte Werkstück verbleibt unter Absaugung noch einige Zeit im Lackierraum und dunstet dabei Teile der Lösungsmittel ab.

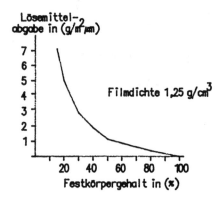

Bild 12-45: Lösungsmittelabgabe von Flüssiglacken

Man geht dabei davon aus [84], daß der Vortrockenverlust je nach Zeit, Lösungsmittelart, Raumtemperatur etc. etwa folgende mittlere Werte beträgt:

Tabelle 12-3: Vortrocknungsverlust.

Trockenzeit (min.)	Vortrocknungsverlust (Gew.%)
10	25
20	45
30	50

Erst wenn die notwendige Schichtstärke erreicht ist, wird das Werkstück in die Lacktrocknung geführt. Unter Lacktrocknung versteht man das Filmbilden und Aushärten des Lacks. Je nach Lacksorte kann das Austrocknen bei Raumtemperatur oder unter Erhitzen in der Lacktrocknungsanlage erfolgen. Industrielle Lackierungen verwenden im allgemeinen technische Hilfmittel zum Lacktrocknen.

Gebräuchliche Trocknungskammern sind beheizte Öfen, die entweder mit Heißluft betrieben oder durch Infrarotstrahler erwärmt werden. In beiden Fällen muß ein staubfreier Luftstrom durch den Ofen gezogen werden, um die abdunstenden Lösemittel aus dem Trockenraum zu entfernen. Der Mindestluftstrom, der dazu benötigt wird, muß so bemessen sein, daß die Lösungsmittelkonzentration im Luftstrom sicher unter der Explosionsgrenze bleibt. In der Trockneratmosphäre sind daher maximal 0,8 Vol. % Lösungsmitteldampf zulässig. Überschlagsmäßig kann man den Mindestluftstrom V_L, der zum Entlüften des Lacktrockners notwendig ist, wie folgt berechnen:

$$V_L = \frac{F * d * \rho * w * 22,4\ (273) + t_{Tr})}{M * 100 * 1000 * 273 * 0,008}$$

$$v_L = \frac{1,03 * 10^{-4} * F * d * w * p\ (273 + t_{Tr})}{M}$$

V_L = Mindestluftmenge in (Nm^3/h)
F = Oberflächendurchsatz (m^2/h) entsprechend O/2
O = Blechdurchsatz in (m^2/h)
d = Naßschichtdicke in (μm)
ρ = Dichte des Naßlacks in (g/cm^3)
w = Lösungsmittelgehalt des Lacks beim Eintritt in den Trocknerr (Gew. %),
    entsprechend etwa dem 0,5- bis 0,7-fachen Lösungsmittelgehalt des Einsatzlacks.
M = Mittleres Molekulargewicht des Lösungsmittels (man verwendet meist
    M = 100).
Tr = Trocknertemperatur in (°C).

In der Praxis verwendet man den 2- bis 8-fachen Wert von V_L, weil außer Lösungsmittel meist auch schwerer flüchtige Komponenten geringfügig mit verdampfen und sich sonst dadurch im Trockner Kondensat bilden könnte
Die Wärmebilanz [85] lautet

$$Q_{ges.} = Q_W + Q_{Tr} + Q_{Sch} + Q_F + Q_{Ö} + Q_{Abl.}$$

Q_W = die vom Werkstück aufgenommene Wärme (kJ/h).
Q_W = $G_W . c_p . (t_2 - t_1)$
G_W = Materialdurchsatz in (kg/h).
Cp = spezifische Wärme des Werkstücks (J/g.grd.)
t_2 = Temperatur des Werkstücks am Trocknerauslauf (°C).
t_1 = Temperatur des Werkstücks am Trocknereinlauf (°C).

Q_{Tr} ist die vom Transportsystem, an dem die Werkstücke hängen, ausgeschleppte Wärmemenge (kJ/h).

$$QT_r = G_{Tr} * c_p * (t_2 - t_1)$$

G_{Tr} = Gewicht von Transportschlitten, Gehängen etc. (kg/h)

Q_{Sch} ist die Wärmemenge, die zum Aufheizen des Beschichtungsmaterials und zum Verdampfen der Lösemittel aufgewandt werden muß (kJ/h).

$$Q_{Sch} = G_{Sch} * \left[c_{p,Sch} * (t_2 - t_o) + I_{verd.} * \frac{w}{100} \right]$$

I_{verd} = Verdampfungswärme des Lösemittels (kJ/kg), das mit w % im Lack beim Eintritt in den Ofen enthalten ist.

G_{Sch} = am Ofeneintritt gemessene durchgesetzte Lackmenge (kg/h).

$cp_{,Sch.}$ = spezifische Wärme der Lackschicht (kj/kg,grd).

t_o = Raumtemperatur der Werkhalle (°C).

Q_F = Wärmeverluste des Trockners durch Abgabe an die Umgebung in (kJ/h)

$$Q_F = F_{Ofen} * \alpha * \left(t_{Ofen} - t_0 \right)$$

t_{Ofen} = Temperatur der Außenhaut des Ofens (°C).

α = Wärmeübergangszahl zwischen Ofen und Umgebungsluft in (kJ/m^2.h.grd)

F_{Ofen} = Außenfläche des Ofens (m^2).

$Q_{Ö}$ = Wärmeverluste durch Ein- und Austrittsöffnungen am Ofen in (kJ/h).

Für Öfen mit Verschlußtür gilt

$$Q_{Ö} = \frac{2 * F_{Tür} * v * \tau * c_{p, Luft} * (t_{Tr} - t_0)}{3}$$

$F_{Tür}$ = lichte Fläche der Türöffnung in (m_).

v = Geschwindigkeit der ausströmenden Luft in (m/s), meist werden 0,1 bis 0,4 m/s angesetzt.

t = Türöffnungszeit in (s).

z = Taktzeit in (1/h).

$c_{p,Luft}$ = spezifische Wärme der Luft (kJ/m^3.grd).

Für Trockner mit Luftschleierzone an der Türöffnung gilt

$$Q_{Ö} = 2400 * F_{Tür} * c_{p,Luft} * v * (t_{LS} - t_0)$$

t_{LS} ist die Luftschleiertemperatur, die etwas niedriger anzusetzen ist, als die Ablufttemperatur, weil sie stets mit etwas Frischluft vermischt ist, die durch die Eingangstür mit eingesaugt wird vom Abluftventilator in (°C).

Q_{Abl} = Wärmeverluste durch die Abluft (kJ/h).

$$Q_{abl} = V_{Abl} * c_{p,Abl} * (t_a - t_e)$$

$V_{Abl.}$ = Abluftmenge in (m³/h].
ta   = Ablufttemperatur (°C).
$c_{p,Abl}$ = spezifische Wärme der Abluft (kJ/m³.grd).

Beim Trocknen mit Heißluft verwendet man Umluftöfen, die entweder als Trocken-kammer mit chargenweiser Beschickung oder als Durchlaufofen mit ein bis 4 Trocken-zonen ausgeführt werden, um den Energieverbrauch zu senken. Die Trocknungsluft wird zunächst sehr sorgfältig durch Filtern von Staub befreit, konditioniert und durch Heizelemente (Dampf- oder Heißwasserheizung) auf Temperatur gebracht. Ein Teil-strom der Trocknungsluft wird stets aus dem Trockner entfernt und zur Entsorgung ge-führt. Man ersetzt diesen Teilstrom durch Frischluft. Die Zufuhr der Trocknungsluft in den Umlufttrockner kann von der Decke oder seitlich oder vom Boden her erfolgen.

Bei Kammertrocknern aber auch bei Durchgangstrocknern werden die Warenein- und -ausgangsöffnungen durch sich im Takt öffnende Türen verschlossen. Man kann auch hängende Gummi- oder Kunststoffvorhänge zur Abschirmung einsetzen. Andere Durch-gangstrockner vermindern den Wärmeaustritt durch einen Luftschleier an den Öffnun-gen des Trockenkanals.

Das Trocknen mit Infrarotstrahlung ist ein sehr effektives Verfahren, das sich durch schnelle Erwärmung der Werkstücke auszeichnet. Insbesondere kann man bei dieser Trocknungsart die Wärmequelle dem Objekt und seiner Größe anpassen und muß nicht stets mit voller Heizleistung fahren. Man kann dazu die Objekttemperatur mit Strah-lungspyrometern messen und so die Heizquellen optimal einstellen.

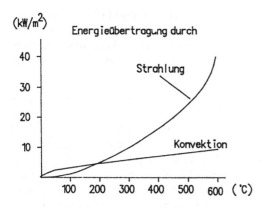

Bild 12-46: Vergleich zwi-schen IR-Strahler und konvek-tiver Wärmeübertragung.

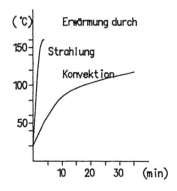

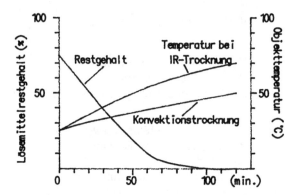

Bild 12-47: Vergleich der Aufheizgeschwindigkeit bei konvektiver
Wärmeübertragung und bei Strah-
lungsheizung.

Bild 12-48: Lösemittelrestgehalt und Objekttemperatur beim Lackeinbrennen.

Als Heizquellen kommen für eine Infrarottrocknung Dunkel- und Hellstrahler zur Anwendung. Dunkelstrahler sind entweder elektrisch betriebene Heizwendeln, die mit
dunkler Rotglut strahlen und ihr Strahlungsmaximum bei etwa 4 μm Wellenlänge besitzen, oder gasbetriebene Katalytzellen, bei denen Gas katalytisch verbrannt wird. Andere Formen der Dunkelstrahler werden durch die Flamme von Ölbrennern, die durch
Stahlrohre geführt wird, deren Außenwand als Dunkelstrahler wirkt, betrieben. Welche
Art der Beheizung gewählt wird, wird letztlich stets durch wirtschaftliche Zahlen ent-
schieden. Hellstrahler sind elektrische Glühlampen mit Oberflächentemperaturen von
etwa 2000 °C mit einem Strahlungsmaximum bei etwa 1,5 μm.

Zur Trocknung von Lackschichten auf nicht-metallischem Untergrund wie Holz oder
Kunststoff werden auch Mikrowellen eingesetzt. Mikrowellen mit Wellenlängen zwischen
1 und 10^{-3}m Wellenlänge werden dabei praktisch ausschließlich vom Lack aufgenommen,
der dadurch wirtschaftlich getrocknet werden kann. Für metallische Werkstücke sind
Mikrowellen nicht geeignet.

Zum Trocknen von Lackschichten auf Bandmaterial etc. wird gelegentlich auch
Elektronenstrahlhärtung eingesetzt. Dabei werden in einer Linearkathode Elektronenstrahlen von 20 bis 30 mA erzeugt und mit Beschleunigerspannungen von 300 bis 500
KV beschleunigt. Die Strahlen treten durch einen Strahlerkopf mit Titanfenster aus.
Man erzeugt durch Einwirkung eines magnetischen Wechselfeldes eine starke Pendel-
bewegung des Elektronenstrahls, so daß eine Flächenüberdeckung erzeugt werden
kann. Vorteil des Elektronenstrahl-Härteverfahrens ist, daß die Härtung bei Raumtemperatur erfolgt, so daß die Werkstücke keiner Temperaturbelastung ausgesetzt werden.

UV-trocknende Lacke polymerisieren durch UV-Strahlen, d. h. sie geben nur geringfügig Lösemittel ab. Die Härtung von UV-Lacken erfolgt außerordentlich schnell. Die
Härtezeiten liegen dabei bei 2 bis 10 s, wozu noch 20 bis 30 s Beruhigungsstrecke vorgeschaltet werden müssen. Als Strahlungsquelle werden dabei gepulste Quecksilber-
Hochdrucklampen eingesetzt, die mit einer Pulsfrequenz von 100 Hz eine Leistung von
80 bis 720 W/cm Bogenlänge abgeben. Moderne Entwicklungen haben hier Fortschritte

gebracht, durch die das Abstrahlungsmaximum in den Bereich sehr kurzer Wellenlängen bis hinab zu 172 nm geführt hat. Diese sehr energiereichen Strahler, sogenannte Excimer-Strahler, weisen im Gegensatz zu Quecksilberlampen eine sehr enges Wellenlängenspektrum auf, auf die sich die abgestrahlte Energie konzentriert [88]. Da UV-härtende Lacke keine Thermoplaste sind, können die Werkstücke nach dem Härten sofort abgestapelt werden. Sie benötigen keine Kühlung. Allerdings haben UV-härtende Lacke öfter Haftungsprobleme auf dem Substrat. Obgleich UV-Härtung umweltfreundlich ist und wegen der Kürze der Härtungszeit geringere Investitionskosten als bei IR-Trocknungen aufgewendet werden müssen, wird sie nicht im Regelfall eingesetzt. Begrenztes Lackangebot und im allgemeinen teure Lacke sind dafür die Ursache.

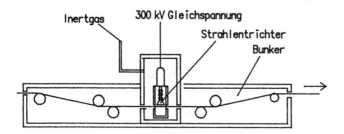

Bandbeschichtung durch Strahlhärtung

Bild 12-49: Elektronenstrahlhärtung von Bandmaterial

12.3.3 Abluftentsorgung

Beim Lackieren mit flüssigen Lacken werden Lösungsmittel und Ausbrennstoffe an die Umgebung abgegeben. Besonders beim Lackieren mit lösungsmittelhaltigen Lacken entsteht hier eine starke ökologische Belastung, die Gegenmaßnahmen erforderlich macht. Folgende Maßnahmen können getroffen werden [251, 252]

- Adsorption der Lösemittel mit Lösemittelrückgewinnung
- Regenerative thermische Nachverbrennung (RNV)
- Thermische Nachverbrennung (TNV)
- Katalytische Nachverbrennung
- Biologische Abluftreinigung

Abluftströme aus Lackieranlagen werden zunächst über Elektrofilter oder Auswaschvorrichtungen von Farbtropfen befreit. Der Abluftstrom kann dann ebenso behandelt werden wie der aus einer Abdunst- und einer Trocknungsstrecke.

Zum Auskondensieren von Lösemitteln aus einem Abgas müssen die Lösemittel zunächst aufkonzentriert werden, weil sonst die Kühlleistung der Kühlaggregate zu groß sein muß. Aufkonzentrieren kann durch Adsorption an Aktivkohle oder an Polymerpartikel (Polyad-Verfahren der Nobel Industries, Schweden) oder durch Absorption in Lösemitteln (Arasin GmbH., Voerde) erfolgen. Bei Adsorption mit Aktivkohle verfährt man meist so, daß man die Aktivkohle in einem Adsorberturm schüttet und von unten mit dem Abgasstrom durchströmt. Nach Beladung kann man die Lösemittel durch Beheizen der A-Kohle mit Heißgas oder Wasserdampf wieder desorbieren und einer Kondensation zuführen.

Adsorption an makroporöse Kunstharzkugeln erlaubt es, die beladenen Kugeln umzuwälzen und in einen Desorptionsraum zu überführen. Polymerkügelchen sind abriebfest und können so in einem Wirbelbett eingesetzt werden, so daß der Kontakt zwischen Gas und Abluft sehr intensiv ist. Die Adsorption in einer schwer verdampfbaren Flüssigkeit erfolgt dagegen in einem Rieselturm. Das Lösemittel löst die Leichtsieder. Man überführt die Lösung Leichtsieder/Lösemittel (Schwersieder) in eine Destillationskolonne und treibt die Leichtsieder aus.

Aktivkohleeinsatz als Adsorptionsmittel für Abluftströme mit geringer Lösemittelkonzentration kann auch in Form eines Adsorptionsrades erfolgen. Das Adsorptionsrad besteht aus Kammern, die mit Adsorptionsmaterial gefüllt sind. Das Rad dreht sich zunächst mit einer Kammer in den Abluftstrom. Das Adsorptionsmittel wird darin beladen. Die Kammer dreht weiter in die Desorptionszone und wird mit Heißluft vom Lösemittel befreit. Das Lösemittel liegt im Desorptionsstrom dann mit höherer Konzentration vor und kann nach Trocknung und Befreiung des Desorptionsgasstroms von Wasserdampf mit Hilfe von

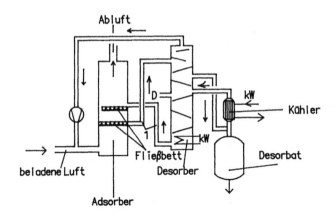

1 Kreislauf des Adsorptionsmittels
kW Kaltwasser
D Wasserdampf

Bild 12-50: Adsorptionsanlage mit Umlauf des Adsorbens. System Nobel Industries, Schweden.

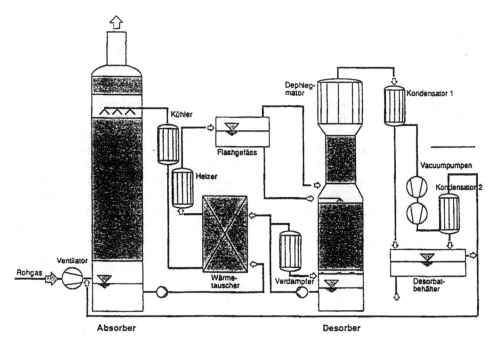

Bild 12-51: Absorption in einer Flüssigkeit. Zeichnung nach Unterlagen Fa. Arasin.

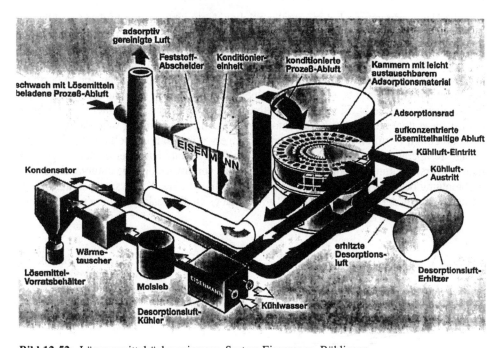

Bild 12-52: Lösungsmittelrückgewinnung, System Eisenmann, Böblingen.

Molekularsieben auskondensiert werden. Die so erhaltenen Lösemittel sind meist wieder einsetzbar. Als Adsorptionsmaterial kann in einem Adsorptionsrad auch Kohlefaserpapier mit sehr großer innerer Oberfläche eingesetzt werden, das dem Gasstrom geringeren Strömungswiderstand entgegensetzt als eine Schüttung (KPR-Verfahren, Dürr).

Lösemittelhaltige Abgasströme können auch direkt verbrannt werden. Im allgemeinen reicht dazu jedoch der Lösungsmittelgehalt in der Abluft von Lackieranlagen nicht aus, so daß man zusätzlichen Brennstoff zuführen muß. Dieses Verfahren wird thermische Nachverbrennung – TNV – oder auch thermische Abluftreinigung – TAR – genannt. Reinigt man das Abgas durch Verbrennen in einer Flamme, muß man darauf achten, daß die Verbrennungstemperatur nicht zu hoch wird. Mit steigender Verbrennungstemperatur werden in einem Brennraum, der Luft enthält, in steigendem Maße Stickoxide gebildet, die wieder entfernt werden müssen. Die günstigste Verbrennungstemperatur beträgt aus diesen Gründen 700 bis 750 °C. Damit das Verfahren wirtschaftlich wird, sollte der Lösungsmittelgehalt in der zugeführten Abluft $2 - 8$ g/m^3 betragen. Erst bei $6 - 8$ g Lösungsmittel/m^3 kann auf die Zufuhr von Brennergas verzichtet werden. Die entstehende Abwärme wird zum Vorheizen der dem Brenner zugeführten Abluft auf bis zu 600 °C verwendet. Höhere Vorwärmtemperaturen können bei etwas höheren Lösungsmittelgehalten zu unkontrollierten Zündungen führen und sind deshalb zu vermeiden. Die noch verbleibende Restwärme wird betrieblich genutzt. Die Abgase der TNV werden vor Eintritt in den Kamin durch Wärmetauscher auf 120 bis 140 °C abgekühlt. Um den Lösemittelgehalt in der Abluft zu steigern, werden mit Aktivkohle oder Kohlepapier gefüllte Adsorptionsräder eingesetzt, die zunächst das Lösemittel aufnehmen und nach Eindrehen in den Desorptionsteil durch Beschicken mit vorgewärmte Luft das Lösemittel in konzentrierterer Form wieder abgeben.

Um die Nachverbrennung bei minimaler Stickoxidentwicklung durchführen zu können, empfiehlt es sich, der Flamme einen katalytischen Nachverbrenner nachzuschalten, der für die Restumsetzung der Lösemitteldämpfe und der Teilverbrennungsprodukte wie CO sorgt. Es kann sogar die gesamte Entsorgung durch katalytische Nachverbrennung erfolgen. Eingesetzt werden Katalysatorschüttungen oder Wabenkatalysatoren, die in Form eines regenerativen Wärmetauschers angeordnet werden, weil die gesamte erzeugte Wärme im Katalysator verbleibt. Ein als regenerativer Wärmetauscher aufgebauter Nachverbrennungskatalysator enthält zwei Katalysatorkammern. In einer Kammer wird die Abluft oxidativ gereinigt, wodurch das Katalysatorbett sich erwärmt. Hat das Bett die maximale zulässige Temperatur von etwa 600 °C erreicht, wird die zweite Kammer in Betrieb genommen. Die erste Kammer dient dann dazu, die Abluft vorzuwärmen. Die katalytische Nachverbrennung benötigt nur zum Start eine Fremheizung, die das Katalysatorbett auf 450 °C vorheizt. Beträgt der Lösemittelgehalt >1g/m^3, erhält sich die Reaktion ohne Zusatzheizung.

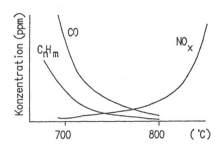

Bild 12-53: Abhängigkeit des Stickoxidgehaltes von der Verbrennungstemperatur nach [95] (Wiedergabe mit freundlicher Genehmigung des expertverlages)

Die als regenerativer Wärmetauscher geschaltete Katalysatorschüttung kann fest installiert werden, wobei die Gasströme dann jeweils umgeschaltet werden, oder sie kann in einem Adsorptionsrad untergebracht werden, das sich dann in den jeweiligen Gasstrom hineindreht. Bild 12-54 zeigt die Abluftentsorgung mit einer TNV für eine Lackierkabine. Um die Entsorgung wirtschaftlich zu gestalten, werden stets nur 10 bis 20 % der Umluft über die TNV entsorgt. Bild 12-55 zeigt die Abluftentsorgung über Adsorptionsrad und TNV für eine Spritzkabine mit Umluftbetrieb. Bild 12-56 zeigt eine Anordnung mit TNV und katalytischer Nachverbrennung. Bild 12-57 zeigt die Funktionsweise einer stationären regenerativen katalytischen Nachverbrennung mit zwei Katalysatorbetten.

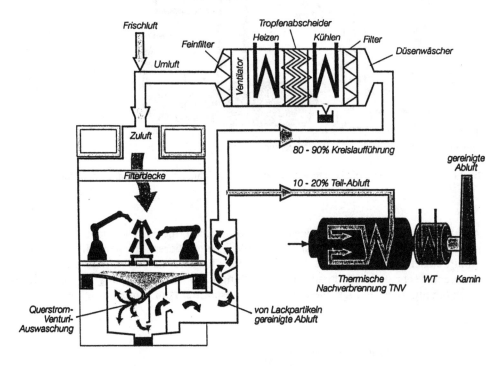

Bild 12-54: Entsorgung einer Spritzkabine mit einer TNV, Zeichnung Eisenmann, Böblingen.

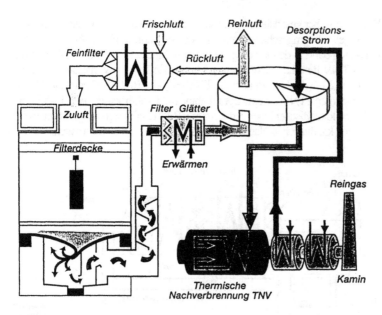

Bild 12-55: Entsorgung mit Adsorptionsrad und TNV, Zeichnung Eisenmann, Böblingen.

Abluftreinigung durch Auskondensieren, Absorbieren, thermisches oder katalytisches Nachverbrennen ist wirtschaftlich insbesondere bei größeren Anlagen mit > 2000 m³/h Abluft einsetzbar. Für kleinere Abluftströme bis herunter zu 500 m³/h und für Abluftströme mit sehr geringer organischer Belastung kann die Abluftreinigung auch biologisch durchgeführt werden, wenn geeignete Lösemittel zum Einsatz kommen.

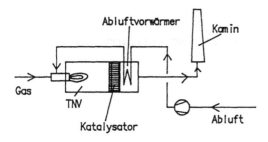

Bild 12-56: Kombination zwischen TNV und katalytische Nachverbrennung.

Eingesetzt wurde das als BIOBOX-System bekannte Verfahren nach Herstellerangaben bisher für folgende Lösemittel im Abluftstrom:

- Kohlenwasserstoffe, Benzol, Toluol, Xylol, Ethylbenzol
- Tetrahydrofuran, Methylethylketon, Cyclohexanon, Aceton
- Phenol, Bisphenol-A, Methanol, Ethanol, Formaldehyd, Ethylacetat,
- Methylmercaptan u. a.

Hierüber berichtet auch [82].

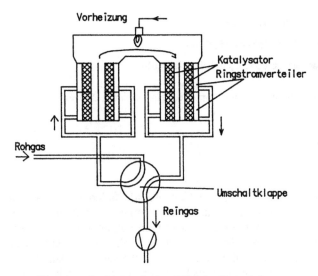

Thermokat-Verfahren, System OTTO Oeko-Tech, Köln

Bild 12-57: Thermokat-Verfahren, System OTTO Oeko-Tech.

Eine biologische Abluftreinigung besteht im Prinzip aus einer Schüttung aus Holzab-fällen etc., die als Träger für die aktive biologische Masse dient und mit ihr imprägniert wurde. Die Holzschüttung wird dabei natürlich ebenfalls angegriffen, so daß sie perio-disch der Verrottung wegen gewechselt werden muß. Andere Firmen (Seus System-Technik, Wilhelmshaven) haben daher die Holzschüttung durch eine Schüttung aus Schaumglas ersetzt, die nicht verrottbar ist. Geruchsbelästigungen, wie sie leicht beim Anfahren einer biologischen Abluftreinigung auftreten können, werden dadurch ver-mieden. Die Abluft sollte Temperaturen von 20 bis 40 °C besitzen. Sie wird zunächst durch Berieseln mit Wasser so konditioniert, daß ihre relative Feuchte > 95 % beträgt. Über einen Verteilerboden, an dem die Abluft unter leichtem Überdruck von etwa 0,1 bar steht, wird die Abluft durch die biologisch aktive Schüttung gedrückt. Bei einer Ver-weilzeit von 5 bis 20 s erfolgt in der Schüttung vollständiger biologischer Abbau. Je nach Art des Lösemittels sind 1 bis 3 m^3 Schüttung je 500 m^3/h Abluft notwendig. Das moderne Verfahren bewährt sich vor allem bei kleineren Lackierbetrieben (z. B. Repa-raturbetrieben), wozu Anlagen in Modulbauweise angeboten werden. Da bei der biolo-gischen Abluftreinigung keine erhöhten Temperaturen angewendet werden, bleibt die Abluft frei von Stickoxiden.

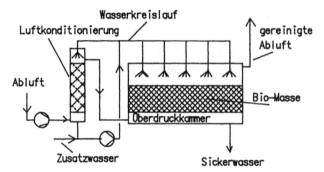

Bild 12-58: Abluftreinigung mit Bio-Filtern, System Comprimo, Selas Kirchner Umwelttechnik, Höllriegelskreuth.

12.3.4 Die Entlackung

Wer lackiert, muß auch entlacken. Zu entlackende Gegenstände fallen in Lack- und Farbenfabriken, aber auch beim Lackverarbeiter an. Verunreinigungen auf Fußböden, Bodenwaagen etc. sollten nicht mit CKW-haltigen Lösemitteln aufgenommen werden. Abstrahlen des ausgehärteten Lacks mit Stahlkugeln (z. B. Vakublast-Verfahren) bietet eine günstige Alternative. Beim Lackverarbeiter fallen zu entlackende Gegenstände sowohl in der Lackierkabine (z. B. Gitterroste) wie auch an den Aufhängevorrichtungen ständig an. Entschichtet werden müssen gelegentlich vorkommende Fehllackierungen oder Lackierungen vor dem Neubeschichten z. B. im Reparaturbetrieb. Arbeitsweisen zum Entfernen organischer Beschichtungen können physikalische (p), physikalisch-thermische (pt), chemische (c), thermische (t) und chemisch-thermische (ct) Verfahren sein.

Die physikalische Entschichtung:

Das Behandeln von Werkstücken mit Strahlmitteln wurde in Kapitel 3 behandelt. Der Einsatz von Strahlmitteln zum Entlacken ist daran gebunden, daß die Werkstücke sich unter dem Einfluß der mechanischen Belastung nicht verformen. Entlacken mit Strahlmitteln wird daher nur bei dickwandigen Formstücken durchgeführt. Der Prozeß ist ökologisch sauber durchführbar, wenn die notwendigen Schall- und Staubschutzeinrichtungen vorhanden sind. Einziger Abfall ist der anfallende Staub, der schwermetallhaltig (Pigmente, Werkstückabrieb) ist. Bei richtiger Durchführung der Arbeiten entstehen Oberflächen, die ohne oder mit geringem Vorbehandlungsaufwand wieder lackiert werden können. Als Strahlmittel für Gußeisen werden Stahlkies, für Zink, verzinkte Oberflächen oder Aluminiumwerkstoffe Glasperlen eingesetzt. Für Schienen oder andere eindimensional große Werkstücke eignen sich Durchlaufanlagen, bei denen das Werkstück unter einem Strahlkopf hindurchgezogen wird.

Das Entschichten mit Hochdruckwasserstrahlen, bei dem Drücke bis 1000 bar und Wurfleistungen bis 100 l Wasser/min. eingesetzt werden, wird z. B. zum Entschichten

Tabelle 12-4: Verfahren zum Entschichten organischer Beschichtungen.

Verfahren	Anwendung	Klassifizierung
Wasser/Sandstrahlen	Beton	p
Stahlkugelstrahlen	Stahlguß, Beton	p
Glaskugelstrahlen	Zink, Aluminium	p
Druckwasserstrahlen	Gitterroste, große Stahlbau-werke, Autokarosserien	p
Gefrierstrahlen	Entgummieren, Behälter, Tauchbecken	pt
chemisch Entlacken	alle Materialien	c
Schmelzentschichten	Eisen-u. Stahl	ct
Pyrolyse	alle anorganischen Werkstoffe, die Temperaturen oberhalb 400 °C überstehen.	t
Laser-Strahlen	versuchsweise für alle Materialien	t

und Reinigen von Gitterrosten in Lackierkabinen eingesetzt. Hierbei wird der Wasserstrahl mit dem abgetrennten Lack in die darunter liegende Koagulation gespült und dort aufgefangen. Hochdruckwassergeräte können auch zum Entlacken an große Bauwerke (z. B. Brücken) herangefahren werden, so daß man die Entschichtung vor Ort durchführt. Die abgetrennten Farbpartikel sollten aber mit feinen Netzen aufgefangen werden, weil sie schwermetallhaltig (meist sogar bleihaltig) sind. Gegebenenfalls kann man dem Hochdruckwasser Sand beimischen, was die Abrasivität des Strahlvorgangs erhöht. Das Entlacken von Autokarosserien mit Hochdruckwasser ist ebenfalls in Gebrauch. Es ist allerdings nur möglich, weil die Autokarosserie durch ihre Form zusätzliche Stabilität gewinnt. Beim Entlacken mit Hochdruckwasser fällt fest haftender Lack in Form eines feinteiligen Schlamms an, dem größere vorher lockere Lackpartien beigemischt sein können. Der Schlamm ist Sondermüll aufgrund der in ihm enthalten Schwermetalle. Durch die im Lack enthaltenen Kunstharze kann es beim Hochdruckwasserstahlen zur Bildung stabiler Dispersionen kommen, die erst gebrochen werden müssen, ehe der Schlamm abfiltriert werden kann.

Bild 12-59: Gitterreinigung durch Hochdruckwasserstrahlen, Foto WOMA.

Physikalisch-thermische Entschichtung:

Physikalisch-thermisches Entlacken liegt vor, wenn die Schicht zunächst tief gefroren wird, ehe sie mit Hilfe von Strahlmitteln von der Oberfläche entfernt werden kann. Durch das Tiefgefrieren verliert die Beschichtung ihre Elastizität und wird spröde und damit abstrahlbar. Als Kältemittel bei der als kryogenes Entschichten bezeichneten

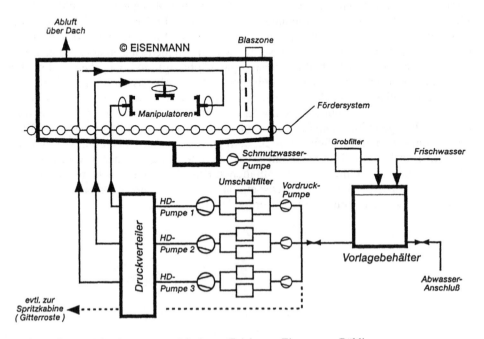

Bild 12-60: Hochdruckwasserentschlackung, Zeichnung Eisenmann, Böblingen

Arbeitsweise dienen flüssiger Stickstoff oder festes CO_2. Als Strahlmittel werden Stahlkorn oder festes CO_2 (Trockeneis, Verfahren der Firma CRYOCLEAN, Kohlensäurewerke Deutschland GmbH., Bad Hönning) eingesetzt. Werden Behälter auf diese Weise entgummiert, so benötigt man thermisch gesehen etwa 0,8 bis 1 kg flüssigen N_2/kg Werkstück. Das Verfahren ist vor allem im Reparaturbetrieb z. B. beim Entgummieren schadhafter Beizbäder vorteilhaft einsetzbar.

Chemische Entlackung:

Die in früheren Jahren durchgeführte chemische Entlackung mit Hilfe von CKW-haltigen Lösemitteln ist aus ökologischer Sicht heute nicht mehr vertretbar. Auch das Entschichten von mit PVC beschichteten Galvanikträgern mit Hilfe von CKW-Produkten sollte unterbleiben und durch kryogenes Entlacken ersetzt werden.

Chemisches Entlacken kann mit biologisch abbaubaren Lösungsmitteln oder besser mit wäßrigen Lösungen durchgeführt werden. Chemisches Entlacken ist immer umweltgefährdend. Das Entlacken mit biologisch abbaubaren Lösemitteln sollte auf Spezialanwendungen wie das Reinigen von Farbcontainern, von Siebdruckschablonen oder von empfindlichen NE-Metallen beschränkt werden, also auf Arbeiten, die in speziell dafür entwickelten abgeschlossenen Anlagen ausgeführt werden können.

Biologisch abbaubare Amine wie N-Methyl-Pyrrolidon sind z. B. zum Entlacken von Aluminiumwerkstoffen bei etwa 100 °C in wasserfreiem Zustand sehr gut geeignet. Andere Lösemittel wie Ester etc. besitzen tiefere Flammpunkte und erfordern spezielle Einrichtung zum Explosions- und Brandschutz.

Lösungsmittelfreies Entlacken kann z. B. mit konzentrierter H_2SO_4 bei 130 °C ausgeführt werden. Konzentrierte Schwefelsäure greift Eisen nicht an, zersetzt aber alle organischen Substanzen. Je nach Art der Beschichtung entsteht ein Schlamm, der überwiegend Koh-

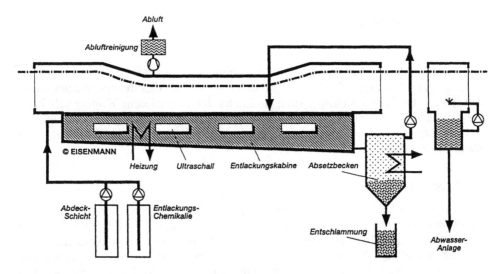

Bild 12-61: Chemische Heißentlackung, Durchlaufanlage, Zeichnung Eisenmann, Böblingen

lenstoff enthält. Die Werkstücke müssen nach der Entlackung sehr sorgfältig gespült und neutralisiert werden, um Säurekorrosion zu vermeiden.

Die meisten chemischen Entlackungen werden mit konzentrierten, stark alkalischen, wäßrigen Lösungen ausgeführt. Die Abbeizlaugen enthalten außer Alkalihydroxiden oft Komplexbildner und Tenside. Die Beschichtung wird dabei teilweise angelöst. Die Entlackungslösungen enthalten nach Gebrauch daher zusätzlich Bestandteile des Lacks und den Lack- und Pigmentschlamm. Da die Entsorgung der Entlackungsbäder schwierig und teuer ist, sollten Entlackungsarbeiten mit chemischer Entlackung Spezialfirmen übertragen werden. Alkalische Entlackungen können an vielen Materialien (Eisen, Holz etc.) im Tauchen wie auch im Spritzen vorgenommen werden.

Chemisch-thermische Verfahren sind Entlackungsverfahren, die geschmolzene Salzmischungen als reaktives Mediumverwenden. Die Entlackung erfolgt vorwiegend an Stahlteilen bei 400 bis 450 °C oder mit speziellen Salzmischungen bei 300 bis 350 °C bei Aluminiumteilen. Die Verfahren sind im Prinzip umweltfreundlich. In einem Schmelzreaktor werden Mischungen aus Alkalihydroxiden und -nitraten aufgeschmolzen. Beim Eintauchen

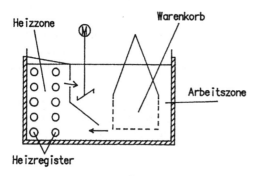

Bild 12-62: Entlackung in Salzschmelzen.

eines Werkstücks werden alle organischen Bestandteile in kurzer Zeit (20 s bis 10 min) zu CO_2, N_2 und Wasser oxidiert. Halogenatome werden in Alkalihalogenide umgewandelt. Salze, die dafür im Handel sind, sind unter der Bezeichnung Kollene erhältlich. Vorteil des Verfahrens ist es, daß selbst sehr dicke Gummischichten problemlos entfernt werden können. Nachteilig wirkt sich bei manchen Werkstücken die Temperaturbelastung (Verzug) aus.

Pyrolytische Entlackung:

Unter pyrolytischer Entlackung versteht man das Verschwelen der organischen Beschichtung bei Temperaturen > 400 °C. Verschwelen kann direkt durch Einwirkung von heißen Gasen einer Brennerflamme oder durch Einwirken heißer Sandpartikel in einem Wirbelbett erfolgen. In beiden Fällen entsteht ein brennbares Schwelgas, daß wieder zum Beheizen des Schwelprozesses verwendet wird. Beim Verschwelen unter dem Einfluß heißer Brenngase besteht größere Gefahr des Verziehens der Werkstücke, weil oft ungleichmäßige Temperaturverteilungen entstehen. Verschwelen in einem aus Sand-partikeln bestehenden Wirbelbett birgt diese Gefahr sehr viel weniger, weil die Tempe-raturverteilung im Wirbelbett einheitlich ist. Zudem wirkt das Wirbelbett leicht abrasiv und unterstützt damit den Schwelprozeß. Die Bilder 12-63 und 12-64 zeigen die Heiß-gas- und die Wirbelbett-Pyrolyse. Bild 12-65 zeigt, daß die Energieverluste bei der Pyrolyse sehr gering sind. Bei pyrolytischer Entlackung entsteht im Endeffekt lediglich ein schwermetallhaltiger Pigmentschlamm bei Naßauswaschen des Staubes aus dem Schwelgas. Es hat nicht an Versuchen gefehlt, die Entlackung empfindlicher Teile mit Hilfe der Lasertechnik durchzuführen Nach [89] sind erstmals erfolgreiche Entlak-kungsversuche mit Lasern mit einer Leistung von 0,3 m^2/h durchgeführt worden. Mo-derne Anlagen verarbeiten bis zu 10 m^2/h bei Kosten von etwa 5 €/m^2. Eingesetzt wer-den gepulste CO_2-TEA-Laser (**T**ransverse **E**xcitation at **A**tmospheric **P**ressure) mit Pulsenergien > 7 J, einer maximalen Wiederholungsrate von 399 Hz und einer mittle-ren Leistung von 2000 W. Die Anschlußleistung beträgt 30 KW, der CO_2-Verbrauch < 10 l/min und der Wasserverbrauch 60 l/min. (Daten der Anlage HL 2000, URENCO Deutschland, Jülich).

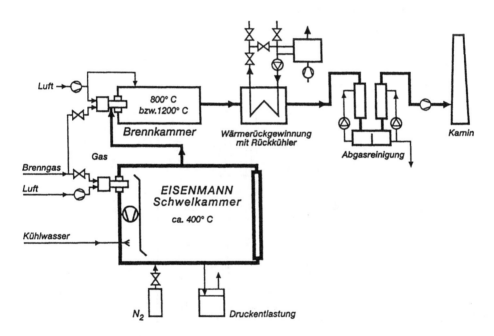

Bild 12-63: Thermische Entlackung mit heißen Gasen, Zeichnung Eisenmann, Böblingen

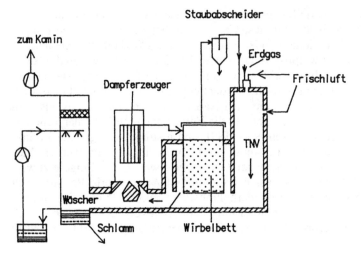

Bild 12-64: Wirbelbettpyrolyse, System Schwing

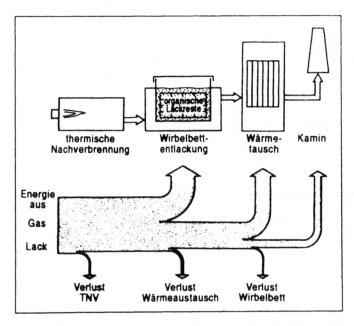

Bild 12-65: Energiebilanz bei der Wirbelbett-Pyrolyse, Zeichnung Schwing

12.4 Wasserhaltige Lacke

Lösungsmittel und Ausbrennstoffe sind Lackbestandteile, die die Umwelt belasten und umfangreiche Schutzmaßnahmen erforderlich machen. Ersetzt man dagegen organische Lösungsmittel ganz oder teilweise durch Wasser, wird das ökologische Problem reduziert. Zu diesen als wasserhaltige Lacke bezeichneten Industrielacken gehören Lacke, die durch Anwendung des elektrischen Stroms aufgetragen werden (Elektrotauchlacke), Lacke, die wie die Lösungsmittelhaltigen Lacke appliziert werden (sogenannte Wasserlacke) und Lacke, die aus einer organischen Dispersion in Wasser bestehen (Dispersions – Wasserlacke). Während Dispersions-Wasserlacke sich insbesondere im Bautenschutz als lufttrocknende Lacke und erst spärlich in der Metallbeschichtung als Einbrennlack eingeführt haben, ist die Anwendung von Elektrotauchlacken bereits weit verbreitet.

12.4.1 Wasserlacke

Unter Wasserlacken werden mehrere unterschiedliche Lacktypen verstanden:

- Lacke mit wasserlöslichen Bindemitteln
- Hydrogele
- Microdispersionslacke
- Dispersions-Wasserlacke.

Lacke mit wasserlöslichen Bindemitteln enthalten niedrigmolekulare Bindemittel (Polyester, Acrylate, Epoxide, Epoxiester, Alkydharze etc.), die mit ionischen Gruppen wie COOH-Gruppen substituiert wurden. Derartige polymere Polycarbonsäuren sind wasserunlöslich, werden aber wasserlöslich, wenn man sie in die Salzform überführt. Dabei entstehen aber keine echten Lösungen im physikalisch-chemischen Sinn, bei denen einzelne Molkülionen im Wasser gelöst sind, sondern Lösungsaggregate von etwa 30 bis 150 Molekülionen, die zu einem Mikrokolloid zusammengelagert sind. Zur Bildung von Salzen versetzt man die Polycarbonsäuren mit organischen Aminen vom Typ R_3N, so daß die Ammoniumsalze entstehen. Die Ammoniumsalze haben in wäßriger Lösung pH-Wert > 7. Der Amingehalt der Lacke beträgt etwa 0,1 bis 0,5 %. Verwendet man leicht verdampfbare Amine, so trocknet der Lack schon an der Luft, weil das Amin verdampft. Schwerer verdampfbare Amine müssen eingebrannt werden, wobei zu beachten ist, daß die Amine nach der TA-Luft in Klasse II eingeordnet werden müssen. Da der Verlauf der Wasserlacke ohne Lösungsmittel nur unvollständig ist, enthalten derartige Lacke Co-Solventien organischer Natur in 5 bis 15 % für Spritzverfahren und 20 bis 25 % für Tauchlacke. Außer physikalisch trocknenden Wasserlacken werden aushärtende Systeme, die oxydativ trocknen, chemisch vernetzen oder aus 2-K-Lacken bestehen, angeboten.

Hydrogele sind Wasserlacke, die höhermolekulare Polymere enthalten. Die Polymere sind ebenfalls mit ionischen Gruppen versehen. Da der Polymerisationsgrad der Polymere zu groß ist, bilden Hydrogele bei Zusatz von Aminen salzartige kolloidale Lösungen.

Dispersions-Wasserlacke enthalten in Wasser emulgierte Polymerpartikel aus hochmolekularen Kunststoffen wie Polystyrol, Butadien-, Acrylat- oder Vinyl-Polymere, denen bis 5 % organische Lösungsmittel zur Verbesserung der Filmbildung zugesetzt werden. Ferner ist es notwendig, Stabilisatoren zur Stabilisierung der Emulsions- und der Pigmentpartikel hinzuzusetzen.

Eine Abart der Dispersions-Wasserlacke sind die Plastisole, die aus mit Weichmachern plastifiziertem PVC-Dispersionen bestehen. Setzt man dem PVC-Plastisol Treibmittel und „Kicker" (Beschleuniger zur Verbesserung des Treibmittelzerfalls) hinzu, lassen sich PVC-Plastisole bei definierter Temperatur zu einem stabilen Weichschaum mit geschlossenen Poren aufschäumen (Verwendung z. B. Hammerstielumkleidungen, Vinyltapeten etc.). Eine Abart der Dispersionen mit noch kleinerer Teilchengröße wird als Microdispersionslack bezeichnet. Ebenfalls in die Kategorie der Wasserlacke gehören die APS-Lacke (Aqueous Powder Slurries), bei denen feinste Lackpulver in Wasser dispergiert werden. Wasserlacke auf Basis wasserlöslicher Polymerer haben relativ niedrige Festkörpergehalte. Wasserlacke auf Dispersionsbasis dagegen haben hohe Festkörpergehalte. Die Viskosität von Dispersions-Wasserlacken ändert sich beim Verdünnen mit Wasser linear zum Wassergehalt. Dispersions-Wasserlacke können sowohl physikalisch trocknen durch Verdampfen des Wassers als auch chemisch vernetzen.

Die Verarbeitung von Wasserlacken aller Art entspricht der von lösungsmittelhaltigen Bild 12-68 zeigt ein Blockschaltbild einer Wasserlack-Versorgungsanlage nach [90]. Man kann Anlagen, die mit lösemittelhaltigen Lacken betrieben wurden, auch auf Wasserlacke umstellen. Dazu muß man nur die Lackversorgung vor der Entnahme durch ein Spezialgerät (Lieferant Nordson) elektrisch unterbrechen, weil die elektrische Leitfähigkeit des Wasserlacks ungleich höher ist und somit die Stromversorgung etc. der Spritzpistolen zusammenbrechen würde.

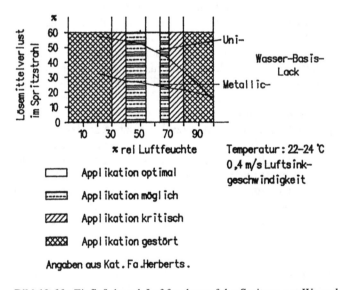

Bild 12-66: Einfluß der rel. Luftfeuchte auf das Spritzen von Wasserlack nach Fa. Herberts

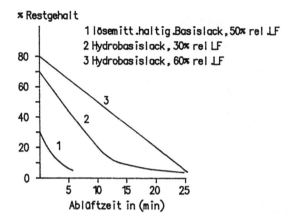

Bild 12-67: Ablüftverhalten von Wasserlacken nach [90]

Wiedergabe mit freundlicher
Genehmigung des expertverlages

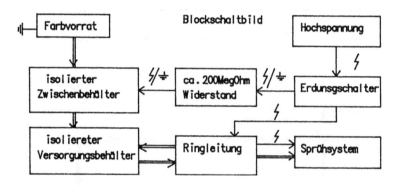

Bild 12-68: Blockschaltbild einer Wasserlack-Versorgungsanlage nach [90]

Während Dispersions-Wasserlacke in einer chemischen Abwasserbehandlung mit einer
$Fe(OH)_3$-Fällung entsorgt werden müssen, wurden für die Overspray-Entsorgung löslicher Wasserlacke Systeme zur Lackrückgewinnung entwickelt. Fängt man den Overspray mit Hilfe einer Wasserwand auf, so erhält man eine verdünnte wäßrige Lack-
lösung, die wie jede Lösung eines organischen Salzes wieder aufkonzentriert werden
kann. Man kann die Lösung im Vakuum eindampfen (Bild 12-69), wobei die Gefahr besteht, daß leichtflüchtige Lackbestandteile mit in das Destillat überführt werden und
dem recyclierten Lack nachgesetzt werden müssen. Man kann den Lack auch durch
eine Ultrafiltration aufkonzentrieren (Bild 12-70), wobei ebenfalls kleine Moleküle der
Lackkomposition nachgesetzt werden müssen. Weitere Möglichkeiten bestehen in der
Lackabtrennung durch Elektrophorese, bei der der Lack als freier Lack abgeschieden
und zurückgewonnen wird und die Bestandteile des Kations des Lacks nachgesetzt werden müssen, was aber zu einem sehr reinen recyclierten Lack führt. Deshalb wurde aus
Ultrafiltration und Elektrophorese eine Kombination entwickelt, die den Lack zunächst
in einer Ultrafiltration aufkonzentriert und anschließen in einer Elektrophorese zurückgewinnt (Bild 12-71).

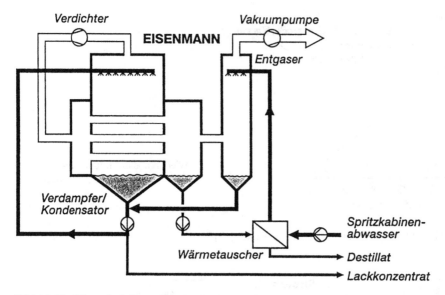

Bild 12-69: Wasserlack-Recycling durch Eindampfen. Zeichnung Eisenmann, Böblingen.

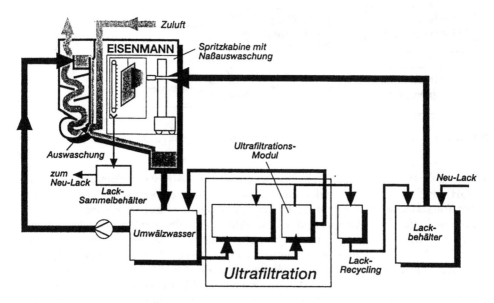

Bild 12-70: Wasserlack-Recycling durch Ultrafiltration, Zeichnung Eisenmann, Böblingen

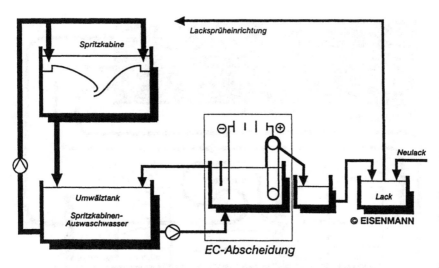

Bild 12-71: Wasserlack-Recycling durch Elektrophorese, Zeichnung Eisenmann, Böblingen

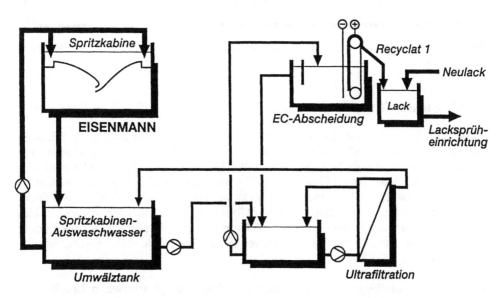

Bild 12-72: Wasserlack-Recycling im Hybridverfahren, Zeichnung Eisenmann, Böblingen

Eine Komplettanlage für den Einsatz von Wasserlack als Grund- und Decklack zeigt Bild 12-73. Allerdings werden hier aus Gründen der Betriebssicherheit um eventueller Streifenbildung vorzubeugen nicht alle Vorteile des Wasserlacks ausgenutzt, der im Prinzip das Arbeiten naß-in-naß ermöglicht, so daß auf eine Trocknung nach der Vorbehandlung (Eisenphosphatierung) nicht verzichtet wurde.

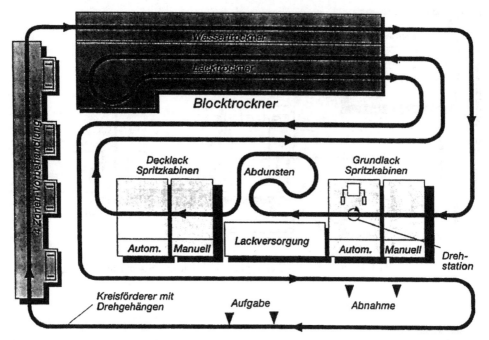

Bild 12-73: Mit Wasserlack betriebene Stoßdämpfer-Lackierstraße, Zeichnung Eisenmann, Böblingen

12.4.2 Elektro-Tauchlacke (ETL)

Wasserlösliche Lacke bestehen aus Anionen und Kationen. Führt man in ein mit wasserlöslichen Lacken befülltes Becken Elektroden ein und legt man eine Gleichspannung an, so wandern die anionischen und kationischen Bestandteile des Lacks in Richtung der Anode bzw. Kathode. Ist die Elektrode, an der die ionisierten Lackmoleküle sich anlagern, das Werkstück, so kann man die Wanderung im elektrischen Feld zur Beschichtung des Werkstücks verwenden. Auf dieser Grundlage basiert die Elektro-Tauchlackierung, die man je nach Polung des Werkstücks in eine anaphoretische Tauchlackierung (Werkstück ist Anode) und eine kataphoretische Tauchlackierung (Werkstück ist Kathode) unterteilen kann.

12.4.2.1 Prinzipielles der anaphoretischen und der kataphoretischen Tauchlackierung

Bei der anaphoretischen Tauchlackierung werden Filmbildner eingesetzt, die mit Säuregruppen (meist -COOH) substituiert sind. In wäßriger Lösung bilden diese Moleküle nach Zusatz einer Amin-Base mikrokolloidale Polyanionenmoleküle und Ammoniumkationen. Während die freie Polysäure in Wasser unlöslich ist, ist das Polyanion relativ gut löslich. Taucht man das Werkstück in ein mit anaphoretischem Tauchlack gefülltes Becken ein und legt den Pluspol einer Gleichstromquelle an das Werkstück (Anodenschaltung), so wandern die Polyanionen des Filmbildners zum Werkstück. An Anode und Kathode spielen sich folgende Elektrodenreaktionen ab:

Anodenreaktionen: Filmbildungsreaktion

$$(RCOO^-)_n + n\,H^+ = (RCOOH)_n$$

Die Protonen werden durch Wasserelektrolyse gleichzeitig erzeugt:

$$2\,H_2O = 4\,H^+ + O_2 + 4\,e$$

Durch die Reaktion des Anions mit dem Proton verliert das Mikrokolloid seine elektrische Ladung und koaguliert, weil das Molekülion entladen und damit unlöslich geworden ist, und weil jetzt die Abstoßungskräfte zwischen den einzelnen Partikeln zu klein sind. Dadurch entsteht auf dem Werkstück ein stark saurer, wasserunlöslicher Film. Metallionen werden von diesem Film sehr leicht aufgenommen und gebunden.

Als unerwünschte Nebenreaktion geht etwas Werkstückmaterial (z. B. Eisen) in Lösung

$$Fe = Fe^{2+} + 2\,e$$

Die Eisenionen verbleiben im Lackfilm und erzeugen bei hellen Farbtönen einen gelblichen Stich.

An der Kathode spielen sich folgende Reaktionen ab:

Wasserzersetzung

$$2\,H_2O + 2\,e = H_2 + 2\,OH-$$

$$OH- + Y_3NH+ = Y_3N + H_2O$$

Der pH-Wert in mit anaphoretischen Elektrotauchlacken gefüllten Becken beträgt etwa 9. Bei der kataphoretischen Tauchlackierung (KTL) verwendet man wasserlösliche Lacke, deren Moleküle mit Amingruppen substituiert wurden. Auch diese Lacke sind in der Form der freien Polybase wasserunlöslich, werden aber auch in Form der Polykationen wasserlöslich. Um sie in diese Form zu überführen, wird Essigsäure zugesetzt, die mit den Lackmolekülen ein Polyammoniumacetat bildet, die als lösliche Mikrokolloide im KTL-Becken vorliegen. Das Werkstück wird im KTL-Bad als Kathode geschaltet, wodurch es während der gesamten Beschichtungszeit kathodisch gegen Korrosion geschützt wird. Folgende Anoden- und Kathodenreaktionen treten auf:

Kathodenreaktion:

$$2\,H_2O + 2\,e = H_2 + 2\,OH^-$$

$$[Po - N(R)_2\,H]_n^{n+} + nOH^- = [Po - N(R)_2]_n + nH_2O$$
$$\text{(Filmbildungsreaktion)}$$

Anodenreaktion:

$$2\,H_2O = 4\,H^+ + O_2$$

$$CH_3COO^- + H^+ = CH_3COOH$$

Nebenreaktionen wie das Anlösen von Eisen erfolgen dabei nicht. Die Abscheidung eines Lackfilms bedeutet, daß zunächst eine bestimmte Menge an OH-Ionen in der am Werkstück adhärierenden Grenzschicht produziert werden muß, ehe es zur ersten Koagulation auf dem Werkstück kommt. Man kann sich dies vereinfachend so vorstellen, daß erst eine Anzahl an Ammoniumgruppen auf einem Mikrokolloid-Partikel neutralisiert werden müssen, ehe die elektrische Ladung klein genug ist, so daß eine Abscheidung entstehen kann. Dies bedingt, daß unmittelbar an der Werkstückoberfläche stark alkalische Bedingungen vorliegen [92].

12.4.2.2 Technische Elektrotauchlackierungen

Die Abscheidung von Elektrotauchlacken ist mit einem Stromfluß verbunden. Das Werkstück muß also ein elektrischer Leiter sein. Da zu Beginn der Abscheidung die gesamte Werkstückoberfläche leitend ist, wird am Anfang bei konstanter Spannung eine relativ hohe Stromdichte verwendet. Bleibt die Spannung konstant, sinkt die Stromdichte, weil schon von Lack bedeckte Werkstückoberflächen eine schlechtere Leitfähigkeit besitzen. Während die Stromdichte mit Dauer der Abscheidung sinkt, steigt die Schichtdicke an (Bild 12-74). Sobald die Außenflächen des Werkstücks mit Lack bedeckt und damit in ihrer elektrischen Leitfähigkeit gemindert sind, folgen die Lackfäden den Stromfäden in das Innere von Hohlräumen. Bis hin zu einer von der Werkstückkonstruktion abhängigen Tiefe erfolgt so eine Umgriff. Die in gleichen Beschichtungszeiten erzielbare Schichtdicke ist von der Beschichtungstemperatur abhängig und steigt mit steigender Temperatur (Bild 12-75) [249].

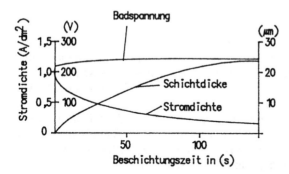

Bild 12-74: Verlauf der Entwicklung der Schichtstärke, Badspannung und Stromdichte innerhalb der Beschichtungszeit bei einer ETL.

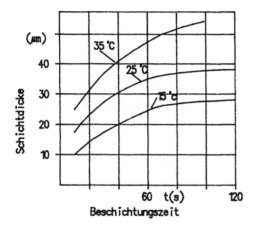

Bild 12-75:
Temperaturabhängigkeit der
Beschichtung

Bei der anaphoretischen Tauchlackierung werden Spannungen von 100 bis 450 Volt angelegt, wobei Stromdichten von etwa 0,25 A/dm^2 eingesetzt werden. Dabei entsteht beachtlich viel Wärme von etwa 7,5 J/dm^2, die über Wärmetauscher abgeführt werden muß. Die Temperaturkonstanz soll bei anaphoretischen Tauchlackierungen etwa 30+/ - 0,5 °C betragen. Bei der kataphoretischen Tauchlackierung werden nur Spannungen von bis etwa 100 V bei Stromdichten von 0,08 bis 0,1 A/dm^2 benötigt. Die elektrischen Kosten sind vergleichsweise für eine KTL geringer. Die elektrische Leitfähigkeit der Tauchlacke sollte gering sein, weil sonst zu viel elektrische Energie in Wärme umgesetzt wird. Produzierte Wärme muß wieder abgeführt werden. Angaben über die einzuhaltende Temperaturkonstanz schwanken bei KTL-Verfahren zwischen +/- 0,5 bis +/- 2 °C.

Anaphoretische Tauchbäder bestehen aus einem elektrisch durch Beschichtung isolierten Stahlbecken, in das isolierte Kathodenbleche eingehängt sind. Es können zwei verschiedene elektrische Verschaltungen vorgenommen werden:

Einmal kann man das Werkstück isoliert aufhängen und als Anode schalten. Becken und Kathode werden dann geerdet. Zum anderen kann man Werkstück und Becken erden und die Kathode auf Spannung setzen. Dann müssen aber außer der Wannen auch alle Einbauten im Becken durch Beschichtungen isoliert werden, um wilde Abscheidung zu vermeiden.

Tauchbecken für kataphoretische Lackierungen bestehen aus Stahl. Sie sind innen durch Beschichtungen isoliert und vor Korrosion geschützt. Die Becken werden geerdet. Im Becken angebracht sind Edelstahl- oder Graphitanoden, die in einem speziellen Anolytenraum untergebracht sind. Der Anolytraum ist mit dem Lackbecken über eine halbdurchlässige (semipermeable) Membran verbunden, die ihn frei von Lackmolekülen hält. Bild 12-76 zeigt eine Explosionszeichnung einer Anode. Die Anolytflüssigkeit wird dem Anolytraum entnommen. Sie enthält eine verdünnte Essigsäure, die wieder zum Neuansatz des Lacks verwendet wird.

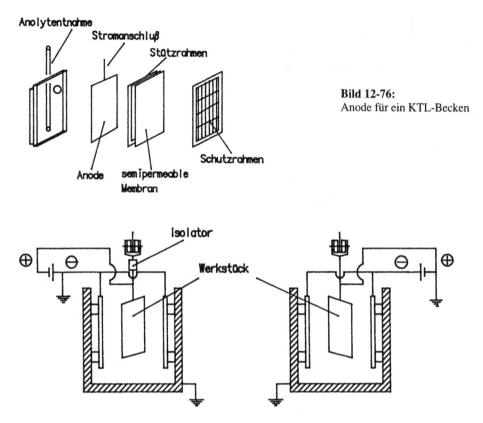

Bild 12-76:
Anode für ein KTL-Becken

Bild 12-77: Schaltbild für anaphoretische Tauchlackierungen.

In den Bädern sollte durch Umpumpen für eine Strömung von 0,2 bis 0,3 m/s gesorgt werden, damit die Lackmolekülionen rasch genug an die am Werkstück haftende adhärierende Schicht und die Gegenionen genügend rasch an die Gegenelektrode gelangen können. Die Pumpen sollten 2- bis 3-mal/h den Badinhalt umwälzen. Beim Eintauchen des Werkstücks in das ETL-Bad kann man sowohl stromlos als auch unter Strom arbeiten. Wird das Werkstück unter vollem Strom eingetaucht, muß die Stromquelle eine hohe Stromspitze aufbringen, weil die elektrisch leitende Oberfläche noch maximal groß ist. Sind dann auf der Oberfläche noch Reste von Wasser, kann es zu einer örtlichen Verdünnung des Lacks und damit zu Filmstörungen kommen. Bei stromlosem Einfahren der Werkstücke werden diese beim Eintauchen zunächst zur Bipolarelektrode, d. h. die der Kathode zugewandte Seite wird anodisch, die der Anode zugewandte Seite kathodisch polarisiert. Hierdurch kann es zu Rücklösungen bei den ersten abgeschiedenen Lackmengen kommen.

Nach Erreichen der gewünschten Schichtdicke werden die Werkstücke aus dem Tauchbecken gehoben. Da der anhaftende Lack wasserlöslich, der abgeschiedene wasserunlöslich ist, kann man überschüssigen Lack mit Wasser abwaschen. Dieses Spülwasser wird weitgehend im Kreislauf geführt, in dem man den hochverdünnten Lack durch

Ultrafiltration aus dem Spülwasser abtrennt. Die zum Spülen notwendige Permeat-
menge beträgt etwa 1 bis 2 l/m² Oberfläche. Eine Schlußspülung erfolgt dann mit vollentsalztem Wasser. Bild 12-78 zeigt den Anolytkreislauf in einer KTL-Anlage. Verbleibende Tropfen können mit Hilfe eines Luftstroms 30-35 m/s) oder eines elektrischen
Tropfenabscheiders vom Unterrand des Werkstücks entfernt werden. Durch den Abscheidevorgang verarmt das Lackbad an Bindemittel und an Pigment. Die Pigmente
sind zwar selbst elektrisch weit weniger aufgeladen, sie sind jedoch von Bindemittel-
molekülen umhüllt, so daß sie beim Abscheidevorgang mit abgeschieden werden. Dabei ist die Relation zwischen Bindemittel und Pigment im abgeschiedenen Film durchaus nicht immer gleich der in der Badflüssigkeit. Es kann sowohl zu Verarmungen wie
zu Anreicherungen an Pigment im Film kommen.

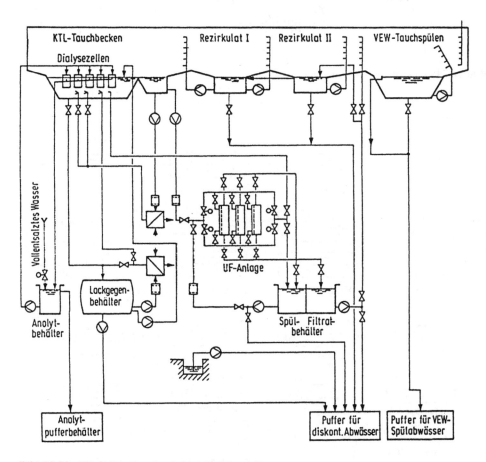

Bild 12-78: Fließbild eines Anolytkreislaufs nach Dürr.

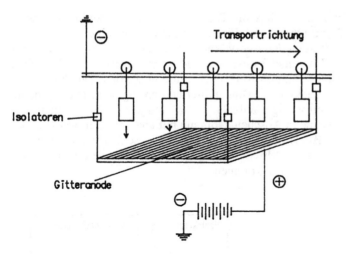

Bild 12-79: Elektrischer Tropfenzieher.

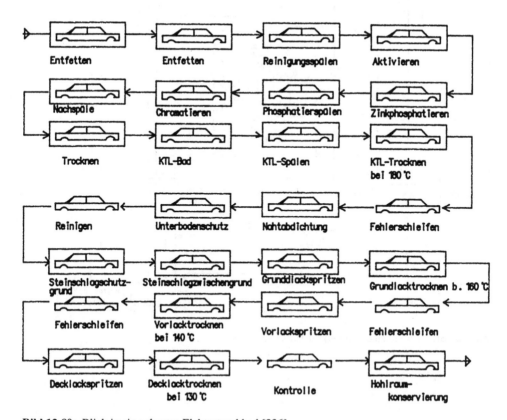

Bild 12-80: Blick in ein geleertes Elektrotauchbad [226]

Typische Angaben zu einem KTL-Lack sind [93]:

- Beschichtungszeiten   30 – 120 s
- Beschichtungsspannung   40 – 100V
- Badtemperatur   25 +/- 2 °C
- Stromdichte   8-10 A/m^2
- Aufbruchspannung   250 V

Kennwerte des Badmaterials:

- Feststoffgehalt   9 – 11 %
- Lösemittelgehalt   5 +/- 1 %
- pH-Wert   7 +/- 0,5
- Leitwert   1 – 1,5 mS/cm
- MEQ-Wert   40 – 70

Kenndaten des Liefermaterials:

- Feststoffgehalt   65 +/- 2 %
- Lösemittelgehalt   29 +/- 2 %
- Wassergehalt   6 %

Der MEQ-Wert gibt an, wieviele Basengruppen in 1 g Lack enthalten sind. Er wird maßanalytisch durch Titration mit HCl bestimmt. Die KTL hat sich heute gegenüber der ATL weitgehend durchgesetzt. Insbesondere die Automobilindustrie verwendet im Grundlackbereich fast ausschließlich die KTL.

12.5 Pulverlackierung

Der Auftrag pulverförmiger Lackpartikel kann durch Anwendung der Sprühtechnik oder durch Tauchen des Werkstücks in ein Pulverlack-Fließbett erfolgen. Die erste, weit häufiger angewendete Technik wird allgemein als Pulverlackierung die zweite als Wirbelsintern bezeichnet. Ferner wird das Flammspritzen von Kunststoffpulvern erwähnt.

12.5.1 Pulverlacke

Pulverlack ist ein staubförmiges Produkt von etwa 20 bis 60 µm Korngröße, das mit Luft dispergiert (fluidisiert) und damit fließfähig gemacht wird. Pulverlacke werden aus den verschiedensten zunächst thermoplastischen Kunststoffen hergestellt. Pulverlacke werden vielfach mit aushärtenden Zusätzen vermischt, die bei Herstelltemperatur der Lacke nicht reagieren, sondern erst bei der vorgeschriebenen Einbrenntemperatur in Reaktion treten. Beispiele für Härtereaktionen von Pulverlacken zeigt Tabelle 12-3. Die Einbrenntemperatur von Pulverlacken liegt bei etwa 180 bis maximal 240 °C. Dabei ist zu beachten, daß die Schmelzviskosität von aushärtenden Pulverlacken eine Temperatur-Zeitfunktion ist, weil die Viskosität mit steigender Aushärtung (Vernetzung) ansteigt. Nach [94] gilt formal für die Viskositäts-Temperatur-Zeitkurve für schmelzende, aushärtende Pulverlacke

$$\ln \eta \;=\; \ln \eta_0 + \frac{\Delta H_1}{RT_{(t)}} + K_0 \int e^{\frac{\Delta H_2}{RT_{(t)}}} * dt$$

Darin bedeuten:

T(t)	die Aufheizkurve (Temperatur-Zeit-Kurve)
R	die universelle Gaskonstante
o	die Viskositätskonstante
K_0	die Reaktivitätskonstante
ΔH_1 und ΔH_2	Aktivierungsenergien

Im zweiten Term dieser Gleichung wurde dabei ebenfalls die Temperatur-Zeitfunktion eingeführt, weil die Viskosität auch ohne eine Härtereaktion von der Aufheizkurve abhängig ist.

Die Schichtdicke von Pulverlacken ist höher als die von mit Wasser oder organischen Lösemitteln verdünnten Lacken, weil Pulverlacke fast ohne irgendeine Emission eingebrannt werden. Erst deutlich oberhalb Einbrenntemperatur entsteht durch Lackzersetzung eine Emission.

Neben der Viskosität von Pulverlacken während des Einbrennvorganges ist die Benetzung der Oberfläche, ausgedrückt durch die Oberflächenspannung, von Bedeutung für die Qualität der Lackierung. Schematisch zeigt den Zusammenhang zwischen Lackierqualität, Schmelzviskosität und Oberflächenspannung das Bild 12-82. Es gibt demnach einen bestimmten Bezirk, in dem eine einwandfreie Lackierung erzielt werden kann, und den man aufsuchen muß.

Die Anlieferung von Pulverlacken erfolgt in Metallcontainern, teilweise mit eingebauter Fluidisierungseinrichtung, oder in Big Bags.

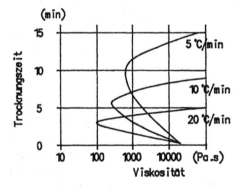

Bild 12-81: Viskosität von Pulverlackschmelzen bei verschiedenen Aufheizgeschwindigkeiten nach [94] (Wiedergabe mit freundlicher Genehmigung des expert verlages)

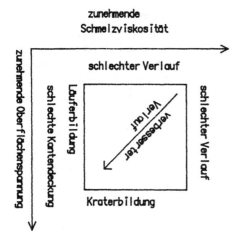

Bild 12-82:
Zusammenhang zwischen Lackier-
bild und Eigenschaften des Lacks
beim Einbrennen nach [94]
(Wiedergabe mit freundlicher
Genehmigung des expert verlages)

Tabelle 12-5: Härtungsreaktionen bei häufig eingesetzten Pulverlacken.

$$Pol.-O-CH_2-\overset{O}{\overset{\diagdown}{CH}}-CH_2 + HO-Ar \longrightarrow Pol.-O-CH_2-CH-\overset{OH}{\overset{|}{CH_2}}-O-Ar$$

Epoxiharz   phenolischer
                   Härter

$$Pol.-O-CH_2-\overset{O}{\overset{\diagup\diagdown}{CH}}-CH_2 + HN(R)_2 \longrightarrow Pol.-O-CH_2-\overset{OH}{\overset{|}{CH}}-CH_2-N(R)_2$$

Epoxiharz   Aminhärter

$$HOOC-R-COOH + 2\, CH_2-\overset{O}{\overset{\diagup\diagdown}{CH}}-CH_2-Pol.$$

$$Pol.-CH_2-\overset{OH}{\overset{|}{CH}}-CH_2-O-CO-R-CO-O-CH_2-\overset{OH}{\overset{|}{CH}}-CH_2-Pol.$$

Dicarbonsäurehärtung

12.5.2 Pulverlackauftrag und -kabinen

Das Versprühen von Pulverlacken erfolgt mit elektrostatischer Unterstützung. Dabei werden die Lackpartikel je nach Bauart der Koronapistole, positiv oder negativ aufgeladen, und das Werkstück geerdet. Da die Pulverlacke mit einem spezifischen elektrischen Widerstand von 10^{16} Ohm.cm^{-1} sehr gute Isolatoren sind, geben Lackpartikel, die auf die geerdete Oberfläche des Werkstücks treffen, ihre Ladung nicht ab, so daß sie elektrostatisch angezogen darauf haften bleiben. Dadurch verschiebt sich aber die Ladungsverteilung auf der Partikeloberfläche der Lackpartikel. Die Partikel werden zu einer Bipolarelektrode, d. h. die dem Werkstück zugewandte Partikelseite wird positiv die abgewandte Seite negativ polarisiert. Weitere auftreffende Partikel mit positiver Ladung können nun ebenfalls elektrostatisch auf einem schon auf dem Werkstück sitzenden Partikel haften, weil die unterste Partikelschicht gegenüber den eintreffenden neuen Partikel negativ geladen ist. Der Vorgang setzt sich fort, sodaß selbst größere Pulverschichten auf dem Werkstück haften bleiben. Bild 12-83 zeigt die Modellvorstellung, die auf [96] zurückgeht, in einer schematischen Darstellung.

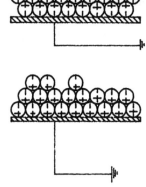

Bild 12-83:
Modell der elektrostatischen Pulverhaftung

Die elektrische Aufladung der Pulverpartikel kann durch Reibungselektrizität (Tribo-Pistole) oder durch eine äußere Spannungsquelle erfolgen. Dabei werden die Lackpartikel positiv aufgeladen, wenn sie eine mit Teflon beschichteten Tribopistole durchströmt haben. Bei der Aufladung in einer Koronapistole dagegen können sowohl positive wie negative Aufladungen der Pulverpartikel gewählt werden. Man verwendet der größeren Effektivität wegen bei Koronapistolen im allgemeinen eine negative Pulveraufladung. Bei der triboelektrischen Pulveraufladung (Bild 12-84) wird das mit einem Luftstrom herantransportierte Pulverpartikel mit Hilfe eines geerdeten Zusatzluftstroms durch einen mit PTFE ausgekleideten Kanal beschleunigt. Dabei gibt das Pulverpartikel Elektronen an die Kunststoffoberfläche der Tribopistole ab, wenn diese aus Teflon besteht. Verwendet man andere Kunststoffe für die Tribopistole, kann die Aufladung auch mit umgekehrtem Vorzeichen erfolgen, je nach Stellung der Kunststoffe in der elektrostatischen Spannungsreihe. Da die elektrische Aufladung durch Reibung entsteht, nennt man das Gerät „Tribopistole" oder auch „elektrokinetisches Sprühgerät".

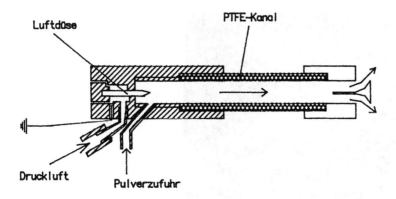

Bild 12-84: Wirkungsprinzip einer Tribo-Pistole.

Zur Verbesserung des Kontaktes zwischen Pulver und Teflonwird der Innenraum (Kanal) durch einen Tefloneinsatz verengt, um vollständige Pulverberührung und damit Aufladung sicher zu stellen. Die Leistung dieses Gerätes ist naturgemäß nach oben begrenzt, weil die Ionenproduktion von den Gerätedimensionen abhängig ist. Diese Art der Aufladung erlaubt es, die verschiedensten Formen der Sprühorgane zu entwickeln, wobei ein schon aufgeladener Pulverstrom nur noch der Aufgabe entsprechend geführt werden muß. Bild 12-85 zeigt Varianten der Tribo-Geräte mit gerichteten Sprühköpfen. In der Leistung variabler, aber in der Gesamtinvestition teurer sind Sprühpistolen mit äußerer Spannungszufuhr (Koronapistolen). Durch Anlegen eines elektrischen Feldes von bis etwa 25 kV/cm werden dabei Koronarentladungen erzeugt, durch die das Pulver aufgeladen wird. Dazu werden verschiedene Pistolentypen angeboten, z.B. Pistolen, mit rotierender Hilfsströmung, in denen die aufgeladene Pulverwolke einen Drall erhält, Pistolen mit einem Prallkörper, der durch Aufprall des Pulverstroms unter gleichzeitiger Aufladung der Partikel eine Pulverwolke erzeugt.

Beim Versprühen der Pulver folgen die Partikel den elektrischen Feldlinien. Da die Feldlinien sich auf Spitzen und Kanten stärker konzentrieren als in Vertiefungen, kommt es leicht zu ungleichmäßigem Pulverauftrag bei entsprechender Werkstückform.

Ist die zur Pistole zeigende Oberfläche mit Pulver bedeckt, so ist das elektrische Feld leicht abgeschwächt. Pulverpartikel scheiden sich dann langsam auch in sichtbarer Menge auf der Werkstückrückseite ab, wobei nach [94] die Körnung sich leicht zu groberem Pulverkorn verschiebt (Bild 12-86).

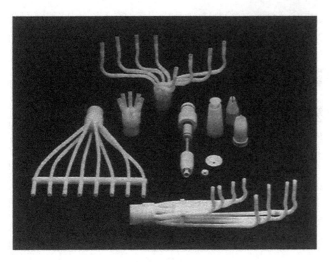

Bild 12-85: Formen von Tribo-Pistolen, Foto Nordson

Tabelle 12-6: Vor- und Nachteile von Korona- und Tribopistolen nach Nordson Deutschland

Kennzeichen	Koronapistole Gerätetechnik	Tribopistole Gerätetechnik
Energieversorgung	Hochspannungs- und Druckluftversorgung	Druckluftversorgung
Pulverdurchsatz	bis 42 kg/h	15 – 20 kg/h
Flächenleistung	50 – 100 m²/h	25 – 50 m²/h
Umgriff	durch elektrisches Feld unterstützt	nicht unterstützt
Eindringvermögen in Richtung Hohlräume	gering, Faraday-Käfig bei Ausrichtung des Partikelstroms längs der Feldlinien des äußeren elektrischen Feldes	gut, weil Flugrichtung durch des Luftstroms bestimmt
Kantenaufbau	großer Pulveraufbau an Objektkanten	kleiner Kantenaufbau u. gleich mäßigere Kantenbeschichtung
Schichtstruktur	Aufrichtung der Pulverpartikel, stehen in der Pulverschicht	schuppenartiges Aufeinanderschichten der Pulverpartikel
Fremdstaubeinlagerung	wird durch äußeres elektrisches Feld mit aufgeladen u. eingebunden in die Pulverschicht	keine Fremdstaubeinlagerung
Pistolenabstand	zum Objekt 15 – 25 cm	zum Objekt 8 – 20 cm
Objektabstand an der Kette	technologisch bedingt	30 % verringert
Kontrollmöglichkeit für die Sprühleistung	keine unmittelbare	Meßbar über Aufladestrom
Verarbeitbare Pulvertypen	jedes Lackpulver einsetzbar	nur eingestelltes Lackpulver verwendbar

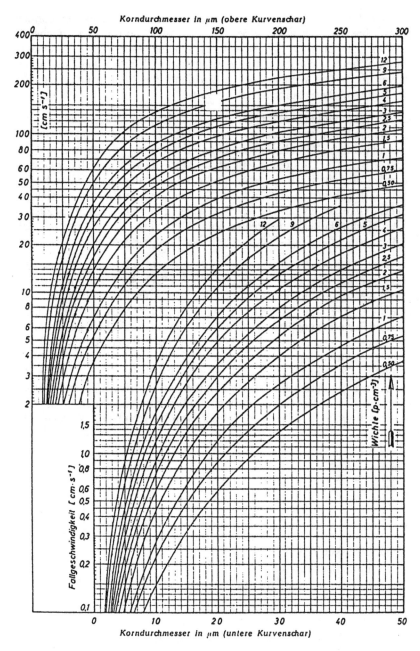

Bild 12-86: Fallgeschwindigkeit von Feststoffpartikel in Luft in Abhängigkeit von Radius und Dichte (Wichte) nach [98]

Durch Zusammenschalten von 6 Tribopistolen, die vertikal um die Achse angeordnet wurden, gelang es, eine der Auftragsscheibe (vgl. Flüssiglackauftrag) entsprechende Pulverauftragseinheit zu schaffen (TRIBOMEGA-Scheibe, Nordson Deutschland, Erkrath), bei der die Scheibe nicht gedreht wird, sondern nur als Umlenkeinheit für das aufgeladene Pulver dient. Die Werkstücke werden dann ebenfalls in einer Omega-Schleife an einer Kette um die Scheibe herum geführt.

Beim elektrostatisch unterstützten Auftrag treten Abschirmungseffekte dadurch auf, daß Hohlräume von leitendem Werkstückmaterial umgeben sind. Der Effekt, Faraday-Käfig genannt, wirkt prinzipiell hinderlich, unabhängig davon, welches Vorzeichen die Ladung des Lackpartikels trägt. In jedem Fall ist das Werkstück elektrisch der Gegenpol zum Lackpartikel und somit tritt gegebenenfalls die Wirkung des Faraday-Käfigs auf. Bei Tribo-Pistolen spielt der Faraday-Käfig nur eine geringe Rolle, weil hier das elektrische Feld des Pulverstrahls nur vom Partikel ausgeht und nicht durch ein zusätzliches äußeres Elektrisches Feld aus der Pistole unterstützt wird. Die Lenkung des Pulverstrahls erfolgt daher bei der Tribo-Pistole durch die Richtung des Luftstrahls.

Trotz elektrostatischer Unterstützung des Pulverauftrags gelangen einige Prozent des Auftragspulvers nicht auf die Oberfläche des Werkstücks sondern bilden einen Overspray. Dieser Overspray wird durch Luftabsaugung aus der Anlage entfernt. Normalerweise sollte die Luftgeschwindigkeit in der Pulverkabine auf etwa 50 cm/s eingestellt werden, um alle Partikel unabhängig von ihrer Größe aus der Kabine zu entfernen. Dieser Wert ergibt sich dadurch, daß man ein Pulverpartikel nur dann entfernen kann, wenn die Strömungsgeschwindigkeit die Sinkgeschwindigkeit des Feststoffpartikels deutlich überschreitet. Die Sinkgeschwindigkeit eines Partikels ergibt sich aus der durch Reibungskräfte geminderten Fallgeschwindigkeit des Partikels. Kleine Partikel unter 100 µm, um die es sich bei pulverförmigen Lacken handelt, sinken in Luft mit konstanter Absetzgeschwindigkeit. Nach dem Gesetz von Newton ist die Widerstandskraft S des Mediums

$$ S = \frac{\zeta * F * \gamma_2 * w_0{}^2}{2 * g} $$

Darin bedeuten

  ζ der Widerstandskoeffizient
  F   die Querschnittsfläche in (m^2)
  γ_2 die Reindichte der kontinuierlichen Phase (kg/m^3)
  g   die Fallbeschleunigung in (m/s^2)

Für kugelförmige Partikel berechnet sich F aus der Projektion des Querschnitts auf seine Bewegungsrichtung zu

$$ F = \frac{d_2 * \pi}{4} $$

mit d dem Durchmesser in (m)

Die Schwerkraft G für kugelförmige Teilchen der Reindichte γ_1 in (kg/m^3) ergibt sich nach Subtraktion des Auftriebs zu

$$G = \frac{d^3 * \pi * (\gamma_1 - \gamma_2)}{6}$$

weil das Volumen des kugelförmigen Partikels $V = \dfrac{\pi * d^3}{6}$ beträgt. Die konstante Sinkgeschwindigkeit wird erreicht, wenn

$$S = G$$

wird. Daraus errechnet sich die Sinkgeschwindigkeit zu

$$w_o = \sqrt{\frac{4 * g * d * (\gamma_1 - \gamma_2)}{3 * \xi_H * \gamma_1}}$$

Nach [97] gilt für den Widerstandskoeffizienten in Abhängigkeit von der Reynolds-Zahl folgender Wert

$$\begin{array}{ll}
\text{Re} < 0,2 & \xi = 24/\text{Re} \\
0,2 < \text{Re} < 500 & \xi = 18,5/\,\text{Re}^{0,6} \\
500 < \text{Re} < 150\,000 & \xi = 0,44.
\end{array}$$

Die Fallgeschwindigkeit kleiner Partikel in Abhängigkeit von der Reindichte der Partikel und dem Partikeldurchmesser kann Bild 12-86 entnommen werden [98].

Die Luftzufuhr in Pulverkabinen wird durch die Größe der freien Flächen der Kabine bestimmt. Durch alle,Öffnungen wird also Luft eingezogen. Dies muß strikt beachtet werden, wenn man bauliche Veränderungen an einer einmal gelieferten Anlage vornehmen will. Werden die Öffnungen verkleinert, kann eventuell Pulver vom Werkstück gerissen werden. Werden die Öffnungen vergrößert, sinkt die Strömungsgeschwindigkeit in der Kabinen. Sinkt aber die Strömungsgeschwindigkeit, so kann sehr schnell das Tragvermögen für grobere Partikel sinken, d. h. gröbere Teiler des Pulvers werden nicht mehr bis in die Abscheideanlage gefördert. Dadurch bedingt tritt eine Verfeinerung des Pulvers beim Durchlaufen des Cyclons oder der Filterstation ein, die oft fälschlich als „Mahlen" gedeutet wird. Filter und Zyklone sind aber keine Zerkleinerungsaggregate, weil in ihnen keine Scherkräfte auf die Partikel ausgeübt werden. Der beobachtete Effekt, daß die Pulverfeinheit im rückgewonnenen Staub zunimmt, ist auf die Klassierung des Pulvers beim Transport aus der Kabine zurückzuführen.

Zu feine Pulver können bei Filtern zu Verstopfungen und mangelhafte Flächenbelastung führen. Das hat darin seine Ursache, daß der Filterwiderstand h_g nach [99] durch die mittlere Porenlänge L_p des Systems und damit auch der Dicke des Filterbelages und dem reziproken Quadrat des mittleren Porendurchmessers proportional ist. Es gilt

$$h_g = \frac{\alpha * \eta * w * L_p}{\rho_2 * D_p^2}$$

mit ρ_2 Dichte der Luft
     w   der Strömungsgeschwindigkeit der Luft durch das Filter
     η der Viskosität der Luft
     L_p der mittleren Porenlänge des Systems
     D_p dem mittleren Porendurchmesser des Systems
     α ist ein Proportionalitätsfaktor.

Da der Abreinigungsmechanismus in Filtersystemen von Pulverrückgewinnungsanla-
gen zeitgesteuert betrieben wird, wächst der Filterbelag normalerweise nur bis zu einer
die Absaugleistung nicht groß beeinträchtigenden Dicke an. Wird aber zu viel Feinst-
korn angeliefert, erfolgt die Abreinigung zu spät und die Filter setzen sich zu.

Die Zuluft zu den Pulverkabinen sollte ebenso wie die Umgebungstemperatur insbesondere des lagernden Pulvervorrats Raumtemperatur von 20 bis 25 °C nicht übersteigen. Ebenso sollte die relative Luftfeuchte in Grenzen gehalten werden. Hier sind die
Informationen des Pulverherstellers einzuholen.

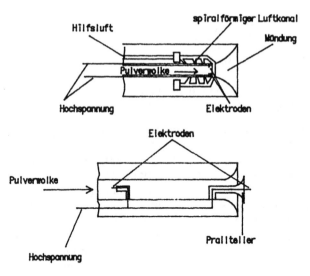

Bild 12-87: Pistolenköpfe von Koronapistolen

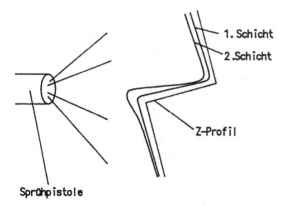

1. Schicht

2. Schicht

Z-Profil

Sprühpistole

Bild 12-88: Pulververteilung auf gewinkeltem Blech [94]
(Wiedergabe mit freundlicher Genehmigung des expert verlages)

Der Overspray ist ein organischer Staub, der aufgefangen werden muß und zum Auf-
tragspulver zurückgeführt werden kann. Geeignete Auffangeinrichtungen sind außer
Filteranlagen Zyklonanlagen. Die Auswahl, welche der Anlagen die geeignetste ist, ist
von der Betriebsweise der Anlage abhängig. Der Einsatz von Zyklonanlagen ist vor allem vorteilhaft, wenn sehr viele Farbwechsel in kurzen Intervallen erfolgen, weil die
Reinigung einer Zyklonanlage weniger aufwendig als die einer Filteranlage ist oder
wenn erhöhte Pulvermengen als Overspray abgeschieden werden müssen, um nachge-
schaltete Filteranlagen nicht zu überlasten. Ein Zyklon, auch Aerozyklon genannt, ist
ein Zentrifugalabscheider, der aus einem zylinderförmigen Behälter mit trichterförmi-
gem Auslauf besteht und in dem die Staubpartikel eine schnelle rotierende Bewegung
durchführen. Durch Zentrifugalkräfte kommt es zwischen Partikel und Wand des Zyklons zu Reibungen, in deren Verlauf die Partikel an Geschwindigkeit verlieren und der
Schwerkraft folgend zu Boden sinken. Es gibt verschiedene Bauformen mit tangentia-
lem und mit vertikalem Gaseintritt. Ihnen gemein ist, daß im Zykloninneren eine ab-
wärts gerichtete Wirbelströmung entsteht, von der durch die im Trichter erfolgende
Querschnittsverengung (Drosselwirkung) stets Teile des Gasstroms in das Zentrum des
Behälters und von dort aufwärts nach außen gedrückt werden.

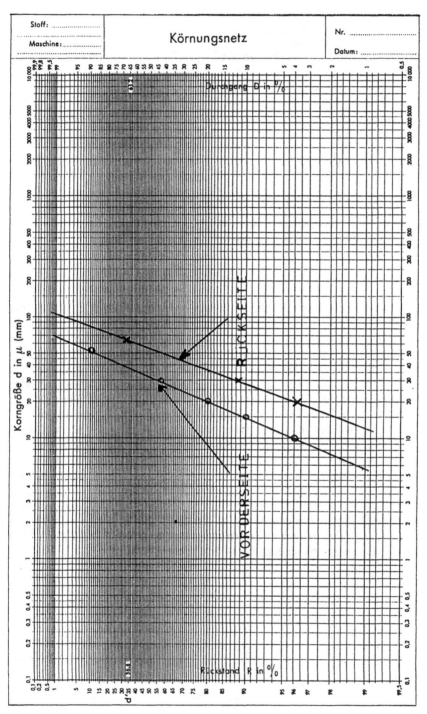

Bild 12-89: Kornverteilung auf Vorder- und Rückseite [94]
(Wiedergabe mit freundlicher Genehmigung des expert verlages)

Mit wachsender Staubbeladung wird die Turbulenz im Zykloninneren gedämpft. Dadurch nimmt die Tragfähigkeit des Gasstroms weiter ab, so daß auch hierdurch die Abscheidung der Staubpartikel begünstigt wird. Beim Einsatz eines Zyklons als Staubabscheider muß man bedenken, daß jeder Zyklon einen durch Bauart, Baugröße, Luftmengenstrom und Partikeleigenschaften bedingte Trennkorngröße besitzt, unterhalb derer keine Staubabscheidung mehr erfolgt. Feinste Partikel, in Mengen unterhalb der Grenzbeladung, gelangen daher stets an die Außenluft. Gerade Feinststaub jedoch ist eine große ökologische Belastung, weil dieser Staub sich in den Lungenbläschen der Lebewesen ablagert. Bei Einsatz eines Zyklons als Staubabscheider sollte man daher unbedingt ein entsprechendes Nachfilter einbauen, um auch diese ökologische Belastung zu beseitigen. Für die Trennkorngröße d_T eines Aerozyklons gibt [100] an

$$d_T = 1,2 * \sqrt{\frac{9 * \eta * D_o * w_{r,o}}{(\rho_p - \rho_F)(W_{tg,o})^2}}$$

Darin bedeuten:

D_o der Durchmesser des eintauchenden Tauchrohres

$w_{r,o}$ und $w_{tg,o}$ die radiale und die tangentiale Strömungsgeschwindigkeit auf der Zylinderoberfläche

ρ_P und ρ_F die Dichte von Partikel und Luft (Fluid) und

η die Viskosität der Luft.

Pulverabscheidungen mit Hilfe eines umlaufenden, endlosen Filterbandes besitzen einen weiten Einsatzbereich. Bei diesen Anlagen wird das Pulver (Overspray) durch ein unter dem Boden der Kabine umlaufendes endloses Filterband abgesaugt. Die Abluft wird nach Passieren eines Nachfilters, auf das man nicht verzichten sollte, ins Freie geblasen. Das Pulver wird in konzentrierter Form vom Band abgesaugt und über Zyklon, Zellenradschleuse und Siebmaschine dem Pulvervorrat wieder zugeführt (Bild 12-92). Bei Großanlagen, die mit nur wenigen verschiedenen Farben beaufschlagt werden, hat es sich bewährt, bei Farbwechsel auch das gesamte Filtersystem auszuwechseln. Hierzu werden fahrbare Wechseleinheiten angeboten, die man im Bedarfsfall austauscht. Farbwechsel bedeutet dann nur noch Auswaschen der Pulverkabine und Austauschen des Filtersystems (Bild 12-93).

Staubströme, bei denen der Staub brennbar ist, bilden sicherheitstechnisch ein Risiko, weil Brände oder Staubexplosionen auftreten können. Die im VDMA-Einheitsblatt 24371 Teil 1 vorgeschriebenen Sicherheitsanweisungen werden im Bild 12-94 wiedergegeben. Wichtig ist, daß bei Auftreten einer Flamme kein Übergriff in den Pulverabscheider erfolgen kann, weil die dort gespeicherte Pulvermenge sehr viel größer als in den Zuleitungen des Abscheidesystems ist. Man hat dafür spezielle Brandlöscheinrichtungen entwickelt, die die Flammenfront bereits in der Gaszuleitung zum Staubabscheider löschen sollen (Bild 12-95).

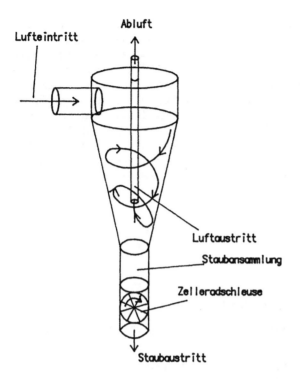

Bild 12-90:
Strömungsverlauf in einem Zyklon

Bei ausschließlicher Verwendung von Filtersystemen zur Pulverrückgewinnung wird die Pulverkabine empfindlich gegen stark wechselnde Belastungen, wie sie auftreten, wenn man ohne Anpassung der Pulverzufuhr große und kleine Werkstücke wechselweise beschichtet. Besser ist es, vor das Filtersystem Cyclonabscheider zu setzen, die die größte Staubmenge aufnehmen, und das Filter als Nachabscheider zu verwenden. In Bild 12-93b erkennt man rechts 3 angeflanschte Horizontalcyclone.

Zyklonanlage

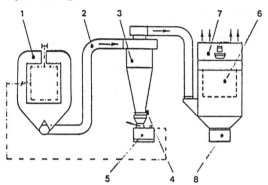

mit Rückgewinnung

1 Beschichtungskabine 5 fluidisierter Pulverbehalter
2 Rohrleitung 6 Nachfilter
3 Zyklonabscheider 7 Abluftgeblase mit Schalldampfer
4 Siebmaschine 8 Pulversammelbehalter

Bild 12-91: Zyklonanlage mit Nachfilter

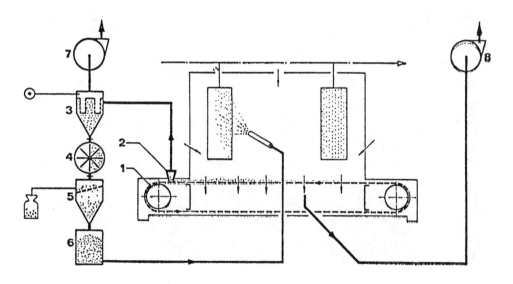

1 Umlaufendes Filterband 5 Siebmaschine
2 Absaugdüse 6 Pulvervorratsbehälter
3 Pulverabscheider 7 Ventilator
4 Zellenradschleuse 8 Hauptabsaugeventilator

Bild 12-92: Pulverrückgewinnung mit umlaufenden Bandfilter, Zeichnung Eisenmann, Böblingen

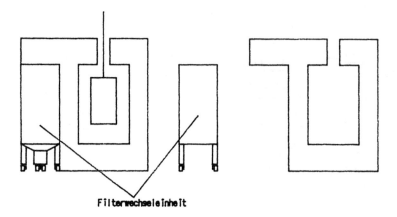

Filterwechseleinheit

Bild 12-93a: Pulverkabine mit Filterwechselsystem

Bild 12-93b: Pulverkabine mit Rückgewinnung über 3 Horizontalcyclone (Nordson Deutschland)

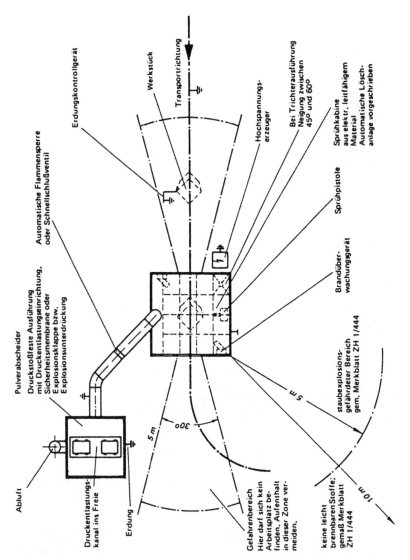

Erdungskontrollgerät

Werkstück

Transportrichtung

Hochspannungs-erzeuger

Bei Trichterausführung Neigung zwischen 45° und 60°

Sprühkabine aus elektr. leitfähigem Material Automatische Lösch-anlage vorgeschrieben

Automatische Flammensperre oder Schnellschlußventil

Sprühpistole

Pulverabscheider

Druckstoßfeste Ausführung mit Druckentlastungseinrichtung, Sicherheitsmembrane oder Explosionsklappe bzw. Explosionsunterdruckung

Brandüber-wachungsgerät

staubexplosions-gefährdeter Bereich gem. Merkblatt ZH 1/444

5 m

5 m

300°

Abluft

Druckentlastungs-kanal ins Freie

Erdung

Gefahrenbereich Hier darf sich kein Arbeitsplatz be-finden. Aufenthalt in dieser Zone ver-meiden.

keine leicht brennbaren Stoffe; gemäß Merkblatt ZH 1/444

10 m

Bild 12-94: Sicherheitstechnik bei Pulverkabinen nach VDMA-Einheitsblatt 24371 Teil 1
(Verfielfältigung laut Genehmigung des VDMA)

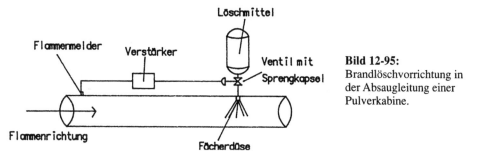

Löschmittel

Flammenmelder

Verstärker

Ventil mit Sprengkapsel

Flammenrichtung

Fächerdüse

Bild 12-95:
Brandlöschvorrichtung in der Absaugleitung einer Pulverkabine.

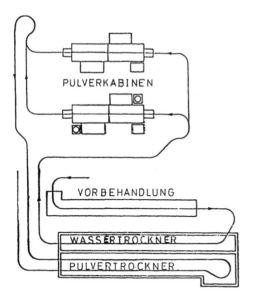

PULVERKABINEN

VORBEHANDLUNG

WASSERTROCKNER

PULVERTROCKNER

Bild 12-96: Pulveranlage mit zwei Pulverkabinen

Bild 12-96 stellt als Musterbeispiel eine Gesamtanlage zur Pulverbeschichtung vor. Da man im allgemeinen auf eine Naßreinigung nicht verzichten kann, muß das Werkstück vor der Lackbeschichtung getrocknet werden. Wärmetechnisch günstig ist es dann, den Wassertrockner mit dem Pulvertrockner zu einer Einheit zu verbinden.

12.5.3 Wirbelsintern und Flammspritzen von Pulverlacken

Pulverlacke können auch im Flammspritzen und im Wirbelsintern aufgetragen werden. In beiden Fällen werden thermoplastische Pulver eingesetzt ohne Nachhärtereaktion, weil die Einbrennzeit dazu nicht ausreicht.

Beim Flammspritzen wird das Pulver der Gaszuführung einer Flamme zugeführt. Die Flamme wird reduzierend, also mit Luftunterschuß, betrieben, so daß das Pulver in aufgeschmolzenem Zustand aber unzersetzt die Flamme verläßt. Das geschmolzene Pulver wird durch die heißen Gase auf das Werkstück getragen und dort niedergeschlagen.

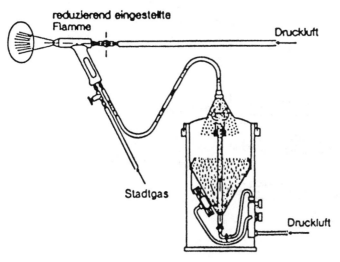

Bild 12-97: Flammspritzen von Kunststoffpulvern nach [106]
(Wiedergabe mit freundlicher Genehmigung des expert verlages)

Das Wirbelsintern als Beschichtungsmethode für Pulverlacke und Kunststoffpulver wird angewendet, wenn massive Teile beschichtet werden sollen. Dann kann man die Werkstücke vor dem Beschichten vorwärmen und anschließend entweder mit Pulverpistolen oder durch Eintauchen in einen Pulverstrom beschichten. Zum Eintauchen kann das Pulver mechanisch durch Schleuderräder oder pneumatisch durch Erzeugung einer Wirbelschicht fluidisiert werden. Beide Verfahren werden z. B. zum Beschichten von Rohren angewendet.

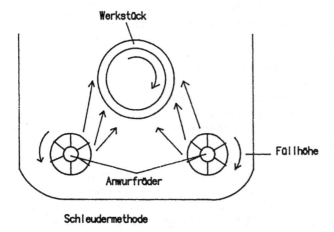

Bild 12-98: Pulversintern mit Schleuderradauftrag

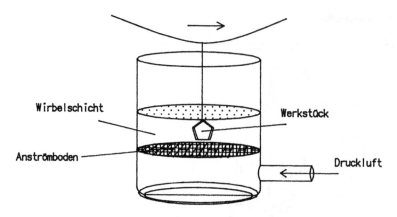

Bild 12-99: Pulversintern im Wirbelbett

12.5.4 Weitere organische Beschichtungen und ihre Verarbeitung

Es gibt zahlreiche weitere Lackierverfahren, die jedoch nicht an den umfangreichen Einsatz von lösemittelhaltigen Lacken, Wasserlacken oder Pulverlacken herankommen. Sie unterscheiden sich von diesen großen Anwendungen durch Details, auf die im folgenden Abschnitten eingegangen wird.

12.5.4.1 Autophoreselacke

Autophoreselack sind Lacke, die aus sauer eingestellten anionischen Polymerdispersionen bestehen. Diese Dispersionen koagulieren unter der Einwirkung von Fe^{2+}-Ionen, die durch Angriff einer starken Mineralsäure aus dem Eisen des Werkstücks herausgelöst werden. Zur Beschleunigung der Eisenauflösung und zur Vermeidung einer Eisenanreicherung wird als Oxidationsbeschleuniger H_2O_2 zugesetzt, das die Fe^{2+}-Ionen im Lösungsinnern in Fe^{3+}-Ionen überführt, die anschließend mit Flußsäure zu $[FeF_6]^{3-}$-Ionen komplexiert werden. Die Beschichtung erfolgt bei Raumtemperatur. Allerdings müssen Temperatur, pH-Wert, H_2O_2-Konzentration und Festkörpergehalt ständig kontrolliert und eingestellte Werte eingehalten werden. Das Bad ist empfindlich gegen Verunreinigungen aller Art (vgl. auch [102]). Eingesetzt werden Polymerdispersionen mit bis etwa 10 % Polymergehalt. Die Tauchbäder müssen während der Beschichtungszeit gerührt werden, um den Diffusionsweg der langsam diffundierenden Latexpartikel zu verkürzen. Die Beschichtungsgeschwindigkeit erlaubt die Bildung von 20 – 30 μm dicken Schichten auf Eisen in 1 – 2 min. Da die Reaktion einen blanken Metalluntergrund benötigt, ist die Aufbringung einer Wasserdampf-Diffusionssperre wie einer Zinkphosphatschicht nicht möglich. Die frisch aufgetragene Beschichtung enthält mehr als 50 % Wasser. Man lagert die beschichteten Werkstücke zur Vermeidung einer Rißbildung (Schrumpffrisse) kurzzeitig in sehr feuchter Luft, spült überschüssige Latexreste mit Wasser ab und führt abschließend eine reaktive Spülung mit Chromsäure durch, in der offene Poren versiegelt werden. Man trocknet die Schicht in Umlufttrockner bei 150 °C und bringt dabei die Verfilmung zum Abschluß. Da in die Polymerschicht Eisenionen in nennswerter Menge eingebaut werden, entstehen braune Schichten. Andere Farben sind bislang nicht erhältlich.

Es wird berichtet [102], daß die gebildeten Schichten einen zu KTL-Beschichtungen vergleichbaren Korrosionsschutzwert besitzen. Vorteilhaft ist, daß das autophoretische Lackieren auch alle zugänglichen Hohlräume erfaßt. Nachteilig dürfte das Fehlen unterschiedlicher Farben und, aus ökologischer Sicht, die wegen der Empfindlichkeit der Bäder gegen Störungen bislang nicht vorhandene Latexrückgewinnung aus den Spülwässern sein. Auch mindert der Einsatz an Fluoriden den ökologischen Vorteil absoluter Lösemittelfreiheit.

12.5.4.2 High-Solid-Lacke

High-Solid-Lacke sind lösemittelhaltige Lacke mit erhöhtem Festkörpergehalt. Lacke dieser Gruppe besitzen Festkörpergehalte von 65 bis 72 % bei 1-K-Lack bzw. 70 bis 80 % bei 2-K-Lacken. Um solche Lacke noch genügend niederviskos und verarbeitbar zu erhalten, muß man das Molekulargewicht der Filmbildner verkleinern und beim Einbrennen für eine Molekulargewichtsvergrößerung durch Nachvernetzen sorgen. Man kann niedermolekulare Reaktionspartner als reaktive Verdünner zusetzen, die als Lösemittel wirken und die beim Einbrennvorgang abreagieren und nicht verdampfen. Als Filmbildner verwendet man Polymere mit sehr enger Molekulargewichtsverteilung (Bild 12-100, 12-101).

Im Einsatz sind folgende Systeme:

- PVC-Lack für Coil-Coating und für Unterbodenschutz beim Kfz.
- Styrol/ungesättigte Polyester mit Peroxidkatalysator als 2K-Lack für Spachtelmassen, Holz-und Kunststoffbeschichtungen.
- Aminharze und Epoxi/Amin-Harze für Fußboden- Beton- und Tankinnenbeschichtungen.
- Ungesättigte Polyester-/Styrol-Harze mit Strahlungshärtung für Holz- und Folienbeschichtung.
- strahlungshärtende Acrylate für Metall-, Folien- und Papierbeschichtung.
- Alkydharze.

Bindemittelsysteme für High-Solid-Lacke enthalten daher bei

- 1 K-Lacken die Basisharze Alkyd-, Polyester- oder Acrylharze, die mit dem Reaktionspartner Melaminharz vernetzt werden.
- 2 K-Lacken Epoxiharze, die mit Aminen oder Amiden vernetzt werden, oder Polyesterharze, die mit Isoyanaten vernetzt werden.

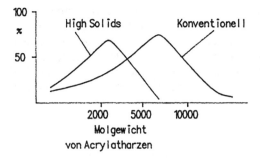

Bild 12-100: Molekulargewichtsverteilung von in High-Solid- Lacken eingesetzten Acrylat-Harzen.

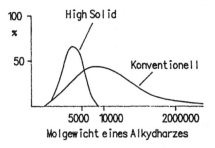

Bild 12-101: Molekulargewichtsverteilung von in High-Solids eingesetzten Alkydharzen.

Die thermische Vernetzung von High-Solid-Lacken kann durch Einsatz von Säurekatalysatoren beschleunigt werden. Verwendet werden Säurekatalysatoren auf Basis p-Toluolsulfonsäure, Dodecylbenzolsulfonsäure, Dinonylnaphthalin-mono- oder -disulfonsäure oder deren Salze mit leichtflüchtigen Aminen, die oberhalb von 65 °C thermisch zerfallen und die Säure freisetzen.

Für 2-K-Lacke gelten Härtungsmechanismen, wie sie unter Kapitel 12.1 beschrieben wurden.

High-Solid-Lacke werden mit konventioneller Technik aufgetragen. Auch wird ein Heißauftrag eingesetzt, bei dem der Lack vorgewärmt auf Temperaturen von 50 – 60 °C verarbeitet wird.

High-Solid-Lacke sind kritischer bezüglich Kraterbildung und Kantenflucht. Dies rührt daher, daß die Viskosität von High-Solid-Lacken mit steigender Temperatur dem kleineren Vernetzungsgrad entsprechend zunächst geringer als bei konventionellem Lack ist und erst bei erhöhter Temperatur ansteigt. Man kann durch Thixotropieren die Viskosität und die Ablaufneigung verbessern, was aber zu Lasten des Glanzes geht.

Die bei High-Solid-Lacken länger offene Phase während der Filmbildung führt auch zu erhöhter Mobilität der dispergierten Phase, wodurch Pigmentausschwemmungen und Farbabweichungen entstehen können.

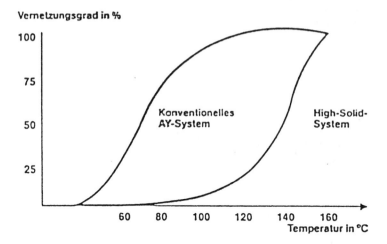

Bild 12-102: Vergleich der Vernetzung von konventionellem Lack mit High-Solid Lack [107]
(Wiedergabe mit freundlicher Genehmigung des expert verlages)

12.5.4.3 Überkritische Sprühlacke (SCF-Lacke)

Gase lösen sich unter Druck oft sehr gut in organischen Lösungsmitteln. Verwendet man CO_2, so kann man den Druck über den kritischen Druck hinaus steigern und kann überkritisches CO_2 in organischen Lösungen auflösen. Beim Verfahren, das von Union Carbide entwickelt wurde, verwendet man überkritisches CO_2 als Lackverdünnungsmittel, um Lackkonzentrate mit hohem Festkörpergehalt von bis 84 % verspritzen zu können. Man kann dazu entweder High-Solid-Lacke aber auch herkömmliche Lacke, die ohne ihre leichtflüchtigen Lösungsmittelkomponenten angesetzt wurden, einsetzen. Damit vermeidet man die bei den High-Solid-Lacken auftretenden Verarbeitungsschwierigkeiten, hat aber den Vorteil, ebenfalls im Lösungsmittelgehalt stark verminderte Lacke einsetzen zu können. Die Lackkonzentrate, die hier verwendet werden, haben bei Raumtemperatur Viskositäten von 800 bis 3000 mPa.s (zum Vergleich High-Solids: 100 m Pa*s) , so daß sie bei Temperaturen zwischen 40 und 70 °C noch pumpfähig sind. Die Konzentrate werden bei dieser Temperatur und bei 150 bis 300 bar mit überkritischem CO_2 vermischt. Je nach Lackformulierung werden dabei 20 bis 55 % CO_2 im Konzentrat aufgelöst [104], wobei die Löslichkeit an CO_2 mit steigendem Polymergehalt sinkt. Der Einfluß der chemischen Zusammensetzung des Lösemittelrestes auf die CO_2-Löslichkeit ist dagegen gering. Die fertige CO_2-haltige Mischung kann mit Airless-Spritzpistolen verspritzt werden. Durch die plötzliche Expansion der Mischung am Düsenausgang werden dabei die Tropfen sehr weitgehend zerrissen, so daß das Spritzbild sich sehr günstig verändert. Die Verarbeitung nach dem SCF-Verfahren kann mit einer von Fa. Nordson entwickelten Anlage vorgenommen werden. Darin wird der CO_2-Gehalt durch eine kapazitive Meßmethode kontrolliert und eingestellt, so daß für konstante Spritzbedingungen gesorgt ist. Eingesetzt wird das SCF-Verfahren derzeit in zahlreichen holzverarbeitenden Betrieben und in der Automobilindustrie zum Applizieren des Klarlacks. Bild 12-103 zeigt das Fließbild des „UNICARB" genannten Verfahrens.

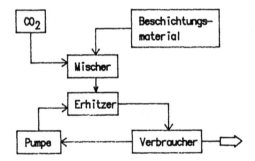

Bild 12-103:
Das UNICARB-Verfahren

12.5.4.4 Verpackungslacke

Unter Verpackungslacken werden Lacke verstanden, die in der Fertigung von Blechemballagen eingesetzt werden. Lacke, die hier eingesetzt werden, zeichnen sich dadurch aus, daß sie erhebliche Umformarbeiten wie Tiefziehen und Sicken schadlos überstehen.

Die Fertigung einer Blechdose läuft so ab, daß zunächst die zur Dosenherstellung bereitgestellten verzinnten Feinbleche lackiert und manchmal auch bedruckt werden. Dazu werden Weißbleche eingesetzt, die nur eine minimale Korrosionsschutzbefettung z. B. mit Weichmachern, von 1-2 g/m^2 mitbringen, so daß sich eine Vorbehandlung erübrigt. Die Bleche werden vorgeschnitten, beidseitig lackiert und der Lack eingebrannt. Aus den Vorschnitten werden anschließend Ronden für die Deckel und Blechstreifen für den Körper gestanzt und geschnitten. Die Körper werden gebogen und im Rollennaht-Schweißverfahren geschweißt. Die Schweißnaht wird innen mit einem Pulverlack beschichtet, so daß sie vor Korrosion geschützt ist. Der Körper wird anschließen mit Sicken versehen. Dabei laufen Sickenräder auf der lackierten Oberfläche, ohne den Lack zu beschädigen. Der Deckel wird in Rundlaufmaschinen am Innenrand mit PVC-Plastisol beschichtet, das in einem Einbrennofen aufgeschäumt wird und als Dichtungsmasse dient. Die verwendeten Öfen sind Durchlauföfen, durch die der Deckel auf einem Stahl-Siebband liegend durchgefahren wird. Körper und Boden werden anschliessend durch Falzen verbunden.

Die eingesetzten Lacke sind PVC-Organosole mit 30 bis 70 % Festkörpergehalt für den Außenbereich, die außer PVC Weichmacher und flüchtige Lösemittel enthalten. Als Innenlack werden z. B. Epoxi-Phenolharze, als Nahtschutzlack flüssige oder Pulverlacke verwendet.

12.5.4.5 Folienüberzüge von Bandmaterial

Das Überziehen von Bandmaterial mit Folien wird angewendet, um Oberflächen z. B. nach einem Lackierprozeß beim Coil-Coating vor Verletzungen während der Verarbeitung zu schützen oder um Blechoberflächen mit einer dickeren Kunststoffauflage zu versehen, wie sie z. B. zur Herstellung von Holzimitaten in der Hausgeräteindustrie verwendet werden. Die dabei verwendete Kunststoffolie kann entweder aufgeklebt oder thermisch aufgeschmolzen werden. Für dauerhafte Beschichtungen von Stahlband mit Kunststoffolien ist die Beschichtung durch Aufschmelzen der Folie geeignet. Beim induktiven

Folienbeschichten verwendet man Folien von 15 bis 500 μm Dicke, die einseitig oder beidseitig mit einem lösemittelfreien thermoplastischen Kleber versehen werden. Das Metallband wird als Coil angeliefert. Die Coilenden werden mit einander verschweißt. Das Blech wird chemisch und mechanisch mit Bürstanlagen gereinigt, gespült (zuletzt mit vollentsalztem Wasser) und mit Heißluft getrocknet. Kernstück der Beschichtungsanlage ist dann die Induktionsbeschichtung, in der die Folie in einem S-Rollenstand unter Zug aufgewalzt und induktiv erwärmt wird. Die Bandtemperatur erreicht dabei 180 bis 240 °C je nach Haftvermittler- und Folientyp. Werden Folien beidseitig mit Haftvermittler beschichtet, kann ein Sandwich der Art Metall-Folie-Metall erzeugt werden. Bild 12-104 zeigt eine Zeichnung der induktiven Beschichtungsstation. Außer Stahl können auch alle anderen Metalle in der Anlage verarbeitet werden, wobei das Frequenzoptimum der Induktionsheizung von der Werkstoffsorte und -dicke abhängig ist (Bild 12-105).

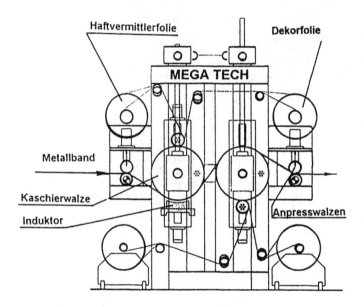

Beschichtungsstation

Bild 12-104: Induktive Bandbeschichtung, Zeichnung MEGA TECH,Mondsee, Österreich.

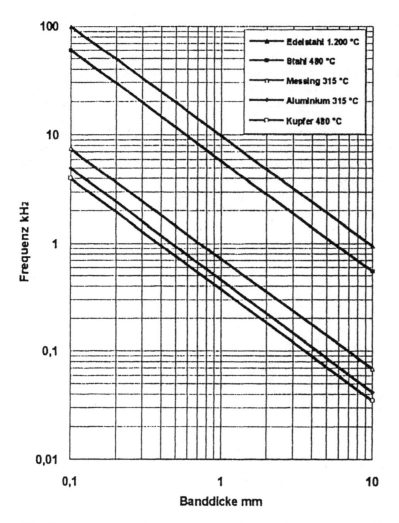

Bild 12-105: Frequenzoptimum bei der induktiven Bandbeschichtung von Metallen, Zeichnung MEGA TECH, Mondsee, Österreich.

12.5.5 Das Bedrucken von Metallen

In der metallverarbeitenden Industrie werden Druckarbeiten im allgemeinen nur diskontinuierlich, wenn auch manchmal in großen Stückzahlen, ausgeführt. Drucktechniken, die dafür in Frage kommen, sind der Siebdruck und der Tampondruck. Das Übertragen von Bildern auf die Oberfläche mit Hilfe von Abziehbildern soll der Vollständigkeit halber nur erwähnt werden.

12.5.5.1 Siebdruck

Siebdruck ist ein einfaches und variables Druckverfahren. Beim Siebdruck wird das Druckbild in der jeweiligen Farbe als Lochbild in einem Sieb abgebildet und die Farbe durch das Loch mit einem Rakel hindurchgedrückt. Siebdruck ist damit ein Durchdruckverfahren. Die dabei verwendeten Siebe können in einen Klapprahmen eingespannt werden, so daß die präzise Lage der einzelnen Siebe sichergestellt ist. Beim Mehrfarbendruck wird nun das Druckbild in die einzelnen Farbkomponenten zerlegt, die jeweils getrennt auf je einem Sieb abgebildet werden. Jedes Loch im Sieb ergibt einen Farbpunkt, so daß bei präziser Anordnung der einzelnen Siebe ein konturenscharfes Bild und der Eindruck von Mischfarben entsteht. Der gewünschte Farbton wird dann durch Zusammenwirken von Grundfarben erzeugt, die man in genügend kleinen Farbpunkten nebeneinander setzt (additive Farbwirkung). Beim Druck mit Transparentfarben wird der gewünschte Farbton durch subtraktive Farbwirkung erzeugt. Man druckt Transparentfarben übereinander und erhält dann den Farbton der subtraktiven Mischfarbe. In der Praxis treten additive und subtraktive Farbwirkungen nebeneinander auf, weil man mit transparenten Druckfarbenpigmenten sowohl nebeneinander wie aufeinander die Farbpunkte druckt. Die übertragenen Naßfarbschichten könne in weiten Grenzen zwischen 4 und 100 µm Dicke schwanken. Normal sind Dickenwerte von 30 bis 70 µm [103]. Bei jedem Druckvorgang werden konstante Farbschichtdicken übertragen. Eine Aufhellung ergibt sich durch unterschiedliche Flächenausdehnung der Farbpunkte.

Die zum Druck verwendeten Rakel, mit denen die Farbe über das Sieb gezogen wird, so daß sie durch alle freien Löcher austreten kann, haben je nach Druckaufgabe verschiedene Rakelprofile (Bild 12-106). Das eigentliche Rakel besteht aus Gummi, Holz, Kunststoff etc. und der Halterung. Für Farben oder Druckpasten mit leicht verdunstenden Lösemitteln kann ein Hohlrakel eingesetzt werden, bei dem die Farbe nur im Rakelinneren bevorratet wird. Allerdings sind dann bei jedem Farbwechsel auch die Rakel innen zu reinigen.

Als Siebgewebe werden vorteilhaft elektrisch leitende Gewebe (Metall, kohlefaserverstärkte Kunststoffe) eingesetzt, um eine elektrostatische Aufladung beim Druck zu verhindern. Die Dicke des Naßfarbauftrages richtet sich nach dem freien Maschenvolumen des Siebmaterials. Druckfarben für Siebdruck sind in einer sehr breiten Palette vertreten. Sowohl Farben, wie sie unter lösemittelhaltige Farben und Wasserlacke behandelt wurden, wie auch farbige Emails und Glasuren werden im Siebdruck aufgetragen. In der metallverarbeitenden Industrie wird meist im Flachbettdruck gearbeitet. Die zu bedruckende Oberfläche wird zunächst auf dem Drucktisch fixiert, das entsprechende im Rahmen befestigte Sieb positioniert und die Farbe mit einem beweglichen Rahmen aufgezogen.

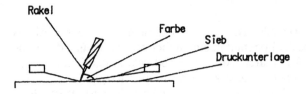

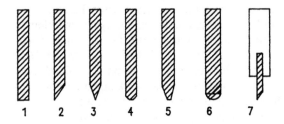

Bild 12-106: Rakelprofile und -ausführungen nach
1. Winkelschliff für feine Linien
2. 45°-Schrägschliff für Druck auf Glas
3. 60°-Keilschliff für Drcumaschinen
4. Rundschliff für deckenden Farbauftrag
5. abgeflachte Kante für deckenden Farbauftrag
6. Vollrundschliff für Filmdruck (Flächenmuster auf Gewebe)
7. Holzrakel

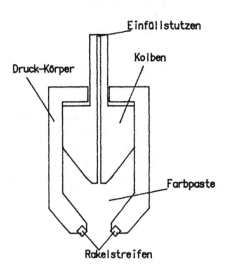

Bild 12-107:
Hohlrakel, Hersteller Thieme
GmbH, Teningen.

Die Siebherstellung kann auf verschiedene Weise erfolgen. Am häufigsten wird dabei Lichtpausen angewendet, bei dem der jeweilige Farbauszug des Bildes photographisch auf einem photosensibilisierten Untergrund projeziert wird. Nach dem Fixierprozeß entstehen direkt im Gewebe liegende Schablonen. Siebdruck wird nicht nur zum Bedrucken von Flachware eingesetzt. Gebogene Siebdruckschablonen verwendet man zum Bedrucken gekrümmter Oberflächen wie z. B. Flaschen. Dreidimensionale Klapprahmen werden zum Bedrucken von Kanistern eingesetzt.

12.5.5.2 Tampondruck

Tampondruck zählt zu den Tiefdruckverfahren. Von einer flachen Druckform, deren Vertiefungen mit Farbe gefüllt werden und deren nichtdruckende Stellen durch einen Stahlrakel von Farbe befreit werden, nimmt ein Tampon aus Silkonkautschuk, das in unterschiedlichen Härten erhältlich ist, die Farbe durch Anpressen auf die Druckform auf und überträgt sie auf die zu bedruckende Oberfläche durch erneutes Anpressen. Die Druckform besteht meist aus einem geläppten Stahl- oder Kunststoff-Klischee mit Ätztiefen von 15 – 30 µm. Die zu bedruckende Oberfläche kann dabei nahezu jede denkbare Form aufweisen, weil der Tampongummi sich den meisten Formen ideal anpaßt. Lediglich wenn extreme Wölbungen auftreten muß der Verzerrung des Druckbildes durch eine Druckform, die ein entsprechend verzerrtes Bild aufweist, entgegengewirkt werden.

Da mit Tampondruck sehr feine Druckbilder erzeugt werden können, kann Tampondruck außer zu dekorativen Zwecken auch zum Beschriften von Bauteilen etc. eingesetzt werden. Bild 12-108 zeigt schematisch die Wirkungsweise beim Tampondruck, Bild 12-109 zeigt eine Tampondruckmaschine in technischer Ausführung.

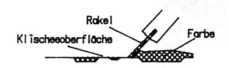

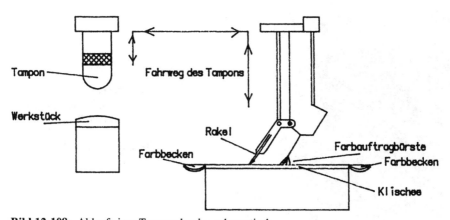

Bild 12-108: Ablauf eines Tampondrucks, schematisch

Bild 12-109:
Tampondruckmaschine zum
Bedrucken von Videokasset-
ten, Foto Tampoprint.

Bild 12-110:
Kopf einer Tampondruck-
maschine, Foto Tampoprint.

Bild 12-111:
Tampondruckmaschine mit 8
Tampons zum Bedrucken von
Nähmaschinenteilen, Foto
Tampoprint GmbH.

13 Das Emaillieren

Emaillieren nennt man das Aufbringen eines Emails auf ein festes Substrat. Dabei ist Email die Beschichtung, das emaillierte Substrat (meist Stahlblech) ein Verbundwerkstoff mit anderen Eigenschaften als Grundwerkstoff oder Beschichtung für sich allein. Das ist unter den Beschichtungen einmalig, daß eine Beschichtung, die Eigenschaften des Gesamtwerkstoffs völlig verändert. Während eine Lackschicht oder eine galvanisch aufgebrachte Metallschicht einige Eigenschaften des Grundwerkstoffs wie Korrosionsfestigkeit etc. verändern, werden beim Emaillieren sämtliche Eigenschaften, auch die mechanischen Werte des Werkstoffs verändert, so daß ein eigener Verbundwerkstoff entsteht.

Tabelle 13-1: Eigenschaften nichtmetallischer Schichten

Eigenschaften anorganischer und organischer Beschichtungen.

	Ölanstrich	Einbrennlack	Silikonharz	Stahlemail
Verarbeitungs- temperatur (°C)	30	150	220	840
–dauer (min)	1000	60	30	5
Hitze- beständigkeit (°C)	60	120	250	450
Härte	– –	–	+ –	+ +
Abriebfestigkeit	– –	–	+ –	+ +
Witterungs- beständigkeit	–	+ –	+ –	+ +
Schlagfestigkeit	+	+	+	–
Beständigkeit gegen Säuren u.Basen	– –	– bis +	+ –	+ +
gegen Heißwasser u. Dampf	– –	–	+ – bis +	+

+ + sehr gut , + gut + – befriedigend , – schwach , –– unbefriedigend .

13.1 Emails und Emaillierungen

Email ist ein Produkt der Glastechnik. Im Stammbaum des Glases findet Email seinen Platz nachfolgend nach den Apparate-Emails. Email ist ein glasartiges, nicht kristallines Material, in dem kristalline Phasen nur als Bestandteile der Pigmente oder als Produkte in Sonderemails auftreten. Glasartig bedeutet, die Gerüstmoleküle sind ungeordnet verteilt. Als Gerüstmoleküle sind vor allem Silikate und Borate, eventuell Aluminosilikatanteile anzusehen. Die Gerüstmoleküle sind miteinander polymerisiert und bilden ein polymeres Anionengerüst, in dessen Lücken Kationen aus dem Bereich Alkalimetalle, Erdalkalimetalle, aber auch Schwermetalle wie Eisen, eingebaut sind.

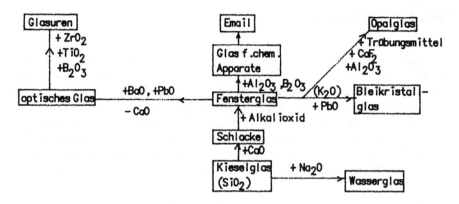

Bild 13-1: Stammbaum des Glases nach [75]

Der Unterschied zwischen einem kristallinen und einem glasartigen Grundkörper macht sich bei allen physikalischen Umwandlungen bemerkbar, wie Schmelzen, Härte/ Temperatur-Verlauf, Wärmedehnung etc. Email wird nach RAL 529 H 2 wie folgt definiert: „Email ist eine durch Schmelzen oder Fritten entstandene, vorzugsweise glasig erstarrte Masse mit anorganischer, in der Hauptzahl oxidischer Zusammensetzung, die in einer oder mehreren Schichten, teils mit Zuschlägen, auf Werkstücke aus Metall oder Glas aufgeschmolzen werden soll oder aufgeschmolzen worden ist."

Der in dieser umständlichen Definition verwendete Ausdruck Fritten beschreibt dabei den Vorgang, daß ein Gemenge durch Hitzebehandlung umgewandelt wird, und kommt aus dem Französischen. Die meisten Emails besitzen Eigenschaften, die durch die in Tabelle 13-2 angegebenen Werte beschrieben werden.

Tabelle 13-2: Eigenschaften von Emails [65]

Dichte	2,4 bis 3,0 g.cm^{-3}
Elastizitätsmodul	(50 bis 80).10^4 MPa
Zugfestigkeit	50 bis 120 MPa
Druckfestigkeit	800 bis 1200 MPa
Bruchdehnung beim Zug	0,12 bis 0,3 % und mehr
Linearer Wärmeausdehnungs-koeffizient bei 20 – 100°C (Email für Stahl)	(8 bis 12).10^{-6} K^{-1}
(Email für Aluminium)	(15 bis 17).10^{-6} K^{-1}
Wärmeleitfähigkeit	0,5 bis 1,0 W.m^{-1}K^{-1}
Spezifische Wärme	0,7 bis 1,3 J.g^{-1}.K^{-1}
Elektrischer Oberflächenwiderstand bei 23°C, 50 % rel.Luftfeuchte	> 10^8 Ohm.cm

Tabelle 13-2: Schluß

Bei Emaillierungen:

Schichtdicke bei Stahlblech	0,1 bis 0,4 mm
Schichtdicke bei Grauguß	1,0 bis 1,7 mm
Glanz bezogen auf Spiegelglas	40 bis 70 %
Härte	4000 bis 6000 HV
Schlagfestigkeit	1 bis 5 N.m
Wärmeleitfähigkeit senkrecht zum Stahlblech	20 bis 60 $W.m^{-1}.K^{-1}$
Spezifischer Durchgangswiderstand bei Raumtemperatur	$> 10^{12}$ Ohm.cm
bei 400 °C	107 bis 10^{12} Ohm.cm
Dielektrizitätskonstante ε_r	5 bis 10
Dielektrischer Verlustwinkel tan δ	0,1 bis 0,001

Emails besitzen bei Temperaturen unterhalb von etwa 400 °C einen positiven linearen thermischen Ausdehnungskoeffizienten, der kleiner ist, als der vom metallischen Substrat. Bei höheren Temperaturen fängt Email an zu erweichen. Wie alle Gläser besitzt Email keinen Schmelzpunkt – also keine Temperatur, an der sich der Aggregatzustand und die mechanischen Eigenschaften sprunghaft ändern – sondern ein Erweichungintervall, begrenzt durch den oberen Transformationspunkt, oberhalb dessen Email zu flüssig wird. Wird daher Email auf einem metallischen Substrat aufgeschmolzen, so schrumpft das Substrat beim Abkühlen entsprechend seinem linearen thermischen Ausdehnungskoeffizienten und setzt die Emailschicht unterhalb des oberen Transformationspunktes unter Zugspannung. Das Email erstarrt bei weiterer Abkühlung, wird fest und schrumpft ebenfalls, allerdings weniger als das metallische Substrat. Dadurch wird die Emailschicht bei weiterer Abkühlung vorgespannt und unter Druck gesetzt, wodurch der Verbundwerkstoff Substrat/Emailschicht an Festigkeit gewinnt. Bild 13-2 zeigt das Verhalten von Gläsern im Vergleich zu dem von Kristallen beim Erwärmen. Bild 13-3 zeigt das Ausdehnungsverhalten von Stahl und Email.

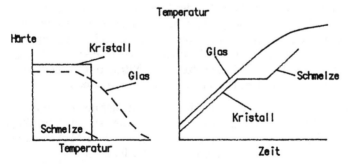

Bild 13-2: Verhalten von Kristallen und Gläsern im Vergleich

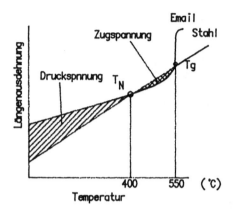

Bild 13-3: Wärmeausdehnung von Email und Stahl. Tg Oberer Transformationspunkt, TN Neutralpunkt

Über die Haftung von Emails auf dem am häufigsten verwendeten Stahlblech wurden
viele Theorien aufgestellt. Dietzel [67] schaffte hier Klarheit durch seine Theorie von
der elektrochemischen Korrosion als Haftungsvoraussetzung: Zwischen Emailschicht
und Stahlblech besteht eine sehr intensive, druckknopfartige Verzahnung, die erst
beim Brennprozeß geschaffen wird. Ursache dafür sind elektrochemische Korrosions-
prozesse, die durch Einsatz von Haftoxiden oder -metallen erzielt werden, die elektrochemisch edler als Eisen sind. Die Haftmetalle bilden auf der Stahloberfläche Lokal-
elemente kleinster Dimensionen, die den Stahl zur Anode werden lassen. Dadurch
bedingt, löst sich partiell Eisen aus dem Substrat. Es entstehen lochartige Vertiefungen,
die mit Schmelze aufgefüllt werden. Die „Lochfraßkorrosion", die hier künstlich ausgelöst wird, erfolgt erst beim Schmelzprozeß, so daß die dabei frisch gebildete neue
Oberfläche in den Konkaven ihre frei werdenden Valenzen als Bindekräfte zusätzlich
zur Verfügung stellt. Dieser Effekt, der in der Beschichtungstechnologie fast immer
beobachtet werden kann, und der in der Tribochemie ebenfalls bekannt ist, wird auch
einen positiven Beitrag zur Emailhaftung liefern.

Der „Lochfraß" kommt vermutlich durch Änderung der Schmelzzusammensetzung in
der gebildeten Konkave zum Stillstand. Da die Einbrenndauer für Emails in der Größe
von wenigen Minuten liegt, muß der zum Ablaufen der Reaktion benötigte Sauerstoff
aus der Schmelze angeliefert werden. Theorien, die die Anwesenheit von Luftsauerstoff
beim Brennvorgang für notwendig halten, konnten durch Emaillieren im Vakuum [69]
und unter Schutzgas widerlegt werden. Die oxidische Emailschmelze, erst recht Email-
schmelzen mit oxidierend wirkenden Mühlenzusätzen wie Nitrit, besitzt genügend
Oxidationskraft, um den elektrochemischen Prozeß durchführen zu können.

Infolge der elektrochemischen Korrosion zeigt sich die Unterseite der nach außen glatten Emailschicht als stark zerfurchtes Gebirge, wenn man sie unter starker Vergrößerung betrachtet. Bild 13-4 zeigt eine von der Bayer AG hergestellte REM-Aufnahme
der Unterseite von Email, wenn man das Eisen darunter chemisch ablöst.

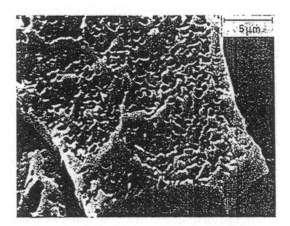

Bild 13-4: REM-Aufnahme der Haftschicht von Email, Foto Bayer AG, entnommen [50]

Die Haftung von Emailschichten auf NE-Metallen ist weit weniger untersucht worden. Als Haftungsmechanismus nimmt man aber ebenfalls die Verfestigung in Mikrorauhigkeiten und die Ausbildung chemischer Valenzen, insbesondere zu dünnen Oxidfilmen, die das Substrat (Al oder Cu) bedecken, an.

13.2 Die Herstellung von Emails

Die Zahl der Emails, die heute erhältlich sind, ist außerordentlich groß. Der Emailstammbaum nach [75] zeigt, daß es eine Vielzahl von Grundtypen je nach Verwendungszweck gibt, die sich letztlich alle auf ein Grundglas, das Alumo-boro-silikatemail zurückführen lassen. Emails werden heute in weit überwiegendem Maße von großen Herstellern erschmolzen. Schuld daran sind wirtschaftliche Aspekte. Lediglich Spezialemails werden gelegentlich vom einzelnen Anwender selbst erschmolzen. Das Gemenge zum Erschmelzen von Emails wird aus natürlichen Mineralien und synthetischen Chemikalien zusammengestellt. Hauptbestandteile sind die Minerale Feldspat und Quarz mit Zusätzen von Flußspat und Kryolith. Dazu werden Anteile an Soda, Kalk, Natronsalpeter und andere Chemikalien gegeben, wobei den Grundemails Haftoxide (z. B. CoO), den Deckemails Pigmente zugesetzt werden.

Tabelle 13-3: Gemengezusammensetzung (Gew.%) einiger historischer Grundemailfritten

Laufende Nr.	1	2	3	4	5	6
Borax	32,0	38,0	34,7	34,4	30,0	40,0
Feldspat	16,0	16,5	25,5	22,6	28,0	20,0
Quarz	32,0	26,0	23,1	24,7	20,0	22,0
Fluflspat	4,5	5,0	3,4	3,4	8,0	4,0
Na-Salpeter	4,7	2,5	1,7	3,3	5,0	3,5
Soda	9,6	10,0	7,7	10,7	7,5	8,0
Kalk	–	–	3,4	–	–	–
CoO	1,0	–	–	0,5	0,3	0,5
Braunstein	0,7	–	0,6	1,0	0,5	–
NiO	0,2	1,3	–	–	–	2,0

Tabelle 13-4: Gemengezusammensetzung (Gew.%) von Deckemailfritten.
1 Kochgeschirr,
2 Blechschüsseln,
3 Hausgeräteverkleidungen,
4 Schilder,
5 Reflektoren.

Nr.	1	2	3	4	5
Borax	30,0	26,0	21,4	25,0	25,0
Feldspat	50,0	32,0	28,8	32,4	30,0
Quarz	7,1	8,0	15,7	22,4	20,0
Kryolith	5,8	5,0	11,7	14,7	18,0
Soda	3,3	9,0	9,2	–	4,0
Kalisalpeter	3,3	3,0	4,2	2,0	2,0
Fluflspat	5,3	6,0	4,2	–	1,0
Antimonoxid	–	–	4,8	3,5	–
Pigment	–	2,0	–	–	–
Natriumfluosilikat	–	11,0	–	–	–

Die Bestandteile des Emails haben unterschiedliche Wirkung auf die Eigenschaften der Beschichtung. Dietzel [67] unterteilt die Bestandteile in drei Gruppen: in solche, die die Emailschmelze dünnflüssiger werden lassen, sogenannte Flußmittel, und solche, die die Emailschmelze in stärkerem oder schwächerem Maße zähflüssiger werden lassen, die Resistenzmittel I und II.

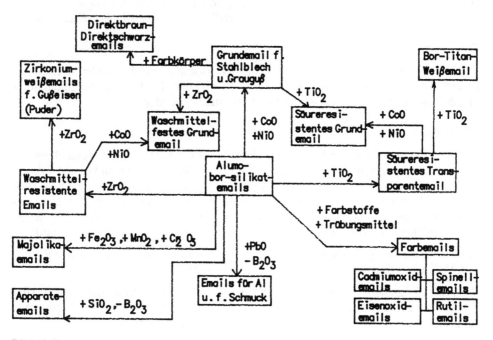

Bild 13-5: Emailstammbaum [75]

Tabelle 13-5: Einteilung der Emailbestandteile nach [67]

Eigenschaft	Resistenzmittel I	Resistenzmittel II	Flußmittel
1. Zähigkeit	erhöht	erhöht	erniedrigt
2. Oberflächen-spannung	erhöht	erhöht oder erniedrigt	erniedrigt
3. thermischer Ausdehnungs-koeffizient	erniedrigt	erniedrigt	erhöht
4. chemische Wider-standsfähigkeit	erhöht	erhöht	erniedrigt
5. Bestandteil	SiO_2, Al_2O_3, ZrO_2	BeO, MgO, CaO, SrO, BaO, ZnO, TiO_2	B_2O_3, P_2O_5, PbO, K_2O, Na_2O, Li_2O, CaF_2, NaF,LiF

Resistenzmittel I:

SiO_2 wird in der Regel als Quarzsand eingeführt, der je nach Verwendungszweck Korngrößen von etwa 0,05 bis 0,2 mm und insbesondere für Weißemails eisenarm sein sollte (Weißemails $< 0,2\,\%$ Fe_2O_3). SiO_2 und Al_2O_3 werden durch Einsatz von Kalifeldspat (Orthoklas), Natronfeldspat (Albit) oder Calciumfeldspat (Anorthit) eingebracht, der ebenfalls auf etwa 0,1 bis 0,2 mm Korngröße gemahlen werden und möglichst schwermetallfrei sein sollte. Gelegentlich werden auch Tonminerale als Rohstoff benutzt.

Resistenzmittel II:

MgO und CaO werden in Form von gemahlenem Dolomit oder Kalk oder Marmor eingesetzt. TiO_2 und ZnO dagegen werden als Chemikalien, BaO und SrO vielfach durch ihre natürlichen Carbonaten (Witherit und Strontianit) bereitgestellt.

Flußmittel:

Flußmittel sind notwendige Emailbestandteile, weil Emails in der Schmelze dünnflüssig sein müssen, um in kurzer Zeit die Substratoberfläche benetzen zu können. Die den Flußmitteln zugeordneten Oxide B_2O_3 und P_2O_5 sind eigentlich ebenso wie SiO_2 glastechnisch Netzwerkbildner. Da jedoch Borat- und Phosphatgläser an sich geringere Schmelzviskositäten aufweisen als Silikatgläser, verringern Zusätze dieser Oxide die Schmelzviskosität einer Silikatglasschmelze. Die Oxide wirken daher als Flußmittel.

B_2O_3 wird meist als synthetisches Borax, aber auch in Form der Borminerale Pandermit, Colemanit oder Kernit (Handelsname Rasorit) eingesetzt.

P_2O_5 wird allgemein in Form synthetischer Alkaliphosphate, Na_2O und andere Alkalioxide in Form ihrer Carbonate eingeführt. Quelle für PbO ist die großtechnisch auch im Rahmen der Akkumulatorenindustrie erzeugte Mennige Pb_3O_4.

Fluoride sind wichtige Flußmittel, aber auch Trübungsmittel. Sie sind stets Quelle für eine geringe Fluoridabgabe der Schmelzöfen. Eingesetzt werden Flußspat (CaF_2) und natürliche oder synthetischer Kryolith (Na_3AlF_6) sowie Na-silikofluorid (Na_2SiF_6). Weitere Trübungsmittel sind vor allem TiO_2 (Anatas und Rutil) und SnO_2, die in die Fritte eingearbeitet werden.

Außer den Emailgrundbestandteilen und Trübungsmitteln werden Emails Oxidationsmittel in Form von Braunstein (MnO_2) für Grundemails und Nitraten zugefügt, um organische Bestandteile beim Schmelzen zu oxidieren und damit Fehlfarbigkeit der Schmelze zu vermeiden. Emails können auf verschiedene Weise gefärbt werden. Kräftige Farbtöne außer Rot und Pink werden direkt in der Fritte angefärbt. Es entstehen dann transparente Farbemails. Daneben gibt es Ausscheidungsfarbstoffe, die ihre Farbigkeit von sich kolloidal während des Brennens ausscheidenden Metallen oder Verbindungen ableiten. Weitere Anfärbungen werden bei der späteren Weiterverarbeitung in der Mühle erzielt, wenn man Farbkörper untermischt.

Tabelle 13-6: Lösungs- und Ausscheidungsfarbstoffe [50]

Rohstoff	Farbe	Farbzentrum
Co-Oxide	tiefblau	Co^{2+}
Cr_2O_3	grün	Cr^{3+}
$K_2Cr_2O_7$	gelb	Cr^{6+}
CuO	blau bis grün	Cu^{2+}
Fe-II-Verbindungen	blaugrün	Fe^{2+}
Fe_2O_3	gelb	Fe^{3+}
MnO_2	violett	Mn^{3+}
Ni-Oxide	grau	Ni^{2+}
UO_3 oder Na_2UO_4	gelb bis gelbgrün	U^{6+}
V-II-Verbindungen	grün	V^{3+}
V_2O_5 oder Na-Vanadat	gelb	V^{5+}
Nd_2O_3	rot bis violett	Nd^{3+}
Pr_2O_3	grün	Pr^{3+}
Schwefelverbindungen	gelbbraun	S_x^{2-}
Selenverbindungen	tiefbraun	Se_x^{2-}
Fe-Verbindung + Sulfid	tiefbraun	$(FeS_2)^{-}$ (reduzierend)
Ausscheidungsfarbstoffe:		
$Cu_2O + Sn$	rubinrot	kolloidales Cu
$AgNO_3 + Sb_2O_3$	gelb	kolloidales Ag
$AuCl_3 + Sb_2O_3 + $Nitrat	rubinrot	kolloidales Gold
Fe-Verbindungen+Sulfid	schwarz	FeS

Die Bevorratung der Fritterohstoffe erfolgt bei vielen Frittenherstellern in Bunkern, von denen die entsprechende Menge eines Rohstoffs computergesteuert abgewogen wird. Die Rohstoffe werden dann in einem Zwangsmischer (Flugscharmischer o. ä.) vorgemischt und der Schmelze zugeführt. Große einheitliche Fritteansätze können kontinuierlich geschmolzen werden. Die Schmelztemperatur für Fritten liegt mit 1400 °C relativ hoch. Öfen zum kontinuierlichen Schmelzen werden mit Öl oder Gas befeuert, können aber auch elektrisch beheizt werden. Die Gemengezugabe erfolgt über Dosierschnecken. Der Schmelzaustrag verläuft über gekühlte Walzenpaare, die aus der Schmelze ein dünnes Glasband erzeugen, das anschließend durch Brecherwalzen zu Schuppen (Flakes) gebrochen wird.

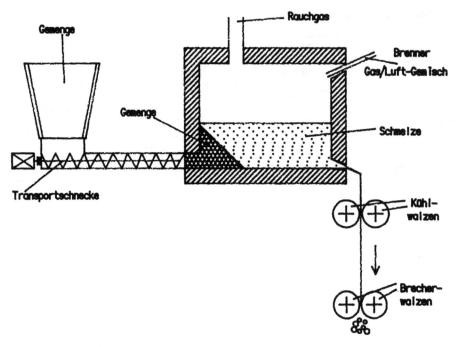

Bild 13-6: Gasbeheizte, kontinierliche Frittenschmelze nach [75]

Kleinere Chargen werden in Trommelschmelzöfen erschmolzen. Trommelschmelzöfen bestehen aus einer drehbaren Stahltrommel, die innen mit feuerfestem Material (Klebsand) ausgestampft wurde. Die Trommel besitzt seitlich eine verschließbare Befüll- und Entleerungsöffnung, die zum Befüllen nach oben, zum Entleeren nach unten zeigt.

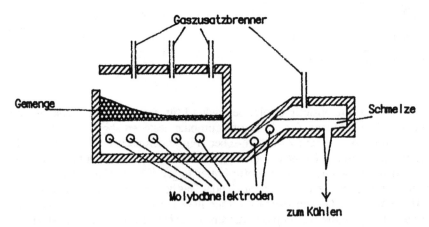

Bild 13-7: Elektrisch beheizte Fritteschmelze mit kontinuierlichem Austrag [76]

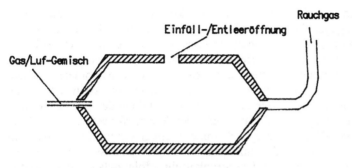

Bild 13-8: Schnitt durch einen Trommelschmelzofen

Bild 13-9: Gasbetriebener Trommelschmelzofen, aufgenommen mit freundlicher Erlaubnis bei Wendel-Email

Bild 13-10: Ausstampfen eines Trommelschmelzofens.Aufgenommen mit freundlicher Genehmigung bei Wendel-Email

Die Beheizung der Trommel erfolgt mit Gas oder Öl durch die eine horizontale Achse, die Gasabfuhr durch die gegenüberliegende Drehachse. Durch die Achse, durch die der Brenner geführt wird, wird auch die Temperaturmessung in der Schmelze mit Hilfe eines Strahlungspyrometers durchgeführt. Bei elektrisch betriebenen Schmelzöfen dient die Schmelze selbst als Stromleiter, wobei die Eigenschaft von Glasschmelzen ausgenutzt wird, daß der elektrische Widerstand von Glasschmelzen sehr klein wird, wenn die Schmelze dünnflüssig ist. Der Stromleitungsvorgang ist dann der eines Elektrolyten, der Stromtransport erfolgt durch Wanderung der Ionen. Verwendet wird dabei Wechsel- oder Drehstrom. Bild 13-7 zeigt schematisch einen Schnitt durch eine elektrisch betriebene Schmelzwanne, die mit den in der Glasindustrie eingesetzten Schmelzwannen identisch ist nach [76]. Die Stromzufuhr erfolgt dabei durch gekühlte Metallstäbe aus Molybdän.

Die Abschreckung der Schmelze wird bei Chargenbetrieb durch Wasser vorgenommen. Die Schmelze wird dabei in einen unter Wasser stehenden Siebkorb geleitet. Die Fritte fällt dann in Form von Gries an, der durch Eigenwärme und durch einem Trockner zugeführte Wärme getrocknet wird. Übliche Verpackungsform der Fritte ist die Verpackung in Säcke.

13.3 Emaillierfähiger Stahl

Ein Verbundwerkstoff besteht mindestens aus zwei Partnern. Beim emaillierten Stahlblech sind dies die Emailschicht und das Stahlblech. Emaillierfähiges Stahlblech muß einer Reihe von Anforderungen genügen:

- Kohlenstoffgehalt   < 0,1 %
- Stickstoffgehalt   < 0,2 %
- Schwefelgehalt   < 0,05 %

Das im Eisen-Kohlenstoffdiagramm interessierende Gebiet liegt damit ganz auf der Eisenseite des Diagramms Bild 13-11.

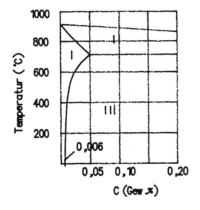

Bild 13-11:
Eisen-Kohlenstoffdiagramm
bis 0,2 % C.
  I α - Mischkristalle,
 II α - + - Mischkristalle,
 II α -Mischkristall + Fe_3C.

Emaillierfähige Stahlbleche sind nach DIN 1623 die Gruppe EK 2 und EK 4 (beruhigte Stähle für konventionelle Emaillierung) und ED 3 und 4 für die Direktemaillierung. Ferner werden für Apparate beruhigte und unberuhigte, normalgeglühte Kesselbleche nach DIN 17007 und 17155, titanstabilisierte Stahlbleche und IF-Stahl eingesetzt. Verwendet werden sowohl Stähle aus dem Kokillenguß wie aus dem Strangguß.

Tabelle 13-7: Analyse (Gew.%) einiger im Einsatz befindlicher Stahlsorten zur Stahlblechemaillierung [72].

Bezeich-nung	C	Mn	P	S	N	Al	Nb	Ti
EK 2	0,025-	0,18-	0,007-	0,01	0,007	0,03-		
EK 4	0,060	0,30	0,020	0,03		0,05		
ED 3	0,004		0,007					
ED 4	0,004							
CAN	0,002	0,30	0,014	0,014	0,0028	<0,005		
U VAC	0,005	0,20	0,009	0,0014	0,0020	<0,005		
R VAC	0,014	0,19	0,011	0,018	0,0044	0,055		
MT-Nb	0,014	0,22	0,014	0,008	0,0040	0,033	0,190	
MT-Ti	0,014	0,23	0,014	0,008	0,0051	0,043		0,200
MHZ	0,050	0,22	0,006	0,011	0,0027	0,034	0,034	
U 1	0,057	0,28	0,022	0,022	0,0032	< 0,005		
U 2	0,140	0,42	0,023	0,022	0,0041	< 0,005		

Das Gefüge des emaillierfähigen Stahlblechs muß gleichmäßig sein und sollte keine kritischen Verformungsgrade aufweisen. Der Durchmesser der Ferritkörner beim Stahlblech sollte 50 bis 70 µm je nach Blechdicke nicht überschreiten. Die Bleche sollten Mittenrauhigkeiten von maximal 5 µm aufweisen und möglichst poren- und lunkerfrei sein. Narben, Kratzer und andere Beschädigungen der Oberfläche sollten nicht vorkommen. Emaillierfähiges Stahlblech besitzt ferner folgende Materialeigenschaften [50]:

- Härte HV 1100 bis 1400 MPa
- E-Modul $210 \cdot 10^3$ MPa
- Streckgrenze 210 bis 270 MPa
- Bruchdehnung 27 bis 38 %
- thermische Ausdehnungskoeffizient $135 * 10^{-7} K^{-1}$

Bei emaillierfähigem Stahl muß ferner darauf geachtet werden, daß das Eisen in der Lage ist, gewisse Mengen an Wasserstoff aufzunehmen. Man mißt dazu die Durchtrittszeit von einseitig erzeugtem Wasserstoff durch das Stahlblech. Je langsamer der Wasserstoffdurchtritt erfolgt (d. h. je größer die Löslichkeit ist), desto besser geeignet ist der Stahl für die Emaillierung (vgl. Brennvorgang des Emails). Als Richtwert wird in der Literatur [73] angegeben

$$\frac{t_o}{d} > 8\ Min./mm$$

t_o = Durchtrittszeit in Min., d = Blechdicke in mm.

Dadurch werden die im Brennvorgang gebildeten Wasserstoffmengen im Stahl gehalten und treten nicht unter hoher Druckentwicklung (bis 30 MPa) unter Absprengen des Emails (Fischschuppenbildung) aus, wenn das emaillierte Blech abkühlt. Emaillierfähiger Stahl enthält deshalb im Inneren Wasserstoffallen (Mikrorisse, Korngrenzen), in denen H_2 sich ansammeln kann.

Emaillierfähiges Gußeisen enthält erheblich größere Mengen an Verunreinigungen. Das Normalgefüge emaillierfähigen Gußeisens ist perlitisch mit Lamellengraphit. In den Kristallzwischenräumen liegt der Steadit (Phosphid-Eutektikum), graues MnS und eventuell dunkles FeS eingelagert. Beim Emaileinbrand zerfällt der Perlit in Graphit und Ferrit. Sehr langsam abgekühlter Guß zeigt fast keinen Perlit, dafür Ferrit und Graphit.

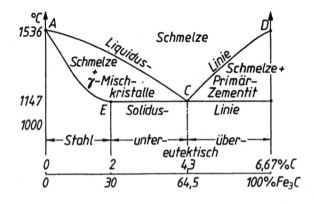

Bild 13-12:
Eisen-Kohlenstoff-Diagramm
bis 7 % C
1 Schmelze u. Austenit,
2 Schmelze u. prim.- Fe_3C,
3 Austenit,
4 g - Mischkristall u. sek.- Fe_3C,
5 Austenit, sek.- Fe_3C u. Ledeburit I,
6 prim.-Fe_3C u. Ledeburit I,
7 Ferrit u. Perlit,
8 sek.- Fe_3C u. Perlit,
9 Perlit, Ledeburit u. sek.- Fe_3C,
10 g - Mischkristall u. Ferrit,
11 prim.-Fe_3C u. Ledeburit.

Für emaillierte Werkstücke ist Gußeisen mit etwa 2,4 % Si von Bedeutung. Der Si-Gehalt bewirkt, daß wenig Fe_3C auftritt. Das Eutektikum zwischen Fe und C wird nach niederen Werten von C verschoben, und der Stabilitätsbereich des Austenits wird kleiner. Unterhalb von 750 °C ist im Gleichgewicht nur noch Ferrit und Graphit vorhanden.

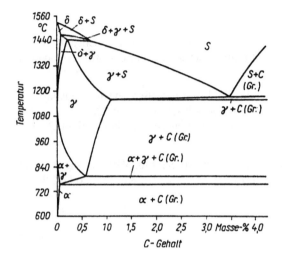

Bild 13-13:
Eisen-Kohlenstoff-Diagramm
mit 2,4% Si.
1 Austenit u. Schmelze,
2 Schmelze u. Graphit,
3 Austenit, Schmelze u. Graphit,
4 Austenit u. Graphit,
5 Ferrit, Austenit und Graphit,
6 Austenit,
7 Ferrit u. Austenit,
8 Ferrit,
9 Ferrit und Graphit.

Abgeschreckter Guß (weiß erstarrtes Material) besteht aus Ledeburit und kann nicht emailliert werden. Zementit ist generell für Emaillierungen schädlich. Zu heiß gegossener Guß besitzt eine harte Gußhaut, die aus den gleichen Gründen Störungen gibt. Grober Graphit führt leichter zu Blasenbildung im Email als feiner. Kugelgraphitguß sollte von vornherein überwiegend Ferrit enthalten, weil die Umwandlung von Perlit zu Ferrit bei diesem Guß zu langwierig ist.

Gehalte an Si und P machen das Eisen dünnflüssiger und sind gießtechnisch erwünscht, Stickstoff stabilisiert dagegen den Zementit, was emailtechnisch unerwünscht ist. Gaskanäle im Guß ergeben Emaillierfehler (Fischaugen). Schwefel verursacht Aufkochen des Emails und Rostflecken. Die Grenzwerte für emaillierfähiges Gußeisen und einige praktisch vorkommende Analysenwerte zeigt Tabelle 13-8.

Tabelle 13-8: Analysenwerte von Gußeisen (%) nach [74,50]

Bezeichnung	Cges	Cgeb.	Si	Mn	P	S
Nach Dinet	3,3 – 3,6	bis 0,6	2,5 – 2,8	0,4 – 0,6	0,6 – 0,7	bis 0,12
Herdguß < 6 mm Wandstärke	3,3 – 3,6	< 0,6	2,5 – 2,8	0,4 – 0,6	0,4 – 0,7	< 0,12
Apparateguß < 15 mm Wandstärke	3,2 – 3,6	< 1,3	2,0 – 2,4	0,4 – 0,6	0,3 – 0,5	< 0,12
Apparateguß > 15 mm Wandstärke	3,2 – 3,6	< 1,3	1,7 – 2,1	0,4 – 0,6	0,2 – 0,4	< 0,12>
Sphäroguß	3,4 – 3,8	< 0,2	2,6 – 3,5	< 0,4	< 0,08	< 0,03

Den Sättigungswert für C kann man mit Hilfe der Formel [50] berechnen

$$S_c = \frac{(\% C)}{[4{,}26 - 0{,}3 * (\% Si) - 0{,}33 * (\% P) - 0{,}40 * (\% S) + 0{,}27 * (\% Mn)]}$$

Weitere emaillierfähige Metalle:

Zum Emaillieren von hochlegierten Stählen sind sowohl ferritische Chrom-Nickel-Stähle wie auch hochlegierte austenitische Stähle geeignet. Reiner Chromstahl dagegen ist nicht emaillierfähig.

Emaillierfähiges Aluminium können sowohl Reinaluminium 99.5 wie auch aushärtbare und nicht aushärtbare Al-Knetlegierungen sein, wobei der Gehalt an Cu, Zn, Mn, Mg nicht zu hoch sein soll und die Legierungen einen Anteil an Si enthalten sollten. Si-freie Legierungen sind nicht emaillierfähig [50].

Magnesium und Mg-Legierungen sind ebenfalls emaillierfähig. Weitere, meist in der künstlerischen Gestaltung genutzte emaillierfähige Metalle sind Kupfer und Goldlegierungen.

13.4 Emaillierverfahren

Das historisch ältere Verfahren ist der Naßemailauftrag. Dieser wiederum unterteilt sich heute in das konventionelle Emaillieren und das Direktemaillieren, wobei das konventionelle Emaillieren wiederum je nach Zahl der Emailaufträge und Zahl der Brände unterschieden wird. Ergänzt wird diese Palette durch die elektrophoretische Tauchemaillierung, bei der ebenfalls Varianten möglich sind. Vervollständigt wird das Bild durch die moderne Entwicklung des Pulveremailauftrages und durch das Emaillierverfahren ohne Vorbehandlung (Liberty Coat).

Konventionelles Emaillieren ist dadurch gekennzeichnet, daß grundsätzlich die unterste Emailschicht ein blaues Grundemail ist, die das Haftoxid CoO enthält. Folgende Varianten sind beim konventionellen und beim Direktemaillieren in Gebrauch:

Bei allen Emaillierverfahren, bei denen Haftoxide in die erste aufgetragene Emailschicht, das Grundemail oder das dunkle Direktemail, mit eingearbeitet werden kann, können herkömmliche Emaillierstähle eingesetzt und die Vernickelung eingespart werden. Ebenso ist hier die Verwendung einer Sparbeize möglich. Lediglich beim Direktweißverfahren sind eine Abtragsbeize und eine Vernickelung unumgänglich notwendig.

Tabelle 13-9: Konventionelle Emaillierverfahren

E Entfetten,
B Säurebeize,
Ni Vernickel,
c = coat (Auftragen),
f = fire (Brennen)

Bezeichnung des Verfahrens	verwendeter Stahl	Vorbehandlung E	B	Ni	Naß- Pulver- Auftrag		c/f
1. KE, naß I	EK2, EK4, ED3	x	x	(x)	x	–	2/2
2. KE, Pulver I	EK2, EK4, ED3	x	x	(x)	x	–	2/2
3. KE, naß II	EK2, EK4, ED3	x	–	–	x	–	2/2
4. KE, Pulver,II	EK2, EK4, ED3	x	–	–	–	x	2/2
5. KE, 2 Schicht/ 1 Brand, I	EK2, EK4, ED3	x	x	(x)	x	–	2/1
6. KE, 2 Schicht/ 1 Brand, II	EK2, EK4, ED3	x	–	–	x	–	2/1 (3/2)
7. KE 2 Schicht/ 1 Brand, I	EK2, EK4, ED3	x	x	x	–	x	2/1
8. KE 2 Schicht/ 1 Brand, II	EK2, EK4, ED3	x	–	–	–	–	2/1
9. KE, 2 Schicht/ 1 Brand, komb.	EK2, EK4, ED3	x	x	(x)	x	x	2/1
10. KE,2 Schicht/ 1 Brand, komb.II	EK2, EK4, ED3	x	–	–	x	x	2/1
11. Direktemail, dunkle Farben	EK2, EK4, ED3	x	x	(x)	x	–	1/1
12. Direktemail, dunkle Farben Pulver	EK2, EK4, ED3	x	x	(x)	–	x	1/1
13. Direktemail, dunkle Farbe	EK2, EK4, ED4	–	–	–	–	x	1/1 2/1
14. Direktweiß	ED3	x	x	x	x	–	1/1
15. Direktweiß	ED3	x	x	x	–	x	1/1

13.4.1 Naßemaillierung

Allen Naßemaillierverfahren gemein ist, daß die im Frittenwerk hergestellte Emailfritte in Mühlen unter Wasserzusatz zu einer Dispersion, dem Schlicker, aufgemahlen werden muß. Schlickermühlen sind Kugelmühlen, die mit Porzellankugeln gefüllt werden und in denen die Fritte bis auf mittlere Korngrößen von etwa 60 µm (Grundemails) bzw. 10 – 15 µm (Deckemails) vermahlen wird. Kugelmühlen stellen einen Typ der Trommelmühle mit einem sich um die horizontale Achse drehenden Trommel dar, deren Drehzahl je nach Durchmesser bei

$$n = 24 \text{ bis } 35/(d)^{0,5}$$

liegen soll. d ist hierin der innere Mühlendurchmesser. Das Gewichtsverhältnis von Kugeln zu Feststoff soll bei etwa 3 : 1 liegen, je nach Art der Kugeln. Das Mühlenfutter besteht aus Porzellan oder Quarzitsteinen. Die Mahlkugeln bestehen zu je 1/3 aus Kugeln von etwa 8, 5 und 3 cm Durchmesser. Der Mühlenraum wird zu etwa der Hälfte mit Kugeln gefüllt. Der Füllgrad in der Mühle sollte etwa 80 % nicht übersteigen.

Unterschiedlich große Mühlen mit Durchmessern bis etwa 1,7 m sind in Emaillierwerken in Gebrauch, je nachdem, welche Schlickersorte in welchen Mengen angesetzt werden muß. Die Kugelmühlen besitzen mantelseitig eine Einfüll- und Entleeröffnung, die beim Entleeren nach unter gedreht wird, beim Befüllen zur Decke des Mühlenraums zeigt und bei größeren Mühlen von der darüber liegenden Etage befüllt wird. Außer Fritte und Wasser werden den Mühlenversätzen Zusatzstoffe zugesetzt, die in der nachfolgenden Tabelle aufgeführt sind.

Tabelle 13-10: Mühlenzusätze.Mengenangaben nach [50]

Wirkung	Bezeichnung	Menge (%)
Stellmittel	Borax $Na_2B_4O_7.10\ H_2O$ Soda Na_2CO_3 Pottasche K_2CO_3 Magnesit $MdCO_3$ Schwerspat $BaCO_3$ NH_4Cl Kalksalpeter $Ca(NO_3)_2$ $MgCl_2$, $CaCl_2$, $BaCl_2$ $NaAlO_2$ Na_2SiF_6 Wasserglas	0,05 – 0,4 0,03 – 0,1 0,3 0,1 – 2 0,5 0,1 0,5 0,1 – 0,2 0,2 – 0,4 0,25
Stellmittel und Rostschutzmittel:	$NaNO_2$ oder KNO_2	0,1 – 0,3
Entstellmittel:	$Na_4P_2O_7$ Zitronen-, Phosphor-oder Oxalsäure	0,1 – 0,15 0,03 – 0,06

Den Mühlen werden ferner noch Ton, gegebenenfalls Bentonit (etwa 5 – 10 Gewichtsteile je 100 Tl.Fritte), eventuell bis 35 Gewichtsteile Quarzmehl je 100 Tl.Fritte und etwa 40 bis 70 l Wasser je 100 Gew.Tl. Fritte zugesetzt, so daß Schlickerdichten von etwa 1,4 bis 1,9 $g.cm^{-3}$ erzielt werden. Fertige Emailschlicker sind thixotrope Flüssigkeiten, die ohne Scherbelastung sich ähnlich wie Festkörper verhalten und nicht fließen. Damit erreicht man es, daß die zu beschichtende Oberfläche in jeder Raumlage beschichtet werden kann. Man nennt dies das Stellverhalten des Schlickers.

Mühlenräume müssen stets sauber gehalten werden. Die zum Säubern verwendeten Spülwässer enthalten im allgemeinen Nitrit.

Bild 13-14: Blick in einen Mühlenraum. Foto OT-Labor der MFH

Es empfiehlt sich, die Spülwässer vor Zuführung zur Nitritentgiftung durch einen Schlammeindicker zu führen, um die Schlickerrückstände zurückzugewinnen. Die Mahlfeinheit des Schlickers erlaubt zwar den Einsatz von Zentrifugalabscheidern zur Schlickerrückgewinnung, nicht jedoch den Einsatz von Filtern, die ohne Zusatz von Filterhilfsmitteln nicht betrieben werden können. Schlickerrückstände sollten möglichst im eigenen Betrieb wieder verwendet werden. Man kann sie z. B. zum Emaillieren von Nichtsichtflächen einsetzen oder zu einem Bruchteil (bis 10 %) den Schlickerneuansätzen wieder zuführen.

Der Schlickertransport erfolgt in fahrbaren Transportbehältern aus Edelstahl. Es ist aber in manchen Betrieben auch möglich, den Schlicker von Mühlenraum in die einzelnen Vorratsbehälter zu pumpen. Die Verwendung einer Ringleitung ist nicht möglich, weil es doch zu Feststoffablagerungen in der Leitung kommen kann. Der Feststoff im Schlicker sollte sich zwar auch bei längerem Stehen nicht absetzen, dennoch werden viele Schlickervorratsbehälter mit Rührwerken ausgerüstet.

13.4.2 Naßauftrag von Emailschlickern

Der Naßauftrag von Emailschlickern kann auf unterschiedliche Weise vorgenommen werden. Kleine Stückzahlen oder Produkte vom Kunstgewerbebereich können per Hand in Schlicker getaucht werden. Dabei muß man den getauchten Gegenstand nach dem Tauchvorgang etwas Ablaufzeit geben, damit überschüssiger Schlicker ablaufen kann. Runde Gegenstände wie z. B. Geschirrware werden magnetisch auf Drehtellern gelagert (Dreipunktlagerung) und über ein Düsensystem mit Schlicker beschwallt. Durch Schwenken und Drehen der Werkstücke verläuft der Schlicker gleichmäßig auf der Oberfläche. Die Schlickerförderung kann dabei über Pumpen oder durch aufgegebenen Gasdruck (Preßluft) aus Druckbehältern erfolgen. Bild 13-15 zeigt eine Beschichtungsanlage für Geschirrware.

Bild 13-15: Beschichtungsautomat für Geschirrware. Einlauf in die Beschichtungsstrecke, Foto
Schmitz und Apelt

Bild 13-16: Geschirrautomat. Abnahmestation. Foto Schmitz und Apelt

Flachware oder größere Hohlware wird im allgemeinen durch Spritzen (Druckluft
unterstützt) beschichtet. Diese Tätigkeit kann per Hand oder von Spritzrobotern ausgeführt werden. Auch ist es möglich, den Spritzvorgang wie beim Lackieren elektrostatisch zu unterstützen und die in der Lackiertechnik verwendeten Anlagen wie z. B.
Sprühscheiben [212] ebenfalls einzusetzen. Der hierbei entstehende Overspray sollte
zusammen mit den Spülwässern wieder aufgearbeitet werden. Elektrostatisch unterstütztes Emailschlickerspritzen wird als ESTA-Verfahren bezeichnet.

Zum Beschichten von Bandmaterial wird außer dem Spritzverfahren auch das in der Lackiertechnik eingesetzte Roller-Coating mit Auftragswalzen eingesetzt. Allerdings begnügt man sich in der Emailliertechnik mit einer vereinfachten Auftragstechnik, bei der die Auftragsmenge durch einen von zwei Walzen gebildeten Schlitz dosiert wird. Mit Roller-Coating werden sehr feinteilige Schlicker aufgetragen. Es lassen sich Schichtdicken bis herab zu 0,05 mm erzielen.

Die Feststoffpartikel in einem Schlicker verhalten sich wie kolloiddisperse Partikel in einer Dispersion, d.h. die Einzelpartikel sind elektrisch aufgeladen. Bei dem System Silikat-Wasser ist die elektrische Aufladung der Partikel negativ. Das zugehörige elektrische Potential wird als Zeta-Potential bezeichnet. Diese elektrische Aufladung wird beim ETE-Verfahren (Elektrophoretische Tauchemaillierung) dazu ausgenutzt, die Werkstückbeschichtung vorzunehmen. Beim ETE-Verfahren wird das Werkstück als Anode geschaltet. Legt man zwischen Anode und der im Bad befindliche Edelstahlkathode eine Spannung an, so wandern die elektrisch geladenen Schlickerpartikel in Richtung des Werkstücks und werden am Werkstück abgelagert. Der Wanderungsvorgang ist eine elektrophoretische Wanderung. Die notwendigen Spannungen betragen etwa 150 V, wobei ein niedriger Stromfluß angestrebt wird, weil Stromfluß Wärmeentwicklung bedeutet. Der Stromfluß liegt in der Größenordnung von etwa 10 A je Beschichtungszelle. Durch die Partikelabscheidung bildet sich im Laufe der Zeit

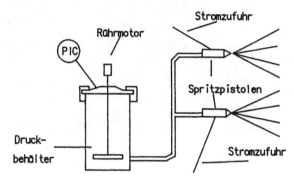

Bild 13-17: ESTA-Anlage zum Schlickerspritzen nach E.I.C. Group

eine Schlickerschicht. Werden die Partikel durch die Schicht festgehalten, tritt eine Schichtentwässerung ein, weil die Elektrolytlösung ihre Relativbewegung zur Partikelschicht während der gesamten Beschichtungszeit fortsetzt. Der abgelagerte Schlicker wird dadurch entwässert (elektroosmotische Entwässerung) und bildet nach einiger Zeit einen griffesten Belag (Biskuit). Überschüssiger Schlicker kann daher anschließend mit Wasser abgespült werden. Die dabei entstehenden Schlickerreste werden sedimentiert und dem Prozeß wieder zugeführt. Die ETE-Beschichtung (Bild 13-18 bis 13-20) ist das einzige Beschichtungsverfahren in der Emaillierindustrie, bei dem naß-in-naß gearbeitet wird, d.h. die Werkstücke werden entsprechend Abschnitt 10 vorbehandelt, vernickelt, aktiviert und mit Emailschlicker beschichtet, ohne eine Trocknungsstufe zu durchlaufen. Das Verfahren wird für Flachware eingesetzt. Da insbesondere bei kleineren Werkstücken geringe Taktzeiten von weniger als 1 Minute ein-

gesetzt werden können, wird die Nickelabscheidung durch chemische Vernickelung
nach dem Hypophosphitverfahren vorgenommen, d. h. die abgeschiedene Nickelschicht enthält etwa 5 – 10 % Phosphor. Außer dem Vernickeln enthält das Verfahren
einen Aktivierungsschritt, bei dem durch Austauschverkupferung geringe Kupfermen-
gen deutlich sichtbar auf der Oberfläche abgelagert werden. Diese Aktivierung verbessert die Leitfähigkeit auf der Werkstückfläche, so daß die Beschichtung gleichmäßiger
wird. Dem Schlicker werden ferner Reduktionsmittel zugesetzt, die eine Sauerstoff-
abscheidung am anodisch geschalteten Werkstück verhindern.

Bild 13-18: Karussellanlage, Foto Miele

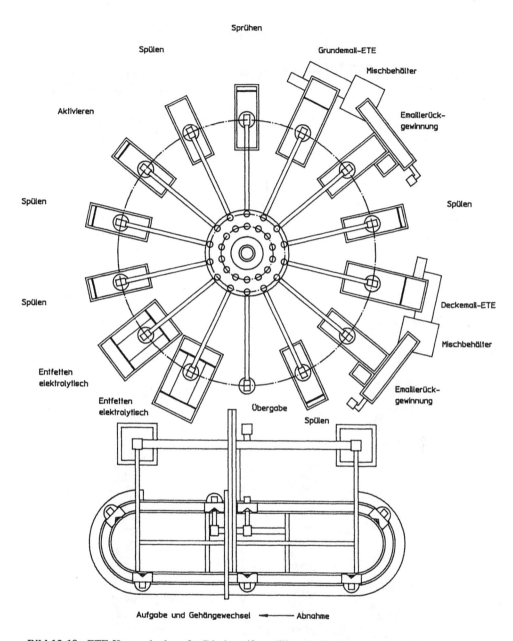

Bild 13-19: ETE-Karusselanlage für Direktweißemaillierung. Zeichnung Miele, Gütersloh

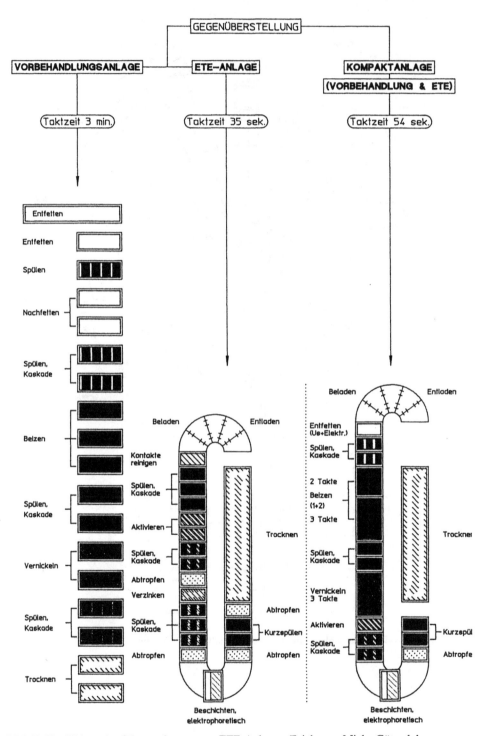

Bild 13-20: Weitere Ausführungsformen von ETE-Anlagen. Zeichnung Miele, Gütersloh

Die Innenbeschichtung von Hohlkörpern kann – wenn der Hohlkörper durch größere Öffnungen relativ frei zugänglich ist – dadurch erfolgen, daß man den Hohlkörper innen über eine Düse mit Schlicker teilweise befüllt und dann den Körper langsam einmal um seine Achse um 360° dreht, so daß der Schlicker die gesamte Innenfläche benetzt. Überschüssiger Schlicker wird dann abgegossen.

Beliebig geformte Hohlkörper können durch Vakuumeinzug beschichtet werden [80]. Man setzt dazu in die Schlickervorlage einen Ansaugstutzen, auf den man eine der Öffnungen des Hohlkörpers setzt. Die Aufsetzfläche wird mit Hilfe einer Dichtung abgedichtet. Anschließend saugt man mit Hilfe einer Vakuum-Saugleitung die Luft aus dem Hohlkörper, der sich dadurch mit Schlicker füllt. Der Schlicker wird bis in die Pumpenvorlage gesaugt, damit die vollständige Befüllung gesichert ist. In der Pumpenvorlage wird dann ein Schalter ausgelöst, der die Vakuumleitung sperrt. Danach wird der Hohlkörper belüftet, so daß der Schlicker wieder zurück in den Schlickervorrat fließen kann. Um beim Nachsetzen des Schlickers am Boden des Hohlkörpers keine zu dicken Schichten zu erhalten, wird der Hohlkörper unter Drehen und Schwenken zum Trockenplatz transportiert, wo er durch Einblasen von Warmluft getrocknet wird.

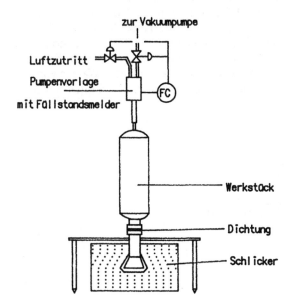

Bild 13-21: Vakuumbeschichten von Hohlkörpern, Patent Austria-Email, Knittelfeld [80]

13.4.3 Die Trocknung

In der Naßemailtechnik aufgetragene Schichten müssen vor ihrer Weiterbearbeitung getrocknet werden. Die Trocknung hat einmal zum Ziel, die entstandene Biskuit-Schicht griffest werden zu lassen, um die manuelle Handhabung beim Umhängen auf die Brennkette zu ermöglichen, zum anderen ist der Auftrag einer zweiten Schicht bei

2c/1f-Verfahren nur möglich, wenn die erste Biskuit-Schicht genügend fest ist, zum dritten ist zu hoher Wassergehalt Ursache für Wasserstoffehler, die durch die Reaktion

$$Fe + H_2O = FeO + 2\,H$$

entstehen und sich als Fischschuppenbildung bemerkbar machen.

In kleineren und in älteren Betrieben erfolgt die Trocknung durch die Raumluft. Man führt also das Werkstück an einer Transportvorrichtung längs einer Abdunststrecke durch die Werkhalle, wobei man die Fahrstrecke günstig über den Brennofen lenkt, um die Wärmeabstrahlung des Ofens auszunutzen. Bei moderneren Emaillierwerken trocknet man die Werkstücke in einem Durchlauftrockner, der als Umlufttrockner oder als Infrarot-Strahlungstrockner ausgeführt sein kann. Möglich sind auch die Trocknung durch induktives oder durch dielektrisches Erhitzen, allerdings wird dabei nicht die Ofenabwärme, die in genügender Menge zur Verfügung steht, ausgenutzt, so daß letztere Verfahren in der Praxis kaum anzutreffen sind. Umlufttrockner sind kostenmäßig günstig, weil die Abwärme der Brenner im Emaillierofen zum Beheizen ausgenutzt werden kann. Bei der Trocknung werden das frei bewegliche Wasser, das in Schichtmineralen (Tonpartikeln) aufgenommene Hüllenwasser und Hydratwasser der im Schlicker enthaltenen Salze weitgehend entfernt. Nicht entfernt werden jedoch Wasseranteile, die in Form von OH-Gruppen chemisch gebunden sind. Diese Gruppen bilden erst Wassermoleküle, wenn sie in Reaktion mit der Emailschmelze treten. Sind am Werkstück partiell höhere Konzentrationen an chemisch gebundenem Wasser vorhanden (z. B. durch Kieselgel als Reinigerrückstand), entsteht an diesen Stellen Schaumemail, ein Emaillierfehler.

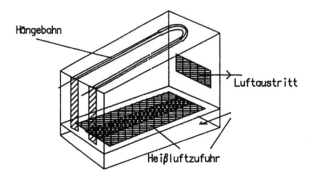

Bild 13-22: Zweibahniger Umlufttrockner

13.5 Pulveremail und -auftrag auf Stahlblech

Das Pulverbeschichten von Stahlblech ist in der Lackiertechnik schon seit vielen Jahren Stand der Technik. Das Pulverbeschichten mit Email dagegen ist eine neuere Entwicklung. Emailfritten bestehen aus einem Glas, dessen elektrischer Widerstand etwa 10^8 Ohm.cm beträgt. Dieser Widerstand ist nicht groß genug, um ein Abfließen der elektrischen Ladung zu verhindern, wenn Pulverpartikel auf einer geerdeten Oberfläche abgelagert werden. In der Anfangsphase der Pulveremaillierung war dies ein besonderes Problem, das erst gelöst werden konnte, als man den Ladungsabfluß durch Umhüllen der Pulverpartikel mit einem Silikonöl verhindern lernte. Der elektrische Widerstand der umhüllten Frittepartikel beträgt dann > 10^{13} Ohm.cm und liegt in der gleichen Größenordnung wie bei Lackpartikeln von Pulverlacken.

Die für elektrostatische Pulverlackierungen eingesetzten Emails werden, wie beschrieben, erschmolzen. Die Fritte wird anschließend in Kugelmühlen trocken vermahlen, wobei die zu erzielende mittlere Korngröße bei etwa 30 µm liegen sollte. Bild 13-23 zeigt die Korngrößenverteilung eines Emailpulvers nach Unterlagen von [77]. Die feingemahlene Fritte wird anschließend in einem Wirbelbett mit Silikonöl beschichtet. Dieser Beschichtungsprozeß verteuert das Email beträchtlich und zehrt die Kostenvorteile der Pulveremaillierung im wesentlichen auf.

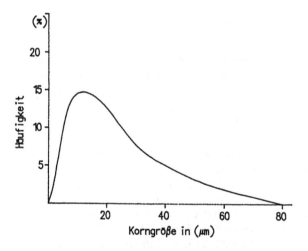

Bild 13-23: Korngrößenverteilung in einem Pulveremail nach [77]

Pulverbeschichtungsanlagen gleichen denen, die bei der elektrostatischen Pulverlackierung beschrieben wurden. Auch die Pulverrückgewinnung erfolgt nach dem gleichen Prinzip über Filter. Der Einsatz von Cyclonen zur Abscheidung von Pulveremails aus der Abluft ist wenig wirkungsvoll, weil die Emailpartikel zu feinteilig sind. Deshalb muß bei Filtern auch mit einer geringeren Filterbelegung gerechnet werden als in Pulverkabinen sonst üblich ist. Das Auftragen des Pulvers erfolgt per Hand oder mit Robotern mit Hilfe von Korona-Sprühpistolen, bei denen also das Pulver durch Anlegen einer Hochspan-

nung von 60 bis 100 KV elektrisch negativ in einer Korona-Entladung aufgeladen wird.
Das Werkstück wird geerdet und stellt im Gesamtsystem die Anode dar. Pulveremails gibt
es als Einschichtemails in den Farben weiß, braun, grau oder schwarz und als Zweischich-
temails mit einem blauen Grundemail und den zugehörigen Deckemails. Der Pulverauftrag
erlaubt es, im 2c/1f-Verfahren sehr dünne Schichten aufzutragen. Man verwendet Grundemailschichten von 20 bis 50 μm und Deckemailschichten von etwa 100 bis 250 μm.

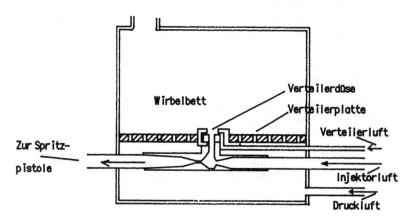

Bild 13-24: Anlage zum Fluidisieren von Emailpulvern

Die Funktion des elektrostatischen Pulverspritzens wurde bereits unter „Lackieren" beschrieben. Die Anlieferung des Emailpulvers zur Anlage erfolgt vielfach schon in Big-
Bags, die dann an die Pulvervorlage angeschlossen werden. Aus der Pulvervorlage wird
dann das Pulver pneumatisch den Sprühpistolen zugeleitet, von wo es dann auf die Werkstückoberfläche gestäubt wird. Im Gegensatz zum Pulverlackieren ist beim Pulver-
emaillieren die Frage des Raumklimas von großer Bedeutung. Von Anlagenherstellern
[77] werden Temperaturen von 20 bis 25 °C und Wassergehalte von 40 bis 50 % relative
Luftfeuchte (oder 6 bis 9 g H_2O/kg trockene Luft) empfohlen, wobei der zulässige Temperaturbereich 15 bis 35 °C bei 6 bis 9 g H_2O/kg trockene Luft beträgt. Diese Begren-
zung ist notwendig, weil die Oberflächenleitfähigkeit der Emails sich mit Feuchte und
Temperatur der Luft verändert. Dadurch bedingt, werden Pulveremailanlagen in vollkli-
matisierte Kabinen eingebaut. Wie beim Lackieren erfolgt auch beim Pulveremailauftrag
der Werkstücktransport mit Hilfe von Hängebahnen und Kettenförderern. Das Werkstück wird nach dem Beschichten auf die Brennkette umgehängt. Die Gehängeteile können dann in einer Abklopfvorrichtung von Pulver befreit werden, wobei die hierbei anfallenden Pulverreste nur dann problemlos zurückgenommen werden können, wenn sie
farblich sauber sind.

Das beim Pulver-Elektrostatischen-Emaillieren (PUESTA) verwendete Pulver enthält
Silikone, deren Ausbrennen wahrscheinlich nicht ganz vollkommen ist. Daraus resultiert,
daß ein Nachbessern pulveremaillierter Oberflächen mit Emailschlicker oft Schwierig-
keiten bereitet, weil das Benetzungsverhalten schlecht ist. Wieweit nach dem PUESTA-
Verfahren hergestellte Oberflächen sich in ihrem elektrostatischen Verhalten von durch
Schlickerauftrag hergestellten unterscheiden, ist bislang nicht untersucht worden.

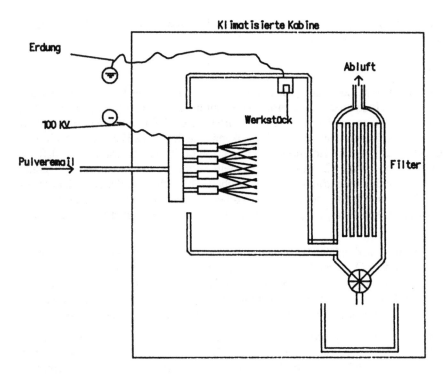

Bild 13-25: Anlage zum Pulveremailauftrag im PUESTA-Verfahren

13.6 Der Emaileinbrand

Beim Brennen von Emailschichten werden Temperaturen zwischen 800 und 900 °C verwendet. Dabei werden Schichten aufgeschmolzen, die nur geringen Ausbrand aufweisen, die aber gegenüber der Ofenatmosphäre empfindlich sind. Innerhalb des Brennvorganges sich entwickelnde geringe Gasmengen bilden ein Blasengefüge, dessen Ausbildung dem Brenner die Qualität seines Brandes zeigt. Beim Einbrennen von Emails wird keinesfalls eine direkte Brennereinwirkung auf das Brenngut zugelassen. Das Brenngut wird vor den Brenngasen geschützt. Folgende Brennöfen sind im Einsatz:

Muffelöfen

Muffelöfen bestehen aus einer mit feuerfestem Material (z. B. Schamotte) ausgekleideten Kammer, die von einer Tür abgeschlossen ist. Die Beschickung der Muffel erfolgt periodisch. Muffelöfen können von außen oder von innen beheizt werden.

Kammeröfen

Kammeröfen sind wie Muffelöfen aufgebaut, nur daß die Muffel fehlt. In der Kammer sind also direkt sichtbar die Heizelemente angebracht worden. Sie finden Anwendung bei der Herstellung großer Werkstücke wie Chemiebehälter oder Tanks oder zur Fertigung kleinerer Fertigungsmengen.

Tunnelöfen

Tunnelöfen werden als gerade Durchgangsöfen oder weit häufiger als Umkehröfen gebaut, wobei die Form der Umkehröfen sehr variabel den räumlichen Gegebenheiten des Werkes angepaßt werden können, und kontinuierlich betrieben. Umkehr- oder Durchgangsöfen sind aus feuerfestem Material hergestellte Brennkanäle, in denen die Beheizung als Innenbeheizung angebracht ist. Die Isolation der Öfen erfolgt mit Leichtbaustoffen, sodaß die Wärmekapazität und damit die Anheizzeiten klein werden („Leichtbauöfen"). Gerade Durchgangsöfen sind Umkehröfen wärmewirtschaftlich leicht unterlegen, erlauben es aber, sehr variabel auch bei zweidimensional großen Werkstücken eingesetzt zu werden. Die Maße der in Umkehröfen gebrannten Artikel sind dagegen begrenzt durch den Ofenquerschnitt am Umkehrpunkt.

Die Wärmeerzeugung in den Öfen bei Innenbeheizung erfolgt elektrisch oder durch Strahlrohre, die mit Gas oder Öl beheizt werden. Strahlrohre sind Schutzrohre aus hochchromhaltigem Stahl, in denen das Gas oder Öl verbrannt wird. Die Wärmeübertragung erfolgt daher vorwiegend durch Strahlung der Rohraußenwandung. Die heißen Brennerabgase können danach zum Beispiel zum Betrieb eines Umlufttrockners verwendet werden.

Umkehröfen sind wärmetechnisch auch deshalb günstiger, weil in ihnen die vom gebrannten Werkstück abgestrahlte Wärme an die in den Ofen einlaufenden Artikel abgegeben werden kann. Beim Umkehrofen wird die Brennatmosphäre nur wenig ausgetauscht. Das Brennen erfolgt dabei in der heißesten Zone des Ofens, der Umkehrschleife, in der die Werkstückförderer durch ein Umlenkrad eine Umlenkung um 180° durchführen.

Als einziger nennenswerter Ausbrennstoff beim Einbrennen von Emails muß Fluorid genannt werden. Fluoridemissionen, die bis zu 1/5 des Gesamtfluoridgehaltes (je nach Emailtype bis 3 %) betragen können, können aus Abgasen mit Kalkstein aufgefangen werden. Insbesondere die durch Einwirkung von Wasserdampf und Kieselsäure entstehende Flußsäure, HF, wird so aufgefangen und in CaF_2 umgewandelt. Zur besseren Ausnutzung des Kalksteins kann man die Schüttung mechanisch in Bewegung halten, so daß sich bildendes Calciumfluorid mechanisch abgerieben wird.

Bild 13-26: Blasenbildung in Emailschichten, Foto Alliance Ceramicsteel, Genk

Bild 13-27: Bild eines Kammerofen,Foto OT-Labor

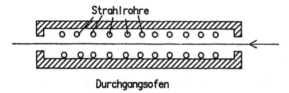

Bild 13-28: Durchgangsofen

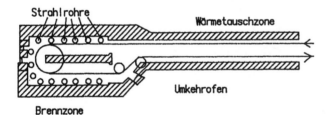

Bild 13-29: Umkehrofen

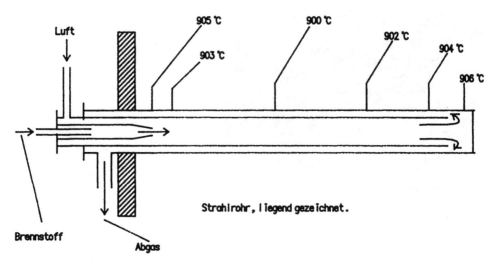

Bild 13-30: Strahlrohr

Der Temperaturverlauf ist im Muffel- oder Kammerofen von dem im kontinuierlich betriebenen Durchgangs- oder Umkehrofen verschieden. Beim Muffelofen erfolgt durch
die unmittelbare Einbringung des Werkstücks in den Brennraum ein sehr rasches Aufheizen und bei der Entnahme wiederum ein sehr rasches Abkühlen des Emails je nach
Wandstärke des Werkstücks. Beim Tunnelofen dagegen erstrecken sich Aufheizzeit und
Abkühlzeit auf einen etwas längeren Zeitraum. Die Vorgänge in der Emailschicht während des Brennens in einem Tunnelofen zeigt Bild 13-32. Das Bild zeigt auch, daß die
Emailschmelze ihre Viskosität während des Brennens dramatisch verändert.

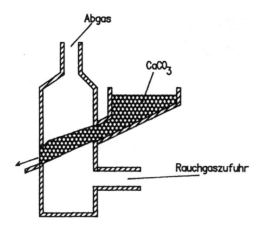

Bild 13-31: Fluoridabsorber. $CaCO_3 + 2 HF = CaF_2 + CO_2 + H_2O$.
Rohgas: 17,1 mg HF/Nm³.
Abgabegas: < 0,1 mg HF/Nm³.

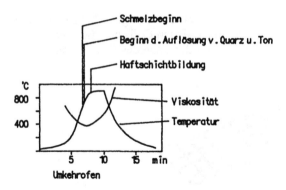

Bild 13-32: Vorgänge während des Brennens

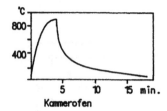

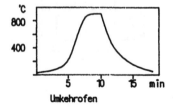

Bild 13-33: Temperaturverlauf während des Brennens

Die Warenführung im Tunnelofen erfolgt oft durch Anhängen der Werkstücke an eine Förderkette, die über der Ofendecke entlang läuft. Ebenso in Gebrauch sind Unterflurförderer (z. B. für Geschirrware), bei denen die Transporteinrichtung unterhalb des Ofens entlang verläuft.

Während des Brennprozesses wird das verwendete emaillierfähige Stahlblech sehr weich. Die größte Gefahr besteht daher darin, daß die Werkstücke sich verziehen. Wichtigste Maßnahme gegen Verzug sind außer richtiger konstruktiver Gestaltung der Einsatz geeigneter Brennroste als Auflagesystem für das Brenngut. Beim Emaillieren in liegendem Zustand wird z. B. Durchsacken (Durchbiegen) beobachtet. Je nach Brenntemperatur ist das Durchsacken vom C-Gehalt des Stahls abhängig, praktisch unabhängig davon, ob beruhigte oder unberuhigte Stähle eingesetzt werden [72]. Der Verzug beim hängenden Einbrennen ist am kleinsten, wenn der Stahl im Gleichgewichtszustand vorliegt unabhängig davon, ob beruhigter oder unberuhigter Stahl eingesetzt wird. Ebenso von Einfluß ist die Glühdauer der eingesetzten Coils und die Blechdicke. Außerdem ist die Größe des Verzuges abhängig von der Lage des Schnitts relativ zur Walzrichtung des Blechs.

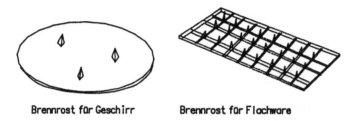

Bild 13-34: Beispiele für die Ausbildung von Brennrosten

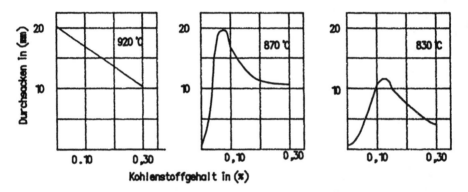

Bild 13-35: Durchsacken beim liegenden Brennen [54,55,56,72]

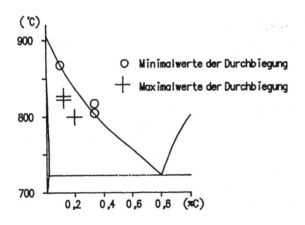

Bild 13-36:
Verzug bei hängendem
Einbrennen [54,55,56,72]

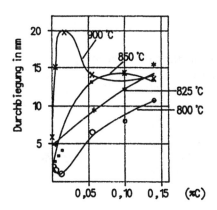

Bild 13-37: Durchbiegung in Abhängigkeit von den Glühbedingungen bei liegendem Brennen [54,55,56,72]

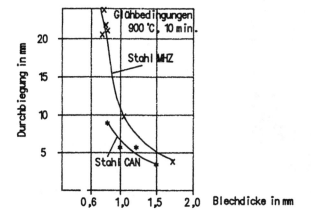

Bild 13-38: Durchbiegung als Funktion der Blechdicke bei liegendem Brennen [54,55,56,72]

Ergänzt werden muß, daß speziell für Rohre ein induktives Brennen verwendet wurde. Induktives Brennen ist auf eindimensional große Werkstück begrenzt. Beim Induktivverfahren sollen allerdings Verzugsprobleme nicht auftreten [50].

Beim Induktionsbrennverfahren, das für eindimensional große Werkstücke wie Rohre oder Schienen eingesetzt werden kann, werden die Werkstücke zunächst induktiv auf Rotglut erhitzt, um organische Rückstände zu verbrennen. Anschließend reinigt man die Rohre durch Strahlen mit Stahlschrot und Absaugen des Staubes, beschichtet die Werkstücke durch Fluten mit Emailschlicker und trocknet den Biskuit mit Heißluft in vertikalen Trockenkammern. Das Email wird dann in einem Hochfrequenz-Durchgangsinduktionsofen gebrannt, wobei die Rohre vertikal angebracht sind und für eine Zentrierung des Werkstücks im Ofen gesorgt werden muß, um gleichmäßigen Einbrand zu erhalten.

13.7 Emaillieren von Bandstahl

Über den Einsatz von emailliertem Stahlblech beim Bau von Straßenbegrenzungen, Hausdächern etc. wurde gerade in neuerer Zeit [35,66,68] viel diskutiert. Die Anwendung von sehr dünnem emailliertem Stahlblech, das vom Coil emailliert und vom Coil verlegt oder verarbeitet werden kann, wurde erst durch Verfahrensentwicklungen der Alliance Ceramicsteel, Genk, möglich [70, 213].

Durch beidseitiges Emaillieren von Bandstahl wird ein Werkstoff gewonnen, der heute in wachsendem Maße eine wichtige Rolle bei der Verkleidung von Häuserfassaden,

Bild 13-39: Die emaillierte Moschee von Kuala Lumpur. Foto Deutsches-Email-Zentrum, Hagen

Passagierhallen von Flughäfen, Untergrundbahnstation, Büro- und Konferenzräumen aber auch als Karosserieblech für S- und U-Bahnwagons oder zur Herstellung von Wandtafeln in Schulen und Universitäten darstellt. Der Einsatz dieses biegsamen, kratzfesten, farbenfreudigen und korrosionsfesten Materials wurde erst möglich, als es gelang, Bandstahl vom Coil abzuwickeln, zu emaillieren und auf ein Coil wieder aufzuwickeln und anschließend zu biegen, zu schneiden und wie jede andere Fassadenplatte, eventuell zusammen mit aufgeklebten Dämmschichten, zu verlegen.

Das Emaillierverfahren benötigt allerdings Stahlbleche von etwa 0,3 mm Dicke. Nach Reinigung wird dieses Stahlblech beidseitig mit Grundemails beschichtet. Das Email wird dabei auf der Innenseite (Unterseite) 0,1 mm, auf der Oberseite nur 0,05 mm stark beschichtet. Nach Einbrennen des Grundemails wird das Deckemail einseitig aufgetragen und erneut eingebrannt. Der Emailauftrag ist dabei ein Schlickerauftrag, der mit Rollen oder im Sprühen auf das eben liegende Blech durchgeführt wird. Das entstandene Produkt kann anschließend bedruckt (für Stadt- und Wanderpläne) oder sogar künstlerisch (Siebdruck, Spray-Brush) bearbeitet werden.

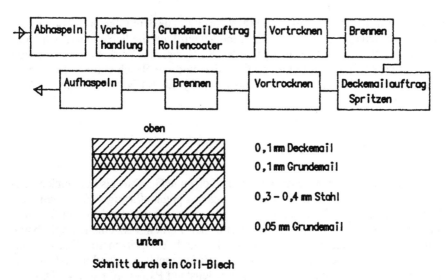

Schnitt durch ein Coil-Blech

Bild 13-40: Bandstahl-Emaillierverfahren, Alliance Ceramicsteel, Genk

13.8 Gußeisenemaillierung – Puderemaillierung

Gußeisenemaillierung kann sowohl als Naßemaillierung als auch als Puderemaillierung durchgeführt werden. Gußeiserne Rohre oder Armaturen oder andere nicht frei zugängliche Werkstücke aus Gußeisen sind einer Puderemaillierung nicht zugänglich. Sanitärartikel wie Badewannen, die in manchen Ländern (z. B. Japan) noch als Gußartikel hergestellt werden, werden in einer Puderemaillierung beschichtet. Puderemaillierung besteht darin, daß man das Emailpulver mit Hilfe von Sieben und Streuvorrichtungen auf das auf helle Rotglut erhitzte Werkstück aufstreut und direkt beim Aufbringen aufschmilzt. Die Gußbadewanne wird dazu zunächst mit einem „Gußgrundemail" beschichtet, das kein Haftgrund sondern lediglich ein Oxidationsschutz für die Badewanne während des Erhitzens darstellt.

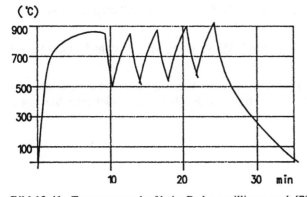

Bild 13-41: Temperaturverlauf beim Puderemaillieren nach [78]

Die Wanne wird im Muffelofen auf etwa 900 °C erhitzt, aus dem Ofen entnommen und in wärmeisolierte Behälter gesetzt. Der Emailpuder wird auf die heiße Oberfläche mechanisch aufgestreut, wobei das Pulver schmilzt. Kühlt sich das Werkstück ab, wird die teilweise emaillierte Wanne im Ofen erneut erhitzt und die Beschichtung fortgesetzt. Die gußeiserne Wanne durchläuft daher ständig den Cyclus Aufheizen – Pudern – Aufheizen.

13.9 Dekoremail, Effektemail

Dekoremails sind Schmuckemails, die auf Werkstücke wie Geschirr als Schmuck eingebrannt werden. Effektemails sind Emailanfärbungen, die ganzflächig aufgetragen werden. Das Dekorieren eines Werkstücks mit Dekoremails kann drucktechnisch durch Siebdruck oder durch Übertragen thermoplastischer Farben von einem Papierband, durch Aufbringen von Abziehbildern per Hand oder durch Aufspritzen mit Hilfe von Düsen erfolgen. Kleinere Serien von Geschirrware werden meist per Hand mit Abziehbildern dekoriert. Die Anziehbilder werden dazu zunächst auf Papier aufgedruckt. Das einzelne Abziehbild wird dann vom angefeuchteten Papier auf die Oberfläche übertragen (Schiebebild). Abziehbilder mit thermoplastischen Farben werden auf Papierstreifen, die zu Rollen gewickelt werden, aufgedruckt. Das Werkstück wird auf 120 bis 150 °C vorgewärmt, so daß die Farbe durch eine Druckwalze übertragen werden kann. Linien oder Noppen können mit Hilfe von Düsen aufgespritzt werden. Bei rotationssymmetrischen Körpern wird dabei das Werkstück unter der Düse um seine Achse gedreht. Beim Schablonendruck kann das Dekor entweder durch Aufspritzen im Handspritzverfahren oder durch Aufbürsten aufgebracht werden. Siebdruck benutzt die gleichen Einrichtungen, wie sie in der Druckindustrie gebräuchlich sind. Auch Handdekorieren im Spray-Brush-Verfahren wird zur künstlerischen Gestaltung großer Wandflächen eingesetzt.

Das Beschriften von Emailoberflächen kann entweder durch Stempeln oder über Schablonen oder durch Laseranwendung [79] oder im Tampondruck-Verfahren erfolgen.

Unter Effektemails [50] sind zu nennen:

- Marmorierung durch Aufsprudeln von Emailschlicker auf den ungetrockneten Deckemail-Biskuit, eventuell mit anschließendem Rütteln des Werkstücks.

- Melieren oder Sprenkeleffekt durch Zusatz eines gröberen andersfarbigen Emails zum Deckemailschlicker.

- Craquele' oder Reißstruktur durch Verwendung schwerschmelzender Emails mit hoher Oberflächenspannung.

- Metallglanzeffekt durch Aufsprühen von Metallsalzlösungen auf das noch rotglühende Werkstück (z. B. alkoholische $FeCl_3$-Lösung oder eine $SnCl_2$-Lösung).

13.10 Umweltschutz beim Emaillieren

Die Nassemaillierung hat das Proiblem, dass Nitrit und Fluoride und sehr feine Partikel in der Flüssigkeit enthalten sind. Um den Fluoridgehalt und die daraus resultierende Flusssäure in der Abluft zu minimieren, wird ein kalkhaltiger Absorber auf den Abluftkamin gesetzt, der die Flusssäure als Calciumfluorid bindet (Bild 11-41) [200].

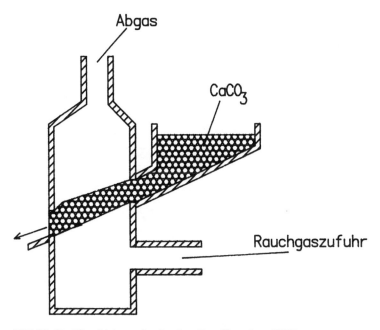

Bild 13-42: Fluoridabsorption in einer Emailieranlage [200]

Der verwendete Kalk hat die Korngrösse von 4 bis 6 mm. Gepuderter Kalk oder gebrannter Kalk werden ebenfalls verwendet.

Die Entgiftung des Nitrits wird of durch Oxidation durchgeführt. Nitrit ist vor allem in den Spülwässern der Emaillieranlage enthalten. Man oxidiert Nitrit mit Hypochlorit zu Nitrat

$$NO_2^- + ClO^- = NO_3^- + Cl^-$$

Nitrat ist ein Düngemittel, aber es ist auch krebserregend wegen der Gefahr der Bildung von Nitrosaminen. Der bessere Weg zur Entfernung von Nitrit aus Abwässern ist die Reaktion von Nitrit mit Nitrosaminsäure bei pH 3 – 4:

$$HNO_2 * NH_2SO_3H = N_2 + H_2SO_4 + H_2O$$

Sehr feinteilige Rückstände des Emailschlickers können nur unter Zusatz von $Fe(OH)_3$-Flocken in der Abwasseranlage abfiltriert werden. Man kann aber auch in einer Mikrofiltration die feinen Partikel konzentrieren und zu 10 % als Zusatz einer Grundemailbeschichtung zuteilen. Puderemails haben die gleichen Probleme wie hier beschrieben.

14 Chemisches Metallisieren

Das Beschichten von Werkstücken mit Metallschichten hat immer den Zweck, ein billigeres Grundmaterial, aus dem die Form und Festigkeit des Werkstücks und damit auch die überwiegende Masse des Materials besteht, mit einem teureren Material, das dekorativer aussieht, besseren Korrosionsschutz bietet oder/und die abrasiven Eigenschaften der Oberfläche verbessert, zu überziehen. Man sollte alle diese Prozesse mit Metallisieren bezeichnen. Metallisiert werden Kunststoffartikel, um sie zum Zwecke der Erdung elektrisch leitend zu erhalten oder um Metallartikel wie Radkappen, Zier- oder Verschlußkappen oder Stoßstangen aus Metall vorzutäuschen. Metallisiert werden aber auch Eisen-, Messing-, Aluminium- oder Zinkartikel, um die Gebrauchseigenschaften zu verbessern und um den Artikel für den Kunden attraktiver zu gestalten. Zum Metallisieren werden verschiedene Verfahren eingesetzt:

- Schmelztauchschichten
- chemisch aufgetragene Metallschichten
- galvanisch aufgetragene Metallschichten
- Aufschweißen von Metallschichten
- Aufspritzen von Metallschichten
- mechanisches Aufbringen von Metallsschichten
- im Vakuum aufgetragene Metallschichten

Schmelztauchschichten entstehen dadurch, daß man das Werkstück in geschmolzenes Metall eintaucht und dadurch mit diesem Metall überzieht. Diese Methode ist die älteste Metallisierungsmethode. Sie ist daran gebunden, daß man temperaturbeständige Werkstücke verwendet, die weder verbrennen noch sich verziehen. Da dieser Vorgang früher mit einem sichtbaren Feuer unter dem Schmelzkessel verbunden war, wurden solche Verfahren als Feuerverzinken oder Feuerverzinnen etc. bezeichnet.

Chemisches Auftragen von Metallschichten (chemisch Metallisieren) dagegen ist ein Produkt der modernen Chemie. Es beruht darauf, daß man es gelernt hat, aus Schwermetallsalzlösungen durch Einsatz von Reduktionsmitteln Metalle gezielt reduktiv abzuscheiden.

Reduktive Metallabscheidung ist auf wenige Elemente begrenzt. Praktisch werden heute nur Nickel-, Kupfer-, Silber- und neuerdings auch Zinnschichten reduktiv erzeugt. Da hierbei kein elektrischer Strom eingesetzt wird, spricht man auch von „außenstromlos vernickeln".

Die Abscheidung durch äußere Stromzufuhr (galvanische Metallabscheidung) ist dagegen schon etwas älteren Datums. Seit der Entdeckung des elektrischen Stroms kennt man Verfahren, bei denen man mit Hilfe des Stroms durch Elektrolyse ein Schwermetallsalz zersetzt und das Metall auf dem Werkstück abscheidet. Allerdings muß das Werkstück elektrisch leitend sein. Nichtleitende Werkstücke müssen also zunächst in leitende Werkstücke überführt werden.

Aufschweißen von Metallschichten (Auftragsschweißen) erfordert schweißbare Werkstoffe und ist damit ebenfalls auf metallische Werkstücke begrenzt. Mit diesem Verfahren werden insbesondere dickere Verschleißschutzschichten oder Reparaturschichten aufgetragen, um abgenutzte Bauteile wieder nutzbar zu machen. Über den Einsatz von

Tabelle 14-1: Verwendung chemisch oder galvanisch abgeschiedener metallischer Schichten [183].

	Schicht	Korrosionswiderstand[1]	Oxidationswiderstand	Verschleißwiderstand abrasiv	Verschleißwiderstand adhäsiv[2]	Gleitvermögen	Haftfestigkeit,	Einfluß auf Bauteilfestigkeit	Härte HV	Maximale Anwendungstemperatur (°C)
Elektrolytisch und chemisch abgeschiedene Metallschichten	Aluminium	●●●[3]	●●	●●●[4]		●	●	−	50	400
	Chrom	●●●[5]	●●●	●●●	●●	●●	●●●	↓	900	500
	Cobalt	●●	●	●	●●	●●	●●●	↓	280	400
	Cobalt + Chromoxid	●●	●●	●●	●●●	●	●●●	−*/↓	420	800
	Nickel	●●	●	●	●		●●●	↓	250	500
	Nickel + Siliziumcarbid	●●	●	●●	●●	●	●●●	↓	420	400
	Stromlos Nickel	●●		●●	●●		●●●	↓	500	500
	400 °C / 1 h	●		●●●	●●●		●●●	↓	900	500
	Stromlos Nickel + Siliziumcarbid	●●		●●●	●●		●●●	↓	650	400
	Stromlos Nickel + Diamant	●●		●●●	●●		●●●	↓	700	500
	Stromlos Nickel + PTFE	●		●	●●●		●●●	↓	280	300
	Kupfer	●●	●	●	●●	●●●	●●●	−	190	350
	Messing	●●		●●	●●	●●	●●●		600	<200
	Bronze	●●		●●	●●	●●	●●●		700	<200
	Zink	●●●[3]		●	●	●●	●●●	−	80	250
	Silber	●	●	●	●●●	●●●	●●●	−	60	850
	Cadmium	●●●[3]		●	●●	●●	●●●	↓	80	220
	Nickel/Cadmium	●●●	●			,	●●●		320	500
	Zinn	●●●		●	●●●	●●●	●●	−	5	100
	Blei	●●●		●	●●●	●●●	●●	−	5	200
	Blei/Zinn	●●●		●	●●●	●●●	●●	−	10	100

[1] auf Stahl, [2] gegen Stahl, [3] kathodischer Schutz, [4] anodisiert, [5] abhängig von Schichtsystem (Ni/Cr).
● niedrig, ●● mittel, ●●● hoch, − kein Einfluß, ↓ Abnahme, ↑ Zunahme. * nach 400 °C / 16 h

Metallschichten, die durch chemisches Metallisieren oder galvanisch erzeugt werden, gibt Tabelle 14-1 Auskunft. Tabelle 14-2 gibt an, welche Rauhtiefen die Werkstück-oberflächen aufweisen müssen, wenn sie in einem zugedachten Einsatz verwendet werden sollen. Tabelle 14-3 gibt an, daß metallisierte, hochfeste Stähle nach der Metallisierung warmbehandelt werden müssen, um ihre Feststigkeit wieder zu erlangen und um Wasserstoffversprödung zu vermeiden [183].

Tabelle 14-2: Zulässige Werte der gemittelten Rauhtiefe Rz für einige funktionelle Anforderungen [183]

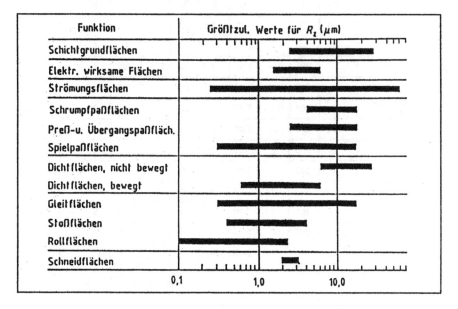

Aufspritzen von Metallen ist an Werkstoffe gebunden, die temperaturfest sind. Metallisieren durch Metallspritzen kann daher bei allen anorganischen Werkstoffen, also bei Metallen und bei Keramik, durchgeführt werden.

Unter mechanischem Auftragen von Metallen versteht man Verfahren, bei denen z. B. zwei Bleche durch Walzdruck oder durch Einwirkung einer Explosion mit einander verschweißt werden. Dieses sogenannte Plattieren wird gern angewendet, wenn man Baumaterialien mit einem sehr teuren Metall überziehen will, z. B. Stahlblech mit Tantal.

Unter Metallisieren im Vakuum versteht man Verfahren, die das Schichtmaterial über die Gasphase auf dem Werkstück ablagern lassen. Diese Verfahren, zu denen im einfachsten Fall das Bedampfen zählt, haben heute z. B. auch in der Kunststoffindustrie Verbreitung gefunden. Man faßt diese Verfahren unter PVD-Prozessen zusammen.

Tabelle 14-3: Wärmebehandeln metallbeschichteter hochfester Stähle - Verfahrensparameter [183]

	Schicht	Schicht-dicke	Grundwerkstoff mit Festigkeit ≥ 1000 MPa							
			Niedriglegierter Stahl mit Anlaßtemperatur				Chrom-Stahl		Chrom-Nickel-Stahl	
			T ≥ 200°C		T < 200°C					
			Ausgas-Parameter							
		µm	°C	h	°C	h	°C	h	°C	h
Chemisch/ elektrolytisch abgeschiedene Schichten	Chrom	≤ 100	200	3	T-20	6	200	3	200	3
		> 100	200	6	T-20	12	200	6	200	6
	Cobalt		200	1	T-20	4	200	1	200	1
	Nickel		200	1	T-20	4	200	1	200	1
	Stromlos Nickel		200	2	T-20	4	200	2	200	2
	Kupfer	≤ 100	200	1	T-20	6	200	1	200	1
		> 100	200	2	T-20	12	200	2	200	2
	Stromlos Kupfer		200	1	T-20	6	200	1	200	1
	Messing		200	1	T-20	6	200	1	200	1
	Bronze		200	1	T-20	6	200	1	200	1
	Zink	≤ 10	200	8	T-20	12	200	8	200	8
		> 10	200	12	T-20	24	200	12	200	12
	Silber	≤ 20	200	1	T-20	6	200	1	200	1
		> 20	200	6	T-20	12	200	6	200	6
	Cadmium	≤ 10	200	8	T-20	12	200	8	200	8
		> 10	200	12	T-20	24	200	12	200	12
	Nickel–Cadmium		Ausgasen erfolgt bei Diffusionsglühen 330°C / 30 min							
	Zinn		150	1	150	1	150	1	150	1
	Blei		200	1	T-20	6	200	1	200	1
	Blei–Zinn		150	1	150	1	150	1	150	1

14.1 Austauschmetallisieren

Chemisch Metallisieren nennt man Vorgänge, bei denen Metallschichten allein auf Grund einer chemischen Reaktion abgeschieden werden. Im einfachsten Fall taucht man ein Werkstück in die Lösung eines edleren Metalls, das sich daraufhin auf dem Werkstück abscheidet. Diesen Vorgang nennt man Austauschmetallisieren.

Taucht man zwei Bleche aus unterschiedlichen Metallen in eine Salzlösung ein und verbindet man beide Bleche elektrisch leitend mit einander, so fließt zwischen beiden Blechen ein elektrischer Strom. Ebenso ist zwischen beiden Blechen eine Spannung meßbar. Gleichzeitig werden von dem einen Blech Ionen an die Lösung abgegeben, während am anderen Blech Ionen der Salzlösung abgeschieden werden, wenn diese Ionen aus dem gleichen chemischen Element enthält, aus dem auch das Blech besteht. Die Spannung, die man zwischen beiden Blechen mißt, hat man so normiert, daß man alle Spannungen gegen eine normierte Bezugselektrode bestimmt hat. Als Bezugselektrode wurde die Normalwasserstffelektrode gewählt, deren Einzelpotential 0 gesetzt wurde. Listet man die unter genormten Bedingungen für Temperatur und Konzentration gemessenen Spannungen zwischen einem leitenden Material und der Wasserstoffelektrode auf, erhält man die sogenannte Spannungsreihe der Elemente, die also eine elektrochemische Reaktivitätsreihe darstellt. Ein Material, das in dieser Spannungsreihe ein positiveres Potential aufweist als ein anderes, ist weniger reaktionsfähig oder „edler" als das andere. Taucht man daher ein Werkstück aus einem unedleren Metall in die Salzlösung eines edleren Metalls ein, so scheidet sich das edlere Material auf dem Werkstück metallisch ab. Das Werkstück gibt dafür Ionen des unedeleren Metalls an die Salzlösung ab. Dieser Vorgang wird technisch genutzt, um Oberflächen mit Metallschichten zu belegen („Austauschmetallisieren") oder um edlere Metalle aus verdünnten Lösungen zu gewinnen („Zementieren"). Chemisch kann die Reaktion verallgemeinernd beschrieben werden

$$n * M_A^{m+} + m * M_B = n * M_A + m * M_B^{n+}$$

Folgende Tabelle 14-4 zeigt die technische Anwendung dieses einfachen Verfahrens.

Tabelle 14-4: Anwendungen der Austauschmetallisierung.

M_A	n	M_B	m	Anwendung
Ni	2	Fe	2	Haftgrund für Direktweißemail etc.
Zn	3	Al	2	Überzug oder Haftgrund für Aluminium
Hg	2	Cu	2	Haftgrund für das Versilbern
Ag	2	Cu	1	dekorative Schicht

Die technische Arbeitsweise bietet hier keine Sonderheiten. In ein geeignetes Tauchbad wird die entsprechende Salzlösung eingefüllt, der pH-Wert eingestellt und das Werkstück meist im Tauchen metallisiert. Der Gesamtprozeß dauert einige Minuten und kann durch Temperaturerhöhung im Bad beschleunigt werden.

Tabelle 14-5: Spannungsreihe der Elemente.

Potentialbestim-mendes Redoxpaar	Standardpotential (Volt)	Potentialbestim-mendes Redoxpaar	Standardpotential (Volt)
Li/Li^+	$-3{,}01$	$H_2/2\,H^+$	0
K/K^+	$-2{,}92$	Sn/Sn^{4+}	$+0{,}05$
Ca/Ca^{2+}	$-2{,}84$	Cu/Cu^{2+}	$+0{,}34$
Na/Na^+	$-2{,}71$	Cu/Cu^+	$+0{,}51$
Mg/Mg^{2+}	$-2{,}38$	Hg/Hg^{2+}	$+0{,}79$
Al/Al^{3+}	$-1{,}66$	Ag/Ag^+	$+0{,}80$
Ti/Ti^{2+}	$-1{,}62$	Rh/Rh^{3+}	$+0{,}80$
Mn/Mn^{2+}	$-1{,}18$	Pd/Pd^{2+}	$+0{,}99$
Zn/Zn^{2+}	$-0{,}76$	Pt/Pt^{2+}	$+1{,}20$
Cr/Cr^{3+}	$-0{,}71$	Au/Au^{3+}	$+1{,}50$
Fe/Fe^{2+}	$-0{,}44$	Au/Au^+	$+1{,}70$
Co/Co^{2+}	$-0{,}27$		
Ni/Ni^{2+}	$-0{,}25$		
Sn/Sn^{2+}	$-0{,}14$		
Pb/Pb^{2+}	$-0{,}13$		
Fe/Fe^{3+}	$-0{,}04$		

14.2 Chemisch reduktives Metallisieren

Beim chemisch reduktiven Metallisieren wird ein in Lösung befindliches Metallsalz durch Zusatz eines starken Reduktionsmittels so reduziert, daß es sich auf der Werk-stückoberfläche gezielt abscheidet. Als Reduktionsmittel sind technisch nur einige wenige im Einsatz, wenn auch in manchem Rezeptbuch verschiedene weitere Verfahren aufgeführt werden. Technisch werden als Reduktionsmittel eingesetzt

- Formaldehyd zum Versilbern und zum Verkupfern
- Hypophosphit zur Abscheidung von Nickel
- Borwasserstoffderivate zum Abscheiden von Nickel.
- Hypophosphit zum Abscheiden von Ni/Cr-, Ni/Fe-, Ni/Co- oder Ni/Cu-Legie-rungsschichten.

14.2.1 Reduktion mit Formaldehyd

Bei der Reduktion von Schwermetallsalzen mit Formaldehydlösungen wird Formalde-hyd zu Ameisensäure oxidiert gemäß

$$Cu^{2+} + 4\,OH^- + 2\,HCHO \rightarrow Cu + 2\,HCOO^- + H_2 + 2\,H_2O$$

$$2\,Ag^+ + 4\,OH^- + 2\,HCHO \rightarrow 2\,Ag + 2\,HCOO^- + H_2 + 2\,H_2O$$

Wegen der Bildung von Ameisensäure wird die Reaktion im alkalischen pH-Bereich durchgeführt. Da Schwermetallionen im alkalischen pH-Bereich meist nicht löslich sind, werden die Ionen durch Zusatz von Komplexbildnern in lösliche Schwermetall-komplexe überführt. Beim chemisch Versilbern läuft die Reaktion sehr schnell ab, so daß man z. B. ein Glas zunächst mit einer ammoniaklischen Silbernitratlösung besprüht und anschließend die Silberionen durch eine Formaldehydlösung reduziert. (Herstellung von Silberspiegeln). Beim chemisch Verkupfern, das z. B. für viele Kunststoffteile (Leiterplatte) angewendet wird, wird ein weinsaurer Kupferkomplex alkalisch angesetzt, die Lösung mit Formaldehyd versetzt und das gereinigte Werkstück in diese Lösung eingetaucht. In der Lösung sind außer Kupferionen als organischer Komplex gleichzeitig nennenswerte Mengen an Reduktionsmitteln enthalten. Als Beispiel mag folgende Angabe dienen:

1 l Badlösung einthält 20 g $CuSO_4$, 75 g Rochelle-Salz (KNa-Tartrat), 50 g NaOH, 30 g Soda, 12 g HCHO.

Die Abscheidung erfolgt bei Raumtemperatur mit einer Abscheiderate von etwa 2,5 µm/h. Übliche Schichtdicken liegen bei 0,5 bis 50 µm. Verwendet man Kupferschichten als Reparaturschicht auf Eisen, kann man durch nachfolgendes Tempern bei 260 °C (1 h) die Duktilität der Kupferschicht verbessern.

14.2.2 Reduktion mit Borwasserstoff-Derivaten

Reduktive Bäder, die mit Borwasserstoff-Derivaten betrieben werden, heißen „Boranat-bäder". Boranatbäder sind technisch nur noch zum Vernickeln bei einigen Firmen im Einsatz. Sie wurden durch die Hypophosphitbäder verdrängt. Folgende Boranatbäder sind bekannt:

Reduktionsmittel	Redoxpotential
Na-Boranat $NaBH_4$ Dimethylaminboran $(CH_3)_2NH.BH_3$ Diäthylaminboran $(C_2H_5)_2NH.BH_3$	- 1,2 V - 1,2 V - 1,1 V

Die chemischen Reaktionen bei der Umsetzung von Borwasserstoff mit Nickelionen sind folgende:

Abscheidereaktion bei 11 < pH < 14

$$BH_4^- + 4\,Ni^{2+} + 8\,OH^- = 4\,Ni + BO_2^- + 6\,H_2O$$

Nebenreaktion

$$2\,BH_4^- + 4\,Ni^{2+} + 6\,OH^- = 42\,Ni_2B + 6\,H_2O + H_2$$

Bei pH < 7 wird sogar Wasser zersetzt

$$BH_4^- + H_3O + 2\,H_2O = H_3BO_3 + 4\,H_2$$

Bei niedrigeren pH-Werten wird also mehr Wasserstoff gebildet als bei hohen pH-Werten. Die Bruttoreaktion, die die praktische Umsetzung beschreibt, lautet daher

pH-Wert < 7

$$8 \, NaBH_4 + 4 \, NiCl_2 + 18 \, H_2O = 2 \, Ni_2B + 6 \, H_3BO_3 + 25 \, H_2 + 8 \, NaCl$$

11 < pH-Wert < 14

$$8 \, NaBH_4 + 10 \, NiCl_2 + 17 \, NaOH + 3 \, H_2O =$$
$$3 \, Ni_3B + Ni + 5 \, NaB(OH)_4 + 20 \, NaCl + 17{,}5 \, H_2$$

Aminborane sind schwächere Reduktionsmittel als Natriumboranat. Sie werden aber gern benutzt wenn dünne Ni-Leitschichten auf Nichtmetallen aufgebracht werden sollen, weil sie einige Vorteile bieten:

- Einsatz in weitem Temperatur- und pH-Bereich
- hohe Badstabilität
- geringerer Boreinbau in die Nickelschicht
- Abscheidegeschwindigkeit weniger abhängig vom Stabilisatorgehalt
- lange Lebensdauer der Bäder

Die abgeschiedenen Nickelschichten sind zunächst röntgenamorph, d. h. nicht kristallin. Durch Tempern bei 400 °C (1h) lassen sich die Schichten zum Kristallisieren bringen, wobei neben kristallinem Ni die Verbindung Ni_3B auftritt, und wobei die Härte der Schicht mit steigender Temperzeit zunächst zunimmt.

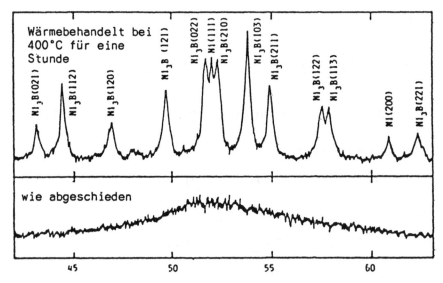

Bild 14-1: Röntgenbeugungsdiagramm von Ni-B-Schichten nach [129]

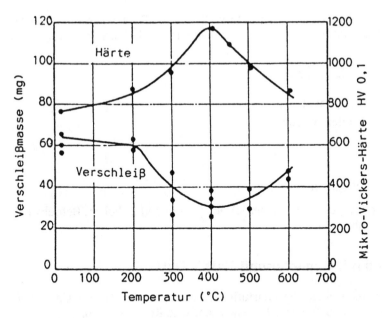

Bild 14-2: Härteverlauf von Ni-B-Schichten nach [130]

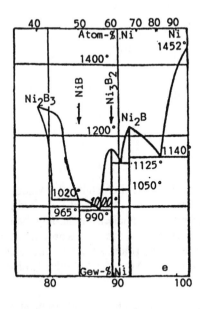

Bild 14-3:
Zustandsdiagramm des
Systems Ni/B nach [131]

Bei länger dauerndem Tempern entstehen die Gleichgewichtsphasen des Phasendiagramms.

Nach dem Boranatverfahren abgeschiedene Nickelschichten haben eine säulenartige Struktur. Es wachsen also während des Entstehens säulenartig die Kristalle auf, so daß hierdurch der Eintritt der Korrosion leicht begünstigt werden kann. Dies dürfte auch die

Ursache dafür sein, weshalb das Hypophosphitverfahren das Boranatverfahren weitgehend verdrängt hat. In Natriumboranatbädern können folgende Werkstoffe vernickelt
werden:

- unlegierter und legierter Stahl, Grauguß
- Mangan
- Chrom, Molybdän, Wolfram.
- Kupfer und Kupferlegierungen
- Platinmetalle
- Silber
- Graphit
- Nickel, Nickellegierung, Kobalt

Na-Boranatbäder sind wegen zu hoher Betriebstemperatur und zu hohem Betriebs-pH-
Wert für Kunststoff unbrauchbar.

14.2.3 Reduktion mit Hypophosphit NaH2PO2H2O

Hypophosphitbäder sind weitaus die am häufigsten anzutreffenden. Bei der Umsetzung
im nickelsalzhaltigen Bad laufen verschiedene chemische Reaktionen ab.

Abscheidereaktion bei

$$Ni^{2+} + H_2PO_2^- + 3\,H_2O \;=\; Ni + H_2PO_3^- + 2\,H_3O^-$$

Nebenreaktion

$$H_2PO_2^- + H_2O \;=\; H_2PO_3^- + 2\,H_{ads} \quad \text{(katalytisch)}$$

$$H_2PO_2^- + H_{ads} \;=\; H_2O + 2\,OH^- + P$$

$$2\,H_{ads} \;=\; H_2$$

Katalytisch reduziert also Hypophosphit auch Wasser. Der dabei entstehende Wasserstoff verbleibt teilweise atomar an der Metalloberfläche (Nickel oder Eisen) und reduziert (hydriert) Hypophosphit bis zum Phosphor, der mit in die Nickelschicht eingebaut
wird. Nickelschichten, die nach dem Hypophosphitverfahren hergestellt wurden, enthalten also stets elementaren Phosphor bis 12 Gew. % P. Die praktisch abgeschiedene
Wasserstoffmenge beläuft sich auf 1,76 bis 1,93 mMol H_2/g-Atom Nickel oder 1,3 bis
1,5 Ncm^3 Wasserstoff je 1 g Nickel.

Nickelschichten, die nach dem Hypophosphitverfahren abgeschieden wurden, sind
ebenfalls röntgenamorph, d. h. nicht kristallin. Beim Tempern dieser Schicht bei 320 °C
entstehen kristalline Schichten unter Ausbildung der Verbindung Ni$_2$P. Das Zustandsdiagramm des Systems zeigt Bild 14-4. Ni-P-Schichten werden im Gegensatz zu Ni-B-
Schichten laminar abgeschieden. Jede Abscheidungsschicht wächst damit parallel zur
Oberfläche, was der Ausbildung tiefgehender Poren entgegensteht und den erhöhten
Korrosionsschutz begründet.

Die Dichte von Ni-P-Schichten kann aus dem Phosphorgehalt bestimmt werden. Es gilt die empirische Formel

$$\rho = \frac{113,6 - (P)}{12,7}$$

mit dem Phosphorgehalt (P) in Gew. %.

Nickelschichten, die durch chemisch reduktive Verfahren erzeugt wurden, sind gleichmäßig und können heute in hoher Präzision abgeschieden werden. Im Gegensatz zu galvanisch abgeschiedenen Schichten gibt es bei diesen Schichten keine Abschirmungs- oder Kanteneffekte. Das prädistiniert diese Schichten zum Einsatz als Reparaturschichten, auch in Bohrungen oder Höhlungen.

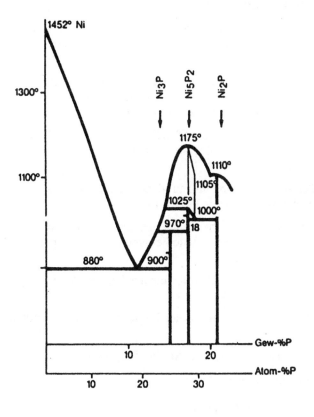

Bild 14-4:
Zustandsdiagramm des Systems Ni/P nach [132]

14.2.4 Weitere Reduktionsmittel.

Unter den denkbaren weiteren Reduktionsmitteln hat nur noch das Hydrazin eine gewisse Bedeutung erlangt Hydrazin reagiert mit Nickelionen gemäß

$$N_2H_4 + 2\,Ni^{2+} + 4\,OH^- = 2\,Ni + N_2 + 4\,H_2O$$

Obgleich Hydrazinbäder als Reaktionsprodukt nur Stickstoff abgeben, haben sich diese Bäder nicht durchgesetzt, weil die Qualität der Nickelschicht, die aus 97 bis 99 % Ni besteht, nicht den technischen Anforderungen entspricht. Die Schichten sind dunkel, spröde, weisen oft hohe innere Spannungen auf und sind nur von geringem Korrosionsschutzwert. Als Nebenbestandteile enthalten diese Schichten

- 0,015 bis 0,070 Gew. % H_2
- 0 09 bis 0,50 Gew. % O_2
- 0,24 bis 0,35 Gew. % N_2

14.3 Chemisch vernickeln

14.3.1 Anforderungen an den Grundwerkstoff

Die gezielte Abscheidung von Nickel auf einer Werkstückoberfläche ist ein katalytischer Prozeß, ein Prozeß also, der nicht auf jeder beliebigen Oberfläche ohne Zusatzmaßnahmen gezielt abläuft. Der Katalysator ist dabei der Grundwerkstoff. Man unterscheidet

a. eigenkatalytische Grundwerkstoffe, die die Nickelabscheidung von selbst einleiten. Hierzu zählen die Elemente der 8. Nebengruppe des Periodensystem wie Co (nur alkalisch), Ni, Ru, Rh, Pd, Os, Ir, Pt und amorphes Ag.

b. fremdkatalytische Werkstoffe, bei denen die Oberfläche zunächst mit Ni-Keimen belegt werden muß, ehe eine Eigenkatalyse abläuft. Unterschieden werden

b1. Metalle, die unedler als Nickel sind und auf denen sich Nickelkeime von selbst autokatalytisch abscheiden wie Fe, Al, Be, Ti.

b2. Metalle, die edler als Nickel sind, bei denen also eine Nickelbekeimung durch einen kurzen kathodischen Stromstoß eingeleitet werden muß wie C, Cu, Ag, Au.

b3. Nichtmetallische Werkstoffe, auf denen Keime aus Ni, Ag oder Pd abgelagert wurden.

Legierungen lassen sich chemisch vernickeln, wenn der Legierungshauptbestandteil chemisch vernickelt werden kann.

Zu den Katalysatorgiften zählen die Elemente Zn, Cd, Sn, Pb, Sb, Bi und S.

In Hypophosphitbädern können vernickelt werden

- unlegierte bis hochlegierte Stähle, Gußeisen
- Messing
- Cu-Sn-Bronzen
- andere Cu-Legierungen
- Al-Legierungen
- bekeimte Kunststoffe

14.3.2 Badparameter und ihr Einfluß auf die Schichteigenschaften

Die Abscheidegeschwindigkeit von chemisch Nickel-Bädern ist von sehr vielen Parametern der Badführung und der Badverunreinigung, dazu auch von der Temperatur und der Betriebsweise abhängig. Die chemische Vernickelung ist immer eine Gratwanderung zwischen stabilem Badzustand und spontanem Badzerfall, sind doch gleichzeitig sehr starke Reduktionsmittel und Reduzierbares anwesend.

Der pH-Wert:

Hypophosphitbäder arbeiten normalerweise im schwach sauren Bereich bei pH 4 bis 6. Es gibt allerdings auch Bäder, die im schwach alkalischen Bereich bis pH 11 arbeiten. Da bei der Abscheidereaktion Protonen gebildet werden, nimmt der pH-Wert des Bades während der Abscheidung ab. Insbesondere bei schwach sauren Hypophosphitbädern ist die Abscheiderate stark vom pH-Wert abhängig, gleichzeitig vermindert sich mit sinkendem pH-Wert die Stabilität der Bäder. Man muß daher den pH-Wert während der Abscheidung fortlaufend durch NaOH-Zugabe korrigieren. Um die pH-Schwankungen nicht zu groß werden zu lassen, enthalten die Bäder Puffersubstanzen z. B. auf Azetatbasis. Mit steigendem pH-Wert des Elektrolyten sinkt der Phorphorgehalt in der Schicht (Bild 14-5).

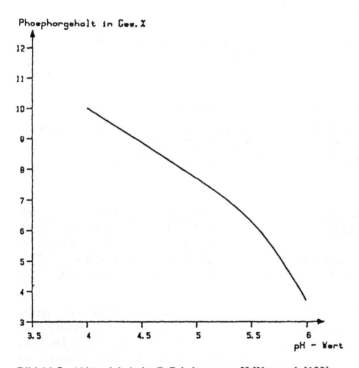

Bild 14-5: Abhängigkeit des P-Gehaltes vom pH-Wert nach [133]

Temperatur:

Saure Hypophosphitbäder arbeiten optimal bei etwa 85 bis 95 °C. Die Abscheidegeschwindigkeit des Nickels steigt mit steigender Badtemperatur sowohl in sauren wie in
alkalischen Hypophosphitbädern.

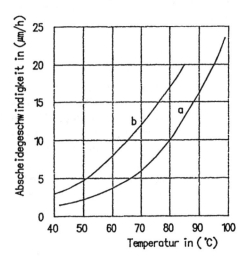

Bild 14-6: Abhängigkeit der Abscheidegeschwindigkeit von der Temperatur in sauren (b) und alkalischen Bädern (a) nach Daten von [134, 135]

Das Redoxverhältnis das Molverhältnis $F = Ni^{2+}/H_2PO_2^-$:

Das Redoxverhältnis liegt in Hypophosphitbädern optimal bei $0,35 < F < 0,45$. Die gut
funktionierende Bandbreite liegt bei $0,25 < F < 0,6$, wobei der Hypophosphitgehalt 0,15
bis 0,35 Mol/l betragen sollte. Bei $F < 0,25$ entstehen dunkle Nickelschichten.

Literbelastung:

Das Verhältnis von gleichzeitig im Bad zur Beschichtung eingebrachter Oberfläche
zum Badvolumen wird Literbelastung genannt. Die Literbelastung beeinflußt die Abscheiderate und den Phosphorgehalt der Schicht. Experimentell wurde gefunden, daß
mit steigender Literbelastung auch der Phosphorgehalt ansteigt. Die Abhängigkeit der
Abscheidegeschwindigkeit von der Literbelastung zeigt das Nomogramm in Bild 14-7
nach [136].

Bild 14-8 nach [133, 168] zeigt, daß die Schichtdickenzunahme nicht linear mit der Expositionszeit ansteigt. Die Dickenzunahme verläuft nicht nach einem linearen Zeitgesetz. Die Temperaturabhängigkeit der Abscheidegeschwindigkeit dagegen ist fast linear
nach [137, 168] (Bild 14-9). Der Phosphorgehalt in der Schicht nimmt dagegen mit steigender Literbelastung, mit steigender Expositionszeit aber mit sinkendem pH-Wert zu
(Bild 14-10) [138, 168].

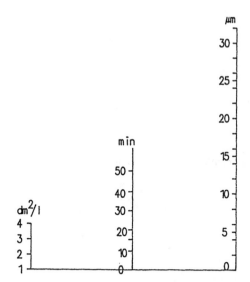

Bild 14-7: Nomogramm zur Berechnung des Zusammenhangs zwischen Schichtbildungsgeschwin-
digkeit und Literbelastung nach [136].

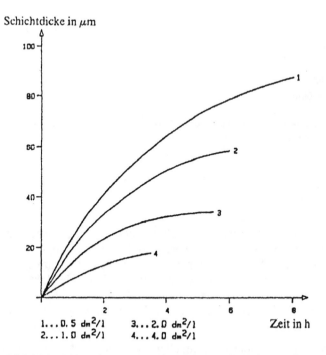

Bild 14-8: Abhängigkeit der Schichtdicke von Expositionszeit und Literbelastung bei Ni-P-Überzü-
gen nach [133].

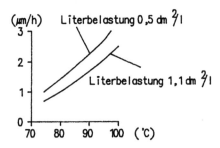

Bild 14-9: Einfluß von Literbelastung und Temperatur auf die Abscheiderate nach Daten von [137].

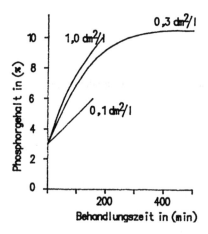

Bild 14-10: Einfluß von pH-Wert, Expositionszeit und Literbelastung auf den Phosphorgehalt bei Ni-P Schichten nach Daten von [138]

Badbewegung:

Der Antransport der Stoffe, die auf der Werkstückoberfläche mit einander zur Reaktion gelangen, wird mit steigender Badbelastung in stärkerem Maße geschwindigkeitsbestimmend für die Schichtbildung. Man kann daher zu einer Beschleunigung der Schichtbildung kommen, wenn man die Diffusionswege im Bad klein werden läßt. Das geschieht am günstigsten durch Bad – oder Warenbewegung, d. h. z. B. wenn man das Bad umpumpt, rührt oder durch Lufteinblasen bewegt. Masseteile werden in Körben, die eine Hubbewegung ausführen, oder in Trommeln, die gedreht werden, eingesetzt.

Um Beschädigungen der Teile untereinander zu vermeiden, kann man die Trommel teilweise mit Kunststoffstücken füllen, so daß die Teile beim Drehen der Trommel nicht aneinander schlagen können. Bewährt hat sich auch der Einsatz von Ultraschall im Bereich von einigen kHz bis MHz,wodurch die Abscheiderate bei sauren Hypophoshpitbädern um den Faktor 15 gesteigert werden konnte[139].

Badalter:

Von besonderem Einfluß auf die Qualität der abgeschiedenen Nickelschicht ist die Anreicherung anfallender Nebenprodukte, insbesondere des entstehenden Phosphits. Versuche, das Phosphition als Eisensalz auszufällen, schlugen fehl [140]. Reichert sich in den Bädern Phosphit zu stark an, so ändern sich oberhalb bestimmter Phosphitkonzentrationen die Eigenspannungen in der Nickelschicht. Anstelle einer Nickelschicht, die unter Druckspannung steht, entsteht eine Schicht, die unter Zugspannung steht und daher reißt. Bild 14-11 zeigt ein Diagramm aus der Praxis. Da der Phosphitgehalt aus chemischen Gründen etwa proportional zur abgeschiedenen Nickelmenge ansteigt, kann man die abgeschiedene Nickelmenge als Maßstab für den Phosphitgehalt wählen. In der Praxis verwendet man den Quotienten aus ausgearbeiteter Nickelmenge und ursprünglich bei der Badfüllung eingesetzter und gibt die Lebensdauer in Zahl der Füllmengendurchsätze – turn-over – an. Chemisch Nickelbäder müssen nach etwa 5 turn-over ausgewechselt werden. Sie sind bislang nicht regenerierbar. Die Abhängigkeit des Phosphorgehaltes und der Abscheiderate vom Badalter zeigt Bild 14-12.

Chemisch Nickelschichten besitzen Eigenspannungen, die unmittelbar mit dem Phosphorgehalt zu tun haben. Je höher der Phosphorgehalt ist, desto eher entstehen Druckspannungen in der Schicht. Spannungsfreie Überzüge sind bei etwa 10,5 Gew. % P zu erreichen. P-gehalte < 10,5 % bergen dann die Gefahr, daß Zugspannungen in der Schicht entstehen. Erst gegen Ende der Standzeit der Bäder werden die Makrospannungseigenschaften dann vom Badalter abhängig.

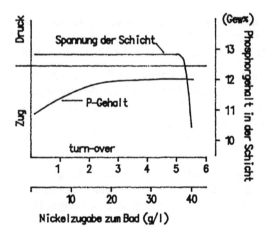

Bild 14-11: Eigenschaften einer 20 μm Ni-P-Schicht als Funktion des Badalters nach Daten von [141]

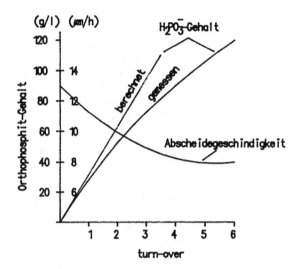

Bild 14-12: Phosphitgehalt und Abscheiderate als Funktion vom Turn-Over nach Daten von [141]

14.4 Eigenschaften der Ni-P-Schichten

Die Zugfestigkeit und der thermische Ausdehnungskoeffizient von Ni-P-Schichten werden mit steigendem P-Gehalt kleiner, die Härte der Schicht steigt dagegen mit steigendem P-Gehalt. Man kann die Ni-P-Schicht durch Tempern zum Kristallisieren bringen.

Dadurch werden die Härte (Bild 14-13) und die Haftfestigkeit der Schicht (vgl. auch DIN 50966) gesteigert, allerdings sinkt dabei die Duktilität. Die Lage der günstigsten Temperatur zum Glühen ist vom P-Gehalt abhängig (Bild 14-14). Die zum Kristallisieren notwendige Glühzeit folgt einem logarithmischen Zeitgesetz und zeigt, daß der Vorgang voraussichtlich diffusionsbestimmt ist. Die Glühtemperatur von Ni-P-Schichten liegt etwa bei 300 bis 500 °C.

Für Ni-B-Schichten, die die härtesten Metallschichten überhaupt ergeben, werden Temperaturen von etwa 250°C empfohlen. Größe und Art der Eigenspannungen ist natürlich bei anderen Werkstofftypen auch von der Art des Trägermaterials abhängig (Bild 14-15).

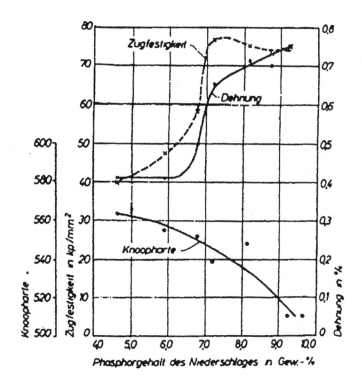

Bild 14-13:
Abhängigkeit der mechanischen Eigenschaften vom P-Gehalt vor der Temperung Schichten nach [142]

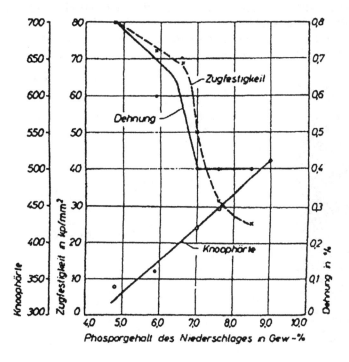

Bild 14-14:
Abhängigkeit der mechanischen Eigenschaften vom P-Gehalt nach einer thermischen Nachbehandlung nach [142]

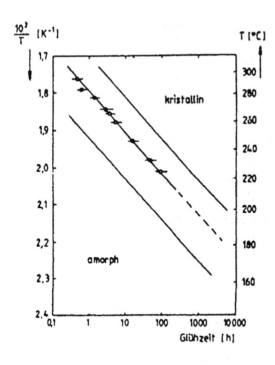

Bild 14-15
Glühtemperatur und Glühzeit
für Ni-P-Schichten nach [143]

Entfernen von Ni-P-Schichten:

Das Ablösen und Entfernen von Ni-P-Schichten (Entmetallisieren) auf chemischem Wege von Eisenwerkstoffen erfolgt am besten durch Umsetzung mit HNO_3, eventuell unter Zusatz von H_2O_2 oder im Gemisch mit Essigsäure oder Flußsäure. Hier sind aber einschlägige Sicherheitsvorschriften zu beachten.

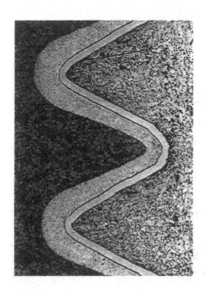

Bild 14-16:
Schliff durch ein Stahlge-
winde, das chemisch
(untere Schicht) und galvanisch vernickelt wurde [168]

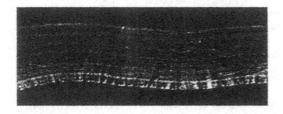

Bild 14-17: Streifige Ausbildung von Ni(P)-Schichten bei 600- und 1200-facher Vergrößerung (H_2O_2/H_2SO_4-Ätzung, oben und mittig) und einer 800-facher Vergrößerung (unten, HNO_3/Essigsäure-Ätzung) nach [168]

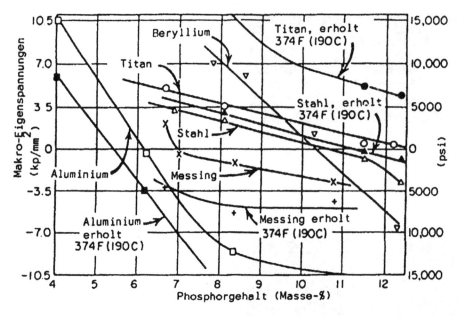

Bild 14-18: Spannungsverhältnisse für Ni-P-Schichten auf verschiedenen Werkstoffen nach [144]

14.5 Anlagen zum chemischen Vernickeln

Anlagen zum chemischen Vernickeln oder Verkupfern sind Tauchanlagen. Sie umfassen Bäder für alle Vorbehandlungsschritte und für die eigentliche Metallisierung. Die Vorbehandlungsschemen, die vor dem Metallisieren verschiedener Werkstoffe eingehalten werden sollten, enthält Tabelle 14-6. Die verwendeten Tauchbäder bestehen im günstigsten Fall aus Edelstahlwannen. Um bei chemischem Vernickeln eine Metallabscheidung an der Badwanne zu vermeiden, lädt man die Edelstahlwanne elektrisch positiv auf und löst auf diese Weise eventuell abgeschiedenes Nickel wieder anodisch ab (Nickelwächter Protektostat, Driesch, Menden 1). Die Vernicklungsbäder werden ständig umgepumpt und dabei filtriert, temperiert und wieder häufig periodisch mit Ni-Sulfat-, Hypophosphit- und anderen Chemikalienlösungen nachdosiert. Bild 14-19 zeigt das Schema einer vollautomatischen Anlage. Die Warenbeschickung erfolgt wie bei Tauchbädern üblich über Warenkörbe etc.

Tabelle 14-6: Vorbehandeln verschiedener Werkstoffe vor dem chemischen oder galvanische Metallisieren.

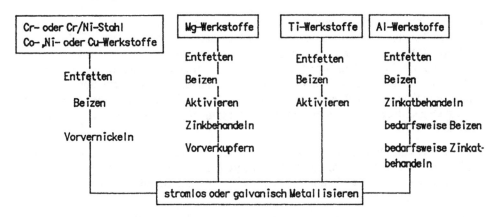

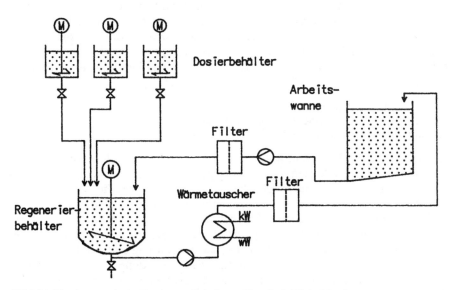

Bild 14-19: Automatische Dosierung bei einem Chemisch-Nickel-Bad

Bei der chemischen Vernicklung von Aluminium muß vor dem Vernickeln ein Zinkatbeize angewendet werden, damit Nickelschichten mit brauchbaren Eigenschaften entstehen. Hierbei wird Aluminium mit einer Zinksalzlösung umgesetzt, so daß zunächst auf dem Aluminium eine Zinkschicht abgelagert wird, weil Zink edler als Aluminium ist. Je nach pH-Wert der Zinkatbeize werden etwa 50 nm dicke Zinkschichten nach folgendem Mechanismus abgeschieden:

$$pH < 7 \quad 2\,Al + 3\,Zn^{2+} = 3\,Zn + 2\,Al^{3+}$$

$$pH > 9 \quad 3\,[Zn(OH)_4]^{2-} + 2\,Al = 3\,Zn + 2\,[Al(OH)_4]^- + 4\,OH^-$$

14.6 Chemisch Metallisieren von Kunststoffen

Das chemische Vernickeln oder Verkupfern von Kunststoffen ist eine relativ preiswerte Methode, Kunststoffteile mit einer leitenden Metallschicht zu versehen. Metallschichten auf Kunststoffteilen sollen nicht nur das Aussehen der Teile verändern. In vielen Fällen ist es heute notwendig, Kunststoffteile mit einer elektrischen Abschirmung zu versehen und zu erden (z. B. Gehäuse in der Elektroindustrie) oder leitende Verbindungen in Bohrungen von Kunststoffplatten zu erzeugen (z. B. Kontaktieren von Leiterplatten). Dabei kann auch nachfolgend eine galvanische Verstärkung der elektrisch leitenden Schicht erfolgen.

Die Haftung von Metallschichten auf Kunststoffen erfordert spezielle Vorbehandlungsmethoden, die bislang für die dazu einsetzbaren Kunststoffe sehr unterschiedlich waren. Die Einführung mit Metallkeimen versehenen Primern hat hier die Verfahren erst jüngst stark vereinfacht.

Das chemische Abscheiden von Metallschichten auf Kunststoff liefert nur dann haftfeste Metallschichten, wenn diese tiefgreifend in der Werkstückoberfläche verankert werden können. Nicht jeder Kunststoff ist daher dazu geeignet. Aufrauhen der Oberfläche durch Strahlen mit Strahlmitteln genügt dazu nicht. Kunststoffe müssen tiefgreifender in ihrer Oberflächenstruktur verändert werden, um gute und genügend Haftpunkte für das Metall zu erzeugen. Die Oberflächenbehandlung gliedert sich daher heute in drei nach einander auszuführende Schritte:

- Ätzen oder Beizen der Oberfläche
- Bekeimen der Oberfläche mit Metallkeimen
- Metallisieren der Oberfläche.

Es gibt eine Vielzahl an Rezepten, nach denen man eine Kunststoffoberfläche soweit aufrauhen und mit tiefergreifenden Verankerungspunkten versehen kann. Bei einer Reihe von Kunststoffen wird dazu die Möglichkeit genutzt, die Oberfläche mit organischen Lösungsmitteln der verschiedensten Art anzuquellen oder Mikrospannungsrisse in der Oberfläche zu erzeugen. Bei anderen Kunststofftypen verwendet man sehr scharfe Beizangriffe wie behandeln mit gasförmigem SO_3 oder rauchender Schwefelsäure oder mit Ozon, um die Oberfläche zu konditionieren und die Haftung einer Metallschicht zu verbessern. Einige Beispiele sind in der nachfolgenden Aufstellung aufgeführt. Am besten für eine chemische Metallisierung mit einer Beizvorbehandlung sind Acrylnitril-Butadien-Styrol-Polymerisate (ABS) geeignet, bei denen eine elastische Butadien-Acrylnitril-Phase in Tröpfchenform in die harten Styrol-Acrylnitril-Harzmatrix eingebettet ist. Durch eine scharfe oxidative Beize wird an der Oberfläche die elastische Phase herausgebeizt, wodurch Mikrokavernen entstehen. Eingesetzt werden 5 verschiedene Beiztypen, die Chromsäure, Schwefelsäure und Chromsäure oder Schwefelsäure/Chromsäure/Phosphorsäure-Mischungen enthalten. Der Säuregehalt der Beizen beträgt etwa 50 bis 90 %. Wie nachfolgende Aufstellung zeigt, sind alle Typen von Kunststoffbeizverfahren umweltgefährdend. Einige Beispiele:

- Acrylnitril-Butadien-Styrol-Polymere (ABS) und verwandte Produkte, Gefüllte Polypropylene,Styrol-Acrylnitril-Polymerisate, Glasfaserverstärke Styrol-Acrylnitril-Polymerisate (SAN): Beizen mit chromsäurehaltigen Produkten, bekeimen mit kolloidalem Palladium.

- Ungefüllte Polypropylene oder Äthylen/Propylen-Copolymerisate, glasfaser-gefüllte Polyetherimide: Ätzen und Anquellen mit organischen Lösungs-mitteln, Beizen mit chromsäurehaltigen Produkten, bekeimen mit kolloi-dalem Palladium.

- Polyamide: Aktivieren mit organischem Palladiumkomplex, beizen mit Calcium- und Aluminiumsalzen, bekeimen mit kolloidalem Palladium.

- Fluorkunststoffe: Beizen mit Natrium in flüssigem, wasserfreiem Ammoniak mit anschließendem Abspülen mit Methanol und trocknen oder mit Naph-thylnatrium in trockenem Tetrahydrofuran mit nachfolgendem Abspülen mit Aceton und Wasser und anschließendem Trocknen. Bekeimen mit kolloidalem Palladium.

- PVC, Polypropylen, Polyethylen, Polyphenylenoxid, Epoxiharze Polybuty-lenterephthalat, Polysulfon,Polyurethan: Ätzen mit gasförmigem SO_3, aktivieren mit Palladiumionen, reduzieren der Oberflächlich adsorbierten Palladiumionen zum Metallkeim.

Anschließend an die Erzeugung von Haftpunkten müssen diese mit Metall befüllt werden. Dazu verwendet man Metallkeime, die man entweder aus Metallionen durch Reduktion mit $SnCl_2$-Lösung erzeugt, oder kolloidales Metall, das in den Kavernen unabspülbar ein-gelagert wird. Als Metallkeime werden Palladium oder auch Silber verwendet. Man kann auch kolloidales Palladium, das ja ein chemisch schwer angreifbares Edelmetall ist, in der Beizsäure lösen und den Arbeitsgang im sogenannten Beizaktivieren vereinfachen. Bei chemischem Metallisieren wächst dann die Metallschicht vom katalytisch wirkenden Keim in der Kaverne nach außen, so daß die Kavernen mit Metall ausgefüllt werden. Die-ser Haftmechanismus ist als „Druckknopfeffekt" oder „ABS-Effekt" in die Literatur ein-gegangen.

Die chemisch aufgebrachten Metallschichten sind überwiegend Kupfer- oder Nickel-schichten. Bei Polypropylen muß darauf hingewiesen werden, daß Kupfer in direktem Kontakt mit PP dessen Alterung beschleunigt. PP sollte daher vor dem Verkupfern mit Nickel beschichtet werden.

Die Kunststoffvorbehandlung vor dem Bekeimen ist die eigentlich umweltbelastende Operation. Sie ist zudem kostspielig und arbeitsaufwendig. Diese Erkenntnis und das große Marktpotential, das durch die Notwendigkeit gegeben ist, Kunststoffgehäuse für die Elektronik elektrisch abzuschirmen, führte zur Entwicklung eines völlig neuen Be-keimungsverfahrens, das unter dem Handelsnamen Bayshield (Bayer AG) bekannt ge-worden ist [110, 111]. Bei diesem Verfahren wird eine Kunststofformulierung (Primer) mit Metallpartikeln (Nickel) von etwa 50 nm Größe versetzt und im Sprühverfahren auf die zu metallisierende Oberfläche aufgetragen. Alle nicht zu metallisierenden Flächen werden durch Masken abgedeckt. Die Schicht soll dabei möglichst dünn aufgetragen werden. Nach Ablüften wird der Primer bei 65 °C 30 min. getrocknet. Das Werkstück kann anschließend direkt chemisch verkupfert etc. werden. Die Auftragslösung wird in einer wäßrigen und in einer lösemittelhaltigen Version angeboten. Die Eignung des Bayshield-Verfahrens wird sicher für sehr viele Kunststofftypen möglich werden, sie ist vom Hersteller bislang für ABS-Polymere, Polycarbonate, ABS/PC-Blends und Poly-amide belegt. Das Material wird auch in Form von Druckpasten für die Leiterplatten-industrie angeboten. Dabei scheidet sich chemisch Kupfer nur dort ab, wo vorher die

Druckpaste eingebrannt wurde. Angewendet wurde das Verfahren Bayprint nach Her-
stellerangabe [112] bislang bei Folien aus Polyester, Polycarbonat und Polyimid.

14.7 Dispersionsschichten

Bei allen Bädern, die man zum chemischen Metallisieren verwendet, wird streng darauf
geachtet, daß im Bad keine Trübungen oder Feststoffpartikel auftreten, weil diese Verunreinigungen in die Oberfläche mit eingebaut werden. Die Nickelschicht erhält Pickel
etc. und wird damit fehlerhaft. Erhöht man aber absichtlich den Feststoffgehalt in der
Badflüssigkeit, so kann man so viel Feststoff in die abgeschiedene Metallschicht einbauen, daß die Eigenschaften der Metallschicht sich ändern. Derartige Schichten haben
den Namen Dispersionsschichten erhalten. Die dispergierten Feststoffe haben in der Regel Durchmesser von 0,1 bis 30 µm. Eingebaut werden sowohl Hartstoffe wie Carbide
(z. B. SiC, Cr_3C_2), Oxide (z. B. Al_2O_3, SiO_2, Cr_2O_3) oder Diamant, cub.-BN als auch
schmierende Stoffe wie PTFE, Graphit oder MoS_2. Als Matrixmetall werden außer
Nickel auch Cobalt, Kupfer u. a. verwendet. Die Wirkung des Dispersanten beruht nun
darauf, daß nach geringem oberflächlichen Abtrag der Schicht der Dipersant frei gelegt
wird. Bei Hartstoffeinlagerung bestimmt dann der Hartstoff die abrasiven Eigenschaften
der Oberfläche. Die Härte der Gesamtschicht steigt dann nahezu linear mit steigendem
Gehalt an Hartstoffen (Bild 14-20).

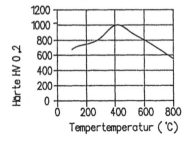

Bild 14-20: Härte von Ni-SiC-Schichten [168]

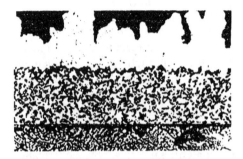

Bild 14-21: Schliffbild einer Co-Cr2O3-Schicht nach [145]

gebrauchte Schichten

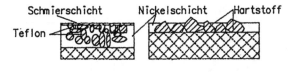

ungebrauchte Schicht

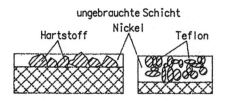

Bild 14-22: Wirkungsmechanismus von eingebauten Hart- und Schmierstoffen in Dispersionsschichten

Bei schmierenden Einlagerungen wird dann der Schmierstoff frei gegeben, so daß eine Trockenschmierwirkung entsteht. Bild 14-22 zeigt den Wirkungsmechanismus von Hart- und von Schmierstoffeinlagerungen.

Um Feststoffpartikel einbauen zu können, müssen diese in der Lösung dispergiert und homogen verteilt werden. Das kann man bei sehr feinteiligen Partikeln einfach erreichen, indem man in die Lösung ein Dispergierhilfsmittel gibt, das z.B. unter gegebenen pH-Bedingungen ionisiert. Dann werden diese Zusätze an der Partikeloberfläche adsorbiert. Die Partikel erhalten dadurch eine bei allen Partikeln gleich gerichtete elektrische Aufladung, wodurch das Bilden von Koagulaten und damit von leicht sich absetzenden Agglomeraten verhindert wird. Bei größeren Partikeln muß man dagegen durch Umpumpen oder Rühren für eine ständige Strömung im Bad sorgen, die der Absetzbewegung entgegensteht. Der Einbau von Hartstoffen wird auch zur Fertigung metallgebundener Schleif- oder Polierscheiben, hartstoffbestückter Werkzeuge etc. eingesetzt. Anzumerken ist, daß bei den Schichteigenschaften natürlich auch die Eigenschaften des Matrixmetalls zur Wirkung kommen, wie folgende Tabelle zeigt:

Tabelle 14-7: Eigenschaften von Ni(P)-Dispersionsschichten.

Eigenschaft	Dispersant		
	SiC	B_4C	PTFE
Korngröße (μm)	1 – 3	1 – 3	< 1
Einbaumenge (Vol.%)	20 – 25	20 – 25	25
Einbaumenge (Gew.%)	9 – 12	7 – 9	7
Phosphorgehalt der Ni-P-Schicht (Gew.%)	7	7	7
Dichte (g.cm^{-3})	7,0	6,8	6,5
Härte HV$_{0,1}$ im Abscheidezustand	570	570	300
wärmebehandelt	1400	1200	500

Tabelle 14-8: Reibungswerte von Ni(P)-Schmierstoff-Dispersionsschichten.

Dispersant	Reibwert	Einsatztemperatur
PTFE	0,05	320 °C
Graphit	0,07 – 0,13	600 °C
MoS$_2$	0,07 – 0,10	400 °C

14.8 Umweltschutz beim chemischen Metallisieren – In-process-recycling und Abwasserbehandlung.

Die wichtigsten Metallisierungsprozesse sind die chemische Vernickelung und die chemische Verkupferung. Bei Vernickeln muss die Vernickelungslösung periodisch gewechselt werden. Das Nickel kann durch Elektrolyse niedergeschlagen werden. Die verbleibende Lösung kann oxidiert und das gebildete Phosphat als Calcium oder als Eisen-III-Phosphat gefällt werden.

Kupferbäder vom chemischen Verkupfern enthalten meist EDTA als komplexierender Bestandteil. Die Lösung ist stark alkalisch und enthält etwas Formaldehyd, Ameisensäure und Natriumsulfat. Kupfer kann zunächst metallisch durch Elektrolyse gewonnen werden. Ameisensäure HCOOH und EDTA können durch Elektrodialyse mit bi-polaren Membranen abgetrennt werden. Das saure Konzentrat wird auf pH 1,7 eingestellt, gekühlt und das auskristallisierende EDTA zur Wiederverwendung wieder zurückgewonnen. Der Prozess wird in Bild 14-23 gezeigt.

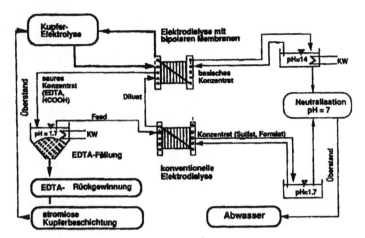

Bild 14-23: Rückgewinnung von Ethylendiamintetraessigsäure (EDTA) aus chemisch Kupferbädern [121]

15 Galvanisches Metallisieren

15.1 Theoretische Grundlagen

Wäßrige Lösungen von Salzen, Säuren oder Basen leiten den elektrischen Strom. Der Stromtransport wird durch die Wanderung der Ionen in der Lösung hervorgerufen und ist mit Materietransport verbunden. Trifft das wandernde Ion auf eine Elektrode, wird das Ion entladen. Ist das wandernde Ion ein Schwermetallion, so kann sich das Schwermetall beim Entladen auf der Elektrode abscheiden. Diesen Vorgang nennt man galvanisch Metallisieren.

Da der Stromtransport mit einem Massetransport verbunden ist, kann man die Strommenge, die zum galvanischen Abscheiden einer bestimmten Menge eines Metalls notwendig ist, leicht berechnen. Für den Entladungsvorgang (M = Metallsymbol, e_o = Elektron)

$$M^{n+} + n\,e_o = M \qquad\qquad (15.1)$$

kann man ausrechnen, daß zum Entladen von 1 g-Atom eines n-wertigen Metallions N_L*n*e_o Elektronen benötigt werden. (N_L = Loschmidtsche Zahl $6,023 * 10^{23}$ Atome/g-Atom). Die Ladung eines Elektrons beträgt $1,602 * 10^{-19}$ A.s. Die Größe $N_L \cdot e_o$ wird Faraday-Konstante F genannt. Die Faraday-Konstante gibt die Strommenge an, die zum Entladen eines g-Atoms, d. i. die Gewichtsmenge in (g), die dem Atomgewicht des Metalls entspricht, eines einwertigen Ions benötigt wird. Aus der Ladungs eines Elektrons und N_L berechnet sich

$$F = 26,803 \text{ A.h.}$$

Für die Entladungsreaktion eines n-wertigen Ions werden daher $n * 26,803$ A.h Strom benötigt.

Teilt man das Atomgewicht durch $n \cdot 26,803$, so erhält man die Metallmenge in (g), die von 1 Amperestunde A.h abgeschieden werden kann. Man nennt diese Größe „das elektrochemische Äquivalent"

$$AE = \frac{\text{Atomgew.}}{n * 26,803}$$

Elektrische Arbeit (A) besteht aus dem Produkt aus Spannung (E), Stromfluß (I) und Zeit (t)

$$A = E * I * t \qquad\qquad (15.2)$$

Um den praktischen Arbeitsaufwand zu ermitteln, muß neben der Stromarbeit auch die Summe der Spannungsaufwendungen bekannt sein.

Die aufzuwendenden Spannungen kann man in folgende Summanden zerlegen:

$$E = \Delta E_N + E_{Ohm} + \Sigma E_{\eta} \qquad (15.3)$$

Darin ist E_N die Spannung des galvanischen Elements, wie sie sich aus den Normalpotentialen und der Nernstschen Gleichung (15.4) unter gegebenen realen Verhältnissen berechnet, E_{Ohm} ist die Spannung, die zur Überwindung des inneren Elektrolytwiderstandes aufgewendet werden muß, weil ja die Ionen bei ihrer Wanderung durch den Elektrolyten die Reibungskräfte überwinden müssen. E_{η} sind alle anderen sich als Spannungsanteil zeigenden Potentialanteile wie Polarisationen, Überspannungen etc.

Die Spannung E_N eines Elementes bezogen auf die Normalwasserstoff-Elektrode kann man aus der Spannungsreihe der Elemente in Tab. 14-5 und der Nernstschen Gleichung berechnen. Es gilt die Nernstsche Gleichung für ein Halbelement

$$E = E_0 + \frac{R * T}{n * F} * \ln [a] \qquad (15.4)$$

Werden in einer Elektrolysezelle zwei Halbelemente einander gegenüber gestellt, so errechnet sich die Gesamtspannung aus der Differenz der Nernstschen Gleichungen für jedes Halbelement:

$$E_1 = E_0 + \{R * T/n * F\} * \ln [a_1] \qquad (15.5)$$

$$E_2 = E_{0,2} + \{R * T/n2 * F\} * \ln [a_2] \qquad (15.6)$$

$$\Delta E_N = E_2 - E_1 = E_{0,2} - E_{0,1} + \{R * T/F\} * \{\ln[a_2]^{1/n_2} - \ln[a_1]^{1/n_1}\} \qquad (15.7)$$

Das Überwindungspotential E_{Ohm} kann aus dem Stromfluß und dem elektrischen, Ohmschen Widerstand des Elektrolyten berechnet werden. Es gilt

$$E_{Ohm} = I * \Phi * \kappa \qquad (15.8)$$

I ist wieder der Stromfluß (Ampere), κ ist die spezifische elektrische Widerstand des Elektrolyten und Φ ist ein für die Anordnung charakteristischer geometrischer Faktor, der dem Verhältnis aus Elektrodenabstand zu -fläche entspricht. Werte von κ können häufig einschlägigen Tabellenwerken entnommen werden. Hier sind aber dann die Werte zu verwenden, wie sie für das reale Elektrolytsystem gelten. Werte für verdünnte Elektrolyte sind hier unbrauchbar. Der Reziproke Wert $1/\kappa$ wird spezifische elektrische Leitfähigkeit λ genannt und kann entsprechend verwendet werden.

Die Summe der Überspannungen und Polarisationen, die sich praktisch in Form einer notwendigen Spannungsmehraufwendung bemerkbar machen, können hier nur teilweise angegeben werden. Auch ist im realen Fall ihre Gewichtung nicht immer möglich. Die wichtigsten sind die Konzentrationspolarisation, die Durchtrittspolarisationen, die Reaktionspolarisation, die Wasserstoffüberspannung und Keimbildungshemmungen.

Normalerweise betreibt man ein galvanisches Bad so, daß man das Metall , das kathodisch abgeschieden wird, als Anode verwendet und anodisch in Lösung bringt. Bei langsamem Galvanisieren werden dann die an der Kathode abgeschiedenen Ionen durch anodische Auflösung nachgeliefert. Konzentrationspolarisation tritt real jedoch leicht auf, wenn mit erheblichen elektrischen Strömen gearbeitet wird. Dann tritt an den Kathoden, den Werkstücken, leicht eine Verarmung der abzuscheidenden Ionen auf, weil die Nachwanderung der Ionen zu langsam verläuft, und im Anodenraum tritt ein Stau der Ionen ein, weil die Bildung schneller als die Abwanderung erfolgt. Die zur Abscheidung notwendige Spannung wird dann um den Betrag vergrößert.

$$E_{konz.pol.} = \frac{R * T}{n * F} * \ln\left(\frac{\kappa a}{\kappa a - i}\right) \qquad (15.9)$$

mit

$$\kappa = D * n * F/t_- * d \qquad (15.10)$$

Darin bedeuten

t_- die Hittorfsche Überführungszahl des Anions,
n die Zahl der Elektronen, die am Entladungsprozeß beteiligt sind,
D ist der Diffusionskoeffizient der Ionen
δ bedeutet die Dicke der adhärierenden (ruhenden) Flüssigkeitsschicht
i ist die Stromdichte, die angewendet wird.

Je höher die Konzentration (besser Aktivität a) des Elektrolyten oder je geringer die Stromdichte i ist, desto geringer ist die Konzentrationspolarisation. Ebenso wird diese erniedrigt, wenn durch Temperaturerhöhung z. B. der Diffusionskoeffizient D erhöht wird oder/und wenn die Dicke der adhärierenden Schicht durch Erhöhung der Relativgeschwindigkeit zwischen Flüssigkeit und Werkstückoberfläche verkleinert wird [215]. Konzentrationspolarisationen können praktisch dadurch vermieden werden, daß man die Wanderstrecke der Ionen von der Anode zur Kathode verkürzt, die Gesamtkonzentration anhebt, und in dem man das Bad (umpumpen, Lufteinblasen oder Rühren) oder die Ware bewegt.

Weitere Polarisationen treten auf, wenn sich z. B. an der Anode Oxidfilme bilden, die man dann z. B. mechanisch entfernen muß, oder wenn der Ladungsaustausch durch die elektrolytische Doppelschicht behindert wird. Beide Erscheinungen werden Durchtrittspolarisationen genannt. Chemische Reaktionshemmungen können zu einer Reaktionspolarisation führen, wenn z. B. ein zu langsam zerfallender Komplex an der Reaktion beteiligt ist, oder wenn der Zerfall des hydratisierten Ions verzögert ist. Hier kann oft durch Änderung der chemische Zusammensetzung des Elektrolyten abgeholfen werden.

Wasserstoffüberspannung oder Sauerstoffüberspannung entstehen, wenn sich Wasserstoff oder Sauerstoff an der entsprechenden Elektrode abscheiden. Das abgeschiedene Gas bildet dann eine Gegenspannung aus, die die weitere Abscheidung behindert. Die Wasserstoffüberspannung, die bei einigen galvanischen Prozessen sogar notwendige Voraussetzung zum Abscheiden des Metalls ist, wird durch die Tafelsche Gleichung beschrieben

$$E_{\eta, H} = q + p * \log i \qquad (15.11)$$

q und p sind Konstanten, i ist die Stromdichte in (A/dm^2).

Weitere Überspannungen entstehen, wenn das entladene Metallatom Schwierigkeiten hat, seinen Gitterplatz zu finden. Man spricht dann von Keimbildungshemmungen und unterscheidet zwei- und dreidimensionale Vorgänge:

zweidimensional

$$E_{\eta, 2K} = 1/(q' + p' \cdot \log i) \tag{15.12}$$

dreidimensional

$$E_{\eta, 3K} = 1/(q'' + p'' * \log i)^{1/2} \tag{15.13}$$

q' und p' bzw. q'' und p'' sind Konstanten.

Die zum galvanischen Abscheiden notwendige Gesamtspannung ist damit bekannt. Sie besitzt zu Beginn des galvanischen Abscheidevorgangs den durch Gleichung (15.3) gegebenen Wert, solange das Werkstück noch unbeschichtet ist. Ist das Werkstück mit einer ersten Schicht des galvanisch abgeschiedenen Überzugsmetalls bedeckt, so sind die Materialien an der Anode und an der Kathode chemisch gleich geworden und notwendige Elektrolysespannung geht auf den Betrag

$$\Delta E_{el} = E_{Ohm} + \Sigma.E_{\eta} \tag{15.14}$$

zurück. Die zu Beginn der Abscheidung erhöhte Spannung wird „Deckspannung" genannt. Soll eine bestimmte Metallmasse m auf einer Werkstückoberfläche F in (dm^2) abgeschieden werden, so berechnet sich die dazu notwendige Strommenge aus dem elektrochemischen Äquivalent AE, der kathodisch aufgewendeten Stromdichte i_k in (A/dm^2), der Elektrolysezeit t (min) nach der Gleichung

$$m = AE \cdot F \cdot i_k \cdot \beta_k \cdot t/60 \tag{15.15}$$

β_k ist darin die praktische kathodische Stromausbeute, meist ein Wert zwischen 0,9 und 1. Der Faktor 60 kommt dadurch zu stande, daß die Fläche F in (dm^2), das elektrochemische Äquivalent in (A.h), die Zeit t aber in (min) angegeben wird. Kennt man die Dichte χ des abgeschiedenen Metalls in (g/cm^3), kann man die Dicke der abgeschiedenen Schicht leicht berechnen:

$$d \ (\mu m) = AE * i_k * \beta_k * t/60 * \zeta \tag{15.16}$$

Ebenso können die für eine bestimmte Schichtdicke einzuhaltenden Stromdichten oder Expositionszeiten berechnet werden.

Werden Legierungsschichten abgeschieden, verwendet man folgende Mischterme:

$$AE_{Legierung} = 100/[(m_1/AE_1) + (m_2/AE_2) + ...] \tag{15.17}$$

$$\zeta_{Le} = 100/[(m_1/\zeta_1) + (m_2/\zeta_2) + ...] \tag{15.18}$$

m sind darin der Gehalt des jeweiligen Metalls 1 oder 2 in der abgeschiedenen Legierung in (Gew. %), AE_1 und ζ_1 etc. sind die Werte der reinen Metalle.

Die für galvanische Bäder einzusetzenden Elektrolyte werden im allgemeinen bei Fachfirmen chemisch komponiert. Der Galvaniseur ist bei der Wahl des Elektrolyten auf die Hilfe einer Fachfirma angewiesen, wobei er nicht unbedingt nach dem Einkaufspreis sondern vor allem auch nach dem Service zu den Bädern fragen sollte, weil die analytische Überwachung der Bäder und damit die Sicherung einer einwandfreien Produktionsqualität für einige Badbestandteile mit hohem analytischen Aufwand verbunden ist und im Bedarfsfall vom Lieferanten schnell durchgeführt werden sollte. Nur in Ausnahmefällen ist der wünschenswerte Zustand zu erreichen, daß der Galvaniseur in diesem Punkt unabhängig vom Lieferanten werden kann, in dem er die Badüberwachung einem Fachinstitut anvertraut. Der analytische Service des Lieferanten kostet Geld und wird zweifelsohne auch mit Gewinn über die Produktpreise wieder hereingeholt.

Für die Elektrolyte sind drei Forderungen von Bedeutung:

- Streufähigkeit
- Deckfähigkeit
- Einebnung

Dazu kommen noch Faktoren wie Glanzgrad, Duktilität des Überzugs, Spannungen, Härte, Porigkeit, elektrische Oberflächenleitfähigkeit, Haftfestigkeit und gegebenenfalls Mikrorisse, die diskutiert werden müssen. Unter Streufähigkeit versteht man die Eigenschaft des Elektrolyten, die Abscheidung des Metalls unabhängig vom Abstand zur Anode gleichmäßig erfolgen zu lassen. Man kann nach Haring und Blum [146] darüber einen Zahlenwert ermitteln, wenn man eine Gitteranode asymetrisch in die Mitte zwischen zwei gleichgroße Kathodenbleche anordnet, die Anordnung mit dem zu untersuchenden Elektrolyten füllt und nach einer Elektrolyse die Massezunahme der beiden Kathoden bestimmt.

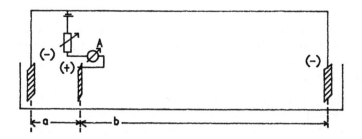

Bild 15-1: Meßanordnung zur Bestimmung der Streufähigkeit [146]

Man ermittelt dann das Verhältnis

$$M = M_{nah}/M_{fern} \qquad\qquad (15.19)$$

M_{nah} = Massezunahme der anodennahen Kathode
M_{fern} = Massezunahme der anodenfernen Kathode.

Man wählt das Abstandsverhältnis L = 5:1 und erhält die Streufähigkeit

$$S = (L - M)/(L + M - 2) \tag{15.20}$$

Der Zahlenwert hat eine Meßunsicherheit von +/- 10 %.

Die Deckfähigkeit ist die Eigenschaft des Elektrolyten, eine Metallabscheidung auch in Bohrungen etc. zu ermöglichen. Sie wird meist an einem realen Werkstück ausprobiert.

Die Einebnung kann durch Messung der Rauhigkeit der Werkstückoberfläche vor und nach dem Beschichten ermittelt werden. Man sollte aber der Vergleichbarkeit wegen Schichten von etwa 20 μm Dicke beurteilen. Es gilt dann die Einebnung

$$E = 100 \cdot (R_{z,vorher} - R_{z,nachher})/R_{z,vorher} \tag{15.21}$$

Anstelle von R_z kann auch der R_a– wert verwendet werden.

Man kann die Einebnung auch durch Schichtdickenmessung im Querschliff bestimmen, wenn man die abgeschiedene Schichtdicke von Rauhigkeitstal und -berg in Bezug auf die Rauhigkeit des Werkstoffs setzt (Bild 15-2).

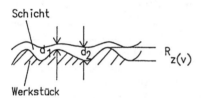

Bild 15-2: Messung der Einebnung im Querschliff [183]

Die Duktilität der Metallschicht ist im betrieblichen Alltag am besten mit der Dornbiegeprobe zu ermitteln, bei der man den kleinsten noch ohne Bruch der Schicht einsetzbaren Biegeradius ermittelt. Genauere Aussagen erhält man aufwendiger durch Messung der Bruchdehnung an Folien.

Innere Spannungen der Schicht lassen sich im Streifenkontraktometer (Bild 15-3) bestimmen. Eine einseitig beschichtetes Kathodenblech krümmt sich konvex bei Druck-, konkav bei Zugspannung in der Schicht, wenn diese außen liegt. Mit Hilfe der Meßanordnung kann die Auslenkung gemessen und bei bekannten Daten über die Elastizität des Kathodenblechs quantitativ ausgewertet werden. Streifenkontraktometer sind aber meist nicht Bestandteil der Betriebsausrüstung.

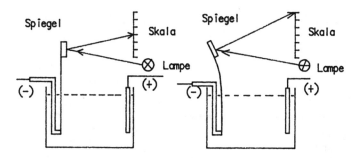

Bild 15-3: Streifenkontraktometer [146]

Die Messung der elektrischen Leitfähigkeit galvanischer Überzüge auf nichtleitenden Folien erfolgt nach der Vierpunktmethode (15-4). Man läßt durch die Schicht mit gemessener Schichtdicke d und -breite b des Prüfkörpers Gleichstrom durchfließen und bestimmt der Spannungsabfall mit Hilfe zweier Sonden im Abstand l. Der Widerstand R_x der Schicht ergibt sich zu

$$R_x = (IR_v - U)/I \qquad\qquad (15.22)$$

mit R_v = Innenwiderstand des Spannungsmeßinstruments in (Ohm)
I = Stromfluß in (A), U = gemessene Spannung in (V)

Daraus ergibt sich die elektrische Leitfähigkeit λ in (Siemens)

$$\lambda = l/d * b * R_x \qquad\qquad (15.23)$$

Die Beurteilung der Haftfestigkeit einer galvanischen Schicht erfolgt grob in Biege- oder Torsionsprüfungen oder mit der Feilprobe. Ein gut haftende Schicht darf bei Abfeilen einer Kante nicht absplittern. Haftungsverbesserung erreicht man dadurch, daß man eventuell Zwischenschichten aus anderem Material erzeugt, weil die Haftung einer Schicht auf dem Trägerwerkstoff umso besser wird, je ähnlicher sich die Kristallgitter werden.

Härteprüfungen an dünnen Schichten haben immer den Nachteil, daß man leicht die Härte des darunter liegenden Werkstücks mißt. Aus diesem Grunde sind aussagefähige Ergebnisse bei dünnen Schichten nur mit Mikrohärteprüfern zu erwarten.

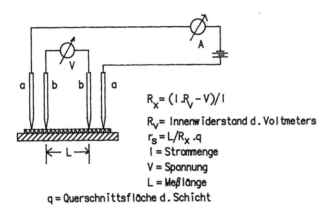

$$R_x = (I \cdot R_V - V)/I$$

$R_V =$ Innenwiderstand d. Voltmeters
$r_s = L/R_x \cdot q$
$I =$ Strommenge
$V =$ Spannung
$L =$ Meßlänge
$q =$ Querschnittsfläche d. Schicht

Bild 15-4: Messung der Leitfähigkeit der Schicht [146]

Porentests sind bei vielen technischen galvanischen Metallschichten wichtig, weil von der Porigkeit der Schutzwert für den jeweiligen Einsatzzweck abhängt. In der betrieblichen Praxis verwendet man dazu die Methode, daß man ein Farbagens, das mit dem Untergrundmetall reagiert, auf ein Fließpapier gibt und damit eine bestimmte Fläche des Schichtwerkstoffs benetzt. Nach einiger Zeit zeigen sich Poren durch Farbflecke auf dem Fließpapier. Folgende Lösungen werden verwendet:

Tabelle 15-1: Lösungen zur Porenprüfung

Grundwerkstoff	Schichtwerkstoff	Reagens
Al	Cr	125 ml gesättigte Lösung von Morin in Ethanol + 125 ml dest. Wasser,+ 1 ml Eisessig
Fe	Cu, Sn, Ni	50 g $K_3[Fe(CN)_6]$, + 12 ml HCl (Dichte 1,16 g/cm³) in 1 l dest. Wasser
Ni, Ni/Co-Legierung	Cr	1%-ige Lösung von Dimethylglyoxim mit Wasser 1:1 verdünnt
Cu	Ni oder Cr	125 ml 1% a-Benzoinoximlösung, + 2 ml konz. NH₃-Lösung + 125 ml dest.Wasser

Beim Aufwachsen einer galvanisch erzeugten Schicht werden Körnigkeit, Rauhigkeit und Glanz durch die Relation zwischen Keimbildungsgeschwindigkeit und Keimwachstumsgeschwindigkeit bestimmt. Die Keimbildungsgeschwindigkeit läßt sich z. B. durch Erhöhung der Stromdichte und Erniedrigung des aktuellen Angebots an abzuscheidenden Ionen durch Komplexbildung im Elektrolyten fördern. Die Keimwachstumsgeschwindigkeit erhöht sich, wenn man das aktuelle Ionenangebot verstärkt, z. B. durch Temperaturerhöhung, die die Wanderunsgeschwindigkeit der Ionen erhöht. Technische Einflußgrößen auf die Schichtausbildung sind

- die Reinheit der Oberfläche
- die Stromdichte
- die Anscheidespannung
- die Temperatur
- die Badbewegung
- die Badzusammensetzung
- die Konzentration der Metallionen

Die Stromdichte wird in (A/dm^2) gemessen. Die optimal anzuwendende Stromdichte kann durch Messungen in der Hullzelle ermittelt werden. Die Hullzelle (Bild 15-5) ist eine kleine transportable Galvanikzelle, in der ein schräg gestelltes Kathodenblech der Anode gegenüber steht. Durch diese Anordnung erhält das Kathodenblech mit wachsendem Abstand zur Anode abnehmende Stromdichte, so daß in einer Untersuchung ein ganzer Stromdichtebereich überblickt werden kann. Die Hull-Zelle gibt es in zwei verschiedenen Größen mit 250 ml und mit 1 l Inhalt. Die Expositionszeit in der Hullzelle soll 15 +/- 0,5 min. betragen. Bei Chrombädern wird 4 min +/- 10 s Expositionszeit vorgeschrieben. Es empfiehlt sich, zur Vervollständigung der Anordnung bei Elektrolyten mit Warenbewegung mit einem Glasstab während der Untersuchung nahe der Anode umzurühren. Bei der Auswertung ermittelt man den Bereich, in dem die Abscheidung visuell optimal erfolgt ist in (cm), gemessen von der der Anode am nächsten liegenden Kante des Kathodenblechs. Verwendbar sind die Bereiche zwischen 0,6 und 8,3 cm, für die dann die Stromdichte nach folgender Zahlenwertgleichung berechnet werden kann:

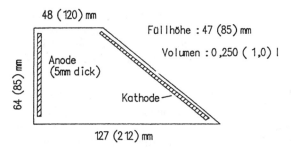

Bild 15-5: Hullzelle. Maße für die 1/4 l und in Klammern für die 1 l-Zelle

250 ml Hullzelle:	$i_k = I.(5,10 - 5,40.\log x)$	(15.24)
1 l Hullzelle:	$i_k = I.(3,26 - 3,04.\log x)$	(15.25)

I ist darin der durch die Hullzelle fließende Strom, der im Bereich 0 bis 10 A gewählt wird, x ist dann der gemessene Abstand auf dem Blech in (cm).

Die Erzielung der gewünschten Produktivität bei gewünschter Qualität erfordert, daß man die notwendige Badspannung klein hält, daß man also alle unnötigen Überspannungen und Polarisationen vermeidet. Saubere Anoden, genügend Badbewegung etc. sind Mittel der Wahl. Die Badbewegung, die man durch Lufteinblasen, Umpumpen, Rühren, Ultraschalleinwirkung aber auch durch Warenbewegung erzielen kann, sollte etwa 5 cm.s^{-1} betragen. Die Abscheidetemperatur spielt auf die Qualität der Abschei-

dung eine wichtige Rolle. Höhere Temperatur erhöht die Keimwachstumsgeschwindigkeit und fördert damit die Ausbildung grobkörniger Schichten.

Kleine Konzentrationen der Metallionen fördern die Abscheidung feinkörniger Schichten. Allerdings ist die Gefahr der Konzentrationspolarisation dann größer, weil leicht
Verarmung im Kathodenraum eintritt. Man behilft sich dann damit, daß man Depot-
Ionen verwendet, d. h. Komplexe, die das Metallkation enthalten, einbringt. Um dann
den Badinnenwiderstand nicht ansteigen zu lassen, setzt man dann Salze, die an dem
elektrochemischen Prozeß nicht teilnehmen, zu zur Erhöhung der Leitfähigkeit.

Die Badzusammensetzung ist manchmal ein kritischer Parameter. Glanzzusätze z. B.
sollten meist in genauer Dosierung eingesetzt werden. Zu hohe Zusätze von Glanzbildnern können ebenso wie zu geringe zu Fehlern in der Schicht führen. Man kann auch
bei Fehlern im Bad mögliche Korrekturmaßnahmen mit Hilfe einer Hullzelle leicht
überprüfen.

15.2 Galvanotechnische Anlagen

Ein galvanisch zu beschichtendes Werkstück muß elektrisch leitend und absolut sauber
sein. Kunststoffteile müssen vorher chemisch metallisiert werden. Teile von Werkstücken, die nicht beschichtet werden sollen, müssen mit Masken abgeklebt oder mit
Abdecklacken überzogen werden.

Zum Reinigen der Werkstückoberfläche werden meist alle Register der Reinigungstechnik gezogen. Abkochentfettungen, gefolgt von Ultraschallentfettungen, Beizen und
elektrolytischen Entfettungen werden meist in Kombination benutzt. Dabei sollte insbesondere durch gut versorgte Spülen die Überschleppung von einem in das andere Bad
sehr klein gehalten werden.

Galvanotechnische Anlagen gibt es von kleinen Handanlagen bis hin zu großen Auto-
maten. Alle Anlagen haben gemeinsam, daß sie Tauchanlagen sind. Die Tauchanlagen
enthalten im allgemeinen alle chemischen Behandlungsbäder von der Reinigung bis zur
Schlußspüle neben einander zu einer Kompaktanlage integriert. Große Tauchbecken,
die mit Portalumsetzern betrieben werden, stehen in Reihen, kleinere Anlagen werden
oft in Hufeisenform (Umkehrautomaten) angeordnet. Allen gemein ist, daß die für die
galvanische Abscheidung bestimmten Bäder mit leistungsfähigen Stromversorgungen
versehen werden. Die Stromkontaktierung ist bei galvanischen Prozessen von großer
Bedeutung. Man muß bedenken, daß der zu Abscheideprozeß notwendige Stromfluß
durch die Kontaktstelle zwischen Werkstück und Aufhängung fließen muß, und daß nur
ein bestimmter Stromfluß maximal durch einen Leiterquerschnitt geschickt werden
kann.

Lockere Aufhängung der Teile liefert zusätzliche Übergangswiderstände, was sich in
den Stromkosten und Beschichtungszeiten niederschlägt. Soweit es wirtschaftlich vertretbar ist, werden zu galvanisierende Werkstücke an Gestellen aufgehängt, die durch
Beschichten z. B. mit PVC vor Korrosion geschützt und elektrisch isoliert werden.
Klemmkontakte halten dann die Werkstücke und sorgen für genügend kleine Übergangswiderstände. Hierbei muß darauf geachtet werden, daß beim Eintauchen in das
Bad keine Luftblasen an der Ware hängen bleiben und daß Vertiefungen, Winkel etc.

beim Herausnehmen auch genügend auslaufen können. Bei Trommelware werden Trommeln aus chemikalienfestem Kunststoff eingesetzt, in die der elektrische Kontakt über Gleitlager eingebracht wird. Die Trommelwand ist dabei perforiert. Die Lochgröße der Perforation kann bei manchen Trommelkostruktionen gewechselt und dem Füllgut angepaßt werden. Bild 15-7 zeigt einige Bauarten der Stromdurchführung bei Galvanisiertrommeln. Die Galvanisiertrommel besitzt eine aufklappbare Seite, durch die die Befüllung und Entleerung vorgenommen wird. Der Weitertransport der Trommeln erfolgt durch einen Portalumsetzer oder eine andere mechanische Hilfe.

Um das Überschleppen von Elektrolyten oder anderen Badflüssigkeiten zu vermindern, wurde für Trommeln eine Trommelspüle entwickelt, mit der die gefüllte Trommel gespült und ausgeblasen werden kann. Man kann dabei so viel Wasser verwenden, daß der Füllstand des Behandlungsbades wieder hergestellt wird. Zum Spülen kann man nicht nur Frischwasser sondern günstiger das Spülwasser aus dem nachfolgenden Spülbecken einsetzen (Bild 15-8).

Außer mit leistungsfähigem Gleichrichter und den zugehörigen elektrischen Meßeinrichtungen (Voltmeter, Amperemeter, Amperstundenzähler) sollten die Bäder mit Einrichtungen zur Waren- oder Badbewegung ausgerüstet sein. Warenbewegung kann z. B. durch einen Exzenterantrieb, der die Gestelle hin- und herbewegt, erfolgen. Jedes galvanische Bad sollte mit Filterpumpen versehen werden, die das Bad ständig von Feststoffen befreien. Dabei werden im allgemeinen keine großen Filterflächen benötigt, weil der Feststoffanfall klein ist. Zur Badpflege kann es auch gehören, gelegentlich eine Filtration des Bades über Aktivkohle durchzuführen, insbesondere um sich anreichernde Reste organischer Zusatzstoffe zu entfernen.

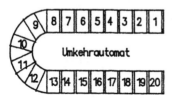

Bild 15-6:
Umkehrautomat und gerade Badanordnung

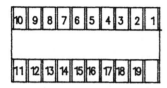

Doppelreihe

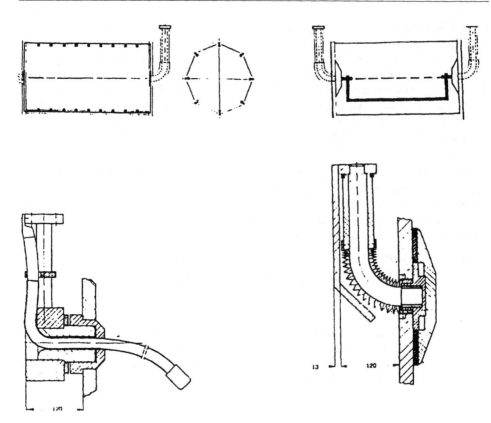

Bild 15-7: Stromdurchführung durch die seitliche Trommelwand [192]

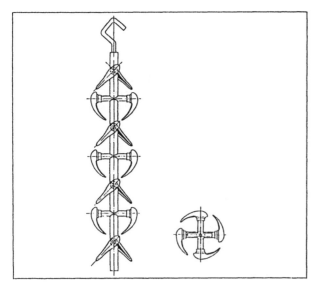

Bild 15-8: Aufhängung kantiger Werkstücke zum Galvanisieren nach [183]

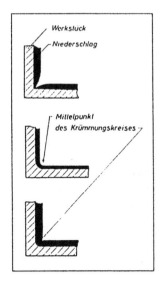

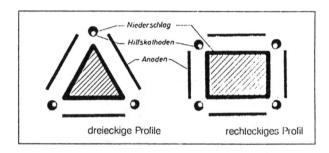

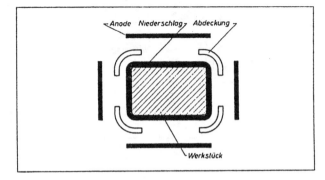

Bild 15-9: Elektroden- und Maskenanordnung bei komplizierteren Werkstücken nach [183]

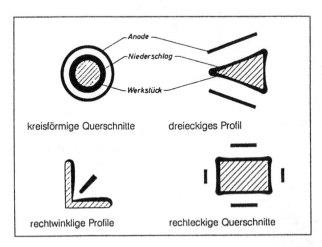

Bild 15-10 (a): Elektrodenanordnung bei komplizierteren Werkstücken nach [183]

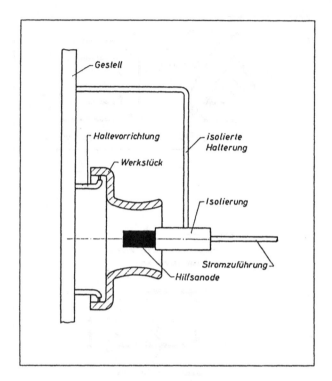

Bild 15-10 (b):
Elektrodenanordnung bei
komplizierteren Werkstücken
nach [183]

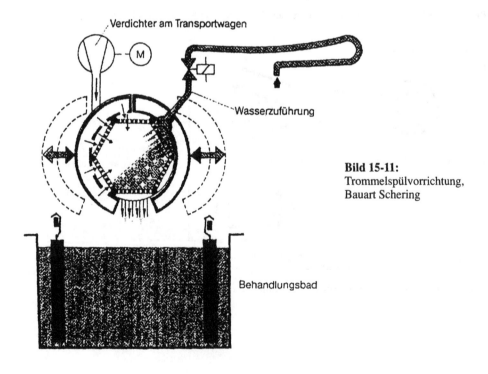

Bild 15-11:
Trommelspülvorrichtung,
Bauart Schering

Anodenmaterial wird in Form von Walzblechen, Gießbarren, Pellets oder Cylpeps eingesetzt. Schüttmaterial wie Pellets und Cylpeps wird dabei in flachen oder runden
Titanmaschendrahtkörben eingefüllt. Es ist notwendig, den beim Auflösen der Anoden
entstehenden Schlamm aufzufangen. Man verwendet dazu Anodensäcke aus Kunst-
stoffgeweben.

Bei jeder galvanischen Beschichtung richten sich die elektrischen Feldlinie insbesondere auf Spitzen und Kanten der Werkstück. Dadurch bedingt, scheiden sich galvanisch
abgeschiedene Schichten an Spitzen und Werkstückkanten dicker als auf der Fläche
oder gar in einer Bohrung ab. Man kann dagegen durch richtige Anordnung der Anoden
relativ zum Werkstück und eventuell Einführen von Hilfsanoden oder durch Einführen
von Anoden in größere Bohrungen zu einer Vereinheitlichung der Abscheidungsdicke
kommen, wie es schematisch Bild 15-9 zeigt.

Kontinuierlich arbeitende Galvanisieranlagen werden zum Beschichten von Draht und
Bandmaterial eingesetzt. Bei Drahtgalvanisieranlagen sind vorwiegend Horizontalanlagen im Einsatz, bei denen mit sehr hohen Stromdichten bei hohen Durchlaufge-
schwindigkeiten und entsprechend minimaler Verweildauer gearbeitet wird. Typische
Daten für die in Bild 15-11 gezeigte Verzinkungsanlage von 28 m Länge sind Drahtge-
schwindigkeiten von 40 m/min und Stromdichten von 35 A/dm^2. Zum galvanischen
Beschichten verbleiben in der Anlage 18 s, um eine Schicht von 3 bis 7 µm je nach Einstellung zu erhalten.

Bild 15-12 zeigt die Konstruktion einer in Horizontalanlagen eingesetzten Elektrolysezelle.

Horizontale Durchlaufanlagen werden auch zum Beschichten von schmaleren Stahl-
bändern eingesetzt. Allerdings ist dann die Bandgeschwindigkeit mit 8 bis 11 m/min
entsprechend kleiner. Bild 15-13 zeigt eine Bandbeschichtung in einer Vertikalanlage
schematisch. Bild 15-14 zeigt eine zum Bandbeschichten eingesezte Hochleistungszelle.

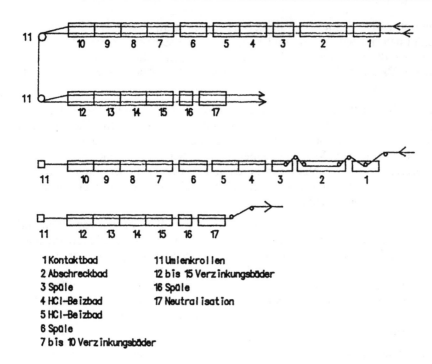

1 Kontaktbad   11 Umlenkrollen
2 Abschreckbad   12 bis 15 Verzinkungsbäder
3 Spüle   16 Spüle
4 HCl-Beizbad   17 Neutralisation
5 HCl-Beizbad
6 Spüle
7 bis 10 Verzinkungsbäder

Bild 15-12: Drahtverzinkungsanlage

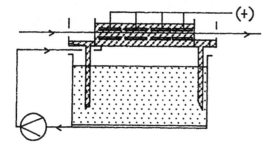

Bild 15-13: Horizontalanlage

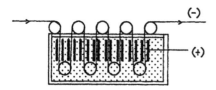

Bild 15-14: Vertikalanlage, schematisch

Breiteres Stahlband bis 2000 mm Breite oder mehr kann natürlich nicht in horizontalen Durchlaufanlagen galvanisch beschichtet werden, weil die abzuscheidende Metallmenge keine so kurzen Behandlungszeiten zuläßt. Bild 15-15 zeigt schematisch die Bandführung durch das Elektrolysebad. Das Stahlband wird in Anlagen, wie sie beim Lackieren beschrieben wurden, mit Schlingenturm etc. kontinuierlich vom Coil abgenommen, an das Ende des vorhergehenden Bandes angeschweißt durch Rollennahtschweißen und dann durch die Anlage gezogen. In modernen Anlagen werden dabei Stromdichten von bis zu 100 A/dm^2 angewendet, wobei Bandgeschwindigkeiten bis 180 m/min eingesetzt werden. Durch die Mehrfachumlenkung des Bandes wird trotzdem eine endliche Behandlungszeit angewendet. Die Stromzufuhr zu den einzelnen Elektrolysezellen ist sehr hoch. Werte im Bereich von 60 000 A sind zu beobachten. Gearbeit wird im allgemeinen mit löslichen Anoden, die auf die Unter- und auf die Oberseite des Bandes gerichtet sind. Dadurch, daß das Band der Innenseite einer Schlaufe stets die gleiche Seite zeigt, kann man durch Wahl der Anodenfläche in den Schleifen die Beschichtungsdicke steuern. Unterschiedliche Anodenflächen in benachbarten Bandschlaufen ergeben unterschiedliche Schichtdicken auf Ober- und Unterseite des Bandes.

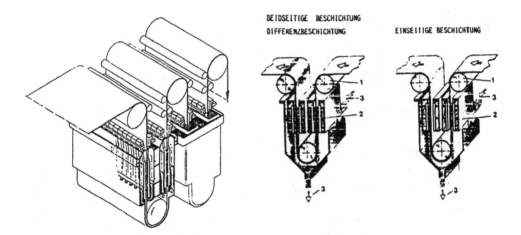

Bild 15-15: Bandführung in einer vertikalen Hochleistungszelle

Die Stromzufuhr erfolgt am besten über Rollenkontakte, um keine Schleifspuren auf dem Band zu erhalten. Verwendet werden wassergekühlte Edelstahlrollen zur Stromzufuhr und verbronzte Edelstahlrollen als Kontakt zum Band. Der Kontaktdruck wird über Anpreßrollen aus Gummi hergestellt. Die Anoden selbst bestehen aus massiven Platten, die direkt eingehängt werden oder aus Stücken, die in Titankörben oder Eisenkörben eingesetzt und mit Anodenbeuteln umgeben werden.

In einigen Bandverzinkungsanlagen wird das Anodenmaterial getrennt vom Elektrolyseraum aufgelöst. Aus unter der Anlage liegenden Vorratstanks wird dann der Elektrolyt zwischen die Edelstahlanoden und das laufende Band gepumpt. Vorteil dieses Verfahrens ist es, daß die Gefahr der Schlammbildung im Elektrolyseraum gebannt ist.

Auch in diesem Fall lassen sich die Schichtdicken durch die Größe der Flächen der unlöslichen Anoden steuern. An der Bandkante kann es leicht zu Whisker-Bildung kommen. Um diesen Effekt zu vermeiden, arbeitet man oft mit Kantenmasken, die die Dichte
der elektrischen Feldlinien herabsetzen.

Bei der Bandstahlverzinkung kann man auch aus jeder zweiten Schleife die Anoden
komplett entfernen. Dann erhält man einseitig beschichtetes Material. Zinkblech dieser
Art ist als Monozincal (Fa.Hoesch) im Handel.

Beim Bandstahlverzinken beträgt die übliche Metallauflage 2,5 bis 7,5 µm. Außer Bändern und Drähten werden auch Rohre kontinuierlich galvanisiert, meist verzinkt. Dünne
Rohre, z. B. für Bremsleitungen im Automobilbau, werden flüssigkeitsdicht maschinell
in einander gesteckt und so wie für Draht beschrieben galvanisiert. Beschichtet werden
vielfach Drähte mit Zink und Zinn aus Gründen des Korrosionsschutzes und des De-
kors. Messingbeschichteter Stahldraht wird für die Herstellung von Stahlgürtelreifen
benötigt. Man erzeugt die Messingschicht bei Laufgeschwindigkeiten von etwa 600
m/min. Bandstahl wird galvanisch mit Zink, Nickel, Blei, Kupfer und Messing für verschiedenste Weiterverarbeitungszweige beschichtet.

15.3 Sonderverfahren

Verfahren, die heute in speziellen Anwendungen eingesetzt und dort ihren Platz gefunden haben, sind Hochgeschwindigkeits-Strömungszellen, Jet Plating, Tampongalvanik
und Dispersionsschichten. Ferner gehören Elektropolieren und Strippen in die Reihe
der Sonderverfahren.

15.3.1 Hochgeschwindigkeits-Strömungszellen

Hochgeschwindigkeits-Strömungszellen werden ebenfalls zu Bandbeschichtung eingesetzt. Hohe Elektrolytgeschwindigkeiten erlauben sehr hohe Stromdichten und Abscheideraten. Kleine Teile können zu Gruppen zusammengestellt werden, die dann
kurzzeitig in die stark durchströmte Galvanisierzelle eingetaucht werden (Bild 15-16)
[116]. Bandbeschichtungen können in offenem oder geschlossenem Kanal ausgeführt
werden, wobei durch mitlaufende Masken ein Spot Plating möglich wird (Bild 15-17)
[116]. Anwendung finden diese Verfahren in der Elektroindustrie.

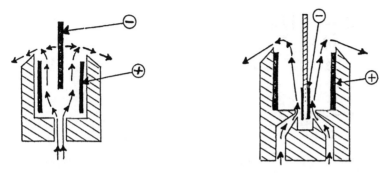

Bild 15-16: Hochgeschwindigkeits-Tauchzelle nach [116]

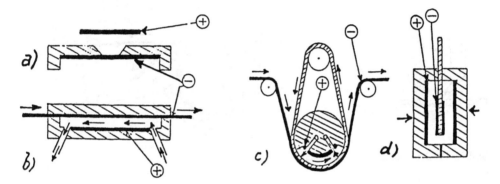

Bild 15-17: Beschichtung in offenem oder geschlossenem Kanal (a,b,d) und mit mitlaufender Maske (c) nach [116]

15.3.2 Jet-Plating

Jet-Plating bezeichnet eine Arbeitsweise, bei der der Elektrolyt in starkem Strom auf die Oberfläche eines Werkstücks gesprüht wird. Bei Strömungsgeschwindigkeiten von ca. 6 m/s bildet sich direkt unterhalb der Düse die Abscheidung des Metalls, so daß ein unscharfer Fleck entsteht. Verbindet man diese Technik mit einer Maske, entsteht ein scharfer Beschichtungsfleck. Die Düsentechnik kann auch für Bandbeschichtungen eingesetzt werden, wenn man eine Maske mitlaufen läßt. Bild 15-18 und 15-19 zeigen schematisch entsprechende Jet Platinganordnungen [116].

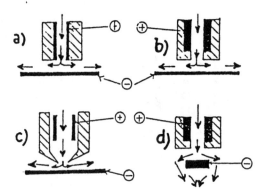

Bild 15-18: Jet Plating ohne (a bis d) Maske nach [116].

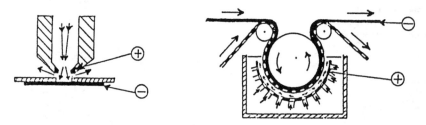

Bild 15-19: Jet-Plating mit Maske nach [116]

15.3.3 Tampongalvanik

Bei galvanischen Verfahren sind die galvanischen Anlagen normalerweise stationär installiert, und das Werkstück muß zur Anlage gebracht werden. Bei der Tampongalvanik ist es genau umgekehrt: Die Tampongalvanik ist eine beweglich Galvanikanlage, die man zum Werkstück bringt. Damit können Reparaturen oft ohne Ausbau der Werkstücke vorgenommen werden, damit können aber auch partielle galvanische Beschichtung an Teilen der Werkstücke vorgenommen werden, ohne andere Teile des Werkstücks zu benetzen. Eine Anlage zur Tampongalvank besteht aus dem Tampon aus Watte oder ähnlichem saugfägigen Material und einer unlöslichen Anode z. B. aus Graphit.

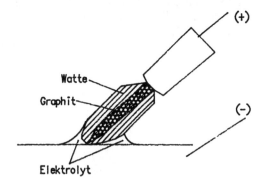

Bild 15-20:
Anode einer Tampongalvanik

Der Elektrolyt, ein Hochleistungselektrolyt, wird über einen Schlauchleitung dem Tampon zugeführt und durch Umpumpen ständig in Bewegung gehalten. Ferner gehört dazu ein regelbarer Gleichrichter mit Amperestundenzähler, um die Schichtdicke, die proportional zur Amperestundenzahl wächst, zu ermitteln. Das Werkstück wird dann als Kathode geschaltet. Runde Werkstücke können beim Galvanisieren auch gedreht werden, wenn sie rundum beschichtet werden sollen. Man kann auf dem

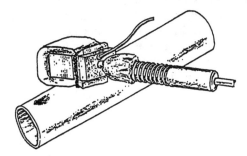

Bild 15-21: Tampongalvanik, technische Ausführung

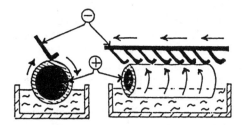

Bild 15-22: Tampongalvanik zum selektiven Beschichten mit walzenförmigem Tampon nach [116]

Tabelle 15-2: Elektrolytzusammensetzungen im Vergleich

Badkenngröße	Badgalvanik			Tampongalvanik		
	Kupfer	Zink	Nickel	Kupfer	Zink	Nickel
Kennzeichen	sauer	sauer	Sulfamat-bad	sauer	sauer	Sulfamat-bad
Metallgehalt (g/l)	35 – 60	15 – 50	90 – 130	100	90 – 100	50
pH-Wert	1	4,5 – 5,5	3,5 – 4,5	1	8,5	7,7
Temperatur (°C)	20 – 50	20 – 30	45 – 70	20 – 50	20 – 50	20 – 50
Stromdichte (A/dm^2)	1 – 20	1 – 6	2 – 40	155	125	160
Abscheidege-schwindigkeit (µm) bei	0,22 1 A/dm^2	1,5-2 2 A/dm^2	1 5 A/dm^2	25	13	13

Werkstück natürlich auch eine Wanne aufbauen, in der sich eine kleine Elektrolytmenge ansammelt. Der Elektrolyt wird unter dem Werkstück aufgefangen und im Kreislauf gepumpt. Bei anderen Anwendungen werden die Tamponanoden gehaltert und das Werkstück wird daran vorbeigeführt. Das kann wie beim Galvanisieren von Zylinderbohrungen durch Auf- und Abfahren von Tamponanoden oder durch rotierende Tampons, die Teile des Werkstücks treffen oder durch Vorbeiführen von Blechen mit ihrer Kante beim Kantenversiegeln von verzinktem Stahl erfolgen. Kantenversiegeln von verzinktem Stahlblech z. B. durch Zinkauftrag löst dabei das Problem der Schnittkantenkorrosion dieses Blechtyps. In der Tampongalvanik wird mit sehr hohen Stromdichten bis 160 A/dm^2 und damit auch mit sehr hohen Abscheideraten gearbeitet. Bekannt sind Abscheideraten von 25 µm/min bei Kupfer aus saurem Elektrolyten, 13 µm/min bei Zink aus schwach alkalischem Elektrolyten und 13 µm/min bei Nickel aus schwach alkalischem Elektrolyten.

15.3.4 Dispersionsschichten

Bei allen galvanischen Verfahren muß man die galvanischen Bäder möglichst ständig filtrieren, um keine Fehler durch Feststoffeinbau zu bekommen. Wenn man aber in das galvanische Bad systematisch größere Feststoffmengen einträgt und darin suspendiert, werden größere Feststoffmengen in die abgeschiedene Schicht eingebaut. Dabei erhält das Metall dann die Funktion eines Matrixwerkstoffs, währen die Eigenschaften des Werkstoffs durch den Dispersant bestimmt werden. Als Dispersant werden Hartstoffe aller Art wie Carbide (z. B. SiC, WC), Nitride wie cub.-BN, Oxide wie Korund (Al_2O_3) oder auch Diamant eingesetzt werden. Die so erzeugten Schichten können ihrer Härte wegen als Lagermetall eingesetzt werden, sie können aber auch als Schleif- oder Polierscheiben, Glissenscheiben oder zu anderen spanabhebenden Werkzeugen verwendet werden. Verwendet man als Dispersant leicht schmierende Stoffe wie Graphit, MoS_2 oder PTFE-Pulver, so erhält man selbstschmierende Trockenlaufschutzschichten, deren Wirkung in Kap. 14 erklärt wurde. Als Matrixmetall werden meist Kupfer, Nickel, Kobalt oder Chrom eingesetzt. Die Bäder unterscheiden sich von einfachen Tauchbädern nur dadurch, daß man in den Bädern für eine starke Umwälzung sorgt durch Rühren, Lufteinblasen oder Pumpen (Bild 15-23). Der Feststoffgehalt in den Bädern liegt bei 50 bis 300 g/l. Die maximalen Einbaumengen in der Schicht belaufen sich auf etwa 25 Vol % entsprechend etwa 10 Gew. %. Bei kleinen Korngrößen des Dispersanten von ca. 1-5 µm kann man die Dispergierfähigkeit durch Zusatz eines kationischen Tensids bei saurem pH-Wert des Elektrolyten verbessern. Kationische Tenside werden leicht von anorganischem Material adsorbiert und laden damit jedes Körnchen des Dispersanten elektrisch auf. So wie in Waschflotten Feststoff durch Tenside dispergiert wird, erfolgt das auch in diesen Elektrolyten.

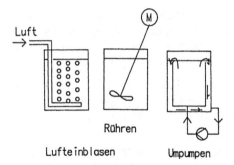

Bild 15-23: Dispergiermöglichkeiten zur Dispergierung von Feststoff im Bad

Ein Feststoffeinbau ist aber stets mit kurzzeitigem Kontakt des Feststoffs mit der Kathode, dem Werkstück, verbunden. Diese Kontaktzeit muß so lang sein, daß die in dieser Zeit abgeschiedene Metallmenge ausreicht, um ein Abfallen des Korns zu verhindern. Werden die Körner aber größer, bei Werkzeugen werden z. B. Diamant-Körnungen über 100 μm eingesetzt, so kann man die Hartstoffe nicht mehr dispergieren. In diesem Fall werden die Hartstoffe in um das Werkstück gelegte Gewebesäckchen gehalten, wobei man am besten das Werkstück in dem Säckchen periodisch bewegt, um neue Kontaktflächen zu schaffen.

15.3.5 Galvanoformung

Galvanoformung unterscheidet sich von einfachen galvanischen Verfahren dadurch, daß man hier die Schichtdicke der galvanischen Metallabscheidung so hoch treibt, daß die Schicht selbsttragend wird. Man scheidet also auf einem Modellkörper, Kern genannt, eine dicke Metallschicht galvanisch ab, trennt Kern und Schicht und besitzt in der Schicht jetzt ein detailgetreues Abbild des Kerns. Man stellt den Kern meist aus leicht formbaren Werkstoffen wie Kunststoff, Siliconkautschuk, Wachs, Glas, Porzellan, Gips, Leder oder Holz her, macht die Oberfläche elektrisch leitfähig und scheidet darauf eine bis 10 mm dicke Metallschicht galvanisch ab. Für sehr hochwertige Werkstücke verwendet man auch Kerne aus Metallen wie Al, Cu, Zn,Sn/Zn- oder Bi/Sn/Pb-legierungen oder Stahl verschiedener Güte. Bei manchen Formen kann die Trennung von Schicht und Kern nur durch Zerstörung des Kerns vorgenommen werden, wozu man den Kern chemisch herauslöst (z. B. Al und Zn mit NaOH) oder herausschmilzt. Bei anderen Formen trennt man Schicht und Kern einfach von einander. Der Arbeitsgang zur Kernbeschichtung ist folgender:

- Reinigen
- Oberfläche elektrisch leitend machen
- Trennschicht erzeugen

Zum Reinigen werden bekannte Verfahren eingesetzt. Um die Oberfläche elektrisch leitend zu machen, kann man Leitlacke mit Ag, Cu oder Bronzepartikeln aufbrennen. Man auch chemisch Versilbern oder nach Bekeimung verkupfern oder vernickeln, man kann auch die Oberfläche mit einem elektrisch leitfähigen Polymeren auf Polypyrrolbasis überziehen und darauf direkt galvanisieren [71, 120, 125].

Die Erzeugung der Trennschicht erfolgt durch Ausbildung dünner, die Leitfähigkeit nicht behindernder Schichten, auf denen das abzuscheidende Metall nicht haftet. Man behandelt die Oberflächen gegebenenfalls mit Chromat- oder Sulfidlösungen oder scheidet Metallschichten ab, die am Kern schlecht haften (z. B. Ag auf Al).

In manchen Fällen beläßt man es aber auch beim Verbund Kern/Galvanoplastik. So kann man beispielsweise eine Preßform aus Beton mit einer Nickelgalvanoplastik versehen, die dann durch Polieren etc. nachbearbeitet werden kann und die die Stabilität des Betonkerns besitzt.

Beispiele für den Einsatz der Galvanoformung finden sich viele. Z. B. kann man Siebe oder Scherblätter so herstellen, daß man auf einer Zylinderkathode durch Ätzen Rasterpunkte erzeugt, die man mit nichtleitendem Material ausfüllt. Im Galvanoformprozeß entstehen dann Siebe, die man von der Kathode abnehmen kann. Folien aus Nickel können auf Zylinderkathoden aus Titan, Chrom oder chromhaltigen Legierung kontinuierlich gefertigt werden. Weitere Beispiele moderner Galvanoformung sind in [119, 120] zu finden. Galvanoformen kann von Kunststoffmodellen auch unter Einsatz leitfähiger Kunststoffschichten aus Polypyrol [71, 125] durchgeführt werden (vgl. Kap. 14).

15.3.6 Pulse-Plating

Galvanische Abscheidungsverfahren werden mit konstant angelegtem Gleichstrom betrieben. Abscheidungen mit unterbrochenem Gleichstrom nennt man Pulse-Plating. Die Technik, mit unterbrochenem Gleichstrom aber mit erheblich höherer Stromdichte Abscheidungen zu erzeugen, hat zu manchem erstaunlichen Laborergebnis geführt. Dabei muß aber der Gleichstromimpuls ein Rechteckimpuls sein, der in der Größenordnung von mehreren Millisekunden andauert und von etwas kürzer währenden Ruheperioden unterbrochen wird. Obgleich größere technische Anwendungen dieses Verfahrens bislang nicht bekannt wurden, wird in der Literatur vor allem berichtet, daß die erzeugten galvanischen Abscheidungen feinkristalliner und mit weniger Spannungen behaftet sind als gewöhnlich. Auch wird berichtet, daß durch Pulsplating die Herstung mikrorissefreie Chromschichten von 3 µm Dicke gelang. Zur weiteren Information steht Literatur zur Verfügung [123].

15.3.7 Elektropolieren und Strippen

Schaltet man ein in einem Elektrolyten befindliches Metallstück als Anode, wird das Metall an der Oberfläche anodisch oxidiert. Dabei geht Metall von der Oberfläche in Lösung. Werden geeignete, im Handel befindliche Elektrolyte (z. B. Gemische anorganischer Säuren) eingesetzt, so werden von der Oberfläche in erster Linie Rauhigkeitsspitzen abgelöst. Die Mikrorauhigkeit nimmt dadurch ab, die Makrorauhigkeit bleibt aber bestehen. Man nennt diesen Vorgang elektrolytisch Glänzen oder Elektropolieren. Im Gegensatz zum mechanischen Polieren werden beim Elektropolieren Rauhigkeitstäler nicht durch Zuziehen ausgefüllt, sondern es werden Rauhigkeitsspitzen abgetragen. Vorteil des Elektropolierens gegenüber dem mechanischen Verfahren ist es, daß praktisch jede von Flüssigkeiten erreichbare Oberfläche bearbeitet werden kann und daß Oberflächenfehler nicht verdeckt sondern frei gelegt werden. Das Verfahren ist insbesondere bei der Verarbeitung legierter Stähle bedeutungsvoll geworden, weil insbesondere in Pharmazie und Lebensmittelindustrie polierte Rohrleitungen, Behälter etc. verwendet werden, um die Bildung von Verkeimungsnestern zu verhindern [121].

Elektrolytisch Strippen oder Entmetallisieren beruht im Prinzip auf dem gleichen Effekt, daß bei anodischer Schaltung die Oberfläche eines elektrisch leitenden Werkstücks oxidativ abgelöst wird. Man kann natürlich mit Hilfe aggressiver Chemikalien Metalle auch ohne elektrischen Strom ablösen und chemisch strippen, elektrolytisch unterstütztes Strippen führt aber meist zu glatten Werkstückoberflächen und wird in manchen Betrieben bevorzugt. Beim elektrolytischen Strippen verwendet man Lösungen, die als Komplexbildner wirken, die also z. B. NH_3 oder alkalische Cyanid-Lösungen oder Säuren enthalten. Die eingesetzte Chemikalie soll natürlich das Grundmetall möglichst wenig angreifen. In jedem Fall entstehen aber Lösungen, indenen das Schichtmetall als Schwermetall vorhanden ist und die als solche entsorgt werden müssen.

15.4 Spezielle galvanische Verfahren

Spezielle Angaben zu galvanischen Verfahren können nicht die in der Betriebspraxis bekannten Details vollständig wiedergeben. In Tabelle 15-2 werden die wichtigsten galvanisch abgeschiedenen Überzüge und ihr Einsatzgebiet beschrieben. Im folgenden Abschnitt werden daher nur einige wichtige, in allen Betrieben gültige Details aufgenommen. Die am häufigsten technisch hergestellten galvanisch abgeschiedenen Schichten sind Kupfer-, Nickel-, Zink-, Zinn-, Chrom- und einige Legierungsschichten. In folgenden Abschnitten werden daher nur diese Schichten behandelt. Für weitere Schichten muß auf Spezialliteratur verwiesen werden.

15.4.1 Kupferschichten

Der Korrosionsschutz von Kupfer auf Eisen beruht darauf, daß Kupfer als edleres Metall edler als Wasserstoff ist und somit nur von oxidierenden Säuren angegriffen wird. An der Luft bildet sich im Idealfall ein basisches Kupfercarbonat, das wegen seiner grünen Färbung nicht nur eine Schutzschichtfunktion sondern auch eine dekorative Schicht ergibt. Allerdings entstehen in der heutigen Industrieluft durch Stickoxide und durch SO_2 lösliche Nitrate und Sulfate, die den Kupfergehalt im Regenwasser erhöhen.

Korrosionsschutz durch Kupferschichten erfordert Schichtdicken von etwa 20 bis 50 μm, weil sie porenfrei sein müssen. Geht eine Pore bis zum Eisen, bildet Eisen im Verbund mit Cu die Anode und korrodiert. Kupferschichten werden in der Elektroindustrie ihrer hohen elektrischen Leitfähigkeit wegen, aber auch im Maschinenbau als Reparaturschicht, Gleitschicht, Einlaufschicht oder als Haftvermittler beim Anvulkanisieren von Gummi an Stahldraht eingesetzt. Kupfer kann im sauren pH-Bereich aus Lösungen des Cu^{2+}-Ions oder aus alkalisch-cyanidischen Lösungen des Cu^+-Ions abgeschieden werden. Daneben sind alkalische komplexbildnerhaltige Cu^{2+}-Bäder bekannt. Folgende Kennwerte der Kupferabscheidung sind allgemein anzutreffen:

Saure Kupferbäder:

Kathodenreaktion:	$Cu^{2+} + 2 e_o = Cu$
Elektrochemisches Äquivalent:	1,186 g Cu/Ah
Anodenreaktion:	$Cu = Cu^{2+} + 2 e_o$
aber auch	$Cu = Cu^+ + e_o$
und	$SO_4^{2-} = [SO_4] + 2 e_o$
	$[SO_4] + Cu = Cu^{2+} + SO_4^{2-}$
Nebenreaktion:	$[SO_4] + 2 Cu = 2 Cu^+ + SO_4^{2-}$
Anode:	Kupferband, Elektrolytkupfer.
Elektrolytinhalt:	15–20 % $CuSO_4$ in 20 %.iger
	H_2SO_4 nebst
	organischer Zusätze wie z. B. Leim,
	Phenolsulfonsäure, Melasse etc.
Betriebsbedingungen:	ca. 50 °C, 1,5-4 A/dm^2, 1,7 – 2,5 V.
Bemerkungen:	Gute Haftung auf Nickel, Blei,
	Kupfer.

Cyanidisch-alkalische Kupferbäder:

Kathodenreaktion:	$Cu^+ + e_o = Cu$
Elektrochemisches Äquivalent:	2,373 g Cu/Ah
Anodenreaktion:	$Cu = Cu^+ + e_o$
	$Cu^+ + 3 CN^- = [Cu(CN)_3]^-$
Anode:	Kupferband, Elektrolytkupfer.

Elektrolytzusammensetzung:
$Na_2[Cu(CN)_3]$ oder $K_2[Cu(CN)_3]$ mit 20 bis 80 g CuCN/l und 20 bis 120 g NaCN/l mit Zusätzen von 2 bis 10 g NaOH/l und 20 bis 80 g Na_2CO_3/l.

Cyanidische Bäder müssen stets durch NaOH alkalisch gehalten werden, um das Entweichen von HCN zu vermeiden. Als Nebenreaktion tritt in geringem Umfang die Bildung von Cyanat und dadurch Carbonat und NH_3 durch Cyanidzersetzung auf. Überschuß an Carbonat kann mit $Ba(OH)_2$ als $BaCO_3$ ausgefällt werden.

Arbeitsbedingungen: 20 – 30 °C aber auch bis 70 °C bekannt, 0,3 bis 0,5 A/dm^2 oder höher, 2-4V, Stromausbeute etwa 75 %.

Tabelle 15-3: Funktionelle galvanische Schichten und ihr Einsatzgebiet nach [183].

Anforderung an die Schicht	Basismaterial					
	Stahl/E-St.	Zink	Buntmetall	Aluminium	Nickel	Silber
Dekorativ	Cu,Me,Ni,Cr Zn,Sn,Au,Ag	Cu,Me,Ni	Ni,Sn,Au,Ag		S-Cr,Au	Au
Korrosions-beständig	Cu,Ni,H-Cr, Ni,Zn,Sn,	Cu,Ni,	Ni, Au	Ni		
Verschleiß-beständig	H-Cr,		Au	H-Cr		
Anlaufbe-ständig			Au		Gl.-Cr,Au	Rh
Lötbar	Cu,Sn		Sn,Au,Ag	Au		
elektrisch leitfähig	Cu		Au,Ag	Ag		
chemisch beständig	Ni,Sn	Ni	Ni,Sn, Au	Ni		
Härte	H-Cr		Au	H-Cr		
Lebensmittelun-bedenklichkeit	Ni,Sn,Ag			Ni	Au,Ag	

Es bedeuten: H-Cr Hartchrom, Gl-Cr Glanzchrom. Restliche Symbole sind die der chemischen Elemente.

15.4.2 Nickelschichten

Der Korrosionsschutz durch Nickelschichten beruht auf einer Schutzschichtbildung. Nickel, das etwas edeler als Eisen ist, ist stets mit einer sehr dünnen aber dichten NiO-Schicht überzogen, die den Korrosionsschutz bewirkt. Eisen wird von Nickel erst bei Schichtdicken von 25 bis 50 µm genügend vor Korrosion geschützt. Man verwendet deshalb of Schichtkombinationen wie Fe/Cu/Ni oder Fe/Cu/Ni/Cr oder Fe/Ni(matt)/-Ni(glanz)/Cr etc., um genügend Schutz zu erhalten. Doppelnickel etc. hat auch den Zweck, eventuelle Poren in der Nickelschicht zu schließen. Denn bildet sich eine bis zum Grund der Schicht gehende Pore, entsteht Korrosion, weil das Eisen dann das unedlere Metall ist, das zur Anode wird. Nickelschichten werden außer als Korrosionsschutz oder dekorative Schicht auch als Lötgrund und als Reparaturschicht eingesetzt.

Kathodenreaktion: $Ni^{2+} + 2\,e_o = Ni$

Elektrochemisches Äquivalent: 1,095 g Ni/Ah
Anodenreaktion: $Ni = Ni^{2+} + 2\,e_o$
Nebenreaktion: Passivierung durch
                                                Deckschichtbildung.
Anodenmaterial: Nickelband oder -pellets.

Elektrolytzusammensetzung: 300 bis 350 g $NiSO_4$/l
                                                20 – 25 g Leitsalz/l
                                                (NaCL, KCl,$MgSO_4$ etc.)
30 – 40 g Borsäure/l   organische Zusätze

Arbeitsbedingungen:

pH 4,0 bis 4,5, 20 bis 70 °C, 0,5 bis 10 A/dm^2, Stromausbeute ca. 95 %. Bei zu
hohem pH-Wert entstehen dunkle „verbrannte" Schichten wegen Einbau von
$Ni(OH)_2$.

Glanznickelbäder erhalten Glanzzusätze, die man in solche 1. und 2. Klasse unterteilt.
Die Wirkung eines Glanzzusatzes beruht darauf, daß er schnelles Schichtwachstum an
exponierten Stellen wie Spitzen der Rauhigkeit durch „vergiften" der Wachstumsstel-
len verhindert und damit die Abscheidung in Rauhigkeitstälern begünstigt. Glanzzusätze 1. Klasse sind meist aromatische Schwefelverbindungen wie Saccharin (Benzoe-
säuresulfimid). Sie liefern für sich allein angewendet feinkörnige Niederschläge. Erst
bei Zusatz von Glanzbildnern 2. Klasse (z. B. Butindiol-1,4, Kumarin, Pyridinderivate
etc.) entstehen die glänzenden Überzüge. Glanzbildner werden beim Abscheiden in geringem Maße mit in die Nickelschicht eingebaut. Da die schwefelhaltigen Verbindungen sich im Laufe der Zeit zersetzen und dabei geringe Mengen an NiS entsteht, ver-
gilben Glanznickelschichten nach einiger Zeit. Man übertönt die Vergilbung daher
gerne durch zusätzliches Verchromen, weil Chromschichten einen geringen Blaustich
aufweisen.

Weitere Nickelbäder sind Sulfamatbäder, die bei hoher Abscheidungsgeschwindigkeit
dicke, spannungsarme Nickelschichten ergeben und gern zur Herstellung von Reparaturschichten verwendet werden, und Fluoboratbäder, die wegen der hohen Löslichkeit
des $Ni(BF_4)_2$ in Wasser mit Nickelgehalten von 100g Ni/l betrieben werden können und
Anwendung beim Hochgeschwindigkeitsvernickeln von Draht etc. finden.

15.4.3 Zinkschichten

Zink ist unedler als Eisen. Seine Korrosionsschutzwirkung ist daher damit verbunden,
daß Zink selbst durch Reaktion mit der Atmosphäre im Idealfall mit basischen Carbo-
nat-Passivschichten abgedeckt wird, zum anderen darauf, daß Zink bei der Bildung
einer Pore oder eines Risses gegenüber Eisen zur Anode wird, die sich langsam auflöst
und das Eisen eine Zeit lang kathodisch schützt. Zink bildet also im Verbund mit Eisen
eine Opferanode. Die Zeit, in der Zink als Korrosionsschutz wirkt, ist daher proportional zur Zinkschichtdicke bei vergleichbaren Flächen. 5-25 μm Zink reichen vielfach
aus im Innenausbau. 100 μm werden oft im Außenausbau eingesetzt. In der heutigen Industrieatmosphäre ist allerdings die Bildung von Passivschichten stark eingegrenzt,

weil Umsetzungen mit Stickoxiden oder SO_2 zur Bildung löslicher Zinksalze führt. Der Zinkabtrag in normal belasteten Umgebungen wird in der Literatur mit 7 µm/Jahr oder 35 g Zn/m^2 angegeben, wobei er in Industrieluft erheblich höher sein kann. Der Zinkabtrag stellt eine Zinkbelastungen für die Umwelt dar. Angegeben werden durchschnittliche Zinkeinträge von 200 bis 2500 g Zn/ha in Deutschland [148]. Lösliche Zinksalze werden in phosphathaltigen Böden oder in Tonböden teilweise zurückgehalten. Saure Böden oder Humusböden lassen Zinksalze unbehindert bis ins Grundwasser durchtreten. Zink wird zwar vom Menschen in der Größenordnung von 15 mg/Tag benötigt, aber schon bei Fischen ist ein Anpassungsprozeß zum Eingewöhnen an Zinkgehalt in Wasser notwendig. Plötzliche Änderung des Zinkgehalts kann bei Fischen zum Kollaps führen. Pflanzen dagegen sind weit empfindlicher gegen Zink, so daß Zink als zukünftiges Umweltproblem angesehen werden muß [148]. Auch wächst nicht jede Pflanze, wenn der Zinkgehalt des Bodens zu hoch wird. Nach [200] entsteht dann eine ganz spezielle, artenärmere Galmeiflora. Für den Korrosionsschutz durch Zinkschichten werden folgende Beanspruchungsstufen unterschieden:

- Stufe 1: mindestens 5 µm Zn für Möbelbeschläge und Schrauben.

- Stufe 2: mindesten 8 µm Zn für Sport- und Freizeitgeräte, Zeltstangen, Kofferbeschläge, Markisen, Schaukeln, Elektroinstallationsmaterial inclusiv zugehöriger Schrauben.

- Stufe 3: mindestens 12 µm Zn für Fahrradbauteile, Rasenmäher, Skizubehör, Fensterbeschläge, Landmaschinenbauteile, Baumaschinenbauteile und zugehörige Schrauben.

- Stufe 4: mindestens 25 µm Zn für Karosserieblech, Motorbauteile Wehrtechnik, Bauwesen, Schiffbau, Elektroinstallation im Außenraum mit zugehörigen Schrauben.

Wird ein Eisenblech beidseitig verzinkt, so wirkt die Schutzwirkung durch kathodischen Schutz des Eisens über eine Entfernung von 1,5 mm maximal. Wird der Abstand zwischen beiden Zinkschichten größer, korrodiert auch das Eisen.

Bei der Korrosion von Zinkschichten werden zwei Zeiträume unterschieden: die erste Bildung weißer Oxidationsprodukte des Zinks, der sogenannte „Weißrost", und das erste Durchstoßen der Zinkschicht, der sogenannte „Rotrost". Beides sind Qualitätsangaben für Zinkschichten.

Auch beim Verzinken verwendet man saure oder alkalische oder alkalisch-cyanidische Zinkelektrolyte. 40 bis 50 % aller galvanischen Verzinkungen werden in alkalisch-cyanidischen Bädern, die relativ unempfindlich gegen Einschleppung von Verunreinigungen sind und sehr gute Streufähigkeit besitzen, ausgeführt. Ebenso werden 40 – 50 % aller Verzinkungen in sauren Elektrolyten mit hoher Deckkraft und hohem Glanz ausgeführt. Saure Elektrolyte sollten nicht eingesetzt werden bei überlappenden Teilen mit Kapillaren, bei Falzen, Punktschweißungen etc., weil die dort meist anzutreffenden Reste der Vorbehandlungschemikalien das Zinkbad verunreinigen. Hier ist das alkalisch-cyanidische Bad vorzuziehen. Der Anteil cyanidfreier alkalischer Bäder beläuft sich nur auf 2 – 4 %. Sie werden dort eingesetzt, wo keine Cyanidentgiftung möglich ist, wo saure Bäder aber nicht eingesetzt werden können. Da Zink jedoch nur als zweiwertiges Ion auftritt, ist das elektrochemische Äquivalent stets gleich: 1,22 g Zn/Ah. Man verwendet Anoden aus Zinkbändern oder -pellets.

- Kathodenreaktion: $Zn^{2+} + 2\,e_o = Zn$
- Anodenreaktion $Zn = Zn^{2+} + 2\,e_o$

Saure Zinkelektrolyte:

Stark saure Elektrolyte werden eingesetzt, wenn schnelle Zinkabscheidung und damit hohe Stromdichten erwünscht ist. Die Bäder, die bis 750 g $ZnSO_4$7 H_2O/l enthalten, arbeiten bei pH 3,0 bis 4,5. Damit bei diesem pH-Wert das relativ unedle Zink abgeschieden wird, ist eine hohe Wasserstoffüberspannung erforderlich. Das bewirkt, daß saure Zinkelektrolyte empfindlich gegen Verunreinigungen von elektropositiveren Elementen sind, bei deren Anwesenheit die Wasserstoffüberspannung sinkt und schwammige Zinküberzüge entstehen. Bei sauberer Badführung beträgt die Stromausbeute 100 %. Die Elektrolyte enthalten zusätzlich Leitsalze (z. B. 30 – 50 g $KAl(SO_4)_2$ 12 H_2O) und arbeiten im Bereich von 50 °C. Die Stromdichte in sauren Zinkelektrolyten kann Spitzenwerte von 50 bis 200 A/dm^2 erhalten.

Besonders dekorative Schichten lassen sich aus schwach sauren Elektrolyten abscheiden, in denen Zinkchlorid durch Ammoniumchlorid stabilisiert wird. Diese Bäder enthalten neben 10 bis 125 g $ZnCl_2$/l 180 bis 190 g NH_4Cl/l, arbeiten im pH-Bereich von 4,5 bis 5,5 bei 20 bis 30 °C, 2 bis 6 V und Stromdichten von 2-4 A/dm^2. Elektrolyte dieser Zusammensetzung bewirken oft nur eine geringe Wasserstoffversprödung bei einzelnen Bausteine, weshalb sie auch für Federstahl empfohlen werden.

Alkalische Zinkelektrolyte:

Die am häufigsten eingesetzten alkalischen Zinkelektrolyte sind alkalisch-cyanidische Zinkelektrolyte. Sie enthalten das Zink als Cyanokomplex $Na_2[Zn/CN)_4]$ mit 55 bis 65 g $Zn(CN)_2$/l und 80 bis 100 g NaCN/l. dazu werden 80 bis 100 g NaOH/l und eventuell Glanzzusätze etc. gegeben. Bei Arbeitstemperaturen von 20 bis 45 °C werden Stromdichten bis 5 A/dm^2 und Spannungen bis 6 V eingesetzt. Die Stromausbeute beträgt 80 bis 90 %. Um Passivitäten der Anode zu vermeiden, soll die anodische Stromdichte 4 A/dm^2 nicht übersteigen. Im Vergleich zu sauren Zinkelektrolyten sind Schichten aus alkalisch-cyanidischen Bädern feinkörniger. Die Elektrolyte besitzen größere Streukraft.

Alkalisch-cyanidfreie Elektrolyte sind Pyrophosphatbäder mit $K_6[Zn(P_2O_7)_2]$ als Elektrolyt und Zinkatbäder mit $Na_2[Zn(OH)_4]$ als Zinksalz. Zinkpyrophosphatbäder arbeiten bei 20 bis 50 °C und pH 8-10 mit 1-5 A/dm2 und 85 bis 90 % Stromausbeute. Zinkatbäder arbeiten entsprechend bei 20 bis 30 °C mit Stromdichten von 1-3 A/dm^2 und 70 bis 90 % Stromausbeute.

Beim Verzinken von tragenden Elementen wie Schrauben tritt leicht eine Versprödung auf, die auf eingelösten Wasserstoff zurückzuführen ist. Diese als „Wasserstoffversprödung unangenehm bekannte Erscheinung läßt sich beim galvanischen Verzinken nicht generell vermeiden.Gefährdet sind vor allem niedrig legierte, hoch vergütete Stähle mit Zugfestigkeiten >1000 N/mm^2. Wasserstoffversprödung macht sich durch Abnahme des Verformungsvermögens, Spaltrißbildung, Blasenbildung unter einer galvanisch abgeschiedenen Schicht und verzögerten Sprödbruch bemerkbar. Ursache ist eine durch eingelösten Wasserstoff entstandene Gitterdeformation im Stahl. Wasserstoff kann schon in der Vorbehandlung eingelöst werden. Günstig ist es deshalb, wenn man vor dem Verzinken Spannungen und den Wasserstoffgehalt durch thermische Vorbehandlung abbaut. Ebenso sollte eine kathodische Entfettung vermieden werden. Es sollten Sparbeizen (inhibierte Beizen) eingesetzt und zunächst schnell deckende Elektrolyte mit Stromausbeuten gegen 100 % eingesetzt werden. Um die Wasserstoffversprödung gering zu halten, empfiehlt es sich, derartige Bauteile zunächst mit 2 µm Zink in saurem Bad zu beschichten, anschließend bei ca. 200 °C 12 h zu tempern und dann zügig in cyanidischen Zinkbad fertig zu verzinken. Die Temperung sollte nicht später als 30 min nach der ersten Zinkschichtbildung erfolgen. Da atomarer Wasserstoff die Zinkschicht schlecht durchdringt, kann auf diese Weise nur ein sehr geringer Wasserstoffgehalt im Stahl entstehen, der leichte wieder zu beseitigen geht.

Zinkschichten werden vielfach chemisch nachbehandelt. Es werden die verschiedenen Chromatschichten, aber auch Zinkphosphatschichten aufgebracht, um die Zinkschicht vor Weißrostbildung zu schützen oder für eine abschließende Lackierung vorzubereiten.

Eine andere Methode, die Weißrostbildung hinauszuzögern, besteht darin, Zinklegierungsschichten herzustellen, bei denen neben Zink Nickel, Kobalt oder Eisen mit eingebaut wird. Der optimale Legierungsgehalt in der Schicht liegt bei Nickel bei 10 – 15 Gew. %. Die eingesetzten Bäder arbeiten bei pH 5,5-6,0, 30 – 40 °C mit Stromdichten von 1-5 A/dm^2 bei Gestellware und haben Abscheideraten von 30 – 60 µm/h. Die Stromausbeute beträgt etwa 95 %. Verwendet werden getrennte Zink- und Nickelanoden, die jeweils ihren eigenen Stromkreis besitzen. Der Nickelgehalt des Elektrolyten liegt bei diesen Bädern bei 20-25 g/l, der Zinkgehalt bei 30 bis 40 g/l. Als Leitsalz können in den Elektrolyten sehr hohe Ammoniumchloridkonzentrationen bis 270 g/l eingesetzt werden. Der Nickelgehalt der Schichten steigt mit steigender Stromdichte, Temperatur und pH-Wert [114]. Werden die Schichten anschließend grün- oder gelbchromatiert, erreicht man sehr hohe Korrosionsschutzwerte [113]. Frisch abgeschiedene Zink/Nickel-Schichten enthalten ungeordnet nebeneinander liegende Zink- und Nickel-Kristallite. Durch Tempern 3 – 10 h bei 160 °C kann das Gefüge homogenisiert werden.

Bei Zink/Cobalt-Schichten beträgt der zur Verbesserung des Korrosionsschutzes notwendige Co-Gehalt nur 0,5 bis 1 %. Die Zn/Co-Schichten sind etwas dunkler als die Zn/Ni-Schichten. Sie werden aus Sulfamatelektrolyten hergestellt. Ebenso besitzt die Cobaltanode in diesem Bädern keinen eigenen Stromkreis. Der Co-Gehalt in der Schicht ist vom Cobaltgehalt im Elektrolyten und von der Stromdichte abhängig, wobei steigende Stromdichte zu vermehrter Abscheidung von Zn und damit Verminderung des Co-Gehaltes führt.

Tabelle 15-4: Weiß- und Rotrostbeständigkeit chromatierter Zinkschichten verschiedener Beanspruchungsstufe.

Es bedeuten : A nach DIN 50017-SFW,
B nach DIN 50021-SS,
b Blauchromatierung,
g Gelb-,Oliv-,Schwarzchromatierung.
Zahlen in (h) [63]

Beanspruch-ungsstufe	Mindest-schichtdicke	Weißrostbeständigkeit				Rotrostbeständigkeit			
–	(µm)	Ab	Bb	Ag	Bg	Ab	Bb	Ag	Bg
1	5	48	4	144	48	72	60	240	72
2	8	48	4	144	48	144	72	288	96
3	12	–	4	–	48	–	96	–	144
4	25	–	4	–	48	–	144	–	240

Tabelle 15-5: Korrosionsschutzwerte für Zn-Legierungsschichten nach [63]

Schicht	Schichtdicke in	DIN 50021		DIN 50018-SFW 2,0
		Weißrost	Rotrost	Kesternichtest
	(µm)	(h)	(h)	Runden
Zn-cyanidisch gelbchromatiert	7,5	96 – 120	250 – 300	4 – 5 Rd.
Zn/Ni mit 115 Ni Co gelbchromatiert	7,5	300 – 400	1000 – 1200	2 – 3 Rd.
Zn/Co mit 0,8 % Co gelbchromatiert	7,5	140 – 160	400 – 600	6 – 8 Rd.

15.4.4 Zinnschichten

Die Korrosionsschutzwirkung von Zinn beruht auf der Ausbildung eines dichten Oxidhäutchens auf der Oberfläche. Da Zinn elektropositiver als Eisen ist, hört auch hier die Schutzwirkung mit der Zerstörung der Schutzschicht auf. Zinnschichten werden als Lötgrund, als Gleitschichten und wegen ihres dekorativen Aussehens und ihrer Korrosionsschutzwirkung als Korrosionsschutzschichten in der Verpackungsindustrie, insbesondere im Lebensmittelbereich eingesetzt. Zinn ist physiologisch unbedenklich und führt im Gegensatz zu Eisen in Lebensmitteln zu keiner Geschmacksveränderung. Verzinntes Stahlblech ist unter dem Namen Weißblech mit Zinnbelägen von 2 bis etwa 12 g/m² erhältlich, wobei die Zinnauflage auf beiden Blechseiten unterschiedlich sein kann.

Zinn kann sowohl aus der zweiwertigen wie auch aus der vierwertigen Form galvanisch abgeschieden werden.

Saure Zinbäder:

Bei sauren Zinnbädern erfolgt die

Káthodenreaktion $\qquad$ $Sn^{2+} + 2 e_o = Sn$

Elektrochemisches Äquivalent: $\qquad$ 2,214 g Sn/A.h

Anodenmaterial: $\qquad$ Sn-Barren.

Anodenreaktion: $\qquad$ $Sn = {}^+ + 2 e_o$

Das Ferrostan-Verfahren arbeitet mit 5 % $SnSO_4$ in 10 %-iger H_2SO_4 bei 20 – 27 °C mit Stromdichten von 1,4-4,3 A/dm^2.

Das Halogen-Verfahren arbeitet mit 20 % $Sn(BF_4)_2$ in 15 %-iger HBF_4 mit 2-10 A/dm^2 bei 30 °C. Bei höheren Temperaturen werden die sonst glänzenden Schichten leicht matt. Beide Verfahren arbeiten damit im stark sauren Bereich. Sie werden vorwiegend eingesetzt bei der kontinuierlichen Hochgeschwindigkeitselektrolye bei der Draht- oder Bandstahlveredelung.

Alkalische Zinnbäder:

Für die Stückverzinnung werden auch alkalische Zinnbäder eingesetzt.

Kathodenreaktion: $\qquad$ $[Sn(OH)_6] \Longleftrightarrow Sn^{4+} + 6\ OH^-$

$\qquad$ $Sn^{4+} + 4 e_o = Sn$

Elektrochemisches Äquivalent: $\qquad$ 1,107 g Sn/A.h

Anodenmaterial: $\qquad$ Zinnbarren.

Anodenreaktion: $\qquad$ $Sn + 6\ OH^- = [Sn(OH)_6]^{2-} + 4 e_o$

Die Verzinnung erfolgt in Bädern mit 15 % Stannatgehalt $Na_2[Sn(OH)_6]$, die durch geringe Mengen an NaOH und Na-Acetat auf pH>12 gehalten werden, damit durch Hydrolyse keine kolloidale Zinnsäure entsteht. Der Elektrolyt arbeitet bei 60 – 80 °C mit 1-3,5 A/dm^2. Zusätze von 0,5 g Na-Perborat/l fördern die Auflösung der Anode.

Die Stromausbeute liegt bei alkalischen Zinnelektrolyten bei 65 – 85 %. Die Anodenstrom dichte soll bei 1-2,5 A/dm^2 liegen, damit kein zweiweriges Zinn in Lösung geht.

15.4.5 Chromschichten

Chromschichten unterscheiden sich schon rein äußerlich von Nickelschichten durch einen bläulichen Farbstich der Schicht. Chromschichten werden als Korrosionsschutzschichten und ihrer Härte wegen als Verschleißschutzschichten aber auch als dekorative Schichten eingesetzt. Dekorative Chromschichten bis 0,5 µm Schichtdicke haben keine Mikrorisse. Darüber hinaus entstehen Mikrorisse mit etwa 400 bis 800 Rissen/cm durch Zugspannungen in der Schicht. Oberhalb 2-2,5 µm entstehen Makrorisse (bis 20 Risse/cm), die bis auf das Grundmetall hinunter gehen können. Oberhalb 20 µm Cr werden die Risse durch eine neue Chromschicht wieder abgedeckt. Die Bildung von Mikrorissen wird durch niedrige CrO_3-Gehalte und erhöhte Temperatur begünstigt. Ursache für die Entstehung von Mikrorissen soll ein bei der Verchromung gebildetes Chromhydrid CrH sein, das unter 18 % Volumenkontraktion leicht zerfällt und dabei die Chromschichten unter Zugspannung setzt. Bild 15-23 zeigt eine Chromschicht bei 200-facher Vergrößerung.

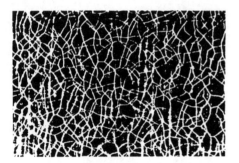

Bild 15-24: Chromschicht bei 200-facher Vergrößerung

Zur Aufnahme von Schmierstoffen auf Reibflächen werden poröse Chromschichten erzeugt. Vor dem Verchromen erzeugt man Vertiefungen oder spiralförmige Kanäle in der Werkstückoberfläche, trägt eine dickere Chromschicht auf und behandelt die Chromschicht anschließend anodisch oxidierend in Schwefelsäure oder NaOH.

Chrom kann bis heute galvanisch nur aus der sechswertigen Form abgeschieden werden. Die gewünschte Kathodenreaktion lautet daher

$$H_2CrO_4 + 6 H_3O^+ + 6 e_o = Cr + 10 H_2O$$

Obgleich das Chromion bei der Entladung den dreiwertigen Zustand durchlaufen muß, erfolgt hier die Abscheidung nicht aus dem dreiwertigen Elektrolyten. Man nimmt an, daß Chrom einen Trichromato-Dihydrogensulfat-Komplexe bildet, der dann an der Oberfläche entladen wird. Durch die hohe Konzentration an Säuremolekülen in den eingesetzten Elektrolyten begünstigt bildet sich der sehr stabile Hexa-Aquokomplex des dreiwertigen Chroms nicht. Im Verlauf der Reduktion entsteht dann zunächst ein Chrom-II-Dichromatkomplex, der sich hydrolytisch spaltet. Nach [124] entsteht daraus ein Hydrogensulfatkomplex, der an der Oberfläche adsorbiert und weiter entladen wird.

Das elektrochemische Äquivalent des Chroms ist entsprechend sehr klein.

$$AE = 0,3233 \text{ g Cr/Ah}$$

Außer der gewünschten Kathodenreaktion wird die Hauptmenge des elektrischen Stroms zur Wasserstoffentwicklung verwendet in der kathodischen Nebenreaktion

$$2 H_3O^+ = H_2 + 2 H_2O$$

Daneben kann die unerwünschte Nebenreaktion auftreten

$$H_2CrO_4 + 6 H_3O^+ + 3 e_o = Cr^3+ + 10 H_2O$$

Die kathodische Stromausbeute beträgt 10 bis 25 %.
Die Anodenreaktion ist überwiegend eine Sauerstoffentwicklung

$$4 OH^- = 2 H_2O + O_2 + 4 e_o$$

Daneben kann in geringem Maße eine Aufoxidation der Cr^{3+}-Ionen zum Chromat erfolgen.

Der Chromlieferant ist der Chromsäure-Elektrolyt, dem stets CrO_3 nachgesetzt werden muß.

Elektrolytzusammensetzung:
Chromsäureelektrolyte enthalten je nach Verfahren 130 bis 300 g CrO_3/l, wobei bis 8 g Cr_2O_3/l toleriert werden. Man unterscheidet Elektrolyte mit Zusatz von Schwefelsäure (etwa 1 – 3 g H_2SO_4/l) von solchen mit Hexafluorkieselsäure (12 g H_2SiF_6/l).

Als Anodenmaterial wird im allgemeinen Hartblei verwendet, das aber nicht stromlos in das Chromsäurebad eingefahren werden soll, weil sich sonst eine Anodenpassivierung durch Ausbildung einer $PbCrO_4$-Schicht ergibt. Richtig behandelte Bleianoden überziehen sich mit einer gut leitenden PbO_2-schicht, die die Anoden vor Angriff schützt. Die Anodenfläche sollte bis doppelt so groß sein, wie die Werkstückoberflächen zusammen, weil bei zu kleinen Anodenflächen Verlust durch Cr^{3+}-Bildung entstehen.

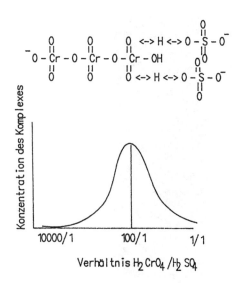

Bild 15-25:
Abscheidekomplex im
Chrombad nach [124]

Die Qualität der Chromschicht ist stark von der Temperatur bei der Abscheidung und von der kathodischen Stromdichte abhängig. Deshalb kommt bei Chrombädern der Temperaturführung eine ganz besondere Bedeutung zu. Chrombäder müssen gekühlt werden, weil sie durch die relativ hohen Stromdichten, die zum Abscheiden benötigt werden, sich aufheizen. Die Stromdichten liegen für Glanzverchromungen im Bereich von 10 bis 25 A/dm^2 mit Abscheidegeschwindigkeiten von etwa 0,1 bis 1 µm/min bei Temperaturen von 20 bis 45 °C. Technische Verchromungen dagegen arbeiten bei 50 bis 60 °C mit Stromdichten von 40 bis 80 A/dm^2. Harte glänzende Chromschichten lassen sich nur im Temperaturbereich von 40 bis 60 °C bei Stromdichten von 45 – 60, in Ausnahmefällen bis 80 A/dm^2 erzielen. Glänzende Chromschichten haben Kristallite von < 0,1 µm. Bild 15-25 zeigt die Aufnahme eines Chromkristallits mit Hilfe des Raster-Tunnel-Mikroskops [115]. Rißfreie Chromschichten sind maximal 0,5 µm dick. Dekorative Chromschichten unterlegt man zunächst mit einer Nickel-, Doppelnickel- oder Kupfer/Nickel-Schicht, ehe man etwa 0,3 bis 2 µm Chrom darauf abscheidet.

In der Hartverchromung oder auch als Reparaturschicht verwendet man Schichtdicke von 50 bis 500 µm Chrom, die eine Härte von 800 bis 1200 HV besitzen, und bei denen man die Mikrorisse mit feinstem PTFE-Pulver verstopfen kann. Die starke Gasentwicklung bei Chrombädern ist für die Umwelt nicht ungefährlich. Chromat- oder Chromsäurestaub führt nämlich zu Krebs, insbesondere Lungenkrebs beim Einatmen. Aus diesem Grunde müssen Verchromungsanlagen peinlich sauber und frei von CrO_3-Stäuben gehalten werden. Ebenso müssen Spritzer durch eine Randabsaugung der Becken entfernt werden. Um das Auftreten von Spritzer zu minimieren, sollen Chrombäder durch Zusatz von Fluortensiden durch einen Schaumteppich abgedeckt werden. Der hohe Stromfluß führt in Chrombädern zu starker Wärmeentwicklung. Dies hat zur Entwicklung einer ökologisch sehr sinnvollen Nutzung geführt. Man verwendet die abzuführende Wärme zum Eindunsten von Spülwässern und kann auf diese Weise abwasserlos verchromen. Zwei Verfahren haben sich dabei herausgebildet:

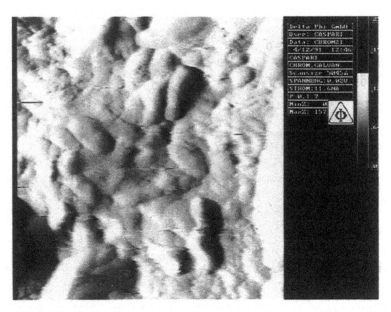

Bild 15-26: Chromschicht unter dem Raster-Tunnel-Mikroskop, Bildkantenlänge 0,5 µm [115]

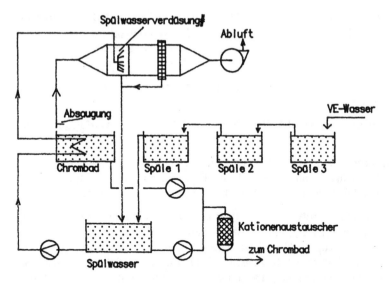

Bild 15-27: Verchromungsverfahren mit indirekter Kühlung.

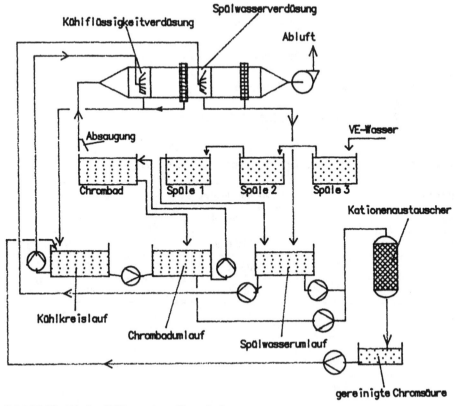

Bild 15-28: Direkte Kühlung eines Chrombades

- Indirekte Kühlung (Bild 15-27) erfolgt so, daß man die Spülwässer durch im Chrombad liegende Titanrohre leitet und anschließend im Absaugkanal versprüht, wobei Wasser verdunstet oder separat eindunstet.

- Direkte Kühlung (Bild 15-28) liegt vor, wenn man die Spülwässer mit einem Teil des Chrombades vermischt und das Gemisch im Abluftkanal versprüht oder separat eindunstet.

Anstelle einer Verdunstung im Abluftkanal können auch Rieselturm-Verdunster eingesetzt werden.

Dekorative Schwarzverchromung entsteht, wenn man den Anteil an Cr^{3+}-Ionen im Chrombad auf 9-13 g/l ansteigen läßt. Dann wird Cr_2O_3 in die Chromschichten mit eingebaut, die dann schwarz aussehen. Die hierzu verwendeten Elektrolyte sind frei von H_2SO_4.

Chromsäure ist ein Spezialelektrolyt, weil das Kation in der Oxidationsstufe 6+ vorliegt. Um Chromationen zu regenerieren, muß man Kationen eliminieren, die aus dem Werkstück stammen, wie Eisen, Kupfer, Nickel etc. Die Eliminierung kann durch Ionenaustausch oder durch Elektrodialyse erfolgen. Bild 15-29 zeigt eine Elektrodialyseanlage mit Anionen- und Kationenmembranen. Der elektrische Strom zwingt die Kationen in den Kathodenraum zu wandern und sich von den Chromationen abzutrennen. Um Chromverluste zu minimieren, kann man Chrom-III-Ionen mit PbO_2-Anoden aufoxidieren gemäß

$$3PbO_2 + 2Cr^{3+} + 6H^+ = 2Cr^{6+} + 3PbO + 3 H_2O$$

Die Regenerierungsreaktion lautet dann

$$3 PbO + 3 H_2O = 3 PbO_2 + 6 H^+ + 6 e$$

Tabelle 15-6 zeigt den Erfolg einer Elektrodialyse.

Tabelle 15-6: Ausbeute an recyclierter Chromsäure durch Elektrodialyse [166]

Componente	vor der Dialyse	nach der Dialyse
CrO_3	250 g/l	270 g/l
Cr^{3+}	1075 mg/l	130 mg/l
Fe^{3+}	250 mg/l	100 mg/l
Cu^{2+}	850 mg/l	210 mg/l
Ni^{2+}	2500 mg/l	875 mg/l

Verwendet man eine Membranelektrode zur Chromsäurereinigung, so setzt man eine Kationenaustauschermembran (KAM) ein und verwendet verdünnte Schwefelsäure als Katholyten. Als Kathode verwendet man dasselbe Metall, das man aus der Chromsäure entfernen will, oder nichtrostenden Stahl Als Anode verwendet man Titan mit etwas PbO_2 belegt. Die Anode hat einen hohen elektrischen Widerstand, weil der Stromtransport nur durch die Kationen erfolgt. Im Kathodenraum erhält man eine Lösung von Metallsulfaten oder einen Belag auf der Kathode.

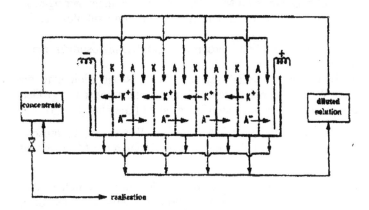

Bild 15-29: Bau einer Elektrodialysezelle.

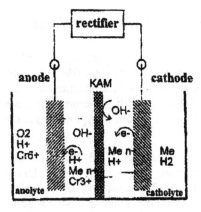

Bild 15-30: Membranzelle zur Regenerierung von Chromsäure [155]

15.4.6 Legierungsschichten

Metallionen von Elementen, deren Standardpotentiale annähernd gleich sind, lassen sich aus Lösungen ihrer einfachen Salze gleichzeitig galvanisch abscheiden. Sind die Elemente jedoch sehr unterschiedlich in ihrer Elektronegativität, muß die Annäherung der Abscheidungspotentiale durch Bildung von Komplexsalzen der Ionen erreicht werden. Die Potentialänderung wird dabei durch Folgendes begünstigt:

Komplexverbindungen mit elektropositiveren Metallen dissoziieren meist geringer, so daß die Konzentration an freien Metallionen im Gleichgewicht zum Komplex kleiner ist.
Metallionen von elektropositiveren Metallen werden in Komplexsalzlösungen meist mit höherer Überspannung entladen.
Die Konzentrationsabhängigkeit des Potentials ist nach Nernstscher Gleichung für Metallionen mit niedrigerer Wertigkeit bei gleicher Konzentrationsänderung größer, weil die Wertigkeit im Nenner des logarithmischen Terms steht (Gleichung 15.3).

Es sind eine Vielzahl von Legierungsschichten bisher hergestellt worden. Technische Bedeutung haben außer Zink-Nickel-, -Kobalt- oder -Eisenschichten die Messing und Bronzeschichten.

Messingschichten mit 18 – 46 % Zn, Rest Kupfer, werden als dekorative Schichten aber auch als Haftgrund für Gummi auf Stahl beim Vulkanisierprozeß eingesetzt. Die dazu verwendeten Elektrolyte enthalten $CuCN$ und $Zn(CN)_2$ im Gewichtsverhältnis von etwa 3:1 und werden bei pH 10 und 20 bis 40 °C mit Stromdichten von 0,3-0,5 A/dm^2 betrieben. Das eingesetzte Anodenmaterial ist Messing und entspricht dabei der Zusammensetzung der Messingschicht.

15.5 Stoff- und Energiebilanz galvanotechnischer Anlagen

Die Aufstellung einer Stoff- und Energiebilanz ist eine wesentliche Arbeit, um die Kosten eines Verfahrens oder einer oberflächentechnischen Behandlung und das mögliche Einsparungspotential ermitteln zu können. Am Beispiel einer galvanotechnischen Anlage [151] kann demonstriert werden, wie der Ablauf einer Bilanzierung aussehen sollte. Die Arbeitsweise ist aber im Prinzip auf alle anderen Anlagentypen sinngemäß übertragbar.

Als erste Operation stellt man eine qualitative Bilanzhülle auf (Bild 15-30), in der alle ein- und ausgehenden Stoff- und Materialströme qualitativ verzeichnet werden. Daran anschließend arbeitet man sinngemäß die in Tabelle 15-7 vorgeschlagene Bilanzierungsliste durch und setzt sie in Zahlenwerte um. Abschließend kann man das Ergebnis Bild 15-31 entsprechend zur Diskussion stellen.

Tabelle 15-7: Stoff-und Energiebilanz einer oberflächentechnischen Anlage nach [151]

- Behandlungszeit
  $$B = 1/F_w * N \qquad \text{in (h/m}^2)$$

- Frischluftbedarf = Absaugluftmenge
  $$m_1 = B * V_a * \delta_\alpha \qquad \text{in (kg/h)}$$

- Verdunstungsverluste im Bad = Ergänzungswasserbedarf:
  $$m_2 = B * q_{ve} * F_{ao} \qquad \text{in (kg/m}^2)$$

- Spülwasserbedarf =
  $$m_3 = B * (q_{aw} * \delta_{aw} + q_{vs} * F_{vs}) \qquad \text{in (kg/m2)}$$

- Druckluft für das Mischen des Bades = expandierte Druckluft:
  $$m_4 = B * q_d * \delta_d * F_d \qquad \text{in (kg/m}^2)$$

- Verschleppungsverluste + Sprühnebelverlust +
  +Ergänzung der Lösung =
  Verbrauch an Prozeßlösung:
  $$m_5 = \delta_{vw} * \delta_1 * B + B * q_{sv} + B * V_1 * V_1 / t_{bz} \qquad \text{in (kg/m}^2)$$

- Chemikalienbedarf bei Beizen, Reinigungsbädern, Glanzzusätzen etc.
  $$m_6 = B * (m_e + m_{ns})/t_{bz} \qquad \text{in (kg/m}^2)$$

- Elektrolytrückgewinnung aus der Absaugluft
  $$m_7 = (0,5 - 0,95) * B * q_{sv} \qquad \text{in (kg/m}^2)$$

- Spülwasserausschleppung aus der letzten Spüle
  $$m_8 = 0,1 \text{ bis } 0,25 \qquad \text{in (kg/m}^2)$$

- Anodenverbrauch bei galvanischen Verfahren
  $$m_9 = S_g/(1 - \beta) * B \qquad \text{in (kg/m}^2)$$

- Elektrische Energie für die galvanische Abscheidung
  $$h_{11} = U * I * B * 3,6 \qquad \text{in (kJ/m}^2)$$

- Energieverlust in den Strromzuleitungen der Gleichstromverteilung
  $$h_{12} = I^2 * L * \kappa * B * 7,2/d_L \qquad \text{in (kJ/m}^2)$$

- Energieverlust im Gleichrichter
  $$h_{13} = U * I * (1 - \eta_{gl}) * B * 3,6 \qquad \text{in (kJ/m}^2)$$

- Energieverbrauch der Antriebe
  -- Absaugung und Abluftreinigung
  $$h_{21} = m_1 * [(\Delta p_{vs}/\delta_a * \eta_{vs} * 1000) + P_w * B * 3,6/m_{ge}] \qquad \text{in (kJ/m}^2)$$

-- Frischluftzufuhr

$$h_{22} = \Delta p_{zu} * m_1 / \ 1000 \ \delta_{zu} * \eta_{zu} \qquad\qquad\qquad \text{in (kJ/m}^2\text{)}$$

-- Warentransporteinrichtung, Anteil für das betrachtete Bad

$$h_{23} = L_{eb} * P_{tr} * B * 3{,}6 / \ L_{ge} \qquad\qquad\qquad \text{in (kJ/m}^2\text{)}$$

-- Pumpenantrieb

$$h_{24} = t_{eb} * P_p * B * 3{,}6 / \ t_{ge} \qquad\qquad\qquad \text{in (kJ/m}^2\text{)}$$

-- Energieverlust der Wechselstromverteilungen

$$h_{25} = \Delta U.(h_{21} + h_{22} + h_{23} + h_{24}) \qquad\qquad \text{in (kJ/m}^2\text{)}$$

– Wärmeaufkommen

-- Beheizung der Frischluft

$$h_{31} = m_1 * c_{zu} * (T_f - T_{zu}) * Z_h * Z_d \qquad\qquad (\text{kJ/m}^2)$$

-- Wärmeverlust durch Verdunsten

$$h_{41} = m_2 * r_w$$

-- Konvektionsverlust von der Badoberfläche durch Absaugluftstrom

$$h_{42} = R_{av} * F_{ao} * (T_o - T_f) * B * 3{,}6 \qquad\qquad (\text{kJ/m}^2)$$

-- Strahlungsverlust von der Badoberfläche

$$h_{43} = R_{ao} * F_{ao} * \{[(T_o + 273)/100]^4 - [(T_f + 273)/100]^4\} * B * 3{,}6$$
$$(\text{kJ/m}^2)$$

-- Wäreverluste durch Leitung und Konvektion an Behälterwänden und Böden

$$h_{44} = [k_w.F_{bw}.(T_w - T_f) + k_b.F_b.(T_b - T_f)] * B * 3{,}6 \qquad (\text{kJ/m2})$$

-- Strahlungsverluste durch Wand und Boden

$$h_{45} = R_w. * F_{bw} * \{[(T_w + 273)/100]^4 - [(T_f + 273)/100]^4\} * B * 3{,}6$$
$$+ \{[(T_b + 273)/100]^4 - (T_f + 273)/100]^4\} * R_b * F_b * B * 3{,}6$$
$$(\text{kJ/m}^2)$$

-- Verluste durch Wärmeleitung und Konvektion an Zubehörteilen der Behälter

$$h_{46} = \alpha_{zb} * F_{zb} * (T_{zb} - T_f) * B * 3{,}6 \qquad\qquad (\text{kJ/m}^2)$$

-- Wärmeverluste durch Verschleppung

$$h_{47} = g_w * c_1 * (T_i - T_{nb}) * B * 3{,}6 \qquad\qquad (\text{kJ/m}^2)$$

-- Aufheizen des Zusatzwassers im Arbeitsbad

$$h_{48} = m_2 * c_w * (T_i - T_{wa}) \qquad\qquad\qquad (\text{kJ/m}^2)$$

-- Beheizung von Ware und Gestell oder Trommel

$$h_{49} = (m_m * c_m + m_g * c_g * (T_i - T_g) * B \qquad\qquad (\text{kJ/m}^2)$$

Es bedeuten:

B	=	Behandlungsfaktor = $1/Fw.N$ (h/m^2)
α_v	=	Wärmeübergangszahl zwischen strömender Luft und Badoberfläche $(W/m^2.°C)$
α_{zb}	=	Wärmeübergangszahl zwischen Zubehörteilen und Umgebungsluft $(W/m^2.°C)$
B	=	Behandlungszeit je Charge, Warenkorb, Gestell etc.. $B = 1/F_w.N$ (h/m^2).
β	=	Verkuste an Anodenmaterial (%/100)
c1	=	spezifische Wärme der Badlösung $(kJ/kg.°C)$
c_g	=	spezifische Wärme des Anlagenmaterials $(kJ/kg.°C)$
c_m	=	spezifische Wärme des Warenwerkstoffs $(kJ/kg.°C)$
cw	=	spezifische Wärme des Wassers $(Kj/kg.°C)$
c_{zu}	=	spezifische Wärme der Frischluft $(kJ/kg.°C)$
δ_L	=	Querschnitt des elektrischen Leiters (mm)
Δp_{vs}	=	Druckabfall in der Rohrleitung bei der Absaugung (Pa)
Δp_{zu}	=	Druckabfall bei der Frischluftzufuhr im Zuluftsystem (Pa)
ΔU_w	=	relativer Spannungsabfall in Zuleitungen des Wechselstroms (%)
F_{ao}	=	Badoberfläche (m^2)
F_b	=	Fläche des Behälterbodens (m^2)
F_{bw}	=	Fläche der Behälterwand (m^2)
F_d	=	Arbeits- oder Spülbadoberfläche (m^2)
F_{vs}	=	Spülwasseroberfläche (m^2)
F_w	=	effektive Warenoberfläche für die Oberflächenbehandlung in (m^2)
F_{zb}	=	äußere Oberfläche der Zubehörteile (m^2)
G	=	Gewicht der aufzuheizenden Gestelle oder Trommeln (kg)
g_w	=	Verschleppungsverlust $(kg/m2)$ (zwischen 0,1 und 0,25 kg/m^2)
g_{vw}	=	volumetrischer Verschleppungsverlust 0,1 bis 2,5).10^{-4} (m^3/m^2)
η_{gl}	=	Wirkungsgrad des Gleichrichters
η_{vs}	=	Wirkungsgrad des Absaugventilators
η_{zu}	=	Wirkungsgraddes Frischluftventilators
I	=	Stromstärke an den Klemmen (A)
κ	=	spezifischer elektrischer Widerstand der Gleichstromzuleitung $(W.mm^2/m)$
kb	=	Wärmedurchgangszahl des Behälterbodens $(W/m^2.°C)$
k_w	=	Wärmedurchgangszahl der Behälterwand $(W/m2.°C)$
L	=	Länge der Stromleiter vom Gleichrichter bis zur Anode bzw. Warenkontakt(m)
L_{eb}	=	Länge der Transportschiene für die Behandlungseinheit (m)
L_{ge}	=	Gesamtlänge der Schiene über der Gesamtanlage
m_1	=	Abluftmenge der betrachteten Behandlungseinheit (kg/m^2)
m_2	=	Verdunstungsverlust durch Absaugung (kg/m^2)
m_e	=	Einsatzmenge an Chemikalien bei Neuansatz (kg)
m_g	=	G.N (kg)
m_{ge}	=	gesamte Abluftmege der Anlage (kg/m^2)
m_m	=	Warendurchsatz pro 1 h (kg/h)
m_{ns}	=	gesamte Nachschärfmenge während der Badstandzeit (kg)
N	=	Zahl der Warenkörbe, Gestelle oder Trommel pro1 h (1/h)
P_p	=	Antriebsleistung der Pumpen (W)
P_{tr}	=	Gesamte Antriebsleistung des Transportwagens (W)
P_w	=	Antriebsleistung der Abluftwäscher (W)
q_{aw}	=	Abwassermenge aus der Spüle der Behandlungseinheit (m^3/h)

q_d = Druckluftmenge pro 1 m_ Badoberfläche (m^3/m^2)

q_{sv} = (1 bis 3)$.10-5$.Va, bei elektrolytischen Verfahren (2 bis 5)$.10^{-5}$. Va

q_{sw} = gesamte Abwassermenge für betrachtete Bad und Spüle (m^3/h)

q_{ve} = Verdunstungs- und Sprühverluste pro 1 m2 Badoberfläche ($kg/m^2.h$)

q_{vs} = Verdunstungsverlust pro 1 m^2 Badoberfläche ($kg/m^2.h$)

δ_1 = Dichte der Badlösung (kg/m^3)

δ_a = Dichte der Absaugluft (kg/m^3)

δ_{aw} = Dichte des Abwassers (kg/m^3)

δ_{zu} = Dichte der Frischluft (kg/m^3)

R_{ao} = 5,2 bis 5,5 Strahlungszahl für die Badoberfläche ($W/m^2.K^4$)

R_b = Strahlungszahl des Behälterbodens ($W/m^2.K^4$)

δ_d = Dichte der Druckluft (kg/m^3)

R_w = Strahlungszahl der Behälterwände ($W/m^2.K^4$)

r_w = Verdampfungswärme des Zusatzwassers (kJ/kg)

s = Leiterquerschnitt der Gleichstromzuführung (mm^2)

S_g = Schichtgewicht der galvanisch abgeschiedenen Schicht (kg/m^2)

T_b = Bodentemperatur (°C)

t_{bz} = Standzeit des Bades (h)

t_e = Betriebsdes Zubehörs für die Behandlungseinheit (h)

t_{el} = Standzeit des Bades (h)

T_f = Raumlufttemperatur (°C)

T_{fk} = Feuchtkugeltemperatur (°C)

T_g = Temperatur der Werkstückeinheiten beim Eintauchen ins Arbeitsbad (°C)

t_{ge} = gesamte Betriebszeit des Zubehörs (h)

T_i = innere (Arbeits-)Temperatur des Bades (°C)

T_{nb} = Temperatur des nachfolgenden Bades (°C)

T_o = T_i- 0,125.(T_i-T_f) Oberflächentemperatur der Badlösung (°C)

T_w = Wandtemperatur (°C)

T_{wa} = Temperatur des Zusatzwassers (°C)

T_{zb} = Oberflächentemperatur der Zubehörteile (°C)

T_{zu} = Außenlufttemperatur (°C)

U = Klemmspannung (V)

V_1 = Badlösungsmenge (m^3)

V_a = gesamte Absaugluftmenge für das zu untersuchende Bad (m^3/h)

Z_d = Betriebszeit in der Anlage während der Heizperiode (h/d)

Z_h = relative Zahl der Heiztage in der Heizperiode (d/a)

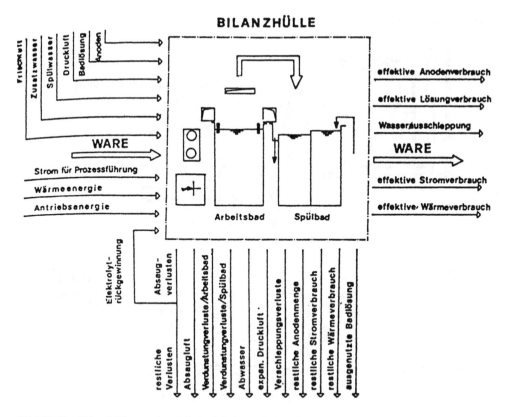

Bild 15-31: Bilanzhülle um eine Arbeitseinheit aus Behandlungsbad und Spüle [151]

a) Stoffbilanz

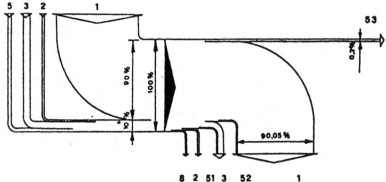

b) quantitative Energiebilanz

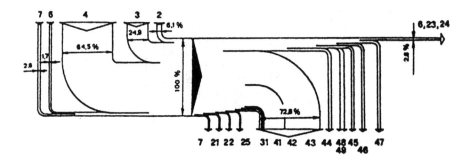

c) qualitative Energiebilanz

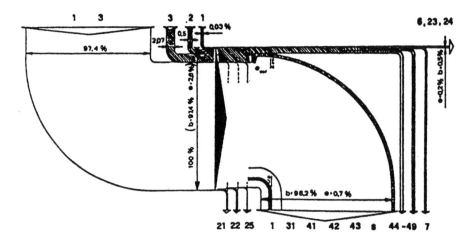

Bild 15-32: Graphische Darstellung von Stoff- und Energiebilanzen nach Vorschlag von [151]

15.6 Umweltschutz und Abfallentsorgung in der Galvanik

Probleme des Umweltschutzes sind in galvanotechnischen Anlagen wie in allen oberflächentechnischen Anlagen sehr häufig anzutreffen. Deshalb wurden diese Fragen im einem Sonderkapitel über Abwasseranlagen insgesamt zusammengefasst. Für einige Schwermetalle haben sich Firmen bereit gefunden, die Entsorgung und Wiederaufbereitung grundsätzlich zu übernehmen. Dies gilt z. B. für Nickel, Chrom, Kupfer, Edelmetalle etc. Gemischte Metallschlämme sind dagegen schwieriger unterzubringen, weil hier die Trennarbeit zu sehr in die Kosten geht. Im Spezialfall müssen also Kontakte zu Firmen aufgenommen werden, die sich mit der Wiederaufarbeitung reiner Schlämme befassen.

Lösungen in galvanischen Bädern enthalten nicht nur Schwermetallsalze. Außer Schwermetallen sind zahlreiche andere anorganische und organische Produkte in den Lösungen enthalten. Die Abscheidung und das In-lösung-gehen der Metallionenist oft von unterschiedlicher Effektivität. Man nennt dies die Stromausbeute der Vorgänge. Die Stromausbeute ist anodisch vielfach größer als die Abscheidung an der Kathode. Solange es gelingt, durch Ausschleusung diese Differenz auszugleichen, verlagert sich das Problem in das Abwasser, in dem dann eine bestimmte Menge an Schwermetallionen ausgeschieden wird. Bei Rücknahme des Spülwassers über Recyclingmassnahmen ist dies jedoch nicht ohne weiteres möglich. Eine andere Massnahme ist die Angleichung der Stromausbeute. Das elektronische System des „METALBALANCER", bei dem ein Teil der Anoden durch unlösbare Edelstahlanoden ersetzt werden [151] gleicht dieses aus.

Organische Produkte werden anodisch angegriffen und umgewandelt. Man kann deshalb nicht unmittelbar Lösung aus einem Spülbad zum Wiederauffüllen des galvanischen Reaktivbades verwenden. Man muß vorher die verbrauchten organischen Zusatzchemikalien adsorptiv aus der Lösung mit Hilfe von Aktivkophle oder anderen Adsorbentien entfernen. In der Praxis sammelt man das aktive Galvanikbad in einer ersten Standspüle, in der sich die Metallkonzentration anhebt. Die Standspüle wird dann periodisch durch Frischwasser ersetzt. Die verbrauchte Standspüle wird entweder als Spülwasser behandelt und der Metallinhalt durch Elektrolyse vor der Abgabe an das Abwasser minimiert, oder man füllt erst das Galvanikbad nach, ehe man die Standspüle als Spülwasser zum Recyceln gibt. Bild 15-33 zeigt die Anlage eines Metalbalancers zur Reduzierung der anodischen Stromausbeute. Bild 15-34 beschreibt, dass die Stromausbeute sinkt, wenn der Metallgehalt zu klein wird, entsprechend der Nernst'schen Gleichung. Zellen zur Elektrolyse haben unterschiedliche Konstruktionen. Man versucht den Diffusionsweg der Ionen zwischen den Elektroden so klein wie möglich zu machen, d. h. man verwendet grosse Elektrodenflächen oder verkürzt den Elektrodenabstand durch Einführen von Glasperlen in die Zwischenräume [153]. Die Tabellen 15-8 und 15-9 zeigen die Wirksamkeit einer Elektrolyse an verschiedenen Bädern. Die Inverstitionskosten steigen, wenn der Metallgehalt des Elektrolyten sinkt (Bild 15-35) [129].

In einigen Fällen wie z. B. bei der Rückgewinnung von Zink aus Zinksulfat Elektrolyten hat sich der Einsatz von Membranzelle bewährt [156]. Dabei teilt man eine Elektrolysezelle durch eine Anionenaustauschermembran (AAM), so dass die Sulfationenionen durch die Membran zur Anode wandern können[156]. Die Zinkionen werden dann an der Kathode entladen und Zink abgeschieden (Bild 15-36). Das Gesamtsystem, das der Abwasserbehandlung vorgeschaltet wird, zeigt Bild 15-37.

METALLBALANCER

Bild 15-33:
Der METALBALANCER

Bild 15-34:
Elektrolytische Entfernung von Kupfer
aus ammoniakalische Ätzlösung [113]

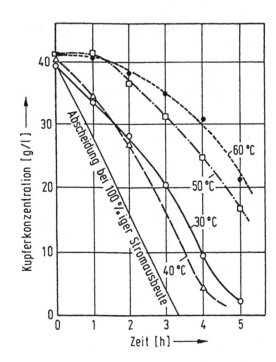

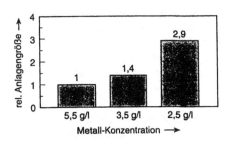

Relative Anlagengröße bei gleicher Anlagenleistung in Abhängigkeit vom Arbeitsbereich der Membranelektrolyse –
Überführung der Metallionen von Anolyt in Katholyt bei kontinuierlichem Betrieb an einem Chrombad

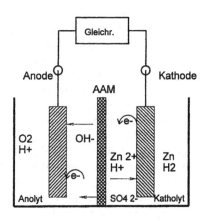

Bild 15-35:
Investitionskosten als Funktion des
Metallsalzgehaltes für eine
Membranzelle [155]

Bild 15-36:
Membranzelle [156]

Tabelle 15-7: Rückgewinnung von Nickel durch Elektrolysis [152]

Elektrolyt	Konzentration zu Beginn (g/l)	Konzentration am Ende (g/l)	Stromaus-beute (%)	Typ der Anlage
Ni in Watts-Bad	13	1,8	67	Membran
Ni in Watts-Bad	13	0,3	45	Membran
Ni in Watts-Bad	3,5	0,3	25	Membran
Ni-sulfamat	3,5	0,3	60	Membran
Ni-sulfat	11	0,2	48	einfache Zelle
Ni-Eluat aus Ionenaustauscher	50	1-3	90	einfache Zelle
chemische Ni-Lösung q 5,5	0,5	30 – 70 einfache Zelle		

Tabelle 15-8: Rückgewinnung von Metallen mit einer CHEMELEC-Anlage [153].

Elektrolyt	Metallgehalt in einer Standspüle (mg/l)	Angewendeter Strom in (Ah/g)	Stromausbeute (%)
Gold	20 – 50	1,37	5 – 10
Silber	50 – 100	0,75	33
Cadmium	50 – 100	1,44	33
sauer Kupfer	500	1,06	80
cyanidisch Kupfer	500	0,64	50
Nickel	1000	1,55	60
Nickel	800	1,90	50
Nickel	500	2,13	45
sauer Zink	500	1,71	20
cyanidisch Zink	500	2,53	34
Zinn	500	1,33	34

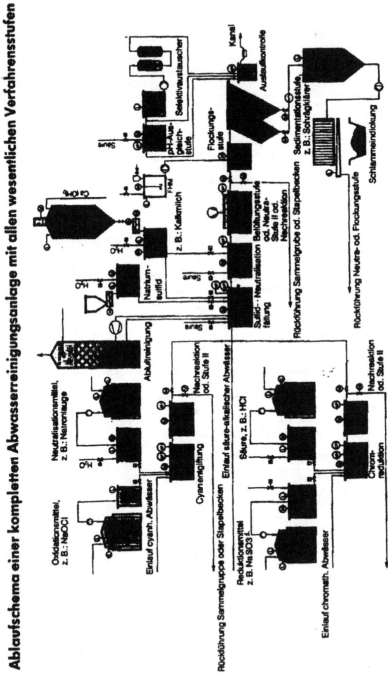

Bild 15-37: Abwasseranlagenzusatz in einer Galvanikanlage.

16 Schmelztauchschichten

Unter Schmelztauchschichten werden Schichten verstanden, die durch Eintauchen eines metallischen Werkstücks in geschmolzenes Metall erzeugt werden. Tabelle 16-1 zeigt, welche technisch wichtige Schmelztauchschichten auf gängige Werkstoffe aufgebracht werden.

Tabelle 16-1: Technisch eingesetzte Schmelztauchschichten.

Schmelztauchschicht	Basiswerkstoff
Al- oder Al-Legierungen (Schmelzpunkt Al: 659 °C)	niedrig legierter Stahl, Chromstahl, Cr/Ni-Stahl, Messing, Gußeisen, Cu-Werkstoffe
Pb- oder Pb-Legierungen (Schmelzpunkt v. Pb: 327 °C)	niedrig legierter Stahl, Zink, Cu- und Al-Werkstoffe
Sn- oder Pb/Sn-Legierungen (Schmelzpunkt von Sn: 323 °C)	niedrig legierter Stahl, Gußeisen, Al-, Ni-, Co- oder Cu-Werkstoffe, Messing, Bronze Zink, Cadmium, Blei, Silber, Gold, Platin.
Zn- oder Zn-Legierungen (Schmelzpunkt von Zn: 420 °C)	niedrig legierter Stahl, Gußeisen, Bronze, Messing, Cu-Werkstoffe.

Alle Bauteile, die mit einer Schmelztauchschicht überzogen werden, werden thermisch belastet. Man verwendet daher bei der Konstruktion von Werkstücken entweder vorbeschichtetes Material, oder man unterwirft das Werkstück nach seiner Fertigstellung einer Schmelztauchbehandlung, wobei konstruktiv alle Möglichkeiten zur Vermeidung eines Verzugs ausgeschöpft werden müssen. Das Aufbringen von Schmelztauchschichten erfolgte schon in der industriellen Frühzeit in auf offener Flamme stehenden Schmelzkesseln. Daher haben sich bis heute Ausdrücke wie „Feuerverzinken" etc. gehalten.

Die praktischen Verfahren zur Ausbildung von Schmelztauchschichten sind einander fast gleich. Grundsätzlich sind darunter die Stückbearbeitung und die Bandstahlbearbeitung zu unterscheiden. Auf beide Verfahren wird bei der Besprechung des Feuerverzinkens eingegangen.

16.1 Feueraluminieren

Stahlbauteile werden mit Aluminium überzogen, wenn ein Oxidationsschutz bei höherer Temperatur erzeugt werden soll. Aluminiumschichten werden ferner eingesetzt, wenn neben der Oxidationsschutzfunktion gute elektrische Leitfähigkeit, hohes Reflexionsvermögen und metallisches Aussehen verlangt werden. Bauteile, die H_2S oder SO_2 in Industrieatmosphären oder Nitraten und Phosphaten z. B. in der Landwirtschaft ausgesetzt sind, werden ebenfalls mit einer Al-Schicht überzogen. Bis 400 µm dicke

Al-Schichten setzt man ein, wenn Bauteile kontinuierlich kondensierendem Wasserdampf ausgesetzt werden. Der Behandlungsgang eines Werkstücks vor dem Tauchen in flüssiges Al beinhaltet die Schritte

> Entfetten – beizen – tauchen in Flußmittel – trocknen – tauchen in das Schmelztauchbad bei 650 bis 800 °C (5 bis 60 s) – abblasen mit Druckluft – kühlen.

Die Tauchzeit in der Al-Schmelze muß ausreichen, um das Werkstück auf Schmelzetemperatur zu erwärmen. Das Abblasen mit Druckluft dient dazu, die Schmelzeschicht auf gleichmäßige Dicke zu bringen und überschüssiges Al zu entfernen. Das Werkstück wird gekühlt, damit die Diffusionsschicht nicht zu groß wird.

Die im Schmelztauchverfahren erzeugte Al-Schicht besteht im Wesentlichen aus einer etwa 10 bis 60 μm dicken μ-Phase (Fe_2Al_5) mit einer darauf liegenden 20 bis 100 μm dicken reinen Al-Schicht.

Beim Einsatz von mit Aluminium überzogenen Bauteilen muß stets daran gedacht werden, daß Al sich sowohl in Alkalilaugen als auch in Mineralsäuren auflöst. Mit Al überzogene Bauteile einer Auspuffanlage werden daher durch die im Abgas gebildeten Säuren (vor allem H_2SO_4) korrodiert.

16.2 Feuerverbleien

Stahl kann nicht direkt verbleit werden. Zum Verbleien wird Stahl zunächst verzinnt. Anschließend wird bei 350 °C Blei aufgezogen. Dabei wird im allgemeinen antimonhaltiges Blei mit 5 – 7 % Sb-Gehalt eingesetzt. Die Phasen in einere Blei-Schmelztauchschicht auf Stahl beinhalten daher eine erste Schicht aus $FeSn_2$ und $FeSb_2$ und darüber Mischkristalle der Art PbSn, PbSb und PbSnSb. Die Schichtdicke derartiger Bleischichten liegt bei 5 bis 300 μm, bevorzugt bei 5 bis 25 μm.

Bei der Homogenverbleiung werden Bleischichten bis über 1 mm Dicke durch eine Wasserstoffflamme aufgeschmolzen oder im Schmelztauchbad erzeugt. Schutzschichten aus Blei werden vor allem im Säureschutzbau gegen HF, H_2SO_3 und H_2SO_4 bei Apparaten, Rohrleitungen und Behältern in der chemischen Industrie eingesetzt. Dabei muß aber beachtet werden, daß Blei nur im pH-Bereich von 4 < pH < 10 unlöslich ist. Oberhalb von pH-Wert 10 bilden sich unter Wasserstoffentwicklung Plumbate, unterhalb von pH-Wert 4 entstehen lösliche Bleisalze wie $PbCl_2$. Lediglich in Schwefelsäure Flußsäure bzw. schwefliger Säure entstehen schwerlösliche Schutzschichten, die jedoch keineswegs unlöslich sind. Bleischutzschichten von mehreren mm Dicke schützen in Hochleistung-Akkumulatoren die Kupferableiter vor dem Angriff durch die Batteriesäure.

16.3 Feuerverzinnen

Feuerverzinnen wird heute nur noch als Stückverzinnung ausgeführt. Dabei kann nach zwei verschiedenen Verfahren gearbeitet werden. Bessere Oberflächenqualitäten erreicht man im „Zweikesselverfahren": Dabei wird die Zinnschicht in zwei nacheinander zu durchlaufenden Kesseln erzeugt. Das gereinigte Werkstück wird im ersten Kessel durch eine aufschwimmende Flußmittelschicht, die $SnCl_2$ enthält, in das Zinnbad eingetragen. Die Flußmittelwirkung beruht auf der Reaktion

$$Fe + SnCl_2 = FeCl_2 + Sn$$

Nach Erreichen einer Temperatur von 300 °C, bei der sich auf dem Werkstück eine Grundschicht aus $FeSn_2$ von 2 bis 20 µm Dicke ausbildet, wird das Werkstück in einem zweiten Zinnbad, das mit Öl und geschmolzenem Fett (Talg) abgedeckt ist, geführt, in dem bei 250 °C die Zinn-Deckschicht gebildet wird. Das fertige Werkstück wird durch Abblasen mit Heißluft oder Abstreifen mit Rollen bei 250 °C auf eine Schichtdicke von 1,5 bis 2,5 µm gebracht und mit kaltem Öl oder im Kaltluftstrom abgeschreckt.

Beim Einkesselverfahren wird lediglich der zweite Sn-Schmelzekessel eingespart. Das Verfahren ist kostengünstiger als das Zweikesselverfahren, hat aber den Nachteil, daß Pickel aus $FeSn_2$ auf der Oberfläche sichtbar sind. Der Korrosionsschutz einer Zinnschicht beruht auf einer 1,5 bis 2 nm dicken dichten SnO-Schicht, die zwischen pH-Werten von 3,5 bis 11 praktisch nur von Komplexbildnern angegriffen wird. Oberhalb pH-Wert 11 löst sich die Zinnschicht unter Wasserstoffentwicklung und Bildung von Stannaten, unterhalb pH-Wert 3,5 entstehen unter Wasserstoffentwicklung lösliche zweiwertige Zinnsalze.

Anwendung findet das „Feuerverzinnen" als dekorative Schicht, zur Verbesserung des Lötvermögens, als Gleitschicht auf Gußeisen, als Korrosionsschutz und als Haftgrund vor dem Verbleien.

16.4 Feuerverzinken

Feuerverzinken von Stahl wird in großem Umfang sowohl als Stückverzinkung als auch als Bandverzinkung ausgeführt. Man verzinkt Stahl vor allem aus Gründen des Korrosionsschutzes, wobei man beachten muß, daß die Korrosionsschutzwirkung von Zink die Wirkung einer Zink-Opferanode ist. Zink ist unedler als Eisen. Tritt unter einer Zinkschicht Eisen zu Tage, wird das Zink zur sich auflösenden Anode und das Eisen zur geschützten Kathode des Lokalelements. Dieser kathodische Schutz wirkt so lange, wie der Abstand zwischen zwei Zinkschichten 1,5 mm nicht überschreitet (Bild 16-1).

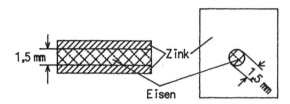

Bild 16-1: Korrosionsschutzwirkung von Zink bei geschnittenem Bandstahl

Eine geschlossene Zinkschicht dagegen wird im Idealfall durch eine Schicht aus basischen Zinkcarbonaten geschützt. Im Realfall unserer heutigen Industrieatmosphäre dagegen entstehen lösliche Zinknitrate und -sulfate, so daß der Zinkabtrag bei 7 bis 12 µm pro Jahr entsprechend 35 bis 84 g/m^2 Oberfläche beträgt.

16.4.1 Stückverzinkung

Die Stückverzinkung wird bei vielen auch sicherheittechnisch relevanten Werkstücke angewendet. Dabei kann man drei verschiedene Verfahrensvarianten unterscheiden:

- Trockenverzinkung
- Naßverzinkung
- verkürzte Naßverzinkung

Die Unterschiede der Verfahren liegen dabei in der Zahl der Arbeitsgänge, die jeweils eingesetzt werden. Zu bemerken ist dabei, daß das verkürzte Naßverfahren nur günstig einsetzbar ist, wenn die Art der bei der Produktion eingesetzten Befettungen stets gleichbleibend ist. Bei der Stückverzinkung treten eine Reihe intermetallischer Phasen zwischen Zink und Eisen auf, die teilweise in den Basiswerkstoff Eisen hineinwachsen und deren Dicke von der Dauer der Behandlung im Schmelzkessel abhängig ist (Bild 16-2). Folgende Phasen werden beobachtet:

α - Schicht	im Innern des Basiswerkstoffs. Diffusionsschicht mit nicht-stöchiometrischem Zinkgehalt
Γ - Schicht	im Innern des Basiswerkstoffs. $FeZn_3$, Fe_3Zn_{10} und $Fe5Zn_{21}$ mit 21 bis 28 % Fe. Die Schicht ist spröde.
Δ_1 - Phase	ragt aus dem Basiswerkstoff heraus. Sie enthält $FeZn_7$ und $FeZn_10$ mit 7 bis 12 % Eisen und ist plastisch.
ζ - Schicht	spröde Palisadenschicht aus $FeZn_13$.
η - Schicht	Reinzinkschicht

Tabelle 16-2: Verfahren zur Stückverzinkung.

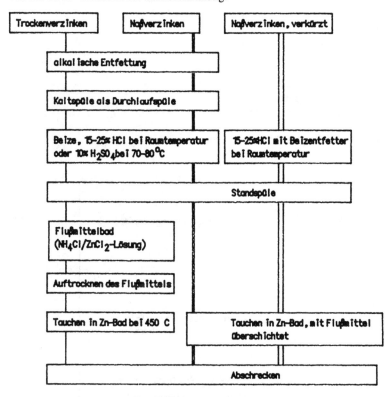

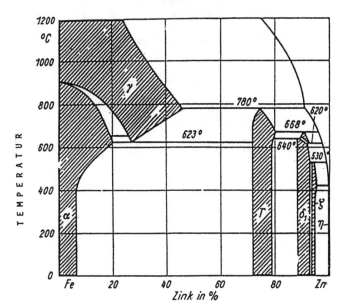

Bild 16-2: Phasendiagramm des Systems Eisen/Zink

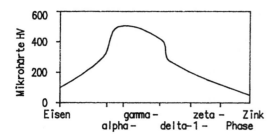

Bild 16-3: Härteverlauf in einer Zinkschicht nach dem Stückverzinken

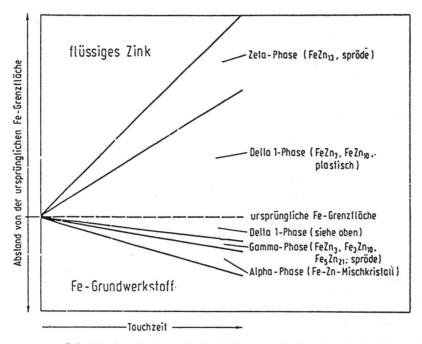

Zeitabhängiges Wachstum der Fe/Zn-Phasen (nach *Knauschner*)

Bild 16-4: Zeitabhängiges Wachstum einer Zinkschicht beim Stückverzinken

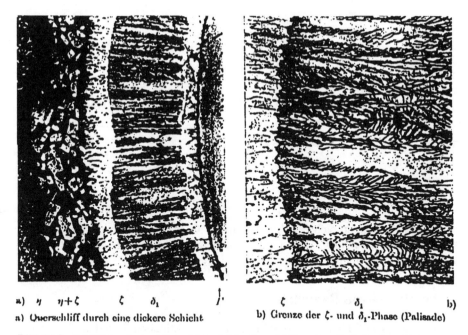

a) η η+ζ ζ δ₁ ꞁ'

a) Querschliff durch eine dickere Schicht

b) Grenze der ζ- und δ₁-Phase (Palisade)

ζ δ₁ b)

Bild 16-5: Schliff durch eine Zinkschicht. Links Qerschliff, rechts die Palisadenschicht

Eine Abwandlung des Verzinkungsverfahrens besteht darin, daß man das gereinigte Werkstück kurzzeitig mit geschmolzenem Zink in Berührung bringt, sodaß sich eine erste Eisen/Zink-Diffusionsschicht ausbildet. Man überführt anschließend das Werkstück in geschmolzenes Blei, so daß die Diffusionszeit des Zinks zur Ausbildung der eisenreicheren Γ-Schicht ausreichend ist. Da Zink und Blei bei den angewendeten Temperaturen eine Mischungslücke aufweisen, wird Blei nur geringfügig mit angelagert. Beim Herausnehmen des Werkstücks aus dem Bleibad wird das Zinkbad durchlaufen, so daß auf der Werkstückoberfläche Reinzink abgeschieden wird. Nach Abkühlen entstehen

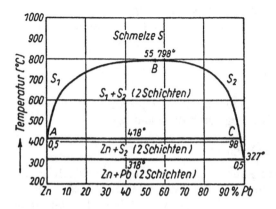

Bild 16-6: Zustandsdiagramm von Blei und Zink nach [153]

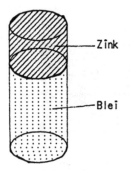

Bild 16-7:
Verzinkungsverfahren der
VERTICALGALVA

verzinkte Werkstücke, die sich durch spiegelnden Glanz von allen anderen Verzinkungsverfahren unterscheiden. Derart ausgebildete Schichten werden als Korrosionsschutz und dekorative Schicht geschätzt (Hersteller: Verticalgalva).

16.4.2 Verzinken von Bandstahl

Die Beschichtung von Bandstahl erfolgt heute fast ausschließlich nach dem Sendzimir-Verfahren. Lediglich in den USA ist noch das Cook-Nortemann-Verfahren anzutreffen. Während das Cook-Nortemann-Verfahren ein kontinuierlich betriebenes Trockenverzinkungsverfahren darstellt, bei dem entfettetes und gebeiztes Kaltbreitband mit Flußmittel behandelt, getrocknet und anschließend verzinkt wird, verzichtet das Sendzimir-Verfahren auf chemische Behandlungsschritte. Der Verfahrensablauf beim Sendzimir-Verfahren umfaßt folgende Arbeitsschritte.

- Abbrennen des Kaltbreitbandes bei 450 bis 600 °C, Bandtemperatur (Ofentemperatur 1000 bis 1200 °C)
- Reduzieren der Oberfläche mit H_2/N_2-Gemisch mit 30-35 Vol % H_2 bei 900 bis 980 °C
- Kühlen des Bandes unter N_2/H_2-Gasgemisch mit 30-35 Vol % H_2 auf etwas mehr als 450 °C.
- Tauchen des Bandes in geschmolzenes Zink bei 450 °C.
- Abstreifen von überflüssigem Zink mit Rollen oder durch Anblasen mit Heißluft von 450 °C.
- Kühlen des Bandes mit Luft
- Kühlen des Bandes mit Wasser
- Trocknen des Bandes
- Richten des Bandes im Dressier und im Richt-Streck-Gerüst
- Auftragen einer Chromatpassivierung durch Rollenauftrag
- Trocknen
- Aufhaspeln oder Schneiden des Bandes.

Bild 16-8 zeigt den Ablauf des Verzinkungsverfahrens, wie es allgemein üblich ist. Bild 16-9 zeigt die Verfahrensvariante mit einem Wechselkesselverfahren, das es erlaubt einen Schmelzwechsel ohne Entleeren des Kessels durch Austausch des Kessels vorzunehmen.

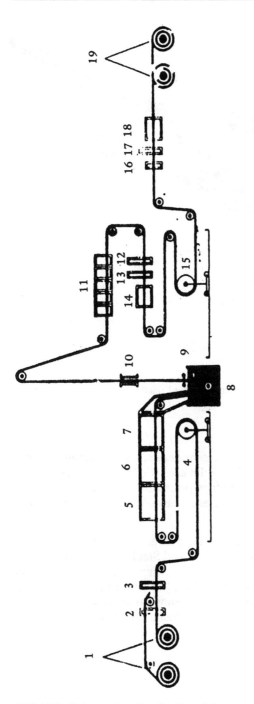

Schema einer Bandverzinkungsanlage

1 Abwickelhaspel
2 Schopfschere
3 Schweißmaschine
4 Schlingenwagen/Einlauf
5 Vorerhitzer (Abbrennofen)
6 Reduktionsofen
7 Kühlstrecke

8 Schmelzbad
9 Abstreifdüsen
10 Vorkühlung
11 Kühlstrecke
12 Dressiergerüst
13 Streck-Richt-Anlage
14 Chromatpassivierung

15 Schlingenwagen/Auslauf
16 Stempelmaschine
17 Schopfschere
18 Einölvorrichtung
19 Aufwickelhaspel

Bild 16-8: Schema einer Bandstahlverzinkung

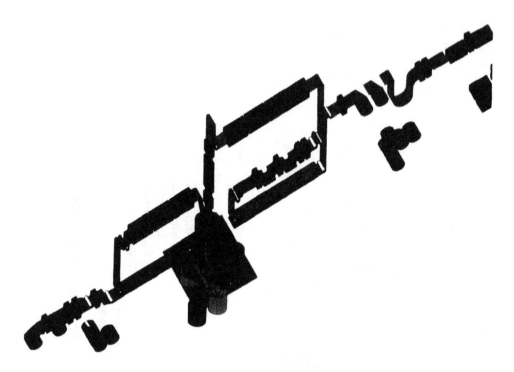

Bild 16-9: Wechselkesselverfahren, Foto OT-Labor der MFH mit Erlaubnis von Hoesch/Biggetal

Wie das Bild zeigt, wird die Zinkschmelze in einem keramisch ausgemauerten und elektrisch beheizten Kessel vorgenommen. Die Schmelze wird bei Schmelzewechsel entweder aus dem Kessel mit Hilfe einer Kreiselpumpe entnommen und in einen Vorratskessel gepumpt, oder es wird der gesamte Kessel ausgetauscht. Bild 16-9 zeigt beide Möglichkeiten.

Das Eintauchen des Breitbandes in die Zinkschmelze erfolgt unter völligem Luftausschluß. In der Schmelze selbst befinden sich Umlenk- und Stabilisierungsrollenrollen, mit denen das Band geführt wird. Beim Austritt aus dem Schmelzbad wird überschüssiges Zink durch Abstreifrollen oder mit Hilfe von Druckluft durch eine abstandsgeregeltes Düsensystem abgestreift. Bild 16-10 zeigt die Anordnung dieser Bauteile am Ofenausgang. Die Bilder 16-11 bis 16-13 zeigen die einzelnen Bauteile.

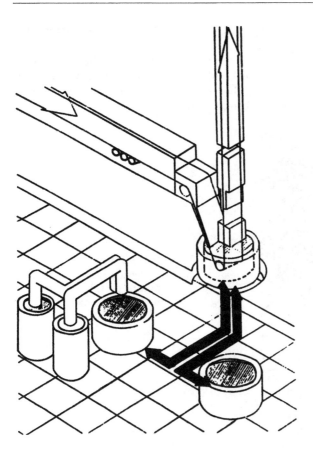

Bild 16-10: Ofenausgang

Die Kristallgröße der kristallisierenden Zink-Metallschicht kann durch Bestäuben mit Zinkstaub und durch die Intensität der Kühlung eingestellt werden (Bild 16-14). Wird Zink mit etwa 0,2 Gew. % Pb-Gehalt verwendet, erstarrt die Zinkschmelze auf der Oberfläche in Form großer „Blumen", reines bleifreies Zink führt dagegen zu feinkristallinem Material.

Da bei verzinktem Breitband oft unterschiedliche Korrosionsschutzanforderungen an beide Seiten des Blechs z. B. im Karosseriebau gestellt werden, ist unterschiedlich dicke Verzinkung auf beiden Blechseiten gewünscht. Man bezeichnet verzinktes Material mit einseitig dickerer Zinkauflage als „Monogal". Man erzeugt die unterschiedliche Beschichtung durch einseitiges Abbürsten der Bandoberfläche mit Stahlbürsten bis auf eine Restzinkauflage von 10 g Zn/m^2 in Form einer Fe/Zn-Schicht (Bild 16-15). Eine Methode zum einseitigen Beschichten von Bandstahl beschreibt das Patent [154] (vgl. Bild 16-16).

Da die Bandgeschwindigkeiten mit bis 130 m/min sehr hoch sind, ist keine genügend große Diffusionszeit vorhanden. Dadurch bildet sich die ξ-Schicht (Palisaden-Schicht) nicht aus. Eine weitere Variante der Verzinkung besteht darin, aus der aufgebauten Zinkschicht mit unterschiedlichem Eisengehalt senkrecht zur Bandoberfläche durch nachträgliches Verlängern der Diffusionszeit eine einheitliche Zn/Fe-Schicht mit im Mittel 7-12 % Fe zu erzeugen. Dazu wird das Band nach Verlassen der Abstreifvorrichtung in einer Ofenzone kurzzeitig nachgeglüht (Bild 16-17). Man nennt Blech dieser Art „Galvannealed". Es wird ebenfalls im Automobilbau eingesetzt.

Bild 16-11:
Umlenk- und Stabilisierungs-
rollen, Foto OT-Labor, mit
Erlaubnis v. Hoesch.

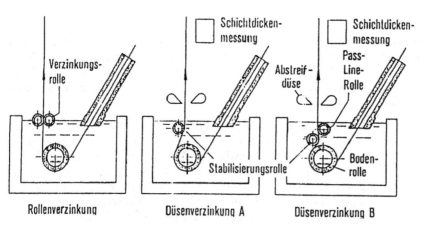

Bild 16-12: Verschiedene Ausführungsformen der Schichtdickeneinstellung
Rollenverzinkung – Einstellung über Abstreifrollen
Düsenverzinkung – Einstellung über Abblasdüsen

Bild 16-13: Abstreifdüsen, Foto OT-Labor, mit Genehmigung von Hoesch

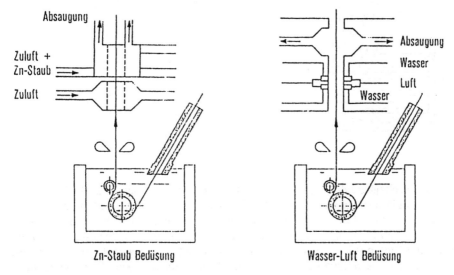

Zn-Staub Bedüsung

Wasser-Luft Bedüsung

Bild 16-14: Möglichkeiten zur Einstellung der Korngröße der Zinkkristalle durch Bekeimen mit Zinkstaub oder durch Kühlung

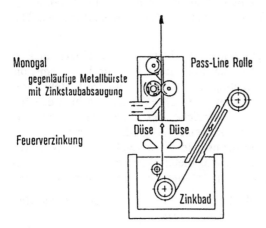

Bild 16-15:
Bürsteinrichtung zur
Herstellung von Monogal

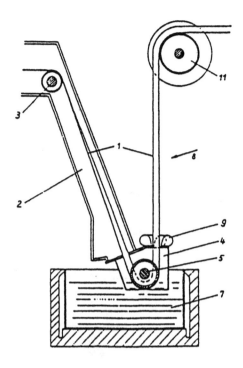

Bild 16-16:
Beschichtungsvorrichtung
nach [214]

Seit Ende der sechziger Jahre werden in zunehmendem Maße außer Zinkschichten Zink-Aluminium-Legierungsschichten im Schmelztauchverfahren nach Sendzimir aufgetragen. Erste Endwicklung war eine Legierung aus 95 % Zn und 5 Gew. % Al mit geringen Zusätzen an Cer und Lanthan, um die Benetzbarkeit des Stahls zu verbessern. Schichten dieser Art, die Galfan (Galvanising fantastique oder fantastic) genannt wurden, zeigten besseres Korrosionsschutzverhalten als reine Zinkschichten. Dem Phasendiagramm Zink/Aluminium entnimmt man, daß der Schmelzpunkt bei einem Eutektikum mit einer Schmelztemperatur von 382 °C liegt. Die Legierung ist 6,61 g/cm^3 spezifisch leichter als Zink (Dichte 7,14 g/cm^3). Beschichtungen mit Galfan erfordern spezielles keramisches Kesselmaterial, weil sie aggressiver als Zinkschmelzen sind, und verstärkte Nachkühleinrichtungen.

Weitere Entwicklungen führten durch Arbeiten der Bethlehem Steel (USA) zur Entwicklung einer Beschichtungslegierung mit einer Reindichte von nur 3,75 g/cm^3, die bei 600 °C als Schmelze auf Stahlband aufgetragen wird. Die Schmelze besteht dabei aus 55 Gew. % Al, 43,4 Gew. % Zn und 1,6 Gew. % Si. Der Werkstoff erhielt den Namen Galvalume. Die Schicht besteht aus einer zinkreichen netzartigen Phase, verteilt in einer aluminiumreichen Grundphase mit einer dünnen Fe/Al/Zn/Si-Legierungsschicht. Bei korrosivem Angriff wird Zink selektiv herausgelöst, während eine Al/AlO(OH)-Schicht zurückbleibt, die ebenfalls Korrosionsschutz bietet. Weitere Markennamen dieses Produktes sind Aluzink, Zinkalume, Algafort, Zalutite. Die Schicht verbessert den

Flächenschutz im Vergleich zu Galfan. Galvalume-Schichten werden ebenso wie Galfan – Schichten in Dicken von 7 bis 20 µm normalerweise eingesetzt.

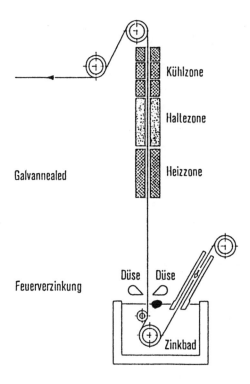

Bild 16-17: Einrichtung zur Herstellung von Galvannealed Stahlblech

17 Diffusionsschichten

Unter Diffusionsschichten werden Schichten verstanden, die durch Diffusionsprozesse entstehen. Solche Schichten können durch Aufnahme eines Werkstoffs in die Werkstückoberfläche oder durch wechselseitiges Ein- und Auswandern von Fremdatomen und das Werkstück aufbauende Atome entstehen. Im Einzelnen werden darunter verstanden und behandelt

- Härten und Aufkohlen
- Carbonitrieren
- Nitrieren
- Borieren
- Inchromieren
- Alitieren und Sherardisieren

17.1 Härten

Härten bedeutet bei Eisenwerkstoffen, die Härte der Oberfläche durch Erwärmen über die Austenitisierungstemperatur zu bringen, Kohlenstoff dabei zu lösen und durch rasche Abschreckung ein martensitisches Gefüge zu erhalten. Gute, spezielle Fachliteratur ist nur wenig bekannt [101,172]. Beim Härteprozeß spielen folgende kristalline Phasen eine Rolle (Bild 17-1):

α-Eisen, γ-Eisen, Austenit und Martensit. Austenit ist, wie das Gitter zeigt, eine feste Lösung von Kohlenstoff in γ-Eisen. Martensit entsteht als metastabiles Umwandlungsprodukt aus Austenit. Die Bildung des Austenits beruht darauf, daß in den Zentren und Kantenmitten der Elementarzelle des γ-Eisens bis zu 8 Atom% C-Atome eingelagert werden können, d. h. es kann nicht jeder Gitterplatz gleichzeitig von C-Atomen besetzt werden. Austenit hat daher den Charakter einer festen Lösung, wobei sich beim Einlösen von Kohlenstoffatomen das Gitter geringfügig aufweitet [155]. Martensit entsteht beim Abschrecken von Austenit und läßt sich demnach als feste Lösung von Kohlenstoff in α-Eisen bezeichnen, wobei das Gitter in einer Raumrichtung aufgeweitet und leicht verzerrt wird. Weitere Phasen des Eisen-Kohlenstoff-Diagramms (Bild17-2) sind

- der Zementit, ein Carbid der Zusammensetzung Fe_3C
- der Ledeburit, ein eutektisches Gemisch von Zementit und an Kohlenstoff gesättigtem Austenit
- der Perlit, ein eutektoides, d. h. im festen Zustand entmischtes, Gemenge aus α-Eisen und Zementit
- der Ferrit, das α-Eisen.

Ohne weitere Nachbehandlung schmiedbare Stähle auf enthalten < 2,06 % C. Stähle mit weniger als 0,35 % C sind praktisch nicht härtbar. Legierungen mit > 2,06 % C werden hauptsächlich im Gusszustand benutzt, Kohlenstoff kann in Eisen in freier Form als Graphit oder gebunden als Zementit Fe_3C vorliegen. Beim Härten wird der Stahl auf Temperaturen, die 30 bis 50 °C oberhalb des Linienzuges GPSK (Bild 13-12) liegen, erwärmt.

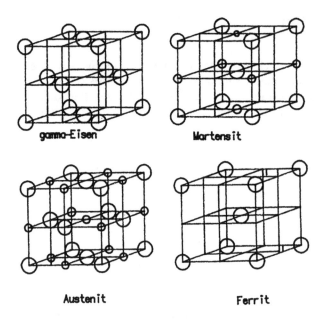

Bild 17-1: Gitteraufbau von Austenit, Martensit, Ferrit und g-Eisen nach [155]

Beim Härten trachtet man nun danach, durch Erhitzen zunächst Austenit zu erzeugen und danach durch Abschrecken Martensit zu stabilisieren. Die günstigste Härtetemperatur für Kohlenstoffstähle zeigt Bild 17-2.

Nach dem Härten wird Spannungsabbau durch Anlassen bewirkt, bei dem man also das Werkstück eine Zeit lang wieder auf erhöhte Temperatur bringt. Erhitzt man aber das Werkstück beim Anlassen stärker oder über längere Zeit, nimmt die Härte wieder ab, weil sich Perlit fein verteilt ausscheidet.

Als Stahl bezeichnet man Werkstoffe mit < 2 % C. Unlegierte oder Kohlenstoffstähle enthalten also nur die Begleitelemente, die durch die metallurgischen Arbeiten im Stahl verblieben sind Das sind die Elemente bis 0,8 % Mn, bis 0,5 % Si, bis 0,03 % P und bis 0,03 % S.

Für bestimmte Umform- oder Verbindungsarbeiten sind kohlenstoffarme Stähle erforderlich (Schmieden, Schweißen). Für Schweißarbeiten gelten Grenzwerte je nach Schweißverfahren von 0,2 bis 0,35 % C. Oberhalb von 0,8 % C steigt die Festigkeit des Stahls nur noch wenig mit steigendem C-Gehalt an, die Härte dagegen nimmt weiter zu. Ist der C-Gehalt des Werkstücks zu klein, kann ein einfaches Härten nicht zu einer wesentlichen Steigerung der Härte führen. Zum Härten geeignete Stähle (Vergütungsstähle) werden dadurch gekennzeichnet, daß man hinter den Buchstaben C den 100-fachen Wert des C-Gehaltes schreibt, d. h. C 25 enthält 0,25 % C. Stähle unterhalb C 25 können nur gehärtet werden, wenn man den Kohlenstoffgehalt durch Aufkohlen erhöht.

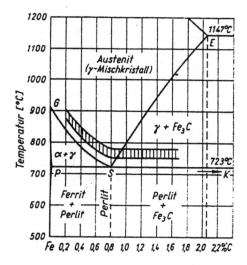

Bild 17-2a:
Härtetemperatur der Kohlenstoffstähle nach [166]

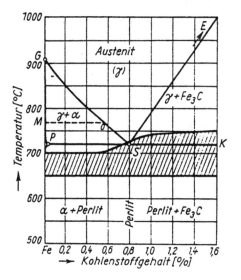

Bild 17-2b:
Weichkühtemperatur der
Kohlenstoffstähle nach [166]

Unlegierte Stähle nehmen nur in einer relativ dünnen Randzone höhere Härten an, wobei die Tiefe der Einhärtung mit zunehmendem C-Gehalt zunimmt. Die Art des Erhitzens ist beim Härten ohne Einfluß auf das Arbeitsergebnis. Man härtet in Kammeröfen
oder erhitzt die Oberfläche mit Brennern oder induktiv oder mit Laser-Strahlen, die
man dann sogar punktuell einsetzen kann wodurch man eine Randzonenhärtung erzielt.
Während geringe Wandstärken des Werkstücks mit Luft abgeschreckt werden können,
kann ein wirkungsvolles Abschrecken ab Wandstärken von 5 mm nur mit Wasser oder
Öl durchgeführt werden. Wasser hat dabei den Nachteil, daß der im Wasser gelöste Sauerstoff mit dem Stahl reagiert, wodurch sich die Oberfläche verfärbt (Oxidbildung).

Ebenso kann beim Abschrecken mit Wasser das Leidenfrostphänomen auftreten, so daß in bestimmten Partien des Werkstücks die Abkühlung wegen fehlender Benetzung mit Flüssigkeit verzögert wird. Dadurch treten Weichfleckigkeit und Verziehen der Werkstücke ein. Zusatz von 10-15 Gew. % NaCl und bis 2 % NaCN zum Wasser verbessert den Abschreckungsverlauf. Stark frequentierte Abschreckbäder sollten gekühlt werden. Abschrecken mit Härteölen sollte mit Mineralölen erfolgen. Öle nativen Ursprungs liefern Crack-Produkte (Ölkohle), die schlecht entfernbar sind.

Bild 17-3 zeigt den härtetechnisch wichtigen Teil des Zustandsschaubildes Eisen – Zementit. Man erhitzt das Werkstück zunächst über die A_1-Linie und wählt eine auf der Härtetemperaturkurve dem C-gehalt entsprechende Temperatur. Man muß dabei bedenken, daß der Härtevorgang ein kinetischer Vorgang ist, bei dem also außer der Härtetemperatur auch die Härtezeit dem Werkstück angepaßt werden muß. Dazu verwendet man das TTT-Diagramm (Temperature – Transformation – Time) Bild 17-4. Wenn das Werkstück auf A1-Temperatur erhitzt wurde, benötigt es die Zeit bis zum Erreichen der linken S-Kurve, bis die Austenitisierung beginnt. Nach Erreichen der rechten S-Kurve ist die Austenitisierung abgeschlossen. Beim Abschrecken bildet sich Martensit ab der Linie Ms, deren Temperatur wiederum vom Kohlenstoffgehalt abhängig ist (Bild 17-5). Den Einfluß des C-Gehaltes auf Kerbschlagzähigkeit und Härte gehärteter Werkstücke zeigt Bild 17-6.

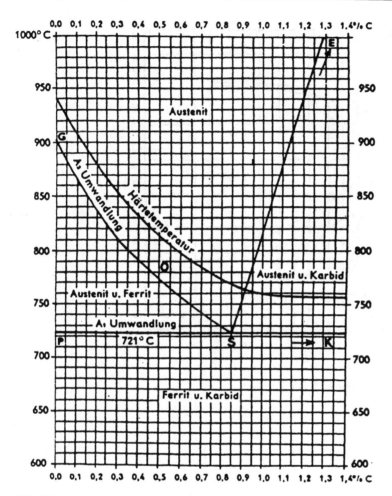

Bild 17-3: Härtetechnisch wichtiger Teil des Systems Eisen/Zementit nach [156]

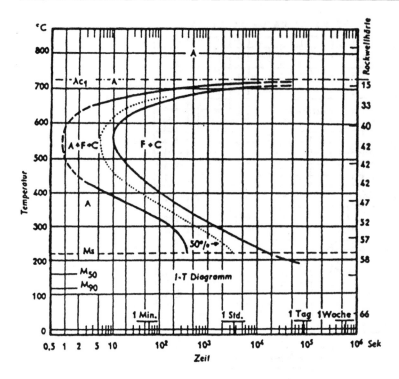

Bild 17-4: Das TTT-Diagramm nach [156]

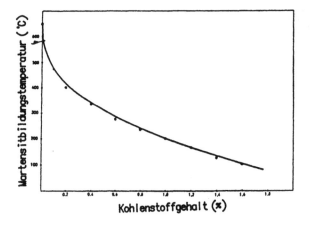

Bild 17-5: Die Abhägigkeit der Martensitbildungstemperatur vom C-Gehalt [156]

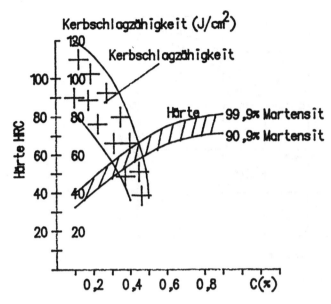

Bild 17-6: Erzielbare Härte und Kerbschlagzähigkeit von gehärtetem Stahl

17.2 Aufkohlen

Zur Verbesserung der Oberflächenhärte von Stählen mit geringem C-Gehalt muß der Oberfläche Kohlenstoff zugeführt werden. Die Anreicherung von Stahl mit Kohlenstoff durch Glühen in kohlenstoffabgebenden Mitteln oberhalb der A_1-Linie (Bild 17-3) wird Aufkohlen genannt. Als kohlenstoffabgebende Mittel dienen Granulat oder Pulver aus Koks, gemischt mit Carbonaten wie $BaCO_3$ oder z. B. Kohlungsgase wie Propan, Stadtgas, Erdgas unter CO_2-Zusatz. Die Behandlungstemperaturen liegen bei 900 bis 950 °C. Die Behandlung mit Kohlungsmitteln beruht darauf, daß diese Produkte bei Behandlungstemperatur zunächst CO bilden, das wie das Boudouardsche Gleichgewicht es vorschreibt, in C und CO_2 zerfällt. Der dabei gebildete Kohlenstoff ist zunächst atomar und damit sehr reaktiv und diffusionsfreudig und dringt in die Stahloberfläche ein. Bild 17-7 zeigt die Gleichgewichtslage für Stahl mit verschiedenem Kohlenstoffgehalt in Abhängigkeit vom CO-Gehalt des Reaktionsraumes und von der Temperatur. Das Bild zeigt, daß z. B. ein Gas mit 80 % CO bei 770 °C Stahl fast bis zur Sättigung aufkohlen kann. Bei 940 °C liegt aber der Gleichgewichtswert im Stahl bei 0,1 % C, so daß C-reicherer Stahl mit in 80 %-igem CO sogar entkohlt werden kann.

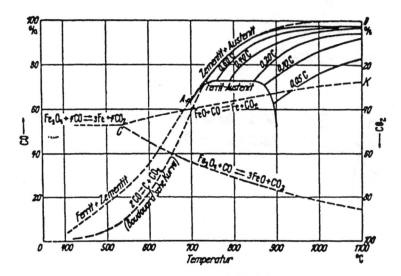

Bild 17-7: Aufkohlungsdiagramm für Stahl nach [156]

Bei der Pulveraufkohlung werden die Werkstücke in die Pulvermischung eingebettet. Bei 900 bis 950 °C erfolgt dann die Reaktion

$$C + BaCO_3 = BaO + 2\,CO$$

und an der Stahloberfläche das Boudouardsche Gleichgewicht

$$2\,CO \Longleftrightarrow C + CO_2$$

Die Aufkohlungsgeschwindigkeit beträgt dabei etwa 0,15 mm/h.

Bei der Gaskohlung erfolgen folgende chemische Reaktionen:

- Stadtgas (ein Gemisch aus CO und H_2) außer der Boudouardschen Reaktion des CO

$$CO + H_2 = C + H_2O$$

- Erdgas $\qquad CH_4 = C + 2\,H_2$

  oder bei CO_2-Zusatz $\qquad CH_4 + CO_2 = 2\,C + 2\,H_2O$

- Methanolgas $\qquad CH_3OH = C + H_2 + H_2O$

Bei Verwendung von Propan, Erdgas oder anderer C-Quellen wie Alkoholen, Aldehyden etc. wird zunächst ein Endogas durch endotherme Verbrennung in einem Endogaserzeuger (Bild 17-8) katalytisch hergestellt, das in etwa die Zusammensetzung 40 Vol % N_2, 40 Vol % H_2 und 20 Vol % CO besitzt. Dazu wird eine definierte Menge an „Fettungsgas" (Alkoholdämpfe, Aldehyde etc.) zugesetzt, um den notwendigen Kohlenstoffpegel einzustellen. Je nach Art der Gaszusammensetzung werden dann bestimmte Kohlenstoffübergangszahlen (Aufkohlungsgeschwindigkeiten) und Kohlenstoffverfügbarkeiten (vom Gas abgebbare C-Mengen) erreicht. Bei Gaskohlung lassen sich Aufkohlungsgeschwindigkeiten von 0,4 mm/h erzielen. Um Flächen am Werkstück vor dem Aufkohlen zu schützen und um ein Werkstück nur partiell aufzukohlen, verkupfert man diese Werkstückpartien. Zwischen Randkohlenstoffgehalt, Kohlungsdauer und Kohlungstemperatur besteht naturgemäß ein Zusammenhang, weil hier Diffusionsprozesse ablaufen, die die Geschwindigkeit bestimmen. Bild 17-8 zeigt, daß die Aufkohlung umso tiefer eindringt, je höher die Temperatur und je länger die Kohlungszeit ist.

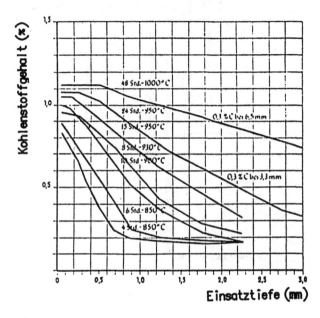

Bild 17-8: Einsatztiefe und Randkohlenstoffgehalt in Abhängigkeit von Kohlungsdauer und Kohlungstiefe [156]

Stähle, die sich aufkohlen lassen, nennt man Einsatzstähle. Nach dem Aufkohlen wird das Werkstück dann dem Härteprozeß unterworfen. Bei großen Schmiedestücken kohlt man nur die Randzonen des Werkstücks auf und beläßt den Werkstückkern in C-ärmerem Zustand. Dadurch erhält man einen Verbundwerkstoff mit der Zähigkeit des ursprünglichen Werkstoffs aber verbesserter Oberflächenhärte.

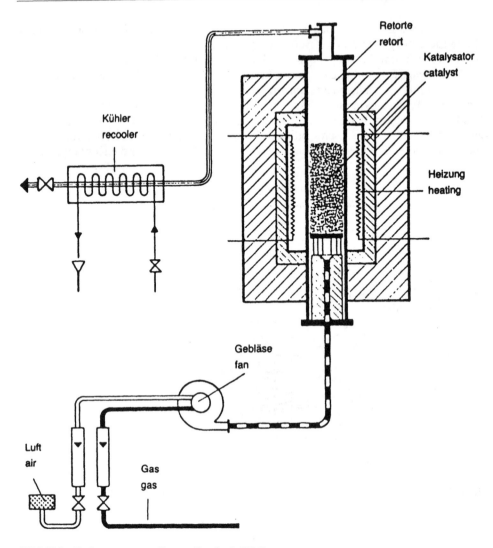

Bild 17-9: Endogaserzeuger, System Durferrit [156]

Eine andere Methode zur Aufkohlung von Werkstücken ist die Vakuum-Aufkohlung in einem Plasma-Diffusionsprozess. Werkstücke werden bei 1 – 20 mbar und 920 – 980 °C in einer Vakuumkammer unter Stickstoff behandelt. Nach erreichen der Endtemperatur wird Methan zugeführt und ein DC-Plasma mit 1000 V angelegt. Bei einem Stromfluß von 0,6 A/cm^2 wird Methan ionisiert und die Ionenfragmente auf der Werkstückoberfläche gesammelt. Die Ausbeute beträgt bei Methan 80 %. Bei Propan sinkt die Ausbeute auf 60 %, weil Propan unter diesen Bedingungen kein Plasma bildet, sondern nur die Ecken der Vakuumkammer ausfüllt. Nach der Aufkohlung wird das Werkstück mit Helium und Stickstoff mit 10 – 40 bar abgekühlt. Bild 17-10 zeigt den Prozessverlauf. Bild 17-11, Bild 17-11 eine Vakuum-Kammer zur Aufkohlung von Werkstücken. In Bild 17-12 wird eine Anlage zur kontinuierlichen Aufkohlung im Vakuumverfahren dargestellt.

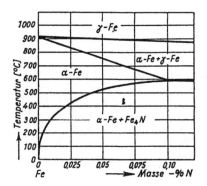

Bild 17-10: Prozessablauf für Vakuumaufkohlen und Hochdruckabschrecken von Getriebeteilen [ ]

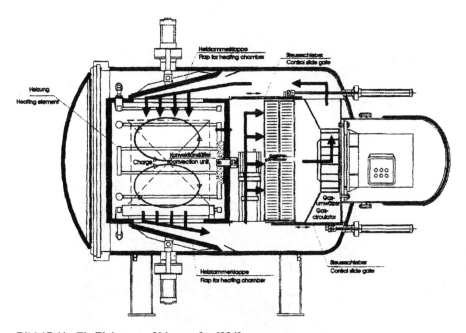

Bild 17-11: Ein Einkammer-Vakuumofen [324]

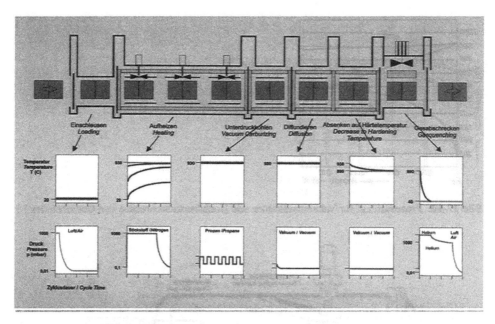

Bild 17-12: Mehrkammeranlage zur Vakuumaufkohlung und Hochdruckabschreckung [ ]

Tabelle 17-1: Zusammenstellung der verschiedenen Bedingungen zur Aufkohlung [241]

	Vakuum	Plasma	Gas
Spendermedien	C₂H₂	CH₄	u.Methanol, Endogas Direktbegasung
Kohlungsspezies	Thermodyn. Zersetzungsgleich.	plasmaaktiviert	thermodyn. Zersetzungsgleich.
Druckbereich	10 - 30 mbar	2 - 30 mbar	1 bar
Gasverbrauch	~ 1 m³/h	< 1 m³/h	ca. 20 m³/h
Gasentsorgung	Abpumpen	Abpumpen	Ablackelung
Anlagenverfügbarkeit	jederzeit	jederzeit	nach Formierung
therm. Emissionen	keine	keine	ja
Steuerung/Regelung	Menge, Druck	Plasmaparam., Menge, Druck	Sonde
Aufkohlunstiefe/Eht	> 0,3 mm	jede, bevorzugt kleine Eht's	jede
partielle Aufkohlung	Abdeckung mit Pasten	einfache mechanische Abdeckungen	Abdeckung mit Pasten
Aufkohlungsgeschwind.	schneller als in Gas bei kleineren Eht's, sonst Diff.-Gesetz	bei kleinen Eht's schneller als Gas oder Vakuum, sonst Diff.-Gesetze	f (C,, t), Diff.-Gesetze
Randoxidation	nein	nein	ja
Bauteilgeometrien	komplizierte Geometrien durch Pulstechnik	z.T. auch f. extrem komplizierte Geometrien (z.B. Einspritzdüsen)	Probleme durch Abschattung, Vermarung, z.B. Sacklöcher
Chargierung	chaotisch möglich	geordnete Charge	chaotisch möglich
Abschreckmedium (vorzugsw.)	Gas-Hochdruck	Gas-Hochdruck	Öl

17.3 Carbonitrieren

Behandelt man Stahloberflächen mit cyanidhaltigen Salzschmelzen, so diffundiert neben Kohlenstoff auch Stickstoff in die Oberfläche ein. Dadurch werden Schichten gebildet, die beide Atomsorten enthalten und die „Carbonitridschichten" genannt werden. Den gleichen Effekt wie mit Schmelzen erreicht man, wenn man Gase einsetzt, die aus NH_3, H_2 und CO bzw. NH_3, CO und Kohlenwasserstoffen bestehen. Carbonitrieren in der Gasphase erfolgt bei 600 °C.

Beim Carbonitrieren in cyanidischer Salzschmelze bei 750 bis 900 °C laufen folgende chemische Reaktionen ab:

$$2\ NaCN + O_2 = 2\ NaCNO$$

$$4\ NaCNO = Na_2CO_3 + 2\ NaCN + CO + 2\ N$$

$$2\ CO = C + CO_2$$

Der in der zweiten Reaktion gebildete Stickstoff wird zunächst ebenfalls atomar sein, so daß er sehr reaktiv und diffusionsfreudig ist. Carbonitrierschichten haben folgenden Aufbau:

10 – 20 μm Schicht mit 1,1 bis 1,2 % C und 7 bis 8 % N mit den Phasen Fe_3C (Zementit), Fe_4N (Eisennitrid) und ε - $Fe_{2-3}C_xN_y$ (ε - Carbonitrid).

Darunter liegend eine innere Diffusionszone von etwa 1 mm Dicke.

17.4 Nitrieren

Das Lösevermögen von α-Eisen für Stickstoff beträgt bei 590 °C maximal 0,10 % N. Bei Raumtemperatur sinkt die Löslichkeit auf 10^{-5} % N. Durch schnelle Abkühlung von Temperaturen oberhalb 590 °C wird Stickstoff vom Eisenmischkristall in übersättigter Lösung gehalten. Bei langsamem Abkühlen oder mehrstündigem Anlassen bei Temperaturen oberhalb 200 bis 250 °C bilden sich nadelförmiges Fe_4N. Bild 17-13 zeigt das Phasendiagramm für das System Fe-N. Beim Nitrieren wird neben γ-Fe_4N das ε-$Fe_{2-3}N$ und in manchen Verfahren ε-$Fe_{2-3}C_xN_y$ erzeugt. Angewendet werden unterschiedliche Nitrierverfahren.

- Schmelzbadnitrieren: die Werkstücke werden in einer KCN-haltigen Schmelze aus
anorganischen Salzen bei 550 bis 580 °C, 1-10 h behandelt.
Chemische Reaktion: $2\ KCN + 2\ O_2 = K_2CO_3 + CO + 2\ N$

- Pulvernitrieren: Einlegen der Werkstücke in eine Mischung aus Ca-Cyanamid und Tonerde (Aktivator). 470 bis 570 °C, 1-25 h Haltezeit. Der Aktivator gibt bei erhöhter Temperatur noch Wassermoleküle ab. Die in der Tonerde enthaltenen Aluminiumsilikate reagieren mit dem Cyanamid, wodurch die Zersetzung beschelunigt wird.

Chemische Reaktion: $CaCN_2 + 3 H_2O = CaO + 2 NH_3 + CO_2$
$2 NH_3 = 3 H_2 + 2 N$

- Gasnitrieren: die Werkstücke werden in eine beheizte Begasungskammer ein
  gesetzt und bei 490 bis 590 °C 10 bis 100 h in einem NH_3-haltigen N_2-
  Strom behandelt.

Chemische Reaktion: $2 NH_3 = 3 H_2 + 2 N$.

- Plasmanitrieren: das Nitriergut wird in einer Vakuumkammer bei 10 bis 1000
  Pa (0,1 bis 10 mbar) in einer aus NH_3, CH_4 und N_2 bestehenden Gas-
  mischung über 0,25 bis 48 h behandelt. Die Behälterwandung wird dabei
  zur Anode, das Werkstück zur Kathode geschaltet und Gleichspannung
  von 300 bis 1200 V angelegt. Im entstehenden Plasma erfolgt dann die
  chemische Reaktion wie bei Gasnitrieren, nur das die entstehende Werk-
  stücktemperatur zwischen 350 und 600 °C liegen kann.

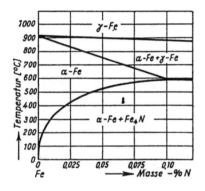

Bild 17-13:
Löslichkeit von Stickstoff
in -Eisen [153]

Bei der Nitrierung entstehen folgende Schichten:

Tabelle 17-2: Schichtbildung beim Nitrieren von Stahl

Nitrierverfahren	-härtetiefe	Verbindungszone	Diffusionszone
Badnitrieren	200 – 400 µm	γ-Fe_4N, ε-$Fe_{2\text{-}3}N$, ε-$Fe_{2\text{-}3}C_xN_y$	Nitride in Matrixmetall
Pulvernitrieren	200 – 400 µm	ε-$Fe_{2\text{-}3}N$	Carbonitride in Matrixmetall
Gasnitrieren	300 – 700 µm	γ-Fe_4N, -$Fe_{2\text{-}3}N$ ε-$Fe_{2\text{-}3}N$	Nitride in Matrixmetall
Plasmanitrieren	30 – 500 µm	γ-Fe_4N, ε-$Fe_{2\text{-}3}N$, ε-$Fe_{2\text{-}3}C_xN_y$	Nitride in Matrixmetall

Enthalten die Werkstoffe der eingesetzten Werkstücke Legierungsbestandteile wie V, Cr oder Al (Nitrierstähle), so entstehen Nitride dieser Elemente und dadurch besonders harte Schichten. Ebenso kann Titan oder Titanstahl durch Nitrieren gehärtet werden. Bild 17-14 zeigt eine Anlage zum Schmelzbadnitrieren nach dem Teniferverfahren (Heraeus, vormals Degussa), Bild 17-15 zeigt den Temperaturverlauf, dem das Werkstück im Teniferverfahren unterliegt. Die Eindringtiefe der Nitrierung ist bei unterschiedlichen Nitrierstählen unterschiedlich (Bild 17-16). Die Härtereialtsalze stellen als cyanidhaltige Ware ein Sondermüllproblem dar, obgleich es gelang, die Standzeit der Schmelzbäder durch Zusatzprodukte (MELON) zu verlängern. Öfen zum Gasnitrieren, die vielfach im Einsatz sind, arbeiten mit vollautomatisierten Verfahren, weshalb dieses Verfahren oft bevorzugt wurde.

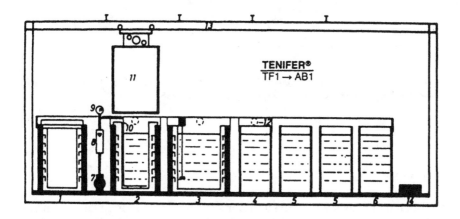

1. Vorwärmen
   (möglichst mit Luftumwälzung)
2. Nitrierofen
3. Abkühlbad
4. Kaltwassertank
5. Warmwassertank
6. Dewatering-Fluid
7. Kompressor
8. Luftmengenmesser
9. Manometer
10. Belüftungsrohr
11. Hebezug
12. Absaugung
13. Kranbahn
14. Be- und Entladen

Bild 17-14: Skizze einer Tenifer-Anlage nach [156]

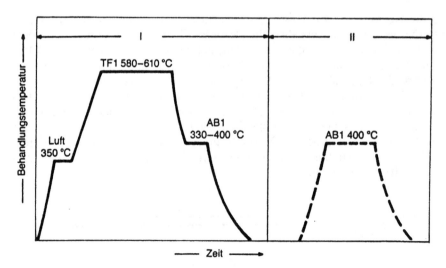

Bild 17-15: Temperaturverlauf beim Schmelzbadnitrieren mit oxidierender Abkühlung, Zwischen-
bearbeitung und oxidierender Nachbehandlung nach [156]

17.5 Borieren

Das Zustandsdiagramm zwischen Eisen und Bor zeigt Bild 17-16. Beim Umsetzen von
Eisen mit Bor bilden sich sehr harte Eisenboride mit Härten von etwa 2000 HV. Beim
Borierverfahren, das bislang vor allem in Osteuropa verbreitet war, bilden sich auf dem
Eisen zunächst eine Fe_2B-Schicht, auf dem eine FeB-Schicht aufgelagert wird. Die
thermischen Eigenschaften der Phasen unterscheiden sich.

Tabelle 17-3: Thermischer Ausdehnungskoeffizient von Eisenboriden und Eisen

Fe	Fe_2B	FeB
$15,6 \cdot 10^{-6}$	$7,85 \cdot 10^{-6}$	$23 \cdot 10^{-6}$

Durch den unterschiedlichen thermischen Ausdehnungskoeffizienten steht die Fe_2B-
Schicht unter Druckspannung, die FeB-Schicht dagegen unter Zugspannung. Man ver-
meidet es deshalb gerne, FeB-Schichten zu bilden, weil diese spröde Schicht leicht zu
Abplatzungen parallel zur Werkstückoberfläche führen.

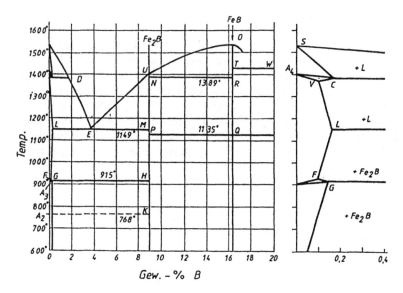

Bild 17-16: Zustandsdiagramm des Systems Fe-B nach [159]

Zum Borieren werden eine Reihe unterschiedlicher Verfahren eingesetzt:

Gasphasenborieren:

Bei diesem Verfahren werden die Werkstücke im Rohrofen oder induktiv erwärmt. Dabei werden borhaltige Gase wie BF_3 oder BCl_3 verdünnt mit H_2, $(CH_3)_3B$ oder B_2H_6/H_2-Mischungen über das erwärmte Werkstück geführt, oder es werden flüssige Borverbindungen wie BCl_3, BBr_3 oder $(C_2H_5)_3B$ in den beheizten und beschickten Ofen eingetropft (Tropfgasborieren). Obgleich einige technische Vorteile für das Gasborieren sprechen, spricht vor allem die Giftigkeit einiger Borverbindungen und die Korrosion durch die im Borierungsmittel enthalten Halogene oder auch der Kohlenstoffgehalt der Organoborverbindungen und die dadurch bedingte Aufkohlung, die manchmal besser als die Borierung abläuft, gegen das Gasborieren.

Plasmaborieren:

Obgleich das Plasmaborieren technisch durchführbar ist [158], fehlt eine technische Anwendung.

Flüssigborieren:

Verwendet werden Boraxschmelzen bei Temperaturen von 800 bis 1050 °C, in die das Werkstück eingetaucht und bis 12 h behandelt wird. Damit eine Boridschicht entsteht, wird das Werkstück kathodisch gepolt und dabei eine Elektrolyse mit 20 bis 60 A/dm^2 durchgeführt. Dabei entstehen Boridschichten bis 260 µm Dicke. Ungleichmäßige Temperaturverteilung im Schmelzbad, die der hohen Viskosität von Boraxschmelzen wegen notwendige hohe Badtemperatur und technische Probleme beim Entfernen der glasartigen Boratschicht nach Herausnahme des Werkstücks sind Nachteile dieses Verfahrens.

Pulver- oder Pastenborieren:

Diese Verfahren haben sich technisch durchgesetzt. Man verwendet Pasten mit B_4C und
Na_3AlF_6, gebunden mit Äthylsilikat oder Wasserglas, die auf das Werkstück aufgebracht und vorher aufgetrocknet werden, zum Einsatz in Induktionsöfen. Pulver mit
amorphem Bor, B_4C oder Ferrobor als Borspender werden mit fluorhaltigen Aktivatoren wie KBF_4, BaF_2, NH_4Cl oder K_2SiF_6 gemischt. Man gibt Werkstück und Borier-
pulver in Einsatzkästen und boriert bei 850 bis 1050 °C innerhalb 1 bis 12 h. Enthalten
Stähle Legierungsbestandteile wie V, Cr, Mo, W, Al, Si oder C, so sinkt die Eindringtiefe beachtlich. Mn- oder Co-Gehalte stören geringfügig, Ni-Gehalte dagegen praktisch nicht (Bild 17-17) [159].

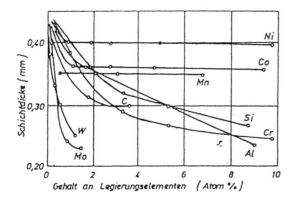

Bild 17-17: Boridschichtdicke von legiertem Stahl nach [159]

Als möglicher Reaktionsmechanismus werden folgende Reaktionen beschrieben:

$KBF_4 = KF + BF_3$

$4\,BF_3 + 3\,SiC + 3/2\,O_2 = 3\,SiF_4 + 3\,CO + 4\,B$

$3\,SiF_4 + B_4C + 3/2\,O_2 = 4\,BF_3 + SiO_2 + CO + 2\,Si$

$B_4C + 3\,SiC + 3\,O_2 = 4\,B + 2\,Si + 4\,Co + SiO_2$

Die erste Reaktion ist die Keimbildungsreaktion auf der Oberfläche.Der zweite Schritt
ist das Wachstum der Schicht nach einem parabolischen Zeitgesetz

$$x = \sqrt{k.t} \quad \text{mit} \quad k = k_0 . e^{-Q/RT}$$

x ist darin die in der Zeit t angewachsene Schichtstärke, k die Geschwindigkeitskonstante [24ß]. Werte von k zeigt Tabelle 17-3a.

Tabelle 17-3a: Geschwindigkeitskonstante k (10-8.cm3.s-1) [238]

Werkstoff	1000 °C	950 °C	900 °C	800 °C	k_0 (10^{-3}cm^{2}s^{-1})	Q (kJ.mol)
Armco-Fe	3,40	2,16	1,22	0,33	8,91	132,3
Ck 15	2,88	1,87	1,06	0,319	4,77	127,3
C 45	2,45	1,56	1,02	0,283	2,22	121,0
C 60	2,29	1,44	0,924	0,262	1,83	119,7
C 100	1,69	0,982	0,497	0,207	0,667	113,8

17.6 Silizieren

Beim Silizieren von Stahloberflächen werden Schichten von 100 bis 250 μm Dicke erzeugt. Bekannt sind die zum Borieren analog ablaufenden Verfahren des Pulversilizierens und des Gas-Silizierens.

Beim Pulversilizieren werden die Werkstücke in SiC-Pulver in Einsatzkästen eingepackt, und in Öfen, die mit chlorhaltigem Gas beschickt werden, bei 950 bis 1000 °C behandelt.

Beim Gassilizieren werden die Werkstücke in einem Ofen bei 950 bis 1000 °C mit einer Mischung aus $SiCl_4$ und H_2 in Berührung gebracht, wodurch nach

$$SiCl_4 + 2 H_2 = Si + 4 HCl$$

Silizium abgeschieden wird, das in den Werkstoff eindiffundiert. Dabei können an der Oberfläche Verbindungen wie Fe_3Si_2 gebildet werden. Silizierschichten sind spröde und daher nicht für schwingungsbeanspruchte Werkstücke anwendbar. Bild 17-18 zeigt das Phasendiagramm des Systems Fe-Si [153].

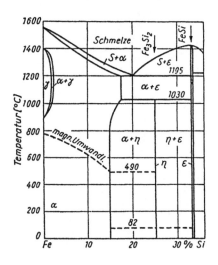

Bild 17-18:
Das System Fe-Si nach [153]

17.7 Alitieren

Alitieren nennt man die Bildung von Diffusionsschichten mit Aluminium. Alitieren erfolgt im Pulverpackverfahren in Einsatzkästen. Dabei werden die Werkstücke in eine Pulvermischung aus Al-Staub, Al_2O_3 (Verdünnungsmittel) und NH_4F (Aktivator) eingepackt und unter H_2 oder Argon bei 750 bis 1159 °C behandelt. Alitieren nickelhaltiger Werkstoffe verbessert die Heißgaskorrosionsbeständigkeit. Das Verfahren wird daher insbesondere dort eingesetzt, wo heiße Gase mit mechanisch belasteten Baugruppen auf einander treffen, wie z. B. bei Turbinenschaufeln in Gasturbinen. Bei Heißgaskorrosion stellt das Aluminium dabei eine Quelle dar, die die Oberfläche bei Oxidation mit einer Al_2O_3-Schicht überzieht. Der chemische Ablauf des Alitierverfahrens wird durch folgende Reaktionsgleichungen beschrieben:

$$2\,Al + 6\,NH_4F \rightarrow 2\,AlF_3 + 6\,NH_3 + 3\,H_2$$

$$2\,AlF_3 + 2\,Ni \rightarrow 2\,NiAl + 3\,F_2$$

$$3\,F_2 + 2\,Al \qquad\qquad \rightarrow 2\,AlF_3$$

Die Stoffübertragung auf das Werkstück erfolgt also über die Gasphase, über AlF_3. Das Phasendiagramm für das System Fe-Al weist 2 intermetallische Phasen auf: Al_3Fe und Al_5Fe_2 (Bild 17-19). Bei nickelhaltigen Werkstoffen werden die Phasen NiAl, Ni_3Al und Ni_2Al_3 beobachtet.

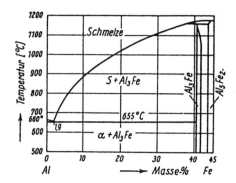

Bild 17-19: Phasendiagramm des Systems Fe-Al nach [153]

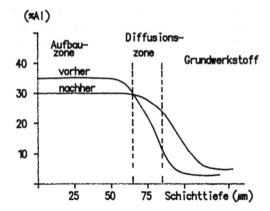

Bild 17-20: Aluminiumprofil von alitiertem Nickel vor und nach dem Diffusionsglühen

Um die Dicke der Diffusionsschicht zu verbessern, wird nach dem Alitieren von Nickel-werkstoffen oft ein Diffusionsglühen nachgeschaltet. Die Schichtdicke von Alitier-schichten beträgt etwa 20 bis 100 μm.

17.8 Inchromieren

Heißgasoxidationsschutz kann auch durch eine Chrom-Diffusionsschicht erhalten wer-den. Die Schichten können entweder durch Pulverreaktion in Einsatzkästen oder durch Gasphasenreaktion hergestllt werden. Beim Inchromieren in Pulverreaktion werden die Werkstücke in eine Pulvermischung aus Chrompulver, Al_2O_3 und NH_4Cl eingebettet. Beim Erhitzen auf etwa 1000 °C entstehen ebenfalls Transportreaktionen durch die Gasphase:

$$Cr + 2\,NH_4Cl \rightarrow CrCl_2 + 2\,NH_3 + H_2$$

$$CrCl_2 + Fe \qquad \rightarrow CrFe + Cl_2$$

$$Cr + Cl \qquad\qquad \rightarrow CrCl_2$$

Schichten von mehr als 100 μm Dicke werden nur in C-armen Stählen erhalten. In C-haltigen Stählen entstehen 10-20 μm dicke, sehr harte Schichten aus CrC.

Die Schutzwirkung (Heißgaskorrosionsschutz) inchromierter Stähle bei der Heißgaso-xidation reicht bis in Bereiche von 800 °C.

17.9 Sherardisieren

Massenteile lassen sich nicht kostengünstig in einer Stückverzinkung bearbeiten (feuer-verzinken). Bettet man jedoch derartige Stahlteile in eine Mischung aus Zinkstaub und Quarzsand oder Zinkstaub und Kaolin ein und erhitzt die Mischung im Drehofen 2-4 h auf 350 bis 420 °C, so erhält man grau aussehende, rauhe Zinkschichten von 10 bis 15 µm Dicke, die hervorragenden Korrosionsschutz bieten. Werden die Schichten > 25 µm dick, neigen sie zur Rißbildung. Der Materialverbrauch beträgt bei diesem Verfahren etwa 300 g Zinkstaub/m^2. Die Schichten enthalten die Abfolge

Fe/Γ- Schicht /δ_1-Schicht

18 Metallische Dickschichten

Reparaturschichten, aber auch abrasiv besonders belastete Schichten, müssen eine Auftragsstärke im Millimeterbereich erhalten. Methoden, um solche Schichten herzustellen, wurden beim chemisch Metallisieren bereits besprochen. Andere Werkstoffe als Nickel, harte metallische Legierungen etc. können nur durch spezielle Dickschichtverfahren wie Auftragsschweißen, Panzern, Plattieren oder Flammspritzen aufgetragen werden.

18.1 Dickschichtauftrag durch Schweißen

Zum Aufbringen von dicken Metallschichten durch Schweißverfahren kann jede bekannte Schweißtechnik eingesetzt werden. In der nachfolgenden Tabelle 18-1 sind eine Vielzahl von Schweißverfahren mit ihren oberflächentechnisch wichtigen Kennzeichen zusammengestellt worden. DIN 1912 und DIN 140 geben vor, wie die zeichnerische Darstellung einer Auftragung aussehen muß. Ferner sollten Angaben über das Schweißverfahren, die Schweißposition, Schweißzusatzwerkstoffe nach DIN 8555, die Schweißfolge und -richtung, die Vorwärmtemperatur, Wärmenachbehandlung und Prüfungshinweise in der Zeichnung enthalten sein.

Beim Schweißen zum Zweck der Auftragung einer abrasiv schützenden Metallschicht wird im allgemeinen ein härterer, verschleißbeständigerer Werkstoff auf das Basismetall aufgetragen. Dies unterscheidet Auftragsschweißen vom Fügeverfahren. Beim Auftragsschweißen ist daher Sorge dafür zu tragen, daß sich der Basiswerkstoff nicht zu sehr mit dem Auftragswerkstoff vermischt und so dessen Eigenschaften unerwünscht verändert. Der Materialauftrag beim Auftragsschweißen erfolgt in Raupenform, wobei die Wannenposition (d.h. waagrechtes Arbeiten, Decklage oben) die erwünschte ist. Beim Raupenauftrag pendelt das Schweißgerät mit einer vorgegebenen Pendelfrequenz und führt Bewegungen durch, die durch die Pendelbreite bp beschrieben werden. Dabei wird eine Raupenbreite b aufgelegt, die breiter ist als bp, weil das Material fließt. Definiert wird auch die Pendelamplitude $p_A = b_p/2$. Die maximale Auftragsdicke d_{max} wird von der Werkstückoberfläche aus gemessen. Dazu wird noch die maximale Einbrandtiefe t_{max} ermittelt um den Grad der Aufmischung zu beschreiben:

Aufmischung (%): $\quad A = t_{max}100/(t_{max}+d_{max})$

Je größer die Aufmischung A, desto stärker haben sich Grund- und Auftragswerkstoff miteinander gemischt, umso größer ist die Veränderung der Eigenschaften des Auftragswerkstoffs im Vergleich zum ursprünglich eingesetzten.

Tabelle 18-1: Verfahren zum Auftragsschweißen nach [160]

In Tabelle 18-1 bedeutet:
Gleichmäßigkeit 1   Rauhigkeit < 0,5 mm,
Gleichmäßigkeit 2   0,5 < Rauhigkeit < 1 mm,
Gleichmäßigkeit 3   1,0 < Rauhigkeit < 2 mm,
Gleichmäßigkeit 4   Rauhigkeit > 2 mm.

Verfahren Bemerkungen	Auf-misch-ung (%)	Gleich-mäßig-keit	Auftrags-dicke (mm)	Lagen-zahl	
Gasschweißen	2 – 20	2 – 4	3	1 – 3	modellierfähig
Gas-Pulverschweißen	0,1 – 2	1	0,1 – 2	1 – 2	gleichmäßige dicke
Metall-Lichtbogen-schweißen	20 – 35	3 – 4	6	2 – 4	vielseitig
WIG-(Wolfram-Inertgas-Schweißen)	2 – 20	2	3	1 – 3	mechanisierbar
WHG2 (Wolfram-Wasserstoff-Schweißen)	2 – 20	2 – 3	3	1 – 3	modellierfähig
MIG (Metall-Inertgas-Schweißen)	10 – 30	2 – 3	6	2 – 4	mechanisierbar
MIG mit Kaltdraht	5 – 15	1 – 3	4 – 8	1	mechanisierbar
MAG C Metall-Aktivgas-Schweißen mit CO_2	30 – 50	2 – 4	6	3 – 5	nur für niedrig legierte Stähle
UP (Unter-Pulver) Schweißen	30 – 40	2 – 3	10	3 – 4	mechanisierbar
UP mit mehreren Drahtelektroden	10 – 25	2 – 3	6	2 – 3	hohe Abschmelzleistung
UP mit Bandelektrode	5 – 20	2 – 3	4 – 6	1 – 3	mechanisierbar
Draht-Flammspritzen	0	1 – 2	0,1 – 1,5	1	kein Verzug
Pulverflammspritzen	0	1 – 2	0,1 – 10	1	kein Verzug
Spritzschweißen	0 – 2	1	2	1	gute Haftung
Schockspritzen	0	1	0,1	2	auch für Glas und Keramik
Plasma-Auftragsschweißen (WPSL, WOL)	5 – 20	1 – 2	0,25 – 0,5	1	nur mechanisiert
Plasma-Auftragsschweißen mit Heißdraht	0 – 10	1 – 2	3	1	nur mechanisiert hohe Auftrags-leistung
Plasmaspritzen	0 – 0,2	1 – 2	0,1 – 1	1	auch für Sonderwerkstoffe
Lichtbogenschweißen	0	1 – 2	0,1 – 1,5	1	gute Haftung, kein Verzug
Elektro-Schlacke-Schweißen	30 – 50	2 – 4	30		für großvolumigen Auftrag
Aluminothermisches	30 – 50	3 – 4	10		Fehlstellen
Reibschweißen (Stab)	0	2 – 3	0,1 – 0,5	1	hoher Zusatz-werkstoffverlust
Reibschweißen (Pulver)	0	1	2 – 8	1	hoher Zusatzwerk stoffverlust

Beim Aufmischen werden jedoch nicht in jedem Fall alle Bestandteile der Basislegierung vom Auftragswerkstoff aufgenommen. Man kennzeichnet deshalb die Verteilung eines Elements zwischen Basiswerkstoff und Auftragswerkstoff durch einen Übergangskoeffizienten

$\eta_E = E_s/E_z$
E_s = Konzentration des Elementes E im Schweißgut.
E_z = Konzentration des Elementes E im Auftragswerkstoff.
η_E < 1 bedeutet Abbrand z. B. durch Verschlacken.
η_E > 1 bedeutet Zubrand z. B. aus dem Basiswerkstoff.

Das Auftragen einer Schicht erfolgt meist nur durch mehrfaches Schweißen, d. h. man legt eine Raupenbahn neben die andere und sorgt für eine Überdeckung der Raupen. Dieser Raupenüberdeckungsgrad

$U\,(\%) = 100 * b_{ü}/b$

soll maximal 70 % betragen. Bild 18-1 stellt die Definitionen graphisch dar.

Die Rauhigkeit auftragsgeschweißter Schichten ist naturgemäß mit 0,5 bis 2 mm groß. Die Schichtstärke liegt in der Größenordnung von 3 mm.

Auftragsschweißen kann auch ohne Lichtbogen oder Flamme erfolgen, wenn man Auftragsmaterial und Basiswerkstoff unter Druck gegeneinander reibt. Bei diesem sogenannten Reibschweißen, das ebenfalls aus der Fügetechnik bekannt ist, erfolgt die Wärmeerzeugung durch Reibung. Dabei kann der Auftragswerkstoff sowohl in Stangenform als auch in Pulverform aufgetragen werden (Bild 18-2). Entweder läßt man den in Stangenform vorliegenden Werkstoff mit 1500 bis 4000 U/min rotieren und führt das Werkstück langsam unter der Stirnfläche des Stabes hindurch, oder man preßt in einer Vorrichtung das Pulver mit einer Druckstange gegen das schnell rotierende Werkstück, wodurch der Auftragswerkstoff plastisch und teigig wird. In beiden Fällen lassen sich nur Auftragsleistungen von bis 1,5 bis 2,5 kg/h erzielen, wobei die Nacharbeit wie z. B. das Entgraten zu beachtlichen Werkstoffverlusten des allerding billigen Werkstoffs führt. Reibschweißen wird auch wegen des notwendig hohen Geräteaufwandes als Auftragsverfahren nur selten eingesetzt.

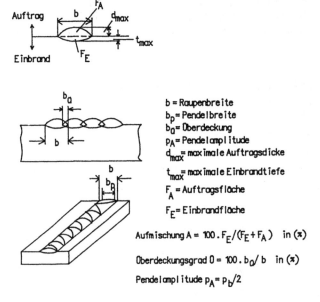

b = Raupenbreite
b_p = Pendelbreite
b_0 = Oberdeckung
p_A = Pendelamplitude
d_{max} = maximale Auftragsdicke
t_{max} = maximale Einbrandtiefe
F_A = Auftragsfläche
F_E = Einbrandfläche

Aufmischung $A = 100 \cdot F_E / (F_E + F_A)$ in (%)

Oberdeckungsgrad $0 = 100 \cdot b_0 / b$ in (%)

Pendelamplitude $p_A = p_b / 2$

Bild 18-1: Begriffe zum Auftragsschweißen

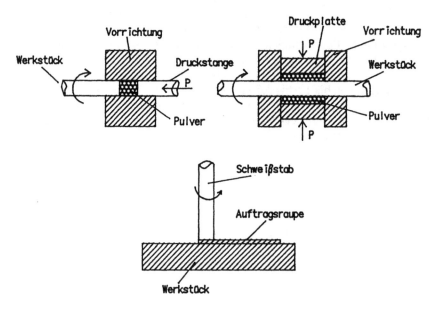

Bild 18-2: Reibschweißen

Tabelle 18-2: Durchschnittliche Betriebswerte beim Reibschweißen nach [160]
Verfahren 1+2: Reibschweißen mit stabförmigem Zusatzwerkstoff
Verfahren 3+4: Reibschweißen mit pulverförmigem Zusatzwerkstoff

Betriebswerte	Verfahren / Zusatzwerkstoff / Grundwerkstoff	
	1,2/ Stahl/ Stahl	3/ Bronze/ Stahl; 4/Gußeisen/Stahl
Drehzahl des Schweiß-stabes (U/min)	1500 – 4000	–
Umfangsgeschwindigkeit des Werkstücks (m/min)	0,04 – 0,09	240 – 350
Anpreßdruck (kp/mm2)	0,3 – 0,5	2 – 6
Schweiß-Werkstück-Durchmesser d/D	2/3	–
Exzentrizität (mm)	ca. in Auftragsdicke	–
Quervorschub (mm)	2/3 d	–
Auftragsschichtdicke (mm)	0,03 – 0,5	2 – 8
Auftragsleistung (kg/h)	0,6 – 1,6	0,8 – 2,4
Entgratungsverlust (%)	40 – 60	0
Schweißstabdurch-messer (mm)	10 – 15	–
Pulverkorngröße (mm)	–	0,6 – 1,6

18.2 Plattieren

Unter Plattieren versteht man das flächenartige Aufbringen eines Auftragswerkstoffs auf einem Basismaterial. Plattiert werden vor allen sehr teuere Werkstoffe, deren Eigenschaften auf billigere Trägerwerkstoff, die z. B. die mechanischen Eigenschaften, die Stabilität etc. bestimmen, aufgetragen werden. Z. B. kann man Tantalschichten zum Bau von Reaktionskesseln auf das stählerne Kesselmaterial durch Plattieren aufbringen.

Die einfachste und häufigste Form des Plattierens ist das Kaltpreßschweißen, bei dem durch plastisches Verformen unter Druck zwei Werkstoffe vereint werden. Bei Blechen erfolgt dies durch Walzplattieren, bei Stangen oder Rohren durch Ziehvorgänge, bei Hohlkörpern durch Fließpressen (Bild 18-3).

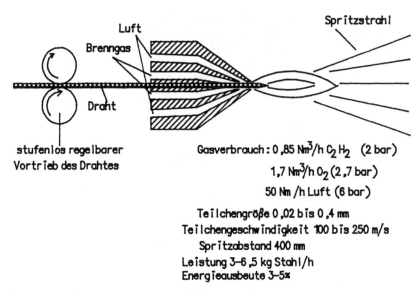

Bild 18-3: Plattieren durch Kaltfließpressen

Eine Abart des Plattierens ist das Explosions- oder Schockschweißen. Bei diesem Verfahren wird ein Auftragswerkstoff durch Explosionsdruck mit dem Grundwerkstoff
vereint. Eingesetzt werden herkömmliche Sprengstoffmischungen mit Detonationsge-
schwindigkeiten von 2000 bis 4000 m/s. Bild 18-4 veranschaulicht den Arbeitsvorgang,
bei dem zwei oder mehrere dickere Metallschichten mit einander verbunden werden
können Plattierungen nach diesem Verfahren werden bei Rohrböden, als Innen- und
Außenplattierung von Rohren, als Überlappschweißung zum Verbinden von Rohren
ausgeführt. Plattiert werden Titan, Tantal, Molybdän oder Zirkon auf Stahl, austeniti-
scher Cr/Ni-Stahl oder Aluminium auf Stahl, Kupfer und Stahl auf Gußeisen mit Ku-
gelgraphit oder z. B. Kupfer auf Aluminium für die Elektroindustrie.

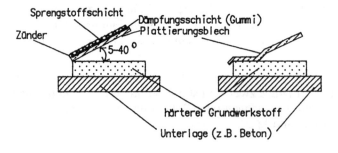

Bild 18-4: Explosionsschweißen

18.3 Metallspritzen

Metallspritzen ist eine Dickschichtauftragsform, die heute vielfache Anwendung gefunden hat. Dabei muß allerdings vor dem Spritzauftrag eine fachgerechte Haftgrundvorbehandlung gemäß DIN 8567 erfolgen, damit die Spritzschichten sich nicht ablösen. Vorbehandlungsarbeiten bestehen vor allem darin, die Rauhigkeit der Werkstückoberfläche zu vergrößern, weil beim Spritzen die Haftung der Spritzschicht vorwiegend auf einer mechanischen Verklammerung mit dem Werkstück beruht. Vorgesehen wird daher die Behandlung mit Strahlmitteln, Hobeln oder Raudrehen, Eindrehen von Haftgewinde, Rundgewinde oder Sägezahngewinde und eventuell Spritzen einer Zwischenschicht als Haftvermittler. Gespritzt werden Metalle und Legierungen wie Al, Zn, Ni, Mo, Pb, Al/Mg-Legierungen, Co-Werkstoffe mit Zusatz von Al_2O_3 oder Cr_2O_3, Tribaloy (Co-MoSi), NiAl, NiCr, Messing, Bronze, Hartlegierungen aber auch Boride, Carbide und verschiedene Oxide. Die Eigenschaften der Spritzschichten werden bei Spritzverfahren an der Luft oder mit oxidierenden Brenngasen durch Bildung von Oxiden des Auftragswerkstoffs beeinflußt, wodurch die Härte oft erhöht aber die Zugfestigkeit der Spritzschicht vermindert wird. Auftretende Porosität vermindert zudem die Wärmeleitfähigkeit der Schicht im Vergleich zum Ausgangswerkstoff, ebenso auch dessen Dichte. Man kennt zahlreiche verschiedene Formen des thermischen Spritzens.

Beim Flammspritzen wird der Auftragswerkstoff einer Acetylen/Sauerstoffflamme in Form von Drähten oder Pulver zugeführt. Der Auftragswerkstoff schmilzt in der Flamme. Die Tropfen werden durch den Druck des Brennergases oder unterstützt durch zusätzliches Zerstäubergas auf die Oberfläche des durch die Flamme erhitzten Basismaterials geschleudert. Erzielt werden dabei Schichtdicken bis 1,5 mm Dicke.

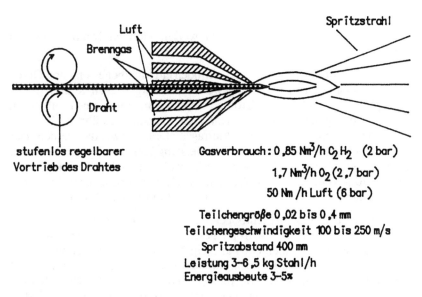

Bild 18-5: Drahtflammspritzen – Brenner schematisch

Beim Drahtflammspritzen wird der Draht motorgetrieben dem Brenner zugeführt, so
daß die Zufuhrgeschwindigkeit einstellbar ist. Die Metalltröpfchen erreichen einen
Durchmesser von 0,02 bis 0,4 mm und eine Partikelgeschwindigkeit von 100 bis 250
m/s. Die Spritzleistung liegt dabei bei bis 7 kg/h, wobei allerdings die Energieausnut-
zung nur 3 – 5 % beträgt.

Beim Pulver-Flammspritzen werden Pulver mit Körnungen von bis 0,2 mm aus einem
Vorratsbehälter vom Gasstrom angesogen (Injektorprinzip), in der Brennerflamme aufgeschmolzen und auf die Werkstückoberfläche geschleudert. Die Spritzleistung liegt
etwa bei 2,5 kg/h.

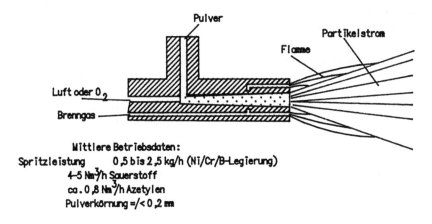

Bild 18-6: Pulver-Flammspritzen

Durch Flammspritzen erhaltene Metallschichten weisen vielfach Mikroporen und
Oxideinschlüsse auf.

Beim Lichtbogenspritzen wird zwischen zwei Elektroden ein Lichtbogen erzeugt. Durch
die Elektroden werden Drähte aus dem Auftragswerkstof motorgetrieben geführt, die im
Lichtbogen zu Tropfen abschmelzen. Die Tropfen werden dann durch einen Luftstrom,
der gleichzeitig zur Kühlung der Elektroden dient, zum Werkstück geführt. Dabei können auch zwei Drähte aus unterschiedlichem Auftragsmaterial verwendet werden. Der
Drahtdurchmesser liegt bei 1,6 bis 2 mm, die Spritzleistung kann bis 20 kg/h betragen.
Der Stromverbrauch kann Werte von 350 A bei 35 V erreichen, wobei die Energieaus-
nutzung etwa 50 bis 70 % beträgt. Da das Verfahren des Lichtbogenspritzens insbesondere als Reparaturverfahren von Bedeutung ist, werden oft fahrbare Anlagen eingesetzt.

Beim Plasmaspritzen wird in einem Lichtbogen ein Plasma gezündet, in dem zuge-
führtes Metallpulver, Metalloxide oder -carbide geschmolzen wird. Bild 18-8 zeigt einen Schnitt durch einen Plasmabrenner. Die Partikelgröße der Metallpulver beträgt dabei 20-45 µm, bei Oxiden oder anderen hochschmelzenden Pulvern wird Material mit
< 20 µm gewählt. Beim Normalgeschwindigkeitsspritzen werden an der Düse Tempe-
raturen von bis 2700 °C mit 40 KW-Anlagen erreicht, wobei die Partikelgeschwindigkeit bei 200 bis 300 m/s liegt. Hochgeschwindigkeitsspritzen verwendet 80 KW-Geräte

mit einer Plasmatemperatur an der Düse von bis 10000 °C, wobei Partikelgeschwindigkeiten von 400 bis 500 m/s erzielt werden. Die Werkstückoberfläche ist dabei etwa 80 bis 150 mm von der Düse entfernt. Die Auftragsleistung ist beträchtlich. Sie beträgt bei Al_2O_3 bis 50 kg/h.

Moderne Formen des Plasmaspritzens nutzen diese Technik im Vakuumplasmaspritzen (VPS), um porenfreie Überzüge herzustellen. Verwendet wird beim VPS ein Stickstoff/-Wasserstoff-Plasma, dessen Temperatur an der Düse bis 12000 °C 120 KW-Anlagen erreicht. Die Partikelgeschwindigkeit liegt hier bei bis 800 m/s je nach Entfernung von der Düse. Bild 18-9 zeigt eine Zeichnung einer VPS-Anlage.

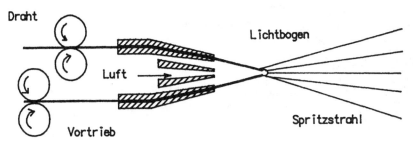

Durchschnittliche Betriebswerte:
    Stromaufnahme: 100 bis 350 A
    Spannung: 20 bis 35 V
    Druckluft: 50 bis 80 m³/h (4 – 8 bar)
    Spritzabstand: 50 bis 120 mm
    Drahtdurchmesser: 1,6 bis 2,0 mm
    Spritzleistung: 4 bis 20 kg Stahl/h
    Energieausnutzung: 50 bis 70%

Bild 18-7: Lichtbogenspritzpistole

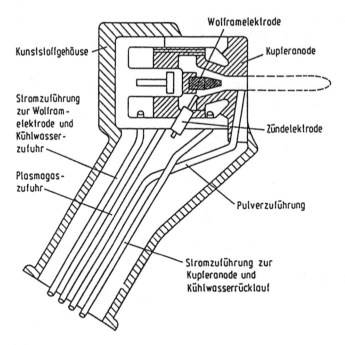

Bild 18-8: Plasmaspritzpistole, schematisch

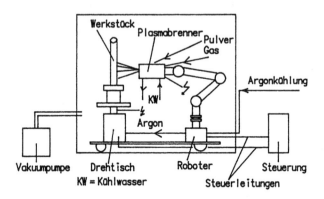

Bild 18-9: Schema einer VPS-Produktionsanlage nach Plasma-Technik AG, Wohlen/Schweiz

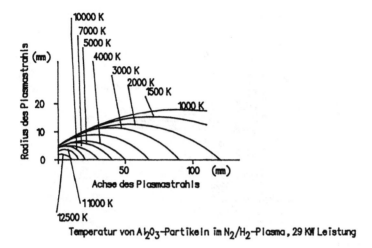

Bild 18-10: Temperaturverteilung in einem Plasmastrahl

Stickstoff und Wasserstoff werden in einem Lichtbogen in die Atome aufgespalten, die dann das Plasma bilden. Die Atome rekombinieren nur bei Zusammenstoß mit einer Wandung oder einem dritten Stoßpartner, der die dabei frei werdende Energie aufnimmt.

$$H_2 + \text{Energie} \leftrightarrow 2\,H$$

$$N_2 + \text{Energie} \leftrightarrow 2\,N$$

Als Plasmagas werden auch Helium oder Argon eingesetzt, die dabei ionisiert werden

$$Ar + \text{Energie} \leftrightarrow Ar^+ + e$$

$$He + \text{Energie} \leftrightarrow He^+ + e$$

Bei den hohen Temperaturen, die im Plasma herrschen können aber auch Stickstoff- und Wasserstoffatome ionisiert werden, so daß Ionen und Elektronen nebeneinander im Plasma vorliegen.

$$H + \text{Energie} \leftrightarrow H{+} + e$$

$$N + \text{Energie} \leftrightarrow N^+ + e$$

Beim Schmelzbadspritzen erhitzt man das Auftragsmetall durch Widerstandsheizung bis zum Schmelzen und zerstäubt das flüssige Metall mit einem gasbetriebenen Zerstäuber. Schmelzbadspritzen ist im Gegensatz zu bislang beschriebenen Auftragsverfahren an niedrigschmelzende Metalle gebunden.

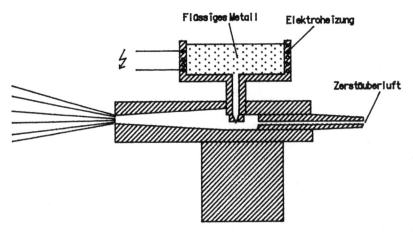

Bild 18-11: Schmelzbadspritzen

Beim Detonationsspritzen, auch Flammplattieren oder Schockspritzen genannt, wird
ein aus dem Auftragswerkstoff bestehendes Pulver in einer Detonationskanone mit
Acetylen und Sauerstoff gemischt. Nach Zünden des Gasgemischs schmilzt das Pulver
und wird durch den Detonationsdruck und die Geschwindigkeit des ausströmenden
Verbrennungsgases auf die Oberfläche des Werkstücks geschleudert. Das Verfahren arbeitet naturgemäß diskontinuierlich. Mit Hilfe dieses Verfahrens können auch Hohlräume plattiert werden. Die Anlagen arbeiten mit einer Schußfolge von 250/min, wobei
die Schichtdicke je nach Schußüberlagerung 0,05 bis 0,25 mm beträgt. Die Werkstük-
koberfläche erreicht dabei bis 200 °C, so daß weniger eine Materialdiffusion als eine
mechanische Verklammerung durch den mit dreifacher Schallgeschwindigkeit auf die
Oberfläche auftreffenden Materialstrom erfolgt.

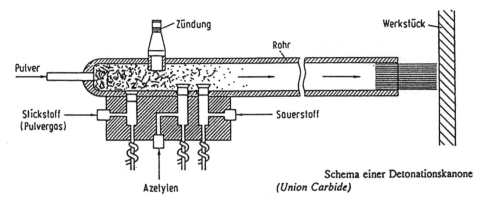

Bild 18-12: Schockspritzen

Zu bemerken ist, daß die Porosität schockgespritzter Oberflächen maximal 2 % beträgt, das Werkstück sich nicht verzieht, keine Gefügeveränderung entsteht und außer Werkstücken aus Metall auch solche aus Glas und Keramik beschichtet werden können.

Beim Induktionsspritzen wird ein Draht des Auftragswerkstoffs induktiv geschmolzen und die Schmelztropfen durch ein Trägergas auf die Werkstückoberfläche geführt. Induktionsspritzen ist damit eine Abart des Lichtbogenspritzens.

Beim Kondensatorentladungsspritzen wird ein diskontinuierlich zugeführter Draht elektrisch überlastet. Der Draht schmilzt, bildet Tropfen, die explosionsartig auf die Beschichtungsfläche geschleudert werden.

Nach dem Aufbringen einer Spritzschicht erfolgt im allgemeinen eine Nachbearbeitung mechanischer Art durch Drehen, Schleifen und Polieren, thermischer Art zur Verringerung der Mikroporosität und zur Verbesserung der Haftung oder chemisch-physikalischer Art z. B. zur Schutzschichtbildung oder durch Eintragen von Öl als Depotschmierstoff. Als Beispiel der Verfahrensweise zeigt Bild 18-13 die Reparaturbehandlung einer Welle.

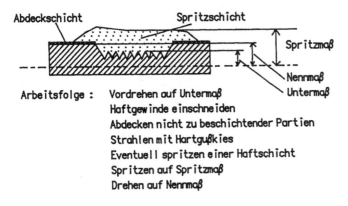

Bild 18-13: Reparaturbehandlung einer Welle nach [160]

19 Dünnschichttechnologie

Das Abscheiden dünner Schichten mit besonderen Eigenschaften kann auf zwei prinzipiell unterschiedlichen Wegen erfolgen, wobei die Grenzen zwischen beiden Verfahren fließend sind. Ein Weg zu dünnen Schichten besteht darin, daß man die chemische Schichtbildungsreaktion lokalisiert auf der Oberfläche des Werkstücks ablaufen läßt. Man nennt Verfahren dieser Art CVD-Verfahren (Chemical Vapour Deposition).

Der andere Weg zur Bildung dünnern Schichten besteht darin, daß man gezielte Oberflächenbearbeitungen und Ablagerungen von Schichten durch physikalische Vorgänge wie Verdampfen und Kondensieren etc. ablaufen läßt. Derartige Verfahren werden entsprechend PVD-Verfahren (Physical Vapour Deposion) genannt. Eine Vielzahl der Verfahren wird durch Plasma unterstützt. Obgleich die Technik heute in rasanter Entwickklung begriffen ist, wird im folgenden Abschnitt ein Überblick versucht.

19.1 Physik von Gasen und Dämpfen.

Gase und Dämpfe bestehen aus Molekülen oder Atomen. Die im Volumen enthaltene Stückzahl beträgt $N_A = 6,023.10^{23}$ bei 1,01325 bar und 0 °C in 22,415 l oder $2,687.10^{22}$ Partikel/l N_A ist die Avogadrosche oder Loschmidtsche Zahl. Die Zustandsgleichung idealer Gase lautet

$$p.V = \frac{m}{M}.R.T$$

mit p = Druck, V = Volumen, M = atomare oder molekulare Masse, N aktuelle Masse des Gases im Prozess, T = absolute Temperatur und R = universelle Gaskonstante. Gas bestehen aus einer Ansammlung vieler einzelner Partikel, die herumschwirren und miteinander kollidieren und Impulse austauschen bei Kollision. Wenn in einem Volumen n Partikel enthalten sind, die die Geschwindigkeit c besitzen,wird jede Wand des Volumens mit $n.c.\delta t/6$ Partikel in der Zeiteinheit getroffen und der Impuls $2.m_A.c$ ausgetauscht durch Collision. Der Druck ergibt sich daher zu

$$p = \frac{n}{6} c.2m_A c = \frac{n}{3} m_A c^2$$

Die mittlere kinetische Energie eines Partikels ist $E_{kin} = m_A.c^2/2$. m_A. $R/M = k = 1,38.10^{-16}$ erg/K ist die Bolzmannkonstante k. Aus den Gleichungen folgt die mittlere Geschwindigkeit der Partikel zu

$$c = \sqrt{3.k.T/m_a}$$

Nach der Theorie der Geschwindigkeitsverteilung von Maxwell gilt als mittlere Geschwindigkeit

$$c = \sqrt{8.k.T/m_a}$$

und die wahrscheinlichste Geschwindigkeit

Numerisch gilt $c = 1,225 \cdot c^*$ und $c^* = \sqrt{2kT/m_a}$

Atome oder Moleküle sind keine Punkte sondern haben einen realen Durchmesser d. Betrachtet man sie als Kugeln, so entspricht der Durchmesser dem Querschnitt $\sigma = \pi \cdot d^2$, dem sogenannten Kollisionsdurchmesser.

Anstelle der wirklichen Masse eines Partikels verwendet man die Relativmasse des Periodensystems. Um die relative Geschwindigkeit zweier kollidierender Partikel angeben zu können, verwendet man den Ausdruck

$$\overline{c_{rel}} = \sqrt{\frac{8kt}{\pi\mu}}$$

mit

$$\mu = \frac{m_A \cdot m_B}{m_A + m_B}$$

Für identische Moleküle ist $\mu = m_A/2$ und

$$\overline{c_{rel}} = \overline{c \cdot \sqrt{2}}$$

Aus der Kollisionsfrequemz für identische Atome oder Moleküle z und der Geschwindigkeit $\overline{c}$

ergibt sich die freie Weglänge, in der das Molekül fliegt, ohne zu kollidieren:

$$\lambda = \frac{\overline{c}}{z} = \frac{k \cdot T}{\sigma \cdot p \cdot \sqrt{2}}$$

Die Stosszahl mit der Wand ergibt sich durch ähnliche Kalkulation [230] zu

$$z_{Wand} = \frac{p}{\sqrt{2 \cdot \pi \cdot m_A \cdot k \cdot T}}$$

Tabelle 19-1 enthält einige Werte von λ.p für verschiedene Gase und Dämpfe.

Tabelle 19-1: Werte von l.p.10-3 nach [265]

Dampf	λ.p (cm.mbar)	Gas oder Dampf	λ.p (cm.mbar)
H2	12,00	O_2	6,50
He	18,==	N_2	6,10
Ne	12,30	HCl	4,35
Ar	6,40	CO_2	3,95
Kr	4,80	H_2O	3,95
Xe	3,60	NH_3	4,60
Hg	3,05	C_2H_5OH	2,10
Luft	6,67		

Man erkennt, dass die freie Weglänge mit sinkendem Druck zunimt, so dass Beschichtungen im Unterdruck eine wachsende Wahrscheinlichkeit des Gelingens erhalten.

19.2 CVD-Verfahren

CVD-Verfahren sind daran gebunden, daß die chemischen Reaktanten in gasförmiger Form im Reaktionsraum vorhanden sind und erst an der Werkstückoberfläche gezielt zur Reaktion gelangen. Homogene Gasphasenreaktionen sollen nicht stattfinden oder nicht zu festen oder flüssigen Produkten führen, weil sonst eine Schichtbildung unterbleibt (Staubbildung). Folgende Reaktionstypen werden eingesetzt:

Pyrolysereaktionen.

Beispiel: $SiH_4 \quad \rightarrow Si + 2\,H_2$

$Ni(CO)_4 \leftrightarrow Ni + 4\,CO$

Reduktionsreaktionen.

Beispiel: $WF_6 + 3\,H_2 \rightarrow W + 6\,HF$

$SiCl_4 + 2\,H_2 \rightarrow Si + 4\,HCl$

Oxidationsreaktionen.

Beispiel: $SiH_4 + 2\,O_2 \quad SiO_2 + 2\,H_2O$

Hydrolysereaktionen.

Beispiel: $Al_2Cl_6 + 3\,CO_2 + 3\,H_2 \rightarrow Al_2O_3 + 3\,CO + 6\,HCl$

Disproportionierungsreaktionen.

Beispiel: $2\,GeJ_2 \rightarrow Ge + GeJ_4$

Chemische Transportreaktionen

$$\text{bei } T_2 \qquad\qquad\qquad \text{bei } T_1$$

Beispiel: $2GaAs + 2HCl \quad\leftrightarrow 2\,As + 2\,GaCl + H_2$

mit $T_1 > T_2$

Synthesereaktionen

Beispiel: $(CH_3)_3Ga + AsH_3 \rightarrow GeAs + 3\,CH_4$

Nitridbildungsreaktionen: $3\,SiH_4 + 4\,NH_3 \rightarrow Si_3N_4 + 12\,H_2$

Carbidbildungsreaktinen: $TiCl_4 + CH_4 \rightarrow TiC + 4\,HCl$

Die bei den Umsetzungen günstigsten Konzentrationen und Reaktionstemperaturen sind von der Thermodynamik der Reaktion und der Kinetik des Systems abhängig. Thermodynamische Daten gelten für die Gasphase und bestimmen letztlich die Gleichgewichtslage bei homogener Gasphasenreaktion. Zur Berechnung der Vorgänge muß man natürlich sämtliche möglichen Reaktionen berücksichtigen. Aus der Verschiebung der Gleichgewichtslage mit Änderung von Prozeßparametern wie z. B. der Temperatur kann man dann voraussagen, ob eine Schichtbildung erfolgt. Die Geschwindigkeit der Schichtbildung in CVD-Verfahren wird durch die Gesamtkinetik der Abscheidevorgänge bestimmt. Dabei spielen folgende kinetische Prozesse eine Rolle:

- Diffusion der Reaktanten zur Oberfläche
- Adsorption der Reaktanten an der Oberfläche
- chemische Reaktion auf der Oberfläche
- Wanderung der Reaktionsprodukte auf der Oberfläche
- Gittereinbau von Reaktionsprodukten auf der Oberfläche
- Desorption von Reaktionsprodukten von der Oberfläche
- Diffusion von Reaktionsprodukten in den Gasraum.

Die Temperaturabhängigkeit der Abscheidereaktion folgt einer Arrheniusgleichung.

$$r = a \cdot e^{\frac{-\Delta E}{R \cdot T}}$$

mit r = Reaktionsgeschwindigkeit, R = universelle Gaskonstante, T = absolute Temperatur. E ist eine Aktivierungsenergie für den geschwindigkeitsbestimmenden Schritt, a ist ein Frequenzfaktor nach [162]. Die Temperaturabhängigkeit ist damit eine exponentielle. Die Geschwindigkeit, mit der eine Schicht aufgebaut wird, ist abhängig von der Substratorientierung, d. h. der Orientierung des Wirtsgitters, auf dem die Schicht aufwächst. Dabei spielen die Zahl und Natur der Bindungen, die Zahl der energetisch bevorzugten Wachstumsplätze u. a. m. eine Rolle.

Zur Herstellung von CVD-Schichten werden kontinuierliche und diskontinuierliche

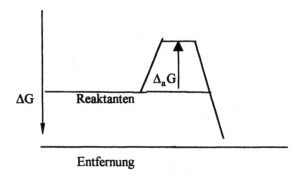

Bild 19-1: Energielage einer chemischen Reaktion [254]

Reaktoren bei Normaldruck, diskontinuierlich betriebene Niederdruckreaktoren eingesetzt. Die Reaktoren können dabei mit unterschiedlicher Temperatur oder mit Tempe-
raturgradienten betrieben werden.

Normaldruckreaktoren für den kontinuierlichen Betrieb werden z. B bei der Produktion
von WAFERN eingesetzt. Dabei werden die zu beschichtenden Teile auf einem Transportband aufgelegt und unter einer Gasverteilung hindurchgeführt. Das Transportband
wird unterseitig erwärmt (Bild 19-2). Durch die Zuführungskanäle wird z. B. mit N_2
verdünntes SiH_4 geleitet, das sich erst auf der Oberfläche zu Si und H_2O mit Sauerstoff
umsetzt. Die entstehenden Reaktionsgase sollten dann möglichst rasch von der Oberfläche entfernt werden.

Reaktoren zur diskontinuierliche Beschichtung von WAFERN werden günstig als
Durchströmungsreaktor eingesetzt, um möglichst wenig Rückvermischung im System
zu erhalten und die entstehenden gasförmigen Reaktionsprodukte schnell und möglichst unvermischt abführen zu können. Die Substrate können dabei auf Drehtischen
gelagert und gedreht werden, um zu gleichmäßigeren Beschichtungen zu gelangen.
(Bild 19-3).

Viele CVD-Abscheidungen erfolgen erst bei erhöhter Temperatur. Hochtemperaturreak-
toren sind dabei solche, die bei T > 500 °C arbeiten. Man unterscheidet dabei heißwan-
dige und kaltwandige Reaktoren. Exotherme chemische Reaktionen benötigen zu ihrem
Ablauf einen Stoßpartner, der beim Zusammenstoß die frei werdende Energie aufnimmt.
Die Abscheidereaktion erfolgt dann eher an den kälteren Teilen eines Reaktionsraumes.
Um die Abscheidung nicht an der Reaktorwandung sondern auf dem Substrat zu erhalten, wird dann die Reaktorwandung auf höhere Temperatur als das Substrat gebracht
(heißwandiger Reaktor). Umgekehrt erfolgt eine endotherme Reaktion besser an den
heißeren Teilen eines Reaktionsraumes, so daß man in diesem Fall das Substrat stärker
aufheizt als die Reaktorwandung (kaltwandige Reaktoren).

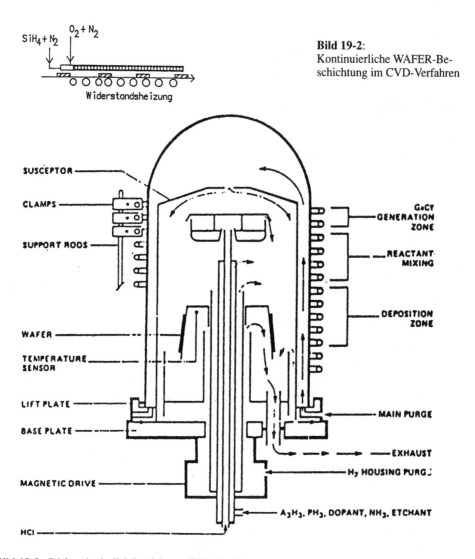

Bild 19-2:
Kontinuierliche WAFER-Be-
schichtung im CVD-Verfahren

Bild 19-3: Diskontinuierlich betriebener CVD-Reaktor

Niederdruck-CVD-Verfahren arbeiten bei Drücken von etwa 50 Pa werden vielfach
eingesetzt, um eine Substratvorbehandlung der Beschichtung vorausschicken zu können. Dabei werden die Reaktionsgase z. B. erst nach einer Ionenätzung mit Ar⁺-Ionen
zugeführt, oder es wird die Umsetzung selber durch Plasma unterstützt.

Die Strom-Spannungskurve eines Plasmas zeigt Bild 19-5. Charakteristisch ist, daß zunächst ein kräftiger Spannungsberg überwunden werden muß, ehe das Plasma zu brennen beginnt.

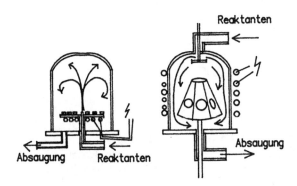

Bild 19-4: Anlage zur Plasma-CVD-Beschichtung

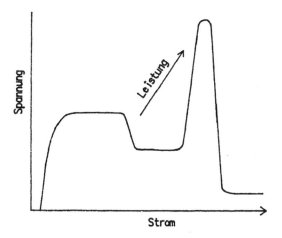

Bild 19-5: Strom-Spannungs-Charakteristik eines Niederdruck-Plasma s

Zur Kontrolle von CVD-Prozessen müssen mindestens die Einsatzgasmengen, die Reaktor- und Substrattemperatur und der Druck im Reaktor bei Niederdruckreaktoren geregelt werden.

CVD-Schichten wachsen mit etwa 1 μm/min. Die Herstelltemperaturen sind im allgemeinen jedoch relativ hoch. Tabelle 19-1 enthält eine Zusammenstellung technisch interessanter CVD-Schichten außerhalb der Elektroindustrie, in der insbesondere Halbleiterschichten aus der Gruppe IV, III-V-Halbleiter und II-VI-Halbleiter durch CVD-Abscheidung hergestellt werden [163]. Über die Anwendung von CVD-Verfahren beim Beschichten von spanabhebenden Werkzeugen berichtet [161].

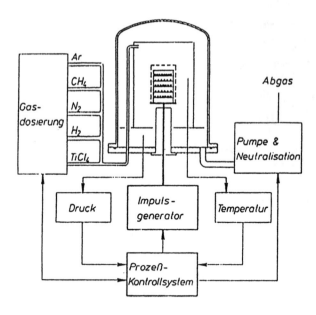

Bild 19-6:
Plasmaunterstütztes
CVD-Verfahren [217]

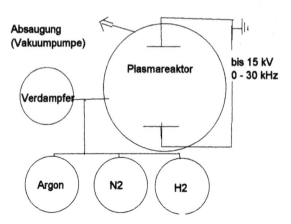

Bild 19-7: PACVD-Anlage für die Verwendung metallorganischer Spendermedien
(PACVD = Plasmaunterstütztes CVD).

Tabelle 19-2: Bekannte CVD-Verfahren

Schichtmaterial	Abscheidereaktion	-temperatur	Anwendung
Aluminium	$6\,AlCl \longrightarrow 4\,Al + Al_2\,Cl_6$		
Aluminiumoxid	$Al_2\,Cl_6 + 3\,CO_2 + 3\,H_2 \longrightarrow$ $Al_2\,O_3 + 3\,CO + 6\,HCl$	300 bis 500 C 800 bis 1400° C	Korrosionsschutz Verschleißschutz
Bor	$BCl_3 + 3/2\,H_2 \longrightarrow B + 3\,HCl$	ca. 1000° C	Verschleißschutz
Bornitrid	$BCl_3 + NH_3 \longrightarrow BN + 3\,HCl$	500 bis 1500° C	Verschleißschutz
Chrom	$(C_9H_{12})_2\,Cr \longrightarrow Cr + 2\,g\,H_{12}$	400 bis 600° C	Verschleißschutz
Molybdän	$2\,MoCl_5 + 5\,H_2 \longrightarrow Mo + 10\,HCl$	900 bis 1100° C	Gleitschicht Verschleißschutz
Nickel	$Ni(CO) \longrightarrow Ni + 4\,CO$	150 bis 200° C	Korrosionsschutz Teileformung
Niob	$2\,NbCl_5 + 5\,H_2 \longrightarrow 2\,Nb + 10\,HCl$	600 bis 1000° C	Korrosionsschutz
Tantal	$2\,TaCl_5 + 5\,H_2 \longrightarrow 2\,Ta + 10\,HCl$	800 bis 1000° C	Korrosionsschutz
Titan	$TiJ_4 + 2\,H_2 \longrightarrow Ti + 4\,HJ$	700 bis 1000° C	Korrosionsschutz
Titancarbid	$TiCl_4 + CH_4 \longrightarrow TiC + 4\,HCl$	800 bis 1100 C	Verschleißschutz
Titan-carbonitrid	$2\,TiCl_4 + N_2 + 2\,CH_4 \longrightarrow$ $2\,Ti(C_x N_y) + 8\,HCl$	> 1000° C	Verschleißschutz
Titannitrid	$2\,TiCl_4 + N_2 + 4\,H_2 \longrightarrow$ $2\,TiN + 8\,HCl$	> 1000° C	Verschleißschutz
Wolfram	$WF_6 + 3\,H_2 \longrightarrow W + 6\,HF$	500 bis 1000° C	Teileformung

Tabelle 19-3: Farbe dekorativer CVD-Schichten

Schicht	Farbe der Schicht
Chromnitrid CrN_x	metallisch
Titannitrid TiN	hellgelb–goldfarben–braungelb
Titan–carbonitrid TiC_xN_y	goldfarben – rotbraun
Titan–Zirkon–Nitrid $TiZrN_x$	goldfarben
Titancarbid TiC	hellgrau – dunkelgrau
Kohlenstoffschichten i–C–Schicht	schwarz
Zirkonnitrid	hellgelb
Hafniumnitrid	gelbbraun
Vanadiumnitrid	hellgelb
Tantalcarbid	goldbraun
Niobcarbid	hellbraun bis violett
Zirkoncarbonitrid	bronze bis rotviolett
Niobcarbonitrid	hellviolett
Vanadiumcarbonitrid	hellgelb
LaB_6	violett
LaB_{12}	azurgrün
CeB_6	blauviolett
GdB_6	blau
LaN oder CeN	schwarz

Andere CVD-Prozesse:

Die Literatur kennt viele verschiedene Abkürzungen für CVD-Prozesse mit nur geringen Abweichungen in den Reaktionsbedingungen.

APCVD bedeutet CVD unter atmosphärischem Druck, d.h. die Reaktion wird unter Normaldruck gestartet.

HTCVD bedeutet Hochtemperatur-CVD, d.h. die Prozesstemperatur ist 900 bis 1100 °C. Heiss- oder Kaltwandreaktoren sind in Gebrauch. Dieser Prozess wird meist gebraucht, um ein oder zwei Schichten von Hartmetallen mit einer Wachstumsgeschwindigkeit von 3 – 10 µm/h aufzubringen.

MTCVD bedeutet Mitteltemperatur-CVD. Prozesse dieser Art laufen bei 700 – 900 °C ab. Bei der Beschichtung von Stahl ist z.B. keine Gefahr der Entkohlung während der Beschichtung gegeben. Bei tieferen Temperaturen besteht die Gefahr, dass Reste vorhergehender Behandlungen ebenfalls reagieren, weil die Desorption nicht komplett ist. So findet man z.B. in Ti(C,N)-schichten bis zu 7 % Chlor.

LTCVD bedeutet Prozesse bei geringen Temperatur, d.h. Prozesse, die bei 400 – 700 °C ablaufen. Solche Prozesse werden eingesetzt, wenn man Kühlgrenzen nicht überschreiten will.

RTCVD bedeutet Prozesse, die sehr schnell ablaufen und nur dünne Schichten bilden.

RCVD sind Prozesse, die bei sehr hohen Temperaturen von 1200 bis 2000 °C ablaufen.

Aufgrund der sehr hohen Temperatur ist die Adhäsion der meist sehr dünnen Schichten sehr gross, so dass Schichten aufgebracht werden können, die einer Scherbelastung gut stand halten.

MOCVD sind Prozesse, in denen metallorganische Verbindungen eingesetzt werden. Die Reaktionstemperatur liegt bei etwa 500 °C. Es werden keine Chloride eingesetzt. Anwendung finden solche Reaktionen insbesondere im Halbleiterbereich.

ECVD sind elektrochemische CVD-Verfahren. Verfahren dieser Art werden angewendet, wenn man feste Schichten auf porösem Material aufbringen will. Für Elektroden von Brennstoffzellenwird eine Bedeckungstemperatur von 1200 °C bei einem Druck von 16 hPa angewendet. Das Schichtwachstum beträgt dann 2 µm/h.

EBCVD sind Elektronenstrahl-CVD-Verfahren. Ein Elektronenstrahl startet die Reaktion. Der Prozess wird z. B. verwendetum SiO_2- oder Si_3N_4-Flecken auf Si-Wafern zu erzeugen.

19.3 PVD-Verfahren

Unter PVD-Verfahren werden im Prinzip folgende Verfahren verstanden:

- Ionenätzen
- Vakuumaufdampfen
- Sputtern
- Ionenplattieren

PVD-Verfahren unterscheiden sich von CVD-Verfahren prinzipiell auch dadurch, daß die beim Aufbringen der Schicht auftretende Temperaturbelastung maximal 500 °C nicht überschreitet (Bild 19-8).

PVD-Verfahren finden unter höherem Vakuum als CVD-Verfahren statt. Man erzeugt dazu zunächst ein Vorvakuum im einer gängigen Pumpe und setzt davor eine Feinvakuumpumpe, die den Enddruck herstellt. In früheren Zeiten wurden dazu Hg-Molekularstrahlpumpen verwendet. Diese hatten den Nachteil, das sie ihr Pumpenmedium (Hg) in den Hochvakuumteil abgaben. Heute verwendet man dazu Turbomolekularpumpen. Eine Turbomolekularpumpe (Bild 19-9, 19-10) besteht aus einem schnell laufenden Rotor und einem feststehenden Stator. Gasmoleküle, die eine Rotorplatte berühren, werden beschleunigt und auf der nächsten Statorfläche adsorbiert. Die nächste Rotorfläche nimmt die Moleküle auf und befördert sie weiter. (Bild 19-11). Das Gasdichte-Diagramm zeigt die Operation von Stator und Rotor (19-12). Die Geschwindigkeit des Rotors liegt bei 70000 Turen/min [255].

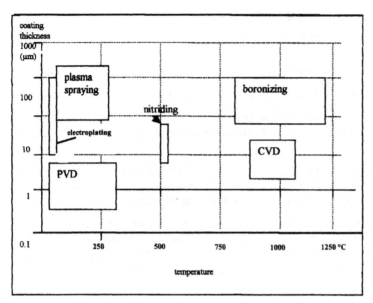

Bild 19-8: Temperaturbereich für verschiedene Beschichtungsprozesses [253]

TPH 180 H

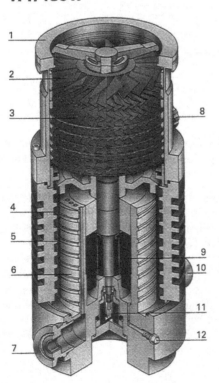

Bild 19-9:
Querschnitt durch eine Turbomolekularpumpe [255]

Bild 19-10:
Rotor einer Turbomolekularpumpe [255]

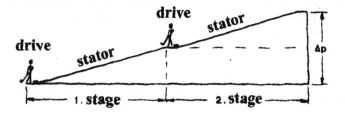

Bild 19-11: Funktion von Rotor und Stator [255]

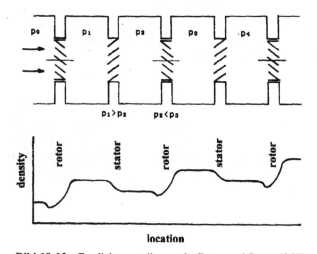

Bild 19-12: Gasdichteverteilung nahe Rotor und Stator [255]

Ionenätzen:

Unter Ionenätzen versteht man den Vorgang, daß man im Vakuum bei Drücken im 1 Pa-Bereich zwischen Werkstück (Substrat) und Ionenquelle eine hohe elektrische Spannung anlegt. Man erzeugt im Reaktor Ar^+-Ionen, die im elektrischen Feld beschleunigt werden und ihrer hohen Atommasse wegen mit großem Impuls auf die Substratoberfläche treffen. Dort wird die Auftreffenergie dazu genutzt, um oberflächliche Atome abzutragen und die Oberfläche dadurch zu reinigen. Ionenätzen wird aus diesem Grund sehr oft vor der Schichtabscheidung als letzte Reinigungsstufe angewendet.

Ätzvorgänge können auch chemisch unterstützt werden. Man setzt dazu dem Raktorgas eine durch Stoßionisation spaltbare oder aktivierbare Substanz zu, die mit der Substratoberfläche unter Bildung einer flüchtigen Verbindung reagiert.

$$CF_4 + e \rightarrow CF_3^+ + F + 2e$$

$$Si + 4\,F \rightarrow SiF_4$$

Wird als reaktives Gas Sauerstoff verwendet, können z. B. alle organischen Verbindungen auf einer Oberfläche abgetragen werden (Trockenreinigen). Abwandlungen des chemischen Ätzens sind:

Das reaktive Ionenstrahlätzen (RIBE) und das chemisch unterstützten Ionenstrahlätzen (CAIBE), bei denen durch Einbringen von Gitterelektroden bestimmte Ionensorten aus dem Plasma herausgefiltert werden können [152].

Aufdampfen:

Aufdampfen im Vakuum ist eine sehr weit verbreitete Technik. Der Dampfdruck einer Flüssigkeit oder Schmelze ist exponentiell von der Temperatur abhängig. Es gilt

$$p_s = A * e^{-B/T}$$

A und B sind Konstanten und T ist die Temperatur in (°K).

p_s ist der Sättigungsdampfdruck bei der Temperatur T. Aus dem Sättigungsdampfdruck berechnet sich mit Hilfe der kinetischen Gastheorie [152] die Menge der je Zeit- und Flächeneinheit abdampfende Menge G in (g/cm^2 s) zu

$$G = 0{,}044 \; p_s \; (M/T)^{1/2}$$

M ist darin die relative Molmasse oder Atommasse der abdampfenden Substanz. Bild 19-13 zeigt den Dampfdruck von Metallen im Hochvakuum. Das Prinzip einer Aufdampfanlage zeigt Bild 19-14: In einem abgeschlossenen Raum wird ein heizbarer Verdampfer und gegenüber das Substrat angebracht. Der Verdampfer wird mit Metall gefüllt. Man evakuiert die Anlage und erhitzt des Metall zum Schmelzen, so dass es verdampft.

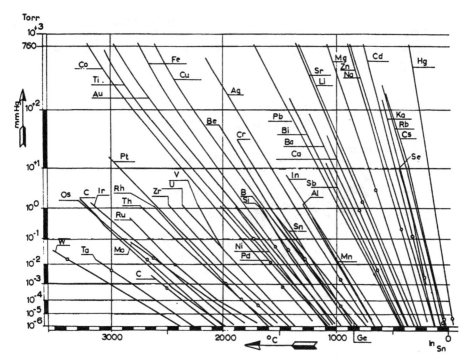

Bild 19-13: Dampfdrücke von Metallen im Vakuum [221]

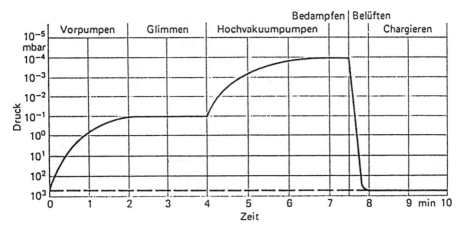

Bild 19-14: Prinzip einer Vakuumaufdampfanlage

Zum Bedampfen von Plastikfolien [147] verwendet man Anlagen, in denen der Aufenthalt der Folie im Metalldampf zeitlich begrenz ist, d. h. man wickelt die Folie über der Verdampferquelle ab (Bild 19-15). Bild 19-16 zeigt das Prozessdiagramm beim Bedampfen von Kunststoff.

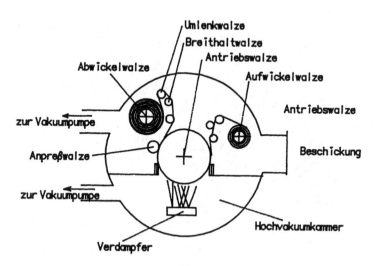

Bild 19-15: Folienbedampfung

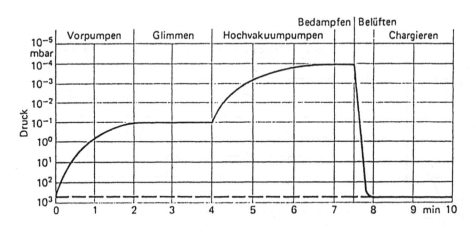

Bild 19-16: Prozeßdiagramm beim Kunststoffbeschichten nach [221]

Nicht nur in Laboratorien sondern vor allem zur Erzeugung von dünnen Schichten aller Art wird Vakuumverdampfen eingesetzt. Da die Temperaturbelastung beim Vakuumverdampfen mit 400 bis 500 °C ohne Kühlung relativ gering ist, weil eine Wärmezufuhr nur über die Kondensationswärme des Bedampfungsmaterials erfolgt, ist die Temperaturbelastung für das Substrat geringer als bei CVD-Verfahren. Größter Anwender des Vakuumbedampfens ist die Kunststoffindustrie.

Vakuumverdampfen erfolgt in diskontinuierlich betriebenen Anlagen. Hauptbestandteil der Anlagen ist ein Verdampfer in Form eines Tiegel, eines Schiffchens oder bei Metallen in Form von Drahtwendeln aus Wolfram, in die das zu verdampfende Material als Drahtabschnitt oder Blechstreifen eingelegt wird und die durch Widerstandsheizung elektrisch beheizt werden. Andere Verdampfertypen arbeiten mit induktiver Heizung oder mit Elektronenstrahlkanonen.

Die Bedampfung erfolgt allgemein im Druckbereich von etwa 0,01 bis 1 Pa (10^{-2}-10^{-4} mbar). Die Abscheiderate beim Vakuumverdampfen kann sehr unterschiedlich sein. Sie ist ungefähr gleich der Verdampfungsrate und liegt bei 0,05 bis 25 µm/s. Da die Abscheiderate exponentiell von der Temperatur abhängig ist, muß Aufwand für die Temperaturregelung betrieben werden, um gleichmäßige Schichtausbildung zu erreichen.

Zur Beschichtung von Masseteilen wie optische Gläser etc. verwendet man Anlagen, bei denen die Bedampfungszeit zum Materialaufstecken und -abnehmen vom Träger ausgenutzt wird. Diese sogenannten Durchlaufanlagen sind damit Anlagen für eine Massenproduktion.

Zur Beschichtung von Kunststofffolien wird in die Vakuumanlage ein Foliencoil eingesetzt, das beim Bedampfen dann über die Bedampfungsquelle hinweg abgewickelt und wieder zu einem Coil aufgewickelt wird (Bild 19-15). Man kann dabei zwischen Folienoberfläche und Bedampfungsquelle eine Endlosmaske führen, die es erlaubt, auf der Folie Muster abzubilden . Die Bedampfungszeit ist sehr kurz. Die Führungswalze wird stark gekühlt bis auf – 30 °C. Sie dient gleichzeitig als Antriebswalze. Das Vakuum in der oberen Kammer, der Bedampfungskammer, liegt bei 10 mPa, die Wickelkammern dagegen werden bei 100 mPa betrieben. Dieses sogenannte Zweikammersystem ist kostengünstiger. Es berücksichtigt, daß Hochvakuum nur im Bedampfungsraum benötigt wird, wobei bei Kunststoffen generell die Gefahr vorliegt, daß Bestandteile des Werkstücks an die Gasphase abgegeben werden (Bild 19-17).

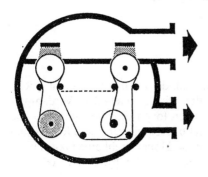

Bild 19-17:
Zweikammer-Folien-
bedampfung zum beidseitigen
Bedampfen [221]

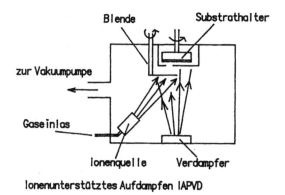

Bild 19-18: Ionenunterstütztes Aufdampfen (IAPVD)

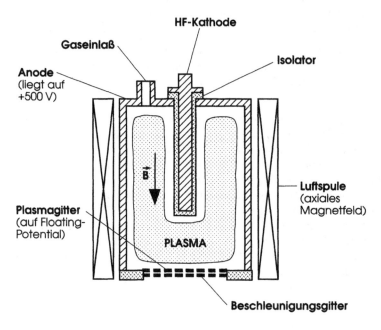

Bild 19-19: Zylindrische HF Ionenstrahlquelle [233]

Ionenstrahl unterstütztes PVD benutzt einen Ionenstrahl, der in einer speziellen Quelle produziert wird. Beim ionenunterstützten Aufdampfen wird dem aus dem Verdampfer aufsteigenden Dampf ein Ionenstrahl überlagert, dessen Ionen Energien in Höhe von etwa 100 eV besitzen. Man kann zum Herstellen von Oxidschicht z. B. dem Ionenstrahl ein reaktives Gas überlagern, so daß aus Metalldampf und Ionenstrahl eine Oxidschicht entsteht. Im Ionenstrahl werden Verbindungen wie O_2, Cl_2, SF_6, CF_4, CCl_2F_2 oder Argon eingesetzt.

Sputtern:

Beim Sputtern (Bild 19-20) wird das Beschichtungsmaterial in Form von Einzelato-
men, Molekülen oder Atomgruppen (Clustern) aus der Kathode (Beschichtungsmaterial) durch Ar^+-Ionen beim Druck von 0,1 bis 10 mPa mit Hilfe einer Glimmentladung
herausgeschossen und auf der Substratoberfläche kondensiert. Argonionen werden dabei in einem Plasma erzeugt. Ein Plasma ist ein nach Außen hin elektrisch neutraler
Partikelstrom, der im Innern freie positive und negative elektrische Ladungsträger
nebeneinander enthält. Der Materialstrahl (Target) bildet sich dann durch Herausschlagen des Materials aus der Kathode beim Auftreffen energiereicher Partikel wie
Ar^+ aus dem Plasmastrahl. Die einfachste Ausführungsform eines durch Plasma aktivierten Zerstäubers ist die DC-Diodenzerstäubung. Bei der DC-Diodenzerstäubung
stehen sich im Reaktionsraum in Abstand weniger Zentimeter zwei Elektroden gegenüber. Die Anode (das Substrat) wird geerdet. Zwischen Kathode (Targetmaterial) und
Anode liegen einige kV Spannung Gleichstrom. Man evakuiert den Reaktionsraum,
beschickt ihn bei 1 Pa mit Argon und erzeugt eine Glimmentladung. Die Direct-Cur-
rent-Diodenmethode ist nur für elektrisch leitendes Targetmaterial geeignet. Erhöht
man den Ionisationsgrad des Plasmas durch Elektronen, die aus einer Glühkathode
emittiert werden, muß man eine Triodenanordnung wählen. Bei einer Triodenanordnung werden aus einem auf 2500 °C erhitzten Wolframdraht Elektronen abgegeben.
Der Glühkathode gegenüber steht eine Anode. Zwischen beiden Elektroden bildet sich
ein Plasma aus, in dem Argonatome ionisiert werden. Ordnet man neben dem Plasma
eine Targetscheibe an, der man ein gegen Masse negatives Potential gibt, so werden
die Ionen des Plasmas zu Targetmaterial abgelenkt, auf dem sie zerstäubend wirken.
Das Substrat kann dann an beliebiger Stelle gegenüber dem Targetmaterial angeordnet
werden (Bild 19-20). Gibt man dem Substrat dagegen eine kleine negative Spannung,
so wird auch dessen Oberfläche von Ionen des Plasmas getroffen. Dadurch wird die auf-
wachsende Schicht von adsorbierten Gaspartikeln gereinigt. Man nennt dieses Verfahren „Bias-Sputtern".

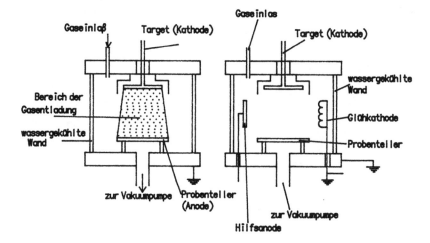

Bild 19-20: Schema einer Dioden- (links) und einer Trioden- (rechts) Sputteranlage

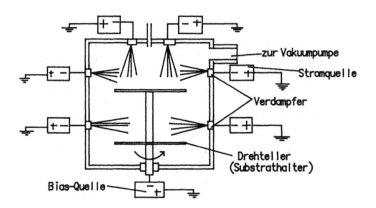

Bild 19-21: Bias-Sputtern nach [169]

Die Energie des Sputtergases kann durch Hochfrequenzfelder erhöht werden. Das Plasma kann auch durch Magnetfelder gerichtet und vor dem Targetmaterial konzentriert werden, wozu Permanentmagneten eingesetzt werden. Das Targetmaterial wird unter negative Spannung gesetzt, so daß Ionen aus dem Plasma zur Materialoberfläche gelangen und dort Material herausschlagen. Auch das Sustrat liegt auf negativer Spannung (Bias-Spannung), so daß ein Teil der Ionen des Plasmas auch dorthin gelangen und die Oberfläche durch Ionenätzen reinigen, wodurch sich die Haftfestigkeit von gesputterten Überzügen erhöht. Die Kristallisation des Überzuges kann dann noch durch eine Substratheizung beeinflußt werden. Die Abscheiderate in Sputterprozessen liegt in der Größenordnung von 0,0001 bis 0,01 µm/s. Eingesetzt werden sowohl Metalle und Legierungen als auch Oxide, Hartstoffe, Gleitstoffe oder PTFE.

Eine Abwandlung des Sputterns ist das reaktive Sputtern, ein Prozeß, der zwischen einem PVD- und einem CVD-Verfahren anzuordnen ist (Bild 19-24). Beim reaktiven Sputtern reagiert das Target (z.B. Titan) mit Bestandteilen des Plamas (z. B. O_2), so daß das chemische Reaktionsprodukt (z. B. TiO_2) auf der Oberfläche des Substrats abgeschieden wird. Als Plama wird hierbei eine Mischung aus Argon mit einem reaktiven Gas (z. B. O_2) eingesetzt.

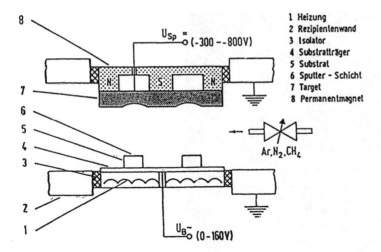

	1 Heizung
	2 Rezipientenwand
	3 Isolator
	4 Substratträger
	5 Substrat
	6 Sputter - Schicht
	7 Target
	8 Permanentmagnet

Bild 19-22: Magnetron-Sputtern nach [169]

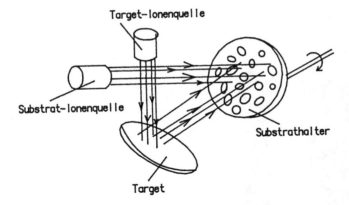

Bild 19-23: Zweistrahl-Ionensputtern nach [171]

Bei einer anderen Art des Sputterns wird versucht, nach Aufbringen der Sputterschicht durch Beschuß mit inerten oder reaktiven Ionen zu einer Durchmischung von Grundwerkstoff und Beschichtungsstoff zu kommen. Diese Technik wird als Ionenstrahlmischen bezeichnet [170]. In diese Verfahrensgruppe gehört auch das ionenstrahlunterstützte Sputtern (IS) und das Zweistrahl-Ionensputtern [171].

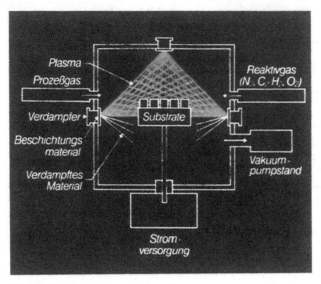

Bild 19-24: Prinzip des reaktiven Sputterns, Foto METAPLAS, Bergisch-Gladbach

Bild 19-25: Steered-Arc-Anlage mit 6 Verdampfern, Foto METAPLAS, Bergisch-Gladbach

Ionenplattieren:

Beim Ionenplattieren wird das Beschichtungsmaterial in einer als Anode geschalteten Verdampferquelle verdampft und in einen Plasmaraum abgegeben. Im Argonplasma wird das Beschichtungsmaterial ionisiert. Da das Substrat als Kathode geschaltet wird, werden die Ionen auf die Substratoberfläche hin beschleunigt und bei Auftreffen entladen. Die gebildete Schicht verankert sich dadurch sehr fest auf dem Substratmaterial.

Zum Ionenplattieren gibt es eine Vielzahl von Abarten, die sich im elektrischen Aufbau der Anlagen unterscheiden. Am erfolgreichsten ist bislang das Arc-Verdampfen Bild 19-25. Beim Arc-Verdampfen wird das Bedampfungsmaterial durch einen Vakuum-Lichtbogen aus dem Kathodenmaterial verdampft. Dabei werden die Metallatome des Beschichtungsmaterials überwiegend ionisiert. Durch eine am Substrat liegende negative Spannung (Bias-Spannung) werden die Metallionen dann auf die Oberfläche geschleudert und bilden dort eine Beschichtung aus. Man kann den Lichtbogen und damit die Verdampfung durch Magentfelder steuern. Einsatz von beweglichen Magneten (Steered Arc) verbessert die Gleichmäßigkeit des Materialabtrags und damit auch des Schichtaufbaus dadurch, daß der Kathodenfleck, den der Vakuumlichtbogen auf dem Targetmaterial einbrennt, jetzt systematisch über die Oberfläche des Targetmaterials geführt werden kann.

Tabelle 19-4: Bekannte PVD-Verfahren nach [169]

Bedampfen	Sputtern	Ionenplattieren	reaktive Varianten
	Dioden-System	DC-Glimm-Entladung	
	Triodensystem	HF-Glimm-Entladung	
	Magnetron-System	Magnetron-Entladung	
	Ionenstrahl-System	Hohlkathoden-Bogen-Entladung	
		Niedervolt-Bogenentladung	
		thermische Bogen-Entladung (ARC-Verf.)	
		Ionen-Cluster-Strahl	

19.4 Der Kunststoff und das Vakuumbedampfen von Kunststoffen

Die Bedampfung von Kunststoffen erfolgt in Stück- oder in Folienbedampfungsanlagen je nach Objekt. Dabei müssen Kunststoffe eingesetzt werden, die insbesondere im Vakuum nur eine geringe Gasmenge abgeben. Da die Gasabgabe bei Einsatz von Regenerat, das alterungsbedingte Schädigungen aufweist, hoch ist, sollte kein Regenerat eingesetzt werden. Ebenso sollten Weichmacher, Trenn- oder Gleitmittel vom Spritzverfahren oder Silikone nicht enthalten sein, weil nicht nur die Gasabgabemenge sondern auch das Haftvermögen einer aufgedampften Schicht gestört wird. Schädigungen des Kunststoffs durch überhitzte Spritzformen führen ähnlich wie Regenerat zu erhöhter Gasabgabe. Ebenso muß die Oberfläche sauber sein. Z.B. kann eine Behandlung mit ionisierter Luft zum Entstauben eingesetzt werden. Tabelle 19-4 gibt Werte über die Gasabgabe verschiedener Kunststoffe nach [103] an.

Viele Kunststoffe erfordern eine Vorbehandlung der Oberfläche, um Gase und Feuchtigkeit zu desorbieren, die Oberfläche im Mikrobereich aufzurauhen und um Kondensationskeime durch Erzeugung polarer Oberflächengruppen anzulegen. Die Vorbehandlung vor dem Bedampfen besteht außer im Abpumpen des Gasraumes in einer Behandlung mit einer Glimmentladung über etwa 2 min. bei 10 Pa (0,1 mbar).

Zu den einzelnen Kunststoffen sind folgende Anmerkungen zu machen:

- Polystyrol ist der klassische Kunststoff für Spielzeug, Schilder, Flaschenver-
schlüsse etc. Das Material zeigt geringe Gasabgabe, Aufdampfschichten
haften gut, das Material ist gut lackierbar.

- PMMA (Plexiglas)wird wegen seiner hohen Transparenz für Autorück- und
-blinklichte eingesetzt. Die Werkstücke werden mit Metallschichten bedampft und danach mit gelbem oder rotem Lack überfärbt. Allerdings ist
die Gasabgabe groß, die Haftfestigkeit der Metallschicht nur mäßig aber
die Lackierbarkeit gut.

- Phenol/Formaldehyharze, Melaminharze und Harnstoffharze werden für Ver-
schlüsse aller Art verwendet. Lackierbarkeit und Schichthaftung sind gut,
die Gasabgabe nur bei Melaminharzen gering, sonst mäßig bis groß
(Harnstoffharz).

- ABS-Polymere zeichnen sich durch geringe Gasabgabe, sehr gute Schichthaftung und gute Lackierbarkeit aus. Sie werden z. B. für Radio- und Fern-
sehteile, Innenleuchten, Instrumentenbretter beim Automobil etc. eingesetzt.

- Polyamide sind wegen ihrer merklich großen Gasabgabe für die Vakuum-
bedampfung ungeeignet.

- Polycarbonate weisen außer einer geringen Gasabgabe die Eigenschaft auf,
den Aufdampfschichten sehr gute Haftung zu verleihen und gut lackierbar
zu sein. PC werden in wachsendem Maße z. B. für Autoteile oder für Brillen eingesetzt.

- Polypropylen besitzt zum PE vergleichbare Eigenschaften. Außer unter PE
beschriebenen Vorbehandlungen kann bei PP auch eine Spezialgrundierung
vorher aufgetragen werden, die die Haftungseigenschaften verbessert.

Tabelle 19-5 zeigt eine Zusammenstellung der Eigenschaften weiterer Kunststoffe. Bedampft werden Kunststoffe sowohl mit Metallen wie Al, Ag, Au, Cu, Cr aber auch mit
Oxiden wie SiO zur Verbesserung des Reflexionsvermögens. Die Bedampfungszeiten
liegen dabei bei etwa 30 s. Man bedampft entweder einseitig oder allseitig und deckt
nicht zu bedampfende Flächen durch Schablonen ab.

Bei der Folienbedampfung werden sehr kleine Beschichtungszeiten angewendet, damit
die Temperaturbelastung minimiert werden kann. Die Bandgeschwindigkeit beträgt deshalb etwa 1,2 m/s. Aufgedampft werden Al und Au als Hitzeschutz gegen Sonnenein-
strahlung, Al zum Schutz gegen Wärmeabstrahlung bei Wundverbänden, als Dekora-
tionsfolie, als Antistatikbeschichtung auf Verpackungsfolien für die Elektronik oder Al
oder Zn für Kondensatorfolien. Dampft man verschiedene Schichten nacheinander auf,
lassen sich Spezialeffekte erzeugen. Z. B. ergeben Schichten der Abfolge $ZnS/MgF_2/ZnS$
oder $CeO_2/MgF_2/CeF_2$ Regenbogen- oder Auroraeffekte für Modeschmuck. Ebenso können Glasschutzschichten auf Brillengläsern aus Polycarbonat durch Aufdampfen von Bo-
rosilikatglas erzeugt werden, die die Kratzfestigkeit der Brillen erheblich steigern.

Tabelle 19-5: Gasabgabe von Kunststoffen nach [103]

Kunststoff	Gasabgabe in 10^{-6}(Pa $*$ l $*$ cm^2/s)	
	innerhalb der ersten 30 min	nach 3h Evakuierung
Polyamid	410	370
Hart-PVC	83	53
Polystyrol	73 – 200	47 – 113
PMMA	200	160
Polyethylen	25	17
PTFE	28 – 64	3 – 33
ausgehärtetes Epoxiharz	187	133
Polyurethan	73	40

Tabelle 19-6: Bedampfungs- und Verarbeitungscharakteristik einiger Kunststoffe nach [103]

Gruppe	Gasabgabe	Haftung	Lackierbarkeit
Polystyrol	gering	sehr gut	gut
Methacrylharze	merklich	mäßig	gut
Celluloseacetat	groß	mäßig	gut
Celluloseacetobutyrat	gering	gut	gut
Polycarbonat	gering	sehr gut	gut
Cellulose-Regenerat	groß	schlecht	mäßig
Polyester	gering	gut	gut
Polyurethane	gering	gut	gut
Polyamide	merklich groß	gut	gut
Hart-PVC	gering	schlecht	mäßig
Weich-PVC	merklich groß	mäßig	schlecht
Polyethylen	gering	schlecht	mäßig
vorbehandeltes PE	gering	gut	gut
Polypropylen	gering	mäßig gut	mäßig
PTFE	gering	gut	gut
Epoxiharz	gering	gut	mäßig
ABS-Polymere	gering	sehr gut	gut
Silikonharze	gering	gut	gut
Polyacrylnitril	gering	gut	schlecht
Phenol-Formal-dehyd-Harz	merklich	gut	gut
Melaminharz	gering	gut	gut
Hranstoffharz	groß	gut	gut

19.5 TiC-, TiN-, TiAlN- und andere Schichten

Beschichtungen dieser Systeme dienen heute als bevorzugte Hartstoffbeschichtungen beim Bau von Schneid- oder Preßwerkzeugen. Sie werden aber auch zu dekorativen Zwecken eingesetzt [174]. Nitrid und Carbonitridschichten zeichnen sich durch intensive Farbgebung aus (Tabelle 19-3). Die Schichten sind aber nicht nur dekorativ sondern weisen zudem Verschleißfestigkeit und Korrosionsschutz den Eigenschaften der jeweiligen Hartstoffschicht entsprechend aus. Die Härte der Schichten (Bild 19-26, 19-27) ist sehr groß. Allerdings wird der Einsatzbereich der Hartstoffschichten durch Oxidationsprozesse bei erhöhter Temperatur begrenzt (Bild 19-28). TiC-Schichten und TiN-Schichten können einmal im CVD-Verfahren hergestellt werden. Derart gebildete Schichten weisen je nach Partialdruck der Gase $TiCl_4$ und CH_4 unterschiedliche stöchiometrische Zusammensetzung auf. Man kann Nitridschichten auch so herstellen, daß man z. B. zunächst Titan als PVD-Schicht aufträgt und währen des Auftrags ein reaktives Plasma erzeugt (z. B. durch NH3-Zusatz), das mit Ti reagiert. Man kann diese Schritte auch nacheinander durchführen und die Ti-Schicht in einer Plasmanitrierung (Bild 19-29) in eine Nitridschicht überführen. Dabei laufen diffusionskontrollierte Reaktionen ab, die relativ langsam sind, so daß die Behandlungstempatauren zwar niedriger als bei CVD-Verfahren, die Behandlungszeiten aber relativ lang sind. Schneller geht nach [175] die Umsetzung, wenn man ein geeignetes Reaktionsgas (z. B. Ar/N_2) auf unter einem Laser aufgeschmolzenes Ti einwirken läßt.

Tabelle 19-7: Arbeitsbedingungen für verschiedene Hochvakuumverfahren [257]

	Plasma-diffusion	Plasma-CVD	PVD	Plasma-ätzen	Plasma-Poly-merisation	Ionen-Implanta-tion
Temperatur (°C)	300 – 800	300 500 – 700	100 – 500	20 – 200	20 – 100	20 – 200
Druck(Pa)	10 – 1000	10 – 1000, 10 – 3	0,01 – 1	0,1 – 100	1 – 100	$10^{-3} – 10^{-7}$
Energie	Gleich-strom, oder gepulster Gleich-strom	HF oder gepulster Gleichstrom	HF, Gleich-oder Wechsel-strom	HF oder Gleich-strom	HF	Gleich-strom
Medien	N_2, H_2, Ar, CH_4	N_2, H_2, Ar, CH_4	N_2, H_2, $TiCl_4$, CH_4, Metall-dämpfe	He, Ar, H_2	C_xH_y-Monomer	N_2, Ar
Schichtdicke (µm)	100 – 600 1 – 20	1 – 10	1 – 10		1 – 100	< 1
erodierte Schichtdicke (µm)				0,01 – 100		
Schicht-zusammen-setzung	FeN, CrN, AlN, N-C-Diffusion	TiN, TiC, i-C-Schicht	TiN, TiC		organische Polymere	N-, C-Implantate

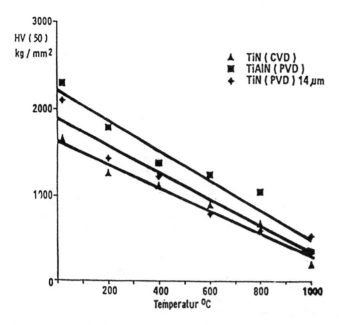

Bild 19-26: Härte in Abhängigkeit von der Temperatur nach [176]

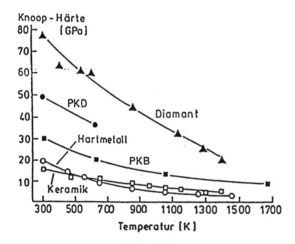

Bild 19-27: Temperaturabhängigkeit der Härte einiger Hartstoffe nach [176]
PKD = Polykristalliner Diamant.
PKB = Polykristallines, kubisches Bornitrid.

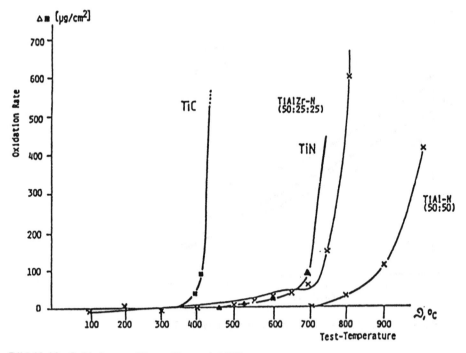

Bild 19-28: Oxidation von Hartstoffen nach [176]

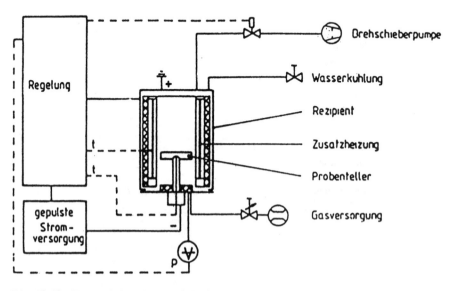

Bild 19-29: Plasmanitrieranlage nach [179]

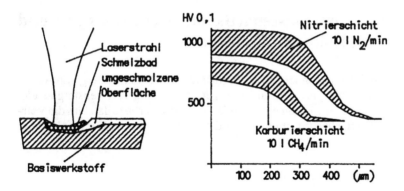

Härteverlauf von lasergaslegierten Schichten auf TiAl6V4.

1000 W, Vorschub 2 m/min, 0,2 mm Versatz. 10 l Ar/min.

Bild 19-30: Laserlegieren nach [175]

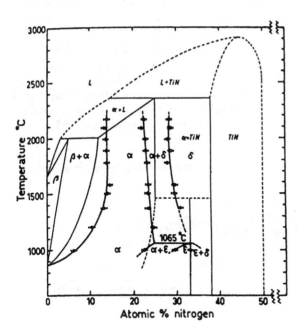

Bild 19-31: Das System Titan-Stickstoff nach [178]

19.6 Beschichten von Massenartikeln: Architekturglas und Reflektoren, Kohlenstoffschichten

Die Dünnschichttechnik hat besonders grosse Bedeutung zur Beschichtung von Architekturglas erlangt. Architekturglas wird am Bau zur Herstellung von Fensterglas etc. eingesetzt. Glasflächen stellen am Bau eine Quelle für Wärmeverluste dar. Um die Wärmeabstrahlung von Glasflächen zu mindern, wird Architekturglas z. B. mit folgenden Schichtaufbauten versehen:

SnO_2 42 nm
Ti   2 nm
Ag   12 nm
Ti   2 nm
SnO_2 42 nm
Glas

Ein derart beschichtetes „Low-Emissivity-Glass" besitzt bei Doppelverglasung nur noch 7 % Energieabstrahlung bei 76 % Transmission (Normalglas: 67 % Energieabstrahlung, 82 % Transmission). Um die für den praktischen Einsatz notwendige hohe Jahresproduktion durchführen zu können, wurden Anlagen entwickelt, bei denen die Beschichtung nahezu kontinuierlich durchgeführt werden kann (Bild 19-32). Vor der eigentlichen Beschichtungskammer werden Schleusenkammern geschaltet, in denen die Glasplatten einzeln unter Vakuum gesetzt werden. Nach erreichen des Endvakuums wandert die Platte stossweise weiter in die nachfolgenden Glimm- und Beschichtungskammern. Nach erfolgter Beschichtung wird die Platte in einer Ausschleuskammer belüftet und entnommen. Wird die Zahl der Schleusenkammern vergrößert, können Produktionszeiten < 1 Minute pro Platte bei Plattengrössen bis etwa 3 m^2 erreicht werden [255].

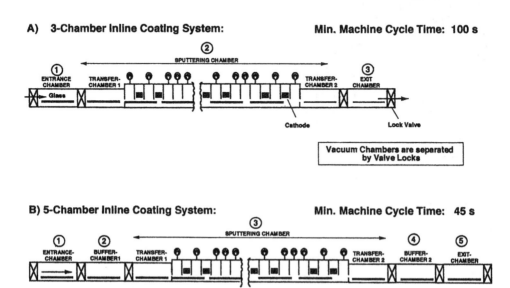

Bild 19-32: Anlage zur Vakuumbeschichtung von Glas [255]

Zur Beschichtung von Scheinwerferglas [256] für die Automobile oder von Wafern werden Rundautomaten eingesetzt, wie sie in Bild 19-33 gezeigt werden.

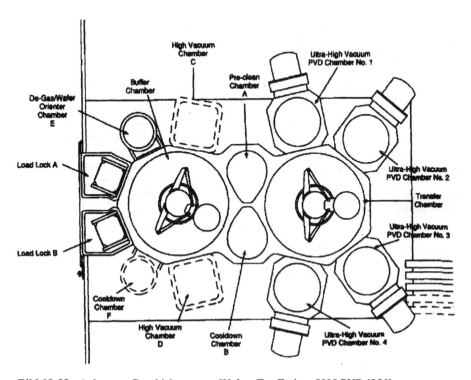

Bild 19-33: Anlage zur Beschichtung von Wafern Typ Endura 5500 PVD [256]

Kohlenstoffschichten werden im allgemeinen nur versuchsweise eingesetzt und haben sich in der Industrie noch nicht endgültig durchgesetzt. Bild 19-34 zeigt die Möglichkeiten, die Kohlenstoffschichten und ihre Beimengungen bieten. Man erkennt, dass es viele Varianten zur Ausbildung solcher Schichten und zum Einbau von Fremdionen gibt.

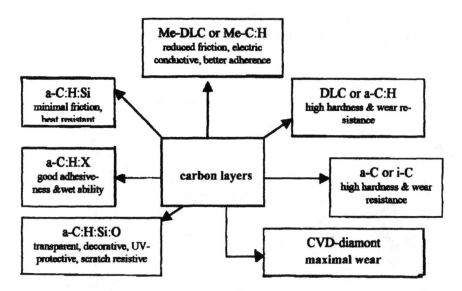

Bild 19-34: Möglichkeiten und Einsatzbedingungen für Kohlenstoffschichten nach [231]

20 Chemische und anodische Oxidschichtbildung bei Aluminium

Aluminiumwerkstoffe werden durch Ausbildung einer Oxidschicht vor Korrosion geschützt. Dickere Oxidschichten dienen als Dielektrikum bei elektrischen Kondensatoren. Aluminiumoxidschichten lassen sich farbenprächtig einfärben ohne Lackanwendung. Die Herstellung solcher Schichten kann chemisch oder elektrochemisch erfolgen.

20.1 Chemische Schichtbildung

Zur chemischen Schichtbildung wird Aluminium mit Wasser umgesetzt gemäß

$$2\,Al + 4\,H_2O = 2\,AlO(OH) + 3\,H_2$$

Die abgeschiedene AlO(OH)-Schicht bildet eine 0.6 bis 3 µm starke Böhmit-Schicht. Man kann diese Schicht durch Umsatz mit reinem Wasser bei 75 bis 120 °C oder durch Behandeln mit oxidierenden alkalischen Reaktionslösungen erzeugen. Im Einsatz sind

- VAW-Verfahren mit $NH_3/(NH_4)_2S_2O_8$-Reaktionsmischung bei 80 °C.
- Alrock-Verfahren mit $Na_2CO_3/K_2Cr_2O_7$-Reaktionsmischung bei 100 °C
- Pyluminverfahren mit Na_2CO_3/Na_2CrO_4-Reaktionsmischung bei 100 °C.

20.2 Anodisieren von Aluminium

Oxidschichten können auf Aluminium auch durch anodische Oxidation in einem Anodisationsbad (Bild 20-1) hergestellt werden. Dazu wird das Al-Werkstück im Bad, das gekühlt werden muß, als Anode geschaltet, der beidseitig Kathoden gegenüber stehen. Die erste Oxidation auf der Al-Oberfläche beginnt punktweise. Da an den kleinen Partialflächen, die auf diesem Weg eine Al-Oxidschicht erhalten, der Übergangswiderstand für den elektrischen Strom erhöht ist, erfolgt die weitere Oxidation an Flächen, die noch blankes Metall, also einen minderen elektrischen Übergangswiderstand aufweisen. Auf diese Weise wachsen langsam alle metallischen Flächen zu. In den Zwickeln, die sich zwischen den einzelnen Oxidinseln bilden, ist dann der Widerstand wieder vergleichsweise vermindert, wodurch die zweite Schicht über den Zwickeln aufwächst. Bild 20-2 zeigt den Wachstumsmechanismus. Auf diese Weise erhält die Oxidschicht eine Zellenstruktur. Die Zellen werden größer, wenn die Anodisierungsspannung steigt, weil bei höheren Spannungen etwas größere elektrische Widerstände noch überwunden werden können als bei niederen Spannungen, so daß das Wachstum erst bei größeren Zellendurchmessern abbricht (Bild 20-3). Im Schnitt weist die anodische Oxidschicht dann eine Kanalstruktur auf, die am Boden unmittelbar über dem Metall durch eine dichte Sperrschicht abgeschlossen wird (Bild 20-4). Im Gegensatz zur chemischen Schichtbildung arbeiten Anodisierbäder im sauren Bereich. Eingesetzt werden Chromsäure-, Schwefelsäure-, Oxalsäure-, gemischte Schwefelsäure/Oxalsäure-, Schwefelsäure/ Chromsäure- oder Borsäurebäder. Tabelle 20-1 zeigt Badzusammensetzungen und -betriebsweisen verschiedener Anodisierbäder. Tabelle 20-2 beschreibt die Schichtzusammensetzung von Anodisierschichten. Die Schichtbildungsgrenze bei anodischer Schichtbildung liegt bei 0,1 nm/V für die dichte Sperrschicht und bei 1,4 nm/V bei der porigen Außenschicht. Es gibt im Prinzip drei verschiedene Elektrolytarten, unterschieden nach den Fähigkeiten des Elektrolyten, die entstandene Anodisierschicht nicht, nur teilweise oder sehr stark aufzulösen. Das Schichtwachstum endet, wenn die Bildung der Schicht genauso schnell verläuft wie die Auflösung der Schicht im Elektrolyten, oder wenn der elektrische Widerstand der Schicht nicht mehr überwunden werden kann.

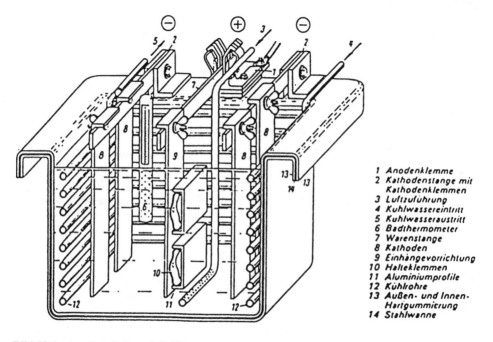

Legende:
1 Anodenklemme
2 Kathodenstange mit Kathodenklemmen
3 Luftzuführung
4 Kühlwassereintritt
5 Kühlwasseraustritt
6 Badthermometer
7 Warenstange
8 Kathoden
9 Einhängevorrichtung
10 Halteklemmen
11 Aluminiumprofile
12 Kühlrohre
13 Außen- und Innen-Hartgummierung
14 Stahlwanne

Bild 20-1: Anodisierbad, nach [181]

In Borsäure- oder Citronensäureelektrolyten bildet sich auf dem Aluminium eine sehr harte, nicht poröse Schicht von etwa 0,1 bis 1 µm Schichtdicke, die z. B. zur Herstellung von Elektrolytkondensatoren eingesetzt wird. Dieser Elektrolyttyp löst die Anodisierschicht praktisch nicht auf.

Schwefelsäure, Chromsäure und Oxalsäure vermögen die Anodisierschicht merklich zu lösen. Neben einer sehr dünnen und kompakten Sperrschicht, die unmittelbar auf dem Metall sitzt, bildet sich eine darübergelegene poröse Hauptschicht mit Porengrößen von 0,01 bis 0,05 µm und Porenvolumina, die je nach Badspannung bis in die Größenordnung von 25 % reichen können. Die Stromausbeute sinkt dabei auf 50 bis 80 %, weil ein Teil des gebildeten Aluminiumoxids wieder aufgelöst wird. Die Oxidschichten sind saugfähig und enthalten daher auch die Anionen des Elektrolyten in Mengen von ca. 10 %.

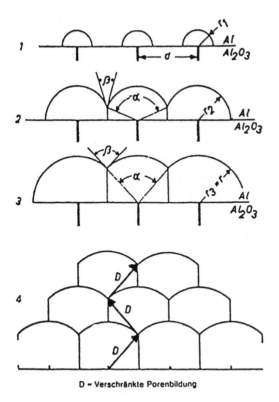

D – Verschränkte Porenbildung

Bild 20-2: Wachstumsdiagramm für Anodisierschichten nach [181]

Bei Elektrolyten mit starkem Lösevermögen für die Anodisierschicht wie Alkalicarbonate, Phosphorsäure oder Flußsäure ergibt sich eine starke Glättung und Einebnung der Oberfläche. Eine eigentliche Oxidschicht bildet sich nicht aus. Der elektrische Strom findet dabei in erster Linie Zugang zu den Spitzen der Oberflächenrauhigkeit, die angegriffen, oxidiert und im Elektrolyten gelöst werden. Der Effekt, der mit anderen Elektrolyten auch bei anderen Metallen erzielt werden kann, ist das elektrolytische Polieren. Beim Wachsen der Anodisierschicht wird Grundmetall in Oxid umgewandelt. Da das Oxid eine geringere Dichte (3,1 g/cm3) als das Aluminium besitzt, wächst die Schicht etwa zur Hälfte nach außen. Das Werkstück nimmt an Dicke zu. Die Anodisierung kann diskontinuierlich und kontinuierlich erfolgen. Folgende Arbeitsschritte sind notwendig:

- Reinigen. Öl- und Fettreste geben fleckige Oxidschichten. Deshalb wird am besten zweistufig gereinigt mit alkalischen Reinigern.
- Spülen. Gründliches Spülen ist notwendig zur Entfernung der Reinigerbestandteile.
- Beizen mit HNO_3/HF-Beizen zur Entfernung von Oxidschichten.
- Spülen.
- Anodisieren.

Mit i = Stromdichte in (A/dm^2), d = Schichtdicke in (µm) und ß = anodischer Wirkungsgrad in (%/100) gilt nachfolgende Gleichung. Die Badzusammensetzung muß überwacht, die Badtemperatur auf +/- 2 °C konstant gehalten werden. Deshalb werden die Bäder entweder durch Einblasen von Luft oder durch Kühlwasser, das durch Rohre aus Pb oder Ti gepumpt wird, gekühlt. Als Kathode werden Edelstahlelektroden bei Chromsäureelektrolyten, Bleikathoden in Schwefelsäureelektrolyten oder allgemein Stahl-, Blei- oder Kohlekathoden verwendet. Verwendet werden Gestelle aus Al, Cu, Phosphorbronzen oder Titan. Am häufigsten werden heute mit PVC überzogene Gestelle mit Titanspitzen zum elektrischen Kontakt mit den Werkstücken verwendet. Beim Aufhängen der Werkstücke sollte der Werkstückabstand unter einander etwa dem zur Kathode gleich werden. Die Steuerung der Anodisierung erfolgt dann über den Stromverbrauch. Dabei gilt folgende Beziehung:

Anodisierdauer (min) $t = \dfrac{d}{0,3 * i * \beta}$

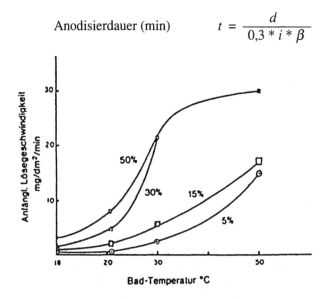

Bild 20-3:
Auflösungsgeschwindigkeit anodischer Oxidschichten in H$_2$SO$_4$ nach [181]

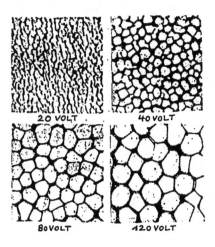

Bild 20-4:
REM-Aufnahme von in Phosphorsäure erzeugten Anodisierschichten, 35000-fach, nach [181]

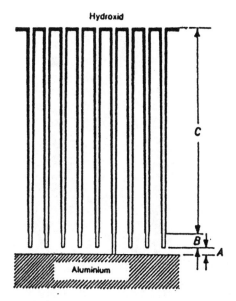

Hydroxid

Aluminium

Schema der anodischen Oxidschichtbildung nach Rummel [34].

A = ursprüngliche Oxidschicht teilweise durchbrochen

B = aus der ursprünglichen Oxidschicht entstandene Schicht, noch ohne Berührung mit dem Elektrolyten

C = Oxid-Hydroxidschicht in Berührung mit dem Elektrolyten

Bild 20-5: Kanalstruktur der Anodisierschicht nach [181]

Bei der Bandanodisierung werden Aluminiumbänder bis 600 mm Breite bei Bandgeschwindigkeiten von etwa 150 m/min mit einer etwa 1,5 µm dicken Oxidschicht bei 1,5 A/dm^2 und 15-20 V in 10 % H_2SO_4 bei 21 – 27 °C beschichtet. Das Blech wird z. B. zur Herstellung von Fischkonservendosen eingesetzt.

Die Nachbehandlung nach dem Anodisieren kann gegebenenfalls durch Einfärben und durch chemischen Verschluß (Behandeln mit siedendem reinem Wasser) erfolgen. Dabei entsteht eine Al_2O_3-Schicht von 0,1 nm und darüber eine 0,25 nm dicke Böhmitschicht.

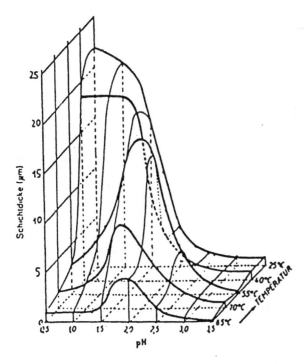

Bild 20-6: Beeinflussung der Schichtdicke durch Temperatur und pH-Wert in Oxalsäureelektrolyt
nach [181]

Tabelle 20-1: Anodisierverfahren. Angaben von [181]

Bezeichnung/ Verfahrenstyp	Elektrolyt. Anwendung	Stromdichte/ Spannung	Temperatur/ Behandlungs- zeit	Schichtdicke/ Farbe	Bemer- kungen
Bengough- Stuart GC	2,5 – 3 % CrO_3	0,1 – 0,8 A/ dm^2 bis 50 V	40 °C bis 20 min	2,5 – 15 µm grau	schützend, nicht für Legierungen > 5 % Schwer- metall
Bengough- Stuart, Be- schleunigtes GC	5 – 10 % CrO_3	0,1 – 0,3 A/ dm^2 40 V	35 °C 30 min	2 – 3 µm grau	dichte Überzüge
Alumilite GS	10 – 20 % H_2SO_4	1 – 1,7 A/dm^2 10 – 20 V	15 – 25 °C 10 – 30min	5 – 30 µm farblos	hart, färbbar, gute Anstrich- grundlage
Dicke GS- Schicht	7 % H_2SO_4	1 – 5 A/dm^2 23 – 120 V	0 – 3 °C bis 240 min	bis 250 µm grau	verschleißfest, nimmt Schmiermittel auf
GSX Schichten	10 – 15 % H_2SO_4 1 – 2 % Oxalsäure	1 – 2A/dm^2 20 – 25V	20 – 27 °C 10 – 30min	5 – 30 µm farblos	hart, schlecht färbbar
Brit.+ Ameri- kanische GX	5 – 10 % Oxalsäure	1 – 1,8 A/dm^2 50 – 65V	30 °C 10 – 30min	15 µm halb- durch- scheinend	
GX-Verfahren	3 – 5 % Oxalsäure	1 – 2,5A/dm^2 40 – 60 V	18 – 20°C 40 – 60 min	10 – 65 µm gelb	
GXh-Verfahren	3 – 5 % Oxalsäure	1 – 2,5A/dm^2	35 °C	farblos	dekorative Schicht, meist durch GS ersetzt
WX-Verfahren	3 – 5 % Oxalsäure	2 – 3,5A/dm^2 40 – 60 V	25 – 35 °C 40 – 60 min	gelblich	
WGX	3 – 5 % Oxalsäure	1. G 2 – 3,5A/dm^2 30 – 60 V 2. W 1 – 2,2 A/dm^2 40 – 60V	20 – 30 °C 15 – 30 min	gelblich	
Dicke GX- Schichten	3 – 5 % Oxalsäure	1 – 2,5A/dm^2 40 – 60 V	3 – 5 °C	bis 600 µm gelb	vgl. Dicke GS- Schicht
Ematal/GX	3 – 5 % Oxal- säure + Ti od. Zr	0,2 – 0,3 A/ dm^2 120V	50 – 70 °C 20 – 40 min	10 – 18 µm	schützend, dekorativ porzellan- oder email ähnlich
Borsäurever- fahren	0 – 0,25 % Borax 9 – 15 % Borsäure	- 50-500V - 230-250V	90 – 95°C 90 – 95°C	2,5 – 8 µm 2,5 – 8 µm	dünne dielek- trische Filme für Kon- densatoren

Tab.20-2: Zusammensetzung der Schicht nach [181]

Bildungsbedingungen	Sperrschichtdicke (nm)	Gesamtschichtdicke (µm)	Struktur
Luft trocken, 20 °C -trocken, 500 °C	1 – 2 2 – 4	0,001 – 0,002 0,04 – 0,06	amorph, Al_2O_3 amorph + h-Al_2O_3
O_2 - trocken, 20 °C - trocken, 500 °C	1 – 2 10 – 16	0,001 – 0,002 0,03 – 0,05	amorphes Al_2O_3 amorphes + h-Al_2O_3
Luft- feucht, 20 °C - feucht, 300 °C	0,4 – 1 0,8 – 1	0,05 – 0,1 0,1 – 0,2	AlO(OH) Böhmit + $Al(OH)_3$ Hydrargillit AlO(OH) Böhmit
Wasser kochend, 100 °C - unter Druck, 150 °C	0,2 – 1,5 bis 1	0,2 – 2 1 – 5	AlO(OH) Böhmit AlO(OH) Böhmit
Anodisiert, 18 – 25 °C	10 – 15	5 – 30	amorphes Al_2O_3
Hart anodisiert, 0 – 6 °C	15 – 30	50 – 200	amorphes Al_2O_3

20.3 Einfärben von Oxidschichten auf Aluminium

Aluminiumoxid ist nach dem Anodisieren mit Säureanionen bedeckt. Beim Färben können diese Anionen durch solche eines Farbstoffs ersetzt werden. Das Färben kann mit organischen Farbstoffen oder mit anorganischen Farben erfolgen. Dabei müssen die färbenden Lösungen entlang der Kanäle in die Oxidschicht eindiffundieren, was entsprechend lange Behandlungszeiten erforderlich macht.

Als organische Farbstoffe werden z. B. wasserlösliche Azofarbstoffe eingesetzt, die bei Temperaturen bis 100 °C aufgezogen werden.

Anorganische Farbstoffe werden durch Reaktion einer Schwermetallösung mit einem nachdiffundieren Fällungsagens hergestellt. Färbende Verbindungen sind:

Tabelle 20-3: Färbende Verbindungen für Anodisierschichten

$PbCrO_4$ oder CdS	gelb
SnS	braungelb
$PbSO_4$	weiß
Sb_2S_3	orange
$Cu_2[Fe(CN)_6]$	rotbraun
$Ag_2Cr_2O_7$	braun
$Co(OH)_3$ oder PbS	dunkelbraun
$Fe_4[Fe(CN)_6]_3$	blau
CoS	schwarz
CuS oder $Cu_3(AsO_4)_2$	grün

Oxidschichten, die mit Wechselstromanodisierung in Schwefelsäure hergestellt wurden, enthalten merkliche Mengen an Sulfid. Dadurch können derartige Fällungsfarben auch ohne Fällungsagens hergestellt werden, wenn das eingeführte Element nur einen farbigen Sulfidniederschlag ergibt.

Mehrfarbeneffekte lassen sich erzielen, wenn man nach der ersten Färbung trocknet und die zweite Färbung danach aufzieht. Dabei kann auch die färbende Lösung im Spritzverfahren aufgetragen und gegebenenfalls nicht einzufärbende Partien durch eine Maske abgedeckt werden. Auch Auftrag der färbenden Lösung im Siebdruckverfahren ist möglich.

21 Behandlungsgerechtes Konstruieren

Die Behandlung in oberflächentechnischen Verfahren und Prozessen erfordert die Einhaltung bestimmter Konstruktionsregeln, ohne deren Einhaltung die Behandlung erschwert oder gar unmöglich gemacht wird. Bislang haben zu diesem Problem nur die einzelnen Fachverbände Stellung bezogen und teilweise Broschüren [183, 184] mit auf ihre Produktionen zugeschnittenen Regeln herausgegeben. Vergleicht man jedoch diese Regelwerke, so schälen sich allgemein gültige Konstruktionsregeln heraus, die man gelegentlich nur mit Ergänzungen für den Spezialfall versehen muß. Folgende Regeln sollten beachtet werden:

I. Die Konstruktion eines Werkstücks soll so ausgelegt sein, daß alle gasförmigen, flüssigen oder festen Behandlungsmedien die Oberfläche ungehindert erreichen und ungehindert wieder verlassen können. Das gilt für die Einwirkung von Gasen beim Nitrieren ebenso wie für die Einwirkung von Pulverlacken beim Auftragen und speziell auch für die Einwirkung flüssiger Medien wie Reinigerlösungen, Beizen oder auch metallischer Schmelzen. Insbesondere bei flüssigen Einwirkungsmedien müssen notfalls Ablaufbohrungen angebracht werden (Bild 21-1).

II. Vertiefungen aller Art sollten so angebracht werden, daß sie beim Tauchen in flüssige Medien ohne Bildung von Luftblasen befüllt und ohne Bildung von Rückständen entleert werden können.

III. Falze und Bördelungen sollten so angeordnet sein, daß sie von Behandlungsmedien ungehindert befüllt und entleert werden können. Geschlossene Falzverbindungen sollten so dicht ausgeführt werden, daß im Falzinneren keine Luft eingeschlossen wird, die beim Einbrennen von Lack oder Email z.B. Anlaß zur Blasenbildung gibt.

IV. Scharfe Kanten sollten durch Runden oder Abschrägen entschärft werden.

V. Bohrungen sollten so ausgeführt werden, daß kein Materialstau am Einlauf durch scharfe Kanten entsteht. Am besten sollten Bohrungen versenkt werden.

VI. Bohrungen sollten im Werkstück so angeordnet werden, daß sie ohne Bildung von Luftblasen voll benetzt und danach wieder vollkommen entleert werden können.

VII. Löcher sollten so angeordnet werden, daß zwischen Loch und Rand genügend Material stehen bleibt, um unnötige Biegebeanspruchungen zu vermeiden. Als minimaler Lochabstand vom Rand wird $a = 5 \, s$ mit $s = $ Materialstärke empfohlen.

VIII. Löcher sollten von Biegekanten weit genug entfernt sein, damit in den Biegeradien keine Beschädigungen durch Befestigungselemente entstehen. Wurden die Löcher vor dem Biegen angebracht, muß der Abstand von der Biegekante auch deshalb groß genug sein, damit beim Biegen keine Lochdeformation entsteht.

IX. Grate sollten stets an der Innenseite der Kante liegen, um keine sichtbaren Beschichtungsfehler hervorzurufen.

X. Beim Vorgeben eines Krümmungsradius von Winkeln etc. sollten stets die Materialeigenschaften des Beschichtungsmaterials und die daraus resultierenden Mindestkrümmungsradien berücksichtigt werden. Empfohlen werden für Lack, galvanische Schichten, Email etc. Mindestbiegeradien von $r = 5$ mm oder von $r = 1,5 \, s$ mit $s = $ Materialstärke.

XI. Erhebungen vom Untergrund durch Schweißnähte oder Niete sollten vermieden werden. Dazu sollten Schweißnähte abgeschliffen oder Nietköpfe versenkt werden.

XII. Spitze Ecken oder Winkel sollten durch Schweißauftrag ausgefüllt werden.

XIII. Schraubverbindungen sollten mit Kappe und zusätzlicher Dichtung versehen werden.

XIV. Schweißnähte sollten dicht und ausgefüllt sein, so daß keine Taschen oder Kapillaren entstehen, die Anlaß zu Fehlbeschichtungen geben (Bild 21-2, 21-3).

XV. Punktschweißverbindungen sollten als Buckelschweißverbindung ausgeführt werden, damit keine Kapillaren entstehen.

XVI. Hohe Kantenpressungen bei Nuten, Keilnuten, Kanten, Stirnflächen, Stützkanten oder Flanschen können durch Anschleifen von Winkeln und Abrundungen vermieden werden.

XVII. Beim Anziehen von Flanschen durch Schraubverbindungen sollte die Materialstärke der Flansche so gewählt werden, daß keine Flanschdeformation durch die vorgesehenen Anzugsmomente erfolgt, damit aufliegende oder angrenzende Beschichtungen nicht abplatzen.

XVIII. Knotenpunkte sollten so ausgeführt werden, daß keine spitzen Ausläufe entstehen.

Besonderheiten sind ferner zu beachten, wenn das Werkstück beim Beschichten auf höhere Temperaturen erwärmt wird, so daß Verzug droht. Zu beachten ist dann z. B. beim Emaillieren oder beim Aufbringen von Schmelztauchschichten:

XIX. Das Entstehen von Schweißspannungen ist durch Aufstellen eines Schweißplans, in dem die Schweißnähte möglichst symmetrisch zur Schwerpunktsachse liegen, zu vermeiden.

XX. Vertiefungen durch Sicken oder Versteifungen durch Abkantungen z.B. am Rand des Werkstücks sollten zusätzlich zur Versteifung des Blechs angebracht werden. Der Krümmungsradius der Sicken darf dabei nicht zu klein gewählt werden, die Abkantung nicht zu scharfkantig sein (Bild 21-4 bis 21-6).

XXI. Bei Gußwerkstücken (z. B. Gußeisen) sollten Versteifungsrippen angebracht werden, die schlank gestaltet und nicht zu viel Material enthalten sollten, um die Bildung von Haarrissen in der Versteifungsrippe zu vermeiden.

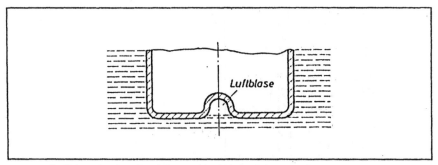

Luftblase in einer Vertiefung einer Werkstückunterseite.

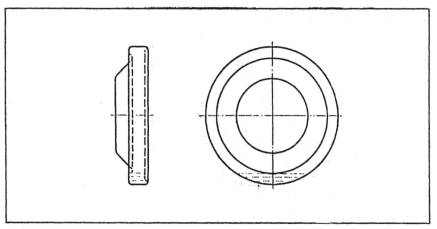

Lösungsreste in einer Radkappe. Da ein Abflußloch am niedrigsten Punkt fehlt, bleibt Lösung im Rand der Radkappe zurück.

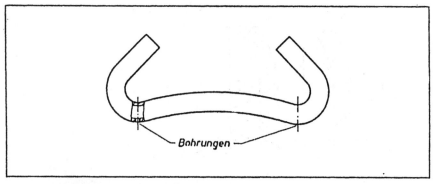

Abflußöffnungen in Hohlkörpern.

Bild 21-1: Mangelhafte Entlüftung führt zu Behandlungsfehlern (Bilder obere Reihe). Entlüftungs-bohrungen lassen den Fehler vermeiden, nach [183]

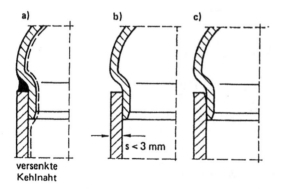

Schweißnahtgestaltung für s < 3 mm

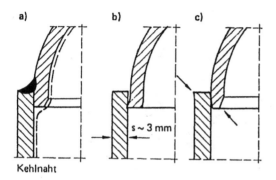

Schweißnahtgestaltung für s ~ 3 mm

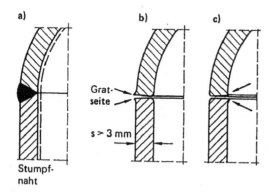

Schweißnahtgestaltung für s > 3 mm

Bild 21-2: Rollennahtschweißen nach [184]

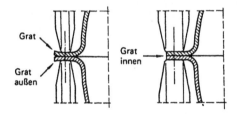

Bild 21-3: Schweißnaht und Lage der Grate bei Boilern nach [184]

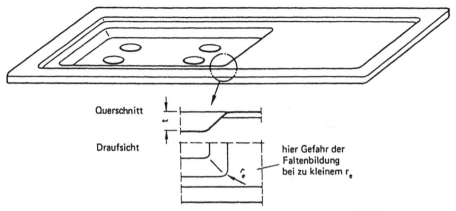

Bild 21-4: Gefahr von Verzug beim Emaillieren an einer Herdmulde, nach [184]

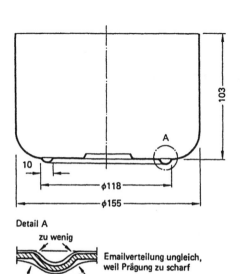

Bild 21-5:
Fehlerhafte Sicke im Boden
einer Kaffeemaschinen-Schale
nach [184]

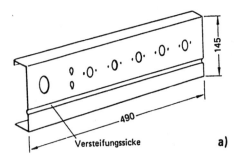

a)

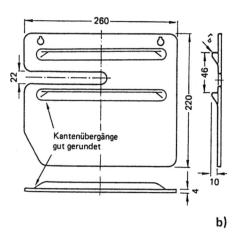

b)

Bild 21-6: Fehlermöglichkeit in Sicken bei der Grill-Seitenwand eines Backkastens. Sicken in einem Herd-Frontelement nach [184]

22 Umweltschutz in der Galvanik und anderen chemischen Prozessen – Grundzüge der Abwasserbehandlung im oberflächentechnischen Betrieb

Obgleich die heutige Technik viele Methoden anbietet, Prozesse oder Teilschritte von Prozessen abwasserfrei zu betreiben, fällt in fast jedem normalen Betrieb oder Betriebsteil der Oberflächentechnik Abwasser an. Diese Abwässer können mit Schadstoffen, Giften, Schwermetallen oder auch nur mit organischen Verbindungen und Salzen beladen sein, so daß der Betrieb gegebenenfalls Vorrichtungen zu ihrer Reinigung und zur Beseitigung der Abfallstoffe aus den Abwässern errichten muß.

In der Oberflächentechnik kann man je nach Betriebsart mit folgenden in Tabelle 22-1 verzeichneten Stoffen rechnen:

Tabelle 22-1: Mögliche anfallende Wasserinhaltsstoffe in OT-Betrieben

Stoff	Anfallort zum Beispiel
anorganische Feinstdispersionen	Emaillierbetriebe
Alkalilaugen	jede Betriebsart
Silikate	jede Betriebsart
Tenside	jede Betriebsart
HCl, H_2SO_4	Stahlverarbeiter, NE-Metallverarbeiter
HNO_3	Verarbeiter von Kupferwerkstoffen
HNO_3, HF	Edelstahlverarbeiter
Phosphate und H_3PO_4	Verarbeiter von Aluminium, Stahlverarbeiter (Phosphatierung)
Eisensalze	Stahlverarbeiter
Zinksalze	Verzinkereien, Zinkverarbeiter, Zinkphosphatierer
Nickelsalze	Galvanikanstalten, Edelstahlverarbeiter
Kupfersalze	Verarbeiter von Kupferwerkstoffen, Galvanikanstalten
Chromsalze, Chromate	Galvanikanstalten, ABS-Verarbeiter
Aluminiumsalze	Aloxierbetriebe
Cyanide	Galvanikanstalten
Nitrit	Emaillierbetriebe
Komplexbildner	Galvanikanstalten, Leiterplattenhersteller
lösliche organische Stoffe	Lackierer
unlösliche organische Stoffe	jeder Betrieb

Die in dieser Tabelle aufgeführten Inhaltsstoffe und Anfallorte für Schadstoffe kann sicher weiter ergänzt werden. Die nachfolgende grundlegende Betrachtung soll aber auf die aufgeführten Stoffe begrenzt bleiben, weil sich das Grundprinzip der Abwasserbehandlung damit weitgehend erläutern läßt.

Das Grundprinzip jeder Abwasserbehandlung ist leicht formuliert:

- Überführung aller Giftstoffe in ungiftige chemische Verbindungen.
- Überführung aller organische Produkte in CO_2, Wasser und N_2.
- Überführung aller Schwermetallverbindungen in eine unlösliche Form.
- Neutralisation aller Lösungen.
- Vermeidung jeder durch die Abwasserbehandlung zusätzlich entstehender Salzfracht.

Tabelle 22-2: Strukturierung des Wasserhaushaltsgesetzes und weiterer wesentlicher Vorschriften [191]

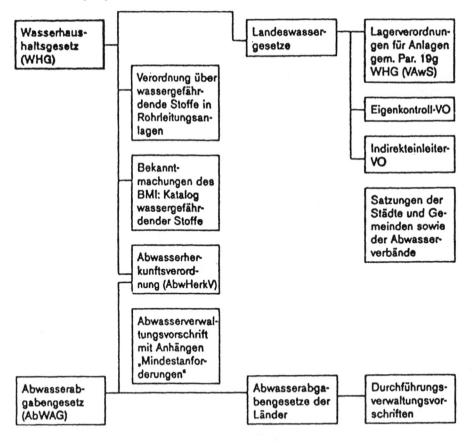

Tab. 22-3: Weitere wichtige Bestimmungen nach [191]

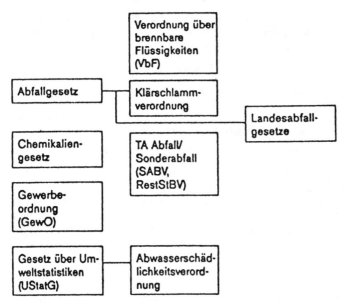

22.1 Chemische Reaktionen bei einer Abwasserbehandlung

Von chemischen Reaktionen, die bei einer Abwasserbehandlung eingesetzt werden, muß die Erfüllung folgender Punkte erwartet werden:

- die Reaktionen müssen mit hoher Reaktionsgeschwindigkeit ablaufen.

- die Reaktionen müssen dergestalt ausgewählt werden, daß das Reaktionsgleichgewicht sehr wesentlich auf der gewünschten Reaktionsseite liegt, ohne daß nennenswerte Überschußzusätze an Behandlungschemikalien eingesetzt werden müssen.

- Die Reaktionsendlösung muß Restgehalte erbringen, die unterhalb der gesetzlichen Grenzwerte liegen.

- Die im ausreagierten Abwasser verbleibenden geringen Mengen an Behandlungsreagentien dürfen nicht toxisch sein.

- die ablaufende chemische Reaktion sollte mit einfachen physikalischen Methoden meßbar sein.

- die durchzuführende chemische Reaktion muß einfach sein, so daß auch Kleinbetriebe dazu befähigt werden können.

- die Kosten der chemischen Abwasserbehandlung sollten in wirtschaftlichen Grenzen bleiben.

Cyanidentgiftung:

Die in Galvanikanstalten verbreitete Verwendung von Cyaniden macht es notwendig, in diesen Betrieben eine Cyanidentgiftung durchzuführen. Grundprinzip einer Cyanidentgiftung ist die Oxidation des Cyanids zum Cyanat gemäß

$$CN^- + H_2O \rightarrow CNO^- + 2\,H^+ + 2\,e \quad bei \;\; pH\text{-Wert} > 10$$

Als Oxidationsmittel kommen folgende Produkte in Betracht:

Chlor Cl_2, Hypochlorid (Chlorbleichlauge), Wasserstoffperoxid H_2O_2, Peroxide aller Art, Ozon O_3. Das gebildete Cyanat-Ion hydrolysiert dann gemäß

$$CNO^- + OH^- + H_2O \rightarrow NH_3 + CO_3^{2-} \;\; bei \; pH\text{-Wert} > 9$$

$$CNO^- + 3\,H_2O \rightarrow NH_4^+ + HCO_3^- + OH^- \;\; bei \; pH\text{-Wert} < 9$$

Komplexe Cyanide der Elemente Cu, Zn und Cd sind leicht oxidierbar. Schwieriger zu oxidieren sind Cyanide der Elemente Ni und Ag. Komplexe Eisencyanide können nicht oxidiert werden. Mit Eisenionen bilden diese jedoch den sehr schwer löslichen, deponiefähigen Farbstoff „Berliner Blau".

Chromatentgiftung:

Sechswertiges Chrom ist sehr toxisch (krebserregend). Aus diesem Grunde muß jeder Betrieb, der Chromsäure oder Chromate im Einmsatz hat, für eine Reduktion des Chroms zur dreiwertigen Stufe sorgen. Die Reduktion erfolgt nach

$$Cr_2O_7^{2+} + 14\,H^+ + 6\,e \rightarrow 2\,Cr^{3+} + 7\,H_2O$$

im sauren pH-Bereich bei pH-Wert 2,5 mit billigen Reduktionsmitteln wie $FeSO_4$ oder SO_2.

Nitritentgiftung:

Die Entgiftung von Nitrit durch Überführen in Nitrat ist zwar weithin gebräuchlich, führt aber zu einer Umweltbelastung durch das gebildete Nitrat. Die Reaktion lautet

$$NO_2^- + ClO^- \rightarrow NO_3^- + Cl^-$$

Umweltfreundlich dagegen kann Nitrit durch Umsetzung mit Amidosulfonsäure entfernt werden gemäß

$$NO_2^- + NH_2SO_3^- \rightarrow N_2 + SO_4^{2-} + H_2O$$

Fällungsreaktionen für Fluorid, Phosphat und Sulfat:

Fluoride oder Flußsäure, Phosphate oder Phosphorsäure, Sulfate oder Schwefelsäure bilden mit Calciumionen schwerlösliche Salze. Tabelle 25-3 zeigt zugehörige Zahlenwerte. Die Schwankungsbreite der Werte ist dadurch gegeben, daß die Löslichkeitsangaben für Abwässer mit die Löslichkeit beeinflussenden Inhaltsstoffen und nicht für reine wäßrige Lösungen gelten.

Tabelle 22-4: Löslichkeit einiger Calciumsalze in Abwässern

$CaSO_4$	1404 bis 1990 mg SO_4^{2-}/ l
CaF_2	7,3 bis 15 mg F-/ l
$CaHPO_4$	70 bis 100 mg PO_4^{3-}/l
$Ca5(OH)(PO_4)_3$	3 mg PO_4^3 / l bei pH-Wert > 10

Fällung von Schwermetallionen:

Schwermetallionen werden aus Abwässern im allgemeinen als schwerlösliche Hydroxide ausgefällt. Bild 24-1 zeigt den pH-Bereich, in dem Schwermetallhydroxide mit Fällungsmitteln ausgefällt werden können. Beachtet werden muß dabei, daß die Löslichkeit der Niederschläge auch von Art und Menge der in der Lösung noch vorhandenen Begleitstoffe abhängig ist. Gängige alkalische Fällungsmittel sind Natronlauge NaOH, Soda Na_2CO_3 und gelöschter Kalk $Ca(OH)_2$.

Die Fällung mit $Ca(OH)_2$ hat hierbei Vorteile, weil der entstehende Schlamm durch den entstehenden Gips $CaSO_4 * 2 H_2O$ besser filtrierbar wird. Die Konsistenz der beim Abfiltrieren entstehenden Filterkuchen wird dadurch merklich verbessert.

Bei technischen Schwierigkeiten, die in manchen Betrieben mit der Handhabung von gelöschtem Kalk auftreten, kann anstelle von Kalkmilch (d. i.Suspension von $Ca(OH)_2$ in Wasser) auch flüssige Natronlauge und eine wässrige $CaCl_2$-Lösung eingesetzt werden, um Calciumionen zuzuführen.

Zur Ausfällung von Schwermetallionen aus cyanidischen Komplexen genügt bis auf Eisen-Komplexe die oxidative Zerstörung des Cyanids. Aminkomplexe von Schwermetallen lassen sich vielfach durch überalkalisieren (d. i. Einstellen eines sehr hohen pH-Wertes) und Verflüchtigen des Amins beseitigen. Polyphosphat- oder Pyrophosphatkomplexe können dadurch zerstört werden, daß man die Lösung zunächst in angesäuertem Zustand reagieren läßt, wodurch die Poly- und Pyrophosphatkomplex zu Phosphat hydrolysieren und zerstört werden.

Organische Schwermetallkomplexe mit Aminen, Oxicarbonsäuren (Citronensäure, Weinsäure, Gluconsäure) oder Aminopolyessigsäure (wie Nitrilotriessigsäure, Ethylendiamintetraessigsäure) bilden teilweise sehr starke Komplexe, aus denen Schwermetalle, die schwerlösliche Sulfide bilden, durch Einsatz von Organosulfiden ausgefällt werden müssen. Geeignete Produkte sind im Handel erhältlich.

Höhere Konzentrationen an Kupfer, Nickel, Zink lassen sich aus Abwasserströmen in gewissen Grenzen durch Elektrolyse abreichern. Da mit sinkendem Schwermetallgehalt die Stromausbeute sich verschlechtert, weil in größerem Umfang Wasserelektrolyse auftritt, sind diesem Verfahren Grenzen gesetzt. Man kann mit Hilfe eines nachgeschalteten Ionenaustauschers dann die Schwermetallkonzentration bis unter den Grenzwert vermindern, ist dann aber gezwungen, die Regenerationslösung des Ionenaustauschers aufzuarbeiten. Ionenaustauscher sind polymere Polysäuren (Kationenaustauscher) oder polymere Polyamin (Anionenaustauscher), die in die freie Säure bzw. Base beim Regenerieren überführt werden

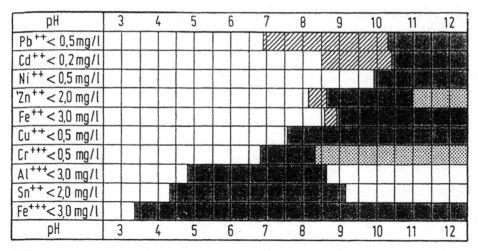

pH	3	4	5	6	7	8	9	10	11	12
Pb^{++} < 0,5 mg/l										
Cd^{++} < 0,2 mg/l										
Ni^{++} < 0,5 mg/l										
'Zn^{++} < 2,0 mg/l										
Fe^{++} < 3,0 mg/l										
Cu^{++} < 0,5 mg/l										
Cr^{+++} < 0,5 mg/l										
Al^{+++} < 3,0 mg/l										
Sn^{++} < 2,0 mg/l										
Fe^{+++} < 3,0 mg/l										
pH	3	4	5	6	7	8	9	10	11	12

■ Die Löslichkeit bei Fällung mit NaOH liegt unterhalb der Anforderungen

▨ Erweiterung der Fällungsbereiche bei Verwendung von Kalkmilch

▨ Erweiterung der Fällungsbereiche bei Verwendung von Soda

Bild 22-1: Fällungsbereich für die Hydroxide von Schwermetallen nach[27]

Bild 22-2: An- und Kationenaustauscher und ihre Wirkungsweise

Man bringt das entsprechende Austauscherharz in geschlossenen Behältern unter, die meist aus glasfaserverstärktem Kunststoff bestehen, und beschickt das körnige Harzbett mit der zu behandelnden Lösung. Je nach Strömungsrichtung (Bild 22-3) unterscheidet man Aufstrom- oder Abstrombetrieb. Ist das Harz mit Schwermetallionen beladen, wird der Zustrom gestoppt, und das Harz wird mit verdünnter Säure (Kationenaustauscher) oder Natronlauge (Anionenaustauscher) regeneriert.

Bei kleinen anfallenden Mengen kann man auch die Regenerierung der Ionenaustauscher einer zentralen Stelle überantworten. Man verwendet dann kostengünstiger das REMA-Kassettenverfahren (Hersteller INOVAN, Pforzheim-Birkenfeld). Bei diesem

Verfahren wird der Ionenaustauscher in Wechselkassetten untergebracht, die nach Beladung an den Lieferanten zurückgegeben werden. Die beladene Kassette wird dann gegen eine regenerierte ausgetauscht.

Bei dieser Verfahrenweise ist der Anwender von der Installation aller Entsorgungseinrichtungen befreit.

Beim Einsatz von Ionenaustauschern zur Rückgewinnung von Schwermetallionen muß beachtet werden, daß Ionenaustauscherharze eine große innere Oberfläche besitzen und damit auch sehr gute Adsorber sind. Diese Eigenschaft führt bei Lösungen, die organisches Material wie Tenside enthalten, dazu, daß sich diese Substanzen im Harz anreichern [150].

Weitere Möglichkeiten zur Rückgewinnung von Schwermetallionen bietet die Elektrodialyse.

Bei der Elektrodialyse wird die wäßrige Elektrolytlösung mit Gleichstrom elektrolysiert, wobei zwischen Anode und Kathode eine Ionenaustauschermembran angebracht wird. Diese Membran besteht aus einer mechanisch stabilen Kunststoffolie, in die Ionenaustauschpartikel eingebettet worden sind. Verwendet werden abwechselnd Kationen- und Anionenaustauschermembrane (Bild 22-4), die von Kationen bzw. Anionen unter der Wirkung eines elektrischen Feldes durchwandert werden.

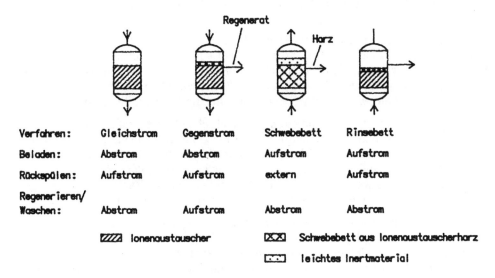

Bild 22-3: Beaufschlagungsmöglichkeiten von Ionenaustauschern nach Unterlagen von GOEMA

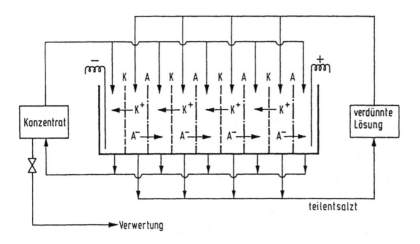

Bild 22-4: Elektrodialysestapel nach [27]

22.2 Abwasseraufbereitung im mittelständischen Betrieb

Unter mittelständischem Betrieb sollen die Betriebe verstanden werden, die normalerweise als Lohnbeschichter oder Lohnentschichter tätig sind. Ebenso sollen dazu jene Betriebe gezählt werden, die allenfalls als Automobilzulieferer oder als Hersteller anderweitiger Fertigprodukte auftreten. Nicht erfaßt werden sollen die Probleme von Herstellern von Halbzeug wie Rohren, Blechen etc. und die Automobilhersteller selbst.

Abwassertechnik im derart definierten mittelständischen Betrieb hat sowohl begrenzte materielle Möglichkeiten aber auch begrenzte Entsorgungsprobleme abwassertechnischer Art. Es treten zwar die in Tabelle 22-1 aufgeführten Schadstoffe auf, der Betrieb hat aber keinen so großen Öleintrag, daß eine Emulsionsspaltanlage installiert werden muß. Hierfür sei auf weiterführende Literatur verwiesen [27]. Zum Aufbau einer geeigneten Abwasserbehandlungsanlage genügt oft eine Anordnung nach Bild 22-7.

Sie besteht aus einem Aufrahmbehälter zur Emulsionsspaltung, einem Fällungsbehälter, einem Eindicker und einer Filterpresse zum Abfiltrieren des Feststoffs. Ablaufende Lösungen werden bei kleineren Anlagen günstig chargenweise behandelt. Man versetzt eine einlaufende Lösung zunächst mit so viel Säure, daß der pH-Wert der Lösung zunächst in den sauren Bereich um pH-Wert 3 gelangt. Im sauren pH-Bereich rahmen emulgierte Fette und Öle aus Reinigungsbädern vollständiger auf als im alkalischen Bereich. Emulsionen werden gebrochen. Man trennt das Öl im Ölabscheider ab und versetzt die Lösung im Fällungsbehälter mit dreiwertigen Eisensalzen. Vorzuziehen ist an dieser Stelle die Verwendung von Fe-III-sulfatlösungen anstelle von Chloridlösungen, um keine unnötige Aufsalzung im Abwasser zu erhalten.

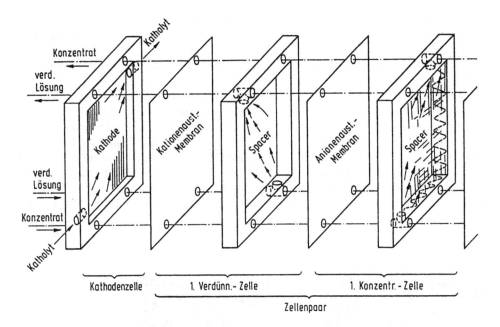

Bild 22-5: Elektrodialysestapel [27]

Die saure Lösung wird anschließend neutralisiert. Am günstigsten ist es, die Neutralisation mit Kalkmilch vorzunehmen, um eingetragenes Sulfat als Gips zu entfernen. Gips im Feststoff verbessert seine Filtrierbarkeit und die Konsistenz des Filterkuchens. Die neutralisierte Lösung wird anschließend in einen Absitzbehälter („Eindicker") überführt, um den Feststoffgehalt aufzukonzentrieren. Der Klarablauf kann aus diesem Behälter direkt abgegeben werden. Der Dickschlamm wird anschließend mit Hilfe einer Exzenterpumpe einer Filterpresse geeigneter Größe zugeführt.

Bei der Neutralisation und Fällung wird das zugeführte Eisensalz als Hydroxid $Fe(OH)_3$ ausgefällt. Diese Flocke soll großvolumig sein, so daß sie genügend Oberfläche anbietet, um organische Produkte, Feststoffe wie Schwermetallhydroxide oder Restöle adsorptiv zu binden. Wird das Eisensalz einer alkalischen Lösung zugeführt, so daß die Lösung nicht in den sauren Bereich überführt wird, entsteht leicht kolloidales, nicht filtrierbares Eisen-III-Hydroxid. Die $Fe(OH)_3$-Flocke adsorbiert auch Bakterien und andere Einzeller. Sollte eine in Gährung gelangte Abfallösung zu entsorgen sein, müssen die Lebewesen vor der Fällung durch biologisch abbaubare Biozide abgetötet werden, weil sonst die Flocke infolge der Gasbeladung aufschwimmt. Man beläßt das behandelte Abwasser einige Zeit in einem Absitzbehälter, um die Belastung der Filterpresse zu mindern.

Beim Befüllen der Presse mit Dickschlamm aus dem Absitzbehälter entsteht zunächst ein Trübablauf bis sich innerhalb der Presse genügend Filterkuchen aufgebaut hat, um die Filtration zu verbessern (Wirkung als Filterhilfsmittel). Die Größe der Filterpresse muß nach der notwendigen Abscheideleistung bemessen werden. Normale Filtrationszeiten liegen im Bereich der zeitlichen Länge von einer Schicht (8 h). Sollten sehr viel längere Filtrationszeiten notwendig werden, muß an der Filtrierbarkeit des Schlamms und den Fällungsbedingungen der Fe(OH)$_3$-Flocke gearbeitet werden. Der aus der Filterpresse anfallende Schlamm sollte stichfest sein und mindestens 65 % Feststoffgehalt besitzen. Es muß erwähnt werden, daß mit Hilfe dieser Technik auch unfiltrierbare feinste Dispersionen wie Schlickerrückstände aus Emailliewerken oder Harzemulsionen aus der Verwendung von Dispersionslacken oder -leimen aus Abwasser entfernt werden können. Empfohlen wird in der Literatur auch der Einsatz der Mikrofiltration zur Entfernung von feinsten Dispersionen und der Einsatz der Ultrafiltration zur Verminderung des Restölgehaltes. Beide Maßnahmen, die beim Besprechen der Reinigung bereits beschrieben wurden, sind als Abwasserbehandlung zu empfehlen, wenn keine weiteren Stoffe entfernt werden müssen. Sollte allerdings eine Fällung mit Eisensalzen notwendig sein, sind beide Methoden überflüssige zusätzliche Investitionen, weil der entstehende Filterkuchen im allgemeinen nicht mehr auf eine Hausmülldeponie abgelagert werden darf.

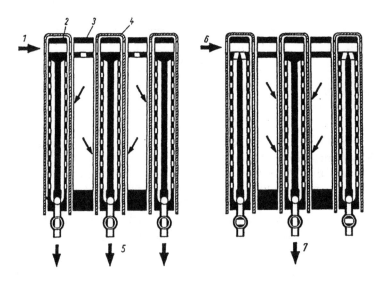

Bild 22-6: Filterpresse nach [164]

Abwässer mit Nitrit-, Cyanid- oder Chromatgehalt müssen getrennt gesammelt und behandelt werden, ehe sie dem allgemeinen Abwasserstrom zugeführt werden können. Die Kontrolle über die Durchführung der Entgiftungsreaktion erfolgt dabei mit Hilfe von Redox-Potentialmessungen, d.h. man bestimmt durch Potentialmessungen mit Hilfe geeigneter Elektroden die Oxidations- bzw. Reduktionskraft der Lösung und bestimmt danach den Reagenszusatz. Die nach einer Abwasserbehandlung vorliegenden entgifteten Abwässer müssen die vom Gesetzgeber vorgegebenen Sollwerte einhalten. Sie sollen automatisch auf Schwebstoffgehalt und pH-Wert überprüft werden.

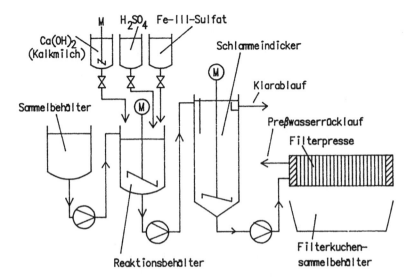

Bild 22-7: Minimale Ausrüstung einer Abwasserbehandlungsanlage

23 Beschichtungsfehler und ihre Ursachen

Fehler, Fehlererscheinungsbilder und Fehlerursachen können so erheblich verschieden sein, daß es kaum möglich sein wird, alle Möglichkeiten zu erfassen. Im folgenden Abschnitt sollen wichtige Fehler, ihr Erscheinungsbild und ihre Behebung für die wichtigsten Beschichtungsverfahren zusammengestellt werden.

23.1 Schleif- und Polierfehler bei metallischen Werkstücken

Fehler   *Ursache und Abhilfe*

Brandspuren   Ursache: Wärmeerzeugung durch die Schleifscheibe aufgrund der tangentialen Schleifkraft sowie der Umfangsgeschwindigkeit.

                   Abhilfe: *A.* Verringern der Intensität der Wärmequelle durch
1. Änderung der Schleifscheibenspezifikation (Korngröße, Struktur, Bindung, Kornart)
2. Kühlen/Ausspülen der Schleifscheibe
3. Einsatz von Schleifölen oder -emulsionen.

B. Verbesserung der Wärmeabfuhr im Werkstück durch
1. kürzere Kontaktzeit zwischen Werkstück und Scheibe
2. Verminderung der Kontaktfläche zwischen Scheibe und Werkstück.
3. Erhöhung der Werkstückgeschwindigkeit bei rotierendem Werkstück.
4. günstigere Kühlmittelzufuhr
5. Verwendung eines anderen Kühlmittels.
6. Doppelseitiges gleichzeitiges Schleifen (Diskusverfahren) mit geringerer Schnittgeschwindigkeit und groberer Körnung.

Härterisse   Kennzeichen: größere Spalten mit geradlinigem Verlauf.

                   Ursache: Festigkeit des Werkstoffs wird von den Eigenspannungen beim Härten überschritten.

                   Abhilfe: vgl. Brandspuren.

Kratzer/Riefen   Ursache: Ungleichmäßige Körnung oder/und übergroße, Teile sind im Schleif- oder Poliermittel enthalten. Zu große Schritte vom Schruppen zum Feinstschleifen.
Beim Gleitschleifen: zu große Produktmenge im Ansatz.

                   Abhilfe: Aufarbeiten oder Verwerfen des Schleif- oder Poliermittels.
Beim Gleitschleifen: Vermindern der Menge an Werkstücken je Charge.

Muster	Ursache:	Dynamische Störungen. Schwingungen beim Feinschleifen. Störungen im Frequenzbereich von 150 bis 600 Hz verursachen Muster auf der Oberfläche.
	Abhilfe:	Schwingungsursache beseitigen
Rattermarken:	Ursache:	Selbsterregte oder fremderregte Schwingungen.
	Abhilfe:	Unterdrückung der Schwingungen innerhalb des Maschinensystems bei selbsterregten Schwingungen. Bei fremderregten Schwingungen: Verbesserung der Isolierung der Maschine gegen das Fundament. Beseitigen von Unwuchten bei beeinflussenden Maschinen.
Ratterschwingungen	Ursache:	Zu harte Schleifscheibe.
	Abhilfe:	Scheibe wechseln.
Rundheitsfehler	Ursache:	Stumpfe oder zu fein abgerichtete Scheibe oder zu große Zustellgeschwindigkeit, zu großer Aufmaßbetrag.
	Abhilfe:	Ausprobieren, welche der Ursachen wirken und abstellen.
Schleifrisse	Ursache:	Auftreten vor allem beim Feinschleifen. Härte des zu bearbeitenden Werkstoffs ist zu groß.
	Abhilfe:	Leichtes Anlassen des Werkstücks. Zeit zwischen Härten und Anlassen sollte nicht mehr als 150 Min. betragen.
Striche auf der Oberfläche	Ursache:	Zu hohe Umdrehungszahl der Scheibe. Effekt der Schneidwirkung.
	Abhilfe:	Umdrehungszahl erniedrigen.
Ungleichmäßige Oberfläche	Ursache:	Schlagen der Scheibe, mangelhaftes Auswuchten der Scheibe.
	Abhilfe:	Nachjustieren oder Scheibe wechseln.
Unrundheiten	Ursache:	Drehfrequente bzw. niederfrequente Störung bis etwa 50 Hz.
	Abhilfe:	Ursachenbeseitigung.
Ungerades, balliges Schleifen	Ursache:	Tritt auf beim Längsschleifen. Maschine wurde nicht gerade ausgerichtet beim Aufstellen.
	Abhilfe:	Überprüfen der Maschinenaufstellung.
Verziehen schlanker Werkstücke	Ursache:	Spannungen.
	Abhilfe:	Zwischen Fertig- und Feinschleifen ein Zwischenentspannen (Auskochen in Öl) durchführen.
Weichhautbildung		Vgl. Brandspuren, Rattermarken.

23.2 Vorbehandlungsfehler

Erscheinungsbild	*Klassifizierung/Ursache/Behebung*

Aufrahmen   Reinigungs- oder Spülfehler. Erscheinen von ölartig aussehenden, auf der Oberfläche des Bades schwimmenden Flecken.

Ursache: Aufrahmendes Öl bei Übersättigung des Reinigers oder Austreten der Tenside, wenn der Reiniger bei Temperaturen oberhalb des Trübungspunktes verwendet wird. Gelegentlich auch zu hohe Salzfracht in der Waschflotte und dadurch bedingtes Austreten von Tensiden. Unterscheidung: Tenside lösen sich im Gegensatz zu Öl in kaltem Wasser auf.

Aufrauhen   Beizfehler: Wird ein Werkstück in einer Beize zu lange behandelt, wird die Oberfläche rauh. Überbeizen.

Auftrocknung   Abtropffehler: Bildung von Salzkrusten auf der Oberfläche gereinigter Werkstücke.

Ursache: Das Werkstück ist zu heiß und verweilt im warmen Zustand zu lange an der Luft. Zu lange Abtropfzeiten oder Pausenzeiten.

Abhilfe: Zeiten verkürzen oder Temperatur nach Produktwechsel zurücknehmen oder Wassernebel auf das Werkstück lenken.

Kohlenstoff-ausscheidung   Tritt Kohlenstoff schon von vornherein auf, liegt Ölkohle aus der Blechanlieferung vor.

Abhilfe: Lieferantenwechsel
Liegt Kohlenstoff erst nach Umformarbeiten (z. B. Ziehen) vor, zersetzt sich das Ziehfett.

Abhilfe: Ziehfett wechseln.
Entsteht Kohlenstoff erst im Beizprozeß, wird ein zu hoher Beizabtrag vorgenommen.

Abhilfe: Beize inhibieren.

Beizpassivieren   Beizfehler: Können Oberflächen, obgleich fettfrei, nach einem Beizvorgang nicht vernickelt (Austauschvernickelung etc.) oder Phosphatiert werden, kann Beizpassivierung vorliegen.

Ursache   ist entweder die Verwendung nicht oder schlecht abspülbarer Inhibitoren oder Beizentfetter oder von zu hoch konzentrierter Salpetersäure als Beizsäure für Eisen, wodurch eine Oxidhaut auf dem Werkstück gebildet wird.

Nachbefetten	Folge des Aufrahmens. Es können Tenside oder Ölreste aufziehen. N. erfolgt auch, wenn alkalische Reinigerlösung mit angesäuertem Spülwasser abgespült wird. Dann zersetzen sich Seifen zu Fettsäuren, die auf der Werkstückoberfläche aufziehen und dort u. U. kaum entfernbare Schwermetallseifen (Eisenseifen) bilden.
Benetzungsfehler	vgl. Rostbild.
Rostbild	Reinigungs- oder Spülfehler. Behandelt man ein gereinigtes Werkstück (Musterblech) nach dem Spülen mit 0,5 Gew.%-iger H_2SO_4 (1 min. bei Raumtemperatur), und läßt man diese verdünnte Säure auftrocknen, so erhält man einen braunen Flugrostbelag, dessen Bild bei gut funktionierender Reinigung braunem Samt ähnlich völlig ungestört sein sollte. Treten Störungen auf, funktioniert die Reinigung nicht.
Rostbildung	Phosphatierfehler: Keine oder zu langsame Phosphatierreaktion. Tritt gelegentlich beim Zinkphosphatieren auf, wenn die Konzentrationsverhältnisse im Bad nicht stimmen. Rückbefettung: vgl. Nachbefettung, Aufrahmung.
Schichtbildungsstörung	Phosphatierfehler bei Zinkphosphatierung: Zu rauhe Schicht: Freie Säure im Bad zu hoch. Ungleichmäßige Schicht: Beschleunigerkonzentration zu gering oder Gesamtsäuregehalt zu gering. Weiße Rückstände: Schlammablagerungen durch verschlammtes Bad, oder zu aggressives Phosphatierbad.
Schichtgewichtsstörung	Phosphatierfehler: Zu geringes oder zu hohes Schichtgewicht: Behandlungsparameter nicht eingehalten
Schlieren	Phosphatierfehler: Bei Zinkphosphatierung: Schlieren bilden sich in Phosphatschichten, wenn in der Phosphatierlösung zu hohe Ölreste vorhanden sind.
Silikatflecken	Spülfehler: Silikathaltige Reiniger lassen sich nur mit größerem Spülaufwand von einer Eisenoberfläche entfernen. Rückstände silikathaltiger Reiniger scheiden in saurer Umgebung (Beizen, Dekapieren, Phosphatieren) Kieselsäure aus, die sich als fleckenartige Abscheidungsstörung beim galvanischen oder chemischen Abscheiden von Metallschichten oder beim Phosphatieren bemerkbar machen.
Überbeizen	vgl./ Aufrauhen

Wasserbruch	Reinigungs-, Beiz- oder Spülfehle: Ein Wasserfilm läuft bei fettfreien Oberflächen ohne aufzureißen ab. Reißt der Film auf und bildet Rinnsale, ist die Benetzung der Oberfläche gestört.
Ursache	vgl. Aufrahmung, Rosttest. Weitere Ursache können auch nicht oder schwierig abspülbare Beizentfetter darstellen.

23.3 Lackierfehler

Abblättern	Wird hervorgerufen durch Nichtausbildung einer Haftung mit dem Untergrund.
Ursache	A. durch Restfette, Silikonprodukte etc. aus Hautcremes, Entschäumer oder auch Silikongummiwaren im Betrieb.
Abrieseln des Pulvers	Mangelhafte Erdung des Werkstücks, zu hoher Pulverausstoß, zu hoher Druck der Förderluft, falscher Körnungsaufbau.
Anbeizen	Zeigt sich als Abheben des Lacks, vergleichbar gequollener Lackschicht.
Ursache:	nicht durchgehärteter Untergrund, fehlerhafte Materialzusammenstellung (Verdünner, Grund- und Decklackmaterialien).
Ansintern	Ansintern von Pulverlacken an Injektoren und Schläuchen kann bei Pulvern mit zu hohem Feinanteil aber auch bei Pulvern mit zu hoher Temperatur des Pulvers oder/und der Förderluft durch Ausschwitzen von Weichmachern aus dem Schlauchmaterial oder Verkleben des Pulvers selbst auftreten. Auch sollte die Luftgeschwindigkeit und die Pulverlagertemperatur überprüft werden.
Auskocher	Geplatzte Blasen im Lack.
Ursache:	Zu dicker Lackauftrag, zu kurze Abdunstzeit. Falsches Verdünnungsmittel unterstützt den Fehler.
Benetzungsstörungen	Restfette, Ziehmittel, Vorbehandlungsrückstände oder Schweißrückstände auf dem Werkstück.
Beständigkeit	Schlechte mechanische oder chemische Beständigkeit resultiert aus zu hoher oder zu niedriger Einbrenntemperatur oder wird durch Restfette auf der Oberfläche hervorgerufen. Bei Pulver zusätzliche Ursache:

Aus zu hohe Schichtdicke oder Unverträglichkeit von Vorbehandlung und Pulver oder Auftragen auf unverträgliche erste Pulverschicht oder auf überbrannte Primer.

Bläschen- bildung	Ursache:	Korrosionserscheinung bei älteren Lackierungen oder Lackieren auf nicht durchgetrocknetem Untergrund. Bei Pulver: Pulverschicht zu dick oder Aufheizgeschwindigkeit bei PUR-Pulver zu groß. Flüssigkeitsaustritt aus Poren oder Kapillaren des Basiswerkstoffs. Wasserabgebender Rost auf dem Teil.
Eindringverhalten		Schlechtes Eindringverhalten bei Pulverlacken kann auf zu hohe Pistolenspannung, schlechte Erdung oder zu hohe Fördergeschwindigkeit in der Pistole zurückgeführt werden.
Erhebungen im Film		Metallspäne, schlecht verschliffene Schweißstellen. Bei Pulver: Überlagertes und angesprungenes Pulver, Schmutz in der Pulverrückgewinnung.
Farbnebel, Farbspritzer		Mangelhafte Belüftung der lackierten Fläche, Kontakt mit in der Kabine vorhandenen Farbnebeln oder Kondensation von Lösungsmitteldämpfen auf der Oberfläche.
Farbtonabweichungen		Fehler der Wareneingangskontrolle bei Neulieferung z. B. durch unterschiedliche Lichtreflexion der Pigmente.
Fluidisierbarkeit		Bei Pulverlacken wird die Fluidisierbarkeit durch zu hohe Feuchtigkeit oder durch zu geringe Fluidluft oder durch zu feuchte Fluidluft beeinträchtigt. Auch können Verstopfungen im Fluidisierungsboden vorliegen.
Gardinen		Vgl. Läufer.
Glanzverlust		Durch Einsinken des Lackaufbaus hervorgerufen. Ursache sind Trocknungsschwierigkeiten, wenn darunter liegende Lackschichten vor dem Auftragen nicht völlig durchgetrocknet waren oder wenn falsche Verdünner verwendet wurden oder wenn die Einbrenntemperatur zu hoch gewählt wurde.
Hochziehen		Vgl. Anbeizen.
Kantenflucht		Auch Randflucht genannt. Lackmaterial zieht sich an Kanten infolge der Wirkung der Oberflächespannung zurück.

Abhilfe schafft bei Flüssiglacken eine Veränderung der Oberflächenspannung im Lack durch grenzflächenaktive Zusätze. Bei High Solids muß die Aufheizkurve so verändert werden, daß die Verfilmung bei tieferen Temperaturen einsetzt. Man kann der Kantenflucht dadurch begegnen, daß man beim Auftrag an den Kanten vorweg Material aufträgt und dieses etwas eindunsten läßt. Bei Pulverauftrag wird dies durch etwas stärkeren Auftrag auf den Kanten erzielt.

Kocherblasen — Auch Aufkocher genannt. Entstehen durch explosionsartiges Verdampfen der Lösemittel bei Flüssiglacken im Ofen.

Konturenbildung — Untergrund war partiell nicht ausgehärtet vor Decklackauftrag, so daß deren Kontur als Vertiefung sichtbar wird.

Krater — Nadelstichartige Vertiefungen mit hochstehenden Rändern. Benetzungsproblem. Chemikalienrückstände aus Handcremes (Silikon), Handschweiß oder von anderen Lacken.
Bei Pulverlack: Mangelhafte Entfettung vor dem Pulverlackauftrag. Unverträglichkeit mit Pulver anderer Hersteller.

Kreiden — Abreibfähiger Pigment- und Füllstoffanteil aus einer Lackschicht verursacht durch zu geringen Gehalt an Filmbildner oder durch Schädigung des Films durch Einwirkung von Chemikalien oder durch Alterung.

Läufer — Entstehen durch lokales zu hohes Lackangebot. Spritzpistole zu nahe am Objekt, Spritzdruck zu niedrig, falsches Spritzbild durch verstopfte Düsen, defekte Düsen, ungeeignete Verarbeitungstemperatur, falsche Verdünnungsmittel.

Mahleffekt — Bei Pulvern zu beobachtende Kornverfeinerung im Verlauf des Pulverumlaufs ist auf zu geringe Strömung der Luft in der Kabine und dem damit verbundenen Klassiereffekt zurückzuführen. Kabine abdichten.

Nadelstiche — vgl. Krater. Bei Pulverlacken: Zu hoher Wassergehalt im Pulver oder Lufteinschlüsse oder Ausgasung des Basismaterials aus Mikroporen, Kapillaren etc.

Nasen — Vgl. Läufer.

Orangenschaleneffekt — Verlaufstörung des Lacks verursacht durch zu rasch verdunstendes Lösemittel, zu kaltes Blech, zu hohe Spritztemperatur, zu hohe Lackviskosität, zu geringe Abdunstung, ungleichmäßiger Lackauftrag, Düsenfehler.
Bei Pulver: Zu reaktives Pulver, Unverträglichkeit mit Pulver anderer Hersteller, Aufheizgeschwindigkeit zu gering, falsche Beschichtungsstärke (zu dick oder zu dünn), falsche Korngrößenverteilung im Pulver, Pulverfördergeschwindigkeit zu groß, eventuell Elektrostatikfehler.

Poren	(vgl. Krater) Nadelstichartige Vertiefungen im Lack ohne aufgeworfenen Rand verursacht durch zu hohe Decklackschicht oder zu hohe Lackviskosität oder zu hoheTemperatur in der Lackierkabine (Eintrocknen der Oberfläche aber nicht in der darunter liegenden Schicht und nachträgliches Zerreißen der Oberfläche durch Gasabgabe) oder durch zu geringes Abdunsten des Lacks.
Pulverpatzer	Anhäufung von Pulvern auf der Auftragsschicht. Feinanteil im Pulver zu hoch, Ansintern an Prallteller und Schläuchen, Druckschwankungen im Luftnetz oder ungenügende Erdung oder Aufladung oder ungünstige Werkstückkonstruktion können zu P. führen.
Riefen	Riefen im Basiswerkstoff oder Einsatz nicht geeigneter Verdünner oder Riefen beim Schleifen der Untergrundbeschichtung.
Risse	Trocknungsrisse bei falscher Lackzusammensetzung oder bei Fehlern beim Auftrag darunter liegender Schichten oder Verformungsrisse bei nachträglicher Blechverformung.
Rücksprühtrichter	Bei zu hohen Schichtdicken wird der Abfluß der elektrischen Ladung gestört, so daß schon abgeschiedene Pulverpartikel wieder von der Oberfläche abgestoßen werden. Es entstehen dadurch im eingebrannten Lack trichterförmige Vertiefungen.
Runzeln Trocknungsstörung	Während die Oberfläche des Lacks abtrocknet, bleibt der Untergrund weich. Ursache können zu hohe Lufttemperatur, Luftzug in der Lackierkabine. Zu hohe Lacktemperatur führt zu geringem Verdünnereinsatz und dadurch zum Auftragen zu dicker Lackschichten, so daß R. auftreten kann. Zu dicker Lackauftrag bei schlecht deckenden Lacken.
Schichtdicke schwankt	Bei Pulver: Nicht optimaler Pistolenabstand zum Werkstück, ungleichmäßige Pulverförderung, zu hohe Bandgeschwindigkeit im Vergleich zur Hubgeschwindigkeit der Pistolen oder auch schwankende Hochspannung, nicht optimale Korngrößenverteilung oder Ausbildung eines Faraday-Käfigs durch Konstruktionsmangel im Werkstück.
Schmierige Oberfläche	Bei Pulvern: Additive schwitzen aus oder kondensieren auf der Oberfläche wegen zu geringem Luftaustausch im Ofen oder zu niedriger oder zu hoher Ausheiztemperatur.
Staubkörner	Werden sichtbar, wenn sie >14 μm sind. Zeigen sich durch Bildung von Buckeln unter der Lackierung. Behebung durch Feststellung der Staubursache.

Stippen/ Pigment-ballungen		Griesartig wirkende Lackoberfläche.
	Ursache:	durch zu lange Lagerung des Lacks, bei Metallic-Lackierungen auch durch zu dünnen Metallic-Lackauftrag hervorgerufen, weil dann Spitzen des Metalls aus der Oberfläche heraustreten.
Streifenbildung	Ursache:	Zu sattes Auftragen der Lackschicht, dadurch beginnt die Fläche zu laufen, zu niedrige Lackviskosität oder Spritzpistole zu nahe am Objekt. Behebung durch Veränderung der Lack-/Verdünnerzusammensetzung oder dünneres Lackauftragen.
Tropfenbildung		Bei Pulver: Aufheizgeschwindigkeit oder Temperatur zu hoch. Ungleichmäßiger Pulverauftrag oder zu hohe Schichtdicke.
Vergilben		Überbrennen im Ofen, zu lange Pausenzeiten. Bei Pulver auch durch Verunreinigung von Epoxipulvern mit Polyestern. Schlechte Entfettung kann auch Vergilben hervorrufen.
Wasserflecken		Ringförmige, meist waagrechte Flächen.
	Ursache:	Salzhaltiges Wasser dringt während des Lackierens in die äußere Lackschicht ein und verdunstet dort. Oder salzhaltiges Wasser trocknet auf einer Oberfläche ein. Nur letzterer Fehler kann durch Waschen beseitigt werden.
Weiche Oberfläche		Nicht ausgehärteter Lack. Fehlerhaftes Mischungsverhältnis oder alte Materialien bei 2-K-Lacken. Zu niedrige oder zu kurze Einbrenntemperatur.
Wolkenbildung		Bei Metallic-Lackierungen zu beobachten.
	Ursache:	Falsche Pistolenführung.
Zellradschleuse		Festsitzen oder Quietschen der Zellradschleuse zeigt an, daß das Kornspektrum zu klein oder die Wärmebelastung zu groß oder Flusenabrieb oder verschmiertes Sieb vorliegen, falls die Lagerschmierung(-spülung) in Ordnung ist.

23.4 Emaillierfehler

| Ablaufstreifen | A. sind Oberflächenpartien, an denen sich Emailschlicker verdickt und angesammelt hat. Sie entstehen, wenn sich größere Schlickermengen vor der Ablaufstelle angesammelt haben. Wesentliche Ursache können aber auch Produktreste aus der Vorbehandlung sein (z. B. Passivierungsmittel), die |

die Stellwirkung des Schlickers verstärken oder seltener vermindern.

Abrollen	A. tritt auf, wenn die flüssige Emailschicht während des Brandes reißt. Aufgrund der Oberflächenspannung zieht sich das Email dann in den Riß zurück und benetzt die Oberfläche im Riß nicht mehr. Abhilfe schafft eine Änderung der Grenzflächenspannung des Emails durch Änderung der chemischen Zusammensetzung. A. wird begünstigt, wenn das Email aufgrund mangelhafter Vorbehandlung das Blech nicht richtig benetzt.
Abplatzungen	Abplatzen des Emails infolge eines zu niedrigen thermischen Ausdehnungskoeffizienten bzw. zu hoher Spannungen im Verbundwerkstoff.
Abrutschen	Falsch eingestellter Schlicker rutscht bei Erschütterung der Ware in ganzen Partien ab.
Ursache:	noch mahlwarmer Schlicker, zu viel Stellsalz oder Verwendung größerer Bentonitmengen anstelle von Ton.
Aufkocher	Flächenartig auftretende Blasen, die durch Gasbildung während des Emaileinbrandes entstehen. Ursachen können sein: C im Stahl, Reste von Beizsäuren, zu lange gealterter Grundemailschlicker, SO_2 oder zu viel Wasserdampf im Brennraum. Brennen zu feuchter Ware.
Ausblühungen	Verwittert chemisch wenig beständiges Email, entstehen weiße, abwischbare Beläge auf dem Email.
Ausspringer	Entstehen, wenn im Grundemail Fischschuppen während des Aufheizens zum Deckemaileinbrand entstehen, ehe das Deckemail verschmolzen ist. A. kann auch eine verzögerte Flimmerbildung sein. (vgl. auch Fischschuppen).
Blasen	Gasgefüllte geschlossene Hohlräume im Email, die bei sehr starker Gasentwicklung sichtbar werden. Im Extremfall entsteht Schaumemail (siehe dort).
Blasenlinien	Linienartige Anhäufung von Blasen infolge des Auftragens von gasbildenden Verunreinigungen in Linienform, z. B. SiC-Rückstände nach Schleifoperation, undichte Schweißnähte etc.
Boraxdellen	Kristallisiert Borax durch Abkühlen im Schlicker aus, werden Boraxkristalle aufgetragen, weil diese sich beim Anwärmen des Schlickers nur schwierig auflösen. An den Stel-

len, an denen ein Boraxkristall aufgetragen ist, entsteht ein sehr dünnflüssiges Email, das Vertiefungen bildet und zur Ausbildung von Kupferköpfen führen kann.

Deformierungen	Thermischer Verzug des Werkstücks.
Dellen	vgl. Borax- oder Sulfatdellen.
Dickenabweichungen	Auftrags- oder meist Stellfehler des Emails (vgl. Ablaufstreifen).
Durchschüsse	Durchdringen von Grundemail in das Deckemail infolge Gasentwicklung.
Durchzehrungen	vgl. Pickel.
Fingerabdruck	Kommen durch Übertragung mit der Handfläche Oxidationsprodukte (Zunder) des Gehängematerials etc. auf die Biskuitoberfläche, entstehen Verfärbungen, die den Fingerabruck nachbilden.
Fischaugen	Durchschüsse in Majolikaemails mit dunklem Punkt aus Grundemail und hellem Hof durch Einwirkung von Blasen (vgl. Punkt, Blase).
Fischschuppen	Wasserstofffehler. Fischschuppenartig aussehende Abplatzungen infolge von Gasdruck (Wasserstoff) an der Grenzfläche Stahl/Email.

Ursache	ist atomar zunächst eingelöster Wasserstoff, der nach Abkühlen im Stahl weniger gelöst wird und nach Rekombination austritt. Ursache sind Wassermoleküle, die vor dem Brennen mit der Eisenoberfläche in Reaktion treten gemäß

$$Fe + H_2O = FeO + 2\,H$$

Quelle des Wassers sind erhöhter Wasserdampfgehalt in der Ofenatmosphäre beim Brennen schlecht vorgetrockneter Schichten, Wassergehalt in Ton oder Fritte, geringes Wasserstoffaufnahmevermögen des Stahls. Abhilfe kann außer Verbesserung der Biskuittrocknung die Verwendung von Stahl mit größerer H_2-Durchtrittszeit schaffen.

Flimmer	Kleine fischschuppenartige Ausplatzungen, die meist während des Abkühlvorganges schon auftreten. F. treten auf, wenn das Grundemail durch Aufnahme von FeO entglast ist, so daß schon geringer Druck genügt, um Wasserstoff durch die Emailschicht durchtreten zu lassen. (vgl. auch Fischschuppen). F. sind Zeichen für überbranntes Email. F. sind nicht reparable Emailschäden, die nicht durch Überziehen eines Deckemails zu beseitigen gehen.

Granitierung

Ungleichmäßige Verteilung der Farbkörper im Email.

Haarlinien

Dünne Unterbrechungen der Deckemailschicht, in denen das Grundemail sichtbar wird.
Email- und konstruktionsbedingt: Spannungen durch zu unterschiedliche Materialstärken im Werkstück, Formänderungen beim thermischen Belasten des Werkstücks, Grobkornbildung und Fließlinien im Stahlblech (Lüdersche Linien) bei kritischem Verformungsgrad.

Haftungsmangel

H. wird durch Schlagprüfung mit Fallgewicht ermittelt. Verbesserung des Beizabtrages oder der Vorbehandlung an sich, Verstärkung des Nickelauftrags bei DWE oder Vermeidung von Unterbrand sind Gegenmittel.

Krokodilszähne

Zackige Ausbrüche aus brüchigem Biskuit beim Putzen (vgl. Putzschäden).

Kupferköpfe

vgl. Pickel.

Nadelstiche

Aufgeplatzte kleine, nicht wieder geschlossene Blasen (vgl. dort).

Ölflecken

Ist die Luft, die zum Betrieb der Spritzpistolen verwendet wird, nicht ölfrei, werden Ölspritzer auf die Oberfläche gebracht, die dann Ursache für lokale Schaumbildung sind (vgl. Zuckerflecke)

Orangenschalenstruktur

Kurzwellige Oberflächenstruktur infolge von Überbrennen oder von Wiederaufkochen des Grundemails.

Perlitnester

Perlit zerfällt beim Erwärmen in Ferrit und Sekundärgraphit, der mit dem Email beim Brennen unter Gasentwicklung reagiert. (vgl. Schaumemail).

Pickel

Entstehen durch Übersättigung des Grundemails mit FeO. Bei geringer Übersättigung zeigen sich Erhebungen (Pickel). Bei weiterer Übersättigung bildet sich Fe_2O_3, das in Form roter Punkte sichtbar wird (Kupferköpfe). Treten Kupferköpfe über eine geschlossene Fläche auf, wird die Erscheinung Durchzehrung genannt. Erscheinungen werden vor allem bei heute üblichen dünnen Grundemailschichten < 0,1 mm beobachtet. Ursache: falscher Mühlenversatz (Mangel an feuerfesten Zuschlägen), Pyrit FeS_2 im Schlicker, Beizrückstände in Poren des Blechs, Chloride im

Schlicker oder in der Luft des Brennraums, Eisenabrieb auf der Oberfläche.

Poren

Aufgeplatzte und vom Email nicht mehr geschlossene Blasen (siehe dort).

Punkte

Schwarze Punkte werden durch Mitreißen des Grundemails in das Deckemail durch Gasblasen hervorgerufen (vgl. Blasen). Weißer Punkt entsteht aus Einlagerungen von Bruchstücken der Mühlenauskleidung oder der Mahlkugeln. Sichtbar auch als weißer Fleck. Ungefärbte Punkte können auch schlecht vermahlene Quarzanteile sein.

Putzschäden

Handhabungsschaden. Brüchiger Bikuit führt beim Putzen zum Einreißen der Biskuitschicht beim Abputzen von Rändern etc. (vgl.auch Krokodilszähne).
Gegenmittel: Änderung der Schlickerzusammensetzung, Verminderung der Stellsalze und Vermehrung des Tongehalts.

Risse (Reißen)

Schwarze Linien in konkaven Ecken oder Kanten, die durch sich dort ansammelnde dickere Emailschichten und die in diesen Stellen entstehenden thermischen Verformungen gebildet werden.(vgl. auch Abrollen).

Saugstellen

Hohlräume im Basiswerkstoff gasen beim Erhitzen aus und bilden eine Emailblase. Beim Abkühlen saugen diese Hohlräume Email ein, wodurch Krater entstehen.

Schaumemail

(vgl. auch Aufkocher). Starke Ansammlung von Blasen auf Grund der Bildung von Gasen während des Grundemaileinbrennens.

Ursache: können organische Rückstände aus der Vorbehandlung, organische Inhibitoren in Sparbeizen oder Kieselgelabscheidungen aus silikathaltiger Vorbehandlung, die durch nachfolgende Beizsäuren freigesetzt wurden, in Kapillaren, Rissen etc.(z. B. in Schweißnähten) sein. Abschleifen, falls zugänglich und Nachemaillieren.

Schleifspuren

Abschleifen von Ablaufspuren mit Schleifkörpern in organischer Kunstharzbindung oder mit SiC als Schleifmaterial führt zu organischen Verunreinigungen der Oberfläche, die nach dem anschließenden Nachemaillieren sichtbar werden (Blasen, schwarze Punkte). Besser ist es, kein Nachschleifen anzuwenden und Ablaufspuren zu vermeiden.

Schwundrisse

Trocknungsrisse. Treten auf, wenn ein zu feuchter Biskuit rasch und plötzlich in einem Trockner behandelt wird.

Silberblech	Liegt keine Haftung des Emails auf dem Blech vor, springt das Email beim Schlagtest vollständig ab. Es wird eine silbern glänzende Blechoberfläche sichtbar, die S. genannt wird.
Spinnennetz	Schwundrisse (vgl. dort) mit verschmolzenen Rändern. Ursache meist überstellter Schlicker mit zu viel Wassergehalt.
Spritzwelligkeit	Bei zu hoch eingestelltem Druck an der Spritzpistole oder bei zu geringem Abstand der Pistole von der Oberfläche wird schon aufgetragenes Email wieder fortgeblasen. Es entsteht ein welliger Biskuit.
Sulfatdellen	Staubbefall aus Alkalisulfaten (Ascheteilchen) führt zu örtlichem Entstehen sehr dünnflüssiger Emailschichten in Form flacher, tellerförmiger Vertiefungen von $1 - 5$ mm Tiefe. Emailschlicker oder Biskuit kann auch SO_2 aus der Luft aufnehmen, das dann beim Brennen zu Sulfat aufoxidiert wird und S. erzeugt. Diese Erscheinung ist meist mit Feuerungsabgasen verbunden, wo sie z. B. bei bestimmter Windrichtung auftritt.
Tonschleier	Mattierung der Emailoberfläche durch Aufschwimmen von Tonpartikeln in zu schwach gestellten Emailschlickern.
Überbrennen	Zu scharfes oder langes Einbrennen des Emails, sichtbar an mangelhafter Blasenstruktur und Verfärbungen des Grundemails durch übermäßige Eisenaufnahme oder Verfärbungen des Deckemails, eventuell ledernarbiges Aussehen. Bei Grundemail nicht reparierbar, bei Deckemails nur durch Nachemaillieren reparierbar.
Überstellen	Schlicker mit zu hohem Stellsalzgehalt.
Überwässern	Zu wasserhaltiger Schlicker, neigt zu Zersetzung, wobei der leichtere Ton auf der Oberfläche schwimmt und nach dem Einbrennen als verfärbte Mattierung sichtbar wird.
Unterbrennen	Brenntemperatur und -zeit sind unzureichend. Grundemails sind stark durch Gasblasen getrübt und besitzen mangelhafte Ausbildung der Haftschicht. Gefahr des Aufkochens beim Deckemaileinbrand. Milchige Trübung oder matte Oberflächen werden auch bei U. von Deckemails beobachtet. Behebung durch Änderung der Brennbedingungen.
Verfärbungen	Ursache sehr unterschiedlich, z. B. mangelhafte Brennbeständigkeit der Farbkörper oder unterschiedliche Schichtdicken bei Farbemailauftrag.

Wasserflecken	Tropft Wasser auf den bereits getrockneten Biskuit, werden Stellsalze an dieser Stelle extrahiert und an den Rand des Wasserflecks getragen, wo die Salzkonzentration sich dann erhöht. Beim Brennen enstehen dort dünnflüssige Emails und Vertiefungen.
Wasserglanzmangel	Bei zu trockenem Spritzen von Emailschlicker entsteht ein rauher Biskuit. Nach Einbrennen entsteht eine rauhe Email-schicht. Meist Reparaturfehler. Wasserglanz ist dann die glatte Auftragsschicht, die sich durch Glänzen zu erkennen gibt.
Würmchen	Grenzfall der Haarlinienbildung. Bis 2 mm lange Rißlinien, in denen Grundemail sichtbar wird. Auslöser: zu hartes Deckemails auf weichem Grundemail oder zu viel Stellsalz im Schlicker.
Zuckerflecken	Rückstände zuckerhaltiger Produkte aus dem Handhaben der Werkstücke vor dem Einbrennen reagieren mit dem Email unter lokaler starker Blasenbildung oder Schaumbildung (vgl. Schaumemail).
Zunderbefall	Zunderteile, die vom Brenngehänge oder von den Schutz-rohren der Brenner oder den Heizstäben bei elektrischer Be-heizung auf die Emailoberfläche fallen, werden teilweise nicht aufgelöst. Eisenoxidzunder ergibt z.B. Kupferköpfe, hoch chromhaltige Stähle der Brennerschutzrohre führen wegen Chromatbildung zu örtlich gelben Verfärbungen auf hellen Deckemails. Abhilfe schafft nur Putzen der Brenn-einrichtungen.

23.5 Fehler beim chemisch Metallisieren

Abscheidungsstörung	Abscheidegeschwindigkeit zu gering. Zu geringer Ni- oder / und Hypophosphitgehalt, zu hoher Stabilisatorgehalt, zu niedriger pH-Wert, zu niedrige Badtemperatur, zu altes Bad, zu geringe Literbelastung (Sollwert 1 dm^2/l) oder zu hoher Gehalt an H_3PO_3 (Grenzwert 80 – 150 g/l) führen zu zu ge-ringer Abscheidegeschwindigkeit. Auch zu hoher NO_3^--Ge-halt (> 50 mg/l) zeigt diesen Effekt. Beseitigung: Neuansatz bei zu hohem H_3PO_3-Gehalt, Anheben des pH-Wertes über 2 h auf pH = 4 bei 85 °C. Keine oder zu dunkle Abscheidung ist auf > 10 mg/l S^{2-} zurückzuführen Empfohlen wird dage-gen Dummy-Beschichtung. Keine oder niedrige Abscheide-geschwindigkeiten werden hervorgerufen durch > 5 mg/l Pb oder Cd (Gegenmittel: Ausarbeiten des Bades in Dummy-

Beschichtung), > 300 mg/l Zn (Neuansatz nötig), > 150 mg/l Fe (Neuansatz nötig), > 300 mg/l Al bei dunkler Abscheidung (Neuansatz nötig), > 15 mg/l Cr^{3+} bei gleichzeitiger stufenförmiger Abscheidung (Neuansatz nötig). Zerfall des Bades tritt auf, wenn z. B. der Pb-Gehalt < 3 mg/l ist. > 3 mg/l Cr^{6+} gibt stufenförmige Abscheidungen. Ungleichmäßige Abscheidungen entstehen durch Einhaltung falscher Badparameter, mangelhafte Werkstückreinigung, organische Kontaminationen oder elektrische Fremströme im Bad.

Fremdabscheidungen

Fremdabscheidungen entstehen, wenn die Edelstahlbehälter nicht passiviert oder anodisch geschützt sind. Auch ungenügende Filtration, Einschleppen von Schwebeteilchen oder ungenügende Badbewegung führen zur F.

Haftung

Schlechte Haftung ist meist auf ungenügende Entfettung und Reinigung zurückzuführen. Auch ein zu altes Bad kann diese Erscheinung bewirken.

Poren

Porige Überzüge entstehen durch organische Kontamination aus der Luft oder aus der Vorbehandlung oder durch Luftblasen, die an der Oberfläche haften bleiben (Gegenmittel können Verstärkung des Luftstroms oder Herabsetzung der Grenzflächenspannung des Bades sein).

Rauhigkeiten

Rauhe Metallschichten werden abgeschieden, wenn Verschmutzungen durch Feststoffpartikel im Bad vorliegen (Mangelhafte Filtration). Ebenso können ein überaktives Bad, Restmagnetismus der Werkstücke, Fremdstromeinfluß, Undichtigkeiten des Heizsystems und daraus resultierende Kontamination des Bades, zu geringer Stabilisatorgehalt oder auch Übergießen der Werkstücke mit Ergänzungslösung oder deren zu schnelle Zugabe zu R. führen.

Trübe

Trübe werden des Bades kann durch Einstellung falscher Betriebsparameter (pH, Temperatur, zu viel Reduktionsmittel), zu geringen Komplexbildnergehalt, zu altes Bad, Einlösen von Bestandteilen des Basiswerkstoffs oder Einlösen von Verunreinigungen aus der Luft entstehen. Ebenso können Ausscheidungen aus dem verwendeten Wasser z. B. infolge von Härtebestandteilen zum Trübwerden der Oberfläche führen.

23.6 Fehler beim galvanischen Beschichten

23.6.1 Chromschichten

regenboge-farbig, braunfleckig	Bad enthält zu wenig Fremdsäure(z. B. H_2SO_4)
keine Haftung oder blättert ab	Grundmaterial oder Zwischenschicht ungeeignet Werkstückoberfläche ist überhärtet oder Vorbehandlung und Entfettung ist ungenügend oder die Aufrauhperiode (20-30s bei 30-50A/dm2)bei Abscheidebeginn war zu lang.
Blasen	Verunreinigungen im Elektrolyten
milchig matt	Temperatur zu hoch oder Stromdichte zu niedrig
matt, spröde, an den Kanten rauh	Temperatur zu niedrig oder Stromdichte zu hoch
matt und rauh	es fehlt CrO_3
blättert ab beim Nachschleifen	vgl. Haftung oder zu hohe örtliche Temperatur beim Nachschleifen
schlechte Deckfähigkeit	Fremdsäuregehalt zu hoch ($Ba(OH)_2$-zusatz zur Entfernung von H_2SO_4) oder zu hohe Temperatur oder Anfangsstromdichte zu gering (erhöhen auf 60-80 A/dm^2, 10-20s)
stark eingeengtes Glanzintervall	>20g Fe/l, deshalb Reinigen mit Ionenaustausch oder Neuansatz. Empfohlen wird Zusatz von Cr_2O_3 (>3 % bezogen auf CrO_3 und Durcharbeiten mit kleiner Kathode (Kathoden-/Anodenfläche = 1:30)
zu großer Schicht dickenunterschied	Schattenwurf oder zu geringe Streufähigkeit oder ungenügenden Kontakt zur Stromzufuhr oder zu geringe Stromdichte.
in der Umgebung um Bohrung nicht ausgebildet	Bohrungen mit Kunststoff verschließen, um Gasentwicklung zuverhindern

23.6.2 Kupferschichten

A. Cyanisches Kupferbad

rauh	Schwebstoffe im Bad oder Carbonatgehalt zu hoch (ausfällen mit $Ba(OH)_2$) oder freies Cyanid zu gering
porig	Carbonatgehalt zu hoch oder Tensidmangel, freies Cyanid zu hoch oder pH-Wert zu niedrig oder Temperatur zu gering.
streifig, fleckig	pH-Wert oder freies Cyanid zu niedrig
Blasen, keine Haftung	Grundmetall ist passiv oder mit Fett- oder Oxidschicht bedeckt (deshalb Dekapieren oder Beizen des Basismetalls)
dunkelbraun	zu wenig freies Cyanid
Bad zeigt grünen bis blauen Elektrolyt	Cyanidgehalt zu gering
Anodenpassivität, Stromstärke sinkt während der Elektrolyse	Abbeizen oder Abbürsten der Anode, freies Cyanid zu gering
graugrüner bis schwarzer Anodenbelag	anodische Stromdichte zu hoch, Temperatur oder Elektrolytaustausch zu gering, Cyanid fehlt.
Es zeigt sich starke H_2-Entwicklung an Kathode	kathodische Stromdichte zu hoch, freies Cyanid zu hoch

B. Saure Kupferbäder

rauh	Schwebstoffe im Bad
schwammig,	grobkristallin zu wenig H_2SO_4
spröde und brüchig	zu wenig H_2SO_4, zu hohe Stromdichte oder organische Verunreinigungen (mit H_2O_2 aufkochen)
pulvrige Schicht, keine Haftung	Stromdichte zu hoch, Vorverkupferung oder -vernickelung verstärken
kein Glanz, Einebnung ungenügend	Cl^--Gehalt zu hoch (mit Ag_2SO_4 ausfällen)

Streifen, Narben, matte Flecken	organische Verunreinigungen (H_2O_2 aufkochen, über A-Kohle filtrieren)
brauner Oxidbelag auf der Anode	Stromdichte zu hoch, H_2SO_4-Gehalt zu gering
blaue Kristalle aus $CuSO_4$ $5H_2O$ an der Anode	Temperatur zu niedrig, Cu-Konzentration zu hoch

23.6.3 Nickelschichten

Poren	Netzmittelgehalt zu niedrig oder Glanzzusatz zu hoch oder andere organische Verunreinigungen im Bad (oxidieren mit H_2O_2 o. ä., über Aktivkohle filtrieren) oder der Fe-Gehalt ist zu hoch (oxidieren und ausfällen mit NH3) oder der pH-Wert ist falsch eingestellt oder das Basismetall enthält mit Vorbehandlungsflüssigkeiten gefüllte Poren oder Kapillaren oder Filterpumpe saugt Luft.
dunkle Flecken, schwarze Streifen	Bad enthält Fremdmetalle (Cu, Zn, Fe) oder organische Verunreinigungen (vgl. Poren)
Schwarzfärbung rauh	> 100 ppm Cu^{2+} oder größere Mengen Zn oder Mn im Bad. Schwebstoffe (filtrieren, Herkunft überprüfen)
angebrannte, rauhe Kante	ungenügende Badbewegung oder zu niedrige Temperatur oder zu hohe Stromdichte/pH-Wert
spröde oder brüchig	Bad ist verunreinigt mit Cu, Fe oder Zn (Cu u. Zn abarbeiten) oder enthält zu viele Organika wie überdosierte Zusätze (vgl.Poren) oder der pH-Wert ist zu hoch.
Abblättern/Blasen	Grundmetall ungeeignet oder ungenügende Reinigung/Spüle oder zu viele Organika (vgl. Poren).
Stippen	vgl. rauhe Schicht oder Einbau überdosierter Glanzzusätze (Entfernen über A-Kohle)
ungenügenden Glanz	Fremdmetalle (Cu, Zn, Fe) oder Grundmetall zu rauh oder Glanzzusatz fehlt oder organische Verunreinigungen im Bad oder Silikatflecken aus der Vorbehandlung.
weiße Flecken	Netzmittelgehalt zu gering oder ungenügende Vorbehandlung
weißliche Verfärbung	Cr^{6+} im Bad < 70 ppm oder 10-200ppm Fe^{2+} im Bad.

Grieß und Flitter an der Anode	ungeeignetes Anodenmaterial
Passivierung und Gasbildung an der Anode	zu hoher Anodenstrom (Fläche vergrößern oder zu kleiner Cl-Gehalt
Abnahme der Streukraft	> 75 ppm Cr^{3+} oder > 100 ppm Al^{3+} im Bad
Orangenhaut	überschlepptes Fett oder Seifenrückstände, Reste aus cyanidisch Kupferbad, Fremdmetallverunreinigung bei zu hohem pH-Wert.

23.6.4 Silberschichten

graue Schicht	kathodische Stromdichte zu hoch
rauhe Schicht	Schwebstoffe (Filtrieren), Cyanidgehalt ($AgNO_3$- oder AgCN-Zusatz) oder Carbonatgehalt (Ausfrieren) zu hoch.
streifige Schicht	Fehler in der quecksilberhaltigen Quickbeize (Neuansatz)
fleckige Schicht	Vorbehandlungsfehler
mangelhafte Haftung	Grundmetall muß erst eine Zwischenschicht erhalten oder Vorbehandlungsfehler
schwarze Anode	zu hohe Stromdichte oder zu kleiner CN^--Gehalt
blanke Anode	zu hoher CN^--Gehalt (Ag^+-Zusatz)
Gasentwicklung	zu hohe Spannung oder zu geringer Silbergehalt.
schlechte Tiefenstreuung	zu niedrige Stromdichte, zu geringer Abstand zwischen Teilen u. Anode.

23.6.5 Fehler bei Zinkschichten

A. Stark saurer Elektrolyt

Wasserstoffentwicklung, schwammige Schicht	Bad ist verunreinigt mit einem oder mehreren Ionen der folgenden Metalle: As, Fe, Cd, Pb, Sn, Hg, Cu.
schlechte Tiefenstreuung	pH-Wert zu niedrig, Mangel an Leitsalzen
Zinkschicht wird dunkel	Mangel an Leitsalzen, Verunreinigungen im Bad

B. *Schwach saurer Glanzzinkelektrolyt*

Abblättern, keine Haftung	mangelhafte Reinigung oder Spülung oder ungeeignetes Basismaterial
rauhe Schicht	Schwebstoffe oder Verunreinigt mit Pb (Neuansatz) oder mit Chromat (reduzieren mit Formaldehyd, durcharbeiten).
rauhe Ecken und Kanten angebrannte Schicht	zu hohe kathodische Stromdichte ungenügende Badbewegung,
weiße Flecken	Verunreinigung mit Cd oder Phosphat
dunkle Flecken	Verunreinigt mit Pb oder Cu
graue Streifen	Verunreinigt mit Chromat
sehr hoher Glanz mit Narben	zu viel Glanzzusatz (abarbeiten)
Glanzmangel	zu wenig Glanzzusatz oder Fremdmetalle im Bad (Cu, Cd, Pb, CrO_4^{2-}).

C. *Alkalische, cyanidische Zinkbäder*

matt	Fremdmetalle im Bad (Ausfällen mit Na_2S oder mit Zn-Staub), Verhältnis Zn : NaCN gestört, kathodische Stromdichte zu klein oder Glanzbildnermangel.
fleckig, dunkel, ungleichmäßig	Grundmetall passiv (Dekapierungverstärken), Fremdmetalle, ungenügender elektrischer Kontakt oder Schattenwurf oder ungenügendes Spülen nach dem Verzinken.
fleckig nach Aufhellen Chromatieren	verunreinigte HNO_3 oder Chromatierung oder Spüle nach oder Verzinken, Fremdmetalle im Bad
grau, dunkel	Fremdmetalle, Temperatur zu hoch
rauh, besonders auf horizontalen Flächen	Schwebstoffe, Carbonatgehalt zu hoch (Ausfällen mit Ba-$(OH)_2$ oder Auskristallisieren u. Filtrieren)
pulvrig	Zn-Gehalt zu niedrig, kathodische Stromdichte zu hoch
spröde Schicht	Badzusammensetzung nicht in Ordnung, Temperatur zu niedrig, zu hoher Gehalt an Glanzzusatz

keine Haftung, Blasen, Abblättern	zu viel NaOH oder NaCN im Bad oder Reinigung u. Spülung ungenügend oder ungeeignetes Basismaterial oder Chromat im Elektrolyt (Behandeln mit Dithionit)
keine Abscheidung	Wasserstoffaufnahme des Grundmetalls bereits zu hoch (Beizzeit verkürzen), Verhältnis NaCN : Zn zu groß oder > 15 mg/l CrO_3 im Bad oder ungeeignetes Basismetall.
schlechte Tiefenstreuung und Deckung	Mangel an Glanzzusatz, CN^--Gehalt zu gering, Zn-Gehalt zu hoch, Schmutzreste.
geringe Abscheidungsgeschwindigkeit	Zn- und NaOH-Gehalt zu klein, CN^--Gehalt zu groß. H_2-Entwicklung.
Anode weiß, hohe Spannung b. niedriger Stromstärke	Anodenpolarisation aus NaOH- oder NaCN-Mangel
Metallgehalt steigt ständig an	zu große Anodenfläche
verzinkte Teile werden beim Lagern fleckig	auf ganzer Oberfläche: Spüle ungenügend. Auf einzelnen Partien der Oberfläche: Elektrolytrückstände (blüht aus). Teile vor dem Chromatieren 10 – 20 min warm wässern.

D. Alkalisch, cyanidfreie Zinkbäder

Zinkabscheidung verzögert, matte Zinkabscheidung	Wasser zu hart oder Elektrolyt zu wenig durchgearbeitet
Glanzstreuung bei niedrigen Stromdichten	Temperatur oder Zinkgehalt zu hoch (Kühlen, Zn erniedrigen, NaOH zusetzen).
Glanzstreuung bei hohen Stromdichten	Temperatur oder Zinkgehalt zu niedrig. Anbrennen beobachtbar.
schlechte Haftung spröde Niederschläge	H_2 im Basismetall, überdosierte Zusätze oder schlechte Vorbehandlung

23.6.6 Zinnschichten

A. Alkalisches Zinnbad.

rauh	Schwebstoffe im Bad
dunkel	Temperatur zu niedrig oder Stromdichte zu hoch oder der OH-Gehalt zu hoch (abstumpfen mit Essigsäure).
pulvrig	Stromdichte zu hoch, Sn^{4+}-Gehalt zu niedrig
schwammig, Elektrolyt oder färbt sich dunkel	es ist Sn^{2+} entstanden (aufoxidieren mit Natrium-Perborat) Temperatur zu hoch
blanke Anoden Anoden mit weißem Belag	anodische Stromdichte zu niedrig oder OH^--Gehalt zu hoch (Essigsäurezusatz)
schwarze, passive Anoden starke O_2-Entwicklung	OH^--Gehalt zu niedrig oder anodische Stromdichte zu hoch.

B. Bei saurem Zinnbad ist die Schicht

rauh	Schwebstoffe im Bad, Anodensack überprüfen, filtrieren
grobkristallin	Temperatur zu hoch, Feinkornzusatz fehlt
pulvrig ohne Haftung	zu hohe Stromdichte
ohne Glanz	Glanzzusatz fehlt
Reliefbildung	zu viel Glanzzusatz (über Aktivkohle filtrieren)
keine Abscheidung an Bohrungen	Netzmittel zugeben
Verschiebung des Glanzbereichs zu höheren Stromdichten	H_2SO_4-Gehalt zu niedrig oder Sn^{2+}-Konzentration zu hoch.
Gelbfärbung im Elektrolyten	Sn^{4+}-Gehalt zu hoch (ausfällen mit Polyphosphat bei $> 10g$ Sn^{4+}/l.

24 Literatur

[1]   Horowitz, I.: Oberflächenbehandlung mittels Strahlmittel.
        Band 1. Vulkan-Verlag, Essen 1982.
[2]   Burkart, W.: Handbuch für das Schleifen und Polieren.
        6. Aufl. Eugen G. Leuze Verlag, Stuttgart 1991.
[3]   NN: Leitfaden der Schleiftechnik.
        Schaudt Maschinenbau GmbH, Stuttgart 1990.
[4]   Argyropoulos, G. A.: Schleifen plattenförmiger Werkstücke.
        Band 2 der Fachbuchreihe Holzbearbeitung.
        AFW Werbeagentur GmbH, Kassel 1991.
[5]   Lang, G.; Salje', E.: Moderne Schleiftechnologie und Schleifmaschinen.
        Vulkan-Verlag, Essen 1985.
[6]   Grube, G.: Schleifen mit Industrierobotern.
        Verlag TÜV Rheinland, Köln 1991.
[7]   Mang, T.: Die Schmierung in der Metallbearbeitung.
        Vogel-Buchverlag, Würzburg 1983.
[8]   Wagner, T.: Ermittlung von Produktionsfehlern beim galvanische Beschich-
        ten von Kaltband. Diplom-Arbeit, OT-Labor der Märkischen Fachhoch-
        schule, Ltg. Prof. Dr.-Ing. K.-P.Müller, Iserlohn 1993.
[9]   Klamann, D.: Schmierstoffe und verwandte Produkte.
        Verlag Chemie, Weinheim 1982.
[10]   Dorison, A.; Ludema, K. C.: Mechanics and Chemistry in Lubrication.
        Elsevier Science Publishers B. V., Amsterdam 1985.
[11]   Editors Jones, M. H.; Scott, D.: Industrial Tribology.
        Elsevier Scientific Publishing Co., Amsterdam 1983.
[12]   Lutter, E.: Die Entfettung.
        2. Auflage. Eugen G. Leuze Verlag, Saulgau1990.
[13]   Reusch, R.: Grundlagen zur Emulgierwirkung von Tensiden. 2. Auflage.
        In H. Stache: Tensidtaschenbuch. C. Hanser Verlag, München-Wien 1981,
        S. 171 – 223.
[14]   McCutcheon,s: Emulsifiers and Detergents, International Edition.
        McCutcheon,s Publications, Glen Rock, N. J., USA.
[15]   Myers, D.: Surfaces, Interfaces, and Colloids.
        VCH Verlagsges. mbH, Weinheim 1991.
[16]   Verwey, E. J. W.; Overbeek, J. T. G.: Theory of the Stability of Lyophobic
        Colloids. Elsevier Publishing Co., Amsterdam 1948.
[17]   Stackelberg, M. v.: Forschungsbericht des Wirtschafts- und Verkehrsminister-
        iums NRW Nr.166 (1955).
[18]   Müller, K.-P.: Messung der elektrophoretischen Wanderungsgeschwindigkeit
        von Schwefelsolen in Glyzerin-Wassermischungen unter Elektrolytzusatz.
        Diplomarbeit, TH Braunschweig 1963.
[19]   Kuhn, A.: Kolloidchemisches Taschenbuch.
        Akademische Verlagsges., Leipzig 1944, S. 275.
[20]   NN: Anthropogene Beeinflussung der Ozonschicht.
        Dechema-Fachgespräche Umweltschutz, Franfurt/Main 1987.

[21]   Müller, K.-P.: Vorbehandlung in der Stahlblech-Emaillierung.
        JOT 33(1993), 42-47.

[22]   Becker, D.: Bau und Inbetriebnahme einer Spritzphosphatieranlage mit an-
        schließender Untersuchung verschiedener Lacksysteme auf eisenphospha-
        tierten Stahlblechen. Teil I.
        Diplomarbeit, OT-Labor der Märkischen Fachhochschule, Iserlohn 1990.

[23]   Ostermann, G.: Vor- und Nachbehandlung von Drähten aus NE-Metallen
        unter besonderer Berücksichtigung des Al-Drahtes.
        Diplomarbeit, OT-Labor der Märkischen Fachhochschule, Iserlohn 1992.

[24]   Ott, D.; Raub, C. J.: Untersuchungen zur Entfernung von Tensiden aus Ab-
        wässern. Galvanotechnik 74(1983), S. 130 – 139.

[25]   Hein, D.: Die Ultrafiltration tensidhaltiger Lösungen.
        Diplomarbeit, OT-Labor der Märkischen Fachhochschule, Iserlohn 1990.

[26]   Müller, K.-P.: Reinigen und Entfetten von Eisen und Stahl vor dem Emaillie-
        ren. Metalloberfläche 40(1986), S. 1151 – 1152.

[27]   Hartinger, L.: Handbuch der Abwasser- und Recyclingstechnik. C. Hanser
        Verlag, München – Wien 1991.

[28]   Grahl, H.: Jedem Teil sein Email – produktspezifische Emaillierverfahren in
        einer Anlage realisiert. Mitt. VDEFa 41(1993), H. 7, S. 89 – 94.

[29]   Vauck, W. R. A.; Müller, H. A.: Taschenbuch Maschinenbau. Band 2, S. 801 ff.,
        Verlag Technik, Berlin 1967.

[30]   Müller, K.-P.: Oberflächenreinigung zur Vorbehandlung von Eisen- und
        Stahlteilen in Emaillierbetrieben. Mitt. VDEFa 35(1987), H. 9, S. 117 – 128.

[31]   Haarst, E. F. M. van; Mulder, R. J.; Tervoort, J. L. J.: Untersuchung der Ent-
        fernung von Metallen aus Metallgluconatkomplexen in Abwässern. Finishing
        Digest 3 (1974), S. 237 – 240.

[32]   Jansen, G.; Tervoort, J.: Anwendung von Gluconat in der Galvanik. Galva-
        notechnik 75 (1984), S. 963 – 967.

[33]   NN: Bayhibit AM. Schrift der Bayer AG, Leverkusen.

[34]   Hill, M. J.: Nitrosamines: Toxicology an Microbiology.
        VCH-Verlagsges., Weinheim 1988.

[35]   Müller, K.-P.: Dach- und Straßenausrüstung in Email. Vortrag, Gemei-
        schaftstagung des Deutschen und des Österreichischen Vereins der Email-
        fachleute, Arolsen, Mai 1993.

[36]   Preussmann, v. R.: Das Nitrosaminproblem.
        VCH-Verlagsges., Weinheim 1983.

[37]   Trawinski, H.: Zentrifugen und Hydrozyklone. In Ullmanns Enzyklopädie
        der Technischen Chemie, Band 2, S. 204 ff.

[38]   Westfalia Separator AG, Oelde.

[39]   Ecker, K.; Papp, G.; Ernsthofer, G.; Giedenbacher, G.: Beitrag zum Email-
        lierverhalten beruhigter Stähle.
        Mitt. VDEFa 29(1981), H. 11, S. 143 – 156.

[40]   Rausch, W.: Die Phosphatierung von Metallen.
        Eugen G. Leuze Verlag, Saulgau 1988, S. 46, 56, 108 und 109.

[41]   Greenwood, N. N.; Earnshaw, A.: Chemie der Elemente.
        VCH Verlagsges. mbH., Weinheim 1988, S. 1297.

[42]   Kiesow GmbH, Detmold.

[43]   Betriebsanweisung zu den Produkten.

[44] Metrohm GmbH, Herisau.

[45] Stiller, G.: Untersuchung an mangandotierten Zinkphosphatierungen I.
Diplomarbeit, OT-Labor der Märkischen Fachhochschule, Iserlohn 1991.

[46] Westkämper, G.: Untersuchungen an mangandotierten Zinkphosphatierungen II.
Diplomarbeit, OT-Labor der Märkischen Fachhochschule, Iserlohn 1991.

[47] Sinaga, W.: Untersuchungen zur Haftung von Pulverlacken auf Eisenphosphatschichten.
Diplomarbeit, OT-Labor der Märkischen Fachhochschule, Iserlohn 1992.

[48] Müller, K.-P.: Zinkphosphatieren im In-Line-Betrieb.
JOT 32 (1992), H. 8, S. 38 – 39.

[49] Herzog, P. W.: Beizen von Kupfer und Kupferlegierungen (Wasserstoffpero-
xidbeizen als Alternative zur Gelbbrenne).
Diplomarbeit, OT-Labor der Märkischen Fachhochschule, Iserlohn 1992.

[50] Petzold, A.; Pöschmann, H.: Email und Emailliertechnik. 2. Auflage.
Deutscher Verlag für Grundstoffindustrie, Lepzig – Stuttgart 1992.

[51] Wernick, S.; Pinner, R.; Zurbrügg, E.; Weiner, R.: Die Oberflächenbehandlung von Aluminium. 2. Auflage. Eugen G. Leuze Verlag, Saulgau 1977.

[52] Rother, H.-J.: Korrosionsschutz durch Inhibitoren. In Praxis des Korrosionsschutzes, Kontakt und Studium Werkstoffe, Band 64. erpert verlag 1981, S.
250 ff.

[53] Unterlagen der Keram-Chemie, Siershan.

[54] Horstmann, D.: Wechselwirkung zwischen Kohlenstoff im Stahlblech, Email
und Einbrenntemperatur beim Emaillieren.
Mitt. VDEFa 9 (1961), H. 9, S. 77 – 88.

[55] Hans, G.; Leontaritis, L.: Entwicklungsstand kaltgewalzter Feinbleche für
die DWE. Mitt. VDEFa 15 (1967), H. 11, S. 87 – 94.

[56] Birmes, W.; Meyer, L.; Warnecke, W.: Einfluß der Brennbehandlung auf den
Durchbiegungswiderstand und andere Eigenschaften verschiedener Fein-
blechgüten zum Emaillieren. Mitt. VDEFa 22(1974), H. 5, S. 41 – 52.

[57] Flimm, J.; Lindemann, O. A.; Markowski, H.-G.; Radtke, H.: Spanlose Formgebung. 5. Auflage, C. Hanser Verlag, München-Wien 1987, S. 214.

[58] Kleber, W.; Bauch, H.; Steinmann, F.: Überwachung und Steuerung elektro-
kinetischer Pulversprühgeräte. Metalloberfläche 42 (1988), Nr. 5, S. 253 – 258.

[59] Imhoff, U.: Zink- und Zinnelektrolyte für die galvanische Oberflächenveredelung von Stahldraht.
Diplomarbeit, OT-Labor der Märkischen Fachhochschule, Iserlohn 1990.

[60] Dietzel, A. H.: No-pickle-no-nickel-Verfahren.
Mitt. VDEFa 31 (1983), 143 ff.

[61] Schuster, H. J.; Winkel, I.: in Taschenbuch der Abwasserbehandlung Band 2.
Hrsg. C. Hanser Verlag 1977, S. 23 – 27.

[62] Götzelmann, W.; Hartinger, L.: Wassersparende Spülsysteme und Ionenaus-
tausch-Kreislaufanlagen. Galvanotechnik 73 (1982), S. 382 ff.

[63] Jelinek, T. W.: Galvanisches Verzinken.
Eugen G. Leuze Verlag, Saulgau 1982, S. 137 ff.

[64] Rituper, R.: Wirtschaftliche Regenerierung saurer Prozeßlösungen bei der
Oberflächenbehandlung nach dem KCH-RMR-Verfahren. Metall (1989), H.
9, S. 3 – 7.

[65]   Email Information: Einführung in die Technologie.
        Hrsg. Deutsches Emailzentrum, Hagen.
[66]   Müller, K.-P.: Emaillierte Stahlleitplanken können verzinkte ersetzen.
        Bänder Bleche Rohre 33(1992),Nr. 8, S. 54 – 57.
[67]   Dietzel, A. H.: Emaillierungen.
        Springer-Verlag, Berlin – Heidelberg – New York 1981, S. 39 und S. 153.
[68]   Lenz, M.; Sube, H.: Entwicklung einer Haltevorrichtung und die konstruk-
        tive Gestaltung emaillierter Dachplatten. Teil I und Teil II.
        Diplomarbeit, OT-Labor der Märkischen Fachhochschule, Iserlohn 1993.
[69]   Ammelung, M.: Emaillieren im Vakuum.
        Diplomarbeit, OT-Labor der Märkischen Fachhochschule, Iserlohn 1994.
[70]   Gypen, L.: Coilcoat emaillierter Stahl für Anwendungen in der Architektur.
        Mitt. VDEFa 37 (1989), H. 10, S. 138 – 139.
[71]   T. Schaak: Galvanoformung mit elektrisch leitenden Kunststoffen, Teil I.
        Diplomarbeit, OT-Labor, Märkische Fachhochschule, Iserlohn 1993.
[72]   Edelmann, H.: Verformung von Blechteilen beim Emaillieren.
        Diplomarbeit, OT-Labor der Märkischen Fachhochschule, Iserlohn 1991.
[73]   Hoffmann, H. Metalloberfläche 42 (1988), S. 393 ff.
[74]   Dinet, R.: Die Naßemaillierung des Gußeisens.
        Intern. Emailkongreß, Paris 1963 (R 64, S. 4).
[75]   Kyri, H.: Handbuch für Bayer Emails.
        Bayer AG, Leverkusen 1976.
[76]   Galle: Silikattechnik 34 (1983), S. 383 ff.
[77]   Planungskriterien für den Pulver-Emailkreislauf.
        Ransburg-Gema GmbH, Heusenstamm.
[78]   Dekker, P.: Der betriebliche Nutzeffekt von Emaillier-Kammeröfen unter be-
        sonderer Berücksichtigung des muffellosen Ofens.
        Mitt. VDEFa 13 (1965), S. 51 – 57.
[79]   Schumacher, B.; Kühn, W.: Patent DE 3539047 A1(1985).
[80]   Vorrichtung zum Innenemaillieren von Hohlgefäßen.
        Europ. Patentschr. Nr. 0017648 v. 27.3.80. Austria Email-EHT AG, Wien.
[81]   Zerres, E.: Schichtdicke ist regelbar.
        Maschinenmarkt 97 (1991), S. 43 ff.
[82]   Hübner, R.: Biologische Abluftbehandlung in Lackierbetrieben.
        JOT 33 (1993), S. 32-34.
[83]   Bendig, H.; Landvatter, K.: Feinst verteilt.
        Maschinenmarkt 98 (1992), H. 36, S. 28 – 31.
[84]   Unfall-Verhütungsvorschrift UVB 24.
[85]   Kückenthal, G.: Berechnung und Auslegung von Lacktrocknern.
        Industrie-Lackier-Betrieb 41 (1973), S. 2 – 11.
[86]   Goldschmidt, A.; Hemtschke, B.; Knappe, E.; Vock, G.-F.: Glasurit – Hand-
        buch Lacke und Farben. Curt R. Vincentz Verlag, Hannover 1984, S. 86 ff.
[87]   Taschenbuch Maschinenbau Bd. III/2, S. 676.
        Hrsg. G. Tränkner. VEB Verlag Technik, Berlin 1967
[88]   Eliasson, B.; Kogelschatz, U.; Esrom, H.: Neue UV-Strahler für industrielle
        Anwendungen. ABB Technik H. 3, 1991.
[89]   Schinzler, B.: Sanfte Entlackung mit TEA-CO2-Lasern.
        LOT-Oriel Spectrum 51(1993), S. 7.

[90]   Busch, B.: Verabeitung von Wasserlack. In Umweltfreundliche Lackiersy-
        steme für die industrielle Lackierung.
        In Band 271, Kontakt und Studium. expert verlag, Ehningen 1989, S. 50 ff.
[91]   Günther, S.: 2K-High-Solids-Lacke auf PUR-Basis.
        In Band 271, Kontakt und Studium. expert verlag, Ehningen 1989, S. 118 ff.
[92]   Pierce, P. E.: The Physical Chemistry of the Cathodic Electrodeposition Pro-
        cess. J. Coatings Technology 53 (1981), S. 52 – 67.
[93]   Technisches Merkblatt „Delta-Elektrocoat", E. Dürken, Herdecke.
[94]   Meyer, B. D.: Pulverlacke.
        In Band 271, Kontakt und Studium. expert verlag, Ehningen 1989, S. 146 ff.
[95]   Prein, H. D.: Moderne Anlagen und Entsorgungstechnik beim Einsatz um-
        weltfreundlicher Lackiersysteme.
        In Band 271, Kontakt und Studium. expert verlag, Ehningen 1989, S. 245 ff.
[96]   Kreisler, R.: Das elektrostatische Lackieren von Masseteilen. Teil 1, S. 28.
        Benno Schilde Maschinenbau AG, Bad Hersfeld 1963.
[97]   Kassatkin, A. G.: Chemische Verfahrenstechnik. Band 1, S. 179.
        VEB Deutscher Verlag für Grundstoffindustrie, Leipzig 1960.
[98]   BETH-Handbuch Staubtechnik.
        Maschinenfabrik BETH GmbH., Lübeck 1964, S. 55.
[99]   Kangro, C.: Theorien über die Abscheidung von Aerosolen an Faserfiltern.
        Staub 21(1961), S. 275 – 280.
[100]   NN: Mechanische Verfahrenstechnik.
        VEB Deutscher Verlag für Grundstoffindustrie, Leipzig 1977, S. 261 ff.
[101]   Mainka, J.: Härtereitechnisches Fachwissen.
        VEB Deutscher Verlag für Grundstoffindustrie, Leipzig 1977.
[102]   Pfeiffer, B.; Schultze, J. W.: Autophoretisches Lackieren: Möglichkeiten und
        Grenzen.
        Bänder Bleche Rohre 10(1990), S. 163– 166.
[103]   Zorll, U.; Schütze, E.-C.: Kunststoffe in der Oberflächentechnik.
        Verlag W. Kohlhammer, Stuttgart-Berlin-Köln-Mainz 1984, S. 106 ff.
[104]   Nielsen, K. A.; et.al.: Supercritical Fluid Spray Coating: Technical Develop-
        ment of a new pollution prevention technology. Presented by Water-Borne +
        Higher-Solids, and Powder Coatings Symposium, 24. – 26.2.1993, New Or-
        leans, LA, USA.
[105]   Ross, G. C.; Pintelon, J.: Kohlendioxid ersetzt Lösemittel.
        JOT 33(1993), H. 3, S.46 – 49.
[106]   Gräfen, H.: Korrosionsschutz durch anorganische und organische Beschich-
        tungen.
        In Kontakt und Studium, Band 64, S. 183 ff. expert verlag, Grafenau 1981.
[107]   Bergk, B.: High-Solids-Materialien als energiesparende, umweltfreundliche
        Lackiersysteme.
        In Band 271 Kontakt und Studium, S. 72 ff. expert verlag, Ehningen 1989.
[108]   Doren, K.; Freitag, W.; Stoye, D.: Wasserlacke: Umweltschonende Alterna-
        tive für Beschichtungen. Technische Akademie Wuppertal.
        Verlag TÜV Rheinland GmbH., Köln 1992, S. 173 – 175.
[109]   Hauber, B.; Mitz, W.; Puchan, G.: Die Autolackierung. 4. Auflage.
        Vogel Buchverlag, Würzburg 1988.

[110]   Wolf, G. D.; Jabs, G.; Sommer, A.: Bayshield – Sprühformulierungen für die
        partielle Metallisierung von Kunststoffgehäusen zur elektromagnetischen
        Abschrimung.
        Galvanotechnik 83 (1992), Nr. 1, S. 58 – 63.

[111]   Wolf, G. D.; Giesecke, H.: Neues Verfahren zur ganzflächigen und partiellen
        Metallisierung von Kunststoffen.
        Vortrag, Ulmer Gespräche 1993. Eugen G. Leuze Verlag, Saulgau 1993.

[112]   Giesecke, H.; Wolf, G. D.; Meier, D.; Deißner, E.: Herstellen flexibler Schal-
        tungen mit Bayprint – eine zukunftsweisende Technologie.
        Galvanotechnik 84(1993), Nr. 2, S. 570 – 575.

[113]   Enger, H.: JOT 29 (1989), H. 7, S. 26 ff.

[114]   Vater, L. D.: Die Zink-Nickel-Abscheidung.
        Metalloberfläche 43 (1989), S. 201 ff.

[115]   Bottke, D.: Strömungsschleifen in der industriellen Anwendung. Industrie
        Diamanten Rundschau 31(1997), Nr.4, S.141 - 153

[116]   Reid, F. H.; Goldie, W.: Gold als Oberfläche.
        Eugen G. Leuze Verlag, Saulgau 1982, S. 169 – 171.

[117]   NN.: VEM-Handbuch Galvanotechnik.
        VEB Verlag Technik, Berlin 1975, S. 255 – 264.

[118]   Rubinstein, M.: Das Tampongalvanisieren. 2. Auflage.
        Eugen G. Leuze Verlag, Saulgau 1987.

[119]   Watson, S. A.: Galvanoformung mit Nickel.
        Eugen G. Leuze Verlag, Saulgau 1976.

[120]   Galvanoformung.
        8. Ulmer Gespräche. Eugen G. Leuze Verlag, Saulgau 1986.

[121]   Rössel, T.: Elektropolieren von Edelstahl.
        Chemie-Anlagen und -verfahren (1989), H. 4, S. 92 – 93.

[122]   Taschenbuch für Galvanotechnik. Band 1, S. 485 – 488.
        LPW-Chemie GmbH, Neuss 1988.

[123]   Puippe, J.-C.; Leaman, F.: Pulse-Plating.
        Eugen G. Leuze Verlag, Saulgau 1990.

[124]   Hoare, J.: Der Mechanismus des Verchromens.
        Bild der Wissenschaft 5 (1983), S. 188 – 189.

[125]   Metin, H.: Galvanoformung mit elektrisch leitenden Kunststoffen, Teil II.
        Diplomarbeit, OT-Labor der Märkischen Fachhochschule, Iserlohn 1993.

[126]   Evans, T. E.; Hart, A. C.; Skedgell, A. N.: The Nature of the Film on Colour-
        red Stainless Steel. Trans. Inst. Metal Finishing 51 (1973), S. 105 – 112.

[127]   Schramm, J.: Z. f. Metallkunde 30 (1038), S. 249.

[128]   Hansen, M.: Der Aufbau der Zweistofflegierungen.
        Springer-Verlag, Berlin 1936, S. 111.

[129]   Matsuoka, M.: Plating Surface Fin. 70(1983), S. 62 – 66.

[130]   Duncan, R. N.: Vortrag EN Konf. III (1983). Zitiert in W. Riedel, Funktio-
        nelle chemische Vernicklung. Eugen G. Leuze Verlag, Saulgau 1989, S. 198.

[131]   Jänicke, E.: Handbuch aller Legierungen.
        C. Winter Verlag, Heidelberg 1949.

[132]   Hansen, M.: Constitution of Binary Alloys. McGraw-Hill 1965.

[133]   Grünwald, P.: Chemisch Nickelelektrolyte.
        Galvanotechnik 74(1983), S. 1286 – 1290.

[134]   Fields, R. W.; Duncan, R.; Zickraff, J. R.: Electroless Plating.
        Publ. ASM Committee on EN-Plating 1984.

[135]   Gawrilow, G. G.: Chemische (stromlose)Vernickelung.
        Eugen G. Leuze Verlag, Saulgau 1974.

[136]   Wackernagel, K.: Techn. Ztg. für praktische Metallbearbeitung 60 (1966),
        H. 8, S. 507. Zitiert in [168]

[137]   NN: In MFPP-Process Guide 11(1975), Sept./Okt., S. 144 – 152. Zitiert
        in [168]

[138]   Wiegand, H.; Heinke, G.; Schwitzgebel, K.: Eigenschaften chemischer Nickel-
        niederschläge aus dem Hypophosphitbad.
        Metalloberfläche 22 (1968), S. 304 – 311.

[139]   Mason, T. J.: Practical Sonochemistry.
        Ellis Horwood ltd, Chichester 1991, S. 137.

[140]   Gimmer, A.: Untersuchung von Möglichkeiten der Regenerierung eines
        Elektrolyten zur chemisch-reduktiven Vernickelung.
        Galvanotechnik 83(1992), Nr. 8, S. 2589 – 2591.

[141]   Linka, G.; Riedel, W.: Korrosionsbeständigkeit von chemisch-reduktiv abge-
        schiedenen Nickel-Phosphor-Legierungsüberzügen als Funktion des Badal-
        ters. Galvanotechnik 77(1986), S. 568 – 573.

[142]   Graham, A. H.; Lindsay, R. W.; Read, H. J.: J.
        Electrochem. Soc. 109(1963), S. 1200 ff.

[143]   Kreye, H.; Müller, H.-H.; Petzel, T.: Aufbau und thermische Stabilität von
        chemisch abgeschiedenen Nickel-Phosphor-Schichten.
        Galvanotechnik 77(1986), S. 561 – 567.

[144]   NN: The Engineering Properties of EN-Deposits. INCO-Publ. (1977).

[145]   Metzger, W.; Florian, T.: Trans. Inst. Met. Fin. 54(1976), S. 174 – 177.
        Zitiert in [168]

[146]   Galvanotechnisches Fachwissen. 3. Auflage. Hrsg. A. Strauch.
        VEB Deutscher Verlag für Grundstoffindustrie, Leipzig 1990.

[147]   Müller, K.-P.: Umweltschutz in der metallverarbeitenden Industrie. Verlag
        Vieweg, Braunschweig – Wiesbaden 1998

[148]   Fellenberg, G.: Chemie der Umweltbelastungen.
        Teubner Studienbücher Chemie. Stuttgart 1990, S. 154.

[149]   Tödt, F.: Korrosion und Korrosionsschutz. 2. Aufl.
        Walter de Gruyter Co., Berlin 1961.

[150]   Götzelmann, W.: Probleme nichtionogener Tenside beim Einsatz von Ionen-
        austauschern zur Wasserrückgewinnung in der metallverarbeitenden Indu-
        strie. Kommissionsverlag R. Oldenbourg, München 1972.

[151]   Rutiper, R. Rationalisierung des Energieverbrauchs in galvanischen Anlagen.
        1. Teil: Bilanzen. Galvanotechnik 77(1986), Nr. 10, S. 2396 – 2406.

[152]   Dünnschichttechnologie. Hrsg. H. Frey, G. Kienel.
        VDI-Verlag, Düsseldorf 1986.

[153]   Schumann, H.: Metallographie. 12. Auflage.
        VEB Deutscher Verlag für Grundstoffindustrie, Leipzig 1987.

[154]   Vorrichtung zum einseitigen Beschichten eines Metallbandes.
        DP 3047979 (1988).

[155]   Remy, H.: Lehrbuch der Anorganischen Chemie. Band 2. 8. Auflage, S. 255.
        Akademische Verlagsges. Geest und Portig, Leipzig 1955.

[156]   Durferrit-Handbuch. 9. Auflage. Degussa, Frankfurt/Main 1955.

[157]   Gmelin: Handbuch der anorganischen Chemie.
        59, Teil A, Lfg.1-5, 8. Aufl., S. 56 ff.

[158]   Spur, G.: Wärmebehandeln. In Handbuch der Fertigungstechnik Bd. 4/2.
        C. Hanser Verlag, München-Wien 1987.

[159]   Matuschka, A.: Borieren. C. Hanser Verlag, München-Wien 1977.

[160]   Wirtz, H.; Hess, H.: Schützende Oberflächen durch Schweißen und Metall-
        spritzen. Deutscher Verlag für Schweißtechnik, Düsseldorf 1969.

[161]   NN: Plasmagestützte Verfahren der Oberflächentechnik. Arbeitskreis Plas-
        maoberflächentechnologie der Deutschen Gesellschaft für Galvano- und
        Oberflächentechnik, Düsseldorf.

[162]   Glasstone, S.; Laidler, K. J.; Eyring, H.: The Theory of Rate Processes.
        McGraw-Hill Book Company, New York-London 1941.

[163]   Thin Film Processes. Ed. J.L. Vossen, W. Kern.
        Academic Press, New York 1978.

[164]   NN: Taschenbuch Maschinenbau. Band 2. Hrsg. W. Häußler.
        VEB Verlag Technik, Berlin 1967.

[165]   Kunststoff Metallisieren. Zahlreiche Autoren.
        Eugen G. Leuze Verlag, Saulgau 1991.

[166]   Stüdemann, H.: Wärmebehandeln der Stähle.
        C. Hanser Verlag, München 1960.

[167]   Tensid-Taschenbuch. 2. Aufl., Hrsg. H. Stache.
        C. Hanser Verlag, München-Wien 1981.

[168]   Riedel, W.: Funktionelle chemische Vernicklung.
        Eugen G. Leuze Verlag, Saulgau 1989.

[169]   NN: Oberflächentechnik – Verschleißschutz. Band 38,
        Bibliothek der Technik. verlag moderne industrie, Landsberg/Lech 1990.

[170]   Wolf, K.: Ionenstrahlmischen von Hartstoffen. In Beschichten mit Hartstof-
        fen. VDI-Verlag, Düsseldorf 1992, S. 188 ff.

[171]   Fiedler, O.; Schöneich, B.; Reisse, G.; Erler, H. J.:
        Wiss. Ztg. TH Karl-Marx-Stadt 12(1970), H. 4, S. 483 ff.

[172]   Heil, A.: Härterei Ratgeber. Apress (Alphen a/d Rijn - NL) 1987.

[173]   Winkel, P.: Wasser und Abwasser. 2. Aufl.,
        Eugen G. Leuze Verlag, Saulgau 1992.

[174]   Schulz, S.; Seserko, P.; Kopacz, U.: Anforderungen an dekorative harte
        Schichten. In Beschichten mit Hartstoffen.
        VDI-Verlag, Düsseldorf 1992, S. 51 ff.

[175]   Müller, D.; Lee, S. Z.: Oberflächenbehandeln von Titanwerkstoffen mit CO_2-
        Hochleistungslasern. In Beschichten mit Hartstoffen.
        VDI-Verlag, Düsseldorf 1992, S. 176 ff.

[176]   Quinto, D. T.; Wolfe, G. J.; Jindal, P. C.: High Temperature Microhardness of
        Hard Coatings Produced by Physical and Chemical Vapour Deposition.
        Thin Solid Films 153(1987), S. 19 – 36.

[177]   Freller, H.; Lorenz, H. P.: Kriterien für die anwendungsbezogene Auswahl
        von Hartstoffschichten. In Beschichten mit Hartstoffen.
        VDI-Verlag, Düsseldorf 1992, S. 19 – 39.

[178]   Münz, W.-D.: Titanium Aluminium Nitride Films: A New Alternative to TiN
        Coatings. J. Vac. Sci. Technol. A 4(1986), S. 2717 – 2725.

[179]   Rie, K. T.; Eisenberg, S.; Hoffmann, N.: Plasmanitrieren von Titan und Titan-
        legierungen. In Beschichten mit Hartstoffen.
        VDI-Verlag, Düsseldorf 1992, S. 163 – 175.
[180]   Hübner, W.; Speiser, C.-T.: Die Praxis der anodischen Oxidation des Alumi-
        niums. 4. Auflage. Aluminium-Verlag, Düsseldorf 1988.
[181]   Die Oberflächenbehandlung von Aluminium. Zahlr. Bearbeiter. 2. Aufl.
        Eugen G. Leuze Verlag, Saulgau 1977.
[182]   Ruff GmbH & Co. KG, Tussenhauser Str. 6, 86474 Zaisertshofen
[183]   Galvanisiergerechtes Konstruieren und Fertigen von Werkstücken.
        Arbeitsgemeinschaft der Deutschen Galvanotechnik, Düsseldorf.
[184]   Emailliergerechtes Konstruieren in Stahlblech. Merkblatt 414,
        Deutsches Emailzentrum, Hagen.
[185]   Oeteren, K. A. van: Korrosionsschutz durch Beschichtungsstoffe.
        Band 1, S. 36. C. Hanser Verlag, München-Wien 1980.
[186]   Messer Griesheim GmbH, Fütingsweg 24, 47805 Krefeld
[187]   Müller, K.-P.: Schleiffehler – Ursachen und Abhilfe.
        JOT 33(1993), H. 8, S. 46 – 47.
[188]   Ellis, B. N.: Reinigen in der Elektronik.
        Eugen G. Leuze Verlag, Saulgau 1989.
[189]   Surfactants in Consumer Products. Ed. J. Falbe.
        Springer-Verlag, Heidelberg-New York 1986.
[190]   Jürgensen, D.: Bau und Inbetriebnahme einer Spritzphosphatieranlage mit
        anschließender Untersuchung verschiedener Lacksysteme auf eisenphospha-
        tierten Stahlblechen.
        Diplomarbeit, OT-Labor der Märkischen Fachhochschule, Iserlohn 1990.
[191]   Brunken, F.; Hersiger, C.: Abwasser – Neue Vorschriften und Meßverfahren.
        Chemie-Technik 21(1992), Nr. 4, S. 100 ff.
[192]   Krusenstjern, A. V.: Edelmetallgalvanik.
        Eugen G. Leuze Verlag, Saulgau 1970.
[193]   Brugger, R.: Die galvanische Vernickelung.
        Eugen G. Leuze Verlag, Saulgau 1984.
[194]   Jelinek, T. W.: Galvanisches Verzinken.
        Eugen G. Leuze Verlag, Saulgau 1982.
[195]   Graham, A. W.; Lindsay, R. W.; Read, H. J.:
        J. Electrochem. Soc. 112 (1965), S. 404.
[196]   Duerr Ecoclean GmbH. Industriestr. 10, 52156 Monschau
[197]   ChemTec GmbH., Ernst-Mey-Str. 3, 70771 Leinfelden-Echterdingen.
[198]   Nittel, K.-D.: Manganphosphatierung. Metall Oberfläche 53(1999), Nr. 9, S.
        23 – 27
[199]   'SurTec Produkte und Systeme für die Oberfläche. Untergasse 47, 65468 Trebur
[200]   Streit, B.: Lexikon Ökotoxikologie. VCH Verlagsges., Weinheim 1992.
[201]   Dietzel, A.; Dittmer; H.; Warnke, H.: Wirkung von Schwefelwasserstoff auf
        das Beizverhalten von Stahlblech im Betrieb.
        Mitt. VDEFa 33(1985), S. 153 ff.
[202]   Dietzel, A.; Dittmer, H.: Ursachen für die drastische Steigerung des Beizab-
        trags bei Emaillierstahl durch Schwefelwasserstoff.
        Mitt. VDEFa 37(1989), S. 25 ff.

[203]   Dietzel, A.; Dittmer, H.: Wirkung von Schwefelwasserstoff beim Beizen
         unterschiedlicher Metalle in verschiedenen Säuren.
         Mitt. VDEFa 37(1989), S.81 ff.

[204]   Dietzel, A.; Dittmer, H.: Rückblick und kritische Betrachtungen über Arbei-
         ten zur Bestimmung des Beizabtrages.
         Mitt. VDEFa 37(1989), S. 158 ff.

[205]   Beukert, T.: Oberflächen- und Trägerwerkstoffanalyse von TiC/TiN-be-
         schichteten Umformwerkzeugen unter Einbeziehung der Röntgenmikroana-
         lyse, Teil I.
         Diplomarbeit, OT-Labor der Märkischen Fachhochschule, Iserlohn 1991.

[206]   Groß, T.W.: Oberflächen- und Trägerwerkstoffanalyse von TiC/TiN-be-
         schichteten Umformwerkzeugen unter der Einbeziehung der Röntgenmikro-
         analyse, Teil II.
         Diplomarbeit, OT-Labor der Märkischen Fachhochschule, Iserlohn 1991.

[207]   Qualitätsanforderungen und Prüfvorschriften für Emaillierungen.
         Hrsg. Deutsches Emailzentrum, Hagen.

[208]   Lacke, Anstrichstoffe und ähnliche Beschichtungen. Band 1.
         DIN-Taschenbuch Nr. 30 Beuth-Verlag, Berlin-Köln 1988.

[209]   Lacke, Anstrichstoffe und ähnliche Beschichtungen. Band 2.
         DIN-Taschenbücher Nr. 195. Beuth-Verlag, Berlin-Köln 1988.

[210]   Lacke, Anstrichstoffe und ähnliche Beschichtungen. Band 3.
         DIN-Taschenbücher Nr. 232. Beuth-Verlag, Berlin-Köln 1988.

[211]   Gütesicherung in der Galvanotechnik. Hrsg. Gütegemeinschaft Galvanotech-
         nik e. V., Eugen G. Leuze Verlag, Saulgau 1987.

[212]   Smith, R.: Emailauftrag mittels einer mit hoher Drehzahl rotierenden Wurf-
         scheibe.
         Mitt. VDEFa 41 (1993), H. 3, S. 34 – 35.

[213]   Müller, K.-P. Herstellung und Verarbeitung von emailliertem Bandstahl.
         Bänder, Bleche, Rohre 35 (1994) , H. 2, S. 24 – 26.

[214]   Ernst, U.: Untersuchungen über die Wirkungsweise einer Bandstahlverzink-
         ungsanlage mit nachfolgender Lackieranlage I.
         Diplomarbeit, OT-Labor der Märkischen Fachhochschule, Iserlohn 1992

[215]   Glasstone, S.: An Introduction to Electrochemistry. 10. Aufl.
         D. Van Nostrand Co., Princeton, N.J., 1942, S. 446 – 447.

[216]   Brudereck, M.: Untersuchungen über die Wirkungsweise einer Bandstahlver-
         zinkungsanlage mit nachfolgender Lackieranlage II.
         Diplomarbeit, OT-Labor der Märkischen Fachhochschule, Iserlohn 1992

[217]   König, U.: Plasma-CVD-Beschichtung von Hartmetallen. In Beschichtung
         mit Hartstoffen. VDI-Verlag , Düsseldorf 1992, S. 39 ff.

[218]   Petzold, A.; Poeschmann, H.: Email und Emailliertechnik. Deutscher Verlag
         für Grundstoffindustrie, Leipzi – Stuttgart 1992.

[219]   NN.: Galvanisiergerechtes Konstruieren und Fertigen von Werkstücken.
         Arbeitsgemeinschaft der Deutschen Galvanotechnik, Düsseldorf.

[220]   Technochem GmbH, Julius-Kronenberg-Str. 19, 42799 Leichlingen

[221]   Blatt, W.; Schneider, L.: Elektrolytische Rückgewinnung von Nickel aus
         konzentrierten galvanischen Prozesswässern und aufkonzentrierten Eluaten.
         Galvanotechnik 87 (1996), Nr. 4, S. 1118 – 1124

[222]   Gerhard Bock GmbH.,Volksparkstr. 19, 22525 Hamburg

[223]   Blatt, W.; Schneider, L.: Möglichkeiten und Grenzen der elektrolytischen Zinkrückgewinnung aus sauren Prozesslösungten. Galvanotechnik 87 (1996), Nr. 9, S. 3028 – 3030

[224]   Blatt, W.; Schneider, L.: Geteilte Elektrolysezelle. On-line Regenerierung von Chromelekrolyten. Metall Oberfläche 50(1996), Nr. 9, S. 694 – 696

[225]   IVA Industrieöfen-Verfahren-Anlagen: Zum Lonnenhohl 23, 44319 Dortmund

[226]   ALD Vacuum Technologies GmbH., Rückinger Str. 12, 63526 Erlensee

[227]   Ossenberg-Engels, A.: Borierversuche an Stahl, Gusseisen und Hartchrom II. Dipl.-Arb. Märkische Fachhochschule, Iserlohn 1991.

[228]   Kirchhoff, H.: Borierversuche an Stahl, Gusseisen und Hartchrom I. Dipl.-Arb. Märkische Fachhochschule Iserlohn 1991.

[229]   Spur, F. H. G.: Handbuch der Fertigungstechnik 4/2. Wärmebehandeln. C. Hanserverlag München – Wien 1987.

[230]   IWF Universität Hannover

[231]   NN: J less common metals 48 (1976), S. 201

[232]   NN: Plasma gestützte Verfahren der Oberflächentechnik. Arbeitskreis Plasmaoberflächentechnologie der DGO, Düsseldorf

[233]   Heinzelmann, W.; Büntner, H.; Molter, B.: Mehr als nur Lösemittelrückgewinnung. Verfahrenstechnik 31(1997), Nr. 1-2, S. 30 – 31

[234]   Merkblatt über die sachgemäße Stahlverwendung

[235]   Eltex Electroni H. Grünfelder, Mattenstr. 35, CH-4058 Basel, Schweiz

[236]   Fischer, S.: Kunststoffoberfläche mit Flour aktivieren. Metalloberfläche 53(1999), Nr. 9, S. 28 – 29

[237]   Laubner, C.: Plasma-Vorbehandlung von Audi-Anbauteilen. Metalloberfläche 53(1999), Nr. 4, S. 24 – 25

[238]   Müller, K.-P.: Umweltfreundliche Vorbehandlungstechnologien vor dem Emaillieren und Lackieren.
Vortrag, Gemeinschaftstagung des Deutschen und Österreichischen Vereins der Emailfachleute, Wels 1990

[239]   Müller, K.-P.: Moderne Reinigungs-, Entfettungs- und Spültechnologie in der Oberflächentechnik. Vortrag , Korrosionsschutzseminar, Dresden 26.5.94

[240]   Becker, J.: Einsatz von Ölseperatoren zum Recycling von Reinigungsbädern als Verweilzeitproblem.
Diplomarbeit, OT-Labor der Märkischen Fachhochschule, Iserlohn 1990

[241]   Wichelhaus, W.; Roland, W.-A.: Alternativen zu Chromatierungsverfahren. 20. Ulmer Gespräche 1998, S. 80 – 87. Leuze Verlag, Saulgau, 1998

[242]   Ewald Dörken AG, Wetterstr. 58, 58313 Herdecke

[243]   DACRAL, 120 rue Galilée, F-60315 CREIL, Cedex, France

[244]   Hoffmann, P.; Duschek, W.: Neue Effektpigmente. Metall Oberfläche 53 (1999) Nr. 12, S. 44 – 49

[245]   Stohr, A.; Schoenfeld, A.; Dietz, E.; Dewald, B.: Neue Wege zur Pulvereffektbeschichtung. Metall Oberfläche 53 (1999)

[246]   Kolten, W.; Mohadessi, A.: KTL-Lackierung in der Automobilindustrie. JOT 1998, Nr. 9, S. 52 – 56

[247]   Rituper, R.; Sinon, H. J.: Beiztechnik-intergriertes Recycling senkt Betriebskosten. Metall Oberfläche 48(1994), Nr. 6, S. 374 – 378

[248]   KMU Umweltschutz GmbH, 79585 Steinen-Hoellstein

[249]   A. Tieser Recyclingtechnik, 89343 Bubesheim

[250]   Atkins, P. W.: Physical Chemistry. Third ed.,Oxford University Press1986, S. 644 – 653, 658 – 659

[251]   Glasstone, S.; Laidler, K.J.; Eyring, H.: The Theory of Rate Processes. McGraw-Hill Book Company, NewYork-London 1941

[252]   Hablanian, M. H.: Konstruktion und Eigenschaften von turbinenartigen Hochvakuumpumpen. Vakuum in der Praxis (1994), Nr. 1, S. 20 – 26

[253]   Advanced Products & Technologies GmbH, Hohes Gestade 14, 72622 Nürtingen

[254]   Schaefer, C.: Surface and Coatings Technology 93 (1997), S. 37 – 45

[255]   Applied Materials Inc., Santa Clara, Kalifornia, in Productronic 6 (1990), S. 87

[256]   Brand, J.: Tribologische Schichten. Metalloberfläche 52 (1998), Nr. 9, S. 700 – 703

25 Bildquellennachweis

Alliance Ceramicsteel, Zuiderring 56, B-3600 Genk, Belgien: Bild 13-26, 13-40
Arasin GmbH, Weseler Str. 100, 46562 Voerde: Bild 12-51
Austria Email EHT AG, Austriastr. 6, A-8720 Knittelfeld: Bild 13-21

Bel-Art Products, Peaquannock, N. J., USA: Bild 5-33.
Branson Ultraschall GmbH, Waldstr. 53-55, 63128 Dietzenbach: Bild 5-24

Chemetall Ges. f. chem. tech. Verf. mbH, Reuterweg 14, 60323 Frankfurt: Bild 2-13

Deutsches-Email-Zentrum, Zehlendorfer Str. 24, 58097 Hagen: Bild 13-39
Dura Sandstrahltechnik Rhein-Ruhr Maschinenbau GmbH., Industriehof, 35099 Burg-
    wald: Bild 3-11
Dürr Anlagenbau GmbH, Spitalwaldstr. 8, 70435 Stuttgart: Bild 5-7, 5-20, 12-39, 12-78

E. I. C. GroupGmbH, Paul-Ehrlich-Str. 2, 63128 Dietzenbach: Bild 13-17
Eisenmann Maschinenbau KG, Postfach 1280, 7030 Böblingen: Bild 5-10, 5-11, 5-12,
    5-13, 11-1, 11-2, 12-32, 12-34, 12-52, 12-54, 12-55, 12-60, 12-61, 12-63, 12-69,
    12-70, 12-71, 12-72, 12-73, 12-92
Erichsen GmbH, Am Iserbach 14, 58675 HemerSundwig: Bild 26-8

Faudi Feinbau GmbH, Im Diezen 4, 61440 Oberursel: Bild 5-37
Fryma-Maschinenbau GmbH, Postfach 1340, 79603 Rheinfelden: Bild 12-10, 12-11

Goema Dr. Götzelmann Physikalisch-chemische Prozeßtechnik GmbH., Steinbeisstr.
    41 – 43, 71665 Vaihingen/Enz: Bild 24-3

Hager & Elsässer GmbH, Ruppmannstr. 22, 70565 Stuttgart: Bild 5-36
Heraeus-Durferrit GmbH, Heraeusstr. 12-14, 63450 Hanau: Hanau Bild 17-12
Herberts GmbH, Christbusch 25, 42285 Wuppertal: Bild 12-66
Hoesch AG, Werk Eichen, 57223 Kreuztal: Bild 16-9, 16-12,

Intec Maschinenbau GmbH, Erlenbachstr. 40-44, 44269 Dortmund: Bild 12-18

Keramchemie GmbH, Postfach 1163, 56427 Siershahn: Bild 8-9, 8-10
Korhammer Industrieöfen GmbH, Theodor-Heuss-Str. 9, 85055 Iserlohn: Bild 7-1

Lehmann Maschinenfabrik GmbH, Daimlerstr. 12, 73431 Aalen: Bild 12-12, 12-13

Mafac Ernst Schwarz GmbH, Max-Eyth-Str. 2, 72275 Alpirsbach: Bild 5-19
Mega-Tech GmbH, Rainerstr. 5, A-5310 Mondsee, Österreich: Bild 12-104, 12-105
Metaplas BDAG Gruppe Balcke-Dürr AG., Am Böttcherberg 30-38, 51427 Bergisch-
    Gladbach: Bild 19-24
Miele & Cie. GmbH.& Co., Carl-Miele-Str. 29, 33332 Gütersloh 1: Bild 13-18, 13-19,
    13-20
Moc Danner GmbH, Wiesenstr. 9, 72119 Ammerbuch 5: Bild 5-26, 5-27

Netzsch, Gebrüder, Maschinen- und Anlagenbau GmbH, Gebrüder-Netzsch-Str. 19, 95100 Selb: Bild 12-1, 12-6, 12-7, 12-8, 12-9
Nobel Industries, Box 30, Karlskoga, Sweden: Bild 12-50
Nordson Deutschland GmbH, Heinrich-Hertz-Str. 42, 40699 Erkrath: Bild 12-85, Tab. 12-6

Otto Oeko-Tech GmbH & Co. KG, Gustav-Heinemann-Ufer 54, 50968 Köln: Bild 12-57

Passaponti Pio la Torre 5, I-50010 Badia a Settimo (Fl), Italien: Bild 5-18
Plasma-Technik AG, Wohlen, Schweiz, Bild 18-9
Poligrat Inox Color GmbH, Postfach 1352, 74731 Walldürn: Bild 8-1
Pumpen-Rührwerk-Technik GmbH, Freisenstr. 28, 44649 Herne 2: Bild 5-31.

Raziol Schmierungstechnik Zibulla & Sohn GmbH., Hagener Str. 144 u. 152, 58642 Iserlohn Bild 4-3
Reichmann & Sohn GmbH., Postfach 80, 89264 Weißenhorn Bild 2-6, 2-7
Renzmann, D.W., Apparatebau GmbH, Am Sportplatz, 55569 Monzingen: Bild 12-19, 12-20
Richter Chemie-Technik GmbH., Otto-Schott-Str. 2, 47906 Kempen: Bild 5-17
Roll GmbH & Co., K., Kanalstr. 30, 75417 Mühlacker-Enzberg: Bild 5-3
Roto Finish vgl. Chemetall. Bild 2-13
Rump, K. Oberflächentechnik KG, Postfach 1270, 33154 Salzkotten: Bild 3-7, 3-8

Schering AG, Galvanotechnik, Müllerstr. 170 – 178, 13585 Berlin 65: Bild 15-10
Schmier- und Datentechnik J. Hießl, Theoderichstr. 34, 72639 Neuffen: Bild 4-2
Schmitz & Apelt LOI Industrieofenanlagen GmbH, Clausewitzstr. 82, 42389 Wuppertal 2: Bild 13-15, 13-16
Schneider, J., Industriesysteme GmbH, Havelstr. 2, 64295 Darmstadt: Bild 5-8, 5-9, 5-14, 5-15
Schwing Verfahrenstechnik GmbH, Oderstr. 7, 47506 Neukirchen-Vlyun: Bild 12-64, 12-65
Selas Kirchner Umwelttechnik GmbH, Zugspitzstr. 15, 82049 Höllriegelskreuth: Bild 12-58
Spaleck Oberflächentechnik GmbH & Co. KG, Robert-Bosch-Str. 15, 46397 Bocholt: Bild 2-9, 2-10
Steinig vgl. Pumpen-Rührwerk-Technik.

Tampoprint GmbH, Daimlerstr. 27/1, 70825 Korntal-Münchingen: Bild 12-109, 12-110, 12-111
Thieme GmbH & Co. KG, Robert-Bosch-Str. 1, 79331 Teningen 1: Bild 12-107
Turbo Ligthnin, Turbo-Müller GmbH, Postfach 148, 85521 Ottobrunn: Bild 12-2, 12-3, 12-4

Union Carbide vgl. Nordson Deutschland Bild 12-103

Verticalgalva Feuerverzinkung GmbH, Industriestr. 30, 86438 Kissing: Bild 16-7
Vogel & Schlemmann AG, Schwerter Str. 1, 58099 Hagen: Bild 3-4

Wap Reinigungssysteme GmbH & Co. Guido-Oberdorfer-Str. 2 – 8, 89285 Bellenberg:
    Bild 5-5
Wendel GmbH, Am Güterbahnhof, 35683 Dillenburg: Bild 13-9, 13-10
Westfalia Separator AG, Postfach 3720, 59302 Oelde: Bild 5-39
Winkelhorst Trenntechnik GmbH, Kelvinstr. 8, 50996 Köln (Rodenkirchen): Bild 5-32,
    5-38, 5-41
WOMA Apparatebau GmbH, Werthauser Str. 77 – 79, 47226 Duisburg: Bild 5-4

26 Sachwortverzeichnis

Die umfassenden Nachschlagewerke

Wolfgang Böge (Hrsg.)
Vieweg Handbuch Elektrotechnik

2., verb. Aufl. 2002. XXXVIII, 1143 S. mit 1805 Abb., 273 Tab. Geb. € 89,00
ISBN 3-528-14944-2

Dieses Handbuch stellt in systematischer Form alle wesentlichen Grundlagen der Elektrotechnik in der komprimierten Form eines Nachschlagewerkes zusammen. Es wurde für Studenten und Praktiker entwickelt. Für Spezialisten eines bestimmten Fachgebiets wird ein umfassender Einblick in Nachbargebiete geboten. Die didaktisch ausgezeichneten Darstellungen ermöglichen eine rasche Erarbeitung des umfangreichen Inhalts. Über 1800 Abbildungen und Tabellen, passgenau ausgewählte Formeln, Hinweise, Schaltpläne und Normen führen den Benutzer sicher durch die Elektrotechnik. In dieser zweiten Auflage wurde der Inhalt dem aktuellen Stand der Normung angepasst. Wo möglich, wurden Verbesserungen an Bild und Text vorgenommen.

Alfred Böge (Hrsg.)
Das Techniker Handbuch

Grundlagen und Anwendungen der Maschinenbau-Technik
16., überarb. Aufl. 2000. XVI, 1720 S. mit 1800 Abb., 306 Tab. und mehr als 3800 Stichwörtern, Geb. € 79,00
ISBN 3-528-44053-8

Das Techniker Handbuch enthält den Stoff der Grundlagen- und Anwendungsfächer im Maschinenbau. Anwendungsorientierte Problemstellungen führen in das Stoffgebiet ein, Berechnungs- und Dimensionierungsgleichungen werden hergeleitet und deren Anwendung an Beispielen gezeigt. In der jetzt 15. Auflage des bewährten Handbuches wurde der Abschnitt Werkstoffe bearbeitet. Die Stahlsorten und Werkstoffbezeichnungen wurden der aktuellen Normung angepasst. Das Gebiet der speicherprogrammierbaren Steuerungen wurde um einen Abschnitt über die IEC 1131 ergänzt. Mit diesem Handbuch lassen sich neben einzelnen Fragestellungen ganz besonders auch komplexe Aufgaben sicher bearbeiten.

vieweg

Abraham-Lincoln-Straße 46
65189 Wiesbaden
Fax 0611.7878-400
www.vieweg.de

Stand Oktober 2002.
Änderungen vorbehalten.
Erhältlich im Buchhandel oder im Verlag.

KFZ-Wissen aus erster Hand

Braess, Hans-Hermann / Seiffert, Ulrich (Hrsg.)
Vieweg Handbuch Kraftfahrzeugtechnik
2. verb. Aufl. 2001. XXVI, 681 S. mit 807 Abb. u. 64 Tab.
Geb. € 89,00
ISBN 3-528-13114-4

Inhalt: Anforderungen an Automobile - Innovative Technologien - Aerodynamik - Klimatisierung - Akustik - Design - Package - Brennstoffzelle - Elektrofahrzeug - Gasturbine - Ottomotor - Dieselmotor - Aufladesysteme - Getriebe und Kupplung - Allrad - Bremsen und Regelsysteme - Zweitakter - Karosseriebauweisen - Materialien - Oberflächenschutz - Fahrzeuginnenraum - Fahrzeugsicherheit - Bremsen - Reifen - Fahrwerkauslegung - Kraftstoffe - Elektrik/Elektronik - Beleuchtung - Sensorik - Bordnetz - EMV - Werkstoffe - Simultaneous Engineering - Simulationstechnik - Versuchstechnik - Automobil und Verkehr der Zukunft

Fahrzeugingenieure in Praxis und Ausbildung benötigen den raschen und sicheren Zugriff auf Grundlagen und Details der Fahrzeugtechnik sowie wesentliche zugehörige industrielle Prozesse. Solche Informationen, die in ganz unterschiedlichen Quellen abgelegt sind, systematisch und bewertend zusammenzuführen, hat sich dieses Handbuch zum Ziel gesetzt. Damit eröffnet das Buch dem Leser im Zusammenhang mit relevantem Schrifttum einen weitgehenden Einblick in den heutigen Stand und die Weiterentwicklung der Fahrzeugtechnik, den Einblick in alle Aggregate, Komponenten und Systeme moderner Fahrzeuge, Einblicke in den gesamten Lebenszyklus eines Automobils und einen Überblick über den gesamten Produktentstehungsprozess.

vieweg

Abraham-Lincoln-Straße 46
65189 Wiesbaden
Fax 0611.7878-400
www.vieweg.de

Stand Oktober 2002.
Änderungen vorbehalten.
Erhältlich im Buchhandel oder im Verlag.

CPSIA information can be obtained
at www.ICGtesting.com
Printed in the USA
LVHW061548100520
655301LV00004B/140